江苏"十四五"
普通高等教育本科规划教材

Advanced
Mathematics

高等数学

第二版　上册

主　编　严亚强　徐娟娟

副主编　臧运涛　周丽珍

　　　　周筱洁　王承富

中国教育出版传媒集团

高等教育出版社·北京

内容提要

本书是作者在苏州大学使用多年的高等数学讲义的基础上修改编写而成的,力图通过浅显易懂的语言和简单的方式揭示深刻的数学思想与方法,通过新颖多样的习题和建模问题激发学生数学学习的兴趣;书中大量呈现的数学应用元素可以帮助读者感悟数学的力量。全书分为上、下两册。上册内容包括函数与极限、导数与微分、中值定理和导数的应用、不定积分、定积分及其应用,下册内容包括向量代数与空间解析几何、多元函数微分法及其应用、重积分、曲线积分与曲面积分、无穷级数和常微分方程。本书配套建设了数字课程,包含拓展阅读,自测题,思考题、习题、研究课题、竞赛题、模拟卷解答提示,教学课件 PPT 等资源。

本书可作为高等学校非数学类专业的高等数学教材,也可供社会学习者学习高等数学或考研参考使用。

图书在版编目(CIP)数据

高等数学. 上册 / 严亚强,徐娟娟主编. -- 2 版. --
北京 : 高等教育出版社, 2025. 6. -- ISBN 978-7-04
-064417-3

Ⅰ. O13

中国国家版本馆 CIP 数据核字第 2025904TJ6 号

Gaodeng Shuxue

策划编辑 李冬莉	责任编辑 李冬莉	封面设计 赵 阳	版式设计 明 艳	
责任绘图 于 博	责任校对 马鑫蕊	责任印制 刘思涵		

出版发行	高等教育出版社	网 址	http://www.hep.edu.cn
社 址	北京市西城区德外大街 4 号		http://www.hep.com.cn
邮政编码	100120	网上订购	http://www.hepmall.com.cn
印 刷	三河市华骏印务包装有限公司		http://www.hepmall.com
开 本	787 mm×1092 mm 1/16		http://www.hepmall.cn
印 张	24.75	版 次	2019 年 5 月第 1 版
			2025 年 6 月第 2 版
字 数	450 千字		
购书热线	010 - 58581118	印 次	2025 年 6 月第 1 次印刷
咨询电话	400 - 810 - 0598	定 价	56.00 元

第二版前言

本书第二版在遵循地方综合性大学发展特点和新形态教材引领精品课程建设的要求下,参考了苏州大学在第一版使用中所发现的问题以及使用者提出的新的需求,做了以下几个方面的改进:

1. 在概念叙述上做了进一步的打磨,力求做到既精准又易懂。

2. 内容的选择上,进一步对照国家有关部门对"高等数学"的教学要求,对极限定义和可导性等方面的讨论做了适当删减;研究了国内的一些优秀《高等数学》教材和国外的《微积分》教材,听取了一些专业学科对数学的需求,进而对导数和积分应用方面的讨论作了强化。例如,在利用切线法求近似根、向量上的微积分、数学的物理(及经济学)应用、微分方程的应用等方面做了加强。多数内容中原先标注的星号被取消,星号" ＊"仅标注在那些未列入研究生入学考试大纲的内容上。

3. 辅助性材料更为丰富。阅读材料方面增加了物理应用和微分方程的应用,其他阅读材料、思考题和题解等也做了优化,特别是每章末的知识要求后加了包含三个例题的解题策略,每章的复习题做成模拟卷的样子,还设置研究课题和少量的竞赛题。另外,课件 PPT 在多项省部级项目验收中得到肯定,也作为本书的资源。

4. 习题的编排充分考虑了作业布置的方便,以及对数学能力的考查。吸取了多部国外《微积分》教材的优点,每节习题都有图形题和应用题,以强化概念的表征和应用。每章的复习题编成为模拟卷,且考虑到了题型和难易梯度。在复习卷后编入了一个数学建模的探究与应用方面的课题,以强化数学素养的培养。

对习题选做的建议:每小节后的练习题务必每题必做,这些题虽然简单,却是入门的必要台阶。每大节的习题(13~20 个)中有两条花线,把习题分成了基础题、综合题和挑战题三个区域;习题的奇数号题和偶数号题也有不同的功能,奇数号题是精做题,故建议布置基础题和综合题的80%以上的奇数题;偶数号题是泛做题,建议不要布置,由学生自行选做;挑战题中打了星号的题是难题或选读内容对应的题,供有意挑战难题或选读内容的学生选做。每章末的复习题建议只要求会做 70%;二维码里的自测题要反复做,直到全对为止;研究课题和竞赛题仅供有兴趣的读者阅读、尝试建模或应试应赛。所有上述题目以及思考题的详细解答过程都有电子资源可以查阅。

本书的修订得到苏州大学东吴学院数学系全体老师和领导的帮助和支持,也得到苏州大学学生和第一版其他各方读者通过邮件的批评指正,在此一并致谢。

编者于苏州大学
2024 年 3 月

第一版前言

什么是曲线的长度？什么是面积？什么又是几何体的体积？我们生活的世界瞬息万变,那么如何来度量变化的速度？如何由已知的速度来计算距离？这些问题也许小学生都略知一二,但仔细想想,我们的了解都只是在一般层面上。

齐民友先生说过:"历史已经证明,而且将继续证明,一种没有相当发达的数学的文化是注定要衰落的,一个不掌握数学作为一种文化的民族也是注定要衰落的。"微积分的发展历程体现了人类对数学的不懈追求。古希腊时期的欧多克索斯(Eudoxus,公元前390—前337)就提出了穷竭法,成为极限思想的先驱;阿基米德(Archimedes,公元前287—前212)所著的《抛物线求积》成为积分学的萌芽。1615 年德国天文学家、数学家开普勒(J. Kepler,1571—1630)在他出版的《测量酒桶的新立体几何》一书中给出了阿基米德 92 个未讨论过的体积问题。法国哲学家、数学家笛卡儿(R. Descartes,1596—1650)在1637 年出版的《几何学》一书中提出了变量的概念,同时也引入了坐标系的方法和函数的思想。紧接着,被称为"业余数学家之王"的法国律师费马(P. Fermat,1601—1665)提出了无穷小量的方法,并在计算极小值和极大值上取得成功。随后,英国的"科学的皇帝"牛顿(I. Newton,1643—1727)和德国的思想家、数学家莱布尼茨(G. W. Leibniz,1646—1716)先后独立发明了微分法和积分法。此后经过三百多年的不断完善和深化,数学科学迅猛发展。

我们要从思维和文化的视角珍惜人类的瑰宝——数学。学数学不仅是为某个学科打基础,也不只是为以后某个公式的应用作储备。学好数学,特别是学好高等数学,其效用是"立竿见影"的。高等数学能让我们打开理性思维的大门,用怀疑、探索、客观的态度看待事物。学好高等数学的人会多一份自信和刚毅,其理性思维和文化修养的厚度也会得到提高。

那么,如何学好高等数学呢？我们知道,学好数学仅仅靠理解课本是不够的,还要通过做习题来加深理解,但只是做习题也是不够的,重要的是把想法不断优化,直至理解数学概念的本质。与中学数学不同的是,高等数学的解题过程充满猜测,需要直觉和灵感,而每一个灵感几乎都是用"九十九分汗水"换来的,所以在电子辅助工具迅猛发展的今天,效果最佳的学习方法仍然是一个字——勤！唯有勤奋才能理解数学中的奇思妙想。在学习的过程中,尽量不要放过疑点,因为要想绕过或者隐匿任何一个疑点都有可能导致出现一系列的问题。对于高等数学中的极限、导数、不定积分三大基本计算,一定要做熟想透,它们就像小学里的两个数相加一样基本;更为特别的是,极限的思想和方法是整个高等数学体系中最为根本的东西,是燕子在屋檐下筑巢的第一根稻草,如果这个基础没有打好,就会为高等数学学习埋下隐患。由于不再像中学时代那样有时间反复练习,高等数学的学习更多地需要独立思考。

本书作者多年的教学习惯是"抓两头,带中间"。也就是说,对基础差的同学不放弃,对基础好的同学不放任。这个理念反映在本书的编写上,就是既有沙滩平川,又有高山深海。本书既适合综合性大学理工科类各专业,也适合民办高校非数学类专业,并顾及这些专业中有志于参加全国硕士研究生入学统一考试的同学。为此本书特别注重知识点的分类和习题的分层,既有充分的衔接知识,又有不少拓展阅读;既有大量基础性小题,又有很多综合性大题。本书利用数字化技术(如二维码),一方面提供更多的阅读信息;另一方面为两千多道习题提供习题答案以外的"第二次提示",即部分习题的解答提示,尽量帮助同学把所有的学习困难都解决于无形之中。不同于"习题全解"的提示,既可排除简单抄袭的可能性,又为基础较弱的同学提供极大的便利。每章近十道难题同时也是对基础强的同学提出了挑战。

本书做了大量旁注,期望通过对相关数学思想方法的解读,努力把理论的深刻之处揭示出来。

相对于传统的《高等数学》教材,本书作了一些结构上的优化。例如,较早地介绍基本初等函数的连续性,有助于系统、灵活地运用等价无穷小计算极限;将导数的概念分在前后两处,有利于分散难点,强化重点;从麦克劳林公式推导出泰勒公式来,期望更自然地展现多项式的逼近过程,并帮助学生克服重难点学习上的畏惧心理。

本书安排章、节、子节三个主要层次,希望能让学生更清晰地理解知识的脉络;每个子节的 2~5 个练习为及时巩固所用;每节安排的 13~20 个习题(花线以上是基础题,花线以下是提高题)便于各种层次读者选做,每章的复习题供高标准的读者选做。自测题为检验学习效果所用,思考题只为重大的、易错的、需要及时搞清的概念而设置,其解答会在章末以二维码的形式提供。

本书中打星号"＊"的节或目(如＊1.1.4 初等函数论若干知识的回顾和补充)可作选讲。打星号的题目(如 12＊)难度较大,仅供参考。带有五角星号"☆"的例题(如☆例1.1.5)的结论可作为定理或其解题方法比较典型。

本书在编写过程中得到苏州大学数学科学学院领导和全体教师的热忱支持和帮助,尤其是顾振华、侯绳照、滕冬梅、胡长青、周筱洁、卢丹诚、徐聪敏、陈凤娟、王志国等老师对本书提出了宝贵的建议和修改意见,谨此致谢。由于作者水平有限,不妥之处一定不少,期待读者批评指正。

编者于苏州大学
2018 年 3 月 6 日

目 录

第 1 章　函数与极限

> 微积分是一个以实数理论和极限论为基础的完整的数学理论体系.微积分研究的主要对象是函数,研究函数性态的基本方法是极限,而连续性就是用极限方法来研究的一个重要的函数性态.连续函数是微积分中的基本函数类.本章主要介绍函数、极限、连续等基本概念及其运算.

§1.1　实数集与函数

1.1.1　数轴上的邻域

一、数轴与绝对值不等式

若在一条直线上确定一点 O 作为原点,指定一个方向为正向,并规定一个单位长度,则称此直线为**数轴**.任一实数都对应数轴上唯一的一点;反之,数轴上的每一点都唯一地代表一个实数.全体实数组成的集合称为实数集,记为 $\mathbf{R}$.于是,"实数 a"($a \in \mathbf{R}$)与"数轴上的点 a"这两种说法具有相同的含义.

实数集有很多重要子集,例如:自然数集 $\mathbf{N}$,正整数集 $\mathbf{N}^*$,有理数集 $\mathbf{Q}$,整数集 $\mathbf{Z}$,等等.

实数 a 的绝对值定义为

$$|a| = \begin{cases} a, & a \geqslant 0, \\ -a, & a < 0. \end{cases} \tag{1.1.1}$$

从数轴上看,数 a 的绝对值 $|a|$ 就是点 a 到原点的距

阅读材料 1.1
什么叫数学思维能力和数学思想方法

注　为什么"数"与"形"之间存在这么完美的对应?用数轴表示数的思想至少可以追溯到法国数学家笛卡儿(R. Descartes,1596—1650)发明的直角坐标系,甚至可以索源到公元前古希腊人发现无理数的存在.有理数集在数轴上会出现"缝隙",怎样定义无理数?这个问题直到 1888 年才由德国数学家戴德金(J. W. R. Dedekind,1831—1916)解决.

离.绝对值的几何性质有

命题 1.1.1(距离公设)　对于任意 $a,b,c \in \mathbf{R}$,恒有

（1）非负性:$|a-b| \geqslant 0$,等号成立当且仅当 $a=b$;

（2）对称性:$|a-b| = |b-a|$;

（3）三角不等式:

$$|a-c| \leqslant |a-b| + |b-c|. \qquad (1.1.2)$$

以下是绝对值的主要代数性质:

（1）$|a| = |-a|$;

（2）$-|a| \leqslant a \leqslant |a|$;

（3）$|a| < h \Leftrightarrow -h < a < h \quad (h>0)$;

（4）$\left||a|-|b|\right| \leqslant |a \pm b| \leqslant |a| + |b|$;

（5）$|ab| = |a| \cdot |b|$;

（6）$\left|\dfrac{a}{b}\right| = \dfrac{|a|}{|b|} \quad (b \neq 0)$.

今后我们还会经常用到

命题 1.1.2　设 $\varepsilon > 0, X > 0$,则

（1）$|x-a| < \varepsilon$ 当且仅当 $a-\varepsilon < x < a+\varepsilon$;

（2）$|x| > X$ 当且仅当 $x > X$ 或 $x < -X$.

> **注**　我们熟知的 xOy 平面是用两个数轴构建的,其上的点记为 (x,y) $(x,y \in \mathbf{R})$. xOy 平面也记作 $\mathbf{R}^2$. 坐标平面上用
> $$\rho(P_1(x_1,y_1), P_2(x_2,y_2))$$
> $$= \sqrt{(x_2-x_1)^2 + (y_2-y_1)^2}$$
> 表示两点间的距离也具有非负性、对称性和三角不等式的性质.

> **注**　以后用"$\Leftrightarrow$"表示"当且仅当"或"定义为".

二、区间和邻域

设 $a,b \in \mathbf{R}, a<b$,集合 $\{x \mid a<x<b\}$ 称为**开区间**,记作 (a,b).集合 $\{x \mid a \leqslant x \leqslant b\}$ 称为**闭区间**,记作 $[a,b]$.类似地,记集合 $\{x \mid a \leqslant x < b\} = [a,b)$,$\{x \mid a < x \leqslant b\} = (a,b]$,都称为**半开半闭区间**. a 和 b 称为区间的**端点**.区间两端点间的距离(线段的长度)称为**区间的长度**.以上几类区间统称为**有限区间**.

满足关系式 $x \geqslant a$ 的全体实数 x 的集合记作 $[a,+\infty)$,这里符号 ∞ 读作"无穷大",$+\infty$ 读作"正无穷大".类似地,我们记

$$(-\infty,b] = \{x \mid x \leqslant b\}, (a,+\infty) = \{x \mid x > a\}, (-\infty,b) = \{x \mid x < b\},$$

$$(-\infty,+\infty) = \{x \mid -\infty < x < +\infty\} = \mathbf{R},$$

其中 $-\infty$ 读作"负无穷大".以上几类区间称为**无限区间**.

在实数轴上有一种特殊的区间,它有中心和半径,这种区间称为**邻域**.更确切地说,我们有

定义 1.1.1　设 $a \in \mathbf{R}, \delta > 0$,数集 $\{x \mid |x-a| < \delta\}$ 称为点 a 的 δ **邻域**,记作 $U(a;\delta)$

（如图 1.1.1 所示）．点 a 叫做这个邻域的 **中心**，δ 叫做这个邻域的 **半径**．记集合 $\overset{\circ}{U}(a;\delta)=\{x\,|\,0<|x-a|<\delta\}$，称为点 a 的 δ **去心邻域**．开区间 $(a-\delta,a)$ 称为 a 的左 δ

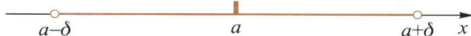

图 1.1.1

邻域，记作 $U_-(a;\delta)$；$(a,a+\delta)$ 称为 a 的右 δ 邻域，记作 $U_+(a;\delta)$．在不必考虑邻域半径的情况下，点 a 的某邻域记为 $U(a)$，去心邻域记为 $\overset{\circ}{U}(a)$，左邻域和右邻域分别记为 $U_-(a)$ 和 $U_+(a)$．

从字面上看，邻域是点 a 的"近旁""邻近的区域"．δ 越小，邻域中的点与点 a 越靠近．

无穷大"∞"不是数轴上的一个点，但可以想象为数轴上遥远处一个虚拟的点．对于一个充分大的正数 X，数集 $U(\infty)=\{x\,|\,|x|>X\}$ 是 ∞ **的一个邻域**，X 越大，邻域中的点与 ∞ "越靠近"．同样地，$+\infty$ 邻域为集合 $U(+\infty)=\{x\,|\,x>X\}$，$-\infty$ 邻域为集合 $U(-\infty)=\{x\,|\,x<-X\}$．

练习 1.1.1

1. 用区间表示邻域 $U(2;0.02)$ 及去心邻域 $\overset{\circ}{U}(2;0.02)$．

2. 为使 $\dfrac{2}{|x-1|}<0.001$，x 应在什么范围内？

3. 设 $a,b\in\mathbf{R}$，若对任何正数 ε，有 $|a-b|<\varepsilon$，试用反证法证明 $a=b$．

1.1.2　函数及其特性

一、映射、函数、复合函数和反函数

1. 映射

定义 1.1.2　设 X 与 Y 是两个非空集合，若对 X 中的每一个元素 x，均可找到 Y 中唯一确定的元素 y 与之对应，则称这个对应是集合 X 到集合 Y 的一个**映射**，记为

$$f:X\rightarrow Y.$$

将 x 的对应元素 y 记作 $f(x)$，即 $y=f(x)$，并称 y 为映射 f 下 x 的**像**或**值**，而 x 称为映射 f 下 y 的**原像**（或称为**逆像**）．集合 X 称为映射 f 的**定义域**，记作 D_f，即 $D_f=X$，而 X 的所有元素的像 $f(x)$ 的集合 $\{y\,|\,y\in Y,y=f(x),x\in X\}$ 称为映射 f 的**值域**，记为 R_f（或 $f(X)$）．

概括起来，构成一个映射必须具备下列三个基本要素：

（1）集合 X，即定义域 $D_f=X$；

（2）集合 Y，它限制值域的范围 $R_f \subset Y$；

（3）对应法则 f：使每个 $x \in X$ 有唯一确定的 $y = f(x)$ 与之对应.

设 f 是集合 X 到集合 Y 的一个映射，若对 X 中的任意两个不同元素 $x_1, x_2 (x_1 \neq x_2)$，它们的像 y_1 与 y_2 满足 $y_1 \neq y_2$，则称 f 为**单射**；若映射 f 满足 $R_f = Y$，则称 f 为**满射**；若映射 f 既是单射，又是满射，则称 f 为**双射**（又称**一一映射**或**一一对应**）.这四个概念的特点可从图 1.1.2 看出.

> **注** 映射的概念为现实背景和数学模式构筑起了桥梁，如"这个教室里的座位比人数多"就包含着映射思想.

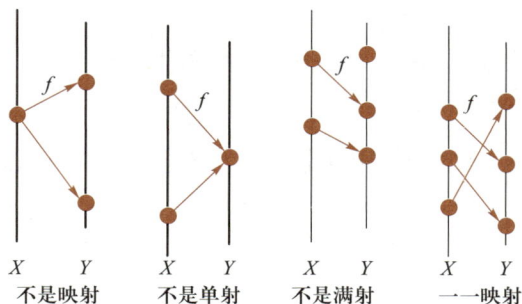

图 1.1.2

2. 函数

当 f 是从实数集 $D \subset \mathbf{R}$ 到实数集 $Y \subset \mathbf{R}$ 上的映射时，称其为一个**函数**.函数关系中的 x 称为**自变量**，y 称为**因变量**.

我们常用

$$y = f(x), x \in D$$

来表示一个函数.**两个函数相同当且仅当函数的定义域和对应法则都相同**.函数的定义域的确定有两种方式，一种是一定背景下根据实际意义规定自变量的范围；另一种是使得函数的运算式子有意义的点的集合，即函数的**自然定义域**，或**存在域**，在这种情况下，定义域通常不写，而简单地说"函数 $f(x)$"或"函数 f".

例 1.1.1 求函数 $y = \dfrac{1}{x} - \sqrt{1 - x^2}$ 的定义域.

解 要使函数有意义，必须 $\begin{cases} x \neq 0, \\ 1 - x^2 \geq 0, \end{cases}$ 解不等式组得函数的定义域

$$D = [-1, 0) \cup (0, 1].$$

二元点集 $C = \{(x, y) \mid y = f(x), x \in D\}$ 称为函数 $y = f(x)$ 的**图像**，或**图形**.

函数的表示法通常有三种：解析法（公式法）、列表法和图形法.

设函数 $f(x), g(x)$ 的定义域分别是 $D_f, D_g, D = D_f \cap D_g \neq \varnothing$，则我们可以定义这两

个函数的四则运算:

函数的和(差)$f\pm g$: $(f\pm g)(x)=f(x)\pm g(x),x\in D$;

函数的积fg: $(fg)(x)=f(x)g(x),x\in D$;

函数的商$\dfrac{f}{g}$: $\left(\dfrac{f}{g}\right)(x)=\dfrac{f(x)}{g(x)},x\in D\backslash\{x\,|\,g(x)=0\}$.

3. 复合函数

定义 1.1.3 设有函数 $y=f(u)$ 和 $u=g(x)$,记 $E=\{x\,|\,g(x)\in D_f\}\cap D_g$,则对每个 $x\in E$,通过函数 g 对应 D_f 内唯一的值 u,而 u 又通过 f 对应唯一的值 y.这就确定了一个定义在 E 上的函数,它以 x 为自变量,y 为因变量,记作

$$y=f(g(x)),\quad x\in E$$

或

$$y=(f\circ g)(x),\quad x\in E,$$

称为由函数 $u=g(x)$ 和 $y=f(u)$ 构成的**复合函数**.并称 f 为**外层函数**,g 为**内层函数**,u 为**中间变量**.

> **注** 并非任何两个函数都可以复合成一个新函数的;例如函数 $f(u)=\ln^3(u-2)$ 和函数 $u=\cos x$ 不能复合成一个新的函数,因为函数 $u=\cos x$ 的值域与函数 $f(u)$ 的定义域的交集为空.但只要函数 $y=f(u)$ 的定义域与函数 $u=g(x)$ 的值域有交集,复合函数 $y=f(g(x))$ 就有意义.

我们应该学会分解结构相对复杂一些的函数的复合过程.例如 $y=\sqrt{\cot\dfrac{x}{2}}$ 可分解为 $y=\sqrt{u}$,$u=\cot v$,$v=\dfrac{x}{2}$.

例 1.1.2 求函数 $f(x)$,设

(1) $f\left(x+\dfrac{1}{x}\right)=x^2+\dfrac{1}{x^2}$,$x\in\mathbf{R}$ 且 $x\neq 0$;

(2) $f(\mathrm{e}^x+2)=x^3$,$x\in\mathbf{R}$.

解 (1)(**凑元法**) 由于 $f\left(x+\dfrac{1}{x}\right)=\left(x+\dfrac{1}{x}\right)^2-2$,因此

$$f(x)=x^2-2,\quad x\in(-\infty,-2]\cup[2,+\infty).$$

(2)(**代入法**)设 $u=\mathrm{e}^x+2$,则 $x=\ln(u-2)$,所以 $f(u)=\ln^3(u-2)$,将 u 换成字母 x,有 $f(x)=\ln^3(x-2)$,$x\in(2,+\infty)$.

4. 反函数

定义 1.1.4 设函数 $y=f(x)$,$x\in D$ 满足:对每一个 $y\in f(D)$,有唯一的 $x\in D$ 使得 $f(x)=y$,这种由 $f(D)$ 到 D 上的映射,称为函数 f 的**反函数**,记为

$$f^{-1}:f(D)\to D,$$

或

$$x = f^{-1}(y), y \in f(D).$$

函数 f 有反函数，意味着 f 是 D 与 $f(D)$ 之间的一一映射.相对于反函数来说，原来的函数 $y=f(x)$ 称为**直接函数**.计算出关系式 $x=f^{-1}(y)$ 就已经求出 $y=f(x)$ 的反函数，但二者在 xOy 平面上的图形是同一个，为了区别图形，习惯上还要将反函数写成

$$y = f^{-1}(x).$$

这样一来，由于点 (a,b) 与点 (b,a) 关于直线 $y=x$ 对称，反函数 $y=f^{-1}(x)$ 和直接函数 $y=f(x)$ 的图形就关于直线 $y=x$ 对称（图 1.1.3）.

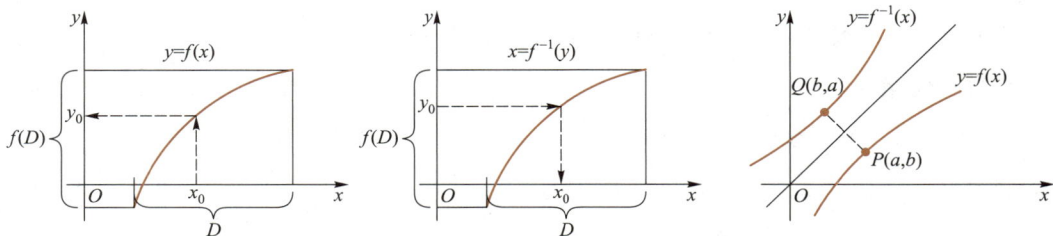

图 1.1.3

一般地，恒有

$$f^{-1}(f(x)) \equiv x, x \in D; \tag{1.1.3}$$

$$f(f^{-1}(y)) \equiv y, y \in f(D). \tag{1.1.4}$$

例 1.1.3　求函数 $y=\sqrt{e^x+1}, x \in \mathbf{R}$ 的反函数.

解　因为 $e^x = y^2-1, x = \ln(y^2-1)$，而 $y = \sqrt{e^x+1} > 1$，即直接函数的值域为 $(1,+\infty)$，所以反函数为

> **注**　反函数的定义域是需要检验的，检验它是否为直接函数的值域.

$$y = \ln(x^2-1), x \in (1,+\infty).$$

5. 分段函数举例

有些函数在其定义域的不同部分有不同的表达式，这类函数称为**分段函数**. 如果函数按不同区间来分段表达，那么不同表达式的临界点称为分段函数的**节点**.

例如 $f(x) = \begin{cases} 2x-1, & x>0, \\ x^2-1, & x \leq 0 \end{cases}$ 是分段函数，$x=0$ 是节点.

分段函数是高等数学中十分重要的函数形式.这里列举几个常用的分段函数.

（1）**绝对值函数** $y = |x| = \begin{cases} x, & x \geq 0, \\ -x, & x < 0. \end{cases}$ 如图 1.1.4 所示.它也可以写成 $y=\sqrt{x^2}$，主要性质：

$$|x| \geq 0.$$

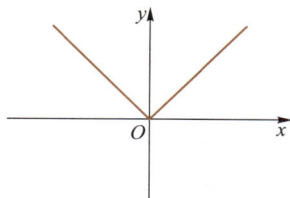

图 1.1.4

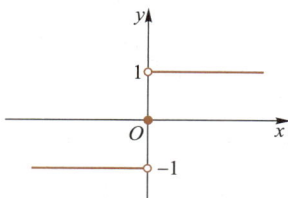

图 1.1.5

（2）**符号函数** $y = \mathrm{sgn}\, x = \begin{cases} 1, & x > 0, \\ 0, & x = 0, \\ -1, & x < 0. \end{cases}$ 如图 1.1.5 所示. 主要性质：

$$|x| = x\,\mathrm{sgn}\, x \quad \text{或} \quad x = |x|\,\mathrm{sgn}\, x.$$

（3）**取整函数** $y = [x]$，$[x]$ 表示不超过 x 的最大整数. 例如 $[2.9] = 2$，$[-4.1] = -5$，取整函数的图形如图 1.1.6 所示. 主要性质：

$$x - 1 < [x] \leqslant x \quad \text{或} \quad [x] \leqslant x < [x] + 1.$$

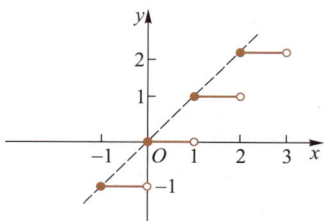

图 1.1.6

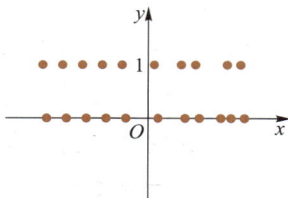

图 1.1.7

（4）**狄利克雷函数** $y = D(x) = \begin{cases} 1, & x \text{ 为有理数}, \\ 0, & x \text{ 为无理数}. \end{cases}$ 如图 1.1.7 所示.

这个函数无法用图形法或解析法表示，只能通过"文字描述"和示意图来帮助理解.

狄利克雷（G. L. Dirichlet, 1805—1859），德国著名数学家.

二、函数的几种特性

函数的以下四种特性是常常需要考虑的.

1. 奇偶性

设函数 $f(x)$ 的定义域 D 关于原点对称. 若对于任意 $x \in D$ 有

$$f(-x) = f(x) \quad (f(-x) = -f(x)),$$

则称函数 $f(x)$ 为 D 上的**偶（奇）函数**.

例如，$y = \sin 2x$ 是 **R** 上的奇函数，而 $y = \sqrt{1 - x^2}$ 是区间 $[-1, 1]$ 上的偶函数.

偶函数的图形关于 y 轴对称,因为在其图形上,点 $P(a,f(a))$、$Q(-a,f(a))$ 同时出现.奇函数的图形关于原点对称,因为点 $P(a,f(a))$ 和 $Q(-a,-f(a))$ 成对出现.

2. 周期性

设函数 $f(x)$ 的定义域为 D,如果存在常数 $T\neq0$,使得对一切 $x\in D$,有 $x\pm T\in D$,且 $f(x+T)=f(x)$ 恒成立,则称 $f(x)$ 为 T—**周期函数**,简称**周期函数**,T 称为 $f(x)$ 的一个周期. 当 T 是周期时,$kT(k\in\mathbf{Z})$ 都是周期.如果 $f(x)$ 存在最小的正周期,则通常以 T 来表示最小正周期.

例如,$y=\sin x$ 和 $y=\cos x$ 是以 2π 为周期的函数,$y=\tan x$ 是以 π 为周期的函数.狄利克雷函数和常值函数都是没有最小正周期的周期函数.

对于周期函数来说,当自变量增加或减少一个固定的数 T 时,图形重复出现,因此由其在区间 $[0,T]$ 上的性质可以推知在整个定义域内的性质.

3. 单调性

设函数 $f(x)$ 的定义域为 D,区间 $I\subset D$,如果对于区间 I 上任意两点 x_1,x_2,当 $x_1<x_2$ 时,恒有

$$f(x_1)<f(x_2)(f(x_1)>f(x_2)),$$

则称函数 $f(x)$ 在区间 I 上是**单调递增**(**单调递减**)的.

例如,函数 $y=(x-1)^2$ 在区间 $(-\infty,1]$ 上单调递减,在区间 $[1,+\infty)$ 上单调递增.

单调递增的函数的图形自左向右看是上升的曲线弧,因此也称为**单调上升**函数,单调递减函数也称为**单调下降**函数.单调递增函数和单调递减函数统称单调函数.

命题 1.1.3(**反函数存在定理**)　单调函数 $f(x)$ 必存在单调的反函数,且此反函数与 $f(x)$ 具有相同的单调性.

思考题 1.1.1　不单调的函数能否存在反函数?

证　设函数 $f(x)$ 是 D 上的单调函数,则 f 是 D 到 $f(D)$ 的一一对应,其必有反函数.不妨设 f 是单调递增的,则对于任意一对自变量 $y_1,y_2\in f(D)$,当 $y_1<y_2$ 时,有 $f^{-1}(y_1)<f^{-1}(y_2)$,否则,反设 $f^{-1}(y_1)\geq f^{-1}(y_2)$,则由 f 的递增性,$f(f^{-1}(y_1))\geq f(f^{-1}(y_2))$,即 $y_1\geq y_2$.矛盾.证毕.

4. 有界性

设 $f(x)$ 是定义在 D 上的函数,集合 $E\subset D$,若存在正数 M,使对于任意的 $x\in E$,有

$$|f(x)|\leq M,$$

则称 $f(x)$ 在 E 上**有界**,否则称为**无界**.

因 $-M\leq f(x)\leq M$,所以函数的有界性是指该函数在所给区间 E 内的图形位于两条水平直线 $y=M$ 和 $y=-M$ 之间.M 和 $-M$ 分别称为 $f(x)$ 在该集合上的**上界**和**下界**.

例如, $y=\dfrac{x}{x^2+1}$ 在 **R** 上是有界函数, 因为 $|y|\leqslant\dfrac{1}{2}$; 而 $y=(x-1)^2$ 是无界函数.

如果有界性被描述为 "$\exists A,B\in\mathbf{R}$, 使得 $A\leqslant f(x)\leqslant B,\forall x\in D$", 那么只需取 $M=\max\{|A|,|B|\}$, 就有 $|f(x)|\leqslant M$.

例 1.1.4　证明函数 $\sin x$ 在区间 $\left[-\dfrac{\pi}{2},\dfrac{\pi}{2}\right]$ 上单调递增.

证　对于任意 $x_1,x_2\in\left[-\dfrac{\pi}{2},\dfrac{\pi}{2}\right],x_1<x_2$, 则

$$\dfrac{x_2+x_1}{2}\in\left(-\dfrac{\pi}{2},\dfrac{\pi}{2}\right),\dfrac{x_2-x_1}{2}\in\left(0,\dfrac{\pi}{2}\right].$$

而函数 $\cos x$ 在第一、四象限取正值, $\sin x$ 在第一象限只取正值, 所以

$$\sin x_2-\sin x_1=2\cos\dfrac{x_2+x_1}{2}\sin\dfrac{x_2-x_1}{2}>0,$$

即 $\sin x_1<\sin x_2$, 故 $\sin x$ 在区间 $\left[-\dfrac{\pi}{2},\dfrac{\pi}{2}\right]$ 上单调递增. 证毕.

☆**例 1.1.5（奇偶分解定理）**　设函数 $f(x)$ 的定义域为 $(-l,l)$, 则存在 $(-l,l)$ 内的偶函数 $g(x)$ 及奇函数 $h(x)$, 使得 $f(x)=g(x)+h(x)$.

证（分析法和构造法）　如果所说的 $g(x)$ 及 $h(x)$ 存在, 则必有 $g(-x)=g(x)$, $h(-x)=-h(x)$, 从而

$$\begin{cases}f(x)=g(x)+h(x),\\ f(-x)=g(x)-h(x),\end{cases}$$

解此方程组得

$$\begin{cases}g(x)=\dfrac{1}{2}[f(x)+f(-x)],\\ h(x)=\dfrac{1}{2}[f(x)-f(-x)].\end{cases}$$

显然有 $f(x)=g(x)+h(x)$, 且 $g(x)$ 是偶函数, $h(x)$ 是奇函数. 证毕.

例 1.1.6　图 1.1.8 更像是下列哪个函数的图形（　　）.

(A) $y=\dfrac{1}{\sin x}$　　　(B) $y=\tan\dfrac{1}{x}$　　　(C) $y=\cos\dfrac{1}{x}$　　　(D) $y=\sin\dfrac{1}{x}$

注　今后我们将习惯于把"存在"记为"$\exists$", "对于任意的"记为"$\forall$", 于是有界性可用数学符号描述为:

$\exists M>0,\forall x\in E,$ 有 $|f(x)|\leqslant M.$

将"$\exists$"和"$\forall$"对换, "$\leqslant$"和"$>$"对换, 可以得到一个否命题的符号描述, 这种方法称为**对偶法**. 例如, $f(x)$ 在 E 上**无界**可描述为

$\forall M>0,\exists x_0\in E,$ 使 $|f(x_0)|>M.$

解 $y = \dfrac{1}{\sin x}$ 是周期函数, 不符合图形; $y = \tan \dfrac{1}{x}$

是无界函数, 不符合图形; $y = \cos \dfrac{1}{x}$ 是偶函数, 也不符

合图形.

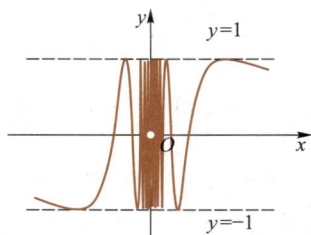

图 1.1.8

只有函数 $y = \sin \dfrac{1}{x}$ 与图形符合. 这个函数在 $x = 0$

的任何小邻域内都是剧烈振荡的(在点 $x = 0$ 近旁的函
数值可以在 -1 与 1 两数之间变动无数多次).

练习 1.1.2

1. 求函数 $y = \sqrt{2 + x - x^2}$ 的定义域和值域.

2. 求函数 $y = x^2 + 1 (x \geqslant 0)$ 的反函数.

3. 设 $f\left(x - \dfrac{1}{x}\right) = x^2 + \dfrac{1}{x^2} (x \neq 0)$, 求 $f(x)$.

4. 画出函数 $y = \mathrm{sgn}(\sin x)$ 的图形, 并判断这个函数的有界性、奇偶性和周期性.

5. 正数 x 经"四舍五入"后得整数 y, 试利用函数 $y = [x]$ 表示出 y 与 x 之间的函数关系.

1.1.3   初等函数

一、基本初等函数

以下六类函数称为基本初等函数.

1. 常值函数(图 1.1.9)
$$y = C \quad (C \text{ 是常数}).$$

定义域为 $(-\infty, +\infty)$, 它的图形是过 y 轴上点 $(0, C)$

的水平直线. 该函数是有界函数, 偶函数, 是一个没有最

小正周期的周期函数; 当 $C = 0$ 时它也是奇函数.

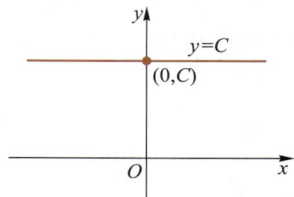

图 1.1.9

2. 幂函数(图 1.1.10)
$$y = x^{\mu} \quad (\mu \neq 0 \text{ 是常数}).$$

幂函数的定义域根据 μ 的不同而不同, 例如当 $\mu < 0$ 时, x 不能取零. 若 μ 是一个

既约分数, 即 $\mu = \dfrac{p}{q} (q > 0)$, 当 q 为偶数时, x 不能取负值; 当 q 为奇数时, x 可以取负

值, 且 p 为偶数时, $y = x^{\mu}$ 为偶函数, p 为奇数时, $y = x^{\mu}$ 为奇函数.

任何幂函数都经过定点 $(1, 1)$.

考察幂函数,通常先限于第一象限,再通过定义域和奇偶性拓展到其他象限.在第一象限内,当 $\mu>0$ 时,$y=x^\mu$ 为单调递增函数;当 $\mu<0$ 时,$y=x^\mu$ 为单调递减函数.

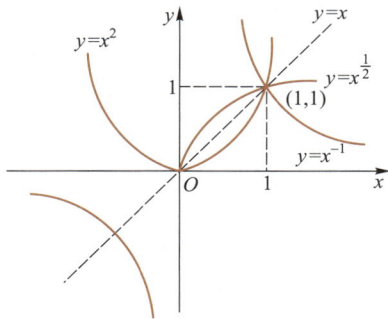

图 1.1.10

3. 指数函数(图 1.1.11)

$$y=a^x \quad (a>0 \text{ 且 } a\neq 1).$$

定义域为 $(-\infty,+\infty)$,值域为 $(0,+\infty)$.每一个指数函数都通过定点 $(0,1)$.当 $a>1$ 时,$y=a^x$ 自左向右从 0 递增到 $+\infty$;当 $0<a<1$ 时,$y=a^x$ 自左向右从 $+\infty$ 递减到 0.函数 $y=a^x$ 与 $y=a^{-x}$ 的图形关于 y 轴对称.

4. 对数函数(图 1.1.12)

$$y=\log_a x \quad (a>0,a\neq 1).$$

特别地,自然对数 $y=\ln x$ 是以 e 为底的对数.

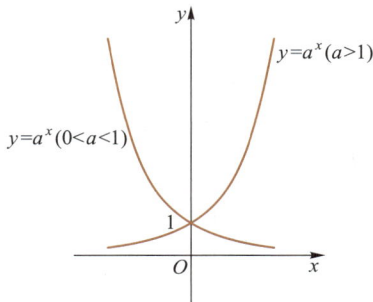

图 1.1.11

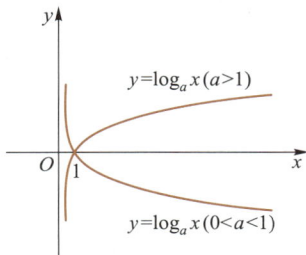

图 1.1.12

对数函数 $y=\log_a x$ 是指数函数 $y=a^x$ 的反函数.定义域为 $(0,+\infty)$,值域为 $(-\infty,+\infty)$.每一个对数函数都通过定点 $(1,0)$.当 $a>1$ 时,$y=\log_a x$ 单调递增;当 $0<a<1$ 时,$y=\log_a x$ 单调递减.

注 e$=2.718\,28\cdots$是一个十分神奇的实数,我们将在极限论中证明它是某些数列或函数的极限,通过"导数的应用"证明它是一个无理数.

5. 三角函数

三角函数有六种,它们是

(1)正弦函数(图 1.1.13)

$$y=\sin x,x\in(-\infty,+\infty),y\in[-1,1];$$

周期为 2π.在 $\left[-\dfrac{\pi}{2},\dfrac{\pi}{2}\right]$ 上,正弦函数从 -1 单调递增到 1.

（2）余弦函数（图 1.1.14）

$$y = \cos x, x \in (-\infty, +\infty), y \in [-1, 1];$$

周期为 2π. 在 $[0, \pi]$ 上, 余弦函数从 1 单调递减到 -1.

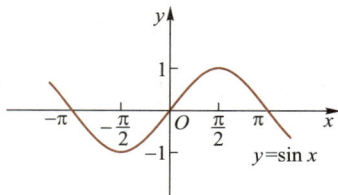

图 1.1.13

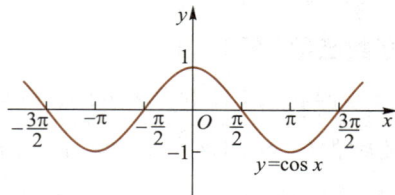

图 1.1.14

（3）正切函数（图 1.1.15）

$$y = \tan x, \quad x \neq k\pi + \frac{\pi}{2}(k \in \mathbf{Z}), \quad y \in (-\infty, +\infty);$$

周期为 π. 在 $\left(-\dfrac{\pi}{2}, \dfrac{\pi}{2}\right)$ 内, 正切函数从 $-\infty$ 单调递增到 $+\infty$.

（4）余切函数（图 1.1.16）

$$y = \cot x, \quad x \neq k\pi(k \in \mathbf{Z}), \quad y \in (-\infty, +\infty);$$

周期为 π. 在 $(0, \pi)$ 内, 余切函数从 $+\infty$ 单调递减到 $-\infty$.

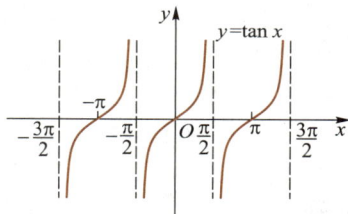

图 1.1.15

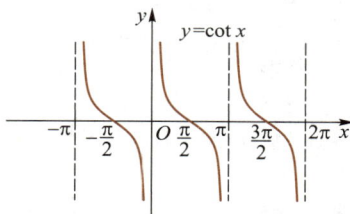

图 1.1.16

（5）正割函数（图 1.1.17）

$$y = \sec x, \quad x \neq k\pi + \frac{\pi}{2}(k \in \mathbf{Z}), \quad y \in (-\infty, -1] \cup [1, +\infty).$$

它是余弦函数 $y = \cos x$ 的倒数.

（6）余割函数（图 1.1.18）

$$y = \csc x, \quad x \neq k\pi(k \in \mathbf{Z}), \quad y \in (-\infty, -1] \cup [1, +\infty).$$

它是正弦函数 $y = \sin x$ 的倒数.

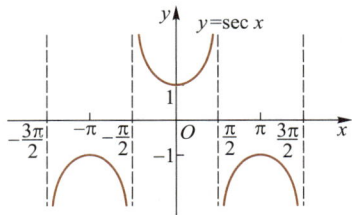

图 1.1.17

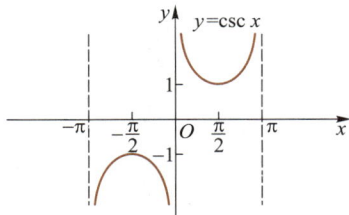

图 1.1.18

图 1.1.19 的六边形表现出了这六种三角函数的关系.

(1) 倒数公式(对角线的两端函数之积等于 1):

$$\sin x \csc x = 1, \quad \tan x \cot x = 1, \quad \cos x \sec x = 1.$$

(2) 平方和公式(带阴影的倒三角形的上底边两端函数的平方和等于此倒三角形底部顶点上的函数的平方):

$$\sin^2 x + \cos^2 x = 1, \quad \tan^2 x + 1 = \sec^2 x,$$
$$1 + \cot^2 x = \csc^2 x.$$

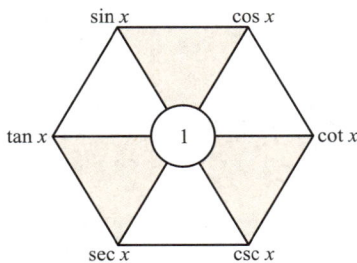

图 1.1.19

(3) 乘法公式(六边形顶点上任何一种函数等于相邻两个函数之积),例如:

$$\sin x \sec x = \tan x, \quad \sin x \cot x = \cos x.$$

由于 $\cos x = \sin\left(x + \dfrac{\pi}{2}\right)$,上述六种三角函数都可以看作 $\sin x$ 这一种三角函数经过加减乘除和复合运算得到.

6. 反三角函数

反三角函数常用的有四种,它们是

(1) 反正弦函数($y = \sin x$ 在 $\left[-\dfrac{\pi}{2}, \dfrac{\pi}{2}\right]$ 上的反函数,图 1.1.20)

$$y = \arcsin x, \quad x \in [-1, 1], \quad y \in \left[-\frac{\pi}{2}, \frac{\pi}{2}\right].$$

(2) 反余弦函数($y = \cos x$ 在 $[0, \pi]$ 上的反函数,图 1.1.21)

$$y = \arccos x, \quad x \in [-1, 1], \quad y \in [0, \pi].$$

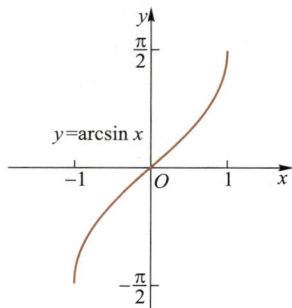

图 1.1.20

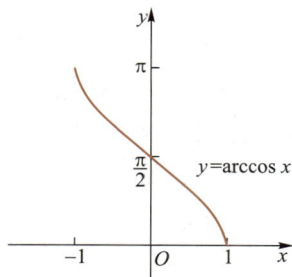

图 1.1.21

（3）反正切函数（$y=\tan x$ 在 $\left(-\dfrac{\pi}{2}, \dfrac{\pi}{2}\right)$ 内的反函数，图 1.1.22）

$$y=\arctan x, \quad x \in (-\infty, +\infty), \quad y \in \left(-\frac{\pi}{2}, \frac{\pi}{2}\right).$$

（4）反余切函数（$y=\cot x$ 在 $(0, \pi)$ 内的反函数，图 1.1.23）

$$y=\operatorname{arccot} x, \quad x \in (-\infty, +\infty), \quad y \in (0, \pi).$$

它们的构成法是：从三角函数 $y=f(x)$ 的定义域上选取一段 D，使 $f(x)$ 在 D 上具有单调性且取遍 f 的值域 R_f，则 $f:D \to R_f$ 是一一映射，然后求出反函数 $f^{-1}:R_f \to D$.

思考题 1.1.2 把 $y=\sin x$ 和 $y=\tan x$ 的反函数分别写成 $y=\arcsin x + 2k\pi$ 和 $y=\arctan x + k\pi$，正确吗？又 $\arcsin 1$，$\arccos \dfrac{1}{2}$，$\arctan 1$ 的值分别是多少？

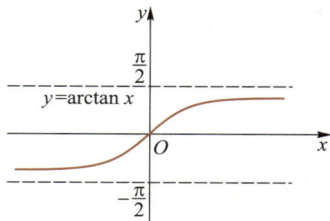

图 1.1.22

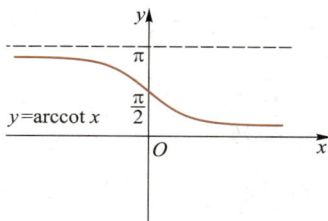

图 1.1.23

二、初等函数

定义 1.1.5   由基本初等函数经过有限次的四则运算和有限次的函数复合步骤所构成并可用一个式子表示的函数，称为**初等函数**.

每个初等函数总是由一些简单的初等函数构造得来的.例如，$y=\ln\left(1+\sqrt{x^2+1}\right)$ 由 $y=\ln u, u=1+v, v=\sqrt{w}, w=x^2+1$ 构成.

初等函数的范围十分广泛,但并不是看起来很简单的函数就一定是初等函数,初等函数是有严格定义的.有一个结论可以帮助我们确定一个函数是不是初等函数:**在函数的定义区间内,初等函数的图形是不间断的**.这意味着,如果函数在定义域内的某点处间断,那么它就不是初等函数.例如符号函数 $y = \operatorname{sgn} x$,

取整函数 $y = [x]$ 和狄利克雷函数 $y = D(x)$ 都不是初等函数.而 $y = \dfrac{|x|}{x} = \begin{cases} 1, & x > 0, \\ -1, & x < 0 \end{cases}$

是初等函数,因为 $x = 0$ 不是定义域中的点,在定义域 $\mathbf{R} \backslash \{0\}$ 内的每一点处函数都不间断.事实上, $|x| = \sqrt{x^2}$ 是一个初等函数.同理, $y = \sin \dfrac{1}{x}$ 也是一个初等函数(图 1.1.8).

我们以后会通过分段函数、隐函数、积分函数、微分方程、函数项级数等途径接触到很多非初等函数.

练习 1.1.3

1. 求函数 $y = \arcsin\left(\dfrac{\mathrm{e}^x}{2}\right)$ 在 $x = 0$ 时的取值,并判断这个函数的单调性.

2. 下列初等函数可以由哪些函数复合而成的:

(1) $y = (1+x)^{20}$; 　　　　(2) $y = (\arctan x^2)^2$.

1.1.4　初等函数论若干知识的回顾和补充

一、曲线与方程、参数方程和极坐标方程

方程是指含有变量的等式.方程的概念比函数的概念广得多.等式 $x = 0$ 是一个方程,它的图形是一条竖直线,但它不是一个函数;抛物线 $y^2 = 2x$ 是方程,但也不能化作某一个函数 $y = f(x)$,因为按照定义,一个自变量 x 不可以有两个因变量 y 使等式 $y = f(x)$ 成立.

如果一条平面曲线 C 上的点 (x, y) 都满足方程 $F(x, y) = 0$,而满足方程 $F(x, y) = 0$ 的点 (x, y) 都在曲线 C 上,则称 C 是**方程 $F(x, y) = 0$ 的曲线**, $F(x, y) = 0$ 是**曲线 C 的方程**.而函数 $y = f(x)$ 的图形也被称作**曲线 $y = f(x)$**.

1. 曲线的参数方程

在表示 x 与 y 的函数关系时,常常需要引入第三个变量(例如变量 t),通过一对函数

$$\begin{cases} x = \varphi(t), \\ y = \psi(t) \end{cases} \quad (t \in [\alpha, \beta] \text{ 为参变量}) \tag{1.1.5}$$

表示 x, y 之间的对应关系,这一对函数称为**参变量函数**,由参变量函数组成的方程组称为**参数方程**.参数方程确定的曲线就是 $C: \{(x, y) \mid x = \varphi(t), y = \psi(t), t \in [\alpha, \beta]\}$.

常见的平面曲线的参数方程有

(1)直线(常数 α 是直线的倾斜角,考虑 $\alpha \neq \dfrac{\pi}{2}$ 时)

$$\begin{cases} x = x_0 + t\cos \alpha, \\ y = y_0 + t\sin \alpha, \end{cases} \quad t \in (-\infty, +\infty) \Leftrightarrow y - y_0 = (x - x_0)\tan \alpha;$$

(2)圆

$$\begin{cases} x = x_0 + R\cos t, \\ y = y_0 + R\sin t, \end{cases} \quad t \in [0, 2\pi) \Leftrightarrow (x - x_0)^2 + (y - y_0)^2 = R^2;$$

(3)椭圆

$$\begin{cases} x = a\cos t, \\ y = b\sin t, \end{cases} \quad t \in [0, 2\pi) \Leftrightarrow \frac{x^2}{a^2} + \frac{y^2}{b^2} = 1;$$

(4)星形线(图 1.1.24)

$$\begin{cases} x = a\cos^3 t, \\ y = a\sin^3 t, \end{cases} \quad t \in [0, 2\pi) \Leftrightarrow x^{\frac{2}{3}} + y^{\frac{2}{3}} = a^{\frac{2}{3}};$$

(5)摆线(图 1.1.25)

$$\begin{cases} x = a(t - \sin t), \\ y = a(1 - \cos t), \end{cases} \quad t \in [0, 2\pi]$$

是半径为 a 的圆从原点开始在 x 轴上滚动时,圆周上起始于原点的那一点的运动轨迹.

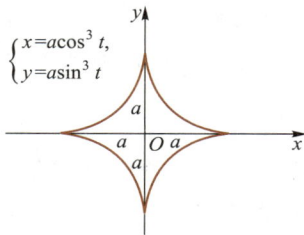

$$\begin{cases} x = a\cos^3 t, \\ y = a\sin^3 t \end{cases}$$

图 1.1.24

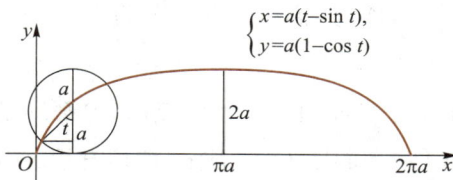

$$\begin{cases} x = a(t - \sin t), \\ y = a(1 - \cos t) \end{cases}$$

图 1.1.25

2. 曲线的极坐标方程

如图 1.1.26 所示,在平面内取一个定点 O,并引一条射线 Ox,再选定一个长度单位和角度的正方向(通常取逆时针方向),所建立的坐标系称为**极坐标系**,其中 O 称为**极点**,Ox 称为**极轴**.对于平面内的任意一点 P,用 ρ 表示线段 OP 的长度,θ 表示从 Ox 轴到 OP 的角度,ρ 和 θ 分别称为点 P 的**极径**和**极角**.有序数组 (ρ,θ) 称为点 P 的**极坐标**.

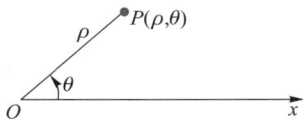

图 1.1.26

建立极坐标系后,给定的 ρ 和 θ 就可以唯一地确定平面上的一点.但是反过来,平面上任何一点,可以有无数多种极坐标表示法,因为 $(\rho,\theta+2k\pi)$ $(k\in\mathbf{Z})$ 表示同一点.如果限定 $\theta\in[0,2\pi)$ 或 $\theta\in(-\pi,\pi]$,平面上的点就有唯一的极坐标与之对应,极点 O 除外;极点 O 的极坐标的特点是:$\rho=0$(θ 可任意取).在具体应用中,通常根据实际需要而规定 $\theta\in[0,2\pi)$ 或 $\theta\in(-\pi,\pi]$.

如果在平面上同时建立直角坐标系和极坐标系,使极点与原点重合,极轴与 x 轴重合,那么点 P(原点除外)的直角坐标 $P(x,y)$ $(x\neq0)$ 和极坐标 $P(\rho,\theta)$ 具有如下转换关系:

$$\begin{cases} x=\rho\cos\theta, \\ y=\rho\sin\theta, \end{cases} \quad \rho=\sqrt{x^2+y^2}, \quad \theta=\arctan\frac{y}{x}+k\pi \quad (k=0,-1,1 \text{ 中之一}).$$

$$(1.1.6)$$

当 $x=0,y>0$ 时,点 $P(x,y)$ 在 y 轴的正半轴上,$\theta=\dfrac{\pi}{2}$;

当 $x=0,y<0$ 时,点 $P(x,y)$ 在 y 轴的负半轴上,$\theta=\dfrac{3\pi}{2}$ 或 $\theta=-\dfrac{\pi}{2}$.

在极坐标系中,曲线可以用含有变量 ρ 和 θ 的方程 $\varphi(\rho,\theta)=0$ 来表示,这种方程称为**极坐标方程**.常用的极坐标方程有

(1)射线

$$\theta=\alpha \quad (\alpha \text{ 为常数}).$$

(2)直线

$$A\rho\cos\theta+B\rho\sin\theta+C=0.$$

(3)圆(图 1.1.27)

$$\rho=R,\theta\in[0,2\pi)\Leftrightarrow x^2+y^2=R^2.$$

圆心在 x 轴上且与 y 轴相切的圆(图 1.1.28)

$$\rho=2R\cos\theta,\theta\in\left(-\frac{\pi}{2},\frac{\pi}{2}\right]\Leftrightarrow(x-R)^2+y^2=R^2.$$

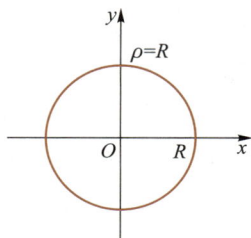

图 1.1.27

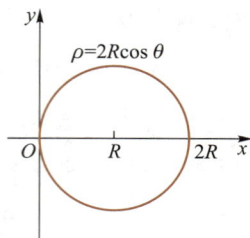

图 1.1.28

（4）心形线（也称外摆线）（图 1.1.29 和图 1.1.30）

$$\rho=a(1-\cos\theta) \text{ 和 } \rho=a(1+\cos\theta), \quad \theta\in[0,2\pi).$$

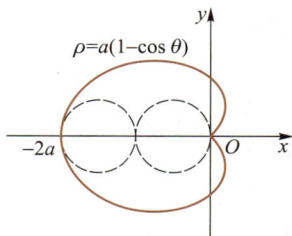

图 1.1.29

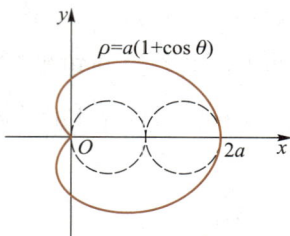

图 1.1.30

（5）玫瑰线（如图 1.1.31 和图 1.1.32）

$$\rho=a\cos 2\theta \text{ 和 } \rho=a\sin 3\theta, \rho\in[0,2\pi)$$

它们分别被称为四叶玫瑰线和三叶玫瑰线.

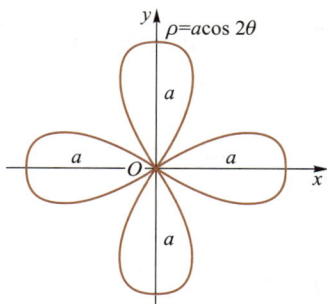

图 1.1.31

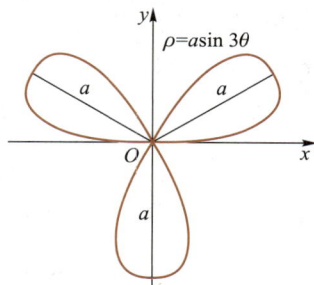

图 1.1.32

（6）双纽线（图 1.1.33）

$$\rho^2=a^2\cos 2\theta, \quad \theta\in\left(-\frac{\pi}{4},\frac{\pi}{4}\right)\cup\left[\frac{3\pi}{4},\frac{5\pi}{4}\right).$$

（7）阿基米德螺线（图 1.1.34）

$$\rho=a\theta.$$

螺线有很多种，对数螺线 $\rho=e^{a\theta}$ 与阿基米德螺线形状大致相同，双曲螺线 $\rho\theta=a$

却有一条水平渐近线.

当曲线由函数 $\rho = f(\theta)$，$\theta \in D$ 表示时，那么其直角坐标下的参数方程可以表示为

$$\begin{cases} x = f(\theta)\cos\theta, \\ y = f(\theta)\sin\theta, \end{cases} \quad \theta \in D. \tag{1.1.7}$$

例如，将阿基米德螺线 $\rho = a\theta$ 写成直角坐标系下的参数方程，为

$$\begin{cases} x = a\theta\cos\theta, \\ y = a\theta\sin\theta \end{cases} \quad (\theta \geqslant 0).$$

阿基米德（Archimedes，公元前 287—前 212），古希腊哲学家、科学家、数学家.

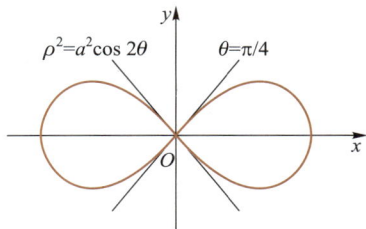

图 1.1.33

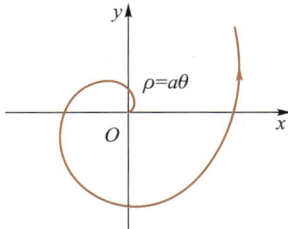

图 1.1.34

为把直角坐标方程转化为极坐标方程，只需在方程中代入 $\begin{cases} x = \rho\cos\theta, \\ y = \rho\sin\theta. \end{cases}$ 例如，直线

$x + 2y - 3 = 0$ 转化为 $\rho\cos\theta + 2\rho\sin\theta - 3 = 0$，即 $\rho = \dfrac{3}{\cos\theta + 2\sin\theta}$.

把极坐标方程转化为直角坐标方程时，如果凑出 $\rho\cos\theta$，$\rho\sin\theta$ 和 ρ^2，就能分别代入 x，y 和 $x^2 + y^2$，例如方程 $\rho = 2\sin\theta$，两边乘以 ρ，即得 $\rho^2 = 2\rho\sin\theta$，从而有 $x^2 + y^2 = 2y$（圆）.

二、三角恒等式与三角不等式

1. 三角公式

除了图 1.1.19 所示的几类三角函数公式外，本书将会用到以下常用的三角函数公式：

（1）诱导公式

$$\sin\left(x + \frac{\pi}{2}\right) = \cos x, \quad \cos\left(x + \frac{\pi}{2}\right) = -\sin x,$$

$$\sin(x + n\pi) = (-1)^n\sin x, \quad \cos(x + n\pi) = (-1)^n\cos x;$$

（2）和角公式

$$\sin(x + y) = \sin x\cos y + \cos x\sin y, \quad \cos(x + y) = \cos x\cos y - \sin x\sin y;$$

（3）倍角公式

$$\sin 2x = 2\sin x\cos x, \quad \cos 2x = \cos^2 x - \sin^2 x = 2\cos^2 x - 1 = 1 - 2\sin^2 x;$$

（4）降次公式

$$\sin^2 x = \frac{1-\cos 2x}{2}, \quad \cos^2 x = \frac{1+\cos 2x}{2};$$

（5）辅助角公式

$$a\sin x + b\cos x = \sqrt{a^2+b^2}\sin(x+\varphi), \text{ 其中 } \tan\varphi = \frac{b}{a}(a,b\neq 0);$$

（6）万能代换公式

令 $\tan\dfrac{x}{2} = t$，则 $\sin x = \dfrac{2t}{1+t^2}$, $\cos x = \dfrac{1-t^2}{1+t^2}$, $\tan x = \dfrac{2t}{1-t^2}$ $(t^2\neq 1)$;

（7）积化和差公式

$$\sin x\cos y = \frac{1}{2}[\sin(x+y)+\sin(x-y)],$$

$$\cos x\sin y = \frac{1}{2}[\sin(x+y)-\sin(x-y)],$$

$$\cos x\cos y = \frac{1}{2}[\cos(x+y)+\cos(x-y)],$$

$$\sin x\sin y = -\frac{1}{2}[\cos(x+y)-\cos(x-y)];$$

（8）和差化积公式

$$\sin x + \sin y = 2\sin\frac{x+y}{2}\cos\frac{x-y}{2},$$

$$\sin x - \sin y = 2\cos\frac{x+y}{2}\sin\frac{x-y}{2},$$

$$\cos x + \cos y = 2\cos\frac{x+y}{2}\cos\frac{x-y}{2},$$

$$\cos x - \cos y = -2\sin\frac{x+y}{2}\sin\frac{x-y}{2}.$$

2. 反三角函数恒等式

以下摘选一些反三角函数恒等式：

（1）$\arcsin(\sin x) = x, x\in\left[-\dfrac{\pi}{2},\dfrac{\pi}{2}\right]$;

$\sin(\arcsin x) = x, x\in[-1,1].$

(2) $\cos(\arcsin x) = \sqrt{1-x^2}$, $x \in [-1, 1]$;

$\sin(\arccos x) = \sqrt{1-x^2}$, $x \in [-1, 1]$.

(3) $\tan(\operatorname{arccot} x) = \dfrac{1}{x}$ $(x \neq 0)$,

$\cot(\arctan x) = \dfrac{1}{x}$ $(x \neq 0)$.

(4) $\arcsin x + \arccos x = \dfrac{\pi}{2}$, $x \in [-1, 1]$;

$\arctan x + \operatorname{arccot} x = \dfrac{\pi}{2}$, $x \in (-\infty, +\infty)$.

3. 基本三角不等式

设 $x \in \left(0, \dfrac{\pi}{2}\right)$, 则总有**基本三角不等式**

$$\sin x < x < \tan x. \tag{1.1.8}$$

如图 1.1.35 所示, 设单位圆 O 的圆心角 $\angle AOB = x\left(0 < x < \dfrac{\pi}{2}\right)$, 过点 A 作切线与 OB 的延长线相交于点 C, 得直角三角形 $\triangle ACO$. 于是有面积关系

$$S_{\triangle OAB} < S_{\text{扇形}OAB} < S_{\triangle OAC},$$

即

$$\frac{1}{2}\sin x < \frac{1}{2}x < \frac{1}{2}\tan x,$$

从而

$$\sin x < x < \tan x.$$

这个不等式可以有很多与三角函数相关的拓展结论. 例如:

(1) 对任何两点 $x_1, x_2 \in \mathbf{R}$, 总有

$$|\sin x_2 - \sin x_1| \leqslant |x_2 - x_1|. \tag{1.1.9}$$

因为, 由和差化积公式有

$$|\sin x_2 - \sin x_1| = \left|2\cos\frac{x_2+x_1}{2}\sin\frac{x_2-x_1}{2}\right| \leqslant 2\left|\sin\frac{x_2-x_1}{2}\right| \leqslant |x_2-x_1|.$$

(2) 在 (1.1.8) 式三边同除以 $\sin x$, 得 $1 < \dfrac{x}{\sin x} < \dfrac{1}{\cos x}$, 然后一起求倒数, 得到: 当 $x \in \left(0, \dfrac{\pi}{2}\right)$ 时,

注 这些公式的证明方法很简单, 只需要令其中某个反三角函数值为 θ, 并确定它的取值范围. 例如, 为证 $\cos(\arcsin x) = \sqrt{1-x^2}$, 令 $\arcsin x = \theta$, 则 $\sin\theta = x$, 因为 $\theta \in \left[-\dfrac{\pi}{2}, \dfrac{\pi}{2}\right]$, 所以 $\cos\theta = \sqrt{1-x^2}$, 即 $\cos(\arcsin x) = \sqrt{1-x^2}$. 又如, 为证 $\arcsin x + \arccos x = \dfrac{\pi}{2}$, 令 $\arccos x = \theta$, 则 $\cos\theta = x$ 且 $\theta \in [0, \pi]$, 即 $\sin\left(\dfrac{\pi}{2} - \theta\right) = x$, 因为 $\dfrac{\pi}{2} - \theta \in \left[-\dfrac{\pi}{2}, \dfrac{\pi}{2}\right]$, 得到 $\arcsin x = \dfrac{\pi}{2} - \theta$, 从而 $\arcsin x + \arccos x = \dfrac{\pi}{2}$.

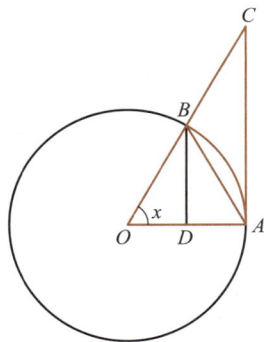

图 1.1.35

$$\cos x < \frac{\sin x}{x} < 1. \tag{1.1.10}$$

三、分式的分解

在导数、积分等运算中,常常需要将分母复杂的分式分解为若干最简的分式之和.例如

$$\frac{1}{x^2-a^2}=\frac{1}{2a}\left(\frac{1}{x-a}-\frac{1}{x+a}\right), \qquad \frac{4x}{x^2+2x-3}=\left(\frac{1}{x-1}+\frac{3}{x+3}\right).$$

像这样的运算称为分式分解.分式分解的一般规律需从多项式的根说起.

代数学基本定理告诉我们:任何复系数 n 次一元多项式必有 n 个根(重根按重数计算).对于实系数多项式 $P_n(x)$,若复数 $z_1=a+bi$ 是它的根,即 $P_n(z_1)=0$,对此式两边取共轭运算,即得 $P_n(\overline{z_1})=0$,这说明共轭复数 $\overline{z_1}=a-bi$ 也是 $P_n(x)$ 的根.所以 $P_n(x)$ 的分解式中含有因子

$$(x-z_1)(x-\overline{z_1})=(x-a-bi)(x-a+bi)=(x-a)^2+b^2.$$

上式右端是一个二次三项式,可以化为 x^2+px+q $(p^2-4q<0)$ 的形式.因此,任何实系数多项式可以唯一写成分解式

$$P_n(x)=x^n+\beta_1 x^{n-1}+\cdots+\beta_n=(x-a_1)^{\lambda_1}\cdots(x-a_s)^{\lambda_s}(x^2+p_1x+q_1)^{\mu_1}\cdots(x^2+p_tx+q_t)^{\mu_t}.$$

$$\tag{1.1.11}$$

对于分式来说,任何分式(如果不是真分式)都可以化为多项式与真分式之和.这是因为,设 $R(x)=\dfrac{P_m(x)}{P_n(x)}(m\geqslant n)$,可将分子写作 $P_m(x)=Q(x)P_n(x)+r(x)$ 的形式,这个结构就是"被除式=商×除式+余式".具体的做法通常有"凑分母"和"列除式"两种,例如,为转化分式 $R(x)=\dfrac{x^4+3x^3}{x^2+x+1}$,可将分子写为

$$\begin{aligned}
x^4+3x^3 &=x^2(x^2+x+1)+2x^3-x^2=x^2(x^2+x+1)+2x(x^2+x+1)-3x^2-2x\\
&=(x^2+2x)(x^2+x+1)-3(x^2+x+1)+x+3\\
&=(x^2+2x-3)(x^2+x+1)+(x+3).
\end{aligned}$$

从而,$\dfrac{x^4+3x^3}{x^2+x+1}=x^2+2x-3+\dfrac{x+3}{x^2+x+1}$.

对于真分式 $\dfrac{P_m(x)}{P_n(x)}$ $(m<n)$,举例来说.设 $P_n(x)=Q_1(x)Q_2(x)$,则存在多项式 $q_1(x),q_2(x)$ 使得

$$\frac{P_m(x)}{P_n(x)}=\frac{q_1(x)}{Q_1(x)}+\frac{q_2(x)}{Q_2(x)},$$

即 $\dfrac{P_m(x)}{P_n(x)}$ 按原来的分母上的因子可分解为两个真分式之和;同理,如果分母上有三个乘积因子,这个分式就可以分解为三个真分式,它们的分母分别就是这三个因子,依此类推.这些单因子的真分式无非就是两种形式,它们都可以进一步分解为分子也是简单的形式,即

$$\frac{P_m}{(x-a)^k}=\frac{A_1}{(x-a)}+\frac{A_2}{(x-a)^2}+\cdots+\frac{A_k}{(x-a)^k}\quad(m<k),\qquad(1.1.12)$$

$$\frac{P_m(x)}{(x^2+px+q)^k}=\frac{B_1x+C_1}{(x^2+px+q)}+\frac{B_2x+C_2}{(x^2+px+q)^2}+\cdots+\frac{B_kx+C_k}{(x^2+px+q)^k}\quad(m<2k).\;(1.1.13)$$

因此,任何真分式都可以唯一地分解为若干"基本的"真分式之和.例如,

$$\frac{2x^4-x^3+4x^2+9x-10}{(x-2)(x+2)^2(x^2-x+1)}=\frac{A_0}{x-2}+\frac{A_1}{x+2}+\frac{A_2}{(x+2)^2}+\frac{Bx+C}{x^2-x+1},$$

比较系数或常变量代入若干常数,可以求得 $A_0=1,A_1=2,A_2=-1,B=-1,C=1$.

练习 1.1.4

1. 证明恒等式: $\arctan x+\operatorname{arccot} x=\dfrac{\pi}{2}$.

2. 用极坐标表示直角坐标系下的方程:

(1) $x^2+y^2=2y$;　　　　(2) $(x^2+y^2)^2=a^2(x^2-y^2)$.

3. 试写出下列分式的标准分解式

(1) $\dfrac{x^2+1}{(x+1)^2(x-1)}$;　　　　(2) $\dfrac{-x^2-2}{(x^2+x+1)^2}$

习题 1.1

1. 在 $[0,+\infty)$ 内,下列函数无界的是( ).

(A) $y=\dfrac{1}{1+x^2}$　　　　(B) $y=\mathrm{e}^{-\frac{x^2}{2}}$　　　　(C) $y=\cos 2x$　　　　(D) $y=x^2\sin x$

2. 函数 $f(x)=x(\mathrm{e}^x-\mathrm{e}^{-x})$ 在其定义域 $(-\infty,+\infty)$ 内是( ).

(A) 有界函数　　　　(B) 单调增加函数　　　　(C) 偶函数　　　　(D) 周期函数

3. 为使 $y=\arcsin(u-2),u=2-|x|$ 构成 x 的复合函数,则 x 的取值范围是_____.

4. 函数 $f(\sin x)=2+\cos 2x$,则 $f(\cos x)=$_____.

5. 函数 $f(x)=\arctan(\sin 2x)$ 的图形的对称中心为_____,当 $x=$_____时取最大值.

6. 证明:(1)奇函数与奇函数之和仍为奇函数;(2)奇函数与奇函数的乘积是偶函数.

* *

7. 求证函数 $f(x)=\dfrac{x+2}{x^2+1}$ 在 $(-\infty,+\infty)$ 内有界.

8. 求证:若 $f(x)$ 以任何正数为周期,则 $f(x)$ 为常数函数.

9. 求下列函数的反函数:

(1) $y=\dfrac{\mathrm{e}^x-\mathrm{e}^{-x}}{2}$(称为双曲正弦函数,记作 $y=\mathrm{sh}\,x$);

(2) $y=\ln(x+\sqrt{x^2-1})$(称为反双曲余弦函数,记作 $y=\mathrm{arch}\,x$);

(3) $y=-\sqrt{2x-x^2}$ $(x\in[1,2])$(一段圆弧);

(4) $y=\pi+\arctan\dfrac{x}{2}$.

10. 试作函数 $y=\begin{cases}x^2+1, & x>1,\\ 0, & x=1,\\ x^2-1, & x<1\end{cases}$ 的图形并讨论其单调性.

11. 试写出下列函数的复合过程:

(1) $y=(2x-5)^{100}$;   (2) $y=f^2(\mathrm{e}^{-x})$;   (3) $y=\ln^3(\arccos(x^2))$.

12. 求下列函数的值域:

(1) $y=x-[x]$;   (2) $y=\arcsin(\ln x)$.

13. 画出下列函数的图形:

(1) $y=\mathrm{sgn}(\sec x)$;   (2) $y=x-[x]$;   (3) $y=\max\left\{1,x,\dfrac{x^2}{2}\right\}$.

14. (1) 利用函数 $f(x)=x^3-3x^2$ 构造两个新的函数 $g(x)$,使它满足图 1.1.36 给出的信息.

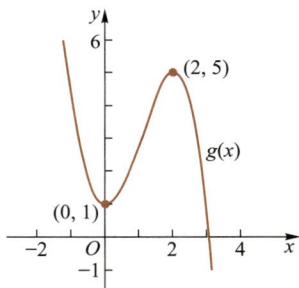 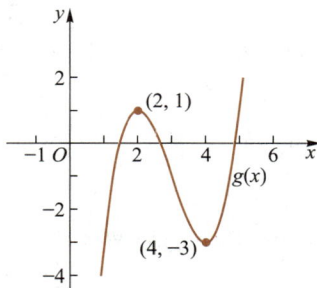

(a)   (b)

图 1.1.36

(2) 已知图 1.1.37 中各图都是多项式的图形,试写出它们的最低次数以及最高次项所带的符号.

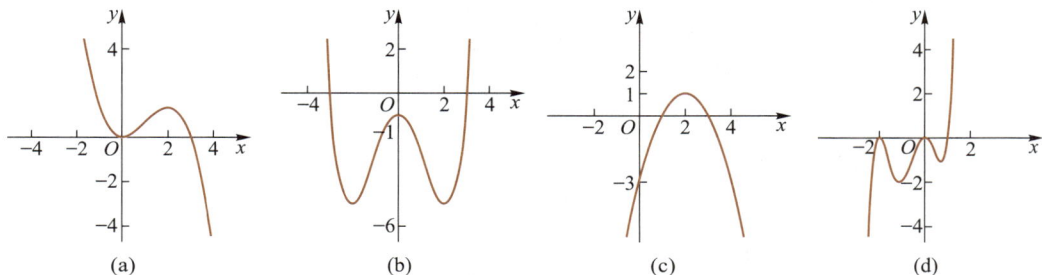

图 1.1.37

15. 设函数 $y=f(x)$, $x \subset D_1$, 若有函数 $y=F(x)$, $x \subset D$, $D_1 \subset D$, 使当 $x \subset D_1$ 时 $F(x)=f(x)$, 则称 $F(x)$ 是 $f(x)$ 在 D 上的延拓, $f(x)$ 是 $F(x)$ 在 D_1 上的限制.

已知在区间 $[0,\pi]$ 上, $f(x)=2-|x-2|$, 试将 $f(x)$ 延拓成

(1) $[-\pi,\pi]$ 上的奇周期函数和偶函数;   (2) $(-\infty,+\infty)$ 上的以 2π 为周期的偶函数.

16. 一个大房间里有两个相距 3 m 的扬声器. 如图 1.1.38 所示, 一个扬声器的声强 I 是另一个扬声器的两倍. 假设听众可以自由地在房间里走动, 找到那些从两个扬声器接收到的音量相同的位置. 这样的位置满足两个条件: (a) 听众位置的声强与音量成正比; (b) 听众位置的声强与到声源的距离的平方成反比.

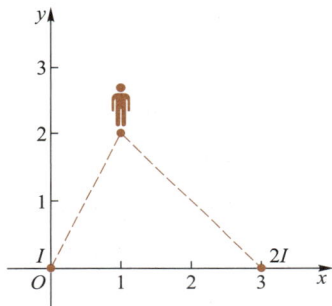

图 1.1.38

(1) 找出 x 轴上从两个扬声器接收相同音量的点;

(2) 如果在点 (x,y) 处可以收到来自两个扬声器的相同的音量, 求此点所满足的方程, 并画出草图.

* *

17. 设 $f(x)$ 为定义在 $(-\infty,+\infty)$ 内以 T 为周期的函数, a 为实数. 证明: 若 $f(x)$ 在 $[a,a+T]$ 上有界, 则 $f(x)$ 在 $(-\infty,+\infty)$ 内有界.

18. 设 $f(x)$ 和 $g(x)$ 都是 (a,b) 内的初等函数, 定义 $M(x)=\max\{f(x),g(x)\}$, $m(x)=\min\{f(x)$, $g(x)\}$, $x \in (a,b)$. 试证

(1) $M(x)$ 和 $m(x)$ 也为初等函数;

(2) 设 $f(x)$, $g(x)$ 为递增函数, 则 $M(x)$ 和 $m(x)$ 也为递增函数.

19. 设 $f(0)=0$, 且 $x \neq 0$ 时 $f(x)$ 满足 $af(x)+bf\left(\dfrac{1}{x}\right)=\dfrac{c}{x}$, 这里 a,b,c 为常数, $|a| \neq |b|$. 试证: $f(x)$ 为奇函数.

*20. 已知 $f(x)$ 是一个奇函数, 且存在 $a \neq 0$ 满足 $f(a+x)=f(a-x)$, 证明 $f(x)$ 是一个周期函数.

§1.2　极限的概念和运算法则

1.2.1　数列的极限

一、数列的有关概念

以正整数集 $\mathbf{N}^*$ 为定义域的函数 $f(n)$ 按 $f(1),f(2),\cdots,f(n),\cdots$ 排列的一列实数称为**数列**,通常用 $a_1,a_2,\cdots,a_n,\cdots$ 表示,a_n 称为**通项**.数列可以表示为 $a_n=f(n)$,也可以表示为 $\{a_n\}$.

例如 $2,4,8,\cdots,2^n,\cdots$ 可表示为 $\{2^n\}$ 或 $a_n=2^n$.但有些数列难以用函数解析式表示,如 $\sqrt{3},\sqrt{3+\sqrt{3}},\cdots,\sqrt{3+\sqrt{3+\sqrt{3+\cdots+\sqrt{3}}}},\cdots$,可以考虑用递推或列举法来描述.

我们也可从另一种角度认识数列:数列对应着数轴上一个点列.可以看作一动点在数轴上依次取值(图 1.2.1).

图 1.2.1

由于数列是一种函数,描述函数特性的一些有关的概念可以迁移到数列上来,但在习惯用法上会有所不同.

（1）有界性

对于数列 $\{a_n\}$,若存在正数 M,使得对一切正整数 n,恒有 $|a_n|\leqslant M$ 成立,则称数列 $\{a_n\}$ 有界,否则称为无界.数轴上对应于有界数列的点 a_n 都落在闭区间 $[-M,M]$ 上.

例如,数列 $a_n=\dfrac{n}{n+1}$ 有界;数列 $a_n=2^n$ 无界.

若存在实数 A,对一切 n 都有 $a_n\geqslant A$,则称 $\{a_n\}$ 有下界,A 是其下界;同样,若存在 B,对一切 n 都有 $a_n\leqslant B$,则称 $\{a_n\}$ 有上界,B 是其上界.

（2）单调性

若数列 $\{a_n\}$ 满足

$$a_1\leqslant a_2\leqslant\cdots\leqslant a_n\leqslant\cdots$$
$$(a_1\geqslant a_2\geqslant\cdots\geqslant a_n\geqslant\cdots),$$

则称 $\{a_n\}$ 为**单调递增（单调递减）**数列.单调递增数列和单调递减数列统称为单调数列.

> **注**　与函数的单调性略有不同,数列的单调性是可以包括等值的.

（3）子列

数列 $\{a_n\}$ 在保持原有顺序的情况下，任取其中无穷多项构成的新数列称为 $\{a_n\}$ 的子数列，简称**子列**.记作 $a_{n_1}, a_{n_2}, \cdots, a_{n_k}, \cdots$，即 $\{a_{n_k}\}$.

在子列 $\{a_{n_k}\}$ 中，一般项 a_{n_k} 是第 k 项，而 a_{n_k} 在原数列 $\{a_n\}$ 中却是第 n_k 项，显然有

$$n_k \geqslant k.$$

子列实际上是函数 a_n 和 $n = n_k$ 的复合函数.例如，在数列 $\{a_n\}$ 中取其中的偶数项就是令 $n_k = 2k$，形成子列 $\{a_{2k}\}$，$k = 1, 2, \cdots$；取奇数项形成的子列就是 $\{a_{2k-1}\}$.

二、数列极限的定义

我们来观察数列 $a_n = 1 + \dfrac{(-1)^{n-1}}{n}$ 当 n 趋于无穷

大（记作 $n \to \infty$）时的变化趋势.

> **注** 由于 n 是正整数，$n \to \infty$ 中的 ∞ 被默认是 $+\infty$.

问题 当 n 无限增大时，a_n 是否无限**接近**于某一确定的数值？ 如果是，如何用数学语言描述这种接近？

通过对图 1.2.2 的观察可知，当 n 无限增大时，

$a_n = 1 + \dfrac{(-1)^{n-1}}{n}$ 对应的点无限接近于直线 $y = 1$.

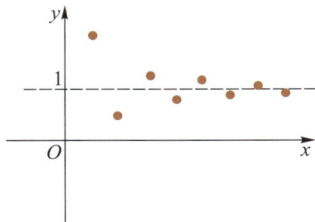

我们用点到直线的距离 $|a_n - 1|$ 来观察，显然，

$$|a_n - 1| = \left| (-1)^{n-1} \frac{1}{n} \right| = \frac{1}{n}.$$

图 1.2.2

给定（接近程度）$\dfrac{1}{100}$，由 $\dfrac{1}{n} < \dfrac{1}{100}$ 知，只要 $n > 100$，就有 $|a_n - 1| < \dfrac{1}{100}$.

给定 $\dfrac{1}{1\,000}$，只要 $n > 1\,000$，就有 $|a_n - 1| < \dfrac{1}{1\,000}$.

给定 $\dfrac{1}{10\,000}$，只要 $n > 10\,000$，就有 $|a_n - 1| < \dfrac{1}{10\,000}$.

一般地，给定 $\varepsilon > 0$，存在正整数 $N\left(= \left[\dfrac{1}{\varepsilon} \right] \right)$，只要 $n > N$，就有 $n \geqslant N + 1 > \dfrac{1}{\varepsilon}$，则

$$|a_n - 1| = \frac{1}{n} < \varepsilon.$$

也就是说，对于任何要求达到的接近程度，都存在一个正整数 N，使得数列 $\{a_n\}$ 从这一项以后的所有项都能满足要求.

定义 1.2.1 设 $\{a_n\}$ 是一个数列，a 为一个定数.如果对任意给定的正数 ε（不论它多么小），总存在正整数 N，使得对于 $n > N$ 时的一切 a_n，不等式

$$|a_n - a| < \varepsilon$$

都成立,那么就称常数 a 是数列 $\{a_n\}$ 的**极限**,或者称数列 $\{a_n\}$ **收敛**于 a,记为 $\lim\limits_{n\to\infty} a_n = a$,或 $a_n \to a\,(n\to\infty)$.

注　习惯上 ε 都表示"非常微小"的正数. $n > N$ 时的 n 称为"充分大的 n".

如果数列 $\{a_n\}$ 没有极限,那么就说数列 $\{a_n\}$ 是**发散**的.

用数学符号语言描述极限定义就是:

$$\lim_{n\to\infty} a_n = a \Leftrightarrow \forall\, \varepsilon > 0,\ \exists\, N \in \mathbf{N}^*,\ \text{当 } n > N \text{ 时,有 } |a_n - a| < \varepsilon.$$

从几何角度来看,不等式 $|a_n - a| < \varepsilon$ 刻画 a_n 与 a 的接近有两种解释:

（1）当 $n > N$ 时,数轴上所有的点 a_n 都落在区间 $(a-\varepsilon, a+\varepsilon)$ 内,只有有限个（至多只有 N 个）落在其外（图 1.2.3）.

（2）当 $n > N$ 时,二维坐标平面上的图形（离散点）$\{(n, a_n) \mid n \in \mathbf{N}^*\}$ 都落在带域 $\{(x, y) \mid a-\varepsilon < y < a+\varepsilon\}$ 之内,至多只有前 N 个点落在其外（图 1.2.4）.

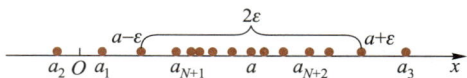

图 1.2.3

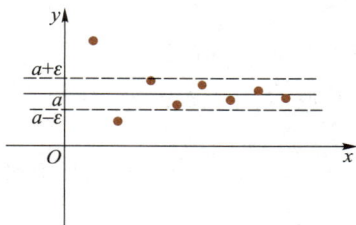

图 1.2.4

例 1.2.1　利用定义证明 $\lim\limits_{n\to\infty} \dfrac{3n+1}{2n+1} = \dfrac{3}{2}$.

证（放大法）　对任给 $\varepsilon > 0$,由

$$\left| \frac{3n+1}{2n+1} - \frac{3}{2} \right| = \left| \frac{1}{2(2n+1)} \right| < \frac{1}{4n} < \frac{1}{n} < \varepsilon,$$

故存在正整数 $N = \left[\dfrac{1}{\varepsilon} \right]$,当 $n > N$ 时

$$\left| \frac{3n+1}{2n+1} - \frac{3}{2} \right| < \varepsilon.$$

从而

$$\lim_{n\to\infty} \frac{3n+1}{2n+1} = \frac{3}{2}.$$

思考题 1.2.1　如何用放大法证明 $\lim\limits_{n\to\infty} \dfrac{2n+100}{n^2+2n-1} = 0$?

注　用定义证明数列极限的存在性时,关键是对任意给定 $\varepsilon > 0$,寻找正整数 N,但不必要求最小的 N. N 与任意给定的正数 ε 有关,但不能说 N 就是 ε 的函数,因为给定一个 ε,可以确定无穷多个（而不是唯一的）N.

☆**例 1.2.2** 证明：

(1) $\lim\limits_{n\to\infty} C = C$($C$ 为常数)；   (2) $\lim\limits_{n\to\infty} \dfrac{1}{n^\alpha} = 0$($\alpha>0$)；

(3) $\lim\limits_{n\to\infty} q^n = 0$($|q|<1$)；   (4) $\lim\limits_{n\to\infty} \sqrt[n]{a} = 1$($a>0$).

证 (1) 令 $a_n = C$. 任给 $\varepsilon>0$，因为对于一切正整数 N，当 $n>N$ 时，

$$|a_n - C| = |C - C| = 0 < \varepsilon.$$

所以 $\lim\limits_{n\to\infty} a_n = C$.

(2) 因为对任意 $\varepsilon>0$，存在正整数 $N = \left[\dfrac{1}{\varepsilon^{\frac{1}{\alpha}}}\right]$，当 $n>N$ 时，

$$\left|\dfrac{1}{n^\alpha} - 0\right| < \varepsilon.$$

所以 $\lim\limits_{n\to\infty} \dfrac{1}{n^\alpha} = 0$.

(3) 若 $q=0$，则 $\lim\limits_{n\to\infty} q^n = \lim\limits_{n\to\infty} 0 = 0$；

若 $0<|q|<1$，对任意 $\varepsilon>0$，由

$$|a_n - 0| = |q^n| < \varepsilon,$$

知 $n\ln|q| < \ln\varepsilon$，故 $n > \dfrac{\ln\varepsilon}{\ln|q|}$，取正整数 $N = \left[\dfrac{\ln\varepsilon}{\ln|q|}\right]$，则当 $n>N$，就有 $|q^n - 0| < \varepsilon$，所以 $\lim\limits_{n\to\infty} q^n = 0$.

注 当 $q=-1$ 或 $|q|>1$ 时，$|q^n|$ 是发散数列，可以利用下面马上要介绍的极限的性质来证明.

(4) 当 $a=1$ 时，$a^{\frac{1}{n}} \equiv 1$，结论显然成立.

当 $a>1$ 时，任给 $\varepsilon>0$，存在正整数 $N = \left[\dfrac{1}{\log_a(1+\varepsilon)}\right]$，根据指数函数 a^x 的单调递增性，当 $n>N$ 时，

$$\left|a^{\frac{1}{n}} - 1\right| = a^{\frac{1}{n}} - 1 < \varepsilon.$$

当 $0<a<1$ 时，任给 $\varepsilon>0$，存在正整数 $N = \left[\dfrac{1}{\log_a(1-\varepsilon)}\right]$，根据指数函数 a^x 的单调递减性，当 $n>N$ 时，

思考题 1.2.2 "$\forall\varepsilon>0$，$\exists N\in \mathbf{N}^*$，当 $n\geqslant N$ 时，$|a_n-a|\leqslant 2\varepsilon$"，这个描述能否作为 $\lim\limits_{n\to\infty} a_n = a$ 的定义？

$$\left|a^{\frac{1}{n}} - 1\right| = 1 - a^{\frac{1}{n}} < \varepsilon.$$

综上所述，$\lim\limits_{n\to\infty} \sqrt[n]{a} = 1$. 证毕.

三、数列极限的基本性质

这里的数列极限定理在后续出现的函数极限性质中都有变式.

定理 1.2.1（极限的唯一性）　收敛数列的极限必唯一.

证　反证法.设 $\lim\limits_{n\to\infty} a_n = a$ 又 $\lim\limits_{n\to\infty} a_n = b$,且 $a \neq b$.由极限定义,任给 $\varepsilon > 0$,存在正整数 N_1, N_2,使得当 $n > N_1$ 时,恒有 $a - \varepsilon < a_n < a + \varepsilon$,当 $n > N_2$ 时,恒有 $b - \varepsilon < a_n < b + \varepsilon$.取 $N = \max\{N_1, N_2\}$,不妨设 $a < b$(图 1.2.5),且令 $\varepsilon = \dfrac{b-a}{2}$,则当 $n > N$ 时,有

$$a_n < a + \varepsilon = \frac{a+b}{2} = b - \varepsilon < a_n,$$

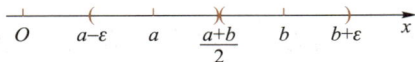

图 1.2.5

矛盾,故收敛数列不可能有两个极限.证毕.

定理 1.2.2（收敛数列的有界性）　收敛数列必为有界数列.

证　设 $\lim\limits_{n\to\infty} a_n = a$.在数列极限定义中,取 $\varepsilon = 1$,则存在正整数 N,使得当 $n > N$ 时,$|a_n - a| < 1$,即有

$$|a_n| = |a_n - a + a| \leqslant |a_n - a| + |a| < 1 + |a|,$$

从而 $|a_n| < |a| + 1$.记

$$M = \max\{|a_1|, \cdots, |a_N|, |a| + 1\},$$

则对一切自然数 n,均有 $|a_n| \leqslant M$,故 $\{a_n\}$ 有界.证毕.

> **注**　有界性是数列收敛的必要条件,但有界数列未必收敛,例如数列 $\{(-1)^n\}$ 就是发散的.

利用这个定理可以证明数列 $\{n^\alpha\}$($\alpha > 0$)和 $\{q^n\}$($|q| > 1$)都是发散的.

定理 1.2.3　(1)（收敛数列的保号性）若 $\lim\limits_{n\to\infty} a_n = a$ 且 $a > 0$(<0),则存在正整数 N,当 $n > N$ 时,$a_n > 0$(<0);

(2) 若 $\lim\limits_{n\to\infty} a_n = a$ 且 $a_n > 0$(<0),则 $a \geqslant 0$($\leqslant 0$).

> **注**　保号性定理表明:若数列的极限为正,则该数列从某一项开始以后所有项也为正;若数列的各项都为正数,它的极限可能不是正数,但有可能为零,例如数列 $\left\{\dfrac{1}{n}\right\}$,它的极限为零.

证　(1) 设 $a > 0$,取 $\varepsilon = \dfrac{a}{2}$,则存在正整数 N,使当 $n > N$ 时,有 $|a_n - a| < \varepsilon = \dfrac{a}{2}$,即

$$0 < \frac{a}{2} < a_n < \frac{3}{2}a.$$

(2) 是(1)的逆否命题,所以成立.证毕.

推论 1.2.1（收敛数列的保序性）　(1) 若 $\lim\limits_{n\to\infty} a_n = a$,$\lim\limits_{n\to\infty} b_n = b$,且 $a < b$,则存在正整数 N,当 $n > N$ 时,$a_n < b_n$;

> **注**　由保序性可以知道,若 $\lim\limits_{n\to\infty} a_n = A$,$a_n \in [a, b]$($n = 1, 2, \cdots$),则 $A \in [a, b]$.

（2）若 $\lim\limits_{n\to\infty}a_n=a$，$\lim\limits_{n\to\infty}b_n=b$，且 $a_n<b_n$，则 $a\leqslant b$.

证　（1）对于 $0<\varepsilon<\dfrac{b-a}{2}$，存在正整数 N，使当 $n>N$ 时，

$$a_n<a+\varepsilon<b-\varepsilon<b_n.$$

（2）这是（1）的逆否命题.证毕.

定理 1.2.4（子列定理）　如果数列 $\{a_n\}$ 收敛于 a，那么它的任一子列也收敛，且极限也是 a.

证　因为 $\lim\limits_{n\to\infty}a_n=a$，则对任给 $\varepsilon>0$，存在正整数 N，当 $n>N$ 时，

$$|a_n-a|<\varepsilon.$$

对于子列 $\{a_{n_k}\}$ 而言，任给 $\varepsilon>0$，取上述 N，当 $k>N$ 时，就有 $n_k\geqslant k>N$，从而

$$|a_{n_k}-a|<\varepsilon,$$

即 $\lim\limits_{k\to\infty}a_{n_k}=a$.证毕.

子列定理表明：若数列有两个不同的子列收敛于不同的极限，那么该数列是发散的.利用这个定理不难证明数列 $\{a_n=(-1)^n\}$ 是发散的，因为它的偶数项子列和奇数项子列收敛于不同的数.关于子列还有下列命题：

命题 1.2.1（拉链定理）　$\lim\limits_{n\to\infty}a_n=a$ 的充要条件是

$$\lim\limits_{k\to\infty}a_{2k-1}=a \text{ 且 } \lim\limits_{k\to\infty}a_{2k}=a.$$

证　必要性由子列定理得到.充分性：任给 $\varepsilon>0$，存在正整数 K_1，当 $k>K_1$ 时，$|a_{2k-1}-a|<\varepsilon$；同理，对于上述 $\varepsilon>0$，存在正整数 K_2，当 $k>K_2$ 时，$|a_{2k}-a|<\varepsilon$，取

$$N=\max\{2K_1-1,2K_2\},$$

则当 $n>N$ 时，

若 $n=2k-1$，则 $2k-1=n>N\geqslant2K_1-1$，得到 $k>K_1$，从而

$$|a_n-a|=|a_{2k-1}-a|<\varepsilon;$$

若 $n=2k$，则 $2k=n>N\geqslant2K_2$，得到 $k>K_2$，从而

$$|a_n-a|=|a_{2k}-a|<\varepsilon.$$

综上，当 $n>N$ 时，$|a_n-a|<\varepsilon$.从而 $\lim\limits_{n\to\infty}a_n=a$.证毕.

用相同的方法不难证明：若子列 $\{a_{3k}\}$，$\{a_{3k+1}\}$，$\{a_{3k+2}\}$ 以同一数 a 为极限，则数列 $\{a_n\}$ 收敛于 a.

练习 1.2.1

1. 下列数列中发散的是（　　　）.

(A) $\left\{(-1)^n\dfrac{1}{n}\right\}$　　　(B) $\left\{\left(\dfrac{1}{2}\right)^n\right\}$　　　(C) $\left\{\dfrac{2^n-1}{3^n}\right\}$　　　(D) $\left\{\dfrac{n^2-1}{n}\right\}$

2. 试判断下列哪些数列的极限值为零(无需证明).

(1) $\lim\limits_{n\to\infty}\dfrac{1}{\sqrt{n}}$;   (2) $\lim\limits_{n\to\infty}\dfrac{1}{\sqrt[n]{3}}$;   (3) $\lim\limits_{n\to\infty}\dfrac{1}{3^n}$;   (4) $\lim\limits_{n\to\infty}\dfrac{1}{n^3}$.

3. 试判断下列数列的极限值(方法不限,只需结果).

(1) $\lim\limits_{n\to\infty}\dfrac{n}{n+1}$;   (2) $\lim\limits_{n\to\infty}\dfrac{3n^2+n}{2n^2-1}$;   (3) $\lim\limits_{n\to\infty}\sin\dfrac{\pi}{n}$.

4. 设数列 $\{x_n\}$ 与 $\{y_n\}$ 的极限分别是 A 与 B,且 $A>B$,则数列 $x_1,y_1,x_2,y_2,x_3,y_3,\cdots$ 的极限为(   ).

(A) A (B) B (C) $A+B$ (D) 不存在

1.2.2 函数极限的定义和基本性质

一、x 趋于 ∞ 时函数的极限

1. $x\to\infty$ 时的两个单侧极限

设函数 $f(x)$ 在区间 $[a,+\infty)$ 上有定义,类似于数列的情形,我们研究当自变量 x 趋于 $+\infty$ 时对应的函数值能否接近于某个确定的数 A.例如,从图形上看,$y=\left(\dfrac{1}{2}\right)^x$ 的函数值无限接近于 0,$y=\arctan x$ 的值无限接近于 $\dfrac{\pi}{2}$.一般地,当 x 趋于 $+\infty$ 时函数极限定义如下:

设 A 为常数,若对任给的 $\varepsilon>0$,存在正数 X,当 $x>X$ 时恒有
$$|f(x)-A|<\varepsilon,$$
则称函数 f 当 x **趋于 $+\infty$ 时以 A 为极限**,记作 $\lim\limits_{x\to+\infty}f(x)=A$ 或 $f(x)\to A(x\to+\infty)$.

这种情形的函数极限与数列极限非常类似.上面的定义用"$\varepsilon-X$"符号语言可以描述为
$$\lim\limits_{x\to+\infty}f(x)=A\Leftrightarrow\forall\,\varepsilon>0,\exists X>0,\text{使得当}x>X\text{时},\text{有}|f(x)-A|<\varepsilon.$$

类似地可以定义 $x\to-\infty$ **时的函数 f 的极限**:
$$\lim\limits_{x\to-\infty}f(x)=A\Leftrightarrow\forall\,\varepsilon>0,\exists X>0,\text{使得当}x<-X\text{时},\text{有}|f(x)-A|<\varepsilon.$$

2. 极限 $\lim\limits_{x\to\infty}f(x)=A$ 的定义

现在设函数 $f(x)$ 在无穷大的两个邻域 $U(-\infty)$ 和 $U(+\infty)$ 内都有定义,观察函数 $f(x)=\dfrac{\sin x}{x}$(图 1.2.6).发现在 $x\to$

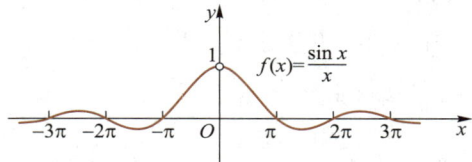

图 1.2.6

$+\infty$ 和 $x\to-\infty$ 时,$f(x)=\dfrac{\sin x}{x}$ 无限接近于 0.用 $|x|>X$ 可以表示 $x\to\pm\infty$ 的过程,则有

定义 1.2.2 设函数 $f(x)$ 在当 $|x|$ 大于某一正数时有定义,A 是一个常数.若对于

任意给定的正数 ε，总存在正数 X，使得当 $|x|>X$ 时，恒有

$$|f(x)-A|<\varepsilon,$$

则常数 A 就叫做函数 $f(x)$ 当 $x\to\infty$ 时的**极限**，记作 $\lim\limits_{x\to\infty}f(x)=A$ 或 $f(x)\to A(x\to\infty)$.

函数极限 $\lim\limits_{x\to\infty}f(x)=A$ 定义的"ε-X"语言形式为

$$\lim_{x\to\infty}f(x)=A\Leftrightarrow\forall\,\varepsilon>0,\exists X>0,\text{使得当}|x|>X\text{时，有}|f(x)-A|<\varepsilon.$$

命题 1.2.2 $\lim\limits_{x\to\infty}f(x)=A$ 当且仅当 $\lim\limits_{x\to+\infty}f(x)=A$ 且 $\lim\limits_{x\to-\infty}f(x)=A$.

由此可知，极限 $\lim\limits_{x\to\infty}\arctan x$ 是不存在的，因为 $\lim\limits_{x\to+\infty}\arctan x=\dfrac{\pi}{2}$，而 $\lim\limits_{x\to-\infty}\arctan x=-\dfrac{\pi}{2}$，两者不相等.

3. $\lim\limits_{x\to\infty}f(x)=A$ 的几何解释

$\lim\limits_{x\to\infty}f(x)=A$ 表示：对于任意 $\varepsilon>0$，存在充分大的 $X>0$，当 $x<-X$ 和 $x>X$ 时函数 $y=f(x)$ 的图形完全落在以直线 $y=A$ 为中心线，宽为 2ε 的带形区域内（图1.2.7）.直线 $y=A$ 称为曲线 $y=f(x)$ 的**水平渐近线**.

一般地，如果 $\lim\limits_{x\to+\infty}f(x)=A$，则 $y=A$ 是曲线 $y=f(x)$ 的水平渐近线，同样地，如果 $\lim\limits_{x\to-\infty}f(x)=B$，则 $y=B$ 也是曲线 $y=f(x)$ 的水平渐近线.

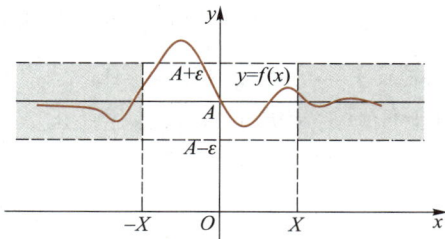

图 1.2.7

曲线 $y=\arctan x$ 有两条水平渐近线 $y=\dfrac{\pi}{2}$ 和 $y=-\dfrac{\pi}{2}$.

例 1.2.3 证明

（1）$\lim\limits_{x\to\infty}\dfrac{\sin x}{x}=0$; （2）$\lim\limits_{x\to\infty}\dfrac{2x-1}{x+3}=2$.

证 （1）对于任给 $\varepsilon>0$，为使

$$\left|\dfrac{\sin x}{x}-0\right|=\left|\dfrac{\sin x}{x}\right|\leqslant\dfrac{1}{|x|}<\varepsilon,$$

取 $X=\dfrac{1}{\varepsilon}$，则当 $|x|>X$ 时，恒有

$$\left|\dfrac{\sin x}{x}-0\right|<\varepsilon,$$

故 $\lim\limits_{x\to\infty}\dfrac{\sin x}{x}=0$.

（2）当 $|x|>3$ 时，

$$\left|\dfrac{2x-1}{x+3}-2\right|=\left|\dfrac{7}{x+3}\right|\leqslant\dfrac{7}{|x|-3},$$

所以对于任给 $\varepsilon>0$，存在 $X=3+\dfrac{7}{\varepsilon}>0$，当 $|x|>X$ 时，

$$\left|\frac{2x-1}{x+3}-2\right|<\varepsilon.$$

故 $\lim\limits_{x\to\infty}\dfrac{2x-1}{x+3}=2$. 证毕.

二、x 趋于 x_0 时函数的极限

设函数 $y=f(x)$ 在点 x_0 的某去心邻域 $\mathring{U}(x_0)$ 内有定义. 现在讨论当 x 趋于 x_0 时，对应的函数值 $f(x)$ 是否趋于某个定数 A. 这个趋势如何描述？

1. 极限 $\lim\limits_{x\to x_0}f(x)=A$ 的定义

以 $0<|x-x_0|<\delta$ 中的 δ 表示 x 趋近点 x_0 的程度，我们有

定义 1.2.3　设函数 $f(x)$ 在点 x_0 的某去心邻域 $\mathring{U}(x_0)$ 内有定义，A 为一个常数. 若对于任意给定的正数 ε，总存在正数 δ，使得当 x 满足 $0<|x-x_0|<\delta$ 时，对应的函数值 $f(x)$ 都满足

$$|f(x)-A|<\varepsilon,$$

则常数 A 就叫做函数 $f(x)$ 当 $x\to x_0$ 时的极限，记作

$$\lim_{x\to x_0}f(x)=A\quad\text{或}\quad f(x)\to A\ (x\to x_0).$$

函数极限 $\lim\limits_{x\to x_0}f(x)=A$ 定义的"$\varepsilon\text{-}\delta$"语言形式为

$\lim\limits_{x\to x_0}f(x)=A\Leftrightarrow\forall\,\varepsilon>0,\exists\,\delta>0$，使得当 $0<|x-x_0|<\delta$ 时，有 $|f(x)-A|<\varepsilon$.

2. $\lim\limits_{x\to x_0}f(x)=A$ 的几何解释

函数极限与 $f(x)$ 在点 x_0 处是否有定义无关；当 x 在 x_0 的某去心 δ 邻域内时，函数 $y=f(x)$ 的图形完全落在以直线 $y=A$ 为中心线，宽为 2ε 的带形区域内（图 1.2.8）. 显然，对应于 ε 的 δ 并不唯一，也不需要取到最大的 δ.

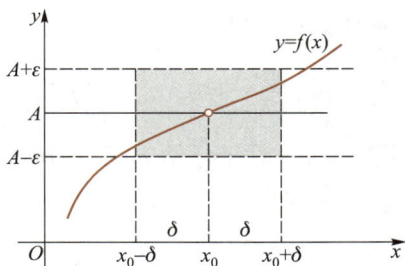

图 1.2.8

3. $x\to x_0$ 时的两个单侧极限

如果 $f(x)$ 在 x_0 两侧的函数表达式不同，在考虑极限 $\lim\limits_{x\to x_0}f(x)$ 时就应当分 $x>x_0$ 和 $x<x_0$ 两种情况进行讨论.

一般地，若 x 从左（右）侧无限趋近 x_0 时，$f(x)$ 的值趋近于常数 A，则称 A 为**单侧极限**.

定义 1.2.4　设 $f(x)$ 在点 x_0 的某左邻域 $U_-(x_0)$ 内有定义，A 为常数. 若对于任意给定的正数 ε，总存在正数 δ，使得当 $x_0-\delta<x<x_0$ 时，对应的函数值 $f(x)$ 都满足

$$|f(x)-A|<\varepsilon,$$

则称常数 A 为函数 $f(x)$ 当 $x \rightarrow x_0$ 时的**左极限**,记作

$$\lim_{x \rightarrow x_0^-} f(x) = A \quad 或 \quad f(x) \rightarrow A (x \rightarrow x_0^-),$$

也可以记为

$$f(x_0^-) = A \quad 或 \quad f(x_0-0) = A.$$

左极限定义的"ε-δ"语言形式为

$$\lim_{x \rightarrow x_0^-} f(x) = A \Leftrightarrow \forall\, \varepsilon > 0, \exists\, \delta > 0, 使得当 x_0 - \delta < x < x_0 时, 有 |f(x)-A| < \varepsilon.$$

用同样的方法可以定义"常数 A 为 $f(x)$ 当 $x \rightarrow x_0$ 时的**右极限**",并记为

$$\lim_{x \rightarrow x_0^+} f(x) = A, f(x) \rightarrow A (x \rightarrow x_0^+), f(x_0^+) = A \quad 或 \quad f(x_0+0) = A.$$

注意到 $\{x \,|\, 0 < |x-x_0| < \delta\} = \{x \,|\, 0 < x-x_0 < \delta\} \cup \{x \,|\, -\delta < x-x_0 < 0\}$,所以有

命题 1.2.3 $\lim\limits_{x \rightarrow x_0} f(x) = A$ 当且仅当 $f(x_0^-) = f(x_0^+) = A.$

例如如图 1.2.9 所示,设函数 $f(x) = \begin{cases} 1-x, & x<0, \\ x^2+1, & x \geqslant 0. \end{cases}$ 则

$$\lim_{x \rightarrow 0^-} f(x) = \lim_{x \rightarrow 0^-} (1-x) = 1.$$

$$\lim_{x \rightarrow 0^+} f(x) = \lim_{x \rightarrow 0^+} (x^2+1) = 1.$$

函数 $f(x)$ 在 $x = 0$ 处的左、右极限存在且相等,所以 $\lim\limits_{x \rightarrow 0} f(x) = 1.$

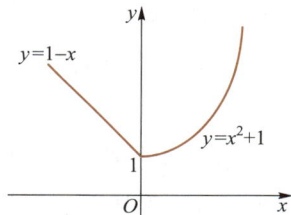

图 1.2.9

又如,对于函数(图 1.2.10) $f(x) = \begin{cases} -1, & x<0, \\ 1, & x>0, \end{cases}$ 因

$\lim\limits_{x \rightarrow 0^-} f(x) = -1, \lim\limits_{x \rightarrow 0^+} f(x) = 1,$ 即 $f(x)$ 在 $x = 0$ 处的左、右极限存在但不相等,故极限 $\lim\limits_{x \rightarrow 0} f(x)$ 不存在.

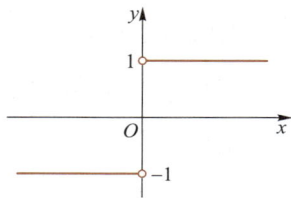

图 1.2.10

☆**例 1.2.4** 证明

(1) $\lim\limits_{x \rightarrow x_0} C = C$($C$ 为常数); 　(2) $\lim\limits_{x \rightarrow x_0} (ax+b) = ax_0+b$($a \neq 0$);

(3) $\lim\limits_{x \rightarrow x_0} \sqrt{x} = \sqrt{x_0}$($x_0 > 0$);

证 (1) 记 $f(x) = C$,对于任给 $\varepsilon > 0$,任取 $\delta > 0$,则当 $0 < |x-x_0| < \delta$ 时,就有

$$|f(x)-C| = |C-C| = 0 < \varepsilon,$$

故 $\lim\limits_{x \rightarrow x_0} C = C.$

(2) 记 $f(x) = ax+b$,因为 $|f(x)-(ax_0+b)| = |a||x-x_0|$,对于任给 $\varepsilon > 0$,只需取 $\delta = \dfrac{\varepsilon}{|a|}$,则当 $0 < |x-x_0| < \delta$ 时,就有

$$|f(x)-(ax_0+b)| = |a||x-x_0| < \varepsilon,$$

故 $\lim\limits_{x \rightarrow x_0} x = x_0.$

（3）因为

$$\left| \sqrt{x} - \sqrt{x_0} \right| = \left| \frac{x - x_0}{\sqrt{x} + \sqrt{x_0}} \right| \leqslant \frac{\left| x - x_0 \right|}{\sqrt{x_0}},$$

任给 $\varepsilon > 0$，要使 $\left| \sqrt{x} - \sqrt{x_0} \right| < \varepsilon$，只要 $\left| x - x_0 \right| < \sqrt{x_0}\,\varepsilon$. 又因为 x 不取负值，只需先限定 $\left| x - x_0 \right| < x_0$，故取 $\delta = \min\{x_0, \sqrt{x_0}\,\varepsilon\}$，则当 $0 < \left| x - x_0 \right| < \delta$ 时，就有 $\left| \sqrt{x} - \sqrt{x_0} \right| < \varepsilon$. 所以 $\lim\limits_{x \to x_0} \sqrt{x} = \sqrt{x_0}$.

三、函数极限的基本性质

至此，我们学了七种极限：$\lim\limits_{n \to \infty} f(n) = A$，$\lim\limits_{x \to \infty} f(x) = A$，$\lim\limits_{x \to +\infty} f(x) = A$，$\lim\limits_{x \to -\infty} f(x) = A$，$\lim\limits_{x \to x_0} f(x) = A$，$\lim\limits_{x \to x_0^+} f(x) = A$，$\lim\limits_{x \to x_0^-} f(x) = A$. 根据它们的共同特征可以统一定义为：函数 $f(x)$ 在自变量 x 的某个变化过程中极限为 $A \Leftrightarrow \forall \varepsilon > 0$，$\exists$ 某时刻 $(N, X$ 或 $\delta)$，从此时刻以后，恒有 $\left| f(x) - A \right| < \varepsilon$，记作 $\lim f(x) = A$.

当函数 $f(x)$ 在某点处（包括无穷远处）的极限存在时，也称 $f(x)$ 在自变量的某个变化过程中是**收敛**的（以 A 为极限也称为**收敛于** A）. 反之，当 $f(x)$ 在某点处的极限不存在时，称其在此点处是**发散**的.

函数极限的性质与数列极限的性质相似. 以 $\lim\limits_{x \to x_0} f(x)$ 为例，我们有

定理 1.2.5（极限的唯一性）   如果 $\lim\limits_{x \to x_0} f(x)$ 存在，则这个极限是唯一的.

证   若当 $x \to x_0$ 时 $f(x)$ 有两个极限 a, b，则任给 $\varepsilon > 0$，存在 $\delta_1 > 0$ 和 $\delta_2 > 0$，使得当 $0 < \left| x - x_0 \right| < \delta_1$ 时，

$$\left| f(x) - a \right| < \varepsilon;$$

$0 < \left| x - x_0 \right| < \delta_2$ 时，

$$\left| f(x) - b \right| < \varepsilon.$$

取 $\delta = \min\{\delta_1, \delta_2\}$，于是当 $0 < \left| x - x_0 \right| < \delta$ 时，

$$\left| a - b \right| \leqslant \left| b - f(x) \right| + \left| f(x) - a \right| < 2\varepsilon,$$

由 ε 的任意性得 $\left| a - b \right| = 0$. 即 $a = b$. 证毕.

定理 1.2.6（局部有界性）   如果 $\lim\limits_{x \to x_0} f(x)$ 存在，那么存在常数 $M > 0$ 和 $\delta > 0$，使得当 $0 < \left| x - x_0 \right| < \delta$ 时，有

$$\left| f(x) \right| \leqslant M.$$

证   设 $\lim\limits_{x \to x_0} f(x) = A$，取 $\varepsilon = 1$，则存在 $\delta > 0$，使得当 $0 < \left| x - x_0 \right| < \delta$ 时，$\left| f(x) - A \right| < 1$. 取 $M = \left| A \right| + 1$，则

$$\left| f(x) \right| < \left| A \right| + 1 = M.$$

证毕.

若函数 $f(x)$ 在 x_0 的某去心邻域 $\overset{\circ}{U}(x_0)$ 内有界,则称 $f(x)$ 为当 $x \to x_0$ 时的**有界变量**,如果 $f(x)$ 不是 $x \to x_0$ 时的有界变量,就称其为**无界变量**.定理 1.2.6 指出:如果极限 $\lim\limits_{x \to x_0} f(x)$ 存在,那么 $f(x)$ 是 $x \to x_0$ 时的有界变量.

定理 1.2.7　(1)（**函数局部保号性**）若 $\lim\limits_{x \to x_0} f(x) = A$ 且 $A > 0(<0)$,则存在常数 $\delta > 0$,使得当 $0 < |x-x_0| < \delta$ 时,有

$$f(x) > \frac{A}{2} > 0 \quad \left(相应地, f(x) < \frac{A}{2} < 0 \right).$$

（2）若 $\lim\limits_{x \to x_0} f(x) = A$,且存在 $\delta > 0$,使得当 $0 < |x-x_0| < \delta$ 时,$f(x) \geqslant 0 \ (\leqslant 0)$,则

$$A \geqslant 0 \quad (\leqslant 0).$$

证　(1) 当 $A > 0$ 时,取 $\varepsilon = \dfrac{A}{2}$,则存在 $\delta > 0$,使得当 $0 < |x-x_0| < \delta$ 时,$|f(x)-A| < \dfrac{A}{2}$,从而

$$f(x) > A - \frac{A}{2} = \frac{A}{2} > 0.$$

当 $A < 0$ 时,取 $\varepsilon = -\dfrac{A}{2}$,则存在 $\delta > 0$,使得当 $0 < |x-x_0| < \delta$ 时,$|f(x)-A| < -\dfrac{A}{2}$,从而

$$f(x) < A - \frac{A}{2} = \frac{A}{2} < 0.$$

（2）是（1）的逆否命题.证毕.

与数列极限的子列定理相对应的是函数极限的复合运算法则,我们将在本节后面作详细讨论.

思考题 1.2.3　怎样用符号语言表达 $\lim\limits_{n \to \infty} a_n \neq A$, $\lim\limits_{x \to \infty} f(x) \neq A$ 和 $\lim\limits_{x \to x_0} f(x) \neq A$? 如何在几何上描述这些不等关系?

练习 1.2.2

1. $\lim\limits_{x \to \infty} \operatorname{arccot} x$ 存在吗?

2. 图 1.2.11 中几个图形中的 $f(x)$ 在 $x \to 1$ 时,哪些是收敛的?

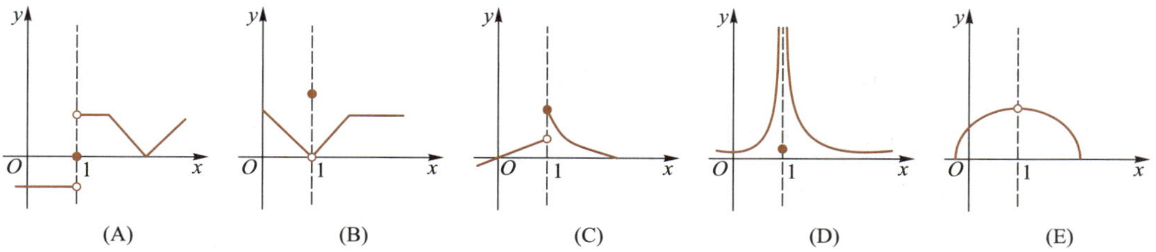

图 1.2.11

3. 判断下列函数的极限值(方法不限,只求结果):

(1) $\lim\limits_{x\to\infty}\dfrac{x-1}{x}$;　　　　(2) $\lim\limits_{x\to1}\dfrac{x-1}{x}$;　　　　(3) $\lim\limits_{x\to2}\dfrac{x-1}{x}$;

(4) $\lim\limits_{x\to2}\dfrac{x^2-4}{x-2}$;　　　　(5) $\lim\limits_{x\to+\infty}\dfrac{x}{2^x}$;　　　　(6) $\lim\limits_{x\to\infty}\dfrac{1}{2^x+1}$.

1.2.3　无穷小量与无穷大量

在所有函数中,有两类非常重要的函数,一类是在自变量某种变化趋势下收敛于 0 的函数,称为**无穷小量**;另一类是在自变量某种变化趋势下其倒数收敛于 0 的函数,也就是函数值的绝对值"无限增大"的函数,称为**无穷大量**.现在我们来分别讨论.

一、无穷小量

定义 1.2.5　设函数 $f(x)$ 在 x_0 的某去心邻域 $\mathring{U}(x_0)$ 内有定义.若

$$\lim\limits_{x\to x_0}f(x)=0,$$

则称 $f(x)$ 为当 $x\to x_0$ 时的**无穷小量**(简称无穷小).

注　无穷小量是变量,不能与"很小的数"混淆;零是可以作为无穷小量的唯一的数.

类似地,可以定义当 $x\to x_0^+$, $x\to x_0^-$, $x\to+\infty$, $x\to-\infty$, $x\to\infty$ 以及 $n\to\infty$ 时的无穷小.

显然,$f(x)$ 为当 $x\to x_0$ 时的无穷小当且仅当 $\forall\,\varepsilon>0$,$\exists\,\delta>0$,当 $0<|x-x_0|<\delta$ 时,

$$|f(x)|<\varepsilon.$$

所以,当 $x\to x_0$ 时,$f(x)$ 为无穷小当且仅当 $|f(x)|$ 为无穷小.容易证明:

函数 $2x$, x^2 是当 $x\to0$ 时的无穷小;

函数 $\dfrac{1}{x}$, $\dfrac{1}{x^2-1}$ 是当 $x\to\infty$ 时的无穷小;

注　当我们讲某个函数是"无穷小"时,必须连同自变量的变化过程一起讲,否则是一句"病句".

数列 $\left\{\dfrac{(-1)^n}{n}\right\}$ 是当 $n\to\infty$ 时的无穷小.

定理 1.2.8(函数的表示定理)　设函数 $f(x)$ 在点 x_0 的某去心邻域 $\mathring{U}(x_0)$ 内有定义,则 $\lim\limits_{x\to x_0}f(x)=A$ 当且仅当

$$f(x)=A+\alpha(x),\qquad(1.2.1)$$

其中 $\alpha(x)$ 是当 $x\to x_0$ 时的无穷小.

注　这个定理的意义在于

(1) 将一般极限问题转化为特殊极限问题(无穷小);

(2) 给出了函数 $f(x)$ 在 x_0 附近的近似表达式 $f(x)\approx A$,误差为无穷小 $|\alpha(x)|$.

证　必要性.设 $\lim\limits_{x\to x_0}f(x)=A$,令 $\alpha(x)=f(x)-A$,则有 $\lim\limits_{x\to x_0}\alpha(x)=0$,即 $\alpha(x)$ 为无穷小量,且

$$f(x)=A+\alpha(x).$$

充分性.设 $f(x)=A+\alpha(x)$,其中 $\alpha(x)$ 是当 $x\to x_0$ 时的无穷小,则任给 $\varepsilon>0$,存在 $\delta>0$,当 $0<|x-x_0|<\delta$ 时,$|\alpha(x)|<\varepsilon$,从而

$$|f(x)-A|=|\alpha(x)|<\varepsilon.$$

即 $\lim\limits_{x\to x_0}f(x)=A$. 证毕.

定理 1.2.9 在自变量的同一变化过程中,

(1)(**无穷小量乘有界量法则**) 有界变量与无穷小量的乘积是无穷小量;

(2)有限多个无穷小量之和是无穷小量.

证 (1)设 $\alpha(x)$ 是当 $x\to x_0$ 时的无穷小,函数 $f(x)$ 在 x_0 的某去心邻域 $\mathring{U}(x_0;\delta')$ 内有界,则存在 $M>0$,使得当 $0<|x-x_0|<\delta'$ 时,恒有 $|f(x)|\leqslant M$.并且

对任意 $\varepsilon>0$,存在 $\delta_1>0$,使得当 $0<|x-x_0|<\delta_1$ 时,恒有 $|\alpha(x)|<\dfrac{\varepsilon}{M}$.取 $\delta=\min\{\delta',\delta_1\}$,则当 $0<|x-x_0|<\delta$ 时,恒有

$$|\alpha(x)f(x)|=|\alpha(x)||f(x)|<\frac{\varepsilon}{M}M=\varepsilon,$$

所以

$$\lim_{x\to x_0}\alpha(x)f(x)=0. \tag{1.2.2}$$

(2)只需对两个无穷小之和进行证明. 设

$$\lim_{x\to x_0}\alpha(x)=\lim_{x\to x_0}\beta(x)=0,$$

则任给 $\varepsilon>0$,存在 $\delta_1>0$ 和 $\delta_2>0$,使得当 $0<|x-x_0|<\delta_1$ 时恒有

$$|\alpha(x)|<\frac{\varepsilon}{2},$$

当 $0<|x-x_0|<\delta_2$ 时恒有

$$|\beta(x)|<\frac{\varepsilon}{2}.$$

取 $\delta=\min\{\delta_1,\delta_2\}$,则当 $0<|x-x_0|<\delta$ 时就有

$$|\alpha(x)+\beta(x)|\leqslant|\alpha(x)|+|\beta(x)|<\frac{\varepsilon}{2}+\frac{\varepsilon}{2}=\varepsilon.$$

从而 $\lim\limits_{x\to x_0}(\alpha(x)+\beta(x))=0$.证毕.

例 1.2.5 计算 $\lim\limits_{x\to-2}(x+2)\cos\dfrac{1}{x^2-4}$.

解 因为 $\left|\cos\dfrac{1}{x^2-4}\right|\leqslant1,\lim\limits_{x\to-2}(x+2)=0$,根据"有界变量与无穷小量的乘积为无穷小量"的法则,所以

$$\lim_{x\to-2}(x+2)\cos\frac{1}{x^2-4}=0.$$

注 今后会出现很多计算极限的方法,但定理 1.2.9 的(1)所给出的一类方法是不可替代的.例如,由 $\lim\limits_{x\to\infty}\dfrac{1}{x}=0$ 和 $|\sin x|\leqslant1$ 就可以推出

$$\lim_{x\to\infty}\frac{\sin x}{x}=\lim_{x\to\infty}\frac{1}{x}\cdot\sin x=0.$$

易见,例 1.2.3 中的极限 $\lim\limits_{x\to+\infty}\dfrac{\sin x}{x}=0$ 也可由这条法则得出.

二、无穷大量

定义 1.2.6　设函数 $f(x)$ 在点 x_0 的某去心邻域 $\overset{\circ}{U}(x_0)$ 内有定义.如果对于任意给定的正数 G（不论它多么大）,总存在正数 δ,使得对于满足 $0<|x-x_0|<\delta$ 的一切 x,对应的函数值 $f(x)$ 总满足

$$|f(x)|>G,$$

则称函数 $f(x)$ 为当 $x\to x_0$ 时的**无穷大量**（简称**无穷大**）,记作

$$\lim\limits_{x\to x_0}f(x)=\infty ,$$

此时也称 $f(x)$ 当 $x\to x_0$ 时有**非正常极限** ∞.同时称直线 $x=x_0$ 为曲线 $y=f(x)$ 的**铅直渐近线**.

特别地,若把上述定义中的 $|f(x)|>G$ 换成 "$f(x)>G$" 或 "$f(x)<-G$",则分别称 $f(x)$ 为当 $x\to x_0$ 时的**正无穷大和负无穷大**,记作

$$\lim\limits_{x\to x_0}f(x)=+\infty \quad \text{或} \quad \lim\limits_{x\to x_0}f(x)=-\infty .$$

关于函数 $f(x)$ 在 $x\to x_0^+,x\to x_0^-,x\to+\infty ,x\to-\infty ,$ $x\to\infty$ 以及 $n\to\infty$ 时的极限是 ∞（或 $+\infty ,-\infty$）的定义,都可以相似地给出,例如:

> **注**　自变量的变化过程有七种,函数的极限为无穷大有三种情形 $(\infty ,+\infty ,-\infty)$,因此无穷大量共有 21 种定义.

$$\lim\limits_{x\to-\infty}f(x)=+\infty \Leftrightarrow \forall G>0,\exists X>0,\text{当 } x<-X \text{ 时},$$
$$f(x)>G.$$

$$\lim\limits_{x\to x_0^-}f(x)=-\infty \Leftrightarrow \forall G>0,\exists \delta>0,\text{当 } x\in(x_0-\delta,x_0) \text{ 时},f(x)<-G.$$

无穷大是一种特殊的无界变量,但是无界变量未必是无穷大.例如当 $x\to 0$ 时,$y=\dfrac{1}{x}\sin\dfrac{1}{x}$ 是一个无界变量,但不是无穷大.事实上,对任意 $M>0$,

取 $x_n=\dfrac{1}{2n\pi+\dfrac{\pi}{2}},x_n'=\dfrac{1}{n\pi}(n=1,2,\cdots)$,则当 n 充分大时,$0<x_n<x_n'<\delta$,而 $y(x_n)=$

$2n\pi+\dfrac{\pi}{2}\to\infty \ (n\to\infty)$,$y(x_n')=n\pi\sin(n\pi)=0.$

例 1.2.6　证明 $\lim\limits_{x\to 1}\dfrac{1}{x-1}=\infty .$

证　对任意 $G>0$,要使 $\left|\dfrac{1}{x-1}\right|>G$,只要 $|x-1|<\dfrac{1}{G}$,取 $\delta=\dfrac{1}{G}$,当 $0<|x-1|<\delta=\dfrac{1}{G}$ 时,就有

$$\left|\dfrac{1}{x-1}\right|>G,$$

所以 $\lim\limits_{x \to 1} \dfrac{1}{x-1} = \infty$. 证毕.

如图 1.2.12 所示,直线 $x = 1$ 为曲线 $y = \dfrac{1}{x-1}$ 的铅直

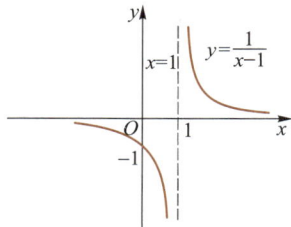

渐近线.

图 1.2.12

三、无穷大与无穷小的关系

定理 1.2.10(无穷大与无穷小的关系) 如果函数
$f(x)$ 在点 x_0 的某去心邻域 $\mathring{U}(x_0)$ 内有定义且 $f(x) \neq 0$,则当 $x \to x_0$ 时,

（1）若 $f(x)$ 为无穷大,则 $\dfrac{1}{f(x)}$ 为无穷小;

（2）若 $f(x)$ 为无穷小,则 $\dfrac{1}{f(x)}$ 为无穷大.

注 定理 1.2.10 的意义在于:关于无穷大的研究,都可以归结为关于无穷小的研究.

证 （1）设 $\lim\limits_{x \to x_0} f(x) = \infty$,则任给 $\varepsilon > 0$,存在 $\delta > 0$,使得当 $0 < |x - x_0| < \delta$ 时,恒有
$|f(x)| > \dfrac{1}{\varepsilon}$,得到

$$\left| \dfrac{1}{f(x)} \right| < \varepsilon.$$

从而当 $x \to x_0$ 时 $\dfrac{1}{f(x)}$ 为无穷小.

（2）反之,设 $\lim\limits_{x \to x_0} f(x) = 0$ 且 $f(x) \neq 0$,则对任意大的 $G > 0$,存在 $\delta > 0$,使得当 $0 < |x - x_0| < \delta$ 时,恒有
$|f(x)| < \dfrac{1}{G}$,从而

思考题 1.2.4 单侧极限 $\lim\limits_{x \to x_0^+} f(x)$ "既不存在又不是无穷大"有哪些表现形式?

$$\left| \dfrac{1}{f(x)} \right| > G,$$

所以当 $x \to x_0$ 时 $\dfrac{1}{f(x)}$ 为无穷大.证毕.

例 1.2.7 下列两个函数中,当 $x \to$ _____时,y 为无穷小;$x \to$ _____时,y 为无穷大:

（1）$y = \dfrac{1+2x}{x^2}$;　　　　　（2）$y = \dfrac{(x^2-1)\sqrt{x}}{x+1}$.

解 （1）当 $x \to -\dfrac{1}{2}$ 时,$y = (1+2x) \cdot \dfrac{1}{x^2}$ 为无穷小与有界量的乘积,当 $x \to \infty$ 时,

$y = \dfrac{1}{x^2} + \dfrac{2}{x}$ 为两个无穷小之和,所以

注　在观察含除式的函数的变化趋势时,通常要关注使分子或分母为零的条件,除了考虑 $x \to x_0$ 外,还要考虑 $x \to \infty$.

$x \to -\dfrac{1}{2}$ 时或 $x \to \infty$ 时,y 为无穷小;

$x \to 0$ 时,$\dfrac{x^2}{1+2x} = \dfrac{1}{1+2x} \cdot x^2 \to 0$(无穷小乘有界量),故 $y \to \infty$.

(2) $x \to 1$ 或 $x \to 0^+$ 时,$y = (x-1)\sqrt{x}$,显然 y 为无穷小;

$x \to +\infty$ 时,y 为无穷大.

练习 1.2.3

1. 当 $x \to \infty$ 时下列变量哪些是无穷大? 哪些变量为无穷小?

(1) x^2;　　　(2) $(x-1)^2$;　　　(3) $-x^2$;　　　(4) $\dfrac{-x}{(x-1)^2}$;　　　(5) $\dfrac{x-1}{x}$.

2. 当 $x \to 1$ 时下列变量哪些是无穷大? 哪些变量为无穷小?

(1) x^2;　　　(2) $(x-1)^2$;　　　(3) $-x^2$;　　　(4) $\dfrac{-x}{(x-1)^2}$;　　　(5) $\dfrac{x-1}{x}$.

3. 求极限:

(1) $\lim\limits_{x \to \infty} \dfrac{\arctan x}{x}$;　　　　　(2) $\lim\limits_{x \to 1}(x-1)\cos\dfrac{1}{x^2-1}$.

4. 当 $x \to x_0$ 时,"$\alpha(x)$ 是无穷小"是"$|\alpha(x)|$ 是无穷小"的(　　)条件?

(A) 充分但非必要　　　　　　(B) 必要但非充分

(C) 既非充分也非必要　　　　(D) 充分必要

1.2.4　极限的四则运算

一、极限的四则运算法则

下列法则对于 x 的任何变化过程(包括数列极限)都成立,仍以 $x \to x_0$ 为代表,我们有

定理 1.2.11(极限的四则运算法则)　设 $f(x)$,$g(x)$ 在点 x_0 的某去心邻域 $\mathring{U}(x_0)$ 内有定义,且 $\lim\limits_{x \to x_0} f(x) = A$,$\lim\limits_{x \to x_0} g(x) = B$,则总有

(1)(**加减法则**)$\lim\limits_{x \to x_0}[f(x) \pm g(x)] = A \pm B$.

特别地,有限个函数之和的极限等于极限的和.

(2)(**乘法法则**)$\lim\limits_{x \to x_0}[f(x) \cdot g(x)] = A \cdot B$.

特别地,

$$\lim_{x\to x_0}\left[Cf(x)\right]=CA,\quad \lim_{x\to x_0}\left[f(x)\right]^k=A^k(\text{其中 }C,k\text{ 是常数},k\in\mathbf{N}).$$

（3）（**除法法则**）$\lim\limits_{x\to x_0}\dfrac{f(x)}{g(x)}=\dfrac{A}{B}$（其中 $B\neq0$）.

证 根据定理 1.2.8，设 $f(x)=A+\alpha(x)$，$g(x)=B+\beta(x)$，其中 $\lim\limits_{x\to x_0}\alpha(x)=\lim\limits_{x\to x_0}\beta(x)=0$，则

（1）$f(x)\pm g(x)=A\pm B+\left[\alpha(x)\pm\beta(x)\right]$.

由定理 1.2.9 知 $\alpha(x)\pm\beta(x)$ 是 $x\to x_0$ 时的无穷小，所以
$$\lim_{x\to x_0}\left[f(x)\pm g(x)\right]=A\pm B.$$

（2）由于
$$f(x)g(x)=AB+\left[A\cdot\beta(x)+B\cdot\alpha(x)+\alpha(x)\cdot\beta(x)\right],$$
根据定理 1.2.9，上式方括号内的变量为无穷小，所以
$$\lim_{x\to x_0}\left[f(x)g(x)\right]=AB.$$

（3）由于 $B\neq0$，则在某去心邻域 $\overset{\circ}{U}(x_0)$ 内，$|g(x)|>\dfrac{|B|}{2}$，于是
$$\frac{f(x)}{g(x)}=\frac{A+\alpha(x)}{B+\beta(x)}=\frac{A}{B}+\frac{B\cdot\alpha(x)-A\cdot\beta(x)}{B[B+\beta(x)]},$$
其中 $\left|\dfrac{1}{B[B+\beta(x)]}\right|=\dfrac{1}{|B|}\cdot\left|\dfrac{1}{g(x)}\right|<\dfrac{2}{B^2}$，$\lim\limits_{x\to x_0}\left[B\cdot\alpha(x)-A\cdot\beta(x)\right]=0$，故
$$\lim_{x\to x_0}\frac{B\cdot\alpha(x)-A\cdot\beta(x)}{B[B+\beta(x)]}=0,$$
从而
$$\lim_{x\to x_0}\frac{f(x)}{g(x)}=\frac{A}{B}.$$

证毕.

二、有理函数的极限

若 $f(x)=\dfrac{P(x)}{Q(x)}$，$P(x)$，$Q(x)$ 是多项式（$Q(x)\neq0$），则称 $f(x)$ 为**有理函数**，也称**分式函数**.我们通过例子来学习自变量趋于无穷大和有限值时有理函数的极限.

1. $\lim\limits_{x\to\infty}\dfrac{P(x)}{Q(x)}$ **的极限**

由于 $P(x)$ 和 $Q(x)$ 都是无穷大，这种类型的极限称为 $\dfrac{\infty}{\infty}$ 型，用 x 的最高次幂同时

去除分子和分母,得到若干无穷小之和,此时就可以很容易地求出极限.

例 1.2.8   求 $\lim\limits_{x\to\infty}\dfrac{2x^3+3x^2+5}{7x^3+4x^2-1}$.

解   用 x^3 去除分子、分母,得到

$$\lim_{x\to\infty}\frac{2x^3+3x^2+5}{7x^3+4x^2-1}=\lim_{x\to\infty}\frac{2+\dfrac{3}{x}+\dfrac{5}{x^3}}{7+\dfrac{4}{x}-\dfrac{1}{x^3}}=\frac{2}{7}.$$

一般地,当 $a_0\neq0,b_0\neq0,m,n$ 为非负整数时,有

$$\lim_{x\to\infty}\frac{a_0x^m+a_1x^{m-1}+\cdots+a_m}{b_0x^n+b_1x^{n-1}+\cdots+b_n}=\begin{cases}0, & n>m,\\[2mm]\dfrac{a_0}{b_0}, & n=m,\\[2mm]\infty, & n<m.\end{cases}\tag{1.2.3}$$

2. $\lim\limits_{x\to x_0}\dfrac{P(x)}{Q(x)}$ 的极限

我们知道,若 $f(x)=a_0x^n+a_1x^{n-1}+\cdots+a_n$,则有

$$\lim_{x\to x_0}f(x)=a_0\left(\lim_{x\to x_0}x\right)^n+a_1\left(\lim_{x\to x_0}x\right)^{n-1}+\cdots+a_n=a_0x_0^n+a_1x_0^{n-1}+\cdots+a_n=f(x_0).$$

(1) 若 $Q(x_0)\neq0$,则

$$\lim_{x\to x_0}f(x)=\frac{\lim\limits_{x\to x_0}P(x)}{\lim\limits_{x\to x_0}Q(x)}=\frac{P(x_0)}{Q(x_0)}=f(x_0).\tag{1.2.4}$$

(2) 若 $Q(x_0)=0$,则分母有零因子 $x\to x_0$.如果分子和分母有公因子 $x-x_0$,这种类型的极限称为 $\dfrac{0}{0}$ 型极限,需要约去公因子后再计算;若没有公因子 $x-x_0$,则极限不存在.

例 1.2.9   求 $\lim\limits_{x\to2}\dfrac{x^3-1}{x^2-3x+5}$.

解   由于

$$\begin{aligned}\lim_{x\to2}(x^2-3x+5)&=\lim_{x\to2}x^2-\lim_{x\to2}3x+\lim_{x\to2}5\\&=\left(\lim_{x\to2}x\right)^2-3\lim_{x\to2}x+\lim_{x\to2}5\\&=2^2-3\cdot2+5=3\neq0,\end{aligned}$$

故

$$\lim_{x\to2}\frac{x^3-1}{x^2-3x+5}=\frac{\lim\limits_{x\to2}x^3-\lim\limits_{x\to2}1}{\lim\limits_{x\to2}(x^2-3x+5)}=\frac{2^3-1}{3}=\frac{7}{3}.$$

例 1.2.10　求 $\lim\limits_{x \to 1} \dfrac{x^2-1}{x^2+2x-3}\left(\dfrac{0}{0}\text{型}\right)$.

解　约去零因子,得

$$\lim_{x \to 1} \frac{x^2-1}{x^2+2x-3} = \lim_{x \to 1} \frac{(x+1)(x-1)}{(x+3)(x-1)} = \lim_{x \to 1} \frac{x+1}{x+3} = \frac{1}{2}.$$

例 1.2.11　求 $\lim\limits_{x \to 1} \dfrac{4x-1}{x^2+2x-3}$.

解　因 $\lim\limits_{x \to 1}(x^2+2x-3) = 0$, 又 $\lim\limits_{x \to 1}(4x-1) = 3 \neq 0$, 所以

$$\lim_{x \to 1} \frac{x^2+2x-3}{4x-1} = \frac{0}{3} = 0.$$

由无穷小与无穷大的关系,得　　$\lim\limits_{x \to 1} \dfrac{4x-1}{x^2+2x-3} = \infty$.

三、带参数的极限问题

与代数运算不同,我们在计算极限时,是带着"探索"的思想一步一步分析出等号直至推得结果.只不过通常不提倡把这些细致的判断过程写出来.

已知极限的结果,需要我们推算其中的参数或其他信息,那我们会发问:"如果不满足,将会有什么样的矛盾?"这样的思维方法称为**倒推法**.

例 1.2.12　设 $\lim\limits_{x \to \infty}\left(\dfrac{x^2+2}{x+1} - ax - b\right) = 0$, 求常数 a, b.

解　左边化为

$$\lim_{x \to \infty} \frac{x^2+2-ax(x+1)-b(x+1)}{x+1} = \lim_{x \to \infty} \frac{(1-a)x^2-(a+b)x+2-b}{x+1}.$$

为使商的极限存在,必须 $1-a=0$(否则极限为 ∞). 又因为极限为零,故分子上变量 x 的最高次必须低于分母上 x 的最高次(1 次),从而 $a+b=0$. 因此解得 $a=1, b=-1$.

例 1.2.13　设 $\lim\limits_{x \to 1} \dfrac{x^2+ax+b}{x^2+2x-3} = 2$, 求常数 a, b.

解　$x \to 1$ 时,分母的极限是零,而商的极限存在,因此分子的极限也必须为零,即

$$\lim_{x \to 1}(x^2+ax+b) = 1+a+b = 0$$

(否则左边的极限不会是有限数 2, 而是 ∞), 把 $b=-a-1$ 代回,即得

$$\lim_{x \to 1} \frac{x^2+ax+b}{x^2+2x-3} = \lim_{x \to 1} \frac{(x+1+a)(x-1)}{(x+3)(x-1)} = \lim_{x \to 1} \frac{x+1+a}{x+3} = \frac{2+a}{4} = 2.$$

故 $a=6, b=-7$.

例 1.2.14　若 $p(x)$ 为多项式, 且 $\lim\limits_{x\to+\infty}\dfrac{p(x)-3x^3}{x^2}=2,\lim\limits_{x\to0}\dfrac{p(x)}{2x}=3$, 求 $p(x)$.

解　由于 $\lim\limits_{x\to+\infty}\dfrac{p(x)-3x^3}{x^2}=2$, 我们得知

（1）多项式 $p(x)$ 必须最高幂次为三次, 而且最高项恰为 $3x^3$（否则, $p(x)-3x^3$ 将是至少三次的多项式, 则 $\lim\limits_{x\to+\infty}\dfrac{p(x)-3x^3}{x^2}$ 为 ∞ 而不会是 2）.

（2）多项式 $p(x)$ 的二次项只能是 $2x^2$（由于 $p(x)-3x^3$ 为至多二次的多项式, 设为 ax^2+bx+c, 只有当 $a=2$ 时 $\lim\limits_{x\to+\infty}\dfrac{ax^2+bx+c}{x^2}=2$）.

（3）由于 $\lim\limits_{x\to0}\dfrac{p(x)}{2x}=3$, 多项式 $p(x)$ 的最低次项只能为 $6x$（否则, 如果常数项 $c\neq0$, 则 $\lim\limits_{x\to0}\dfrac{2x^2+bx+c}{2x}=\infty$, 而不会是 3；当 $c=0$ 时, $\lim\limits_{x\to0}\dfrac{2x^2+bx}{2x}=\dfrac{b}{2}$, 所以 $\dfrac{b}{2}=3,b=6$）.

综上所述, $p(x)=3x^3+2x^2+6x$.

四、关于四则运算法则的条件的注记

与以往的代数四则运算完全不同, 极限的四则运算是需要检验条件的（在计算时通常不需要写出理由）.

注　初学者往往因为忽视了这种思维方式的转变, 而始终不能"入门".

例 1.2.15　以下运算过程有没有错？如果有错, 错在哪里？

（1）$\lim\limits_{n\to\infty}\underbrace{\left(\dfrac1n+\cdots+\dfrac1n\right)}_{n\text{项}}=\underbrace{\lim\limits_{n\to\infty}\dfrac1n+\cdots+\lim\limits_{n\to\infty}\dfrac1n}_{n\text{项}}=0$；

（2）$\lim\limits_{x\to0^+}\left(\dfrac{x+1}{x}-\dfrac1x\right)=(+\infty)-(+\infty)=0$；

（3）$\lim\limits_{x\to0}x\sin\dfrac1x=\lim\limits_{x\to0}x\cdot\lim\limits_{x\to0}\sin\dfrac1x=0\cdot\lim\limits_{x\to0}\sin\dfrac1x=0$；

（4）$\lim\limits_{x\to+\infty}x\left(\dfrac1x+\dfrac1{x^2}\right)=\lim\limits_{x\to+\infty}x\cdot\lim\limits_{x\to+\infty}\left(\dfrac1x+\dfrac1{x^2}\right)=\lim\limits_{x\to+\infty}x\cdot0=0$；

（5）已知 $\lim\limits_{x\to0}\cos x=1$, 则 $\lim\limits_{x\to0}\dfrac{1-\cos x}{x^2\cos x}=\lim\limits_{x\to0}\dfrac{1-\cos x}{x^2}=\lim\limits_{x\to0}\dfrac{1-1}{x^2}=\lim\limits_{x\to0}0=0$.

解　（1）"两项之和"只能推广到"有限项之和", 而 n 项之和在条件" $n\to\infty$ "下就成为无穷项之和了, 由于 $n\cdot\dfrac1n=1$, 这个错误导致了" $1=0$ ".

（2）$\lim\limits_{x\to 0^+}\dfrac{x+1}{x}=+\infty$，$\lim\limits_{x\to 0^+}\dfrac{1}{x}=+\infty$.

四则运算法则必须在两个函数极限都存在的条件下使用，而无穷大不是数.事实上，$\dfrac{x+1}{x}-\dfrac{1}{x}=1$.

（3）$\lim\limits_{x\to 0}\sin\dfrac{1}{x}$ 不存在，0 乘任何数是 0，但 0 乘"不存在"是没有意义的.事实上，这个极限只能用"无穷小量与有界变量的乘积为无穷小量"的法则来求解.

（4）0 乘 ∞（简记为 0·∞），不符合四则运算法则条件.

事实上，0·∞ 会有各种不同结果，例如，

$$\lim\limits_{x\to 0}x\cdot\dfrac{1}{x}=1,\quad \lim\limits_{x\to 0}x\cdot\dfrac{2}{x}=2,\quad \lim\limits_{x\to 0}x\cdot\dfrac{1}{x^2}=\infty,\quad \lim\limits_{x\to 0}x^2\cdot\dfrac{1}{x}=0,$$

所以这类问题称为**未定式**或**不定式**.

（5）$\lim\limits_{x\to 0}\dfrac{1-\cos x}{x^2\cos x}=\lim\limits_{x\to 0}\dfrac{1-\cos x}{x^2}$ 这一步是正确的，

注　常见的未定式有：$\dfrac{0}{0}$，$\dfrac{\infty}{\infty}$，$0\cdot\infty$，$\infty-\infty$，1^{∞}，∞^0，0^0，等等.

因为 $\lim\limits_{x\to 0}\cos x=1\neq 0$，所以 $\lim\limits_{x\to 0}\dfrac{1-\cos x}{x^2\cos x}$ 与 $\lim\limits_{x\to 0}\dfrac{1-\cos x}{x^2}$ 的收敛性或发散性（统称为**敛散性**）是相同的，可以往后继续运算.但

注　应牢记 $1-\cos x$ 是一个整体，在 $\dfrac{0}{0}$ 型极限中不可拆开.

$$\lim\limits_{x\to 0}\dfrac{1-\cos x}{x^2}=\lim\limits_{x\to 0}\dfrac{1-1}{x^2}$$

就错了，因为除法法则只能在分母极限不为零时使用.以后将会看到 $\lim\limits_{x\to 0}\dfrac{1-\cos x}{x^2}=\dfrac{1}{2}$.

练习 1.2.4

1. 计算极限：

（1）$\lim\limits_{x\to\infty}\dfrac{x-2}{x^2-4}$；　　（2）$\lim\limits_{x\to\infty}\dfrac{x^2+x-2}{x^2-4}$；　　（3）$\lim\limits_{x\to -2}\dfrac{x^2+x-2}{x^2-4}$；　　（4）$\lim\limits_{x\to 2}\dfrac{x^2+x-2}{x^2-4}$；

（5）$\lim\limits_{x\to\infty}\dfrac{(1+2x)^3}{1-x^3}$；　　（6）$\lim\limits_{x\to 0}\dfrac{(1+2x)^3}{1-x^3}$；　　（7）$\lim\limits_{x\to 1}\dfrac{(1+2x)^3}{1-x^3}$.

2. 设 $\lim\limits_{x\to 1}\dfrac{x^2-a}{x-1}=b$（$a,b$ 都是实数），求常数 a,b.

1.2.5　复合函数的极限　曲线的渐近线

一、复合函数的极限法则

定理 1.2.12（复合函数的极限法则，也称复合原理）　设函数 $y=f(\varphi(x))$ 是由

$u = \varphi(x)$ 和 $y = f(u)$ 复合而成,且在 x_0 的某去心邻域 $\overset{\circ}{U}(x_0)$ 内有定义,若 $\lim\limits_{x \to x_0} \varphi(x) = u_0$ 且对任意 $x \in \overset{\circ}{U}(x_0)$,$\varphi(x) \neq u_0$,而 $\lim\limits_{u \to u_0} f(u) = A$,则复合函数 $f(\varphi(x))$ 当 $x \to x_0$ 时的极限也存在,且

$$\lim_{x \to x_0} f(\varphi(x)) = \lim_{u \to u_0} f(u) = A. \qquad (1.2.5)$$

证   任给 $\varepsilon > 0$,存在 $\sigma > 0$,使得当 $0 < |u - u_0| < \sigma$ 时,$|f(u) - A| < \varepsilon$.

对上述 $\sigma > 0$,又存在 $\delta > 0$,使得当 $0 < |x - x_0| < \delta$ 时,$|\varphi(x) - u_0| < \sigma$;因为 $\varphi(x) \neq u_0$,就有 $0 < |\varphi(x) - u_0| < \sigma$,所以

$$|f(\varphi(x)) - A| < \varepsilon.$$

证毕.

> **思考题 1.2.5**   条件"对任意 $x \in \overset{\circ}{U}(x_0)$,$\varphi(x) \neq u_0$"对于基本初等函数(除常值函数外)$\varphi(x)$ 都能满足吗?有没有反例说明这个条件是必要的?

复合函数的极限法则有很多变式,例如,

若 $\lim\limits_{x \to x_0} \varphi(x) = \infty$,而 $\lim\limits_{u \to \infty} f(u) = A$,则

$$\lim_{x \to x_0} f(\varphi(x)) = A;$$

若 $\lim\limits_{x \to +\infty} \varphi(x) = \infty$,而 $\lim\limits_{u \to \infty} f(u) = A$,则

$$\lim_{x \to +\infty} f(\varphi(x)) = A.$$

这个法则又有很多用途,举例如下:

1. 变量代换

(1.2.5)式也可以认为是**变量代换公式**,因为如果函数 $f(u)$ 和 $\varphi(x)$ 满足定理条件,那么函数 $\varphi(x)$ 可以把求 $\lim\limits_{x \to x_0} f(\varphi(x))$ 转化为求 $\lim\limits_{u \to u_0} f(u)$,这里 $\lim\limits_{x \to x_0} \varphi(x) = u_0$.特别地,已知 $\lim\limits_{u \to 0} f(u) = A$,就可以推出

$$\lim_{x \to \infty} f\left(\frac{1}{x}\right) \xlongequal{\text{令} u = \frac{1}{x}} \lim_{u \to 0} f(u) = A,$$

等等.

例 1.2.16   求极限:

(1) $\lim\limits_{x \to \infty} \dfrac{(2x-3)^{20}(3x+2)^{30}}{(2x+1)^{50}}$;   (2) $\lim\limits_{x \to -\infty} (\sqrt{x^2+x+1} + x)$;

(3) $\lim\limits_{x \to +\infty} (\sqrt{x^2-x+1} + x)$.

解   (1) 分子、分母同除以 x^{50},得到

$$\lim_{x\to\infty}\frac{(2x-3)^{20}(3x+2)^{30}}{(2x+1)^{50}}=\lim_{x\to\infty}\frac{\left(2-\dfrac{3}{x}\right)^{20}\left(3+\dfrac{2}{x}\right)^{30}}{\left(2+\dfrac{1}{x}\right)^{50}}$$

$$\xrightarrow{\ \ \diamondsuit\, t=\frac{1}{x}\ \ }\lim_{t\to 0}\frac{(2-3t)^{20}(3+2t)^{30}}{(2+t)^{50}}=\frac{2^{20}\cdot 3^{30}}{2^{50}}=\left(\frac{3}{2}\right)^{30}.$$

$(2)\ \displaystyle\lim_{x\to-\infty}\left(\sqrt{x^2+x+1}+x\right)\xrightarrow{\ \ \text{分子有理化}\ \ }\lim_{x\to-\infty}\frac{\sqrt{x^2+x+1}^2-x^2}{\sqrt{x^2+x+1}-x}=\lim_{x\to-\infty}\frac{x+1}{\sqrt{x^2+x+1}-x}$

$$=\lim_{x\to-\infty}\frac{1+\dfrac{1}{x}}{-\sqrt{1+\dfrac{1}{x}+\dfrac{1}{x^2}}-1}.$$

注 $\sqrt{ax^2}=|x|\sqrt{a}$,故

$$x\sqrt{a}=\begin{cases}\sqrt{ax^2}, & x\geqslant 0,\\ -\sqrt{ax^2}, & x<0.\end{cases}$$

这里,$f(u)=\sqrt{u}$,$u=1+\dfrac{1}{x}+\dfrac{1}{x^2}$ 满足定理 1.2.12 的条件,所以

$$\lim_{x\to-\infty}\left(-\sqrt{1+\frac{1}{x}+\frac{1}{x^2}}-1\right)=\lim_{u\to 1}(-\sqrt{u}-1)=-2,$$

从而

$$\lim_{x\to-\infty}\left(\sqrt{x^2+x+1}+x\right)=\frac{\displaystyle\lim_{x\to-\infty}\left(1+\frac{1}{x}\right)}{\displaystyle\lim_{x\to-\infty}\left(-\sqrt{1+\frac{1}{x}+\frac{1}{x^2}}-1\right)}=\frac{1}{-2}=-\frac{1}{2}.$$

$(3)\ \displaystyle\lim_{x\to+\infty}\left(\sqrt{x^2-x+1}+x\right)=\lim_{x\to+\infty}x\left(\sqrt{1-\frac{1}{x}+\frac{1}{x^2}}+1\right)=+\infty.$

2. 由函数极限推知数列极限

把外层函数 $f(x)$ 和内层的(特殊函数)数列复合起来,就得到

定理 1.2.13 设 $f(x)$ 在 x_0 的某去心邻域 $\mathring{U}(x_0)$ 内有定义,$\displaystyle\lim_{x\to x_0}f(x)=A$,则对任何数列 $\{x_n\}\subset\mathring{U}(x_0)$ 且 $\displaystyle\lim_{n\to\infty}x_n=x_0$,都有 $\displaystyle\lim_{n\to\infty}f(x_n)=A.$

例 1.2.17 已知极限 $\displaystyle\lim_{x\to 0}(1+x)^{\frac{1}{x}}=\mathrm{e}$ 和 $\displaystyle\lim_{x\to 0}\frac{\sin x}{x}=1$,求极限:

注 极限 $\displaystyle\lim_{x\to 0}(1+x)^{\frac{1}{x}}=\mathrm{e}$ 和 $\displaystyle\lim_{x\to 0}\frac{\sin x}{x}=1$ 被称为"重要极限",将在 §1.3 详细研究.

$(1)\ \displaystyle\lim_{n\to\infty}\left(1+\frac{n+1}{n^2}\right)^{\frac{n^2}{n+1}};$

$(2)\ \displaystyle\lim_{n\to\infty}\frac{n^2}{n+1}\sin\left(\frac{1}{n}+\frac{1}{n^2}\right).$

解　由于 $\lim\limits_{n\to\infty}\left(\dfrac{1}{n}+\dfrac{1}{n^2}\right)=0$，所以从 $\lim\limits_{x\to0}(1+x)^{\frac{1}{x}}=\mathrm{e}$ 和 $\lim\limits_{x\to0}\dfrac{\sin x}{x}=1$ 分别得到

$$\lim_{n\to\infty}\left(1+\frac{n+1}{n^2}\right)^{\frac{n^2}{n+1}}=\mathrm{e},\quad \lim_{n\to\infty}\frac{n^2}{n+1}\sin\left(\frac{1}{n}+\frac{1}{n^2}\right)=\lim_{n\to\infty}\frac{\sin\left(\dfrac{1}{n}+\dfrac{1}{n^2}\right)}{\dfrac{1}{n}+\dfrac{1}{n^2}}=1.$$

建议读者试着构造定理 1.2.13 的逆命题，定理 1.2.13 与其逆命题合起来被称为**海涅归结原理**（见阅读材料 1.2），这是极限论中十分重要的定理.

3. 证明发散性或无界性

定理 1.2.13 指出，如果函数 $f(x)$ 在自变量的某个变化过程下（例如 $x\to x_0$）是收敛的，设极限为 A，那么 $\mathring{U}(x_0)$ 中的任何满足 $x_n\to x_0$ 的数列 $\{x_n\}$ 代入 $f(x)$ 以后得到的函数值数列 $\{f(x_n)\}$ 也是收敛的，而且收敛于 A.根据这个原理，

阅读材料 1.2
海涅归结原理

（1）为了证明函数在某点处的发散性，只需找到两个数列，使得它们对应的函数值数列不收敛于同一个数.

（2）为了证明函数的无界性，只需找到一个数列，使得它对应的函数值数列发散到 ∞.

例 1.2.18　证明：

（1）狄利克雷函数 $D(x)=\begin{cases}1,&x\in\mathbf{Q},\\0,&x\in\mathbf{R}\backslash\mathbf{Q}\end{cases}$ 在点 $x=1$ 处是发散的.

（2）函数 $f(x)=\dfrac{1}{x}D(x)$ 在点 $x=0$ 处无界.

证　（1）为了证明 $\lim\limits_{x\to1}D(x)$ 不存在.只需取有理数列 $x_n=\dfrac{n+1}{n}$ 和无理数列 $y_n=\dfrac{\sqrt{2}}{n}+1$，则 $\lim\limits_{n\to\infty}x_n=\lim\limits_{n\to\infty}y_n=1$，而 $\lim\limits_{n\to\infty}D(x_n)=1,\lim\limits_{n\to\infty}D(y_n)=0$，两者不等，从而 $\lim\limits_{x\to1}D(x)$ 不存在.

（2）取 $x_n=\dfrac{1}{n}$，则 $\lim\limits_{n\to\infty}x_n=0$ 但 $f(x_n)=n\to+\infty\,(n\to\infty)$，故函数 $f(x)=\dfrac{1}{x}D(x)$ 在点 $x=0$ 的任何去心邻域上无界.证毕.

4. 计算初等函数的极限

当外层函数 $f(u)$ 满足

$$\lim_{u\to u_0}f(u)=f(u_0)\tag{1.2.6}$$

时，如果 $\lim\limits_{x\to x_0}\varphi(x)=u_0$，且在充分小的去心邻域 $\mathring{U}(x_0)$ 内，$\varphi(x)\neq u_0$，根据定理 1.2.12，就可以推出

$$\lim_{x \to x_0} f(\varphi(x)) = f(u_0) = f(\lim_{x \to x_0} \varphi(x)). \quad (1.2.7)$$

如果内层的函数 $\varphi(x)$ 还满足条件 $\lim_{x \to x_0} \varphi(x) = \varphi(x_0)$，

那么上式就成为

$$\lim_{x \to x_0} f(\varphi(x)) = f(\varphi(x_0)). \quad (1.2.8)$$

若复合函数的极限满足 (1.2.7) 式，则称**极限 $\lim_{x \to x_0}$ 与外层函数 f 可交换**，或称**极限可内移**.

不难证明 (见阅读材料 1.3)：

命题 1.2.4 一切基本初等函数 $f(x)$ 在定义区间上的每一点 x_0 都满足

$$\lim_{x \to x_0} f(x) = f(x_0).$$

例如，我们总有

$$\lim_{x \to x_0} a^x = a^{x_0}(a>0, a \neq 1), \quad \lim_{x \to x_0} \sin x = \sin x_0, \quad \lim_{x \to x_0} \ln x = \ln x_0 (x_0 > 0),$$

等等.

因此，利用命题 1.2.4 和定理 1.2.12，我们可以解决外层函数为基本初等函数的复合函数的极限问题. 即只要外层函数是基本初等函数，就可以将极限内移. 再结合极限的四则运算法则，大量初等函数的极限问题可以顺利地解决.

例如，只需注意 $y = \arctan u$ 和 $u = \sqrt[5]{v}$ 是基本初等函数，就有

(1) $\lim_{x \to 1} \arctan \sqrt[5]{e^x - 1} = \arctan \left(\lim_{x \to 1} \sqrt[5]{e^x - 1} \right) = \arctan \sqrt[5]{e-1}$;

(2) $\lim_{x \to -\infty} \arctan \sqrt[5]{e^x - 1} = \arctan \left(\lim_{x \to -\infty} \sqrt[5]{e^x - 1} \right) = \arctan(-1) = -\dfrac{\pi}{4}$.

这里，(2) 的极限是定理 1.2.12 在 $x \to -\infty$ 时的变式的应用.

以上讨论了定理 1.2.12 的应用，在计算初等函数的极限应用中我们注意到基本初等函数都满足 (1.2.6) 式. 一般地，如果让 (1.2.6) 式直接作为定理的条件，就得到在应用上更为便捷的一个复合函数的极限法则：

定理 1.2.14 设函数 $y = f(\varphi(x))$ 由 $u = \varphi(x)$ 和 $y = f(u)$ 复合而成，且 $\varphi(x)$ 在点 x_0 的某去心邻域 $\overset{\circ}{U}(x_0)$ 内有定义，若 $\lim_{x \to x_0} \varphi(x) = u_0$ 且 $\lim_{u \to u_0} f(u) = f(u_0)$，则

$$\lim_{x \to x_0} f(\varphi(x)) = f\left(\lim_{x \to x_0} \varphi(x) \right) = f(u_0).$$

这就是说，当定理 1.2.12 中 $f(u)$ 的条件特殊化到满足 (1.2.6) 式时，是没有必要附加 $\varphi(x) \neq u_0$ 条件的.

二、极限的一个简单应用——曲线的渐近线

先来看一个带参数的极限题.

注 满足 (1.2.6) 式的 f 称为点 u_0 处连续，连续性概念将在 1.4 节详细研究，这里先学习初等函数连续性的运用.

阅读材料 1.3

"基本初等函数满足等式 $\lim_{x \to x_0} f(x) = f(x_0)$" 之证

例 1.2.19   已知 $\lim\limits_{x\to+\infty}\left[\sqrt{x^2+x+1}-(ax+b)\right]=0$,求常数 a,b.

解   由于 $\lim\limits_{x\to+\infty}\dfrac{1}{x}=0$,所以 $\lim\limits_{x\to+\infty}\dfrac{1}{x}(\sqrt{x^2+x+1}-ax-b)=0$.因为

$$\lim\limits_{x\to+\infty}\frac{1}{x}(\sqrt{x^2+x+1}-ax-b)=\lim\limits_{x\to+\infty}\left(\sqrt{1+\frac{1}{x}+\frac{1}{x^2}}-a\right)=1-a,$$

于是 $a=1$.进一步得到

$$b=\lim\limits_{x\to+\infty}(\sqrt{x^2+x+1}-x)=\lim\limits_{x\to+\infty}\frac{x+1}{\sqrt{x^2+x+1}+x}=\frac{1}{2}.$$

此例的几何意义是,双曲线的一支 $y=\sqrt{x^2+x+1}$ 在 $x\to+\infty$ 时,以直线 $y=x+\dfrac{1}{2}$ 为渐近线.一般地,我们有

定义 1.2.7   若曲线 C 上的动点 P 沿着曲线无限地远离原点时,点 P 与一条定直线 L 的距离趋于零,则称直线 L 为曲线 C 的一条**渐近线**.

我们已经看到,极限 $\lim\limits_{\substack{x\to\infty\\(x\to+\infty)\\(x\to-\infty)}}f(x)=A$,则曲线 $y=f(x)$ 有**水平渐近线** $y=A$(图 1.2.7).

我们还从图 1.2.12 看到了第二种渐近线,即当自变量趋于某个有限值 x_0(可能单侧地)时,$f(x)$ 是无穷大,即 $\lim\limits_{\substack{x\to x_0\\(x\to x_0^+)\\(x\to x_0^-)}}f(x)=\infty$,则曲线 $y=f(x)$ 有**铅直渐近线** $x=x_0$.

现在我们指出,如果当 $x\to+\infty$(或 $x\to-\infty$)时,$f(x)$ 也是无穷大,则曲线 $y=f(x)$ 还可能会有**斜渐近线**.斜渐近线的求法与例 1.2.19 完全相同.一般地,如图 1.2.13 所示,如果曲线 $C:y=f(x)$ 有斜渐近线 $L:y=ax+b$,C 上的点 $P(x,y)$ 沿着曲线 C 的一侧运动时,它到 L 的距离为 PN,则

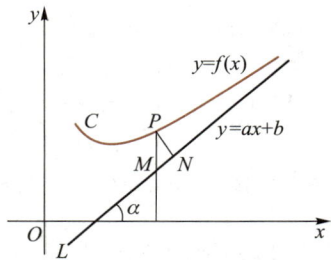

图 1.2.13

$\lim\limits_{x\to\infty}|PN|=0$ 当且仅当

$$\lim\limits_{x\to+\infty}[f(x)-ax-b]=0\quad\text{或}\quad\lim\limits_{x\to-\infty}[f(x)-ax-b]=0.\tag{1.2.9}$$

斜渐近线 $y=ax+b$ 中的系数 a,b 的计算可分两步走:

先求 a.由 $\lim\limits_{\substack{x\to+\infty\\(x\to-\infty)}}\dfrac{1}{x}=0$, $\lim\limits_{\substack{x\to+\infty\\(x\to-\infty)}}(f(x)-ax-b)=0$ 推得

$$\lim\limits_{\substack{x\to+\infty\\(x\to-\infty)}}\frac{1}{x}(f(x)-ax-b)=\lim\limits_{\substack{x\to+\infty\\(x\to-\infty)}}\left(\frac{f(x)}{x}-a-\frac{b}{x}\right)=0,$$

故

$$a=\lim\limits_{\substack{x\to+\infty\\(x\to-\infty)}}\frac{f(x)}{x}.\tag{1.2.10}$$

再求 b.

$$b = \lim_{\substack{x \to +\infty \\ (x \to -\infty)}} (f(x) - ax). \tag{1.2.11}$$

应该注意的是,和水平渐近线一样,斜渐近线也可能有两条,故在计算 a,b 时,需注意区别 $x \to +\infty$,$x \to -\infty$ 的两种情况.

上述步骤是求曲线 $y = f(x)$ 的渐近线的"通法",针对不同函数可以选择更合适的方法.例如,例 1.2.12 的结果实际上就是:$y = \dfrac{x^2 + 2}{x + 1}$ 有渐近线 $y = x - 1$.按照现在的步骤来做就是

$$a = \lim_{x \to \infty} \frac{f(x)}{x} = \lim_{x \to \infty} \frac{x^2 + 2}{x(x+1)} = 1, \quad b = \lim_{x \to \infty} (f(x) - ax) = \lim_{x \to \infty} \left(\frac{x^2 + 2}{x + 1} - x \right) = -1.$$

练习 1.2.5

1. 计算极限:

（1）$\lim\limits_{x \to +\infty} (\sqrt{x^2 + x} - x)$;　　（2）$\lim\limits_{x \to -\infty} (\sqrt{x^2 + x} - x)$;

（3）$\lim\limits_{x \to +\infty} (\sqrt{x^2 + 100} - x)$;　　（4）$\lim\limits_{x \to -\infty} (\sqrt{x^2 + 100} - x)$.

2. 计算极限:

（1）$\lim\limits_{x \to 0} \sin(1 - x^2)$;　　（2）$\lim\limits_{x \to 0} \dfrac{\ln(1 + x^2)}{\cos x}$;

（3）$\lim\limits_{x \to 0} \dfrac{e^x \cos x + 5}{1 + x^2 + \ln(1 - x)\sec x}$;　　（4）$\lim\limits_{x \to 1} \sqrt{\dfrac{x^2 - 1}{x^3 - 1}}$.

3. 曲线 $y = \dfrac{1 + 2^{-x^2}}{1 - 2^{-x^2}}$ （　　）.

（A）没有渐近线　　　　　　　　（B）仅有铅直渐近线

（C）仅有水平渐近线　　　　　　（D）既有水平渐近线,又有铅直渐近线

习题 1.2 ·····················

1. 计算极限:

（1）$\lim\limits_{n \to \infty} \underbrace{0.99 \cdots 9}_{n \uparrow}$;

（2）$\lim\limits_{n \to \infty} \left(\dfrac{1}{1 \cdot 2} + \dfrac{1}{2 \cdot 3} + \cdots + \dfrac{1}{n \cdot (n+1)} \right)$.

2. 患者每 4 h 注射 150 mg 的药物. 图 1.2.14 显示了 t 时后药物在血液中的含量 $f(t)$. 请写出 $\lim\limits_{t \to 12^-} f(t)$ 和 $\lim\limits_{t \to 12^+} f(t)$,并解释这两个单侧极限值的意义.

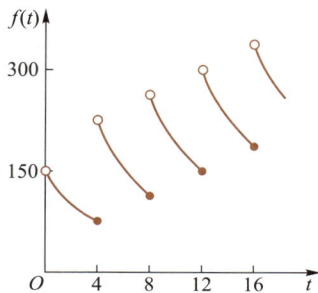

图 1.2.14

3. 设 $f(x)=\begin{cases} \dfrac{1}{1+x^2}, & x<0, \\[2mm] 2x-1, & 0\leqslant x<1, \\[2mm] 2, & x=1, \\[2mm] \dfrac{1}{x}, & x>1, \end{cases}$ 求（1）$\lim\limits_{x\to 0}f(x)$；（2）$\lim\limits_{x\to 1}f(x)$；（3）$\lim\limits_{x\to\infty}f(x)$.

4. 计算极限：

（1）$\lim\limits_{x\to 0}x\sin\dfrac{2}{x}$；

（2）$\lim\limits_{x\to 0}x^2\arctan\dfrac{1}{x}$.

5. 设 $f(x)=\dfrac{[x]^2+4}{x^2+4}$，求 $f(2+0)$ 和 $f(2-0)$.

6. 设 $\lim\limits_{x\to 1}f(x)$ 存在，$f(x)=3x^2+2x\lim\limits_{x\to 1}f(x)$，试求函数 $f(x)$.

7. 计算极限：

（1）$\lim\limits_{x\to\sqrt{2}}\dfrac{x^2-2}{x^2-1}$；

（2）$\lim\limits_{x\to 0}\dfrac{3x^3-2x^2+x}{3x^2+2x}$；

（3）$\lim\limits_{x\to\infty}\left(2-\dfrac{1}{x}+\dfrac{1}{x^2}\right)$；

（4）$\lim\limits_{x\to\infty}\dfrac{x^2}{3x+1}$；

（5）$\lim\limits_{x\to 1}\left(\dfrac{1}{1-x}-\dfrac{3}{1-x^3}\right)$；

（6）$\lim\limits_{x\to 1}\dfrac{1-x^m}{1-x}$（$m$ 是正整数）.

（7）$\lim\limits_{n\to\infty}\dfrac{1+\dfrac{1}{2}+\dfrac{1}{2^2}+\cdots+\dfrac{1}{2^n}}{1+\dfrac{1}{3}+\dfrac{1}{3^2}+\cdots+\dfrac{1}{3^n}}$；

（8）$\lim\limits_{n\to\infty}(\sqrt[n]{1}+\sqrt[n]{2}+\cdots+\sqrt[n]{10})$.

8. （1）已知 $\lim\limits_{x\to\infty}\left(\dfrac{x^3}{3+x^2}-ax-b\right)=0$，求常数 a,b.

（2）已知 $\lim\limits_{x\to 0}\dfrac{(1+x)(2-5x)(1+3x)+a}{x}=3$，则常数 $a=$ _____.

9. 设 $f(x)=\dfrac{ax^2+bx+5}{x-5}$，$a,b$ 都是常数.

（1）若 $\lim\limits_{x\to\infty}f(x)=1$，则 $a=$ _____，$b=$ _____ .

（2）若 $\lim\limits_{x\to\infty}f(x)=0$，则 $a=$ _____，$b=$ _____ .

（3）若 $\lim\limits_{x\to 5}f(x)=1$，则 $a=$ _____，$b=$ _____ .

10. 当 $x\to$ ____ 时，$y=\dfrac{x(x-1)\sqrt{x+1}}{x^2-1}$ 为无穷大. 当 $x\to$ ____ 时，它为无穷小.

* *

11. 计算极限：

（1）$\lim\limits_{x\to 0}\left[\dfrac{\ln(\cos^2 x+\sqrt{1-x^2})}{e^x+\sin 2x}+(1+x)^{\frac{1}{10}}\right]$；

（2）$\lim\limits_{x\to+\infty}\arcsin(\sqrt{x^2+x}-x)$；

（3）$\lim\limits_{x\to\infty}\dfrac{\sin x+x}{\cos x-x}$；

（4）$\lim\limits_{x\to\infty}\dfrac{x\arctan\dfrac{1}{x}}{x-\cos x}$；

（5）$\lim\limits_{x\to\infty}\dfrac{(4x^2-3)^3(3x-2)^4}{(6x^2+7)^5}$；

（6）$\lim\limits_{x\to4}\dfrac{\sqrt{1+2x}-3}{\sqrt{x}-2}$；

（7）$\lim\limits_{x\to0}\dfrac{\sqrt{1+7x^2}-\sqrt{1-4x^2}}{x^2}$；

（8）$\lim\limits_{n\to\infty}\dfrac{\sqrt{n^4+3n^2-4}-(n^2-1)}{n}$；

（9）$\lim\limits_{x\to-\infty}x(\sqrt{x^2+100}+x)$；

（10）$\lim\limits_{x\to\infty}(\sqrt{x^2+x}-x)$；

（11）$\lim\limits_{n\to\infty}\sqrt{2}\cdot\sqrt[4]{2}\cdot\cdots\cdot\sqrt[2^n]{2}$.

12.（1）设 $f(x)=x^2$，计算 $\lim\limits_{\Delta x\to0}\dfrac{f(x+\Delta x)-f(x)}{\Delta x}$.

（2）设 $f(x)=\dfrac{1}{x},x\neq0$，计算 $\lim\limits_{t\to0}\dfrac{f(x+t)-f(x)}{t}$.

（3）设 $f(x)=x(x-1)(x-2)\cdots(x-n)$，计算 $\lim\limits_{x\to1}\dfrac{f(x)-f(1)}{x-1}$.

13. 设 $f(x)$ 是三次多项式，且有 $\lim\limits_{x\to2}\dfrac{f(x)}{x-2}=\lim\limits_{x\to4}\dfrac{f(x)}{x-4}=1$，试求 $\lim\limits_{x\to3}\dfrac{f(x)}{x-3}$.

14. 证明极限 $\lim\limits_{x\to\infty}\dfrac{\sin x}{2^x}$ 不存在.

15. 对常数 a 的不同范围讨论极限 $\lim\limits_{n\to\infty}\dfrac{a^n}{a^n+3}$，并画出函数 $f(x)=\lim\limits_{n\to\infty}\dfrac{x^n}{x^n+3}$ 的图形.

＊ ＊

16. 计算下列极限：

（1）$\lim\limits_{x\to0}\dfrac{\sqrt[3]{1+3x}-\sqrt[3]{1-2x}}{x+x^2}$；

（2）$\lim\limits_{x\to a^+}\dfrac{\sqrt{x}-\sqrt{a}+\sqrt{x-a}}{\sqrt{x^3-a^3}}$.

17. 计算下列曲线的渐近线方程：

（1）$y=\dfrac{x^3}{1+x^2}+\arctan(1+x^2)$；

（2）$y=\sqrt[3]{1-x^3}$.

18. 图 1.2.15 所示是函数 $y=f(x)\ (x\in\mathbf{R},x\neq-\dfrac{1}{2},x\neq2)$ 的图形. 曲线在 $x=-2,x=4$ 和 $y=9$ 处与坐标轴相交，曲线的峰谷处的坐标为 $(-4,7)$ 和 $(0.75,7)$，曲线有 4 条渐近线：$x=-0.5,x=2,y=0$ 和 $y=5$.

（1）画出函数 $y=\dfrac{1}{f(x)}$ 的草图，并标出其在坐标轴上的交点、峰谷、渐近线.

（2）按照图形找出最小的数 k，使得 f 限制在定义域 $[k,2)\cup(2,+\infty)$ 上时存在反函数 f^{-1}.

（3）设有函数 $g(x)=\dfrac{2x+a}{x-b}\ \ (x\in\mathbf{R},x>b)$，其中 a,b 为正常数，求反函数的值 $(f\circ g)^{-1}(0)$（用

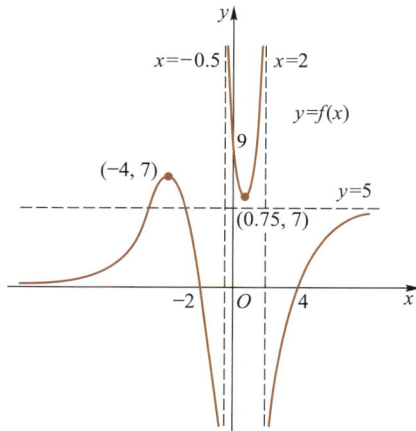

图 1.2.15

a,b 表示).

*19. 证明：若数列 $\{a_n\}$ ($a_n \neq 0, n=1,2,\cdots$) 满足下列条件之一，则 $\{a_n\}$ 是无穷大数列：

(1) $\lim\limits_{n\to\infty}\sqrt[n]{|a_n|}=r>1$；

(2) $\lim\limits_{n\to\infty}\left|\dfrac{a_{n+1}}{a_n}\right|=s>1$.

数列 $\{a_n\}$ ($a_n \neq 0, n=1,2,\cdots$) 在什么条件下是无穷小数列？试用你的结论证明 $\lim\limits_{n\to\infty}\dfrac{n^5}{\mathrm{e}^n}=0$.

§1.3　极限的计算

我们已经学习了极限计算的四则运算法则、有界变量与无穷小量乘积（极限为零）的法则、复合函数的极限法则，顺便介绍了全部基本初等函数的极限.本节将介绍两种收敛准则、两个重要极限，以及等价无穷小替换法则.

1.3.1　收敛准则　两个重要极限

一、收敛准则

1. 准则 1：夹逼准则

定理 1.3.1（数列型夹逼准则）　如果数列 $\{x_n\}$，$\{y_n\}$ 及 $\{z_n\}$ 满足

（1）$y_n \leqslant x_n \leqslant z_n$　（$n \geqslant N_0$，这里 N_0 为正整数）；

（2）$\lim\limits_{n\to\infty}y_n=a,\lim\limits_{n\to\infty}z_n=a$，

那么数列 $\{x_n\}$ 的极限存在，且 $\lim\limits_{n\to\infty}x_n=a$.

证　由于 $\lim\limits_{n\to\infty}y_n=a,\lim\limits_{n\to\infty}z_n=a$，所以任给 $\varepsilon>0$，存在正整数 N_1,N_2，使得当 $n>N_1$ 时，

$$|y_n-a|<\varepsilon；$$

$n>N_2$ 时

$$|z_n-a|<\varepsilon.$$

取 $N=\max\{N_0,N_1,N_2\}$，则 $n>N$ 时，$|y_n-a|<\varepsilon$ 和 $|z_n-a|<\varepsilon$ 同时成立，即

$$a-\varepsilon<y_n<a+\varepsilon,\quad a-\varepsilon<z_n<a+\varepsilon,$$

因此，当 $n>N$ 时，有

$$a-\varepsilon<y_n\leqslant x_n\leqslant z_n<a+\varepsilon,$$

故 $|x_n-a|<\varepsilon$ 成立，从而 $\lim\limits_{n\to\infty}x_n=a$.证毕.

利用夹逼准则求极限的关键是构造出具有相同极限的两个数列 $\{y_n\}$ 和 $\{z_n\}$，并且 $\{y_n\}$，$\{z_n\}$ 的极限是容易计算的.

☆**例 1.3.1**　求极限 $\lim\limits_{n\to\infty}\sqrt[n]{2^n+3^n}$.

解　一方面，

$$\sqrt[n]{2^n+3^n} > \sqrt[n]{3^n} = 3, \quad \lim_{n\to\infty} 3 = 3;$$

另一方面，

$$\sqrt[n]{2^n+3^n} < \sqrt[n]{3^n+3^n} = 3\sqrt[n]{2}, \quad \lim_{n\to\infty} 3\sqrt[n]{2} = 3. \text{（例 1.2.2（4）已经证明} \lim_{n\to\infty}\sqrt[n]{a} = 1 \text{（}a>0\text{）.）}$$

由夹逼准则得

$$\lim_{n\to\infty}\sqrt[n]{2^n+3^n} = 3.$$

本例提供了一类数列极限的计算方法，利用这种方法可以得到 $\lim_{n\to\infty}\sqrt[n]{2^n+3^n+4^n} = 4$，$\lim_{n\to\infty}\sqrt[n]{1+x^n+x^{2n}} = x^2 \,(x>1)$，等等. 归纳为

命题 1.3.1　设 $A>0, B>0$，则

$$\lim_{n\to\infty}\sqrt[n]{A^n+B^n} = \max\{A, B\}. \tag{1.3.1}$$

例 1.3.2　求极限

$$\lim_{n\to\infty}\left(\frac{1}{\sqrt{n^2+1}} + \frac{1}{\sqrt{n^2+2}} + \cdots + \frac{1}{\sqrt{n^2+n}}\right).$$

解　因为当 $n>1$ 时

$$\frac{n}{\sqrt{n^2+n}} < \frac{1}{\sqrt{n^2+1}} + \cdots + \frac{1}{\sqrt{n^2+n}} < \frac{n}{\sqrt{n^2+1}},$$

且

$$\lim_{n\to\infty}\frac{n}{\sqrt{n^2+n}} = \lim_{n\to\infty}\frac{1}{\sqrt{1+\dfrac{1}{n}}} = 1,$$

$$\lim_{n\to\infty}\frac{n}{\sqrt{n^2+1}} = \lim_{n\to\infty}\frac{1}{\sqrt{1+\dfrac{1}{n^2}}} = 1.$$

由夹逼准则得

$$\lim_{n\to\infty}\left(\frac{1}{\sqrt{n^2+1}} + \frac{1}{\sqrt{n^2+2}} + \cdots + \frac{1}{\sqrt{n^2+n}}\right) = 1.$$

与定理 1.3.1 相似地，以 $x\to x_0$ 为例，我们有

定理 1.3.1′（函数型夹逼准则）　如果函数 $g(x), f(x), h(x)$ 在点 x_0 的某去心邻域 $\mathring{U}(x_0)$ 内有定义，且

（1）$g(x) \leqslant f(x) \leqslant h(x)\,(\forall x \in \mathring{U}(x_0))$；

（2）$\lim_{x\to x_0} g(x) = A, \lim_{x\to x_0} h(x) = A,$

注　应用夹逼准则计算极限的主要步骤是：（1）先"猜出"（判断）极限的值；（2）再找"左右两边"的数列，使它们的极限为相同的值. 例 1.3.2 的结果也告诉我们，极限的加法法则对无穷多项是不可以运用的，即 $\lim_{n\to\infty}\left(\dfrac{1}{\sqrt{n^2+1}} + \dfrac{1}{\sqrt{n^2+2}} + \cdots + \dfrac{1}{\sqrt{n^2+n}}\right) \neq \lim_{n\to\infty}\dfrac{1}{\sqrt{n^2+1}} + \lim_{n\to\infty}\dfrac{1}{\sqrt{n^2+2}} + \cdots + \lim_{n\to\infty}\dfrac{1}{\sqrt{n^2+n}}.$

那么 $\lim\limits_{x\to x_0} f(x)$ 存在，且 $\lim\limits_{x\to x_0} f(x)=A$.

$x\to\infty$ 或各种单侧极限的夹逼准则可以相似地给出.

例 1.3.3   求极限 $\lim\limits_{x\to\infty}\dfrac{[x]}{x}$.

解   当 $x>0$ 时，
$$\frac{x-1}{x}<\frac{[x]}{x}\leqslant\frac{x}{x}=1,$$
而
$$\lim_{x\to+\infty}\frac{x-1}{x}=1,$$
由夹逼准则得
$$\lim_{x\to+\infty}\frac{[x]}{x}=1;$$
当 $x<0$ 时，
$$1=\frac{x}{x}\leqslant\frac{[x]}{x}<\frac{x-1}{x},$$
而
$$\lim_{x\to-\infty}\frac{x-1}{x}=1,$$
由夹逼准则得
$$\lim_{x\to-\infty}\frac{[x]}{x}=1,$$
故 $\lim\limits_{x\to\infty}\dfrac{[x]}{x}=1.$

2. 准则 2：单调有界准则

定理 1.3.2（单调有界准则）   单调有界数列必有极限.

这个准则可分解为两句话：单调增加且有上界的数列必有极限（图 1.3.1）；单调减少且有下界的数列必有极限.

本书将把这个定理当作"公理"使用.

图 1.3.1

注   单调有界定理用于证明极限的存在性和判断极限的取值范围，它不能用于计算极限.

例 1.3.4   设 $e_n=1+\dfrac{1}{1!}+\dfrac{1}{2!}+\cdots+\dfrac{1}{n!}$，证明数列 $\{e_n\}$ 收敛.

证   因为 $e_{n+1}-e_n=\dfrac{1}{(n+1)!}>0$，所以 $\{e_n\}$ 单调递增.

证明 $\{e_n\}$ 有上界至少有两种方法：

$$e_n \leqslant 1 + \frac{1}{1} + \frac{1}{1 \cdot 2} + \frac{1}{2 \cdot 3} + \cdots + \frac{1}{(n-1)n} = 3 - \frac{1}{n} < 3,$$

或者

$$e_n \leqslant 1 + \frac{1}{1} + \frac{1}{2} + \frac{1}{2 \cdot 2} + \cdots + \frac{1}{2^{n-1}} = 3 - \frac{1}{2^{n-1}} < 3.$$

从而 $\{e_n\}$ 收敛. 证毕.

例 1.3.5 证明数列 $x_n = \sqrt{3 + \sqrt{3 + \sqrt{3 + \cdots + \sqrt{3}}}}$ 的极限存在,并求此极限.

证 显然 $x_{n+1} > x_n (n = 1, 2, \cdots)$,故 $\{x_n\}$ 是单调递增的.以下用数学归纳法证明 $\{x_n\}$ 有上界.

因为 $x_1 = \sqrt{3} < 3$,假定 $x_k < 3$,就有

$$x_{k+1} = \sqrt{3 + x_k} < \sqrt{3 + 3} < 3.$$

故对一切 $n \in \mathbf{N}^*$,$x_n < 3$.所以 $\{x_n\}$ 是有界的,从而 $\lim\limits_{n \to \infty} x_n$ 存在.

设 $\lim\limits_{n \to \infty} x_n = A$.因为

$$x_{n+1} = \sqrt{3 + x_n}, \quad x_{n+1}^2 = 3 + x_n,$$

$$\lim_{n \to \infty} x_{n+1}^2 = \lim_{n \to \infty} (3 + x_n),$$

即

$$A^2 = 3 + A,$$

解得

$$A_1 = \frac{1 + \sqrt{13}}{2}, \quad A_2 = \frac{1 - \sqrt{13}}{2}$$

(A_2 舍去,由保号性知正项数列的极限不可能为负值).

所以 $\lim\limits_{n \to \infty} x_n = \frac{1 + \sqrt{13}}{2}$.证毕.

> **注** 上界 3 可以代之以其他上界,其中最小的上界(称为上确界)就是极限值.如果用预估的 $\frac{1 + \sqrt{3}}{2}$ 来证明该数列的有界性,还能得到更好的效果.

☆**例 1.3.6** 设 $x_n = \left(1 + \frac{1}{n}\right)^n$,证明 $\lim\limits_{n \to \infty} x_n$ 的存在性.

证 由二项展开定理

$$x_n = \left(1 + \frac{1}{n}\right)^n = 1 + \frac{n}{1!} \cdot \frac{1}{n} + \frac{n(n-1)}{2!} \cdot \frac{1}{n^2} + \cdots + \frac{n(n-1)\cdots(n-n+1)}{n!} \cdot \frac{1}{n^n}$$

$$= 1 + 1 + \frac{1}{2!}\left(1 - \frac{1}{n}\right) + \cdots + \frac{1}{n!}\left(1 - \frac{1}{n}\right)\left(1 - \frac{2}{n}\right)\cdots\left(1 - \frac{n-1}{n}\right). \tag{1.3.2}$$

类似地有

$$x_{n+1}=\left(1+\frac{1}{n+1}\right)^{n+1}$$

$$=1+1+\frac{1}{2!}\left(1-\frac{1}{n+1}\right)+\cdots+\frac{1}{n!}\left(1-\frac{1}{n+1}\right)\left(1-\frac{2}{n+1}\right)\cdots\left(1-\frac{n-1}{n+1}\right)+\left(\frac{1}{n+1}\right)^{n+1}.$$

逐项比较,例如

$$\frac{1}{2!}\left(1-\frac{1}{n+1}\right)>\frac{1}{2!}\left(1-\frac{1}{n}\right),\cdots,$$

$$\frac{1}{n!}\left(1-\frac{1}{n+1}\right)\left(1-\frac{2}{n+1}\right)\cdots\left(1-\frac{n-1}{n+1}\right)>\frac{1}{n!}\left(1-\frac{1}{n}\right)\left(1-\frac{2}{n}\right)\cdots\left(1-\frac{n-1}{n}\right),$$

x_{n+1} 还多出一项 $\left(\frac{1}{n+1}\right)^{n+1}$,于是可得 $x_{n+1}>x_n$,故 $\{x_n\}$ 是单调递增的,又从(1.3.2)式得

$$x_n\leqslant 1+1+\frac{1}{2!}+\cdots+\frac{1}{n!}\leqslant 1+1+\frac{1}{2}+\cdots+\frac{1}{2^{n-1}}<3,$$

故 $\{x_n\}$ 是有上界的,所以 $\lim\limits_{n\to\infty}x_n$ 存在.证毕.

记 $\lim\limits_{n\to\infty}\left(1+\frac{1}{n}\right)^n=\mathrm{e}$.由(1.3.2)式易知,对一切的自然数 $n>1$ 有 $2<x_n<3$,由保号性知 $2\leqslant\mathrm{e}\leqslant 3$.数 e 精确到前 15 位的值为 e = 2.718 281 828 459 045$\cdots$,可以证明例 1.3.4 中的数列 $e_n=1+\frac{1}{1!}+\cdots+\frac{1}{n!}$ 也收敛到 e(见阅读材料 1.4),其第 10 项 $e_{10}=2.718\,281\,8\cdots$,比数列 $x_n=\left(1+\frac{1}{n}\right)^n$ 的第 100 000 项 $x_{100\,000}=2.718\,268\cdots$ 的精度还要高!

阅读材料 1.4
用夹逼准则计算 e 值,e 的意义

可见,不同数列收敛于同一个数时,速度是不同的.

例 1.3.7   求下列极限:

(1) $\lim\limits_{n\to\infty}\left(1+\frac{1}{2n}\right)^n$;   (2) $\lim\limits_{n\to\infty}\left(1+\frac{1}{n^2}\right)^n$.

解   (1) 由于 $\left\{\left(1+\frac{1}{2n}\right)^{2n}\right\}$ 是数列 $\left\{\left(1+\frac{1}{n}\right)^n\right\}$ 的子列,由子列定理,得

$$\lim\limits_{n\to\infty}\left(1+\frac{1}{2n}\right)^n=\lim\limits_{n\to\infty}\left[\left(1+\frac{1}{2n}\right)^{2n}\right]^{\frac{1}{2}}=\mathrm{e}^{\frac{1}{2}}.$$

(2) 由于 $1<\left(1+\frac{1}{n^2}\right)^{n^2}<3$,故有

$$1<\left[\left(1+\frac{1}{n^2}\right)^{n^2}\right]^{\frac{1}{n}}<3^{\frac{1}{n}},$$

而 $\lim\limits_{n\to\infty}3^{\frac{1}{n}}=1$，由夹逼准则，$\lim\limits_{n\to\infty}\left(1+\dfrac{1}{n^2}\right)^n=1$.

函数极限也有单调有界准则，以 $x\to x_0^-$ 为例，叙述如下：

定理 1.3.2′（函数型单调有界准则） 设函数 $f(x)$ 在点 x_0 的某左邻域 $U_-(x_0)$ 内单调并有界，则 $f(x)$ 在 x_0 处的左极限 $f(x_0^-)$ 必定存在.

在微积分体系中，还有一个收敛准则（称为**柯西准则**，见阅读材料 1.5）具有十分重要的地位.由于超出本课程要求范围，本书不作讨论.

柯西（A. L. Cauchy, 1789—1857），法国数学家、物理学家、天文学家.

阅读材料 1.5
柯西准则

二、两个重要极限

1. 第一个重要极限

$$\lim_{x\to0}\frac{\sin x}{x}=1. \tag{1.3.3}$$

作为夹逼准则的一个应用，我们证明

定理 1.3.3（第一个重要极限） $\lim\limits_{x\to0}\dfrac{\sin x}{x}=1.$

证 因为 $\cos x,\dfrac{\sin x}{x}$ 都是偶函数，所以 (1.1.10) 式中的不等式 $\cos x<\dfrac{\sin x}{x}<1$ 在邻域 $\mathring{U}\left(0;\dfrac{\pi}{2}\right)$ 上成立.又由命题 1.2.4 得 $\lim\limits_{x\to0}\cos x=1$.进而由夹逼准则即得 $\lim\limits_{x\to0}\dfrac{\sin x}{x}=1.$

这个极限将帮助我们解决与三角函数有关的初等函数的很多极限问题.

☆ **例 1.3.8** 计算极限：

（1）$\lim\limits_{x\to0}\dfrac{1-\cos x}{x^2}$；   （2）$\lim\limits_{x\to0}\dfrac{\tan x}{x}$；   （3）$\lim\limits_{x\to0}\dfrac{\arctan x}{x}$；   （4）$\lim\limits_{x\to0}\dfrac{\arcsin x}{x}$.

解 先对函数作必要的恒等变形，或对极限式用换元法.

（1）$\lim\limits_{x\to0}\dfrac{1-\cos x}{x^2}=\lim\limits_{x\to0}\dfrac{2\sin^2\frac{x}{2}}{x^2}=\dfrac{1}{2}\lim\limits_{x\to0}\dfrac{\sin^2\frac{x}{2}}{\left(\frac{x}{2}\right)^2}=\dfrac{1}{2}\lim\limits_{x\to0}\left(\dfrac{\sin\frac{x}{2}}{\frac{x}{2}}\right)^2=\dfrac{1}{2}\cdot1^2=\dfrac{1}{2}.$

（2）$\lim\limits_{x\to0}\dfrac{\tan x}{x}=\lim\limits_{x\to0}\dfrac{\sin x}{x}\cdot\dfrac{1}{\cos x}=1.$

（3）令 $\arctan x=t$，则 $x=\tan t$，故

$$\lim_{x\to0}\frac{\arctan x}{x}=\lim_{t\to0}\frac{t}{\tan t}=1.$$

（4）令 $\arcsin x = t$，则

$$\lim_{x \to 0} \frac{\arcsin x}{x} = \lim_{t \to 0} \frac{t}{\sin t} = 1.$$

利用例 1.3.8 的结果和方法，可以解决更复杂的问题.

例 1.3.9   计算极限：

（1）$\lim\limits_{x \to 0} \dfrac{\tan 2x}{\sin 3x}$；   （2）$\lim\limits_{x \to 0} \dfrac{1 - \cos 2x}{x \sin 3x}$；

（3）$\lim\limits_{x \to \pi} \dfrac{\sin x}{\pi - x}$.

解   凑成上题的极限模式.

（1）$\lim\limits_{x \to 0} \dfrac{\tan 2x}{\sin 3x} = \lim\limits_{x \to 0} \dfrac{\tan 2x}{2x} \cdot \dfrac{3x}{\sin 3x} \cdot \dfrac{2}{3} = \dfrac{2}{3}$.

（2）$\lim\limits_{x \to 0} \dfrac{1 - \cos 2x}{x \sin 3x} = \lim\limits_{x \to 0} \dfrac{2 \sin^2 x}{x \sin 3x} = \lim\limits_{x \to 0} \dfrac{2 \sin^2 x}{3x^2} \cdot \dfrac{3x}{\sin 3x} = \dfrac{2}{3}$.

（3）令 $\pi - x = t$，则 $\lim\limits_{x \to \pi} \dfrac{\sin x}{\pi - x} = \lim\limits_{t \to 0} \dfrac{\sin(\pi - t)}{t} = \lim\limits_{t \to 0} \dfrac{\sin t}{t} = 1$.

2. 第二个重要极限

$$\lim_{x \to \infty} \left(1 + \frac{1}{x} \right)^x = e. \tag{1.3.4}$$

仍然作为夹逼准则的应用，我们证明

定理 1.3.4（第二个重要极限） $\lim\limits_{x \to \infty} \left(1 + \dfrac{1}{x} \right)^x = e$.

证   已经知道 $\lim\limits_{n \to \infty} \left(1 + \dfrac{1}{n} \right)^n = e$. 下面证明，当 x 取实数而趋向 $+\infty$ 或 $-\infty$ 时，函数 $\left(1 + \dfrac{1}{x} \right)^x$ 的极限都存在且等于 e，即 $\lim\limits_{x \to \infty} \left(1 + \dfrac{1}{x} \right)^x = e$.

先证 $\lim\limits_{x \to +\infty} \left(1 + \dfrac{1}{x} \right)^x = e$. 事实上，当 $x > 1$ 时，因为 $[x] \leqslant x < [x] + 1$，则有

$$1 + \frac{1}{[x]+1} < 1 + \frac{1}{x} \leqslant 1 + \frac{1}{[x]}, \quad \left(1 + \frac{1}{[x]+1} \right)^{[x]} < \left(1 + \frac{1}{x} \right)^x < \left(1 + \frac{1}{[x]} \right)^{[x]+1}.$$

记 $[x] = n$，作为定义在 $[1, +\infty)$ 上的两个阶梯函数 $f(x) = \left(1 + \dfrac{1}{n+1} \right)^n$，$g(x) = \left(1 + \dfrac{1}{n} \right)^{n+1}$，$n \leqslant x < n+1$，$n = 1, 2, \cdots$，易知

注 $\dfrac{\sin \frac{x}{2}}{\frac{x}{2}}$ 是 $f(t) = \dfrac{\sin t}{t}$ 与 $t = \dfrac{x}{2}$ 的复合；$\dfrac{\arctan x}{x}$ 是函数 $f(t) = \dfrac{t}{\tan t}$ 与 $t = \arctan x$ 的复合；$\dfrac{\arcsin x}{x}$ 是函数 $f(t) = \dfrac{t}{\sin t}$ 与 $t = \arcsin x$ 的复合.

$$\lim_{x\to+\infty} f(x) = \lim_{n\to\infty} \frac{\left(1+\dfrac{1}{n+1}\right)^{n+1}}{1+\dfrac{1}{n+1}} = \frac{e}{1} = e,$$

$$\lim_{x\to+\infty} g(x) = \lim_{n\to\infty}\left(1+\frac{1}{n}\right)^n \cdot \left(1+\frac{1}{n}\right) = e \cdot 1 = e,$$

从而由夹逼准则知 $\lim\limits_{x\to+\infty}\left(1+\dfrac{1}{x}\right)^x = e.$

再证 $\lim\limits_{x\to-\infty}\left(1+\dfrac{1}{x}\right)^x = e.$ 事实上,令 $x=-t$,则 $x\to-\infty \Leftrightarrow t\to+\infty$,故

$$\lim_{x\to-\infty}\left(1+\frac{1}{x}\right)^x = \lim_{t\to+\infty}\left(1-\frac{1}{t}\right)^{-t} = \lim_{t\to+\infty}\left(1+\frac{1}{t-1}\right)^{t-1}\left(1+\frac{1}{t-1}\right) = e \cdot 1 = e.$$

综上所述, $\lim\limits_{x\to\infty}\left(1+\dfrac{1}{x}\right)^x = e.$证毕.

利用 $\dfrac{1}{x}$ 替换 x,可得

$$\lim_{x\to 0}(1+x)^{\frac{1}{x}} = e. \tag{1.3.5}$$

第二个重要极限将帮助我们解决与指数函数、对数函数和幂函数有关的大量极限问题.

例 1.3.10 计算极限:

(1) $\lim\limits_{x\to\infty}\left(1-\dfrac{1}{x}\right)^x$;   (2) $\lim\limits_{x\to\infty}\left(\dfrac{3+x}{2+x}\right)^{2x}$.

解 利用复合函数的极限法则,得到

(1) $\lim\limits_{x\to\infty}\left(1-\dfrac{1}{x}\right)^x = \lim\limits_{x\to\infty}\left[\left(1+\dfrac{1}{-x}\right)^{-x}\right]^{-1}$

$\qquad = \lim\limits_{x\to\infty}\dfrac{1}{\left(1+\dfrac{1}{-x}\right)^{-x}} = \dfrac{1}{e}.$

(2) $\lim\limits_{x\to\infty}\left(\dfrac{3+x}{2+x}\right)^{2x} = \lim\limits_{x\to\infty}\left[\left(1+\dfrac{1}{x+2}\right)^{x+2}\right]^2\left(1+\dfrac{1}{x+2}\right)^{-4}$

$\qquad = e^2.$

☆ **例 1.3.11** 计算极限$(a>0, a\neq 1, \alpha\neq 0)$:

(1) $\lim\limits_{x\to 0}\dfrac{\ln(1+x)}{x}$;   (2) $\lim\limits_{x\to 0}\dfrac{e^x-1}{x}$;

(3) $\lim\limits_{x\to 0}\dfrac{a^x-1}{x}$;   (4) $\lim\limits_{x\to 0}\dfrac{(1+x)^\alpha-1}{x}$.

注 当我们获得两个重要极限时,要防止混淆.记住:1) $\lim\limits_{x\to 0}\dfrac{\sin x}{x}=1$, 2) $\lim\limits_{x\to\infty}\dfrac{\sin x}{x}=0$, 3) $\lim\limits_{x\to 0}x\sin\dfrac{1}{x}=0$, 4) $\lim\limits_{x\to\infty}x\sin\dfrac{1}{x}=1$; 5) $\lim\limits_{x\to\infty}\left(1+\dfrac{1}{x}\right)^x=e$, 6) $\lim\limits_{x\to 0}(1+x)^{\frac{1}{x}}=e$; 今后还将证明: 7) $\lim\limits_{x\to 0^+}\left(1+\dfrac{1}{x}\right)^x=1$, 8) $\lim\limits_{x\to+\infty}(1+x)^{\frac{1}{x}}=1$.

解 （1）由于函数 $\ln(1+u)$，e^u 在定义域内的任意点处的极限都存在，由复合函数的极限法则，有

$$\lim_{x\to 0}\frac{\ln(1+x)}{x}=\lim_{x\to 0}\frac{1}{x}\ln(1+x)=\lim_{x\to 0}\ln(1+x)^{\frac{1}{x}}=\ln\left[\lim_{x\to 0}(1+x)^{\frac{1}{x}}\right]=\ln e=1.$$

（2）令 $e^x-1=u$，即 $x=\ln(1+u)$，则 $x\to 0$ 当且仅当 $u\to 0$. 于是

$$\lim_{x\to 0}\frac{e^x-1}{x}=\lim_{u\to 0}\frac{u}{\ln(1+u)}=\lim_{u\to 0}\frac{1}{\dfrac{\ln(1+u)}{u}}=1.$$

（3）利用对数恒等式，由（2）知

$$\lim_{x\to 0}\frac{a^x-1}{x}=\lim_{x\to 0}\frac{e^{x\ln a}-1}{x\ln a}\cdot\ln a=\ln a.$$

（4）利用（1）、（2）的已知结果，有

$$\lim_{x\to 0}\frac{(1+x)^{\alpha}-1}{x}=\lim_{x\to 0}\frac{e^{\alpha\ln(1+x)}-1}{x}$$

$$=\lim_{x\to 0}\frac{e^{\alpha\ln(1+x)}-1}{\alpha\ln(1+x)}\cdot\frac{\alpha\ln(1+x)}{x}=\alpha.$$

3. 关于 1^{∞} 型未定式极限的讨论

读者容易产生疑问：对于极限 $\lim_{x\to 0}(1+x)^{\frac{1}{x}}$，如果先求出 $\lim_{x\to 0}(1+x)=1$，那么 1 的任何数次方为 1 了，这导致 $\lim_{x\to 0}(1+x)^{\frac{1}{x}}$ 的值为 1 而不是 e. 这个错误的根源在哪里呢？我们先给出一个浅层的回答：当 $x\to 0$ 时，$\dfrac{1}{x}$ 是"∞"，而不是一个"数"，所以幂的运算或指数运算法则是解决不了这个极限的.

形如 $f(x)^{g(x)}$ 的函数称为**幂指函数**. 随着极限问题的复杂程度的增加，自然会遇到这样一个问题：若在变量 x 的任何变化过程中，已知 $\lim f(x)=A$，$\lim g(x)=B$，怎样才有 $\lim f(x)^{g(x)}=A^B$？以 $x\to x_0$ 的函数极限为例，我们有

命题 1.3.2 设函数 $f(x)$，$g(x)$，$h(x)$ 均在点 x_0 的某个去心邻域 $\overset{\circ}{U}(x_0)$ 内有定义.

（1）如果 $\lim\limits_{x\to x_0}f(x)=A$，$\lim\limits_{x\to x_0}g(x)=B$，$A,B$ 都是实数且 $A>0$，则

$$\lim_{x\to x_0}f(x)^{g(x)}=A^B.$$

（2）特别地，若 $\lim\limits_{x\to x_0}h(x)=0$，$\lim\limits_{x\to x_0}g(x)h(x)$ 存在，则

$$\lim_{x\to x_0}(1+h(x))^{g(x)}=e^{\lim\limits_{x\to x_0}g(x)h(x)}.$$

证 （1）在命题条件下，由于指数函数与对数函数都是基本初等函数，极限可以内移，利用对数恒等式 $a=e^{\ln a}$（$a>0$），得到

$$\lim_{x\to x_0} f(x)^{g(x)} = \lim_{x\to x_0} e^{g(x)\ln f(x)} = e^{\lim\limits_{x\to x_0} g(x)\ln f(x)}$$

$$= e^{B\ln A} = A^B.$$

注　可以看出（1）的证明中 $\lim g(x)\ln f(x) = B\ln A$ 这一步可能出问题.事实上,在以下三种情况下未必成立 $\lim f(x)^{g(x)} = A^B$:

1) $A = 0, B = 0$;

2) $A = +\infty, B = 0$;

3) $A = 1, B = \infty$.

它们均使 $\lim g(x)\ln f(x)$ 成为 $0 \cdot \infty$ 的未定式,因此不能使用普通的极限运算法则（这段注解摘自参考文献[17]第 102 页）.

（2）**方法一**　由（1）知

$$\lim_{x\to x_0} (1+h(x))^{g(x)} = \lim_{x\to x_0} \left[(1+h(x))^{\frac{1}{h(x)}} \right]^{h(x)g(x)}$$

$$= \lim_{x\to x_0} e^{g(x)h(x)} = e^{\lim\limits_{x\to x_0} g(x)h(x)}.$$

方法二　利用对数恒等式得

$$\lim_{x\to x_0} (1+h(x))^{g(x)} = \lim_{x\to x_0} e^{g(x)\ln(1+h(x))}$$

$$= e^{\lim\limits_{x\to x_0} g(x)h(x) \cdot \frac{\ln(1+h(x))}{h(x)}} = e^{\lim\limits_{x\to x_0} g(x)h(x)}.$$

证毕.

命题 1.3.2（2）给出了处理 1^∞ 型极限的基本方法.（2）的两种证法中,方法一俗称"**凑倒倒**"——凑成 1 加无穷小,再凑无穷小的倒数,然后在外层再"倒回来". 方法二称为"**对数恒等式法**"——用对数恒等式把变量统一放到指数位置,将问题转化为乘法的极限. 从命题 1.3.2 可知例 1.3.10（2）的极限 $\lim\limits_{x\to\infty} \left(\dfrac{3+x}{2+x}\right)^{2x}$ 虽然是 1^∞ 型,但下列两种做法都是合理的:

$$\lim_{x\to\infty} \left(\frac{3+x}{2+x}\right)^{2x} = \lim_{x\to\infty} \left[\left(1+\frac{1}{2+x}\right)^{2+x} \right]^{\frac{2x}{2+x}} = e^2.$$

或者

$$\lim_{x\to\infty} \left(\frac{3+x}{2+x}\right)^{2x} = \lim_{x\to\infty} \left(1+\frac{1}{2+x}\right)^{2x} = e^{\lim\limits_{x\to\infty} \ln\left(1+\frac{1}{2+x}\right) \cdot 2x} = e^{\lim\limits_{x\to\infty} \frac{\ln\left(1+\frac{1}{2+x}\right)}{\frac{1}{2+x}} \cdot \frac{2x}{2+x}} = e^2.$$

例 1.3.12　计算极限:

（1）$\lim\limits_{x\to 0} (\cos x)^{\frac{1}{x^2}}$;　　　　　　（2）$\lim\limits_{x\to 0} (1+3\sin x)^{\frac{2}{x}}$.

解　先将 1^∞ 型极限写成 $\lim (1+h(x))^{g(x)}$ 的形式.

（1）$\lim\limits_{x\to 0} (\cos x)^{\frac{1}{x^2}} = \lim\limits_{x\to 0} (1+\cos x-1)^{\frac{1}{x^2}} = \lim\limits_{x\to 0} e^{\ln(1+\cos x-1) \cdot \frac{1}{x^2}} = e^{\lim\limits_{x\to 0} \frac{\ln[1+(\cos x-1)]}{\cos x-1} \cdot \frac{\cos x-1}{x^2}} = e^{-\frac{1}{2}}.$

（2）$\lim\limits_{x\to 0} (1+3\sin x)^{\frac{2}{x}} = \lim\limits_{x\to 0} (1+3\sin x)^{\frac{1}{3\sin x} \cdot \frac{6\sin x}{x}} = e^6.$

注意这两题分别用了"对数恒等式法"和"凑倒倒".

练习 1.3.1

1. 已知 $\lim\limits_{n\to\infty} \sqrt[n]{2} = 1$,用夹逼准则证明:$\lim\limits_{n\to\infty} \sqrt[n]{2-\dfrac{1}{n}} = 1$.

2. 证明数列 $x_n = \left(1 - \dfrac{1}{2}\right)\left(1 - \dfrac{1}{4}\right)\cdots\left(1 - \dfrac{1}{2^n}\right)$ 是收敛的,并证明它的极限必在区间 $[0,1]$ 内.

3. 求极限:

(1) $\lim\limits_{x \to 0} \dfrac{\tan 3x}{x}$;　　　　(2) $\lim\limits_{x \to 0} \dfrac{\sin 4x}{\sin 3x}$;　　　　(3) $\lim\limits_{x \to 0} \dfrac{1 - \cos 2x}{x^2}$;　　　　(4) $\lim\limits_{x \to 0} \dfrac{\arcsin 4x}{\sqrt{x+1} - 1}$.

4. 求极限:

(1) $\lim\limits_{x \to 0} (1-x)^{\frac{1}{x}}$;　　　　(2) $\lim\limits_{x \to \infty}\left(1 - \dfrac{2}{x}\right)^x$;　　　　(3) $\lim\limits_{x \to 0} (1 + \tan x)^{\cot x}$.

5. 求极限:

(1) $\lim\limits_{x \to 0} \dfrac{\ln(1 + 3x)}{x}$;　　　　(2) $\lim\limits_{x \to 0} \dfrac{e^{4x} - 1}{x}$;　　　　(3) $\lim\limits_{x \to 0} \dfrac{\sqrt[5]{1+x} - 1}{x}$.

1.3.2　无穷小的比较　等价无穷小替换

一、无穷小的比较

当 $x \to 0$ 时 $x, x^2, \sin x$ 都是无穷小,如何来比较它们趋于零的速度呢? 观察各极限:

$$\lim_{x \to 0} \frac{x^2}{x} = 0, \quad \lim_{x \to 0} \frac{\sin x}{x} = 1, \quad \lim_{x \to 0} \frac{\sin x}{x^2} = \lim_{x \to 0}\left(\frac{\sin x}{x} \cdot \frac{1}{x}\right) = \infty.$$

这说明,$x \to 0$ 时,x^2 比 x 要快得多,$\sin x$ 与 x 的速度大致相同,而 $\sin x$ 比 x^2 慢.所以,趋于零的"快慢"比较可以用比式的极限来描述.

定义 1.3.1　设 α, β 是自变量在同一变化过程中的两个无穷小,且 $\alpha \neq 0$.

(1) 如果 $\lim \dfrac{\beta}{\alpha} = 0$,就说 β 是比 α **高阶**的无穷小,记作 $\beta = o(\alpha)$.

(2) 如果 $\lim \dfrac{\beta}{\alpha} = \infty$,就说 β 是比 α **低阶**的无穷小.

(3) 如果 $\lim \dfrac{\beta}{\alpha} = C \neq 0$,就说 β 与 α 是**同阶**的无穷小.

特别地,如果 $\lim \dfrac{\beta}{\alpha} = 1$,则称 β 与 α 是**等价无穷小**,记作 $\alpha \sim \beta$.

(4) 如果 $\lim \dfrac{\beta}{\alpha^k} = C\,(C \neq 0, k > 0)$,就说 β 是 α 的 k **阶无穷小**.

注　等价是一种关系,关系也是数学的研究对象. 一般地,设 R 是集合 X 上的一种关系,x, y, z 是 X 中的任意元素,如果满足:

(1) 自反性　xRx,

(2) 对称性　$xRy \Rightarrow yRx$,

(3) 传递性　$xRy, yRz \Rightarrow xRz$,则称 R 是 X 上的一种等价关系.

例如,由 $\lim\limits_{x\to 0}\dfrac{x^2}{x}=0$ 知 $x^2=o(x)\ (x\to 0)$;由

$\lim\limits_{x\to 0}\dfrac{\sin x}{x}=1$ 知 $\sin x\sim x\ (x\to 0)$.

思考题 1.3.1 当 $x\to 0$ 时,若 $\alpha(x),\beta(x)$ 都是无穷小,$\alpha(x)$ 与 $\beta(x)$ 一定是高阶、同阶、低阶的无穷小这三种关系之一吗?

定理 1.3.5(等价无穷小表示定理) 设 α,β 是在自变量同一变化过程中的无穷小,则 $\alpha\sim\beta$ 当且仅当 $\beta=\alpha+o(\alpha)$,这时称 α 是 β 的**主要部分**.

证 必要性:设 $\alpha\sim\beta$,则

$$\lim\frac{\beta-\alpha}{\alpha}=\lim\frac{\beta}{\alpha}-1=0,$$

故 $\beta-\alpha=o(\alpha)$,即 $\beta=\alpha+o(\alpha)$.

充分性:设 $\beta=\alpha+o(\alpha)$,则

$$\lim\frac{\beta}{\alpha}=\lim\frac{\alpha+o(\alpha)}{\alpha}=\lim\left(1+\frac{o(\alpha)}{\alpha}\right)=1,$$

故 $\alpha\sim\beta$.证毕.

此定理的意义在于:用等价无穷小可以将函数重新表达.例如,由于当 $x\to 0$ 时,$\sin x\sim x$,$1-\cos x\sim\dfrac{1}{2}x^2$,可知在 $x=0$ 的邻域上 $\sin x=x+o(x)$,$1-\cos x=\dfrac{1}{2}x^2+o(x^2)$(图 1.3.2).

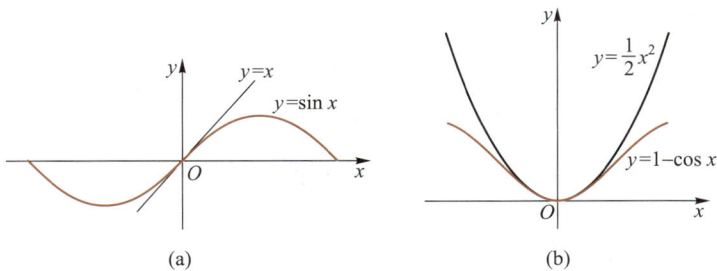

图 1.3.2

例 1.3.13 当 $x\to 0$ 时,以下关系哪些是正确的?

(1) $o(x)-o(x)=0$;   (2) $o(3x)=o(x)$;   (3) $x\cdot o(2x^2)=o(x^3)$.

解 高阶无穷小 $o(x)$ 代表的是一类函数(而不是一个函数),$x^2=o(x)$,$x^3=o(x)$,但 $x^2-x^3\neq 0$,所以(1)错;

若 $\varphi(x)=o(3x)$,则 $\lim\limits_{x\to 0}\dfrac{\varphi(x)}{3x}=0$,从而 $\lim\limits_{x\to 0}\dfrac{\varphi(x)}{x}=0$,这说明 $\varphi(x)=o(x)$,故(2)正确;

若 $\varphi(x)=o(2x^2)$,则 $\lim\limits_{x\to 0}\dfrac{\varphi(x)}{2x^2}=0$,从而 $\lim\limits_{x\to 0}\dfrac{x\varphi(x)}{x^3}=2\lim\limits_{x\to 0}\dfrac{\varphi(x)}{2x^2}=0$,这说明(3)也

是正确的.

例 1.3.14 试确定 k 的值,使下列各函数与 x^k 在 x 的指定变化过程中为同阶无穷小:

(1) $f(x) = \tan x - \sin x$ ($x \to 0$);　　　　(2) $f(x) = 2x + 7x^3 - x^6$ ($x \to 0$);

(3) $f(x) = \dfrac{x^2 + x}{3x^4 + 1}$ ($x \to \infty$);　　　(4) $f(x) = \sqrt{2x^2 + \sqrt[3]{x}}$ ($x \to 0^+$).

解 考虑除式的非零极限(先判断再计算).

(1) 由于

$$\lim_{x \to 0} \frac{\tan x - \sin x}{x^3} = \lim_{x \to 0}\left(\frac{1}{\cos x} \cdot \frac{\sin x}{x} \cdot \frac{1 - \cos x}{x^2}\right) = \frac{1}{2},$$

所以 $k = 3$.

(2) $f(x) = 2x + o(x)$ ($x \to 0$),故 $f(x) \sim 2x$ ($x \to 0$),从而 $k = 1$;

(3) $\lim\limits_{x \to \infty} \dfrac{\frac{x^2 + x}{3x^4 + 1}}{\frac{1}{x^2}} = \dfrac{1}{3}$,故 $k = -2$;

(4) $\lim\limits_{x \to 0^+} \dfrac{\sqrt{2x^2 + \sqrt[3]{x}}}{\sqrt[6]{x}} = \lim\limits_{x \to 0^+} \sqrt{2x^{\frac{5}{3}} + 1} = 1$,故 $k = \dfrac{1}{6}$.

注 (2)中的具体函数可以是 $f(x) = x + x^2$. 请思考(3),(4)中的 -2 和 $\dfrac{1}{6}$ 是如何预估出来的.

二、等价无穷小替换

定理 1.3.6(等价无穷小替换定理) 设 $\alpha, \beta, \alpha', \beta'$ 是在自变量同一变化过程中的无穷小,$\alpha \sim \alpha'$,$\beta \sim \beta'$ 且 $\lim \dfrac{\beta'}{\alpha'}$ 存在,则 $\lim \dfrac{\beta}{\alpha} = \lim \dfrac{\beta'}{\alpha'}$.

证 $\lim \dfrac{\beta}{\alpha} = \lim\left(\dfrac{\beta}{\beta'} \cdot \dfrac{\beta'}{\alpha'} \cdot \dfrac{\alpha'}{\alpha}\right) = \lim \dfrac{\beta}{\beta'} \cdot \lim \dfrac{\beta'}{\alpha'} \cdot \lim \dfrac{\alpha'}{\alpha} = \lim \dfrac{\beta'}{\alpha'}$. 证毕.

这个定理表明:若未定式的分子或分母为若干个因子的乘积,则可对其中的任意一个或几个无穷小因子作等价无穷小替换,不会改变原式的极限.

我们已经由两个重要极限得到很多等价无穷小,现在归纳出其中十个:

命题 1.3.3 当 $x \to 0$ 时,

注 "等价替换"不同于"等量代换",要求是较高的,要掌握以下三条原则:

(1) 只可以对函数的**乘除因子**作等价无穷小替换,对于代数和中各无穷小不能分别替换($\alpha \sim \alpha'$,$\beta \sim \beta'$ 并不能推出 $\alpha + \beta \sim \alpha' + \beta'$,例如 $\tan x \sim x$,$\sin x \sim x$ 不能推出 $\tan x - \sin x \sim x - x = 0$);

(2) 只能对**无穷小**作替换,替换的条件与自变量的变化过程有关(命题 1.3.3 的 10 个式子只适用于 $x \to 0$);

(3) 只能在**极限符号下**作替换,在其他场合不适用.

（1）$\sin x \sim x$；　　　　（2）$\tan x \sim x$；　　　（3）$\arcsin x \sim x$；

（4）$\arctan x \sim x$；　　（5）$1-\cos x \sim \dfrac{x^2}{2}$；　（6）$\tan x - \sin x \sim \dfrac{x^3}{2}$；

（7）$\ln(1+x) \sim x$；　　（8）$\mathrm{e}^x - 1 \sim x$；　　（9）$a^x - 1 \sim x\ln a$　（$a>0, a\neq 1$）；

（10）$(1+x)^\alpha - 1 \sim \alpha x$　（$\alpha \neq 0$）.

如遇"加减项"，要观察能否变形到"加减 1"类，即化到 $1-\cos x, \ln(1+x), \mathrm{e}^x - 1$，$a^x - 1, (1+x)^\alpha - 1$ 等形式，成为一个可替换的整体.

例 1.3.15　计算极限：

（1）$\lim\limits_{x\to 0} \dfrac{\tan^2 2x}{1-\cos x}$；　　　　（2）$\lim\limits_{x\to 0} \dfrac{(x+1)\sin x}{\arcsin x}$；　　　（3）$\lim\limits_{x\to 0} \dfrac{\tan x - \sin x}{\sin^3 2x}$；

（4）$\lim\limits_{x\to 0} \dfrac{\sqrt{1+x\sin^2 x}-1}{x^2\arctan x}$；　（5）$\lim\limits_{n\to\infty} 2^n \sin\dfrac{x}{2^n}$；　　（6）$\lim\limits_{x\to\pi} \dfrac{\sin mx}{\sin nx}$（$m,n \in \mathbf{N}^*$）；

（7）$\lim\limits_{x\to 5^+} \dfrac{\sqrt[3]{x}-\sqrt[3]{5}}{\sqrt[4]{x}-\sqrt[4]{5}}$；　　（8）$\lim\limits_{x\to 0}\left(\dfrac{1+\tan x}{1+\sin x}\right)^{\frac{1}{x^3}}$.

解　设法凑到可替换的等价无穷小形式.

（1）当 $x\to 0$ 时，$1-\cos x \sim \dfrac{1}{2}x^2$，$\tan 2x \sim 2x$，故

$$\lim_{x\to 0} \frac{\tan^2 2x}{1-\cos x} = \lim_{x\to 0} \frac{(2x)^2}{\dfrac{1}{2}x^2} = 8；$$

（2）$\lim\limits_{x\to 0} \dfrac{(x+1)\sin x}{\arcsin x} = \lim\limits_{x\to 0} \dfrac{(x+1)x}{x} = \lim\limits_{x\to 0}(x+1) = 1$；

（3）$\lim\limits_{x\to 0} \dfrac{\tan x - \sin x}{\sin^3 2x} = \lim\limits_{x\to 0} \dfrac{\dfrac{1}{2}x^3}{(2x)^3} = \dfrac{1}{16}$；

（4）$\lim\limits_{x\to 0} \dfrac{\sqrt{1+x\sin^2 x}-1}{x^2\arctan x} = \lim\limits_{x\to 0} \dfrac{\dfrac{1}{2}x\sin^2 x}{x^3} = \dfrac{1}{2}$；

（5）若 $x=0$，极限为 0.

若 $x\neq 0$，则当 $n\to\infty$ 时，$\dfrac{x}{2^n}$ 是无穷小，故 $\lim\limits_{n\to\infty} 2^n \sin\dfrac{x}{2^n} = \lim\limits_{n\to\infty} 2^n \cdot \dfrac{x}{2^n} = x$；

（6）（注意：本题中的 mx, nx 都不是无穷小）令 $t=x-\pi$，则

$$\lim_{x\to\pi} \frac{\sin mx}{\sin nx} = \lim_{t\to 0} \frac{\sin m(t+\pi)}{\sin n(t+\pi)} = \lim_{t\to 0} \frac{(-1)^m \sin mt}{(-1)^n \sin nt} = \frac{(-1)^m}{(-1)^n} \lim_{t\to 0} \frac{mt}{nt} = \frac{m}{n}(-1)^{m-n}；$$

$$(7)\ \lim_{x\to5^+}\frac{\sqrt[3]{x}-\sqrt[3]{5}}{\sqrt[4]{x}-\sqrt[4]{5}}=\lim_{x\to5^+}\frac{\sqrt[3]{5}\left(\sqrt[3]{\dfrac{x}{5}}-1\right)}{\sqrt[4]{5}\left(\sqrt[4]{\dfrac{x}{5}}-1\right)}=\lim_{x\to5^+}\frac{\sqrt[3]{5}\left(\sqrt[3]{1+\dfrac{x}{5}-1}-1\right)}{\sqrt[4]{5}\left(\sqrt[4]{1+\dfrac{x}{5}-1}-1\right)}=\lim_{x\to5^+}\frac{\sqrt[3]{5}\cdot\dfrac{1}{3}\left(\dfrac{x}{5}-1\right)}{\sqrt[4]{5}\cdot\dfrac{1}{4}\left(\dfrac{x}{5}-1\right)}$$

$$=\frac{4}{3}\cdot5^{\frac{1}{12}};$$

（8）现在可用等价无穷小替换解 1^∞ 型极限了.

$$\lim_{x\to0}\left(\frac{1+\tan x}{1+\sin x}\right)^{\frac{1}{x^3}}=\lim_{x\to0}\left(1+\frac{\tan x-\sin x}{1+\sin x}\right)^{\frac{1}{x^3}}$$

$$=\lim_{x\to0}e^{\ln\left(1+\frac{\tan x-\sin x}{1+\sin x}\right)^{\frac{1}{x^3}}}=e^{\lim_{x\to0}\frac{1}{x^3}\cdot\frac{\tan x-\sin x}{1+\sin x}}=e^{\frac{1}{2}}.$$

思考题 1.3.2　设实数 $\alpha>0$，则 $x\to$ 0 时，$\cos^\alpha x-1$ 的等价无穷小是怎样的？

练习 1.3.2

1. 指出当 $x\to0$ 时下列无穷小关于 x 的阶数：

（1）$3x^2+x^3$；　　　　（2）$\sqrt{x+\sqrt{x}}$；　　　　（3）$x\sin\sqrt{x}$；

（4）$\sec x-1$；　　　　（5）$\sin 2x-2\sin x$.

2. 用等价无穷小计算极限：

（1）$\lim_{x\to0}\dfrac{\sqrt{1+x^2}-1}{1-\cos x}$；　　（2）$\lim_{x\to0}\dfrac{\ln(1+3x\sin x)}{\tan x^2}$；　　（3）$\lim_{x\to0}\dfrac{\sin^3 x\tan x}{1-\cos x^2}$.

习题 1.3 ·················

1. 计算极限：

（1）$\lim_{n\to\infty}\left(n\sin\dfrac{\pi}{n}\right)$；　　　　（2）$\lim_{x\to0^+}(\ln x-\ln\sin 3x)$；　　　　（3）$\lim_{x\to0}\arctan\left(\dfrac{\sin x}{x}\right)$；

（4）$\lim_{x\to1}(1-x)\tan\dfrac{\pi x}{2}$.

2. 古代数学家刘徽认为：当圆内接正多边形的边数无限增加时，正多边形的周长就无限逼近圆的周长，试写出单位圆内接正 n 边形的周长 C_n（图 1.3.3），并用极限中的命题验证刘徽这个猜想的正确性.

3. 计算极限：

（1）$\lim_{x\to\infty}\left(1+\dfrac{2}{x}\right)^{x+3}$；　　　　（2）$\lim_{x\to\infty}\left(1-\dfrac{4}{x}\right)^{2x}$；

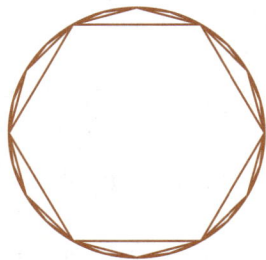

图 1.3.3

（3）$\lim\limits_{x\to\infty}\left(\dfrac{x+1}{x-1}\right)^{x}$；　　　　　　（4）$\lim\limits_{x\to0}\left(\dfrac{1+x}{1-x}\right)^{\frac{1}{x}}$.

4. 证明下列关系式：

（1）$\dfrac{1}{\sqrt{x+\sqrt{1+x}}}\sim\dfrac{1}{\sqrt{x}}$　$(x\to+\infty)$；　　　　（2）$\sqrt{1+\tan x}-\sqrt{1+\sin x}\sim\dfrac{1}{4}x^{3}$　$(x\to0)$.

* *

5. 证明 $x\to0$ 时

（1）$\dfrac{1}{1+x}=1-x+o(x)$；

（2）$o(x)\pm o(x)=o(x),o(x)\cdot o(x)=o(x^{2})$.

6. 设 $a_{1}=x(\cos\sqrt{x}-1),a_{2}=\sqrt{x}\ln(1+\sqrt[3]{x}),a_{3}=\sqrt[3]{x+1}-1$，当 $x\to0^{+}$ 时将以上三个无穷小按与 x 相比的阶数从低阶到高阶排序.

7. 利用等价无穷小求极限：

（1）$\lim\limits_{x\to0}\dfrac{1-\cos x^{3}}{\tan x^{3}\sin x^{3}}$；　　　（2）$\lim\limits_{x\to0}\dfrac{\sqrt{1-\cos x^{2}}}{1-\cos x}$；　　　（3）$\lim\limits_{x\to0}\dfrac{\sqrt{1+2x^{2}}-1}{\sin\dfrac{x}{2}\arctan x}$；

（4）$\lim\limits_{x\to0}\dfrac{\mathrm{e}^{x^{2}}-1}{\cos x-1}$；　　　（5）$\lim\limits_{x\to0}\dfrac{\sqrt{1+\tan x}-\sqrt{1-\tan x}}{x^{3}+5x^{2}+x}$.

8. 设函数 $f(x)=\begin{cases}\dfrac{\ln(1+x)}{x}, & x<0,\\[3mm]\dfrac{\sqrt{1+x}-\sqrt{1-x}}{x}, & x>0,\end{cases}$　求 $\lim\limits_{x\to0}f(x)$.

9. 计算极限：

（1）$\lim\limits_{x\to0}\dfrac{\mathrm{e}^{-x}-1+x^{2}\sin\dfrac{1}{x}}{x}$；　　　（2）$\lim\limits_{x\to0}\dfrac{\tan(\tan x)}{\sin 2x}$；　　　（3）$\lim\limits_{x\to0}(1+\sin x)^{\frac{1}{x}}$；

（4）$\lim\limits_{x\to0}\dfrac{\mathrm{e}^{x}+\mathrm{e}^{-x}-2}{x}$；　　　（5）$\lim\limits_{x\to0}\left(\cot x-\dfrac{\mathrm{e}^{2x}}{\sin x}\right)$.

10. 设函数 $f(x)=\begin{cases}\dfrac{\sin x}{x}, & x<0,\\[3mm](1+x)^{\frac{1}{x}}, & x>0,\end{cases}$　讨论极限 $\lim\limits_{x\to0}f(x)$ 是否存在.

11. 已知 $\lim\limits_{x\to\infty}\left(\dfrac{x-a}{x+a}\right)^{x}=10$，求 a.

12. 计算 $\lim\limits_{n\to\infty}\cos\dfrac{x}{2}\cos\dfrac{x}{2^{2}}\cdots\cos\dfrac{x}{2^{n}}$.

13. 解下列极限问题：

（1）已知 $\lim\limits_{x\to0}\dfrac{\ln(f(x)+1)}{x^{2}}=2$，求 $\lim\limits_{x\to0}\dfrac{f(x)}{x^{2}}$.

(2) 已知 $\lim\limits_{x\to 0}\dfrac{\sqrt{1+f(x)\sin 2x}-1}{e^{3x}-1}=2$，求 $\lim\limits_{x\to 0}f(x)$.

14. 求下列数列的极限：

(1) $\lim\limits_{n\to\infty}\left(\dfrac{1}{n^2}+\dfrac{2}{n^2+1}+\cdots+\dfrac{n}{n^2+n-1}\right)$;　　　　(2) $\lim\limits_{n\to\infty}(\sqrt{n+2}-2\sqrt{n+1}+\sqrt{n})$.

15. 计算极限：

(1) $\lim\limits_{x\to 0}\dfrac{\sin\left(x^2\sin\frac{1}{x}\right)}{x}$;　　　(2) $\lim\limits_{x\to 0}\dfrac{\sqrt{1+x+x^2}-1}{e^{2x}-1}$;　　　(3) $\lim\limits_{x\to+\infty}\sqrt{\sqrt{x+\sqrt{x}}-\sqrt{x}}$;

(4) $\lim\limits_{x\to\infty}\dfrac{3x-5}{x^3\sin\frac{1}{x^2}}$;　　　(5) $\lim\limits_{x\to 0}\dfrac{5x^2-2(1-\cos x)}{3x^3+4\tan^2 x}$;　　　(6) $\lim\limits_{x\to+\infty}(\cos\sqrt{1+x}-\cos\sqrt{x})$;

(7) $\lim\limits_{x\to a}\dfrac{\sin^2 x-\sin^2 a}{x-a}$;　　　(8) $\lim\limits_{x\to\frac{\pi}{4}}(\tan x)^{\tan 2x}$;　　　(9) $\lim\limits_{x\to 0}\dfrac{\ln(\sin^2 x+e^x)-x}{\ln(x^2+e^x)-2x}$;

(10) $\lim\limits_{x\to+\infty}\left[\ln\dfrac{x+\sqrt{x^2+1}}{x+\sqrt{x^2-1}}\left(\ln\dfrac{x+1}{x-1}\right)^{-2}\right]$;　　　(11) $\lim\limits_{x\to 0}\dfrac{1}{\ln^3(1+x)}\left[\left(\dfrac{2+\cos x}{3}\right)^x-1\right]$;

*(12) $\lim\limits_{x\to\frac{\pi}{2}}\dfrac{1-\sin^{\alpha+\beta}x}{\sqrt{(1-\sin^\alpha x)(1-\sin^\beta x)}}$（其中 $\alpha,\beta>0$）.

16. 设 $b>0,b_1>0,b_{n+1}=\dfrac{1}{2}\left(b_n+\dfrac{b}{b_n}\right),n=1,2,\cdots$.（1）证明 $\lim\limits_{n\to\infty}b_n$ 存在；（2）求出 $\lim\limits_{n\to\infty}b_n$.

* *

17. 用夹逼准则证明：

(1) $\lim\limits_{n\to\infty}\dfrac{n!}{n^n}=0$;　　　(2) $\lim\limits_{n\to\infty}\dfrac{10^n}{n!}=0$;　　　(3) $\lim\limits_{n\to\infty}\dfrac{1!+2!+\cdots+n!}{n!}=1$.

18. 计算极限

(1) $\lim\limits_{x\to+\infty}\left[\ln\dfrac{x+\sqrt{x^2+1}}{x+\sqrt{x^2-1}}\left(\ln\dfrac{x+1}{x-1}\right)^{-2}\right]$;　　　(2) $\lim\limits_{x\to\frac{\pi}{2}}\dfrac{1-\sin^{\alpha+\beta}x}{\sqrt{(1-\sin^\alpha x)(1-\sin^\beta x)}}$（其中 $\alpha,\beta>0$）.

19.（1）设 $a>0$，求极限 $\lim\limits_{n\to\infty}(1+a^n)^{\frac{1}{n}}$.

（2）画出函数 $f(x)=\lim\limits_{n\to\infty}\sqrt[n]{1+x^n+\left(\dfrac{x^2}{2}\right)^n}$（$x\geq 0$）的图形.

*20. 设有递归数列

$$x_{n+1}=2+x_n-\sqrt{x_n^2+2},$$

试对不同的初始值 x_1 讨论 $\{x_n\}$ 的极限情况. 图 1.3.4 作为提示.

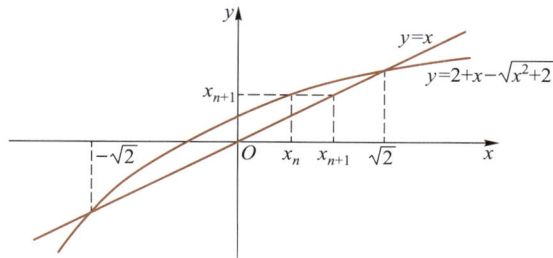

图 1.3.4

§ **1.4** **函数的连续性**

我们先讨论函数在点的邻域上的连续性,再讨论在区间上的连续性.

1.4.1 函数的连续性与间断点

一、函数在一点的连续性

定义 1.4.1 设函数 $f(x)$ 在点 x_0 的某邻域 $U(x_0)$ 内有定义,若

$$\lim_{x \to x_0} f(x) = f(x_0),\qquad(1.4.1)$$

则称函数 $f(x)$ 在点 x_0 处**连续**,x_0 称为 $f(x)$ 的**连续点**.

由定义可以知道:函数 $f(x)$ 在点 x_0 处连续必须具备三个要素:

(1) $f(x_0)$ 的值存在;(2) $\lim\limits_{x \to x_0} f(x)$ 存在;(3) 上述两者相等.

由于函数 $f(x)$ 在点 x_0 处的连续性是用极限定义的,所以 $f(x)$ 在 x_0 处满足极限的所有性质,例如保号性、局部有界性,等等.特别地,函数在 x_0 处的邻域上可以表示为

$$f(x) = f(x_0) + \alpha(x),\qquad(1.4.2)$$

其中 $\lim\limits_{x \to x_0} \alpha(x) = 0$.

现在我们来分析这个定义.

先介绍一下增量的概念.设变量 u 从它的初值 u_1 变到终值 u_2,则 $\Delta u = u_2 - u_1$ 称为变量 u 的**增量**.Δu 是一个可正可负的量.

如图 1.4.1,设函数 $f(x)$ 在点 x_0 的某邻域 $U(x_0)$ 内有定义,当 x 在 $U(x_0)$ 内由 x_0 变到 $x_0 + \Delta x$ 时,称 Δx 为自变量 x 在点 x_0 处的增量;相应地,函数 y 从 $f(x_0)$ 变到 $f(x_0 + \Delta x)$,$\Delta y = f(x_0 + \Delta x) - f(x_0)$ 称为函数 $f(x)$ 相应于 Δx 的增量.

由于 $x = x_0 + \Delta x$,$f(x) = f(x_0) + \Delta y$,所以

$$x \rightarrow x_0 \Leftrightarrow \Delta x \rightarrow 0, \quad f(x) \rightarrow f(x_0) \Leftrightarrow \Delta y \rightarrow 0.$$

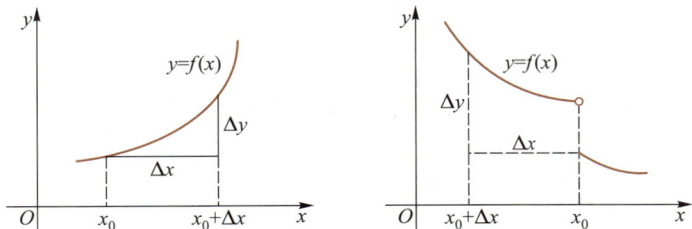

图 1.4.1

把连续性用增量来描述就是

定义 1.4.1′　设函数 $f(x)$ 在点 x_0 的某邻域 $U(x_0)$ 内有定义,如果当自变量的增量 Δx 趋向于零时,对应的函数的增量 Δy 也趋向于零,即

$$\lim_{\Delta x \rightarrow 0} \Delta y = 0, \tag{1.4.3}$$

那么就称函数 $f(x)$ 在点 x_0 处**连续**.

用 ε-δ 语言描述连续性就是

定义 1.4.1″　若设函数 $f(x)$ 在点 x_0 的某邻域 $U(x_0)$ 内有定义,若 $\forall \varepsilon > 0$, $\exists \delta > 0$,使得当 $|x - x_0| < \delta$ 时,

注　注意与一般极限的定义不同,此时 x_0 处的邻域不再是去心邻域.

$$|f(x) - f(x_0)| < \varepsilon, \tag{1.4.4}$$

则称函数 $f(x)$ 在点 x_0 处**连续**.

进一步地,如果 $f(x_0^-) = f(x_0)$,则称函数 $f(x)$ 在点 x_0 处**左连续**;如果 $f(x_0^+) = f(x_0)$,则称函数 $f(x)$ 在点 x_0 处**右连续**,显然,函数 $f(x)$ 在点 x_0 处连续当且仅当它在点 x_0 处既是左连续又是右连续的.

例 1.4.1　回答下列问题:

(1) 如何补充定义 $f(0)$,可使函数 $f(x) = \dfrac{\sin x}{x}$ 在点 $x = 0$ 处连续;

(2) a 为何值时,函数 $f(x) = \begin{cases} \ln(1 + \arcsin x) + 2, & 0 \leqslant x \leqslant 1, \\ a\mathrm{e}^{2x}, & x < 0 \end{cases}$ 在点 $x = 0$ 处连续.

解　(1) 因为

$$\lim_{x \rightarrow 0} f(x) = 1,$$

所以补充定义 $f(0) = 1$,就满足 $\lim\limits_{x \rightarrow 0} f(x) = f(0)$,即函数 $f(x)$ 就在 $x = 0$ 处连续(图 1.2.6).

(2) 因为

$$\lim_{x\to 0^+} f(x) = \lim_{x\to 0^+}\left[\ln(1+\arcsin x)+2\right] = 2 = f(0),$$

$$\lim_{x\to 0^-} f(x) = \lim_{x\to 0^-} a\mathrm{e}^{2x} = a,$$

所以，为使 $f(x)$ 在 $x=0$ 处连续，只需 $a=2$.

二、函数的间断点

若函数 $f(x)$ 在点 x_0 的某去心邻域 $\mathring{U}(x_0)$ 内有定义，而 x_0 不是 $f(x)$ 的连续点，则称 x_0 是 $f(x)$ 的**间断点**. 根据连续性定义，$f(x)$ 的间断点 x_0 有以下三种情形：

（1）$f(x)$ 在点 x_0 处没有定义；

（2）$f(x)$ 在点 x_0 处有定义，$\lim_{x\to x_0} f(x)$ 存在，但 $\lim_{x\to x_0} f(x) \neq f(x_0)$；

（3）$\lim_{x\to x_0} f(x)$ 不存在（两侧极限均存在但不等，或至少一侧极限不存在）.

函数的间断点被分为两类.

1. 第一类间断点

定义 1.4.2　左、右极限都存在的间断点称为**第一类间断点**.

第一类间断点可以分出两个子类：

（1）如果函数 $f(x)$ 在点 x_0 处的极限 $\lim_{x\to x_0} f(x)$ 存在，但 $\lim_{x\to x_0} f(x) \neq f(x_0)$，或函数 $f(x)$ 在点 x_0 处无定义，则称点 x_0 为函数 $f(x)$ 的**可去间断点**. 所谓"可去"，就是在点 x_0 处适当修改或补充定义，便可使 $f(x)$ 在这点连续（见例 1.4.1（1））.

（2）如果函数 $f(x)$ 在点 x_0 处的左、右极限都存在，但不相等，则称点 x_0 为函数 $f(x)$ 的**跳跃间断点**（例 1.4.1（2）中若 $a\neq 2$，则点 $x=0$ 就是跳跃间断点）.

2. 第二类间断点

定义 1.4.3　如果函数 $f(x)$ 在点 x_0 处的左、右极限至少有一个不存在，则称点 x_0 为函数 $f(x)$ 的**第二类间断点**.

例如，函数 $y=\dfrac{1}{x}$ 当 $x\to 0$ 时为无穷大，故 $x=0$ 是 $y=\dfrac{1}{x}$ 的第二类间断点，这种间断点称为无穷间断点；函数 $y=\sin\dfrac{1}{x}$ 在点 $x=0$ 的任何邻域内在 1 和 -1 之间无限多次往复振荡，故为第二类间断点，这类间断点称为振荡间断点. 无穷间断点和振荡间断点是两种常见的第二类间断点.

例 1.4.2　讨论下列函数在指定点处的连续性，并指出间断点的类型.

（1）$f(x)=\begin{cases} 2\sqrt{x}, & 0\leqslant x<1, \\ 1, & x=1, \\ 1+x, & x>1, \end{cases}$　在 $x=1$ 处；

(2) $f(x)=\begin{cases} -x, & x\leqslant 0, \\ 1+x, & x>0, \end{cases}$ 在 $x=0$ 处；

(3) $f(x)=\cos\dfrac{1}{x}$，在 $x=0$ 处；

(4) $f(x)=\begin{cases} \dfrac{1}{x}, & x>0, \\ x, & x\leqslant 0, \end{cases}$ 在 $x=0$ 处.

注　第二类间断点并非只有无穷间断和振荡间断两种.例如,对于函数

$$f(x)=\begin{cases} \dfrac{1}{x}, & x<0 \\ \sin\dfrac{1}{x}, & x>0 \end{cases},$$

$$g(x)=\dfrac{1}{x}\sin\dfrac{1}{x},$$

$x=0$ 都不属于.另外,请注意"振荡"与"波动"的区别.

解　(1) 因为 $f(1)=1,f(1^{-})=2,f(1^{+})=2$，所以 $\lim\limits_{x\to 1}f(x)=2\neq f(1)$.故 $x=1$ 为 $f(x)$ 的第一类间断点（可去间断点，图 1.4.2(a)）.

(2) 因为 $f(0^{-})=0,f(0^{+})=1,f(0^{-})\neq f(0^{+})$，所以 $x=0$ 为 $f(x)$ 的第一类间断点（跳跃间断点，图 1.4.2(b)）.

(3) $f(x)=\cos\dfrac{1}{x}$ 在 $x=0$ 点无定义，且当 $x\to 0$ 时，函数值在 -1 和 1 之间往复振荡无限次，所以 $x=0$ 为 $f(x)$ 的第二类间断点（振荡间断点，图 1.4.2(c)）.

(4) 因为 $f(0^{-})=0,f(0^{+})=+\infty$，所以 $x=0$ 为 $f(x)$ 的第二类间断点（无穷间断点，图 1.4.2(d)）.

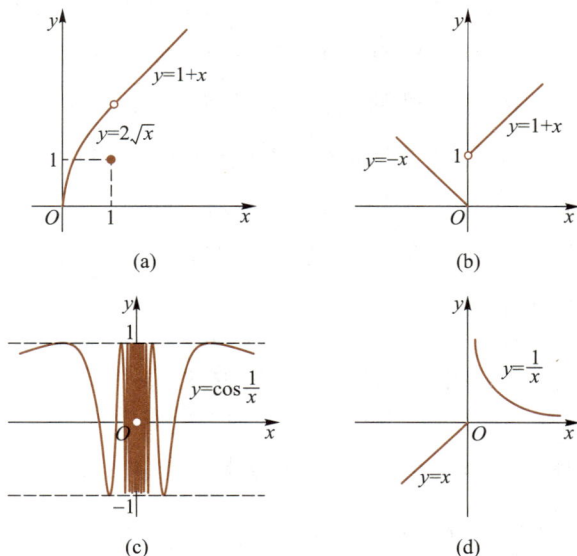

图 1.4.2

例 1.4.3　讨论下列函数的间断点,并判断其类型：

(1) $f(x)=\mathrm{e}^{\frac{1}{x}}$；　(2) $f(x)=\dfrac{1+\mathrm{e}^{\frac{1}{x}}}{1-\mathrm{e}^{\frac{1}{x}}}$；　(3) $f(x)=\dfrac{1}{1-\mathrm{e}^{\frac{x}{x-1}}}$.

解 （1）由于

$$\lim_{x\to 0^-}\frac{1}{x}=-\infty \Rightarrow \lim_{x\to 0^-}\mathrm{e}^{\frac{1}{x}}=0,\quad \lim_{x\to 0^+}\frac{1}{x}=+\infty \Rightarrow \lim_{x\to 0^+}\mathrm{e}^{\frac{1}{x}}=+\infty,$$

所以 $x=0$ 是 $f(x)$ 的第二类间断点（无穷间断点，
图 1.4.3）.

（2）由（1）的极限知

图 1.4.3

$$\lim_{x\to 0^-}\frac{1+\mathrm{e}^{\frac{1}{x}}}{1-\mathrm{e}^{\frac{1}{x}}}=\frac{1+0}{1-0}=1,\quad \lim_{x\to 0^+}\frac{1+\mathrm{e}^{\frac{1}{x}}}{1-\mathrm{e}^{\frac{1}{x}}}=\lim_{x\to 0^+}\frac{\mathrm{e}^{-\frac{1}{x}}+1}{\mathrm{e}^{-\frac{1}{x}}-1}=-1,$$

左、右极限存在但不相等，所以 $x=0$ 是 $f(x)$ 的第一类
间断点（跳跃间断点）.

（3）因为 $\lim\limits_{x\to 0}\dfrac{1}{1-\mathrm{e}^{\frac{x}{x-1}}}=\infty$，所以 $x=0$ 是 $f(x)$ 的第二类间断点（无穷间断点）；

$$\lim_{x\to 1^-}\frac{1}{1-\mathrm{e}^{\frac{x}{x-1}}}=\frac{1}{1-0}=1,\quad \lim_{x\to 1^+}\mathrm{e}^{\frac{x}{x-1}}=+\infty \Rightarrow \lim_{x\to 1^+}\frac{1}{1-\mathrm{e}^{\frac{x}{x-1}}}=0,$$

左、右极限存在但不相等，所以 $x=1$ 是 $f(x)$ 的第一类间断点（跳跃间断点）.

例 1.4.4 讨论下列函数的间断点，并判断其类型：

（1）$f(x)=\lim\limits_{n\to\infty}\dfrac{1-x^{2n}}{1+x^{2n}}$；　　（2）$g(x)=\lim\limits_{n\to\infty}\dfrac{1-x^{2n+1}}{1+x^{2n}}$.

解 首先把 x 看作参数，通过极限把函数的解析式表达出来.

（1）由于 $\lim\limits_{n\to\infty}q^n=\begin{cases}0,& 0\leqslant q<1,\\ 1,& q=1,\\ +\infty,& q>1,\end{cases}$　计算极限后得

$$f(x)=\begin{cases}1,& |x|<1,\\ 0,& |x|=1,\\ -1,& |x|>1,\end{cases}$$

所以 $x=\pm 1$ 是 $f(x)$ 的第一类间断点（跳跃间断点）.

（2）$g(x)=\lim\limits_{n\to\infty}\dfrac{1-x\cdot x^{2n}}{1+x^{2n}}=\begin{cases}1,& |x|<1,\\ 1,& x=-1,\\ 0,& x=1,\\ -x,& |x|>1.\end{cases}$

由于 $\lim\limits_{x\to -1}g(x)=1=g(-1)$，$g(x)$ 在点 $x=-1$ 处连续.

$\lim\limits_{x\to 1^-}g(x)=\lim\limits_{x\to 1^-}1=1$，$\lim\limits_{x\to 1^+}g(x)=\lim\limits_{x\to 1^+}(-1)=-1$，

左、右极限存在但不相等，所以 $x=1$ 是 $g(x)$ 的第一类间断点（跳跃间断点）.

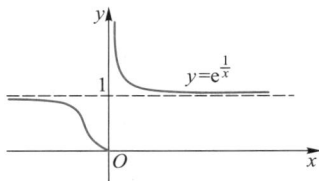

练习 1.4.1

1. 当 a 取何值时,函数 $f(x) = \begin{cases} \cos x, & x < 0, \\ a+x, & x \geqslant 0 \end{cases}$ 在 $x=0$ 处连续.

2. 设函数 $f(x) = \begin{cases} \dfrac{1}{x}\sin x + x\sin\dfrac{1}{x}, & x \neq 0, \\ a, & x = 0 \end{cases}$ 在 $x=0$ 处连续,则常数 $a =$ _____ .

3. 点 $x=0$ 是下列函数的什么类型的间断点?

(1) $y = \sqrt[3]{x}\sin\dfrac{1}{x}$;   (2) $y = \dfrac{1}{\sqrt[3]{x}}\sin\dfrac{1}{x}$;   (3) $y = \dfrac{\sin x}{\sqrt[3]{x}}$;

(4) $y = \dfrac{\sin x}{x^2}$;   (5) $y = (1+x)^{\frac{1}{x}}$;   (6) $y = \mathrm{e}^{-\frac{1}{x^2}}$.

4. 求下列函数的间断点,并指出其类型:

(1) $y = \dfrac{x+1}{x^2+x}$;   (2) $y = \arctan\dfrac{1}{x}$;   (3) $y = \cos^2\dfrac{1}{x}$;   (4) $y = \dfrac{1}{\ln|x|}$.

1.4.2 连续函数

一、连续函数的运算、初等函数的连续性

定义 1.4.4 若函数 $f(x)$ 在区间 I 的每一点处连续,则称 $f(x)$ 是区间 I 上的**连续函数**.

特别地,我们规定,若 $I = [a,b]$,则 $f(x)$ 在 $[a,b]$ 上连续是指: $f(x)$ 在 (a,b) 内的每点都连续,并且在左端点 a 处右连续,在右端点 b 处左连续.

区间 I 上连续函数的图形是一条连绵不断的曲线.函数的间断点将 $f(x)$ 的定义区间分割成为若干区间,这样的区间称为 $f(x)$ 的**连续区间**.例如函数 $y = \dfrac{1}{x} + \ln(x+2)$ 的连续区间是 $(-2,0)$ 和 $(0,+\infty)$;函数 $y = \dfrac{1}{x^2-3x}$ 的连续区间是 $(-\infty,0),(0,3),(3,+\infty)$.

我们把 §1.2 的有关结果总结一下.

定理 1.2.11(极限的四则运算法则)指出:若 $f(x),g(x)$ 均在点 x_0 处连续,则 $f(x) \pm g(x),Cf(x),f(x)g(x),\dfrac{f(x)}{g(x)}$ ($g(x_0) \neq 0$ 时)均在点 x_0 处连续.因此有

注 "连续函数"一词只表示函数在某个区间(各点)上连续,如果一个函数只在一点连续,而在其他点处都不连续,那么其函数图形就不是一条连绵不断的曲线了,我们也就不能说函数是"某点上的连续函数".函数 $f(x) = xD(x)$ (其中 $D(x)$ 是狄利克雷函数)就是这样的函数,它仅在点 $x=0$ 处连续,在其他点处不连续.

命题 1.4.1　连续函数的和、差、积、商(除式不为零时)都是连续函数.

(1.2.8)式(复合函数的极限法则)表明:

命题 1.4.2　连续函数与连续函数的复合还是连续函数.

结合基本初等函数的连续性,立即得到

定理 1.4.1(初等函数连续性定理)　一切初等函数是其定义区间上的连续函数.

符号函数 $y = \operatorname{sgn} x$ 不是初等函数,因为它在 $x = 0$ 处有意义但不连续.

例 1.4.5　设函数 $f(x)$ 在 $(-\infty, +\infty)$ 内有定义,且对任何 x_1, x_2,有 $f(x_1+x_2) = f(x_1) + f(x_2)$,证明:若 $f(x)$ 在点 $x = 0$ 处连续,则 $f(x)$ 在 $(-\infty, +\infty)$ 内连续.

证　由 $f(0+0) = f(0) + f(0)$ 知,$f(0) = 0$.

对任意固定的 $x \in (-\infty, +\infty)$,

$$\lim_{\Delta x \to 0} f(x+\Delta x) = \lim_{\Delta x \to 0} [f(x) + f(\Delta x)] = f(x) + \lim_{\Delta x \to 0} f(\Delta x),$$
$$= f(x) + f(0) \quad (\text{因为} f(x) \text{在点} x = 0 \text{处连续})$$
$$= f(x+0) = f(x),$$

所以 $f(x)$ 在任何点 x 处连续.证毕.

我们在研究基本初等函数的连续性时,是对具体函数进行直接证明的.下列结论具有更一般性的用处.

定理 1.4.2(反函数连续性定理)　区间 I 上单调递增(递减)的连续函数必有单调递增(递减)的连续反函数.

证　设 $y = f(x)$ 在区间 I 上单调递增,则 $x = f^{-1}(y)$ 在区间 $f(I)$ 也是单调增函数(见命题 1.1.3).

对于任意一点 $y_0 \in f(I)$,设 $x_0 = f^{-1}(y_0)$.对任给的 $\varepsilon > 0$,不妨设 $x_0 \pm \varepsilon \in I$.记 $y_1 = f(x_0-\varepsilon)$,$y_2 = f(x_0+\varepsilon)$.只需令 $\delta = \min\{y_2-y_0, y_0-y_1\}$,则当 $|y-y_0| < \delta$ 时就有 $x_0-\varepsilon < x < x_0+\varepsilon$,即 $|x-x_0| < \varepsilon$,亦即 $|f^{-1}(y) - f^{-1}(y_0)| < \varepsilon$,从而 f^{-1} 在点 y_0 处连续.证毕.

二、有界闭区间上连续函数的性质

我们来研究闭区间 $[a, b]$ 上的连续函数 $f(x)$ 的性质.

注　在此重新证明一下定理 1.2.14,以帮助理解命题 1.4.2.事实上,因为 $f(u)$ 在 $u = u_0$ 处连续,所以 $\forall \varepsilon > 0$,$\exists \sigma > 0$,当 $|u-u_0| < \sigma$ 时,$|f(u) - f(u_0)| < \varepsilon$.因为 $\lim_{x \to x_0} \varphi(x) = u_0$,对上述 $\sigma > 0$,$\exists \delta > 0$,使得当 $0 < |x-x_0| < \delta$ 时 $|\varphi(x) - u_0| < \sigma$.从而只要 $0 < |x-x_0| < \delta$,就有 $|f(\varphi(x)) - f(u_0)| < \varepsilon$,于是 $\lim_{x \to x_0} f(\varphi(x)) = f(u_0)$.

思考题 1.4.1　为什么定理 1.4.1 中说的是"定义区间上"而不说"定义域上"?

注　如果 x_0 是闭区间的端点,则按照单侧极限进行证明.

1. 最大、最小值定理

定义 1.4.5   对于定义在区间 I 上的函数 $f(x)$，如果有 $x_0 \in I$，使得对于任一 $x \in I$ 都有

$$f(x) \leqslant f(x_0) \, (\text{相应地}, \, f(x) \geqslant f(x_0)),$$

则称 $f(x_0)$ 是函数 $f(x)$ 在区间 I 上的**最大值**，记作 $f_{\max}$（相应地，**最小值**，记作 $f_{\min}$）.

函数在一个区间上取最大、最小值的条件可能没有我们想象得那么简单，下面的例子反映了一些问题.

（1）如图 1.4.4 所示，函数 $y = 1 + \sin x$ 在闭区间 $[0, 2\pi]$ 上取得最大值和最小值，$y_{\max} = f\left(\dfrac{\pi}{2}\right) = 2$，$y_{\min} = f\left(\dfrac{3\pi}{2}\right) = 0$；

（2）如图 1.4.5 所示，函数 $y = \sin x$ 在开区间 $\left(0, \dfrac{\pi}{2}\right)$ 内既无最大值，也无最小值；

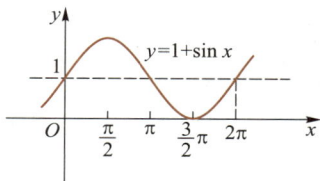

图 1.4.4

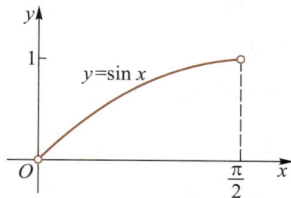

图 1.4.5

（3）如图 1.4.6 所示，函数 $y = x^2$ 在 $(-\infty, +\infty)$ 内有最小值 $y_{\min} = f(0) = 0$，但无最大值；

（4）如图 1.4.7 所示，不连续函数 $y = \begin{cases} 1-x, & x \in [0,1), \\ 1, & x = 1, \\ 3-x, & x \in (1,2] \end{cases}$ 在闭区间 $[0,2]$ 上既无最大值，也无最小值.

可见，开区间上的连续函数，或闭区间上的不连续函数都可能没有最大值或最小值.

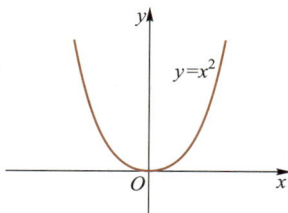

图 1.4.6

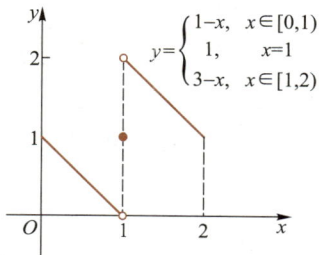

图 1.4.7

定理 1.4.3（有界性与最大、最小值定理） 有界闭区间上连续的函数在该区间上必定有界且一定有最大值和最小值.

这个定理很难证明,这里从略.

2. 零点定理与介值定理

定义 1.4.6 若 x_0 使 $f(x_0)=0$,则称 x_0 是函数 $f(x)$ 的一个**零点**.

定理 1.4.4（零点定理） 设函数 $f(x)$ 在闭区间 $[a,b]$ 上连续,且 $f(a)$ 与 $f(b)$ 异号(即 $f(a)f(b)<0$),那么在开区间 (a,b) 内至少有函数 $f(x)$ 的一个零点,即至少存在一点 $\xi(a<\xi<b)$,使 $f(\xi)=0$.

函数 $f(x)$ 的零点也称为方程 $f(x)=0$ 的根,因此零点定理也称为根的存在性定理.这个定理的几何解释是:如果连续曲线弧 $y=f(x)$ 的两个端点位于 x 轴的不同侧,则曲线弧与 x 轴至少有一个交点,如图 1.4.8 所示.这个定理也很难证明,这里从略.

定理 1.4.5（介值定理） 设函数 $f(x)$ 在闭区间 $[a,b]$ 上连续,且在这区间的端点处取不同的函数值,即 $f(a)=A$ 及 $f(b)=B$,那么,对于 A 与 B 之间的任意一个数 C,在开区间 (a,b) 内至少有一点 ξ,使得 $f(\xi)=C$.

不难看出,零点定理和介值定理是等价的.由介值定理推出零点定理:只需令 $C=0$.

由零点定理推出介值定理:只需设 $\varphi(x)=f(x)-C$,则 $\varphi(x)$ 在 $[a,b]$ 上连续,且

$\varphi(a)=f(a)-C=A-C$, $\varphi(b)=f(b)-C=B-C$,

故 $\varphi(a)\varphi(b)<0$.因此存在 $\xi\in(a,b)$,使 $\varphi(\xi)=0$,即 $\varphi(\xi)=f(\xi)-C=0$,所以 $f(\xi)=C$.

命题 1.4.3（介值定理的推论） 有界闭区间上连续的函数 $f(x)$ 必可取得介于最大值 M 和最小值 m 之间的任何值.

证 由有界性与最大、最小值定理,$f(x)$ 在 $[a,b]$ 上的最小值 m 和最大值 M 一定可取得,设 $m=f(\xi_1)$,$M=f(\xi_2)$,不妨设 $\xi_1<\xi_2$,则由介值定理,对任何 $C\in(m,M)$,存在 $\xi\in(\xi_1,\xi_2)$,使得 $f(\xi)=C$.

例 1.4.6 证明方程 $x^3-4x^2+1=0$ 在区间 $(0,1)$ 内至少有一个根.

注 开区间 $(0,2)$ 内的数列 $\left\{\dfrac{1}{n}\right\}$,它的收敛值是 0,而 $0\notin(0,2)$.这说明开区间里的收敛数列的极限可以跑到区间以外(所以被称为"开的").但是可以证明:有界闭区间里的任何一个收敛数列的极限必在这个有界区间内(所以被称为"闭的"),这种性质被称为紧致性.所以有界闭区间是一类非常"好"的集合.函数的连续性也是一种非常"好"的性质,两种"好"合在一起,即为有界闭区间上的连续函数,自然具有非常好的性质.

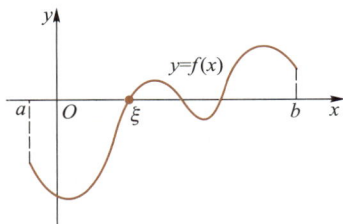

图 1.4.8

注 有界性与最大、最小值定理和零点定理都"很难证明",原因在于需要很多非常专业的数学知识去理解一系列"实数的完备性定理".

证　令 $f(x)=x^3-4x^2+1$，则函数 $f(x)$ 在 $[0,1]$ 上连续.又 $f(0)=1>0$，$f(1)=-2<0$，由零点定理，存在 $\xi\in(0,1)$，使 $f(\xi)=0$，即 $\xi^3-4\xi^2+1=0$.证毕.

例 1.4.7　设函数 $f(x)$ 在 $[a,b]$ 上连续，且 $f(a)<a$，$f(b)>b$，证明：存在 $\xi\in(a,b)$，使得 $f(\xi)=\xi$.

证　令

$$F(x)=f(x)-x,$$

则 $F(x)$ 在 $[a,b]$ 上连续，而 $F(a)=f(a)-a<0$，$F(b)=f(b)-b>0$，由零点定理，存在 $\xi\in(a,b)$，使 $F(\xi)=f(\xi)-\xi=0$，即 $f(\xi)=\xi$.证毕.

例 1.4.8　若函数 $f(x)$ 在 $[a,b]$ 上连续，$a\leqslant x_1<x_2<\cdots<x_n\leqslant b$，则在 $[a,b]$ 上必有 ξ，使

$$\frac{f(x_1)+f(x_2)+\cdots+f(x_n)}{n}=f(\xi).$$

证　因函数 $f(x)$ 在 $[a,b]$ 上连续，必存在最大值 M 和最小值 m.从而对自然数 $i=1,2,\cdots,n$，总有 $m\leqslant f(x_i)\leqslant M$.将这 n 个不等式相加并除以 n，得

$$m\leqslant\frac{f(x_1)+f(x_2)+\cdots+f(x_n)}{n}\leqslant M.$$

令 $C=\dfrac{f(x_1)+f(x_2)+\cdots+f(x_n)}{n}$，则由介值定理的推论，必存在 $\xi\in[a,b]$，使得 $f(\xi)=C$.证毕.

注　例 1.4.7 的结论称为**不动点**的存在性，此题有许多变式.例如：已知 $f(x)$ 在 $[0,1]$ 上连续，且 $f([0,1])\subset[0,1]$，则存在 $\xi\in[0,1]$ 使得 $f(\xi)=\xi$.

注　若要证明例 1.4.8 中的 ξ 在开区间 (a,b) 内取得，可以如下进行：若 $m\leqslant\dfrac{f(x_1)+f(x_2)+\cdots+f(x_n)}{n}\leqslant M$ 为严格不等号，则存在 $\xi\in(a,b)$，使 $f(\xi)=C$；若上述不等式出现等号，如 $m=\dfrac{f(x_1)+f(x_2)+\cdots+f(x_n)}{n}$，则必有 $f(x_1)=f(x_2)=\cdots=f(x_n)=m$，任取 $x_2,x_3,\cdots,x_{n-1}$ 中一点作为 ξ，都可使得例 1.4.8 中的等式成立.

三、关于连续函数及其应用的注记

连续函数是函数这个集合中分离出来的一种性质"较好"的函数，我们所做过的收敛的 $\lim\limits_{x\to x_0}f(x)$ 型极限问题"几乎全部"转化到求连续函数的极限，或初等函数在可去间断点处的极限，例如：

$$\lim_{x\to0}\frac{e^{2x}-\cos(\sin x)}{x}=\lim_{x\to0}\frac{e^{2x}-1}{x}+\lim_{x\to0}\frac{1-\cos(\sin x)}{x}=2+\lim_{x\to0}\frac{\sin x}{2}=2,$$

当然，我们很少在习题中见到非初等函数，像 $y=xD(x)$（其中 $D(x)$ 是狄利克雷函数）就是仅在原点处连续，其他点处均发散的极端情形.

有了连续函数的概念，就有了最大最小值定理和介值定理，从而就可以更好地解决现实世界中的数学建模问题了.例如天气预报中的最高温度和最低温度就是连续

的温度函数的最大值和最小值.以下是利用零点定理解决的几个经典问题.

（1）椅子问题.把四脚等长的椅子往不平的地面上一放,通常只有三只脚着地,放不稳,然后只要挪动几次,就可以四脚着地,放稳了,为什么？

（2）双煎饼问题.两个煎饼,不论形状如何,相对位置如何,必可切一刀,使它们的面积同时二等分.

（3）跑步问题.某短跑运动员用 10 s 跑完 100 m,则其中至少有一段长为 10 m 的路程恰用 1 s 完成.

我们还将在积分学中看到,用连续函数所围的平面区域必定可以求面积,但不一定可以求周长.

函数的连续性是对函数性质的一种深度研究,这种用极限以及更高端的工具讨论函数性质的方法称为**数学分析**.但是,函数的连续性仅限于反映函数在某个区间上有没有间断点,如果要区别函数在某个区间上波动"很剧烈"（例如函数 $y=\sin\dfrac{1}{x}$ 在区间 $(0,2)$ 内是连续的,但在左端点 $x=0$ 处是剧烈振荡的）或"不太剧烈",则应引入"一致连续性"的概念.一致连续性（见阅读材料 1.6）对以后的积分理论非常有用,建议读者了解一下.

阅读材料 1.6
函数的一致连续性

练习 1.4.2

1. 下列命题中正确的是哪些？

（1）在 $[a,b]$ 上连续的函数 $f(x)$,在 $[a,b]$ 上只能有一个最大值点；

（2）在 $[a,b]$ 上不连续的函数 $f(x)$,在 $[a,b]$ 上一定没有最大值点；

（3）在 (a,b) 内连续的函数 $f(x)$,在这个区间内必定有界；

（4）在 (a,b) 内连续的函数 $f(x)$,若 $f(a+0)>0,f(b-0)<0$,则存在 $\xi\in(a,b)$ 使 $f(\xi)=0$.

2. 证明方程 $x^5-3x=1$ 至少有一个介于 1 与 2 之间的根.

习题 1.4

1. 设函数 $f(x)=\begin{cases}3x+b, & 0\leqslant x<1,\\ a, & x=1,\\ x-b, & 1<x\leqslant 2.\end{cases}$　试确定 a,b 之值,使 $f(x)$ 在点 $x=1$ 处连续.

2. 已知函数 $f(x)$ 连续,且 $\lim\limits_{x\to 0}\dfrac{1-\cos(xf(x))}{(e^{x^2}-1)f(x)}=1$,则 $f(0)=$ _____.

3. 指出下列函数在指定点处的间断点类型：

（1）$\dfrac{1}{1+e^{\frac{1}{x-1}}}$（$x=1$ 处）；　　　　（2）$\arctan\dfrac{1}{x-2}$（$x=2$ 处）；　　　　（3）$\dfrac{x}{\sin x}$（$x=\pi$ 处）.

4. 求下列函数的间断点，并判断其类型：

（1）$f(x)=\dfrac{x^2-1}{|x|(x+1)}$；　　　　（2）$f(x)=\dfrac{x}{\sin x}$.

5. 试修改函数 $f(x)=\begin{cases}\dfrac{\ln(1+x)}{x}, & x>0, \\ 0, & x=0, \\ \dfrac{\sqrt{1+x}-\sqrt{1-x}}{x}, & -1<x<0\end{cases}$ 中 $f(0)$ 的定义，使其在 $x=0$ 处连续.

6. 设 $f(x)=e^x-2$，试证曲线 $y=f(x)$ 与直线 $y=x$ 至少有一个交点的横坐标 x 在 $(0,2)$ 范围内.

* *

7. 证明：方程 $x=a\sin x+b$（$a,b>0$）至少有一正根，并且它不超过 $a+b$.

8. 设函数 $f(x)$ 和 $g(x)$ 在 $[a,b]$ 上连续，且 $f(a)<g(a),f(b)>g(b)$，证明：在 a,b 之间存在一点 ξ，使 $f(\xi)=g(\xi)$.

9. 函数 $f(x)$ 在 (a,b) 内连续，且 $f(a+0)$ 与 $f(b-0)$ 为有限值，证明：

（1）$f(x)$ 在 (a,b) 内有界；

（2）若存在 $\xi\in(a,b)$，使得 $f(\xi)\geqslant\max\{f(a+0),f(b-0)\}$，则 $f(x)$ 在 (a,b) 内能取到最大值.

10. 设 a_1,a_2,a_3 为正数，$\lambda_1<\lambda_2<\lambda_3$. 证明：方程 $\dfrac{a_1}{x-\lambda_1}+\dfrac{a_2}{x-\lambda_2}+\dfrac{a_3}{x-\lambda_3}=0$ 在区间 (λ_1,λ_2) 与 (λ_2,λ_3) 内各有一个根.

11. 设函数 $f(x)$ 在 $[a,b]$ 上连续，$x_1,x_2,\cdots,x_n\in[a,b]$，有一组正数 $\lambda_1,\lambda_2,\cdots,\lambda_n$ 满足 $\lambda_1+\lambda_2+\cdots+\lambda_n=1$. 证明：存在一点 $\xi\in[a,b]$，使得 $f(\xi)=\lambda_1 f(x_1)+\lambda_2 f(x_2)+\cdots+\lambda_n f(x_n)$.

12. 设 n 次多项式 $f(x)=\sum\limits_{k=0}^{n}a_k x^k$，若 $a_0 a_n<0$，证明：方程 $f(x)=0$ 在 $(0,+\infty)$ 内至少有一根.

13. 设 $f(x)=\lim\limits_{t\to x}\left(\dfrac{\sin t}{\sin x}\right)^{\frac{x}{\sin t-\sin x}}$，求函数 $f(x)$ 的间断点并指出其间断类型.

14. 如图 1.4.9 所示，一个游泳者在游泳池里沿直线从点 $(0,0)$ 游到点 $(2b,b)$. 设 $f(y)$ 为游泳者到长边距离最近时，游泳池的长边上的点的纵坐标；$g(x)$ 为游泳者在游泳时到长边的最近距离，x 为游泳者位置的横坐标. 试写出 $f(y)$ 和 $g(x)$，并判断它们的连续性.

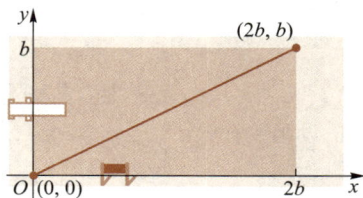

图 1.4.9

15. 设函数 $f(x)=\lim\limits_{n\to\infty}\dfrac{x^{2n+1}+(a-1)x^n-1}{x^{2n}-ax^n-1}$，$a$ 为常数，求

$f(x)$ 的分段表达式，并确定常数 a 的值，使 $f(x)$ 在 $[0,+\infty)$ 上连续.

16. 设 $f(x)=\dfrac{e^x-b}{(x-a)(x-1)}$.试确定 a,b 的值,使 $f(x)$ 同时满足:

(1) 有无穷间断点 $x=0$;(2) 有可去间断点 $x=1$.

* *

17. 一个男子星期六早上 8:00 时开始沿着山坡跑向他的营地(见图 1.4.10).他于星期天早上 8:00 时跑回山下.他上山花了 20 min,下山只要 10 min.在下山的路上,他意识到自己在周六的同一时刻经过了同一个地方.请对他的想法进行论证.

星期六 8:00   星期天 8:00

图 1.4.10

18*. 设函数 $f(x)$ 总满足 $f(x)=f(2x)$,且 $f(x)$ 在 $x=0$ 处连续,证明:$f(x)$ 为常值函数.

19*. 设 $x\in[a,b]$ 时有 $a\leqslant f(x)\leqslant b$,并存在常数 $l(0\leqslant l<1)$,对于任意 $x',x''\in[a,b]$,有 $|f(x')-f(x'')|\leqslant l|x'-x''|$,证明:

(1) $f(x)$ 在 $[a,b]$ 上连续;

(2) 存在唯一 $\xi\in[a,b]$,使得 $f(\xi)=\xi$;

(3) 对于任意 $x_1\in[a,b]$,定义 $x_{n+1}=f(x_n),n=1,2,\cdots$,则数列 $\{x_n\}$ 收敛于 ξ.

§1.5   本章回顾

高等数学与初等数学的思维截然不同,由极限运算就可以看出一些.初等数学以演绎推理为主,运算总是"自左向右"的,而极限运算是"自右向左"的,就是说:在书写等式时,先要进行两个**判断**:右边的极限是否存在? 如果存在,左边是否与它相等? 根据是什么? 习惯上都把这个判断过程略去不写,但我们在计算中要发挥想象力和创造力,**一边判断一边书写计算过程**.

阅读材料 1.7
第 1 章知识要点与解题策略

例 1.5.1   求极限:

(1) $\lim\limits_{x\to\infty}2x\sin\dfrac{1}{x}+\dfrac{3\sin 2x}{2x}$;

（2）$\lim\limits_{x\to 0}\dfrac{(e^{x^2}-1)(\sqrt{1+x}+\sqrt{1-x}-2)}{\left[\ln(1-x)+\ln(1+x)\right]\sin\dfrac{x^2}{1+x}\cos\dfrac{x}{1+x}}.$

解　用熟知的极限模式计算：

（1）　$\lim\limits_{x\to\infty}\left(2x\sin\dfrac{1}{x}+\dfrac{3\sin 2x}{2x}\right)$

$=\lim\limits_{x\to\infty}\left(2\dfrac{\sin\dfrac{1}{x}}{\dfrac{1}{x}}+\dfrac{3}{2x}\cdot\sin 2x\right)$

$=2+0=2;$

（2）通过等价无穷小替换

$\begin{aligned}\text{原式}&=\lim\limits_{x\to 0}\dfrac{x^2(\sqrt{1+x}+\sqrt{1-x}-2)}{(-x^2)\dfrac{x^2}{1+x}\cos\dfrac{x}{1+x}}\\[2mm]&=\lim\limits_{x\to 0}\dfrac{\sqrt{1+x}+\sqrt{1-x}-2}{-x^2}\\[2mm]&=\lim\limits_{x\to 0}\dfrac{(\sqrt{1+x}+\sqrt{1-x})^2-4}{-x^2(\sqrt{1+x}+\sqrt{1-x}+2)}\\[2mm]&=\lim\limits_{x\to 0}\dfrac{2\sqrt{1-x^2}-2}{-x^2\cdot 4}\\[2mm]&=\lim\limits_{x\to 0}\dfrac{\sqrt{1-x^2}-1}{-2x^2}=\lim\limits_{x\to 0}\dfrac{-\dfrac{1}{2}x^2}{-2x^2}=\dfrac{1}{4};\end{aligned}$

例 1.5.2　讨论极限 $\lim\limits_{n\to\infty}\dfrac{1+e^{-nx}}{1-e^{-nx}}.$

解　显然，当 $x\neq 0$ 时，上述极限才有意义.

当 $x>0$ 时，$\lim\limits_{n\to\infty}e^{-nx}=0$，故 $\lim\limits_{n\to\infty}\dfrac{1+e^{-nx}}{1-e^{-nx}}=1;$

当 $x<0$ 时，$\lim\limits_{n\to\infty}e^{-nx}=+\infty$，故 $\lim\limits_{n\to\infty}\dfrac{1+e^{-nx}}{1-e^{-nx}}=\lim\limits_{n\to\infty}\dfrac{e^{nx}+1}{e^{nx}-1}=-1.$

综上，$\lim\limits_{n\to\infty}\dfrac{1+e^{-nx}}{1-e^{-nx}}=\begin{cases}1,&x>0,\\-1,&x<0.\end{cases}$

例 1.5.3　求常数 a,b,c，并补充定义 $f(0),f(1)$ 使得函数

思考题 1.5.1　下面两个计算过程是否都正确？

（1）$\lim\limits_{x\to 0}\dfrac{\tan x-\sin x}{x}=\lim\limits_{x\to 0}\dfrac{\tan x}{x}-\lim\limits_{x\to 0}\dfrac{\sin x}{x}$

$=0;$

（2）$\lim\limits_{x\to 0}\dfrac{\tan x-\sin x}{x^2}=\lim\limits_{x\to 0}\dfrac{\tan x}{x^2}-\lim\limits_{x\to 0}\dfrac{\sin x}{x^2}$

$=0.$

注　将题（1）与下列过程作比较：

$\lim\limits_{x\to 0}\left(2x\sin\dfrac{1}{x}+\dfrac{3\sin 2x}{2x}\right)=0+3=3.$

差别在哪里呢？请注意当 $x\to\infty$ 改为 $x\to 0$ 时，所用的极限法则是完全不同的.

题（2）用到了 $e^x-1\sim x,\ln(1+x)\sim x,\sin x\sim x,(1+x)^{\alpha}-1\sim\alpha x$；另一方面，在乘除因子中，代入非零极限值不会影响原来极限的存在性，这一点很重要. 题（2）中，$\cos\dfrac{x}{1+x},\dfrac{1}{1+x},\sqrt{1+x}+\sqrt{1-x}+2$ 都是直接算出了非零极限值，这对简化计算很有好处.

注　注意区别极限过程中的变量和常量，例如

$\lim\limits_{n\to\infty}e^{-nx}=0\,(x>0),$

$\lim\limits_{x\to 1}e^{-nx}=e^{-n}\,(n\in\mathbf{N}).$

$$f(x) = \begin{cases} \dfrac{\sqrt{1-ax}-1}{x}, & x<0, \\[3mm] \dfrac{a(x-1)+b-|x|}{x-1}, & 0<x<1, \\[3mm] c\arctan\dfrac{1}{x-1}, & x>1 \end{cases}$$

在 $x=0$ 和 $x=1$ 处连续.

解 根据函数连续的定义,

$$\lim_{x\to 0^-} f(x) = \lim_{x\to 0^-} \frac{\sqrt{1-ax}-1}{x} = -\frac{a}{2},$$

$$\lim_{x\to 0^+} f(x) = \lim_{x\to 0^+} \frac{a(x-1)+b-|x|}{x-1} = a-b,$$

故 $-\dfrac{a}{2} = a-b$. 为使 $\lim\limits_{x\to 1^-} f(x)$ 有意义,必须要

$$\lim_{x\to 1^-} \big[a(x-1)+b-|x| \big] = 0,$$

故 $b=1$,从而 $a=\dfrac{2}{3}$. 则

> **注** 在求某点处的极限时,只需考虑这点邻近处的函数值,较远处的函数关系不必考虑.

$$\lim_{x\to 1^-} f(x) = \lim_{x\to 1^-} \frac{\dfrac{2}{3}(x-1)+1-|x|}{x-1} = -\frac{1}{3}.$$

又

$$\lim_{x\to 1^+} f(x) = \lim_{x\to 1^+} c\arctan\frac{1}{x-1} = \frac{\pi}{2}c.$$

故 $-\dfrac{1}{3} = \dfrac{\pi}{2}c$,得 $c = -\dfrac{2}{3\pi}$.

综上,$a=\dfrac{2}{3}, b=1, c=-\dfrac{2\pi}{3}$.

在此结论下,补充定义 $f(0)=f(1)=-\dfrac{1}{3}$,可使函数 $f(x)$ 在 $x=0$ 和 $x=1$ 处连续.

例 1.5.4 设 f 为 $(-\infty, +\infty)$ 上的连续函数,且 $\lim\limits_{x\to\infty} f(x)=A$,证明:$f$ 在 $(-\infty, +\infty)$ 内有界.

证 因 $\lim\limits_{x\to\infty} f(x)=A$,故存在 $X>0$,当 $|x|>X$ 时有
$$|f(x)| < |A|+1;$$

> **注** 在例 1.5.4 的证明中,将区间 $(-\infty, +\infty)$ 分为两大部分,$|x|>X$ 和 $|x|\leq X$,这是从局部性质推出整体性质的重要分析方法.

又 f 在 $[-X,X]$ 上连续,由有界性定理,f 在 $[-X,X]$ 上有界,从而存在 $K>0$,使对于任意 $x \in [-X,X]$ 有

$$|f(x)| \leqslant K.$$

令 $M = \max\{|A|+1, K\}$,则对于任意 $x \in (-\infty, +\infty)$,有

$$|f(x)| \leqslant M.$$

例 1.5.5 设 $f(x)$ 是 $[0,1]$ 上的非负连续函数,且 $f(0)=f(1)=0$,求证:对任意实数 $p(0<p<1)$,存在 $\xi \in [0,1]$ 使得,$\xi+p \in [0,1]$,且 $f(\xi)=f(\xi+p)$.

证 设 $F(x)=f(x)-f(x+p)$,则 F 在 $[0,1-p]$ 上连续且

注 构造辅助函数是介值问题的难点和重点,例 1.5.5 还要注意在端点处的区别讨论.

$$F(0)F(1-p) = -f(p)f(1-p) \leqslant 0.$$

将 $f(x)$ 在区间 $[0,1-p]$ 的端点处的值分两种情况讨论:

当 $F(0)$ 或 $F(1-p)=0$ 时,得到 $f(0)=f(p)$,或 $f(1-p)=f(1)$,故 0 或 $1-p$ 可取作 ξ;

当 $F(0) \neq 0$ 且 $F(1-p) \neq 0$ 时,$F(0)F(1-p)<0$ 时,由零点定理,存在 $\xi \in (0,1-p) \subset [0,1]$,从而 $\xi+p \in [0,1]$,使得 $F(\xi)=0$,即 $f(\xi)=f(\xi+p)$.证毕.

第1章复习题、研究课题和竞赛题

复习题

1. 函数 $f(x) = \dfrac{|x|\sin(x-2)}{x(x-1)(x-2)^2}$ 在下列哪个区间有界? (   ).

(A) $(-1,0)$ (B) $(0,1)$ (C) $(1,2)$ (D) $(2,3)$

2. 若函数 $f(x) = \begin{cases} \lim\limits_{t \to +\infty} \dfrac{x+e^{tx}}{1+e^{tx}}, & x \leqslant 0, \\ \lim\limits_{n \to \infty} \dfrac{n^x - n^{-x}}{n^x + n^{-x}}, & x>0, \end{cases}$ 则点 $x=0$ 是 $f(x)$ 的(   ).

(A) 连续点   (B) 无穷间断点   (C) 跳跃间断点   (D) 可去间断点.

3. 函数 $f(x) = \sqrt{x}\sin\dfrac{1}{x}$ 的图形如图 1 所示,下列结论正确的是(   ).

(A) $f(x)$ 是区间 $(0,+\infty)$ 内的无界函数

(B) 当 $x \to 0^+$ 时 $f(x)$ 等价于 $\dfrac{1}{\sqrt{x}}$

(C) 当 $x \to +\infty$ 时 $f(x)$ 是无穷大量

（D）$f(x)$ 在区间 $(0,+\infty)$ 内以 $\sqrt{x}$ 为上界，以 $-\sqrt{x}$ 为下界

4.（多选）当 $x\to 0$ 时，在下列无穷小中与 x^2 等价的是（　　）.

（A）$1-\cos\sqrt{2}\,x$　　　　（B）$\ln\sqrt{1+x^2}$

（C）$\sqrt{1+x^2}-\sqrt{1-x^2}$　　（D）$\mathrm{e}^x+\mathrm{e}^{-x}-2$

5. 四个函数依次为 ① $y=(x-2)^4(x+1)^3(x-1)$，② $y=\dfrac{\sqrt{2x^2+1}}{3x-5}$，③ $y=\sqrt{x^2+1}-1$，④ $y=\dfrac{3x^2-x-2}{5x^2+4x+1}$，它们在图 2 中对应的图形的编号依次为 _____.

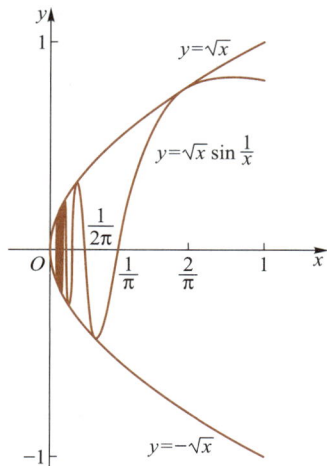

图 1

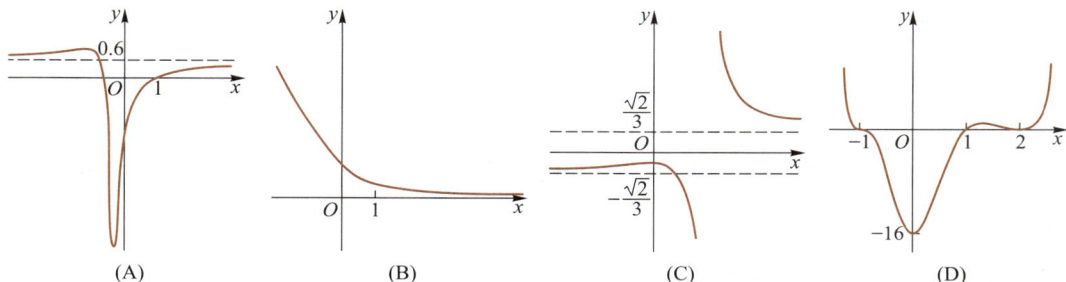

（A）　　　　　（B）　　　　　（C）　　　　　（D）

图 2

6. 曲线 $f(x)=\mathrm{e}^{\frac{1}{x}}\arctan\dfrac{x^2+x+1}{(x-1)(x+2)}$ 的渐近线有 _____ 条.

7. 若 λ,k 均为常数，则 $\lim\limits_{n\to\infty}\dfrac{n(n-1)\cdots(n-k+1)}{k!}\left(\dfrac{\lambda}{n}\right)^k\left(1-\dfrac{\lambda}{n}\right)^{n-k}=$ _____.

8. 设 α 是自然数，若极限 $\lim\limits_{n\to\infty}\dfrac{n^{2023}}{n^\alpha-(n-1)^\alpha}$ 是一个非零的有限数，则此极限值为 _____.

9. 求极限：

（1）$\lim\limits_{n\to\infty}\left(\dfrac{1}{n^2+n+1}+\dfrac{2}{n^2+n+2}+\cdots+\dfrac{n}{n^2+n+n}\right)$；

（2）$\lim\limits_{n\to\infty}\dfrac{(1+x_n)^2-1}{x_n}$，其中 $x_n=n\ln\left(1+\sin\dfrac{\pi}{n^2}\right)$.

10. 设曲线 C 的极坐标方程是 $\rho=\dfrac{a\theta}{\pi-\theta}$ （$a>0,0\leqslant\theta<\pi$），求出 C 的渐近线，并画出 C 的草图.

11. 设函数 $f(x)$ 在区间 $[0,+\infty)$ 上连续，满足 $0\leqslant f(x)\leqslant x$. 设 $a_1\geqslant 0$，$a_{n+1}=f(a_n)$，$n=1,2,\cdots$，证明：

（1）$\{a_n\}$ 为收敛数列；

（2）设 $\lim\limits_{n\to\infty}a_n=t$，则有 $f(t)=t$；

（3）若条件 $0\leqslant f(x)\leqslant x,x\in[0,+\infty)$ 改为 $0\leqslant f(x)<x,x\in(0,+\infty)$，证明 $t=0$.

12. 设函数 $f(x)$ 在区间 $[a,b]$ 上连续，且对任何 $x\in[a,b]$，存在 $y\in[a,b]$，使得 $|f(y)|\leqslant\dfrac{1}{2}|f(x)|$.证明：存在 $\xi\in[a,b]$，使得 $f(\xi)=0$.

*13. 设 $m,n\in\mathbf{N}$，证明 $\lim\limits_{n\to\infty}\{\lim\limits_{m\to\infty}[\cos(\pi n!\ x)]^{2m}\}=D(x)$（狄利克雷函数）.

研究课题

【种群的增长问题】（数列极限方法应用）

自然界动植物的生长和繁衍都有一定的规律，一个种群要能繁衍下去，必须要有一定的数量保证.因此要研究动植物的生存状态，首先就要研究动植物的生长和繁衍规律.

假设一对小兔子要经过 2 个季度才能成熟并可生产小兔，每对成熟的兔子每季度产一对小兔，在不考虑兔子死亡的前提下，求兔群的增长率的变化趋势，这个趋势与黄金分割有什么关系？

建模提示：假设开始只有 1 对刚出生的小兔，那么在第一季度和第二季度兔群只有 1 对兔子.第三季度，由于这对小兔成熟并产下 1 对小兔，兔群有 2 对兔子.第四季度，一对大兔又产下 1 对小兔，而原来的 1 对小兔处于成长期，即兔群有 3 对兔子.第五季度，有一对小兔成熟，并与原来的 1 对大兔各产下 1 对兔子，这时兔群就有 5 对兔子，依次类推可得出如下数据：

季度	1	2	3	4	5	6	7
成熟兔子对数	0	0	1	1	2	3	5
小兔对数	1	1	1	2	3	5	8
兔对总数	1	1	2	3	5	8	13

竞赛题

1. 设 $f(x),g(x)$ 在 $x=0$ 的某一邻域 U 内有定义，对任意 $x\in U,f(x)\neq g(x)$，且 $\lim\limits_{x\to0}f(x)=\lim\limits_{x\to0}g(x)=a>0$，则 $\lim\limits_{x\to0}\dfrac{[f(x)]^{g(x)}-[g(x)]^{g(x)}}{f(x)-g(x)}=$ _____.

2. 已知 $\lim\limits_{x\to0}\left(1+x+\dfrac{f(x)}{x}\right)^{\frac{1}{x}}=\mathrm{e}^3$，则 $\lim\limits_{x\to0}\dfrac{f(x)}{x^2}=$ _____.

3. 设函数 $f(x)$ 在区间 $(0,1)$ 内连续，且存在互异的点 $x_1,x_2,x_3,x_4\in(0,1)$，使得

$$\alpha=\dfrac{f(x_1)-f(x_2)}{x_1-x_2}<\dfrac{f(x_3)-f(x_4)}{x_3-x_4}=\beta.$$

证明:对任意 $\lambda \in (\alpha, \beta)$, 存在互异的点 $x_5, x_6 \in (0,1)$, 使得 $\lambda = \dfrac{f(x_5) - f(x_6)}{x_5 - x_6}$.

第 1 章自测题(一)

第 1 章自测题(二)

第 1 章各类习题解答提示

第2章 导数与微分

> 导数是因变量相对于自变量的变化速率,是一类特定的极限模式中导出的数值.微分描述的是当自变量的增量充分小时,函数的增量的线性近似值.导数和微分是微分学中最基本的两个概念和方法.

§2.1 导数的概念和运算法则

2.1.1 导数的定义与性质

一、导数的定义

1. 有关导数的引例

比较下列两个例子:

(1) 自由落体运动的瞬时速度:设作自由落体运动的物体在时刻 t 的位移为 s,则 $s = \dfrac{1}{2}gt^2$(g 为重力加速度). 为求物体在时刻 t_0 的瞬时速度,先考虑时间段 $[t_0, t]$(或 $[t, t_0]$)上的平均速度,当 $t \to t_0$ 时,这个平均速度就成为瞬时速度了:

$$v(t_0) = \lim_{t \to t_0} \bar{v} = \lim_{t \to t_0} \frac{s - s_0}{t - t_0} = \lim_{t \to t_0} \frac{\dfrac{1}{2}gt^2 - \dfrac{1}{2}gt_0^2}{t - t_0} = \lim_{t \to t_0} \frac{1}{2}g(t + t_0) = gt_0.$$

(2) 如图 2.1.1 所示,曲线 $y = f(x)$ 上的点 $P(x_0, y_0)$ 处的切线 PT 是曲线的割线 PQ 当动点 $Q(x, y)$ 沿此曲线无限接近于点 P 时的极限位置.因此曲线 $y = f(x)$ 在点 P 处的切线斜率为

$$k = \lim_{x \to x_0} \frac{y - y_0}{x - x_0}.$$

对于速度问题,令 $\Delta t = t - t_0$,$\Delta s = s - s_0$,则

$$v(t_0) = \lim_{t \to t_0} \frac{s-s_0}{t-t_0} = \lim_{\Delta t \to 0} \frac{\Delta s}{\Delta t} = \lim_{\Delta t \to 0} \frac{s(t_0+\Delta t)-s(t_0)}{\Delta t};$$

对于切线问题, 令 $\Delta x = x-x_0$, $\Delta y = y-y_0$, 则

$$k = \lim_{x \to x_0} \frac{y-y_0}{x-x_0} = \lim_{\Delta x \to 0} \frac{f(x_0+\Delta x)-f(x_0)}{\Delta x}.$$

这两个例子的背景不同, 但处理方法是一样的, 它们都是函数增量与自变量增量的比值的极限, 这种类型的极限在许多其他实际问题中也会遇到, 所以有必要抽象成数学概念加以研究.

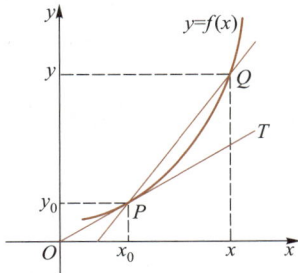

2. 导数定义

定义 2.1.1 设函数 $y=f(x)$ 在点 x_0 的某邻域 $U(x_0)$ 内有定义, 若极限

$$\lim_{x \to x_0} \frac{f(x)-f(x_0)}{x-x_0} \tag{2.1.1}$$

存在, 则称函数 $f(x)$ 在 x_0 处**可导**, 并称此极限值为函数 $f(x)$ 在 x_0 处的**导数**, 记为 $f'(x_0)$, $y'\big|_{x=x_0}$, $\dfrac{\mathrm{d}y}{\mathrm{d}x}\big|_{x=x_0}$, 或 $\dfrac{\mathrm{d}f(x)}{\mathrm{d}x}\big|_{x=x_0}$, 等等.

令 $x=x_0+\Delta x$, $\Delta y = f(x_0+\Delta x)-f(x_0)$, 则 (2.1.1) 式可改写为

$$f'(x_0) = \lim_{\Delta x \to 0} \frac{\Delta y}{\Delta x} = \lim_{\Delta x \to 0} \frac{f(x_0+\Delta x)-f(x_0)}{\Delta x}. \tag{2.1.2}$$

因此导数是函数增量 Δy 与自变量增量 Δx 之比 (差商) 在 $\Delta x \to 0$ 时的极限, 它也指出了从定义出发去求一个函数在某点处的导数的几个主要步骤: 求增量, 求差商, 求极限. 若上述极限不存在, 则称函数 $f(x)$ 在 x_0 处**不可导**.

3. 单侧导数

定义 2.1.2 设函数 $y=f(x)$ 在点 x_0 以及它的某左邻域 $U_-(x_0)$ 内有定义, 若极限 $\lim\limits_{x \to x_0^-} \dfrac{f(x)-f(x_0)}{x-x_0}$ 存在, 则称之为函数 $f(x)$ 在点 x_0 处的**左导数**, 记为 $f'_-(x_0)$, 即

$$f'_-(x_0) = \lim_{\Delta x \to 0^-} \frac{f(x_0+\Delta x)-f(x_0)}{\Delta x} = \lim_{x \to x_0^-} \frac{f(x)-f(x_0)}{x-x_0}. \tag{2.1.3}$$

同理定义**右导数**:

$$f'_+(x_0) = \lim_{\Delta x \to 0^+} \frac{f(x_0+\Delta x)-f(x_0)}{\Delta x} = \lim_{x \to x_0^+} \frac{f(x)-f(x_0)}{x-x_0}. \tag{2.1.4}$$

左导数和右导数统称为**单侧导数**. 如同左、右极限与极限之间的关系, 我们有

命题 2.1.1 $f(x)$ 在点 x_0 处可导 $\Leftrightarrow f'_+(x_0) = f'_-(x_0)$ (左、右导数都存在且相等).

设函数 $y=f(x)$, $x \in I$, 若对任意 $x \in I$, f 在点 x 处可导 (对 I 的端点考虑单侧导

数），则称 f 是 I 上的**可导函数**.此时,对任意一点 $x \in I$,对应着一个导数值 $f'(x)$,这样就确定了 I 上的函数 $f':x \mapsto f'(x)$,$x \in I$,称其为 f 在 I 上的**导函数**,简称为**导数**,记为 $f'(x),\dfrac{\mathrm{d}y}{\mathrm{d}x},y'$,或 y'_x 等等,即

$$f'(x) = \lim_{\Delta x \to 0} \frac{f(x+\Delta x)-f(x)}{\Delta x}, \quad \forall x \in I. \tag{2.1.5}$$

4. 几个基本求导公式

下面以例题的形式推导几个最基本的求导公式.

☆ **例 2.1.1**   试证明:

(1) 设 $f(x) = C$,   则 $f'(x) = 0 (x \in \mathbf{R})$.

(2) 设 $f(x) = x^{\mu}$,   则 $f'(x) = \mu x^{\mu-1}$(根据 μ 的取值不同,定义域会有所不同).

特别地,$(x)' = 1(x \in \mathbf{R}),(x^2)' = 2x(x \in \mathbf{R}),\left(\dfrac{1}{x}\right)' = -\dfrac{1}{x^2}(x \neq 0),(\sqrt{x})' = \dfrac{1}{2\sqrt{x}}(x > 0)$.

(3) $(\sin x)' = \cos x (x \in \mathbf{R}),(\cos x)' = -\sin x (x \in \mathbf{R})$.

(4) $(a^x)' = a^x \ln a (a > 0, a \neq 1, x \in \mathbf{R})$.特别地,$(\mathrm{e}^x)' = \mathrm{e}^x (x \in \mathbf{R})$.

(5) $(\log_a x)' = \dfrac{1}{x \ln a}(a > 0, a \neq 1)$.特别地,$(\ln x)' = \dfrac{1}{x}$.

证   对任意固定的 x,按照导数定义,利用等价无穷小计算极限.

(1) 对任意固定的 x,$f'(x) = \lim\limits_{\Delta x \to 0} \dfrac{f(x+\Delta x)-f(x)}{\Delta x} = \lim\limits_{\Delta x \to 0} \dfrac{C-C}{\Delta x} = \lim\limits_{\Delta x \to 0} 0 = 0$.

(2) $f'(x) = \lim\limits_{\Delta x \to 0} \dfrac{f(x+\Delta x)-f(x)}{\Delta x} = \lim\limits_{\Delta x \to 0} \dfrac{(x+\Delta x)^{\mu}-x^{\mu}}{\Delta x}$

$$= x^{\mu-1} \lim_{\Delta x \to 0} \frac{\left(1+\dfrac{\Delta x}{x}\right)^{\mu}-1}{\dfrac{\Delta x}{x}} = \mu x^{\mu-1}.$$

(3) $(\sin x)' = \lim\limits_{\Delta x \to 0} \dfrac{\sin(x+\Delta x)-\sin x}{\Delta x} = \lim\limits_{\Delta x \to 0} \dfrac{2\cos\left(x+\dfrac{\Delta x}{2}\right)\sin\dfrac{\Delta x}{2}}{\Delta x} = \cos x$.

$(\cos x)' = \lim\limits_{\Delta x \to 0} \dfrac{\cos(x+\Delta x)-\cos x}{\Delta x} = \lim\limits_{\Delta x \to 0} \dfrac{-2\sin\left(x+\dfrac{\Delta x}{2}\right)\sin\dfrac{\Delta x}{2}}{\Delta x} = -\sin x$.

(4) $(a^x)' = \lim\limits_{\Delta x \to 0} \dfrac{a^{x+\Delta x}-a^x}{\Delta x} = a^x \lim\limits_{\Delta x \to 0} \dfrac{a^{\Delta x}-1}{\Delta x} = a^x \ln a$.

(5) $(\log_a x)' = \lim\limits_{\Delta x \to 0} \dfrac{\log_a(x+\Delta x)-\log_a x}{\Delta x}$

思考题 2.1.1 $f'(x_0)$ 与 $[f(x_0)]'$ 是否相同?

$$= \frac{1}{x} \lim_{\Delta x \to 0} \frac{\log_a \left(1 + \dfrac{\Delta x}{x} \right)}{\dfrac{\Delta x}{x}} = \frac{1}{x \ln a}.$$

证毕.

二、可导函数的性质

1. 可导性蕴涵连续性

当函数 $f(x)$ 在点 x_0 处可导时,(2.1.2)式可以变为

$$\frac{\Delta y}{\Delta x} = f'(x_0) + \alpha(\Delta x),$$

其中 $\lim\limits_{\Delta x \to 0} \alpha(\Delta x) = 0$,因此

$$\Delta y = f'(x_0) \Delta x + o(\Delta x). \tag{2.1.6}$$

此公式对 $\Delta x = 0$ 也成立.由此立即得到

命题 2.1.2　若函数 $f(x)$ 在点 x_0 处可导,则 $f(x)$ 在点 x_0 处连续.

注意"连续未必可导".事实上,我们有典型的反例.

例 2.1.2　证明下列连续函数在点 $x = 0$ 处不可导.

(1) $f(x) = |x|$;

(2) $f(x) = \begin{cases} x \sin \dfrac{1}{x}, & x \neq 0, \\ 0, & x = 0. \end{cases}$

证　(1) 因为

$$f'_-(0) = \lim_{\Delta x \to 0^-} \frac{|0 + \Delta x| - |0|}{\Delta x} = \lim_{x \to 0^-} \frac{-x}{x} = -1,$$

$$f'_+(0) = \lim_{\Delta x \to 0^+} \frac{|0 + \Delta x| - |0|}{\Delta x} = \lim_{x \to 0^+} \frac{x}{x} = 1,$$

明显左、右导数不相等,所以 $f(x)$ 在 $x = 0$ 处不可导.

(2) 因为

$$\lim_{x \to 0} f(x) = \lim_{x \to 0} x \sin \frac{1}{x} = 0 = f(0),$$

所以函数 $f(x)$ 在 $x = 0$ 处连续.又因为

$$\lim_{x \to 0} \frac{f(x) - f(0)}{x - 0} = \lim_{x \to 0} \sin \frac{1}{x},$$

等式右边极限不存在,所以 $f'(0)$ 不存在.

2. 可导的几何意义

如图 2.1.1 所示,若函数 $y=f(x)$ 在点 x_0 处可导,则曲线 $y=f(x)$ 在点 $P(x_0,f(x_0))$ 处割线的极限 $k=\lim\limits_{x\to x_0}\dfrac{f(x)-f(x_0)}{x-x_0}$ 存在,即切线 PT 的斜率为 $k=f'(x_0)$.

切线方程为

$$y-y_0=f'(x_0)(x-x_0).\tag{2.1.7}$$

曲线的**法线**为切点处与切线垂直的直线.

当 $f'(x_0)=0$ 时,法线方程为 $x=x_0$;当 $f'(x_0)\neq0$ 时,法线方程为

$$y-y_0=-\frac{1}{f'(x_0)}(x-x_0).\tag{2.1.8}$$

例 2.1.3　求曲线 $y=\ln x$ 上与直线 $x+y=1$ 垂直的切线方程.

解　已知直线 $x+y=1$ 的斜率 $k=-1$,与之垂直的切线斜率满足 $(\ln x)'=-\dfrac{1}{k}$,即 $\dfrac{1}{x}=1$,得 $x=1$,所以切点坐标为 $A(1,0)$,从而切线方程为

$$y=x-1.$$

练习 2.1.1

1. 若 $f'(x_0)$ 存在,则 $\lim\limits_{\Delta x\to0}\dfrac{f(x_0-3\Delta x)-f(x_0)}{\Delta x}=$ _____.

2. 用定义计算 $y=\sqrt{x}\,(x\geqslant0)$ 的导数.

3. 求曲线 $y=\dfrac{1}{x}$ 在点 $(1,1)$ 处的切线方程和法线方程.

4. 用定义讨论 $f'(1)$ 的存在性,其中函数 $f(x)=\begin{cases}x^3, & x\leqslant1,\\ x^2, & x>1.\end{cases}$

2.1.2　函数的求导法则和公式

上一节我们从定义出发计算了一些简单的函数的导数,对于一般函数的导数,如果也都从定义出发去求,就比较繁琐.本节将介绍一些求导法则,利用它们,可以快速计算初等函数的导数.

一、导数的四则运算法则

定理 2.1.1(导数的四则运算法则)　如果函数 $u(x),v(x)$ 在点 x 处可导,那么它们的和、差、积、商(除分母为零的点外)都在点 x 处可导,且

（1）（加减法则）$[u(x)\pm v(x)]'=u'(x)\pm v'(x)$；

（2）（乘法法则）$[u(x)v(x)]'=u'(x)v(x)+u(x)v'(x)$；

（3）（除法法则）$\left[\dfrac{u(x)}{v(x)}\right]'=\dfrac{u'(x)v(x)-u(x)v'(x)}{[v(x)]^2}(v(x)\neq 0)$.

证 （1）对任意固定的 x，有

$$[u(x)\pm v(x)]'=\lim_{\Delta x\to 0}\frac{[u(x+\Delta x)\pm v(x+\Delta x)]-[u(x)\pm v(x)]}{\Delta x}$$

$$=\lim_{\Delta x\to 0}\frac{[u(x+\Delta x)-u(x)]\pm[v(x+\Delta x)-v(x)]}{\Delta x}$$

$$=u'(x)\pm v'(x)；$$

（2）　$[u(x)v(x)]'$

$$=\lim_{\Delta x\to 0}\frac{[u(x+\Delta x)v(x+\Delta x)-u(x)v(x+\Delta x)]+[u(x)v(x+\Delta x)-u(x)v(x)]}{\Delta x}$$

$$=\lim_{\Delta x\to 0}\left[\frac{u(x+\Delta x)-u(x)}{\Delta x}v(x+\Delta x)+u(x)\frac{v(x+\Delta x)-v(x)}{\Delta x}\right]$$

$$=u'(x)v(x)+u(x)v'(x)；$$

（3）$\left[\dfrac{u(x)}{v(x)}\right]'=\lim_{\Delta x\to 0}\dfrac{\dfrac{u(x+\Delta x)}{v(x+\Delta x)}-\dfrac{u(x)}{v(x)}}{\Delta x}=\lim_{\Delta x\to 0}\dfrac{u(x+\Delta x)v(x)-u(x)v(x+\Delta x)}{v(x+\Delta x)v(x)\Delta x}$

$$=\lim_{\Delta x\to 0}\frac{\dfrac{u(x+\Delta x)-u(x)}{\Delta x}v(x)-u(x)\dfrac{v(x+\Delta x)-v(x)}{\Delta x}}{v(x+\Delta x)v(x)}$$

$$=\frac{u'(x)v(x)-u(x)v'(x)}{[v(x)]^2}.$$

推论 2.1.1 若函数 $u(x),v(x),w(x)$ 在区间 I 上可导，则对任意一点 $x\in I$，有

（1）$[Cu(x)]'=Cu'(x)(C$ 为常数$)$；

（2）$[u(x)v(x)w(x)]'=u'(x)v(x)w(x)+u(x)v'(x)w(x)+u(x)v(x)w'(x)$；

（3）$\left[\dfrac{1}{v(x)}\right]'=-\dfrac{v'(x)}{[v(x)]^2}(v(x)\neq 0)$.

☆**例 2.1.4** 证明：

$(\tan x)'=\sec^2 x$；　　　　　　　$(\cot x)'=-\csc^2 x$；

$(\sec x)'=\sec x\tan x$；　　　　　$(\csc x)'=-\csc x\cot x$.

证 利用除法法则，有

$$(\tan x)' = \left(\frac{\sin x}{\cos x}\right)' = \frac{(\sin x)'\cos x - \sin x (\cos x)'}{\cos^2 x} = \sec^2 x;$$

$$(\cot x)' = \left(\frac{\cos x}{\sin x}\right)' = \frac{(\cos x)'\sin x - \cos x (\sin x)'}{\sin^2 x} = -\csc^2 x;$$

$$(\sec x)' = \left(\frac{1}{\cos x}\right)' = \frac{-(\cos x)'}{\cos^2 x} = \sec x \tan x;$$

$$(\csc x)' = \left(\frac{1}{\sin x}\right)' = \frac{-(\sin x)'}{\sin^2 x} = -\csc x \cot x.$$

证毕.

例 2.1.5　求导数:

(1) $y = x^3 + 5x^2 - 9x + 3$;　　　　(2) $y = \cos x \ln x$;

(3) $y = \dfrac{2-x}{1+x^2}$;　　　　　　(4) $y = \dfrac{1}{x^n}$.

解　按照导数的四则运算法则, 有

(1) $y' = 3x^2 + 10x - 9$;

(2) $y' = -\sin x \ln x + \dfrac{\cos x}{x}$;

(3) $y' = \dfrac{-(1+x^2) - 2x(2-x)}{(1+x^2)^2} = \dfrac{x^2 - 4x - 1}{(1+x^2)^2}$;

(4) $y' = \dfrac{-nx^{n-1}}{x^{2n}} = -\dfrac{n}{x^{n+1}}$.

二、反函数的求导法则

定理 2.1.2(反函数求导法则)　设函数 $y = f(x)$ 与函数 $x = \varphi(y)$ 互为反函数, $y_0 = f(x_0)$, $x_0 \in I$, 若 $\varphi(y)$ 在点 y_0 的某邻域 $U(y_0)$ 内:

(1) 单调;

(2) 可导且 $\varphi'(y_0) \neq 0$,

则 $f(x)$ 在点 x_0 处可导, 且有

$$f'(x_0) = \frac{1}{\varphi'(y_0)}. \tag{2.1.9}$$

证　设 $\Delta x = \varphi(y_0 + \Delta y) - \varphi(y_0)$, $\Delta y = f(x_0 + \Delta x) - f(x_0)$, 因 $\varphi(y)$ 在 $U(y_0)$ 内单调且可导(由可导知其连续), 由反函数连续性定理(定理 1.4.2), $f = \varphi^{-1}$ 在点 x_0 的某邻域内连续且单调, 从而 $\Delta x \neq 0 \Leftrightarrow \Delta y \neq 0$, 且 $\Delta x \to 0 \Leftrightarrow \Delta y \to 0$, 于是, 由 $\varphi'(y_0) \neq 0$ 可得

$$\lim_{\Delta x \to 0} \frac{\Delta y}{\Delta x} = \frac{1}{\lim\limits_{\Delta y \to 0} \dfrac{\Delta x}{\Delta y}} = \frac{1}{\varphi'(y_0)}.$$

即 $f(x)$ 在点 x_0 处可导,且 $f'(x_0) = \dfrac{1}{\varphi'(y_0)}$.证毕.

☆**例 2.1.6** (1)证明:

$$(\arcsin x)' = \frac{1}{\sqrt{1-x^2}} \quad (-1<x<1); \qquad (\arccos x)' = -\frac{1}{\sqrt{1-x^2}} \quad (-1<x<1);$$

$$(\arctan x)' = \frac{1}{1+x^2} \quad (-\infty<x<+\infty); \qquad (\operatorname{arccot} x)' = -\frac{1}{1+x^2} \quad (-\infty<x<+\infty).$$

(2)由对数求导公式推出指数函数求导公式.

证 (1)令 $\arcsin x = y$,则 $y \in \left(-\dfrac{\pi}{2}, \dfrac{\pi}{2}\right)$,反函数 $x = \sin y$ 在区间 $\left(-\dfrac{\pi}{2}, \dfrac{\pi}{2}\right)$ 内单调递增,可导且 $(\sin y)' = \cos y > 0$,则

$$(\arcsin x)' = \frac{1}{(\sin y)'} = \frac{1}{\cos y} = \frac{1}{\sqrt{1-\sin^2 y}} = \frac{1}{\sqrt{1-x^2}}.$$

令 $\arccos x = y$,则 $y \in (0,\pi)$,反函数 $x = \cos y$ 在区间 $(0,\pi)$ 内单调递减,且 $(\cos y)' = -\sin y < 0$,于是

$$(\arccos x)' = \frac{1}{(\cos y)'} = \frac{1}{-\sin y} = -\frac{1}{\sqrt{1-\cos^2 y}} = -\frac{1}{\sqrt{1-x^2}}.$$

同理

$$(\arctan x)' = \frac{1}{(\tan y)'} = \frac{1}{\sec^2 y} = \frac{1}{1+\tan^2 y} = \frac{1}{1+x^2} \quad (\arctan x = y).$$

$$(\operatorname{arccot} x)' = \frac{1}{(\cot y)'} = \frac{1}{-\csc^2 y} = -\frac{1}{1+\cot^2 y} = -\frac{1}{1+x^2} \quad (\operatorname{arccot} x = y).$$

(2)当 $a>0$ 且 $a \neq 1$ 时

$$(a^x)' = \frac{1}{(\log_a y)'} = \frac{1}{\dfrac{1}{y\ln a}} = y\ln a = a^x \ln a \quad (a^x = y).$$

证毕.

三、复合函数的求导法则

定理 2.1.3(复合函数求导法则) 若函数 $u=g(x)$ 在点 x 处可导,$y=f(u)$ 在 $u=g(x)$ 处可导,则复合函数 $y=f[g(x)]$ 在点 x 处可导,且

$$(f(g(x)))' = f'(u)g'(x) = f'(g(x))g'(x). \tag{2.1.10}$$

证 当 $\Delta u \neq 0$ 时,因为 $\lim\limits_{\Delta u \to 0} \dfrac{\Delta y}{\Delta u} = f'(u)$,有 $\dfrac{\Delta y}{\Delta u} = f'(u) + \alpha(\Delta u)$,其中 $\lim\limits_{\Delta u \to 0} \alpha(\Delta u) = 0$,于是

$$\Delta y = f'(u)\Delta u + \alpha(\Delta u)\Delta u. \tag{2.1.11}$$

若当 $\Delta x \to 0$ 时出现 $\Delta u = 0$ 的情况,此时上述 $\alpha(\Delta u)$ 无定义,补充定义 $\alpha(0) = 0$,从而 (2.1.11) 式仍成立.

由于 $u = g(x)$ 的连续性,$\lim\limits_{\Delta x \to 0} \Delta u = 0$,从而 $\lim\limits_{\Delta x \to 0} \alpha(\Delta u) = 0$. 现在将 (2.1.11) 式两端都除以 Δx,并令 $\Delta x \to 0$ 便得

$$\lim_{\Delta x \to 0} \frac{\Delta y}{\Delta x} = f'(u)\lim_{\Delta x \to 0}\frac{\Delta u}{\Delta x} + \lim_{\Delta x \to 0}\alpha(\Delta u)\frac{\Delta u}{\Delta x} = f'(u)g'(x).$$

证毕.

(2.1.10) 式的结论可以简写为 $y'_x = y'_u u'_x$. 对于三个函数的复合函数 $z = f(g(h(t)))$ 的求导公式,可类似地得 $\dfrac{\mathrm{d}z}{\mathrm{d}t} = \dfrac{\mathrm{d}z}{\mathrm{d}y}\dfrac{\mathrm{d}y}{\mathrm{d}x}\dfrac{\mathrm{d}x}{\mathrm{d}t}$,也可以简写为 $z'_t = z'_y y'_x x'_t$,故称定理 2.1.3 为**链法则**. 在应用链法则时,要熟练地把较复杂的初等函数的导数分解为求一些基本初等函数的导数.

例 2.1.7 求导数:

(1) $y = \sin 2x$; (2) $y = (2x+1)^{50}$; (3) $y = e^{-x}$; (4) $y = \sqrt{x^2+1}$.

解 (1) 令 $y = \sin u, u = 2x$,则

$$y' = (\sin u)'_u (2x)'_x = 2\cos u = 2\cos 2x;$$

(2) 把 $y = (2x+1)^{50}$ 看作 $y = u^{50}$ 和 $u = 2x+1$ 的复合,则

$$[(2x+1)^{50}]' = (u^{50})'_u u'_x = 50u^{49} \cdot 2 = 100(2x+1)^{49};$$

(3) 令 $y = e^u, u = -x$,则

$$(e^{-x})' = (e^u)'_u (-x)'_x = e^u \cdot (-1) = -e^{-x};$$

(4) 令 $y = \sqrt{u}, u = x^2+1$,则

$$(\sqrt{x^2+1})' = (\sqrt{u})'(x^2+1)' = \frac{1}{2\sqrt{x^2+1}} \cdot 2x = \frac{x}{\sqrt{x^2+1}}.$$

熟练了之后,在计算时中间变量就不必写出来了. 对于多重复合函数的求导,只要认准一个外层函数,外层函数的里面是一个内层函数,逐步使用链法则.

例 2.1.8 计算下列函数的导数:

(1) $y = e^{\sin\frac{1}{x}}$; (2) $y = \tan^2 x^3$;

(3) $y = \ln\cos(e^{2x})$; (4) $y = \sqrt{x+\sqrt{x+\sqrt{x}}}$;

(5) $y = \dfrac{x}{2}\sqrt{a^2-x^2} + \dfrac{a^2}{2}\arcsin\dfrac{x}{a}$.

解 （1）$y'=\mathrm{e}^{\sin\frac{1}{x}}\cdot\left(\sin\frac{1}{x}\right)'=\mathrm{e}^{\sin\frac{1}{x}}\cdot\cos\frac{1}{x}\cdot\left(\frac{1}{x}\right)'$

$$=\mathrm{e}^{\sin\frac{1}{x}}\cdot\cos\frac{1}{x}\cdot\left(-\frac{1}{x^2}\right)=-\frac{1}{x^2}\cos\frac{1}{x}\mathrm{e}^{\sin\frac{1}{x}};$$

（2）$y'=2\tan x^3\cdot(\tan x^3)'=2\tan x^3\cdot\sec^2 x^3\cdot(3x^2)=6x^2\tan x^3\cdot\sec^2 x^3;$

（3）$y'=\dfrac{1}{\cos(\mathrm{e}^{2x})}[\cos(\mathrm{e}^{2x})]'=\dfrac{1}{\cos(\mathrm{e}^{2x})}[-\sin(\mathrm{e}^{2x})]\cdot(\mathrm{e}^{2x})'=-2\mathrm{e}^{2x}\tan(\mathrm{e}^{2x});$

注意（4）和（5）不是简单的复合函数求导了.

（4）$y'=\dfrac{1}{2\sqrt{x+\sqrt{x+\sqrt{x}}}}\cdot(x+\sqrt{x+\sqrt{x}})'=\dfrac{1}{2\sqrt{x+\sqrt{x+\sqrt{x}}}}\cdot\left(1+\dfrac{1}{2\sqrt{x+\sqrt{x}}}\left(1+\dfrac{1}{2\sqrt{x}}\right)\right)$

$$=\dfrac{1}{2\sqrt{x+\sqrt{x+\sqrt{x}}}}\left(1+\dfrac{2\sqrt{x}+1}{4\sqrt{x^2+x\sqrt{x}}}\right);$$

（5）$y'=\dfrac{1}{2}\sqrt{a^2-x^2}+\dfrac{x}{2}\cdot\dfrac{-x}{\sqrt{a^2-x^2}}+\dfrac{a^2}{2}\dfrac{1}{\sqrt{1-\left(\frac{x}{a}\right)^2}}\cdot\dfrac{1}{a}=\sqrt{a^2-x^2}.$

例 2.1.9 用复合函数求导法则（链法则）求导数（$x>0$）：

（1）$y=x^\alpha$；　　（2）$y=a^{x^\alpha}(a>0,a\neq1)$；　　（3）$y=x^x$；　　（4）$y=x^{x^x}.$

解 （1）$(x^\alpha)'=(\mathrm{e}^{\alpha\ln x})'=\mathrm{e}^{\alpha\ln x}\cdot\dfrac{\alpha}{x}=\alpha x^{\alpha-1};$

（2）$(a^{x^\alpha})'=a^{x^\alpha}\ln a\cdot(x^\alpha)'=(\alpha\ln a)a^{x^\alpha}x^{\alpha-1};$

（3）$(x^x)'=(\mathrm{e}^{x\ln x})'=\mathrm{e}^{x\ln x}(x\ln x)'=x^x(1+\ln x);$

（4）$(x^{x^x})'=(\mathrm{e}^{x^x\ln x})'=\mathrm{e}^{x^x\ln x}(x^x\ln x)'=x^{x^x}[x^x(1+\ln x)\ln x+x^{x-1}].$

☆**例 2.1.10** 求导数：

（1）$y=\ln|x|$；　　（2）$y=\ln(x+\sqrt{x^2+1}).$

解 （1）$y'=\begin{cases}(\ln x)'=\dfrac{1}{x},&x>0,\\[2mm](\ln(-x))'=\dfrac{-1}{-x}=\dfrac{1}{x},&x<0\end{cases}=\dfrac{1}{x}$ （$x\neq0$）（这个结果在积分中十分重要）；

（2）$y'=\dfrac{1}{x+\sqrt{x^2+1}}\cdot(x+\sqrt{x^2+1})'=\dfrac{1}{x+\sqrt{x^2+1}}\cdot\left(1+\dfrac{x}{\sqrt{x^2+1}}\right)=\dfrac{1}{\sqrt{x^2+1}}.$

例 2.1.11 设函数 f,φ 可导，求导数：

（1）$y=f(f(f(x)))$；　　（2）$y=f^n(\varphi^n(\sin x^n)).$

解　这是抽象函数的导数,只能用 f', φ' 表示结果.

（1）$y' = f'(f(f(x))) \cdot (f(f(x)))' = f'(f(f(x))) \cdot f'(f(x)) \cdot f'(x)$;

（2）$y' = n f^{n-1}(\varphi^n(\sin x^n)) \cdot (f(\varphi^n(\sin x^n)))'$

$\qquad = n f^{n-1}(\varphi^n(\sin x^n)) \cdot f'(\varphi^n(\sin x^n))(\varphi^n(\sin x^n))'$

$\qquad = n f^{n-1}(\varphi^n(\sin x^n)) \cdot f'(\varphi^n(\sin x^n)) \cdot n\varphi^{n-1}(\sin x^n)(\varphi(\sin x^n))'$

$\qquad = n f^{n-1}(\varphi^n(\sin x^n)) \cdot f'(\varphi^n(\sin x^n)) \cdot n\varphi^{n-1}(\sin x^n) \cdot \varphi'(\sin x^n)(\sin x^n)'$

$\qquad = n f^{n-1}(\varphi^n(\sin x^n)) \cdot f'(\varphi^n(\sin x^n)) \cdot n\varphi^{n-1}(\sin x^n) \cdot \varphi'(\sin x^n) \cdot$

$\qquad \quad \cos x^n \cdot n x^{n-1}$.

例 2.1.12　设函数 $f(x) = \begin{cases} x, & x < 0, \\ \ln(1+x^2), & x \geq 0, \end{cases}$ 求 $f'(x)$.

解　必须先确定分段函数在节点处的连续性,再**用定义**讨论在此点处的可导性.

易知 $f(x)$ 在点 $x = 0$ 处连续. 分别考察 $f(x)$ 在 $x = 0$ 处的左导数和右导数:

$$f'_-(0) = \lim_{x \to 0^-} \frac{f(x) - f(0)}{x} = \lim_{x \to 0^-} \frac{x - 0}{x} = 1.$$

$$f'_+(0) = \lim_{x \to 0^+} \frac{f(x) - f(0)}{x} = \lim_{x \to 0^+} \frac{\ln(1+x^2) - 0}{x} = 0.$$

显然 $f'_-(0) \neq f'_+(0)$, 从而

$$f'(x) = \begin{cases} 1, & x < 0, \\ \text{不存在}, & x = 0, \\ \dfrac{2x}{1+x^2}, & x > 0. \end{cases}$$

四、基本求导法则与导数公式回顾

总结一下,基本求导法则和导数公式如下.

1. 基本求导法则

（1）四则运算　$(u \pm v)' = u' \pm v'$, $(uv)' = u'v + uv'$,

$$\left(\frac{u}{v}\right)' = \frac{u'v - uv'}{v^2} \quad (v \neq 0).$$

（2）反函数求导法则　$\dfrac{\mathrm{d}y}{\mathrm{d}x} = \dfrac{1}{\dfrac{\mathrm{d}x}{\mathrm{d}y}}$.

（3）复合函数求导法则　$\dfrac{\mathrm{d}y}{\mathrm{d}x} = \dfrac{\mathrm{d}y}{\mathrm{d}u} \cdot \dfrac{\mathrm{d}u}{\mathrm{d}x}$.

2. 基本初等函数的导数公式

（1）$(C)'=0(C$ 为常数$)$.

（2）$(x^{\mu})'=\mu x^{\mu-1}$. 特别地，$(x)'=1,(x^2)'=2x,\left(\dfrac{1}{x}\right)'=-\dfrac{1}{x^2},(\sqrt{x})'=\dfrac{1}{2\sqrt{x}}$.

（3）$(\sin x)'=\cos x,(\cos x)'=-\sin x,$

$(\tan x)'=\sec^2 x,(\cot x)'=-\csc^2 x,$

$(\sec x)'=\sec x\tan x,(\csc x)'=-\csc x\cot x.$

（4）$(\arcsin x)'=\dfrac{1}{\sqrt{1-x^2}},(\arccos x)'=-\dfrac{1}{\sqrt{1-x^2}},$

$(\arctan x)'=\dfrac{1}{1+x^2},(\operatorname{arccot} x)'=-\dfrac{1}{1+x^2}.$

（5）$(a^x)'=a^x\ln a(a>0,a\neq1)$. 特别地，$(\mathrm{e}^x)'=\mathrm{e}^x.$

（6）$(\log_a x)'=\dfrac{1}{x\ln a}(a>0,a\neq1)$. 特别地，$(\ln x)'=\dfrac{1}{x}.$

3. 分段函数的导数

如函数 $f(x)=\begin{cases}g(x), & x\in(-\infty,x_0],\\ h(x), & x\in(x_0,+\infty),\end{cases}$ 要注意 $f(x)$ 在节点 x_0 处是否连续. 若连续，用定义计算左、右导数 $f'_+(x_0),f'_-(x_0)$，若它们都存在且相等，则 $f'(x_0)$ 存在，设为 A. 从而有

$$f'(x)=\begin{cases}g'(x), & x\in(-\infty,x_0),\\ A, & x=x_0\\ h'(x), & x\in(x_0,+\infty)\end{cases}\quad（这里 A 可能是"不存在"）.$$

例 2.1.13 设函数 $f(x)=\begin{cases}x^m\sin\dfrac{1}{x}, & x\neq0(m\in\mathbf{N}^*),\\ 0, & x=0,\end{cases}$ 讨论当 m 为何值时，

（1）$f(x)$ 在点 $x=0$ 处连续但不可导；

（2）$f(x)$ 在点 $x=0$ 处可导但导函数不连续；

（3）$f(x)$ 在点 $x=0$ 处导函数连续.

解 结论是：（1）$m=1$ 时，f 在点 $x=0$ 处连续但不可导；

（2）$m=2$ 时，f 在点 $x=0$ 处可导但导函数不连续；

（3）$m\geq3$ 时，f 在点 $x=0$ 处导函数连续.

事实上，$m=1$ 时，例 2.1.2 已经讨论.

当 $m \geqslant 2$ 时, $\lim\limits_{x \to 0} \dfrac{x^m \sin \dfrac{1}{x} - 0}{x - 0} = \lim\limits_{x \to 0} x^{m-1} \sin \dfrac{1}{x} = 0$, 故 $f(x)$ 在 $x = 0$ 处可导, 且导数为零. 此时,

$$f'(x) = \begin{cases} mx^{m-1} \sin \dfrac{1}{x} - x^{m-2} \cos \dfrac{1}{x}, & x \neq 0, \\ 0, & x = 0. \end{cases}$$

显然, 这个函数当且仅当 $m \geqslant 3$ 时才连续.

练习 2.1.2

1. 计算下列函数的导数:

(1) $y = x^3 + 2\sin x + 3$; (2) $y = \dfrac{x+1}{x-1}$; (3) $y = \dfrac{\mathrm{e}^x}{\cos x}$;

(4) $y = \tan x \ln x + 2$; (5) $y = \tan x - x \cot x$; (6) $y = x \sec x + \csc x$;

(7) $y = \dfrac{\arctan x}{x}$; (8) $y = 2\arcsin x + \arccos x$.

2. 计算下列函数的导数:

(1) $y = \sin 4x$; (2) $y = \cos^4 x$; (3) $y = \tan x^4$;

(4) $y = \mathrm{e}^{\sin x}$; (5) $y = \sqrt{\mathrm{e}^x + 1}$; (6) $y = \sqrt{\ln x + 1}$;

(7) $y = (\arcsin x)^2$; (8) $y = \arctan \dfrac{x}{2}$.

3. 求函数 $y = \begin{cases} x \tan \dfrac{1}{x}, & x \neq 0, \\ 0, & x = 0 \end{cases}$ 的导函数.

习题 2.1

1. 抛物线 $y = x^2$ 上哪一点处的切线平行于该抛物线上两点 $(1,1)$ 和 $(3,9)$ 的连线? 试写出该切线方程.

2. 证明函数 $y = |\sin x|$ 在 $x = 0$ 处不可导.

3. 设函数 $f(x) = \sqrt{x^2 + x^3}$, 求 $f'_+(0)$ 和 $f'_-(0)$.

4. 图 2.1.2 是函数 $g(x)$ 的图形, 试根据图形从小到大排列以下各数: $0, g'(-1), g'(0), g'(2), g'(4)$.

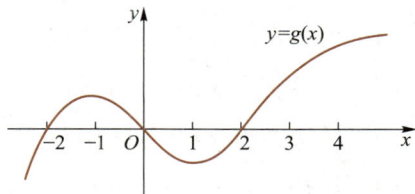

图 2.1.2

5. 求导数:

(1) $y = 3x^4 + 12x^2 - 5a$; (2) $y = \dfrac{2\sqrt{x} - 1}{x}$; (3) $y = (x+1)^2(x-1)$;

（4）$y=\dfrac{x-2}{x+1}$;

（5）$y=\dfrac{\ln x-1}{\ln x+1}$;

（6）$y=\dfrac{x}{1-\cos x}$;

（7）$y=x^2\sin x+\tan x$;

（8）$y=\cot x-\sec x$;

（9）$y=\dfrac{x}{\ln x}+\dfrac{\ln x}{x}$;

（10）$y=\dfrac{\csc x}{x^n}$;

（11）$y=x^a a^x$;

（12）$y=x\cdot\sin x\cdot\ln x$.

6. 请将图 2.1.3（a）（b）（c）（d）中的 $f(x)$ 与（Ⅰ）-（Ⅳ）中的导函数 $f'(x)$ 两两配对.

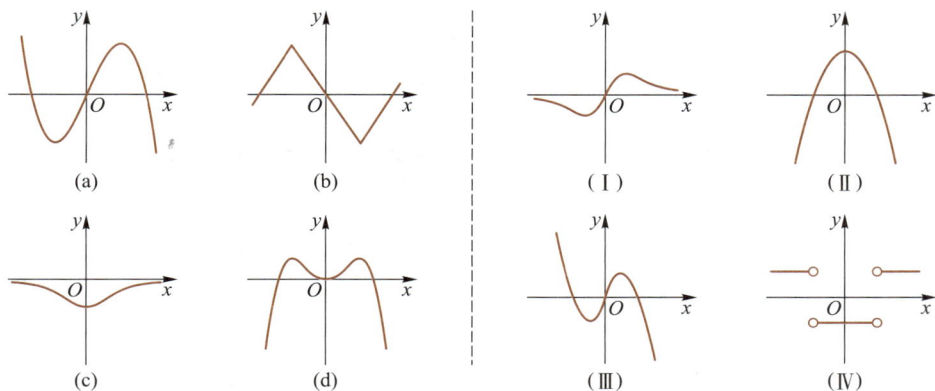

图 2.1.3

7. 求导数：

（1）$y=\dfrac{\mathrm{e}^x}{\arctan x}$;

（2）$y=\sqrt{x}\arcsin x$;

（3）$y=\dfrac{\arcsin x}{\arccos x}$;

（4）$y=\dfrac{\arctan x}{\operatorname{arccot} x}$.

8. 设 $x=g(y)$ 是 $f(x)=\ln x+\arctan x$ 的反函数，求 $g'\left(\dfrac{\pi}{4}\right)$.

9. 求导数：

（1）$y=\cos \mathrm{e}^x$;

（2）$y=(1-2x^2)^3$;

（3）$y=\dfrac{1}{\sqrt{1-x}}$;

（4）$y=\dfrac{1}{\sqrt{1+x^2}}$;

（5）$y=\sin^2 x+\cos x^2$;

（6）$y=4^{\arcsin x}$;

（7）$y=\ln\tan x$;

（8）$y=\arctan(1-x^2)$;

（9）$y=\mathrm{e}^{-x}\cos 3x$;

（10）$y=x^2\sin\dfrac{1}{x}$;

（11）$y=\ln\dfrac{x+1}{x-1}$;

（12）$y=\dfrac{\arcsin x}{\sqrt{1-x^2}}$;

（13）$y=\arccos\dfrac{2}{x}$;

（14）$y=x^{a^a}+a^{x^a}+a^{a^x}$;

（15）$y=\sqrt{u^2(x)+v^2(x)}$ （u,v 都可导）.

10. 求分段函数的导数 $f'(x)$.

$$(1)\ f(x)=\begin{cases}\dfrac{x+1}{x^2+1}, & x<0,\\[2mm] 1, & x=0,\\[2mm] \ln(e+x), & x>0;\end{cases}\qquad (2)\ f(x)=\begin{cases}\arctan 2x, & x\geqslant 0,\\[2mm] x^2, & x<0.\end{cases}$$

＊ ＊

11. 确定 a,b 的值,使函数 $f(x)$ 在指定点 $x=0$ 处可导:

$$(1)\ f(x)=\begin{cases}\dfrac{a}{1+x}, & x\leqslant 0,\\[2mm] 2x+b, & x>0;\end{cases}\qquad (2)\ f(x)=\begin{cases}e^x+b, & x\leqslant 0,\\[2mm] \sin(ax), & x>0.\end{cases}$$

12. 如图 2.1.4 所示,物体在简谐运动中相对于平衡点的位移(单位:cm)是 $y=\dfrac{1}{3}\cos 12t-\dfrac{1}{4}\sin 12t$, t 为时间(单位:s).求出 $t=\dfrac{\pi}{8}$ 时该物体的位置和速度.

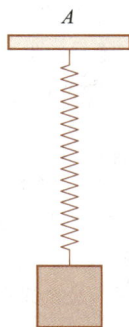

13. 求导数:

(1) $y=\sin e^{2x}$；

(2) $y=\ln\ln\ln x$；

(3) $y=\sin^2(2x+1)$；

(4) $y=\ln(\cos(10+3x^2))$；

(5) $y=\arccos\sqrt{1-x^2}\ (0<x\leqslant 1)$；

(6) $y=\arctan\sqrt{1-3x}$；

(7) $y=e^{(\arcsin x)^2}$；

(8) $y=e^{\arctan\sqrt{x}}$；

(9) $y=\sqrt{\sin^3 5x+1}$；

(10) $y=\ln(e^x+\sqrt{1+e^{2x}})$；

(11) $y=\ln\sqrt{\sqrt{1-e^{-x}}\,x\sin x}$；

(12) $y=\lg^3(\sin x^2)$；

(13) $y=\ln(1+\sin^2 x)-2(\sin x)\arctan(\sin x)$；

(14) $y=\ln\tan\dfrac{x}{2}-(\cos x)\ln\tan x$；

(15) $y=\ln\left(\arccos\dfrac{1}{\sqrt{x}}\right)$；

(16) $y=\left(\arccos\dfrac{1}{x}\right)^2\ (x>1)$；

(17) $y=(\sin x)^x\ (x>0)$；

(18) $y=\left(1+\dfrac{1}{x}\right)^x$；

(19) $y=f(\sin^2 x)+\sin f^2(x)\ (f\text{可导})$；

(20) $y=\sqrt{1+\sin^2 f(x)}\ (f\text{可导})$.

图 2.1.4

14. 如图 2.1.5 所示,模拟培养后的细菌个数,表达式为 $N=400\left[1-\dfrac{3}{(t^2+2)^2}\right]$.分别求 $t=0,1,2,3,4$ 时 N 对 t 的变化率,你能得出什么结论?

15. 求下列切线问题:

(1) 参数 a 为何值时,曲线 $y=ax^2$ 与 $y=\ln x$ 相切? 并求此公切线方程;

(2) 设函数 $f(x)$ 可导且 $f(x)\neq 0$,证明曲线 $y_1=f(x)$ 与 $y_2=f(x)\sin x$ 在交点处相切.

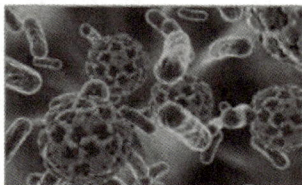

图 2.1.5

16. 设函数 f, g 如图 2.1.6 所示,令 $P(x) = f(x)g(x)$,

$Q(x) = \dfrac{f(x)}{g(x)}, R(x) = f(g(x))$,不写函数关系式,请直接求出

$P'(2), Q'(2), R'(2)$.

* *

17. 设函数 $f(x) = \begin{cases} x^3 \sin \dfrac{1}{x}, & x \neq 0, \\ 0, & x = 0, \end{cases}$ 试证明 $f'(x)$ 在 $x = 0$

处连续但不可导.

18. 设函数 $f(x) = \lim\limits_{n \to \infty} \sqrt[n]{1 + |x|^{3n}}$,求 $f(x)$ 的不可导点.

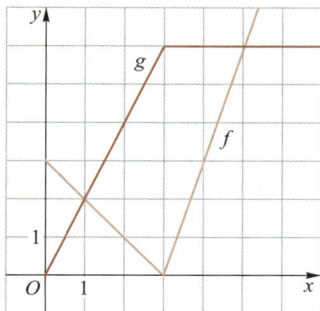

图 2.1.6

§ 2.2   导数的计算

2.2.1   高阶导数

一、高阶导数的概念

1. 定义

定义 2.2.1   若函数 $y = f(x)$ 的导函数 $f'(x)$ 在点 x_0 处可导,则称 $f(x)$ 在点 x_0 处**二阶可导**,并称 $f'(x)$ 在点 x_0 处的导数为 $f(x)$ 在点 x_0 处的**二阶导数**,记为 $f''(x_0)$,即

$$f''(x_0) = \lim_{x \to x_0} \frac{f'(x) - f'(x_0)}{x - x_0} = \lim_{\Delta x \to 0} \frac{f'(x_0 + \Delta x) - f'(x_0)}{\Delta x}. \tag{2.2.1}$$

若函数 $f(x)$ 在区间 I 上每点处都二阶可导,则得到定义在 I 上的一个函数

$$f'': x \mapsto f''(x),$$

称为 $f(x)$ 在 I 上的**二阶导函数**,简称**二阶导数**.

进而 $f(x)$ 的二阶导数 $f''(x)$ 在 x 处的导数称为**三阶导数**,记为 $f'''(x)$.

当 $n > 3$ 时,归纳地定义 n 阶导数 $f^{(n)}(x)$.函数 $f(x)$ 的 n 阶导数也可记为 $y^{(n)}, \dfrac{\mathrm{d}^n f}{\mathrm{d}x^n}$,或 $\dfrac{\mathrm{d}^n y}{\mathrm{d}x^n}$.

注   有时也记 $f(x) = f^{(0)}(x)$.二阶导数是对一阶导数的再导数,即 $\dfrac{\mathrm{d}}{\mathrm{d}x}\left(\dfrac{\mathrm{d}y}{\mathrm{d}x}\right)$,$y$ 前面有两个 d,分母上有两个 $\mathrm{d}x$,故记为 $\dfrac{\mathrm{d}^2 y}{\mathrm{d}x^2}$.

2. 运算法则

设 u, v 是 n 阶可导函数,反复利用导数的加法和乘法法则,不难验证:

（1）　$(u \pm v)^{(n)} = u^{(n)} \pm v^{(n)}$；

　　　$(Cu)^{(n)} = Cu^{(n)}$　（C 为常数）；　　　(2.2.2)

（2）（莱布尼茨公式，这里 C_n^k 是组合数）

$$(uv)^{(n)} = u^{(n)}v^{(0)} + C_n^1 u^{(n-1)}v^{(1)} + C_n^2 u^{(n-2)}v^{(2)} + \cdots + u^{(0)}v^{(n)}$$

$$= \sum_{k=0}^{n} C_n^k u^{(n-k)} v^{(k)}. \qquad (2.2.3)$$

用数学归纳法可证：莱布尼茨公式中一般项 $C_n^k u^{(n-k)} v^{(k)}$ 的系数 C_n^k 正好是二项式 $(a+b)^n$ 展开式中一般项 $a^{n-k}b^k$ 的系数.

莱布尼茨（G. W. Leibniz, 1646—1716），德国哲学家、数学家.

注　$(uv)' = u'v + uv'$，

　　$(uv)'' = (u'v + uv')'$
　　　　　$= u''v + 2u'v' + uv''$，

　　$(uv)''' = (u''v + 2u'v' + uv'')'$
　　　　　$= u'''v + 3u''v' + 3u'v'' + uv'''$.

二、高阶导数的计算

1. 直接算法

直接算法就是利用高阶导数的定义进行计算.

例 2.2.1　设 $y = \arctan x$，求 $y''(0)$，$y'''(0)$.

解　求高阶导数的值，一般要先求出高阶导函数，再代入值.

由 $y' = \dfrac{1}{1+x^2}$；　$y'' = -\dfrac{2x}{(1+x^2)^2}$，　得 $y''(0) = 0$；

由 $y''' = \dfrac{6x^2 - 2}{(1+x^2)^3}$，　得 $y'''(0) = -2$.

☆**例 2.2.2**　求下列各组函数的高阶导数 $y^{(n)}$：

（1）$y = x^m$，　　　$y = x^\alpha$　（$m \in \mathbf{N}^*, \alpha \notin \mathbf{N}^*$）；

（2）$y = \dfrac{1}{x}$，　　　$y = \dfrac{1}{1-x}$，　　　$y = \ln(1+x)$；

（3）$y = \sin x$，　　　$y = \cos x$；

（4）$y = \mathrm{e}^x$，　　　$y = a^x$　（$a > 0$ 且 $a \neq 1$），　　　$y = \mathrm{e}^{ax}$.

解　逐次求导后得

（1）$(x^m)' = mx^{m-1}$，$(x^m)'' = m(m-1)x^{m-2}$，$\cdots$，

$$(x^m)^{(n)} = \begin{cases} m(m-1)\cdots(m-n+1)x^{m-n}, & n \leqslant m, \\ 0, & n > m. \end{cases} \qquad (2.2.4)$$

$$(x^\alpha)' = \alpha x^{\alpha-1}, \quad (x^\alpha)'' = \alpha(\alpha-1)x^{\alpha-2}, \cdots,$$

$$(x^\alpha)^{(n)} = \alpha(\alpha-1)\cdots(\alpha-n+1)x^{\alpha-n}. \qquad (2.2.5)$$

（2）$\left(\dfrac{1}{x}\right)' = -x^{-2}$，$\left(\dfrac{1}{x}\right)'' = -(x^{-2})' = (-1)(-2)x^{-3}$，$\cdots$，

$$\left(\frac{1}{x}\right)^{(n)} = (-1)^n \frac{n!}{x^{n+1}}. \tag{2.2.6}$$

同理

$$\left(\frac{1}{1-x}\right)^{(n)} = \frac{n!}{(1-x)^{n+1}}, \quad [\ln(1+x)]^{(n)} = \frac{(-1)^{n-1}(n-1)!}{(1+x)^n}.$$

(3) $(\sin x)' = \cos x = \sin\left(x + \frac{\pi}{2}\right).$ 同理

$$(\sin x)'' = \left(\sin\left(x + \frac{\pi}{2}\right)\right)' = \sin\left(x + \frac{2 \cdot \pi}{2}\right), \cdots,$$

所以

$$(\sin x)^{(n)} = \sin\left(x + \frac{n\pi}{2}\right). \tag{2.2.7}$$

同理可得

$$(\cos x)^{(n)} = \cos\left(x + \frac{n\pi}{2}\right). \tag{2.2.8}$$

进一步有

$$(\sin kx)^{(n)} = k^n \sin\left(kx + \frac{n\pi}{2}\right), \quad (\cos kx)^{(n)} = k^n \cos\left(kx + \frac{n\pi}{2}\right).$$

(4) $(a^x)' = a^x(\ln a), (a^x)'' = a^x(\ln a)^2, \cdots,$ 因此

$$(a^x)^{(n)} = a^x(\ln a)^n;$$

同理可知

$$(e^x)^{(n)} = e^x, \quad (e^{ax})^{(n)} = a^n e^{ax}. \tag{2.2.9}$$

例 2.2.3 设 $y = x^2 e^{2x}$, 求 $y^{(20)}$.

解 注意到当 $n > 2$ 时, $(x^2)^{(n)} = 0$, 由莱布尼茨公式有

$$y^{(20)} = (e^{2x})^{(20)} x^2 + C_{20}^1 (e^{2x})^{(19)} (x^2)' + C_{20}^2 (e^{2x})^{(18)} (x^2)'' + 0 + \cdots + 0$$
$$= 2^{20} e^{2x} (x^2 + 20x + 95).$$

2. 间接算法

间接算法就是通过将函数恒等变形, 利用已经获得的结果 (见例 2.2.2) 计算高阶导数.

例 2.2.4 求 $y^{(n)}$, 设

(1) $y = \dfrac{1}{x^2 - 1}$;   (2) $y = \dfrac{x^3}{x^2 - 3x + 2}$;

(3) $y = \sin^6 x + \cos^6 x$;   ☆(4) $y = e^{ax} \sin bx (a, b \neq 0)$.

解 (1) 先裂项得 $y = \dfrac{1}{2}\left(\dfrac{1}{x-1} - \dfrac{1}{x+1}\right)$, 故

$$y^{(n)} = \frac{(-1)^n n!}{2} \left[\frac{1}{(x-1)^{n+1}} - \frac{1}{(x+1)^{n+1}} \right];$$

（2）先分解分式：

$$y = \frac{x^3}{x^2-3x+2} = (x+3) + \frac{7x-6}{x^2-3x+2} = (x+3) + \frac{8}{x-2} - \frac{1}{x-1},$$

故

$$y' = 1 - \frac{8}{(x-2)^2} + \frac{1}{(x-1)^2}.$$

$n>1$ 时, $y^{(n)} = (-1)^n n! \left[\frac{8}{(x-2)^{n+1}} - \frac{1}{(x-1)^{n+1}} \right];$

（3）将函数降次至 $y = \frac{5}{8} + \frac{3}{8}\cos 4x$, 从而

$$y^{(n)} = \frac{3}{8} \cdot 4^n \cos\left(4x + \frac{n\pi}{2}\right).$$

☆（4）因为 $y' = ae^{ax}\sin bx + be^{ax}\cos bx = \sqrt{a^2+b^2}\, e^{ax}\sin(bx+\varphi)$, 重复使用这个规律得

$$y^{(n)} = (a^2+b^2)^{\frac{n}{2}} e^{ax}\sin(bx+n\varphi), \quad \text{其中} \tan\varphi = \frac{b}{a}.$$

以函数 $y = e^x\sin 2x$ 为例.

$$y' = e^x(\sin 2x + 2\cos 2x) = \sqrt{5}\, e^x\sin(2x+\varphi) \ (\varphi = \arctan 2),$$

$$y'' = \sqrt{5}\left[e^x(\sin(2x+\varphi) + 2\cos(2x+\varphi)) \right]$$

$$= \sqrt{5}\, e^x \cdot \sqrt{5}\sin((2x+\varphi)+\varphi)$$

$$= \sqrt{5}^2 e^x\sin(2x+2\varphi),$$

$$\cdots\cdots\cdots$$

三、高阶导数计算杂例

例 2.2.5（复合函数的高阶导数） 设函数 $y=f(u)$ 和 $u=g(x)$ 都有直到三阶的高阶导数, 求 $y=f(g(x))$ 的三阶导数.

解　反复利用链法则,

$$y' = f'(u)g'(x) = f'(g(x))g'(x),$$

$$y'' = [f''(u)g'(x)]g'(x) + f'(u)g''(x)$$

$$= f''(g(x))[g'(x)]^2 + f'(g(x))g''(x);$$

$$y''' = f'''(g(x))[g'(x)]^3 + 2f''(g(x))g'(x)g''(x) +$$

$$\quad f''(g(x))g'(x)g''(x) + f'(g(x))g'''(x)$$

$$= f'''(g(x))[g'(x)]^3 + 3f''(g(x))g'(x)g''(x) + f'(g(x))g'''(x).$$

例 2.2.6(反函数的高阶导数)　设 $y=f(x)$ 与 $x=\varphi(y)$ 互为反函数，$x=\varphi(y)$ 有直到三阶的导数，且 $\varphi'(y)\neq 0$，试用 y 表示 y',y'',y'''.

注　$y'=\dfrac{1}{\varphi'(y)}$ 可以看作复合函数 $g(y(x))$. 所以

$$\frac{\mathrm{d}^2 y}{\mathrm{d}x^2}=\frac{\mathrm{d}(y')}{\mathrm{d}y}\cdot\frac{\mathrm{d}y}{\mathrm{d}x}$$

$$=\frac{\mathrm{d}}{\mathrm{d}y}\left(\frac{1}{\varphi'(y)}\right)\cdot\frac{1}{\varphi'(y)}.$$

解　$y'=\dfrac{1}{\varphi'(y)}$；

$$y''=\left[\frac{1}{\varphi'(y)}\right]'_y\cdot y'_x=\frac{-\varphi''(y)}{[\varphi'(y)]^2}\cdot\frac{1}{\varphi'(y)}$$

$$=-\frac{\varphi''(y)}{[\varphi'(y)]^3};$$

$$y'''=\frac{-\varphi'''(y)[\varphi'(y)]^3+\varphi''(y)\cdot 3[\varphi'(y)]^2\cdot\varphi''(y)}{[\varphi'(y)]^6}\cdot\frac{1}{\varphi'(y)}$$

$$=\frac{3[\varphi''(y)]^2-\varphi'''(y)\varphi'(y)}{[\varphi'(y)]^5}.$$

上述两个例题都是对抽象函数求高阶导数. 下面的这个例题是将具体函数先转化为含有导数 y' 的方程，再不断求导.

例 2.2.7　设 $y=\arcsin x$，证明它满足方程

$$(1-x^2)y^{(n+2)}-(2n+1)xy^{(n+1)}-n^2y^{(n)}=0.$$

解　先求导得 $y'=\dfrac{1}{\sqrt{1-x^2}}$，即 $\sqrt{1-x^2}\,y'=1$.

再对 x 求一次导，有

$$\frac{1}{2}\cdot\frac{-2x}{\sqrt{1-x^2}}y'+\sqrt{1-x^2}\,y''=0,$$

即

$$(1-x^2)y''-xy'=0,$$

在此等式的两端对 x 求 n 阶导数，得

$$\left[(1-x^2)y^{(n+2)}-2xny^{(n+1)}-2\cdot\frac{n(n-1)}{2}y^{(n)}\right]-\left[xy^{(n+1)}+ny^{(n)}\right]=0,$$

即

$$(1-x^2)y^{(n+2)}-(2n+1)xy^{(n+1)}-n^2y^{(n)}=0.$$

证毕.

练习 2.2.1

1. 已知 $f(x)=3x^3+4x^2-5x-9$，求 $f''(1)$，$f'''(1)$，$f^{(4)}(1)$.

2. 已知 $f(x)=\sqrt{1+x^2}$，求 $f''(0)$，$f''(1)$.

3. 求下列函数的二阶导数：

（1）$f(x)=x\ln x$；　　　　（2）$f(x)=e^{-x^2}$；　　　　（3）$f(x)=\varphi(\ln x)$（其中 φ 二阶可导）.

4. 求下列函数的 n 阶导数：

（1）$f(x)=2^{-x}$；　　　　（2）$f(x)=x\ln x-x$.

5. 设 $f(x)=xe^{-x}$，求 $f^{(20)}(0)$.

2.2.2　隐函数和由参数方程确定的函数的导数

一、隐函数的导数

1. 两边求导法

如果变量 x,y 满足方程 $F(x,y)=0$，当 x 取某区间 I 内的任一值时，相应地总有满足这个方程的唯一的 y 存在，那么就说方程 $F(x,y)=0$ 在区间 I 内确定了一个**隐函数** $y=y(x)$. 相对于隐函数，我们把用 $y=f(x)$ 表达 x,y 之间函数关系的形式称为**显函数**. 当在区间 I 内确定某个隐函数 $y=y(x)$ 时，$F(x,y(x))\equiv0$，从而 $F(x,y)=0$ 中的 y 是一个函数 $y(x)$，而不是一个自变量，所以函数 $F(x,y(x))$ 是通过复合运算变为零的.

如无特需说明，我们假定本章中的二元方程都可以确定某个隐函数.

例 2.2.8　设曲线 C 的方程为 $x^3+y^3=3xy$，求 C 上过点 $\left(\dfrac{3}{2},\dfrac{3}{2}\right)$ 的切线方程.

解　方程两边对 x 求导，得

$$3x^2+3y^2y'=3(y+xy'),$$

代入坐标 $\left(\dfrac{3}{2},\dfrac{3}{2}\right)$ 解得 $y'=-1$，所以切线方程为

$$y-\frac{3}{2}=-1\cdot\left(x-\frac{3}{2}\right),$$

即 $x+y-3=0$.

例 2.2.9　已知方程 $xy-e^x+e^y=0$ 确定函数 $y=y(x)$，求 $\left.\dfrac{dy}{dx}\right|_{x=0},\left.\dfrac{d^2y}{dx^2}\right|_{x=0}$.

解　方程两边对 x 求导，得

$$y+x\frac{dy}{dx}-e^x+e^y\frac{dy}{dx}=0,$$

即

$$\frac{dy}{dx}=\frac{e^x-y}{x+e^y};$$

因为 $x=0$ 时 $y=0$,所以

$$\frac{\mathrm{d}y}{\mathrm{d}x}\bigg|_{x=0}=1,$$

又

$$\frac{\mathrm{d}^2y}{\mathrm{d}x^2}=\frac{\mathrm{d}}{\mathrm{d}x}\left(\frac{\mathrm{e}^x-y}{x+\mathrm{e}^y}\right)=\frac{\dfrac{\mathrm{d}}{\mathrm{d}x}(\mathrm{e}^x-y)\cdot(x+\mathrm{e}^y)-\dfrac{\mathrm{d}}{\mathrm{d}x}(x+\mathrm{e}^y)\cdot(\mathrm{e}^x-y)}{(x+\mathrm{e}^y)^2}$$

$$=\frac{\left(\mathrm{e}^x-\dfrac{\mathrm{d}y}{\mathrm{d}x}\right)\cdot(x+\mathrm{e}^y)-\left(1+\mathrm{e}^y\dfrac{\mathrm{d}y}{\mathrm{d}x}\right)\cdot(\mathrm{e}^x-y)}{(x+\mathrm{e}^y)^2}.$$

将 $x=0,y=0$ 和 $\dfrac{\mathrm{d}y}{\mathrm{d}x}\bigg|_{x=0}=1$ 代入得 $\dfrac{\mathrm{d}^2y}{\mathrm{d}x^2}\bigg|_{x=0}=-2$.

2. 对数求导法

对数求导法是通过对显函数求对数,化作隐函数来求导. 这种方法常用于幂指函数或含有多个乘除项的函数.

例 2.2.10 用对数求导法求下列函数的导数:

(1) $y=x^{\sin x}\,(x>0)$;　　　(2) $y=\dfrac{(x+5)^2\sqrt[3]{x-4}}{(x+2)^5\sqrt{x+4}}$;　　　(3) $y=x^x+x^{x^x}+a^a\,(x>0)$.

解　(1) 等式两边取对数,得

$$\ln y=\sin x\cdot\ln x,$$

求导后成为

$$\frac{1}{y}\cdot y'=(\sin x\cdot\ln x)',$$

移项后得到

$$y'=x^{\sin x}\left(\cos x\ln x+\frac{\sin x}{x}\right).$$

(2) 由题意知,$x>-4$,$x\neq-2$ 时函数有定义,且 $x=4$ 时不可导.等式两边取绝对值后再取对数,成为

$$\ln|y|=2\ln|x+5|+\frac{1}{3}\ln|x-4|-5\ln|x+2|-\frac{1}{2}\ln|x+4|$$

$$(x>-4,x\neq-2,x\neq4),$$

故

$$\frac{1}{y} \cdot y' = \frac{2}{x+5} + \frac{1}{3(x-4)} - \frac{5}{x+2} - \frac{1}{2(x+4)}$$

$$y' = \frac{(x+5)^2 \sqrt[3]{x-4}}{(x+2)^5 \sqrt{x+4}} \left[\frac{2}{x+5} + \frac{1}{3(x-4)} - \frac{5}{x+2} - \frac{1}{2(x+4)} \right].$$

注　由于 $(\ln|x|)' = \frac{1}{x}$. 故当 $u = u(x)$ 时, $(\ln|u|)' = \frac{u'}{u}$. 所以在等式两边取对数前不取绝对值所得的结果是相同的.

（3）令 $y_1 = x^x, y_2 = x^{x^x}$，则用对数求导法得

$$y_1' = x^x(\ln x+1), \quad y_2' = x^{x^x}\left[x^x(\ln x+1)\ln x + x^{x-1} \right],$$

于是

$$y' = y_1' + y_2' = x^x(\ln x+1) + x^{x^x}\left[x^x(\ln x+1)\ln x + x^{x-1} \right].$$

二、由参数方程所确定的函数的导数

1. 由参数方程求一阶导数

当平面曲线 C 用参量方程 $\begin{cases} x = \varphi(t), \\ y = \psi(t) \end{cases} (t \in [a,b])$ 表示时，如何求其上一点 $P(x(t_0), y(t_0))$ 处的切线的斜率 k 呢？

设函数 φ, ψ 在 t_0 处可导，切线与 x 轴正方向的倾斜角为 α，当 $\varphi'(t_0) \neq 0$ 时，

$$k = \tan \alpha = \lim_{\Delta t \to 0} \frac{\Delta y}{\Delta x} = \lim_{\Delta t \to 0} \frac{\dfrac{\psi(t_0+\Delta t) - \psi(t_0)}{\Delta t}}{\dfrac{\varphi(t_0+\Delta t) - \varphi(t_0)}{\Delta t}} = \frac{\psi'(t_0)}{\varphi'(t_0)}.$$

当 $\varphi'(t_0) = 0$ 而 $\psi'(t_0) \neq 0$ 时，则易知 $\cot \alpha = \lim_{\Delta t \to 0} \frac{\Delta x}{\Delta y} = \frac{\varphi'(t_0)}{\psi'(t_0)} = 0, \alpha = \frac{\pi}{2}$，此时切线为竖直线.

若 φ, ψ 在 $[a,b]$ 上都有连续的导函数，且 $\varphi'^2 + \psi'^2 \neq 0$，这时称曲线 C 为**光滑曲线**. 此时曲线上不仅每一点都有切线，而且切线与 x 轴正向的倾斜角 $\alpha(t)$ 是 t 的连续函数.

如果 $x = \varphi(t)$ 具有反函数 $t = \varphi^{-1}(x)$，那么它与 $y = \psi(t)$ 构成一个复合函数 $y = \psi(\varphi^{-1}(x))$，$\forall x \in [c,d]$. 这时只要 φ, ψ 可导且 $\varphi'(t) \neq 0$（因而根据反函数连续性定理（定理 1.4.2），$\Delta x \to 0$ 时有 $\Delta t \to 0$ 和 $\Delta y \to 0$），就可由复合函数和反函数的求导法则得到

$$\frac{\mathrm{d}y}{\mathrm{d}x} = \frac{\mathrm{d}y}{\mathrm{d}t} \cdot \frac{\mathrm{d}t}{\mathrm{d}x} = \frac{\psi'(t)}{\varphi'(t)}. \tag{2.2.10}$$

例 2.2.11　求摆线 $C: \begin{cases} x = a(t-\sin t), \\ y = a(1-\cos t) \end{cases}$ 在 $t = \frac{\pi}{2}$ 处的切线方程.

解 因为

$$\frac{\mathrm{d}y}{\mathrm{d}x} = \frac{y_t'}{x_t'} = \frac{a\sin t}{a(1-\cos t)},$$

所以

$$\frac{\mathrm{d}y}{\mathrm{d}x}\bigg|_{t=\frac{\pi}{2}} = 1.$$

又因为当 $t = \frac{\pi}{2}$ 时, $x = a\left(\frac{\pi}{2}-1\right)$, $y = a$, 所以切线方程为

$$y-a = x - a\left(\frac{\pi}{2}-1\right),$$

即

$$y = x + a\left(2-\frac{\pi}{2}\right).$$

例 2.2.12 求由方程 $\sqrt{x}+\sqrt{y}=1$ $(x>0, y>0)$ 所确定的函数 $y=f(x)$ 的导数.

解法一(化为显函数) 解得 $y = 1-2\sqrt{x}+x$, 从而 $y' = 1-\dfrac{1}{\sqrt{x}}$.

解法二(化为参数方程) 令 $x = \cos^4 t$, $t \in \left(0, \dfrac{\pi}{2}\right)$, 则 $y = \sin^4 t$,

$$\frac{\mathrm{d}y}{\mathrm{d}x} = \frac{4\sin^3 t\cos t}{-4\cos^3 t\sin t} = -\frac{\sin^2 t}{\cos^2 t} = -\frac{\sqrt{y}}{\sqrt{x}}.$$

解法三(隐函数求导法) 方程两边对 x 求导得

$$\frac{1}{2\sqrt{x}} + \frac{1}{2\sqrt{y}}\cdot y' = 0,$$

注 例 2.3.3 还将给我们展示求导的第四种方法——微分法.

解得

$$y' = -\frac{\sqrt{y}}{\sqrt{x}}.$$

2. 由参数方程求二阶导数

设 $\begin{cases} x = \varphi(t), \\ y = \psi(t), \end{cases}$ 若函数 φ, ψ 在 $[a,b]$ 上二阶连续可导, 则由参数方程

$$\begin{cases} x = \varphi(t), \\ \dfrac{\mathrm{d}y}{\mathrm{d}x} = \dfrac{\psi'(t)}{\varphi'(t)} \end{cases} (t \in [a,b])$$

可得

$$\frac{\mathrm{d}^2 y}{\mathrm{d}x^2} = \frac{\mathrm{d}}{\mathrm{d}x}\left(\frac{\mathrm{d}y}{\mathrm{d}x}\right) = \frac{\frac{\mathrm{d}}{\mathrm{d}t}\left(\frac{\mathrm{d}y}{\mathrm{d}x}\right)}{\left(\frac{\mathrm{d}x}{\mathrm{d}t}\right)} = \frac{\frac{\mathrm{d}}{\mathrm{d}t}\left(\frac{\psi'(t)}{\varphi'(t)}\right)}{\varphi'(t)} = \frac{\psi''(t)\varphi'(t) - \psi'(t)\varphi''(t)}{\left[\varphi'(t)\right]^3}.$$

从而得到由参数方程所确定的函数的二阶导数:

$$\frac{\mathrm{d}^2 y}{\mathrm{d}x^2} = \frac{\psi''(t)\varphi'(t) - \psi'(t)\varphi''(t)}{\left[\varphi'(t)\right]^3}. \tag{2.2.11}$$

上式仅仅展现了一个二阶导数的基本结构,往往直接计算比套用公式更为简便.

例 2.2.13 求由星形线 $\begin{cases} x = a\cos^3 t, \\ y = a\sin^3 t \end{cases}$ $(a>0)$ 表示的函数的二阶导数.

解 由

$$\frac{\mathrm{d}y}{\mathrm{d}x} = \frac{y_t'}{x_t'} = \frac{3a\sin^2 t\cos t}{3a\cos^2 t(-\sin t)} = -\tan t$$

得到

$$\frac{\mathrm{d}^2 y}{\mathrm{d}x^2} = \frac{\left(\frac{\mathrm{d}y}{\mathrm{d}x}\right)_t'}{x_t'} = \frac{(-\tan t)'}{(a\cos^3 t)'} = \frac{\sec^4 t}{3a\sin t}.$$

> **思考题 2.2.1** 设 $y = f(x)$ 与 $x = \varphi(y)$ 互为反函数,定理 2.1.2 给出了反函数的求导公式
> $$f'(x) = \frac{1}{\varphi'(y)},$$
> 能否用隐函数或参数方程的求导法则证明它呢?

三、两变量的相关变化率

设 x, y 是一对依赖于参数 t 的变量: $x = x(t), y = y(t)$. 如果它们都可导,那么变化率 $\frac{\mathrm{d}x}{\mathrm{d}t}$ 与 $\frac{\mathrm{d}y}{\mathrm{d}t}$ 之间也存在一定的联系,这两个相互依赖的变化率称为**相关变化率**. 相关变化率问题通常是基于某个恒等式建立关于导数的一个新的恒等式. 更为一般地说,通过 $F(x(t), y(t)) = 0$ 所确定的关于 t 的恒等式求出两个导数 $x'(t)$ 和 $y'(t)$ 的相互关系的问题称为**相关变化率问题**. 这类问题兼具隐函数和参变量表示函数的特点.

例 2.2.14 已知动点 P 在曲线 $y = x^3$ 上运动,记坐标原点与点 P 间的距离为 l. 若点 P 的横坐标对时间的变化率为常数 v_0,求当点 P 运动到点 $(1,1)$ 时,l 对时间的变化率.

解 设 P 点坐标为 (x, x^3),其中 x 是时间 t 的函数: $x = x(t)$. 由题意得 $\frac{\mathrm{d}x}{\mathrm{d}t} = v_0$,因为

$$l = \sqrt{(x^3)^2 + x^2} = \sqrt{x^6 + x^2},$$

故 l 对时间 t 的变化率为

$$\frac{\mathrm{d}l}{\mathrm{d}t} = \frac{\mathrm{d}l}{\mathrm{d}x}\frac{\mathrm{d}x}{\mathrm{d}t} = \frac{6x^5 + 2x}{2\sqrt{x^6 + x^2}} \cdot v_0,$$

所以
$$\left.\frac{\mathrm{d}l}{\mathrm{d}t}\right|_{x=1} = \frac{\mathrm{d}l}{\mathrm{d}x}\frac{\mathrm{d}x}{\mathrm{d}t}$$
$$= \frac{8}{2\sqrt{2}}v_0 = 2\sqrt{2}\,v_0.$$

注 这里,通过关系 $l = \sqrt{x^6 + x^2}$ 找到了 $\frac{\mathrm{d}l}{\mathrm{d}t}$ 和 $\frac{\mathrm{d}x}{\mathrm{d}t}$ 的相互联系,是解决问题的关键.

相关变化率的思想方法十分重要,实际生活中经常会遇到这类问题.

例 2.2.15 一个长为 5 m 的梯子斜靠在墙上,如果梯子下端以 0.5 m/s 的速率滑离墙壁,试求:

(1) 梯子下端离墙 3 m 时,梯子上端向下滑落的速率;

(2) 梯子与墙壁的夹角为 $\frac{\pi}{3}$ 时,该夹角的增加率.

解 如图 2.2.1 所示,以 x 和 y 分别表示梯子下端离墙的距离和梯子上端到地面的距离,θ 表示梯子与墙壁的夹角,它们都是时间 t 的函数.

(1) 已知 $x^2 + y^2 = 25$,求导得 $2x\frac{\mathrm{d}x}{\mathrm{d}t} + 2y\frac{\mathrm{d}y}{\mathrm{d}t} = 0$,从中解得

$$\frac{\mathrm{d}y}{\mathrm{d}t} = -\frac{x}{y}\frac{\mathrm{d}x}{\mathrm{d}t}.$$

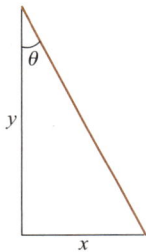

图 2.2.1

因为 $x = 3$ 时 $y = 4$,而 $\frac{\mathrm{d}x}{\mathrm{d}t} = 0.5$,代入得

$$\frac{\mathrm{d}y}{\mathrm{d}t} = -\frac{3}{4} \times 0.5 = -\frac{3}{8}(\mathrm{m/s}).$$

(2) 已知 $\sin\theta = \frac{x}{5}$,两边对 t 求导,得

$$\cos\theta\frac{\mathrm{d}\theta}{\mathrm{d}t} = \frac{1}{5}\frac{\mathrm{d}x}{\mathrm{d}t},$$

将 $\theta = \frac{\pi}{3}$ 和 $\frac{\mathrm{d}x}{\mathrm{d}t} = 0.5$ 代入得到

$$\frac{\mathrm{d}\theta}{\mathrm{d}t} = \frac{1}{5\cos\theta}\frac{\mathrm{d}x}{\mathrm{d}t} = \frac{1}{5}(\mathrm{rad/s}).$$

练习 2.2.2

1. 求下列各方程所确定的隐函数 $y = y(x)$ 的导数 $\frac{\mathrm{d}y}{\mathrm{d}x}$:

(1) $x^3 + y^3 - 3xy = 0$;　　(2) $\cos(xy) = x$;　　(3) $y\sin x - \cos(x-y) = 0$.

2. 用对数法求导数 $\frac{\mathrm{d}y}{\mathrm{d}x}$:

（1）$y=(x+1)^{\sin x}(x>0)$；　　（2）$y=\sqrt[5]{\dfrac{x-5}{\sqrt[5]{x^2+2}}}$.

3. 设函数 $y=y(x)$ 由方程 $\begin{cases} x=\mathrm{e}^t\sin t,\\ y=\mathrm{e}^t\cos t \end{cases}$ 所确定，求 $\dfrac{\mathrm{d}y}{\mathrm{d}x}\Big|_{t=\frac{\pi}{3}}$.

4. 设点 $P(x,y)$ 的两个坐标都是 t 的变量，且点 P 在曲线 $x^2+y^2=1$ 上运动，在点 $P_0\left(\dfrac{1}{2},\dfrac{\sqrt{3}}{2}\right)$ 处 $y'(t)=1$，求此点处的 $x'(t)$.

习题 2.2 ·················

1. 求下列各函数的二阶导数：

（1）$y=\ln\sin x$；　　　　　　（2）$y=x\mathrm{e}^{x^2}$；　　　　　　（3）$y=\sqrt{a^2+x^2}$；

（4）$y=\cos^2 x\ln x$.

2. 设函数 f 二阶可导，求 $\dfrac{\mathrm{d}^2 y}{\mathrm{d}x^2}$：

（1）$y=f(x^3)$；　　　　　　　（2）$y=\sin[f(x^2)]$.

3. 图 2.2.2 中的图表示沿着坐标线运动的物体的位置 $s=s(t)$，速度 $v=\dfrac{\mathrm{d}s}{\mathrm{d}t}$，加速度 $a=\dfrac{\mathrm{d}^2 s}{\mathrm{d}t^2}$，表示它们的曲线依次是＿＿＿＿＿＿.

4. 设函数 $f(x)=x^2+x+1$，$g(t)=at^3-1$，$\varphi(t)=f[g(t)]$，则 $\varphi^{(6)}\left(\dfrac{1}{a}\right)=$＿＿＿＿＿＿.

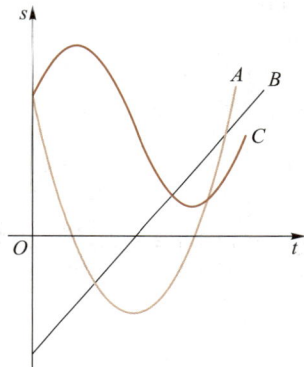

图 2.2.2

* *

5. 求高阶导数 $y^{(n)}$：

（1）$y=\dfrac{1-x}{1+x}$；　　　　　（2）$y=\dfrac{x^2}{x^2-1}$；　　　　　（3）$y=\dfrac{3x}{2x^2-x-1}$；

（4）$y=\sin\dfrac{x}{2}+\cos 2x$；　　（5）$y=\sin^2 x$；　　　　　（6）$y=\sin^4 x-\cos^4 x$.

6. 求高阶导数 $y^{(20)}$：

（1）$y=x\mathrm{e}^{-2x}$；　　　　　（2）$y=x^2\sin 2x$；　　　　　（3）$y=(x^2+2x-1)\mathrm{e}^{2x}$.

7. 设函数 $y=y(x)$ 由下列方程所确定，求 y'：

（1）$x^y-y^x=0$；　　　　　　（2）$\ln\sqrt{x^2+y^2}=\arctan\dfrac{y}{x}$；

（3）$\sin(x+y)+\mathrm{e}^{x-y}=0$；　　（4）$y=\mathrm{e}^{x+y}+x^{\sin x}$.

8. 设函数 $y=y(x)$ 由下列方程确定，求 $y'(0)$：

（1）$\arccos \dfrac{1}{\sqrt{x+2}} + e^y \sin x = \arctan y$;　　　　（2）$\ln(x^2+y) = x^3 y + \sin x$;

（3）$\sin(xy) + \ln(y-x) = x$.

9. 设方程 $y=f(x+y^2)+f(x+y)$ 确定函数 $y=y(x)$，$y(0)=2$，函数 f 可导，且 $f'(2)=f'(4)=1$，求 $\dfrac{\mathrm{d}y}{\mathrm{d}x}\Big|_{x=0}$.

10. 设函数 $y=y(x)$ 由下列方程所确定，求 $y''(0)$：

（1）$y-xe^y=1$;　　　（2）$e^y+6xy+x^2-1=0$.

11. 根据下列函数定义求 y'：

（1）$y=e^{-x} x^{\frac{1}{x}}$ $(x>0)$;　　　　　　（2）$y=\left(\dfrac{a}{b}\right)^x \left(\dfrac{b}{x}\right)^a \left(\dfrac{x}{a}\right)^b$ $(a,b,x>0)$;

（3）$y=\sqrt[3]{\dfrac{(1+x^3)(1+2x^3)}{(1-x^3)(1-2x^3)}}$;　　　　（4）$y=x^{x^e}+x^{e^x}+e^{x^x}$ $(x>0)$;

（5）$y=\sqrt[3]{x-1}\sqrt[5]{x-2}\sqrt[7]{x-3}-x$.

12. 设函数 $y=f(x)$ 由方程 $e^{2x+y}-\cos(xy)=e-1$ 所确定，求曲线 $y=f(x)$ 在点 $(0,1)$ 处的切线方程.

13. 如图 2.2.3 所示，一盏位于 y 轴右侧 3 个单位处的灯，照射在椭圆区域 $x^2+4y^2 \leqslant 5$ 上产生了阴影.如果点 $(-5,0)$ 恰好在阴影的边缘上，那么灯在 x 轴上方多高处？

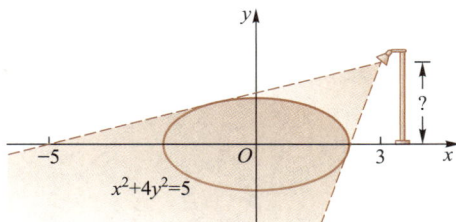

图 2.2.3

14. 试证星形线 $x^{\frac{2}{3}}+y^{\frac{2}{3}}=a^{\frac{2}{3}}$ $(a>0)$ 上任一点的切线界于两坐标轴之间的一段长度等于常数.

15. 求下列曲线 L 的参数方程在指定点处的切线方程.

（1）$L:\begin{cases} x=2(t-\sin t), \\ y=2(1-\cos t), \end{cases}$ 在 $t=\dfrac{\pi}{2}$ 处;　　　（2）$L:\begin{cases} x=\cos t, \\ y=\sin \dfrac{t}{2}, \end{cases}$ 在 $t=\dfrac{\pi}{3}$ 处;

（3）$L:\begin{cases} x=2t+3+\arctan t, \\ y=2-3t+\ln(1+t^2), \end{cases}$ 在 $t=0$ 处.

16. 求 $\dfrac{\mathrm{d}y}{\mathrm{d}x}$ 和 $\dfrac{\mathrm{d}^2 y}{\mathrm{d}x^2}$，其中

（1）$\begin{cases} x=t\cos t, \\ y=t\sin t; \end{cases}$　　　（2）$\begin{cases} x=e^t\cos t, \\ y=e^t\sin t; \end{cases}$　　　（3）$\begin{cases} x=\arctan 2t, \\ y=t+\ln(1+4t^2). \end{cases}$

17. 求由参数方程 $\begin{cases} x = \ln(1+t^2), \\ y = t - \arctan t \end{cases} (t \neq 0)$ 所确定的函数的

三阶导数 $\dfrac{\mathrm{d}^3 y}{\mathrm{d} x^3}$.

18. 求解下列相关变化率问题:

(1) 设气球半径 R 以 2 cm/s 的速度等速增加.当气球半径 $R = 10$ cm 时,求其体积增加的速度.

(2) 如图 2.2.4 所示,落在平静水面之中的石块产生同心波纹.若最外圈的半径增大率为 6 m/s,试问在 2 s 末被扰动的水面面积之增大率为多少?

图 2.2.4

* *

19. 求解下列高阶导数问题:

(1) 设 $f(x) = x^2 \ln(1+x)$,求 $f^{(n)}(0) (n \geqslant 3)$;   *(2) 设 $f(x) = x^n (x-1)^n \cos \dfrac{\pi x^2}{4}$,求 $f^{(n)}(1)$;

(3) 已知 $y = \sin^2 3x \cos 5x$,求 $y^{(n)}$.

*20. 设 $y = \dfrac{1+x}{\sqrt{1-x}}$,求 $y^{(100)}$.

§2.3　函数的微分　导数的概念(续)

2.3.1　函数的微分

一、微分的概念

问题　正方形的面积是边长的函数,当边长给出一个增量时,其面积也获得增量,所以面积增量是边长增量的一个函数.能否在面积增量中分离出对它"贡献"较大和较小的部分.

解决方法　如图 2.3.1 所示,正方形面积 S 是边长 x 的函数,$S = f(x) = x^2$,当边长 x_0 取得一个增量 Δx 时,相应地,面积 S 的增量为

$$\Delta S = f(x_0 + \Delta x) - f(x_0) = (x_0 + \Delta x)^2 - x_0^2$$
$$= 2x_0 \Delta x + (\Delta x)^2.$$

这个增量由两部分组成,第一部分 $2x_0 \Delta x$ 是 Δx 的线性函数;第二部分 $(\Delta x)^2$ 是 Δx 的高阶无穷小,即

$$\Delta S = A \Delta x + o(\Delta x).$$

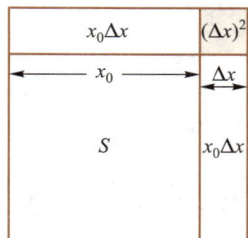

图 2.3.1

从而面积增量 ΔS 可以用第一部分来近似地代替,我们将这第一部分称为面积 S 的微分,记为 $\mathrm{d}S$,从而有 $\Delta S = \mathrm{d}S + o(\Delta x) \approx \mathrm{d}S = A\Delta x$.

1. 微分的定义

定义 2.3.1 设函数 $y=f(x)$ 在点 x_0 的某邻域 $U(x_0)$ 内有定义,当 x_0 取得增量 Δx ($x_0 + \Delta x \in U(x_0)$)时,若 $y=f(x)$ 的增量 $\Delta y = f(x_0 + \Delta x) - f(x_0)$ 可以表示为

$$\Delta y = A\Delta x + o(\Delta x) \quad \text{(其中 } A \text{ 为与 } \Delta x \text{ 无关的常数)} \tag{2.3.1}$$

的形式,则称函数 $f(x)$ 在点 x_0 处**可微**,称 $A\Delta x$ 为 $f(x)$ 在点 x_0 相应于增量 Δx 的**微分**,记为

$$\mathrm{d}y\big|_{x=x_0} = A\Delta x.$$

微分 $\mathrm{d}y$ 与增量 Δy 之差是较 Δx 的高阶无穷小,从而当 $A \neq 0$ 时,也说微分是增量的**线性主部**.

> **注** 对立方体的增量也有相同的结构:
> $$(x_0 + \Delta x)^3 - x_0^3$$
> $$= 3x_0^2 \Delta x + [3x_0(\Delta x)^2 + (\Delta x)^3].$$

2. 可微与可导的关系

定理 2.3.1 函数 $f(x)$ 在点 x_0 处可微当且仅当 $f(x)$ 在点 x_0 处可导,且微分式中

$$A = f'(x_0).$$

证 设 $f(x)$ 在点 x_0 处可微,于是 $\Delta y = A\Delta x + o(\Delta x)$,从而

$$f'(x_0) = \lim_{\Delta x \to 0} \frac{\Delta y}{\Delta x} = A + \lim_{\Delta x \to 0} \frac{o(\Delta x)}{\Delta x} = A.$$

反之,设 $f(x)$ 在 x_0 点可导,于是 $f'(x_0) = \lim_{\Delta x \to 0} \frac{\Delta y}{\Delta x}$,从而得到

$$\Delta y = f'(x_0)\Delta x + o(\Delta x).$$

因此 $f(x)$ 在点 x_0 处可微,且 $A = f'(x_0)$.证毕.

3. 微分的几何意义

定理 2.3.1 指出,对于一元函数而言,可导性与可微性是等价的,而且微分与导数之间由关系式 $\mathrm{d}y = f'(x_0)\Delta x$ 给出.

如图 2.3.2 所示,曲线 $y=f(x)$ 在点 $P(x_0, f(x_0))$ 处的切线 PT 的方程为

$$y - f(x_0) = f'(x_0)(x - x_0).$$

若记 $\Delta x = x - x_0$,则上式成为

$$y - f(x_0) = f'(x_0)\Delta x. \tag{2.3.2}$$

这个式子的右端恰为微分 $\mathrm{d}y$.因此,微分 $\mathrm{d}y$ 表示当 x 从 x_0 变到 $x_0 + \Delta x$ 时曲线 $y=$

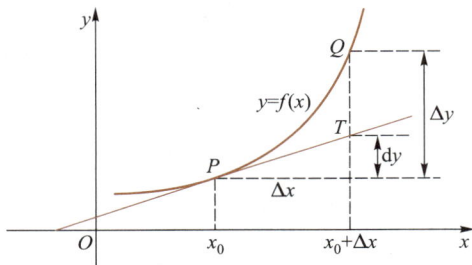

图 2.3.2

$f(x)$ 在点 $P(x_0, f(x_0))$ 处的切线上相应纵坐标的改变量. 若 Δx 很小, 则函数值的改变量 Δy 与 dy 相差甚微, 即

$$\Delta y - dy = o(\Delta x).$$

"微分"这一概念包含着极其深刻的辩证思想. 当 $\Delta x \to 0$ 时, $\Delta y \to 0$, 在这一过程中, 曲线弧段 $\overset{\frown}{PQ}$ 被直线段 PT 所替代. 换句话说, 在 $\Delta x \to 0$ 的条件下, "曲" 与 "直" 形成对立统一. 在现实生活中我们经常看到, 由微观上看似平直的部件可以构成宏观上弯曲的构件. 例如建筑工人能将一块块直的砖块砌出圆弧形的墙壁来.

由于 $\Delta y = f(x) - f(x_0)$, 我们就有

$$f(x) = f(x_0) + f'(x_0)\Delta x + o(\Delta x). \tag{2.3.3}$$

(2.3.3) 式称为函数 $f(x)$ 在点 x_0 邻域的**微分表示式**. 它表明, 可微函数 $f(x)$ 在小范围内总可以表示为直线型函数加上一个 "微小的量", 这种表示也称为 $f(x)$ 的**一次逼近**.

4. 微商的概念

若函数 $y = f(x)$ 在区间 I 上每一点处都可微, 则称 f 在 I 上可微, 并且微分为 $dy = f'(x)\Delta x$, 这时微分 dy 既是 x 的函数, 也是 Δx 的函数. 应用微分的定义, $dy = f'(x)\Delta x$. 通常把自变量 x 的增量 Δx 称为自变量的微分, 记为 dx. 定义的合理性在于取特殊函数 $y = \varphi(x) = x$, 即得 $dx = \Delta x$. 所以微分可写为

$$dy = f'(x)dx, \tag{2.3.4}$$

$$dy \big|_{x=x_0} = f'(x_0)dx.$$

即函数的微分等于函数的导数与自变量微分的乘积. 例如

$$d(x^\mu) = \mu x^{\mu-1}dx, \quad d(\arctan x) = \frac{1}{1+x^2}dx, \quad d(\arctan x)\big|_{x=1} = \frac{1}{2}dx.$$

从 $dy = f'(x)dx$ 又可得到 $\dfrac{dy}{dx} = f'(x)$, 即导数是两个微分之商, 所以导数又常常被称为**微商**. 这样, 以前用 $\dfrac{dy}{dx}$ 表示导数只能看成是整体的一个运算记号, 现在可以看成是 "dy 除以 dx 所得到的商" 了.

例 2.3.1　求解下列微分问题:

(1) 求函数 $y = x^3$ 当 $x = 2, \Delta x = 0.02$ 时的增量和微分;

(2) 求函数 $y = x^3$ 当 $x = 2$ 时的微分;

(3) 求函数 $y = x^3$ 的微分.

解　注意微分 $dy = f'(x)\Delta x$ 有两个相互独立的自变量 $x, \Delta x$.

(1) $\Delta y = (2+0.02)^3 - 2^3 = 0.242\,408$, 而 $dy = 3x^2\big|_{x=2} \cdot \Delta x = 0.24$ (可见 $\Delta y - dy$ "非常微小");

(2) $(x^3)'=3x^2,3x^2\big|_{x=2}=12$,故 $dy=12dx$;

(3) $dy=(x^3)'dx=3x^2dx$.

二、微分的运算法则

不难验证微分运算满足

(1) 四则运算法则:

$$d(u+v)=du+dv,d(uv)=vdu+udv,d\left(\frac{u}{v}\right)=\frac{vdu-udv}{v^2}(v\neq0).$$

(2) 复合函数的微分法则:

在函数 $y=f(u)$ 中,如果令 $u=g(x)$,则 $du=g'(x)dx$,从而

$$dy=d(f(g(x)))=f'(u)g'(x)dx=f'(u)du. \tag{2.3.5}$$

这一性质说明

命题 2.3.1　设 $y=f(u)$ 是一个可微函数,则无论 u 是自变量还是中间变量,$dy=f'(u)du$ 的形式不变.这一性质称为**微分形式的不变性**.

注　一阶微分形式的不变性实际上是"微分的换元法",即在 $dy=f'(u)du$ 中令 $u=g(x)$,等式仍然成立:$dy=f'(g(x))dg(x)$,但求导数是不可以"换元"的,因为 $y'=f'(u)$ 和 $u=g(x)$ 不能推出 $y'=f'(g(x))$.

例 2.3.2　计算下列函数的微分:

(1) $y=x^2\ln x+\cos x$; 　　　　(2) $y=e^{\sin(ax+b)}$.

解　(1) 直接计算得

$$d(x^2\ln x+\cos x)=(2x\ln x+x-\sin x)dx;$$

(2) 利用微分形式不变性有

$$d(e^{\sin(ax+b)})=e^{\sin(ax+b)}d(\sin(ax+b))$$
$$=ae^{\sin(ax+b)}\cos(ax+b)dx.$$

例 2.3.3　设 $y=\sin x$,求 $\dfrac{dy}{d(x^2)}$.

解法一　借助中间变量 x,应用链法则及反函数的求导法则,得到

$$\frac{dy}{d(x^2)}=\frac{dy}{dx}\cdot\frac{1}{\dfrac{d(x^2)}{dx}}=\cos x\cdot\frac{1}{2x}=\frac{\cos x}{2x}.$$

解法二　设 x 为参数,应用参数方程的求导法则,得到

$$\frac{dy}{d(x^2)}=\frac{\dfrac{dy}{dx}}{\dfrac{d(x^2)}{dx}}=\frac{\cos x}{2x}.$$

解法三　利用微商的概念得到

$$\frac{\mathrm{d}y}{\mathrm{d}(x^2)} = \frac{\cos x\,\mathrm{d}x}{2x\,\mathrm{d}x} = \frac{\cos x}{2x}.$$

由一阶微分形式的不变性,在微分运算下,各变量的地位是一样的.这一点非常重要.

例 2.3.4   设 $y = y(x)$ 由方程 $x^3 + y^3 - \sin 3x + 6y = 0$ 确定,求 $\mathrm{d}y\big|_{x=0}$ 和 $\dfrac{\mathrm{d}y}{\mathrm{d}x}\bigg|_{x=0}$.

解   把方程看作两边都是以 x 为变量的一个恒等式,式中 y 是等式中的中间变量.两边微分,得

$$3x^2\,\mathrm{d}x + 3y^2\,\mathrm{d}y - 3\cos 3x\,\mathrm{d}x + 6\,\mathrm{d}y = 0,$$

从而

$$\mathrm{d}y = \frac{\cos 3x - x^2}{y^2 + 2}\,\mathrm{d}x.$$

当 $x = 0$ 时 $y = 0$,所以

$$\mathrm{d}y\big|_{x=0} = \frac{1}{2}\,\mathrm{d}x, \qquad \frac{\mathrm{d}y}{\mathrm{d}x}\bigg|_{x=0} = \frac{1}{2}.$$

三、微分在近似计算中的应用

1. 求函数的近似值

函数的微分的思想是用切线上的增量来代替函数的增量,本质上是一种通过近似计算抓住函数的核心部分的近似方法.

由于 $\Delta y = \mathrm{d}y + o(\Delta x)$,故当 $f'(x_0) \neq 0$ 且 Δx 很小时,$\Delta y \approx \mathrm{d}y$,于是

$$f(x_0 + \Delta x) \approx f(x_0) + f'(x_0)\Delta x,$$

亦或

$$f(x) \approx f(x_0) + f'(x_0)(x - x_0).$$

特别地,当 $x_0 = 0$ 时,$f(x) \approx f(0) + f'(0)x$,于是当 x 很小时,有

$$\sin x \approx x, \quad \tan x \approx x, \quad \ln(1+x) \approx x, \quad \mathrm{e}^x \approx 1 + x, \quad (1+x)^\alpha \approx 1 + \alpha x,$$

等等.

以上公式实际上也可从第 1 章的(一阶)等价无穷小关系推导得来,现在用微分方法推导一下 $\arctan x \approx x$.

设函数 $y = \arctan x$,则 $y(0) = 0, y' = \dfrac{1}{1+x^2}$,故 $y'(0) = 1$,于是

$$\arctan x \approx f(0) + f'(0)x = x.$$

例 2.3.5   求近似值:

(1) $\cos 60°30'$;   (2) $\sqrt[3]{998.5}$;

（3）$\sqrt{2}$； （4）$\ln 2$（已知 $e \approx 2.718\,28$）.

解 （1）取 $f(x) = \cos x, x_0 = \dfrac{\pi}{3}, \Delta x = \dfrac{\pi}{360}$，则 $f'(x) = -\sin x$.进一步得到

$$\cos 60°30' = \cos\left(\frac{\pi}{3} + \frac{\pi}{360}\right) \approx \cos x_0 + (\cos x)'\big|_{x=x_0} \Delta x$$

$$= \cos\frac{\pi}{3} - \sin\frac{\pi}{3} \cdot \frac{\pi}{360} = \frac{1}{2} - \frac{\sqrt{3}}{2} \cdot \frac{\pi}{360} \approx 0.492\,4.$$

（2）取 $f(x) = 10\,(1+x)^{\frac{1}{3}}, x_0 = 0, \Delta x = -0.001\,5$，则 $f'(x) = \dfrac{10}{3}(1+x)^{-\frac{2}{3}}$.从而

$$\sqrt[3]{998.5} = 10\sqrt[3]{1-0.001\,5} \approx 10\,(1+0)^{\frac{1}{3}} + \frac{10}{3}(1+0)^{-\frac{2}{3}} \cdot \Delta x$$

$$= 10\left(1 - \frac{1}{3} \times 0.001\,5\right) = 9.995.$$

（3）取 $f(x) = \sqrt{x}, x_0 = 1.96, \Delta x = 0.04$，则 $f'(x) = \dfrac{1}{2\sqrt{x}}$.因此

$$\sqrt{2} = f(x_0 + \Delta x) \approx f(x_0) + f'(x_0)\Delta x$$

$$= \sqrt{1.96} + \frac{1}{2\sqrt{1.96}} \times 0.04 = 1.4 + \frac{0.04}{2.8} \approx 1.414\,3.$$

（精确值：$\sqrt{2} = 1.414\,213\,56\cdots$.）

（4）当 $|x|$ 较小时，可利用近似公式 $\ln(1+x) \approx x$.但若把 $x = 1$ 代入得 $\ln 2 \approx 1$ 就"很不精确"了，因此需要用"尽量小"的变量代入，我们有

$$\ln 2 = \ln(e + 2 - e) = \ln e\left(1 + \frac{2-e}{e}\right) = 1 + \ln\left(1 + \frac{2-e}{e}\right)$$

$$\approx 1 + \frac{2-e}{e} = \frac{2}{e} \approx 0.735\,8.$$

按照科学计算结果，$\ln 2 = 0.693\,147\cdots$.为了进一步提高精度，考虑到 $2\sqrt{2} \approx 2.828$，比 2 更接近 e，所以

$$\ln 2 = \frac{2}{3}\ln 2\sqrt{2} = \frac{2}{3}\ln(e + 2\sqrt{2} - e)$$

$$= \frac{2}{3}\ln e\left(1 + \frac{2\sqrt{2} - e}{e}\right) = \frac{2}{3}\left[1 + \ln\left(1 + \frac{2\sqrt{2} - e}{e}\right)\right]$$

$$\approx \frac{2}{3}\left[1 + \frac{2\sqrt{2} - e}{e}\right] = \frac{4}{3} \times \frac{\sqrt{2}}{e} \approx 0.693\,7.$$

精度得到大幅提高.

2. 函数值的误差估计

由于测量仪器的精度、测量条件和测量方法等各种因素的影响,测量的数据往往带有误差,根据带有误差的数据计算所得的结果也会有误差.如果某个量的精确值为 A,它的近似值为 a,那么 $|A-a|$ 叫做 a 的**绝对误差**,而 $\dfrac{|A-a|}{|a|}$ 叫做 a 的**相对误差**.

在实际工作中,某个量的精确值往往无法知道,于是绝对误差与相对误差也就无法求得,但根据工作需要,可以允许近似值在误差不超过某个数 δ_A 时取得,即 $|A-a| \leq \delta_A$,我们称 δ_A 为测量 A 的**绝对误差限**,而 $\dfrac{\delta_A}{|a|}$ 叫做 A 的**相对误差限**.

对于函数 $y=f(x)$,为求值 $y_0=f(x_0)$,当测量 x_0 发生误差 $|\Delta x|$ 时,y_0 值就有了绝对误差 $|\Delta y|=|f(x)-f(x_0)|$,当设置 x 的误差限 $|\Delta x| \leq \delta_{x_0}$ 时,可以用微分近似地计算. 由于

$$|\Delta y| \approx |dy| = |f'(x_0)|\,|\Delta x|,$$

y_0 的绝对误差限约为

$$\delta_{y_0} \approx |f'(x_0)|\,\delta_{x_0},$$

相对误差限约为

$$\left|\frac{dy}{y}\right| = \left|\frac{f'(x_0)}{f(x_0)}\right|\delta_{x_0}.$$

练习 2.3.1

1. 设函数 $y=x^3$,在 $x=1$ 点处计算 Δy 和 dy,设(1)$\Delta x=0.1$;(2)$\Delta x=0.01$.能否得出结论:Δx 越小,Δy 与 dy 的绝对差也越小?

2. 求函数 $y=\sin x$ 在 $x=\dfrac{\pi}{3}$ 处的微分.

3. 求下列函数的微分:

(1) $y=x+2x^2-\dfrac{1}{4}x^4$;　　　　(2) $y=x\ln x-x$;　　　　(3) $y=e^{ax}\cos bx$.

4. 将适当的函数填入下列括号内,使等式成立:

(1) $d(\quad)=3dx$;　　　　(2) $d(\quad)=xdx$;　　　　(3) $d(\quad)=\dfrac{2}{x+4}dx$.

5. 利用微分求近似值:

(1) $\sqrt[3]{1.02}$;　　　　(2) $\ln 1.01$.

2.3.2　关于导数概念的注记

一、抽象函数的导数

1. 与导数定义相关的一类极限问题

导数是一个极限值,应用导数的定义,我们可以计算导数,反过来也可以利用导数定义计算某一类极限.所用的方法就是精确地"凑"出导数定义中的极限模式.

例 2.3.6　若 $f'(x_0)$ 存在,求 $\lim\limits_{t\to 0} \dfrac{f(x_0+3t)-f(x_0-2t)}{t}$.

解　需把 $\Delta x=3t$ 和 $\Delta x=-2t$ 凑到导数定义的极限式中.

$$
\begin{aligned}
&\lim_{t\to 0} \frac{f(x_0+3t)-f(x_0-2t)}{t}\\
=&\lim_{t\to 0}\left[\frac{f(x_0+3t)-f(x_0)}{t}-\frac{f(x_0-2t)-f(x_0)}{t}\right]\\
=&\lim_{t\to 0}\left[\frac{f(x_0+3t)-f(x_0)}{3t}\cdot 3+\frac{f(x_0-2t)-f(x_0)}{-2t}\cdot 2\right]\\
=&3f'(x_0)+2f'(x_0)\\
=&5f'(x_0).
\end{aligned}
$$

> **注**　如果例 2.3.6 的条件"若 $f'(x_0)$ 存在"去除,结果是否一样呢？答案是否定的,原因是分子上两项 $f(x_0+3t)$,$f(x_0-2t)$ 并不独立,因此 $\lim\limits_{t\to 0}\dfrac{f(x_0+3t)-f(x_0)}{t}$ 和 $\lim\limits_{t\to 0}\dfrac{f(x_0-2t)-f(x_0)}{t}$ 未必存在.

例 2.3.7　设 $f'(0)=\dfrac{1}{3}$ 且 $f(3+x)=3f(x)$,求 $f'(3)$.

解　因为 $f(3)=f(3+0)=3f(0)$,所以

$$
\begin{aligned}
f'(3)&=\lim_{x\to 0}\frac{f(3+x)-f(3)}{x}\\
&=3\lim_{x\to 0}\frac{f(x)-f(0)}{x}\\
&=3f'(0)=1.
\end{aligned}
$$

> **注**　若对 $f(3+x)=3f(x)$ 两边求导,得 $f'(3+x)=3f'(x)$,再令 $x=0$,得到 $f'(3)=3f'(0)$,但是这个做法是错的,因为题设未告诉 f 是否在各点可导.

2. 带有抽象函数的链法则

链法则指出,若 $y=f(u)$,$u=g(x)$ 均可导,则 $(f(g(x)))'=f'(g(x))g'(x)$,即 $u=g(x)$ "先代入后求导"的结果等于"先求导后代入"的结果乘以 $g(x)$ 的导数.在具体应用时,我们要分清是在代入前求导还是代入后求导,必要时可以添设辅助字母.

例 2.3.8　设 $y=f\left(\dfrac{1}{2x+1}\right)$,$f'(x)=\mathrm{e}^{x^2}$.求 $\dfrac{\mathrm{d}y}{\mathrm{d}x}$.

解　令 $u = \dfrac{1}{2x+1}$，则

$$\frac{\mathrm{d}y}{\mathrm{d}x} = \frac{\mathrm{d}y}{\mathrm{d}u}\frac{\mathrm{d}u}{\mathrm{d}x} = \mathrm{e}^{u^2}\big|_{u=\frac{1}{2x+1}}\left(\frac{-2}{(2x+1)^2}\right)$$

$$= -\frac{2}{(2x+1)^2}\mathrm{e}^{\frac{1}{(2x+1)^2}}.$$

☆**例 2.3.9**　证明：

（1）可导的偶函数的导函数是奇函数；可导的奇函数的导函数是偶函数；

（2）可导的周期函数的导函数是周期函数，且周期不变.

证法一（定义法）　设 $f(x)$ 是区间 I 上的函数，对任意一点 $x \in I$，

$$f'(-x) = \lim_{\Delta x \to 0}\frac{f(-x+\Delta x)-f(-x)}{\Delta x}. \qquad (2.3.6)$$

（1）当 $f(x)$ 为偶函数时，上式变为

$$f'(-x) = \lim_{\Delta x \to 0}\frac{f(x-\Delta x)-f(x)}{\Delta x}$$

$$= -\lim_{\Delta x \to 0}\frac{f(x-\Delta x)-f(x)}{-\Delta x} = -f'(x).$$

思考题 2.3.1　函数 e^{-x} 的导数的下列求法错在哪里？

$$(\mathrm{e}^{-x})' = \lim_{\Delta x \to 0}\frac{\mathrm{e}^{-x+\Delta x}-\mathrm{e}^{-x}}{\Delta x}$$

$$= \mathrm{e}^{-x}\lim_{\Delta x \to 0}\frac{\mathrm{e}^{\Delta x}-1}{\Delta x}$$

$$= \mathrm{e}^{-x}.$$

故 $f'(x)$ 是奇函数. $f(x)$ 为奇函数的情形同理可证.

（2）设 $f(x)$ 是以 T 为周期的周期函数，则对任意一点 x，

$$f'(x+T) = \lim_{\Delta x \to 0}\frac{f(x+T+\Delta x)-f(x+T)}{\Delta x} = \lim_{\Delta x \to 0}\frac{f(x+\Delta x)-f(x)}{\Delta x} = f'(x).$$

证毕.

证法二（链法则）

（1）设 f 是可导的偶函数，由 $f(-x)=f(x)$，两边求导即得 $-f'(-x)=f'(x)$，故 f' 是奇函数.

设 f 是可导的奇函数，由 $f(-x)=-f(x)$ 两边求导即得 $-f'(-x)=-f'(x)$，即 $f'(-x)=f'(x)$，故 f' 是偶函数.

（2）由 $f(x+T)=f(x)$ 两边求导（注意 $(x+T)'=1$）即得 $f'(x+T)=f'(x)$，故 f' 是周期函数.

证毕.

二、函数在零点处的导数

当连续函数 $f(x)$ 满足 $f(x_0)=0$ 时，x_0 是 $f(x)$ 的零点，即曲线 $y=f(x)$ 在点 x_0 处与 x 轴有交点.我们来观察零点处导数的极限式.

命题 2.3.2(零点处的导数刻画) 设 $f(x)$ 在点 x_0 的某个邻域内有定义,A 是一个实数,则

$$f \text{ 在点 } x = x_0 \text{ 处连续}, \lim_{x \to x_0} \frac{f(x)}{x - x_0} = A \Leftrightarrow f(x_0) = 0, f'(x_0) = A. \qquad (2.3.7)$$

证 必要性. 若 $\lim\limits_{x \to x_0} \dfrac{f(x)}{x - x_0}$ 存在,则分子极限只能为零,又 $f(x)$ 在 x_0 处连续,所以

$$f(x_0) = \lim_{x \to x_0} f(x) = 0,$$

代回极限式中成为导数定义式

$$A = \lim_{x \to x_0} \frac{f(x) - f(x_0)}{x - x_0} = f'(x_0).$$

充分性. 从"可导必连续"和导数定义可见. 证毕.

命题 2.3.2 蕴含以下事实:

(1) 如果连续函数 $f(x)$ 的极限式 $\lim\limits_{x \to x_0} \dfrac{f(x)}{x - x_0}$ 存在,那么 x_0 必是它的零点,并且在这个零点处可导,导数值就是这个极限值. 反之,如果知道函数 $f(x)$ 在零点 x_0 处的导数值 $f'(x_0) = A$,那么也就知道了 $f(x)$ 在点 x_0 处的连续性以及极限值 $\lim\limits_{x \to x_0} \dfrac{f(x)}{x - x_0} = A$.

(2) 若 $f(x_0) = 0$,为了判断导数 $f'(x_0)$ 的存在性,只需判断极限 $\lim\limits_{x \to x_0} \dfrac{f(x)}{x - x_0}$ 的存在性,这两者其实是一致的,所以 $\varphi(x) = \dfrac{f(x)}{x - x_0}$ 是一个检验 $f(x)$ 可导性的函数.

例如,对于函数 $f(x) = (x - a)|x - a||x - b|(a \neq b)$,$a, b$ 都是 $f(x)$ 的零点. 其中点 $x = a$ 是 $f(x)$ 的可导点,而点 $x = b$ 是不可导点. 因为

$$\lim_{x \to a} \frac{f(x)}{x - a} = \lim_{x \to a} |x - a||x - b| = 0,$$

极限存在,而

$$\lim_{x \to b} \frac{f(x)}{x - b} = \lim_{x \to b} (x - a)|x - a|\mathrm{sgn}(x - b)$$

极限不存在.

又如,用狄利克雷函数 $D(x)$ 构造的函数 $f(x) = (x - a)^2 D(x)$ 仅在 $x = a$ 这一点处可导,请读者验证.

注 任何点处的导数问题可以转化为零点处的导数问题,只需在 $\lim\limits_{x \to x_0} \dfrac{f(x) - f(x_0)}{x - x_0}$ 中将 $(f(x) - f(x_0))$ 看作以 x_0 点为零点的那个函数;更一般地,任何函数的 $x \to x_0$ 极限问题都可以看作零点处的导数问题,只需注意 $\lim\limits_{x \to x_0} g(x) = \lim\limits_{x \to x_0} \dfrac{(x - x_0)g(x)}{x - x_0}$. 所以,命题 2.3.2 虽然没有特别新的结论,但为我们灵活应用导数定义提供很好的思想方法.

我们注意:(2.3.7)式在 $x_0 = 0$ 时成为

$$f \text{ 在点 } x = 0 \text{ 处连续}, \lim_{x \to 0} \frac{f(x)}{x} = A \Leftrightarrow f(0) = 0, \quad f'(0) = A. \qquad (2.3.8)$$

例 2.3.10   设 $f'(0) = 1$,并对 x 和 h 恒有 $f(x+h) = f(x) + f(h) + 2hx$,求 $f'(x)$.

解   令 $x = h = 0$,可得 $f(0) = 0$,于是

$$f'(x) = \lim_{h \to 0} \frac{f(x+h) - f(x)}{h} = \lim_{h \to 0} \frac{f(h)}{h} + 2x = f'(0) + 2x = 1 + 2x.$$

例 2.3.11   设函数 $f(x)$ 在点 $x = 0$ 处可导,且 $f(0) = 0$,求 $\lim\limits_{x \to 0} \dfrac{f(1 - \cos x)}{\sin x^2}$.

解   因为 $1 - \cos x \to 0 (x \to 0$ 时$)$,由题设,有

$$\lim_{x \to 0} \frac{f(1 - \cos x)}{\sin x^2} = \lim_{x \to 0} \frac{f(1 - \cos x) - f(0)}{1 - \cos x} \cdot \frac{1 - \cos x}{\sin x^2} = \frac{1}{2} f'_+(0) = \frac{1}{2} f'(0).$$

零点处的导数还有如下一类问题.

例 2.3.12   设 $f(x) = (\cos x - 1)(\cos x - 2) \cdots (\cos x - 200)$,计算 $f'(0)$.

解   令 $\psi(x) = (\cos x - 2) \cdots (\cos x - 200)$,则 $f(x) = (\cos x - 1)\psi(x)$,从

$$f'(x) = (\cos x - 1)'\psi(x) + (\cos x - 1)\psi'(x)$$

立即得到

$$f'(0) = \left[-\sin x \cdot \psi(x) + (\cos x - 1)\psi'(x) \right] \big|_{x=0} = 0.$$

一般地,有些函数 $f(x)$ 虽然存在零点 x_0,但"无法分解出"$(x - x_0)$ 形式的因子来,我们不妨找出 $f(x)$ 的"零因子"项 $g(x)$ ($g(x_0) = 0$) 和"剩余项"$\psi(x)$,使 $f(x) = g(x)\psi(x)$.如果 $g(x)$,$\psi(x)$ 的导数都存在,就有

思考题 2.3.2   设 $g(x)$ 连续,且 $f(x) = (x-a)g(x)$,在 $f'(x) = (x-a)'g(x) + (x-a)g'(x)$ 中代入 $x = a$ 得 $f'(a) = g(a)$.这样计算正确吗?

$$\begin{aligned} f'(x_0) &= g'(x_0)\psi(x_0) + g(x_0)\psi'(x_0) \\ &= g'(x_0)\psi(x_0). \end{aligned}$$

例 2.3.13   确定函数 $f(x) = (x^2 - 1)\,|x^2 + 2x - 3|$ 的不可导点.

解   因为 $f(x) = (x+1)(x-1)\,|x-1|\,|x+3|$ 为连续函数,零点为 $x = -1$,$x = 1$ 和 $x = -3$,而在 $x = -1$ 的充分小的邻域内,绝对值符号内函数值不变号,即此时

$$f(x) = (x^2 - 1)(-x^2 - 2x + 3)$$

为可导函数,从而只需考虑 $x = 1$ 和 $x = -3$.

(1) 在点 $x = 1$ 处

$$\lim_{x \to 1} \frac{f(x)}{x - 1} = \lim_{x \to 1} (x+1)\,|x-1|\,|x+3| = 0,$$

所以 $f'(1) = 0$.

(2) 在点 $x=-3$ 处,$\lim\limits_{x\to-3}\dfrac{f(x)}{x+3}=\lim\limits_{x\to-3}\left[(x+1)(x-1)\,|x-1|\operatorname{sgn}(x+3)\right]$ 不存在,所以 $f'(-3)$ 不存在.

综上所述,$f(x)$ 的不可导点为点 $x=-3$.

练习 2.3.2

1. 已知函数 $f(x)$ 连续,且 $\lim\limits_{x\to0}\dfrac{f(x)}{x}=2$,求 $f(0)$ 和 $f'(0)$.

2. 已知 $f'(1)=2$,$f(1)=0$,求 $\lim\limits_{x\to1}\dfrac{f(x)}{x-1}$.

习题 2.3

1. 设函数 $y=x^2+2x$ 在 $x=2$ 处有改变量 $\Delta x=0.1$,求 $\mathrm{d}y$ 和 Δy.

2. 求下列函数的微分:

(1) $y=\tan\dfrac{x}{2}$;   (2) $y=\arcsin\sqrt{x}$;   (3) $y=f(\mathrm{e}^x\sin 3x)$(f 可导).

3. 试根据微分凑出一个函数填在横线里:

(1) $\sin 3x\,\mathrm{d}x=\mathrm{d}(\underline{\hspace{2cm}})$;   (2) $\sqrt{x}\,\mathrm{d}x=\mathrm{d}(\underline{\hspace{2cm}})$;

(3) $\mathrm{e}^{-2x}\,\mathrm{d}x=\mathrm{d}(\underline{\hspace{2cm}})$;   (4) $x\mathrm{e}^{-x^2}\,\mathrm{d}x=\mathrm{d}(\underline{\hspace{2cm}})$;

(5) $\dfrac{\ln x^2}{x}\,\mathrm{d}x=\mathrm{d}(\underline{\hspace{2cm}})$;   (6) $\dfrac{\arctan x}{1+x^2}\,\mathrm{d}x=\mathrm{d}(\underline{\hspace{2cm}})$.

4. 设 $f(x)=\cos x^2$,求 $\dfrac{\mathrm{d}y}{\mathrm{d}x}$,$\dfrac{\mathrm{d}y}{\mathrm{d}(x^2)}$,$\dfrac{\mathrm{d}y}{\mathrm{d}(\cos x^2)}$.

5. 当 $|x|$ 很小时,证明下列各近似公式成立:

(1) $\sqrt[n]{1+x}\approx1+\dfrac{x}{n}$;   (2) $\mathrm{e}^x\approx1+x$;   (3) $\ln(1+x)\approx x$.

6. 求下列各式的近似值:

(1) $\sqrt[3]{8.02}$;   (2) $\mathrm{e}^{-0.02}$;   (3) $\sin 60°20'$.

* *

7. 利用微分形式的不变性,求下列方程确定的隐函数 $y=f(x)$ 的微分 $\mathrm{d}y$:

(1) $x^3+y^2\sin x-y=6$;   (2) $\mathrm{e}^{x+y}-xy=0$;

(3) $x=3t^2+2t+3$,$\mathrm{e}^y\sin t-y+1=0$.

8. 试估算一个圆柱形桶状物外壳的体积,它的长为 30 cm,半径为 6 cm,外壳厚度为 0.5 cm(图 2.3.3).

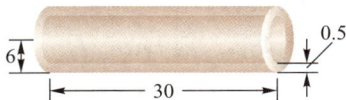

9. 钟摆的周期为 $T=2\pi\sqrt{\dfrac{L}{g}}$,其中 L 为摆长,g 是重力

图 2.3.3

加速度,T 为时间.由于热胀冷缩效应,摆的长度增加了 0.5%.

(1) 求周期变化的百分比.

(2) 利用第(1)的结果,求在 1 天内这个钟摆的近似误差.

10. 利用导数定义解答下列问题:

(1) 设 $f(x)$ 为连续函数且 $\lim\limits_{x \to 2} \dfrac{f(x)}{x-2} = 3$,则 $f'(2) =$ _____.

(2) 设函数 $f(x) = x(x-1)(x-2)\cdots(x-2\ 018)(x-2\ 019)$,则 $f'(0) =$ _____.

(3) 设函数 $f(x)$ 在点 $x=1$ 处连续,且 $\lim\limits_{x \to 1} \dfrac{f(x)}{x-1} = 2$,则 $\lim\limits_{x \to 0} \dfrac{f(1-x) - f(1+x)}{x} =$ _____.

(4) 设函数 $f(x)$ 在点 $x=0$ 处可导,且 $f(0) = 0$,则 $\lim\limits_{x \to 0} \dfrac{f(1-\cos x)}{\tan^2 x} =$ _____.

11. 下列论断或计算过程正确的是(   ).

(A) 设 $\lim\limits_{x \to 0} \dfrac{f(a+2x) - f(a-x)}{x} = A$(有限值),则 $A = 3f'(a)$

(B) $(\ln(-x))' = \lim\limits_{\Delta x \to 0} \dfrac{\ln(-x+\Delta x) - \ln(-x)}{\Delta x} = \lim\limits_{\Delta x \to 0} \dfrac{\ln\left(1 - \dfrac{\Delta x}{x}\right)}{\Delta x} = \lim\limits_{\Delta x \to 0} \dfrac{-\dfrac{\Delta x}{x}}{\Delta x} = -\dfrac{1}{x}$

(C) 函数 $f(x) = \begin{cases} x-1, & x>1, \\ 0, & x=1, \\ -x+1 & x<1 \end{cases}$ 的导函数为 $f'(x) = \begin{cases} 1, & x>1, \\ 0, & x=1, \\ -1, & x<1 \end{cases}$

(D) 函数 $y = x^3$ 在点 $(2,8)$ 处的切线方程为 $12x - y - 16 = 0$

12. 求解下列问题:

(1) 设对任意 x,函数 $f(x)$ 满足 $f(1+x) = af(x)$,且 $f'(0) = b$(a, b 为常数),证明 $f(x)$ 在点 $x=1$ 处可导且 $f'(1) = ab$.

(2) 设 $f(x)$ 在点 $x=1$ 处可导,且 $f'(1) = a$,则 $\lim\limits_{x \to \infty} x\left[f\left(\dfrac{x+2}{x}\right) - f\left(\dfrac{x-3}{x}\right)\right] =$ _____.

13. 设 $f(x) = (x-a)\varphi(x)$,其中函数 $\varphi(x)$ 在点 $x=a$ 的邻域内有连续的导函数,证明 $f(x)$ 在点 $x=a$ 处二阶可导,并求 $f''(a)$.

14. 完成下列填空:

(1) 设 $y'(\sin x) = \cos x \left(0 \leqslant x \leqslant \dfrac{\pi}{2}\right)$,则 $y'(x) =$ _____.

(2) 已知 $y = f\left(\dfrac{3x-2}{3x+2}\right)$,$f'(x) = \arctan x^2$,则 $\dfrac{\mathrm{d}y}{\mathrm{d}x}\bigg|_{x=0} =$ _____.

(3) 设 $g(x) = \begin{cases} x^2 \sin\dfrac{1}{x}, & x \neq 0, \\ 0, & x=0, \end{cases}$ 又设 $f(x)$ 在点 $x=0$ 处可导,则 $\dfrac{\mathrm{d}}{\mathrm{d}x} f[g(x)]\bigg|_{x=0} =$ _____.

15. 设函数 $f(x)$ 在 $(-\infty, +\infty)$ 内有定义,并在 $x=0$ 点可导,且满足 $f(x+y) = f(x) + f(y)$,$\forall x, y \in (-\infty, +\infty)$,证明:$f(x)$ 在 $(-\infty, +\infty)$ 内可导.

16. 设函数 $f:(0,+\infty)\rightarrow\mathbf{R}$ 在点 $x=1$ 处可导,且 $f(xy)=yf(x)+xf(y)$,$\forall x,y\in(0,+\infty)$.证明: f 在 $(0,+\infty)$ 内可导且 $f'(x)=\dfrac{f(x)}{x}+f'(1)$.

17. 设对任何实数 x,y,函数 f 满足 $f(x+y)=f(x)+f(y)+x^2y+xy^2$,又假设 $\lim\limits_{x\to0}\dfrac{f(x)}{x}=1$.求 $f(0)$,$f'(0)$,$f'(x)$.

* *

18. 设函数 $f(x)$ 在点 $x=0$ 处可导,且 $f(0)\neq0$,$f'(0)=0$,求极限 $\lim\limits_{n\to\infty}\left[\dfrac{f\left(\dfrac{1}{n}\right)}{f(0)}\right]^n$.

19. 求极限:$\lim\limits_{n\to\infty}\left[\dfrac{a^{\frac{1}{n}}+b^{\frac{1}{n}}+c^{\frac{1}{n}}}{3}\right]^n$,其中 $a>0,b>0,c>0$.

*20. 试构造两个函数,分别满足:

(1) 仅在已知点 $a_1,a_2,\cdots,a_n$ 处不可导;

(2) 仅在已知点 $a_1,a_2,\cdots,a_n$ 处可导.

§2.4 本章回顾

可微与可导的等价性,使得微分的计算与导数的计算几乎等同,但是微分从不同于变化率的角度解释了导数,从而也提供了新的求导方法.这种方法可以避免因为复合函数求导引起漏项.

应该把导数概念与极限概念结合起来学习,有了深度理解才会有扎实的基础.

例 2.4.1 已知 $f(x)$ 在 $x=\mathrm{e}$ 处有连续的一阶导数,且 $f'(\mathrm{e})=\dfrac{2}{\mathrm{e}}$,求 $\lim\limits_{x\to0^+}\dfrac{\mathrm{d}}{\mathrm{d}x}f(\mathrm{e}^{\cos\sqrt{x}})$.

解
$$\lim_{x\to0^+}\frac{\mathrm{d}}{\mathrm{d}x}f(\mathrm{e}^{\cos\sqrt{x}})=\lim_{x\to0^+}f'(\mathrm{e}^{\cos\sqrt{x}})\cdot\mathrm{e}^{\cos\sqrt{x}}\frac{-\sin\sqrt{x}}{2\sqrt{x}}$$

$$=\frac{2}{\mathrm{e}}\cdot\mathrm{e}\cdot\left(-\frac{1}{2}\right)=-1.$$

例 2.4.2 求 $\lim\limits_{n\to\infty}\left[\dfrac{\sin\left(1+\dfrac{1}{n}\right)}{\sin 1}\right]^n$.

解法一 转化为求 $\sin x$ 在点 $x=1$ 处的导数.

注 求解综合问题,一定要确保概念清晰,步骤不乱.

注 明确 x 是极限中的定点,这非常重要,h 是变量.有一种错误解法:在 $f(x+y)=f(x)f(y)$ 两边对 y 求导得 $f'(x+y)=f(x)f'(y)$,再令 $y=0$ 得 $f'(x)=f(x)$,这个错误在于 $f(x)$ 是否可导尚未验证.

阅读材料 2.1
第 2 章知识要点与解题策略

$$\lim_{n\to\infty}\left[\frac{\sin\left(1+\dfrac{1}{n}\right)}{\sin 1}\right]^n=\lim_{n\to\infty}\left[1+\frac{\sin\left(1+\dfrac{1}{n}\right)-\sin 1}{\sin 1}\right]^n$$

$$=\mathrm{e}^{\left(\dfrac{1}{\sin 1}\lim\limits_{n\to\infty}\dfrac{\sin\left(1+\frac{1}{n}\right)-\sin 1}{\frac{1}{n}}\right)}=\mathrm{e}^{\left(\dfrac{\cos 1}{\sin 1}\right)}=\mathrm{e}^{\cot 1}.$$

解法二　转化为求 $\ln\sin x$ 在点 $x=1$ 处的导数.

$$\lim_{n\to\infty}\left[\frac{\sin\left(1+\dfrac{1}{n}\right)}{\sin 1}\right]^n=\lim_{n\to\infty}\mathrm{e}^{n\ln\left[\frac{\sin\left(1+\frac{1}{n}\right)}{\sin 1}\right]}$$

$$=\mathrm{e}^{\lim\limits_{n\to\infty}\dfrac{\ln\left(\sin\left(1+\frac{1}{n}\right)\right)-\ln(\sin 1)}{\frac{1}{n}}}$$

$$=\mathrm{e}^{(\ln\sin x)'|_{x=1}}=\mathrm{e}^{\cot 1}.$$

> **注**　这是 1^∞ 型极限,用复合函数的极限法则可把极限归结到导数的定义去解决.

例 2.4.3　已知 $f(x)=\begin{cases}g(x)\cos\dfrac{1}{x}, & x\neq 0,\\ a, & x=0,\end{cases}$ 且 $g(0)=g'(0)=0.$试确定 a 的值,使 $f(x)$ 在 $x=0$ 点连续,并求 $f'(0)$.

> **注**　要准确地利用极限方法求导数,例 2.4.3 中的 $\cos\dfrac{1}{x}$ 是个极限不存在的函数,就要用好它的有界性.

解　按照连续性要求,

$$a=\lim_{x\to 0}g(x)\cos\frac{1}{x},$$

因 $g'(0)$ 存在,故 $g(x)$ 在点 $x=0$ 处连续,则

$$\lim_{x\to 0}g(x)=g(0)=0,\ \left|\cos\frac{1}{x}\right|\leqslant 1,$$

故 $a=0$(无穷小量乘有界变量).又因

$$\lim_{x\to 0}\frac{g(x)-g(0)}{x}=g'(0)=0(无穷小量),\ \left|\cos\frac{1}{x}\right|\leqslant 1(有界变量),$$

故

$$f'(0)=\lim_{x\to 0}\frac{g(x)\cos\dfrac{1}{x}-0}{x}=\lim_{x\to 0}\frac{g(x)-g(0)}{x}\cos\frac{1}{x}=0.$$

例 2.4.4　已知 $y=y(x)$ 是由方程 $\begin{cases}x=\arctan t,\\ 2y-ty^2+\mathrm{e}^t=5\end{cases}$ 所确定的隐函数,求 $\left.\dfrac{\mathrm{d}^2 y}{\mathrm{d}x^2}\right|_{t=0}.$

解法一(隐函数法)　记 $\varphi(t)=\arctan t$,则

$$\varphi'(t)=\frac{1}{1+t^2},\varphi''(t)=-\frac{2t}{(1+t^2)^2},$$

因此 $\varphi'(0)=1,\varphi''(0)=0.$设由 $2y-ty^2+\mathrm{e}^t=5$ 确定的隐函数为 $y=\psi(t)$,则

$$2\psi(t) - t\psi^2(t) + e^t = 5, \quad \psi(0) = 2.$$

上式两边求导两次得

$$2\psi'(t) - \psi^2(t) - 2t\psi(t)\psi'(t) + e^t = 0,$$

$$2\psi''(t) - 4\psi(t)\psi'(t) - 2t(\psi'(t))^2 - 2t\psi(t)\psi''(t) + e^t = 0.$$

令 $t = 0$，由 $\psi(0) = 2$ 得 $\psi'(0) = \dfrac{3}{2}$，$\psi''(0) = \dfrac{11}{2}$，应用公式 (2.2.11) 得

$$\left.\frac{\mathrm{d}^2 y}{\mathrm{d}x^2}\right|_{t=0} = \frac{\psi''(0)\varphi'(0) - \psi'(0)\varphi''(0)}{[\varphi'(0)]^3} = \frac{11}{2}.$$

解法二（对数法） 先注意到 $y|_{t=0} = 2$. 对第二个方程两边求导得

$$\frac{\mathrm{d}y}{\mathrm{d}t} = \frac{y^2 - e^t}{2(1 - ty)},$$

又因 $\dfrac{\mathrm{d}x}{\mathrm{d}t} = \dfrac{1}{1 + t^2}$，从而

$$\left.\frac{\mathrm{d}y}{\mathrm{d}t}\right|_{t=0} = \frac{3}{2}, \quad \left.\frac{\mathrm{d}x}{\mathrm{d}t}\right|_{t=0} = 1, \quad \frac{\mathrm{d}y}{\mathrm{d}x} = \frac{(1 + t^2)(y^2 - e^t)}{2(1 - ty)}.$$

> **注** 例 2.4.4 要求在既有隐函数又有参数方程表示的函数中求二阶导数. 在隐函数的方程中求二阶导数值，用对数求导法，或可以减少计算量.

设 $\dfrac{\mathrm{d}y}{\mathrm{d}x} = h$，则 $\ln h = \ln(1 + t^2) + \ln(y^2 - e^t) - \ln 2(1 - ty)$.

于是

$$\frac{\mathrm{d}\left(\dfrac{\mathrm{d}y}{\mathrm{d}x}\right)}{\mathrm{d}t} = \frac{\mathrm{d}h}{\mathrm{d}t} = \frac{(1 + t^2)(y^2 - e^t)}{2(1 - ty)}\left[\frac{2t}{1 + t^2} + \frac{2y\dfrac{\mathrm{d}y}{\mathrm{d}t} - e^t}{y^2 - e^t} - \frac{-y - t\dfrac{\mathrm{d}y}{\mathrm{d}t}}{1 - ty}\right],$$

$$\left.\frac{\mathrm{d}\left(\dfrac{\mathrm{d}y}{\mathrm{d}x}\right)}{\mathrm{d}t}\right|_{t=0} = \frac{3}{2}\left[0 + \frac{5}{3} + 2\right] = \frac{11}{2}.$$

从而

$$\left.\frac{\mathrm{d}^2 y}{\mathrm{d}x^2}\right|_{t=0} = \left.\frac{\dfrac{\mathrm{d}\left(\dfrac{\mathrm{d}y}{\mathrm{d}x}\right)}{\mathrm{d}t}}{\dfrac{\mathrm{d}x}{\mathrm{d}t}}\right|_{t=0} = \frac{\dfrac{11}{2}}{1} = \frac{11}{2}.$$

例 2.4.5 设函数 $f(x)$ 对任意实数 x, y 满足关系式 $f(x+y) = f(x)f(y)$，$f'(0) = 1$. 证明：对任何 x，有 $f'(x) = f(x)$.

证 令 $x = y = 0$ 得 $f(0) = f^2(0)$，则 $f(0) = 0$ 或 $f(0) = 1$. 若 $f(0) = 0$，则

$$f(x) = f(x+0) = f(x)f(0) = 0,$$

与 $f'(0)=1$ 矛盾,故 $f(0)=1$. 从而

$$f'(x)=\lim_{h\to 0}\frac{f(x+h)-f(x)}{h}=\lim_{h\to 0}\frac{f(x)(f(h)-1)}{h}$$

$$=f(x)f'(0)=f(x).$$

思考题 2.4.1   微分除了误差估计和近似计算,还能有什么用?

第 2 章复习题、研究课题和竞赛题

复习题

1. 设 $f(x)=3x^3+x^2|x|$,则使 $f^{(n)}(0)$ 存在的最高阶数 n 为(　　).

(A) 0 　　　　　　(B) 1 　　　　　　(C) 2 　　　　　　(D) 3

2. 设 $y=f(x)$ 在 x 处可导,曲线 $y=f(x)$ 上在点 $(x,f(x))$ 处的切线方程为 $Y=\varphi(x)$(Y 为切线上 x 处对应点的纵坐标),则 $y=f(x)$ 在 x 处关于自变量改变量 Δx 的微分 $\mathrm{d}y=$(　　).

(A) $f(x+\Delta x)-f(x)$　　(B) $\varphi(x+\Delta x)-\varphi(x)$　　(C) $\varphi(x)-\varphi(x+\Delta x)$　　(D) $f'(x)$

3. 设函数 $f(x)$ 可导,$F(x)=f(x)(1+|\sin x|)$. 若使 $F(x)$ 在 $x=0$ 处可导,则必有(　　).

(A) $f(0)=0$　　　　(B) $f'(0)=0$　　　　(C) $f(0)+f'(0)=0$　　(D) $f(0)-f'(0)=0$

4. (多选题)下列说法正确的是(　　).

(A) $f(x)$ 在 $x=x_0$ 处可导,则 $\lim\limits_{x\to x_0}\dfrac{xf(x_0)-x_0f(x)}{x-x_0}=f(x_0)-x_0f'(x_0)$

(B) 已知 $f'(x_0)=5$,则 $\lim\limits_{x\to 0}\dfrac{x}{f(x_0-2x)-f(x_0-x)}=-\dfrac{1}{5}$

(C) $f(x)$ 在 $x=1$ 处可导,且 $f(1)=0$,$f'(1)=1$,则 $\lim\limits_{x\to 0}\dfrac{f(2x\tan x+\mathrm{e}^{x^2})}{\sin^2 x}=3$

(D) 设函数 $f(x)=\big|\ln|x-1|\big|$,则 $f'(0)=1$

5. 设函数 $f(x)=(x^{2\,024}-1)\arctan\dfrac{2(x^2+1)}{1+2x+x^3}$,则 $f'(1)=$ _____.

6. 设 $g(x)$ 为连续函数,且有 $f(x)=1-(x-a)|x-a|+g(x)$,其中 $\lim\limits_{x\to a}\dfrac{g(x)}{(x-a)^2}=1$,则 $f'(a)=$

——————————

7. 设 $g(x)=\begin{cases}x^2\sin\dfrac{1}{x}, & x\neq 0,\\ 0, & x=0,\end{cases}$ 又设 $f(x)$ 在点 $x=0$ 处可导,则 $\dfrac{\mathrm{d}}{\mathrm{d}x}f[g(x)]\Big|_{x=0}=$ _____.

8. 图 2.4.1 是四个函数的图形,一个是汽车的位置,一个是汽车的速度,一个是汽车的加速度,一个是汽车的加加速度(也称急动度或冲动度,是加速度的导数).那么这四种曲线的标号依次是_____.

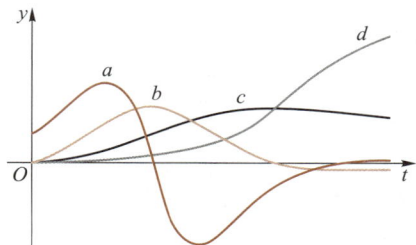

图 2.4.1

9. 计算：

（1）设函数 $y = \sqrt{x\sin\sqrt{1-e^{-x}}} \cdot (\sin x)^{\ln x}$，求 $\dfrac{dy}{dx}$.

（2）计算 $(e^{2x}\cos 2x)^{(n)}$.

10. 方程 $\sqrt{x}+\sqrt{y}=1$ 的曲线如图 2.4.2 所示，试问曲线上任一点处的切线在坐标轴上的截距之和是否为常数？

11. 设 $f(x)$ 是周期为 5 的连续函数，在 $x=1$ 点处可导，且在点 $x=0$ 的某个邻域内满足：

$$f(1+\sin x) - 3f(1-\sin x) = 8x + o(x)\ (x\to 0\ \text{时}).$$

求曲线 $y=f(x)$ 在点 $(6, f(6))$ 处的切线方程.

*12. 设函数 $y = \sqrt[3]{x+\sqrt{1+x^2}} + \sqrt[3]{x-\sqrt{1+x^2}}$，求 $y'(2)$.

*13. 设 $f(x) = (x-a)^n g(x)$，$g(x)$ 在 **R** 内具有 $n-1$ 阶导数，求证 $f^{(n)}(a) = n!\, g(a)$.

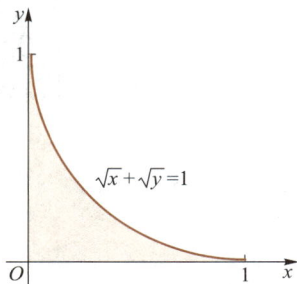

图 2.4.2

研究课题

【飞机的降落曲线问题】（参数方程导数的运用）

飞机安全降落是机场最重要的问题之一，我们经常看到这样的现象，有时飞机眼看就要降落了，但又拉起，如此几次反复，最终安全降落，这到底是什么原因？

在研究飞机的自动着落系统时，技术人员需要分析飞机的降落曲线. 根据经验，一架水平飞行的飞机，其降落曲线近似是一条三次抛物线. 如图 2.4.3 所示，已知飞机的飞行高度为 h，飞机的着落点为原点 O，且在整个降落过程中，飞机的水平速度始终保持为常数 v，出于安全考虑，飞机的垂直加速度的最大绝对值不得超过 $\dfrac{g}{10}$，此处 g 是重力加速度.

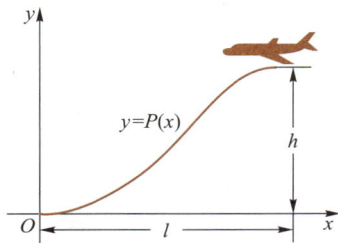

图 2.4.3

（1）若飞机从 $x=l$ 处开始下降，试确定飞机的降落曲线；

（2）求 l 所能允许的最小值.

建模提示：假设飞机降落时在铅直平面内飞行，其降落曲线是该铅直平面的一条平面曲线，以飞机着陆点为原点,以铅直面与地面的交线为 x 轴,建立平面直角坐标系,y 表示飞机的高度.由题设可设飞机的降落曲线为 $y = ax^3 + bx^2 + cx + d$.

竞赛题

1. 设 $f(x) = (x^2 + 2x - 3)^n \arctan^2 \dfrac{x}{3}$,其中 n 为正整数,则 $f^{(n)}(-3) = $ _____.

2. 设 $f'(0) = 1$,$f''(0) = 0$,求证在 $x = 0$ 处,有 $\dfrac{\mathrm{d}^2}{\mathrm{d}x^2} f(x^2) = \dfrac{\mathrm{d}^2}{\mathrm{d}x^2} f^2(x)$.

3. 设 $f(x)$ 在 (a, b) 内二次可导,且存在常数 α, β,使得对于 $\forall x \in (a, b)$,有 $f'(x) = \alpha f(x) + \beta f''(x)$,证明 $f(x)$ 在 (a, b) 内无穷次可导.

第 2 章自测题(一)

第 2 章自测题(二)

第 2 章各类习题解答提示

第 3 章　中值定理和导数的应用

> 导数的应用非常广泛.在数学上,通过中值定理建立自变量、函数及其导数三者之间的关系,可以了解函数在一个区间上的整体性质(几何性质和分析性质),例如单调性、极值、凹凸性和拐点.本章所介绍的是一元函数性质的基本研究方法及其应用.

§3.1　微分中值定理及其简单应用

本节介绍微分中值定理及其衍生的重要命题和思想方法.

3.1.1　微分中值定理

一、罗尔定理

1. 费马引理

让我们从最基础的费马引理来导出微分学三大中值定理.

费马(P. Fermat, 1601—1665),律师,法国著名业余数学家.

引理 3.1.1(费马引理)　设函数 $f(x)$ 在点 x_0 的某邻域 $U(x_0)$ 内有定义,且在点 x_0 处可导.若对任意的 $x \in U(x_0)$,有 $f(x) \leqslant f(x_0)$ (或 $f(x) \geqslant f(x_0)$),那么
$$f'(x_0) = 0.$$

证　不妨设总有 $f(x) \leqslant f(x_0)$, $\forall x \in U(x_0)$.于是

$$x > x_0 \text{ 时,} \frac{f(x) - f(x_0)}{x - x_0} \leqslant 0; \quad x < x_0 \text{ 时,} \frac{f(x) - f(x_0)}{x - x_0} \geqslant 0,$$

从而

$$f'_+(x_0) = \lim_{x \to x_0^+} \frac{f(x) - f(x_0)}{x - x_0} \leqslant 0, \quad f'_-(x_0) = \lim_{x \to x_0^-} \frac{f(x) - f(x_0)}{x - x_0} \geqslant 0.$$

由于 $f(x)$ 在点 x_0 处可导, $f'_+(x_0)=f'_-(x_0)=f'(x_0)$, 故 $f'(x_0)=0$. 证毕.

费马引理揭示了可微函数的重要特性: 曲线在"峰""谷"之处具有水平切线.

2. 罗尔定理

当可微函数的曲线在闭区间的两端高度相同时, 除非是常值函数, 否则曲线一定会有"峰"或"谷"的, 这就是下面的罗尔中值定理, 简称**罗尔定理**.

定理 3.1.1(罗尔定理)　若函数 $f(x)$ 满足:

（1）在闭区间 $[a,b]$ 上连续;

（2）在开区间 (a,b) 内可导;

（3）在区间两个端点处的函数值相等, 即 $f(a)=f(b)$,

则至少存在一点 $\xi\in(a,b)$（图 3.1.1）, 使得

$$f'(\xi)=0. \qquad (3.1.1)$$

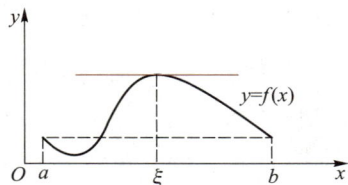

罗尔（M.Rolle, 1652—1719）, 法国数学家.

图 3.1.1

证　因 $f(x)$ 在 $[a,b]$ 上连续, 所以 $f(x)$ 在 $[a,b]$ 上有最大值和最小值 M,m.

若 $M=m$, 则 $f(x)\equiv M=m$, 从而 $f'(x)=0$, $\forall x\in(a,b)$. 即区间 (a,b) 内任一点都可以取作 ξ.

若 $M>m$, 因 $f(a)=f(b)$, 则 M,m 中至少有一个不在端点 a,b 处取得, 不妨设 M 在 $\xi\in(a,b)$ 处取得, 从而

$$f(x)\leqslant f(\xi), \quad \forall x\in[a,b].$$

因为 $f(x)$ 在点 ξ 处可导, 由费马引理得

$$f'(\xi)=0.$$

证毕.

考察函数 $y=|x|$, $x\in[-2,2]$, 只因在其中一个点 $x=0$ 处不可导, 就不能找到 $\xi\in(-2,2)$ 使 $f'(\xi)=0$. 事实上, 定理 3.1.1 中条件缺少其中任何一个, 都可能会使结论不成立（图 3.1.2）.

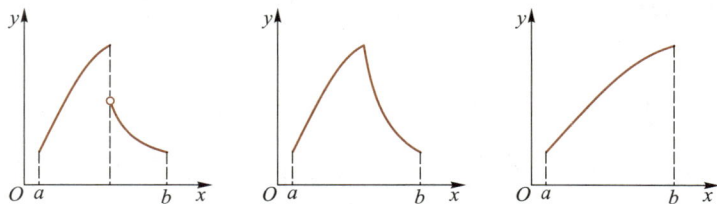

图 3.1.2

定理结论中 ξ 可能是不唯一的. 例如三次函数 $f(x)=(x-1)(x-2)(x-3)$ 在区间 $[1,3]$ 上满足罗尔定理条件, 但它有两个点 ξ_1,ξ_2 满足 $f'(x)=0$, 其中 $\xi_1\in(1,2)$,

$\xi_2 \in (2,3)$.

例 3.1.1 使函数 $f(x) = \sqrt[3]{x^2(1-x^2)}$ 满足罗尔定理条件的区间是( ).

(A) $[0,1]$　　(B) $[-1,1]$　　(C) $[-2,2]$　　(D) $\left[-\dfrac{3}{5}, \dfrac{4}{5}\right]$

解 以上四个选项都满足连续性及 $f(a)=f(b)$ 的条件，$f(x)$ 不可导的点是 $x=0,1,-1$，所以只有(A)对。

注 观察极限 $\lim\limits_{x \to 0} \dfrac{f(x)-f(0)}{x-0} =$ $\lim\limits_{x \to 0} \dfrac{\sqrt[3]{x^2(1-x^2)}}{x} = \infty$，知 $f'(0)$ 不存在.

例 3.1.2 设函数 $f(x)$ 在 $(-\infty, +\infty)$ 内二阶可导，并有三个根 $x_1, x_2, x_3 (x_1 < x_2 < x_3)$，证明存在 ξ，使 $f''(\xi) = 0$.

证 因为 $f(x_1) = f(x_2) = f(x_3)$，故 $f(x)$ 在 $[x_1, x_2]$, $[x_2, x_3]$ 上分别满足罗尔定理，则存在 $\xi_1 \in (x_1, x_2), \xi_2 \in (x_2, x_3)$，使 $f'(\xi_1) = f'(\xi_2) = 0$. 因此 $f'(x)$ 在 $[\xi_1, \xi_2]$ 上也满足罗尔定理，故存在 $\xi \in (\xi_1, \xi_2)$，使 $f''(\xi) = 0$. 证毕.

例 3.1.3 设 $a_i (i=1,2,\cdots,n)$ 是常数，证明函数
$$f(x) = a_1 \cos x + a_2 \cos 2x + \cdots + a_n \cos nx$$
在 $(0, \pi)$ 内必有一根.

证 设
$$g(x) = \frac{a_1}{1} \sin x + \frac{a_2}{2} \sin 2x + \cdots + \frac{a_n}{n} \sin nx,$$
则 $g(x)$ 在 $[0, \pi]$ 上满足罗尔定理的条件，从而存在 $\xi \in (0, \pi)$，使得 $g'(\xi) = 0$，但 $g'(x) = f(x)$，故
$$a_1 \cos \xi + a_2 \cos 2\xi + \cdots + a_n \cos n\xi = 0.$$
证毕.

二、拉格朗日中值定理

1. 拉格朗日中值定理

定理 3.1.2（拉格朗日中值定理） 若函数 $f(x)$ 满足：

(1) 在闭区间 $[a,b]$ 上连续；

(2) 在开区间 (a,b) 内可导，

则至少存在一点 $\xi \in (a,b)$，满足等式

拉格朗日（J. L. Lagrange, 1736—1813），法国著名数学家、物理学家.

$$f'(\xi) = \frac{f(b)-f(a)}{b-a}. \tag{3.1.2}$$

几何上看(图 3.1.3),曲线 $y=f(x)$ 上至少存在一点 $(\xi,f(\xi))$,使该点处的切线平行于连接曲线两端点的弦.

证 作辅助函数

$$F(x)=f(x)-f(a)-\frac{f(b)-f(a)}{b-a}(x-a),$$

则

$$F(a)=F(b)=0,$$

且 $F(x)$ 在 $[a,b]$ 上连续,在 (a,b) 内可导,故 $F(x)$ 满足罗尔定理的全部条件.于是存在 $\xi\in(a,b)$,使 $F'(\xi)=0$.但

$$F'(x)=f'(x)-\frac{f(b)-f(a)}{b-a},$$

故

$$f'(\xi)=\frac{f(b)-f(a)}{b-a}.$$

证毕.

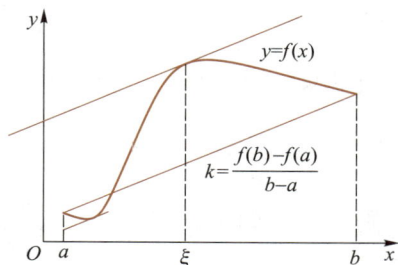

图 3.1.3

注 连接端点的直线方程为 $L(x)=f(a)+\dfrac{f(b)-f(a)}{b-a}(x-a)$,则 $L(a)=f(a),L(b)=f(b)$,因此作 $F(x)=f(x)-L(x)$,可使 $F(a)=F(b)=0$.

(3.1.2)式称为拉格朗日公式,它刻画了可导函数在闭区间上的整体性质.

2. 拉格朗日公式的变式和推论

拉格朗日公式有多种表现变式,这些形式分别表现出各种重要应用.例如:

(1) 函数的差式

$$f(b)-f(a)=f'(\xi)(b-a),$$

其中 ξ 介于 a,b 之间.

(2) **有限增量公式**

$$\Delta y=f'(x+\theta\Delta x)\Delta x,0<\theta<1.$$

在区间 $[x,x+\Delta x]$(当 $\Delta x>0$ 时)或 $[x+\Delta x,x]$(当 $\Delta x<0$ 时)上运用拉格朗日中值定理,这里 $\theta\in(0,1)$ 与区间 $(x,x+\Delta x)$ 或 $(x+\Delta x,x)$ 内的点 ξ 一一对应.

(3) 可导函数的"线性"表示.

$$f(x)=f(x_0)+f'(\xi)(x-x_0)$$

这是微分近似公式 $f(x)\approx f(x_0)+f'(x_0)(x-x_0)$ 的"精确化""整体化".这里 x 不必与 x_0"非常接近".

拉格朗日中值定理在微分学中占有重要地位,有时也被特指为**微分中值定理**.

定理 3.1.3 若函数 $f(x)$ 在区间 I 上可导,且 $f'(x)=0,\forall x\in I$,则

$$f(x) = C (常值函数).$$

证 任意取定一点 $x_0 \in I$,因

$$f(x) = f(x_0) + f'(\xi)(x - x_0) = f(x_0) , \forall x \in I,$$

故 $f(x) = f(x_0)$.证毕.

推论 3.1.1 若函数 $f(x)$, $g(x)$ 在区间 I 上可导,且 $f'(x) = g'(x)$, $\forall x \in I$,则

$$f(x) = g(x) + C \quad (C 为常数).$$

证 令 $F(x) = f(x) - g(x)$,则 $F'(x) = 0$,由定理 3.1.3 得 $F(x) = C$,证毕.

☆**例 3.1.4** 证明恒等式:

(1) $\arcsin x + \arccos x = \dfrac{\pi}{2}$, $x \in [-1, 1]$;

(2) $\arctan x + \text{arccot } x = \dfrac{\pi}{2}$, $x \in (-\infty, +\infty)$.

思考题 3.1.1 举例说明为什么定理 3.1.3 中的条件要说"区间 I"而不能说"定义域 I"?

证 (1) 当 $x = \pm 1$ 时,容易验证等式成立;当 $x \in (-1, 1)$ 时,令

$$f(x) = \arcsin x + \arccos x,$$

则 $f'(x) = 0$,故 $f(x) = C$,令 $x = 0$,得

$$C = \arcsin 0 + \arccos 0 = \dfrac{\pi}{2},$$

故 $f(x) = \dfrac{\pi}{2}$.

(2) 仿(1).

证毕.

拉格朗日中值定理还可以用于不等式的证明:设存在 m, M,使 $m \leqslant f'(x) \leqslant M$, $\forall x \in [a, b]$,则有

$$m(b - a) \leqslant f(b) - f(a) \leqslant M(b - a).$$

利用中值定理中 ξ 的取值范围,可以获得十分精细的不等式.

例 3.1.5 证明不等式:

$$\arctan x_2 - \arctan x_1 \leqslant x_2 - x_1, \quad x_1 < x_2.$$

特别地,当 $x > 0$ 时,$\arctan x < x$.

证 对函数 $f(x) = \arctan x$ 在区间 $[x_1, x_2]$ 上应用拉格朗日中值定理,存在 $\xi \in (x_1, x_2)$,使得

$$\dfrac{\arctan x_2 - \arctan x_1}{x_2 - x_1} = (\arctan x)' \big|_{x = \xi} = \dfrac{1}{1 + \xi^2} \leqslant 1.$$

特别地,当 $x > 0$ 时,取 $x_1 = 0$, $x_2 = x$,就得 $\arctan x < x$. 证毕.

三、柯西中值定理

定理 3.1.4(柯西中值定理)   若函数 $f(x)$ 和 $g(x)$ 满足:

(1) 在闭区间 $[a,b]$ 上连续;

(2) 在开区间 (a,b) 内可导;

(3) 对任意 $x \in (a,b)$, $g'(x) \neq 0$,

注 在柯西中值定理中,令 $g(x)=x$,则得到拉格朗日中值定理.

则至少存在一点 $\xi \in (a,b)$,使得

$$\frac{f(b)-f(a)}{g(b)-g(a)} = \frac{f'(\xi)}{g'(\xi)}. \tag{3.1.3}$$

证   由拉格朗日中值定理得 $g(b)-g(a)=g'(\eta)(b-a)$ $(\eta \in (b,a))$.又 $g'(x) \neq 0$,所以 $g'(\eta) \neq 0$,故 $g(b)-g(a) \neq 0$.

作辅助函数

$$\Phi(x)=f(x)-f(a)-\frac{f(b)-f(a)}{g(b)-g(a)}(g(x)-g(a)),$$

则 $\Phi(x)$ 在 $[a,b]$ 上满足罗尔定理条件,从而存在 $\xi \in (a,b)$,使得 $\Phi'(\xi)=0$,即

$$f'(\xi)-\frac{f(b)-f(a)}{g(b)-g(a)} \cdot g'(\xi)=0,$$

已知 $g'(\xi) \neq 0$,就得 (3.1.3) 式.证毕.

思考题 3.1.2   柯西中值定理的下列证法对吗?
$$f(b)-f(a)=f'(\xi)(b-a),$$
$$g(b)-g(a)=g'(\xi)(b-a),$$
$\xi \in (a,b)$,两式相除得
$$\frac{f(b)-f(a)}{g(b)-g(a)}=\frac{f'(\xi)}{g'(\xi)}.$$

柯西中值定理的几何意义是:用参数方程 $\begin{cases} u=g(x), \\ v=f(x) \end{cases}$ $(x \in [a,b])$ 表示的 uOv 平面上的平面曲线上至少有一点 $P(g(\xi),f(\xi))$,它的切线平行于弦 AB,其中 A 为点 $(g(a),f(a))$,B 为点 $(g(b),f(b))$.这与拉格朗日中值定理的解释是一致的.

例 3.1.6   (1) 设 $f(x)$ 在 $[0,1]$ 上连续,在 $(0,1)$ 内可导,证明:至少存在一点 $\xi \in (0,1)$,使得

$$f'(\xi)=2\xi[f(1)-f(0)].$$

(2) 设 $0<a<b$,$f(x)$ 在 $[a,b]$ 上连续,在 (a,b) 内可导,证明存在 $\xi \in (a,b)$,使得

$$af(b)-bf(a)=[f(\xi)-\xi f'(\xi)](a-b).$$

证   (1) 设 $g(x)=x^2$,则 $f(x),g(x)$ 在 $[0,1]$ 上满足柯西中值定理条件,于是

$$\frac{f(1)-f(0)}{1^2-0^2}=\frac{f'(\xi)}{2\xi},$$

化简后即得证.

(2) 对 $\dfrac{f(x)}{x}$,$\dfrac{1}{x}$ 在 $[a,b]$ 上应用柯西中值定理,就有

$$\frac{\dfrac{f(b)}{b}-\dfrac{f(a)}{a}}{\dfrac{1}{b}-\dfrac{1}{a}}=\frac{\dfrac{\xi f'(\xi)-f(\xi)}{\xi^2}}{-\dfrac{1}{\xi^2}},$$

整理后得证.证毕.

练习 3.1.1

1. 验证罗尔定理对函数 $y=\ln\sin x$ 在区间 $\left[\dfrac{\pi}{6},\dfrac{5\pi}{6}\right]$ 上的正确性,并求 ξ.

2. 验证拉格朗日中值定理对函数 $y=2x-\dfrac{1}{3}x^3$ 在区间 $[-3,3]$ 上的正确性,并求 ξ.

3. 对函数 $f(x)=\sin x$ 及 $g(x)=\cos x$ 在区间 $\left[0,\dfrac{\pi}{2}\right]$ 上验证柯西中值定理的正确性.

4. 用中值定理证明恒等式 $\arctan x+\operatorname{arccot}x=\dfrac{\pi}{2},x\in(-\infty,+\infty)$.

5. 用拉格朗日中值定理证明不等式 $|\sin a-\sin b|\le|a-b|$.

3.1.2 中值定理的简单应用

一、不等式的建立

应用拉格朗日中值定理需要三个条件:(1)适当设定函数,(2)确定以变量 x 为端点的某个区间,(3)知道导函数在该区间上的取值范围.下例中证明的都是高等数学中十分重要的不等式.

☆**例 3.1.7**　证明常用不等式.

（1）对于对数函数 $\ln(1+x)$,有

$$\frac{x}{1+x}<\ln(1+x)<x\quad(x>-1,x\ne0).\tag{3.1.4}$$

（2）对于指数函数 e^x,有

$$\mathrm{e}^x>1+x\quad(x\ne0).\tag{3.1.5}$$

（3）对于三角函数 $\sin x$,有

$$\cos x<\frac{\sin x}{x}<1\quad\left(0<x<\frac{\pi}{2}\right).\tag{3.1.6}$$

证　（1）令 $f(x)=\ln(1+x),x\in(-1,+\infty)$.对任意 $x>-1$,在 $[x,0]$ 或 $[0,x]$ 上应用中值定理,得

$$\ln(1+x)-\ln1=\ln(1+x)=\frac{1}{1+\xi}\cdot x\quad(\xi\text{ 介于 }x\text{ 与 }0\text{ 之间}).$$

当 $x>0$ 时,$\dfrac{x}{1+x}<\dfrac{1}{1+\xi}\cdot x<x$;

当 $x<0$ 时,$1<\dfrac{1}{1+\xi}<\dfrac{1}{1+x}$,故仍有 $\dfrac{x}{1+x}<\dfrac{1}{1+\xi}\cdot x<x$.

从而对任何 $x>-1,x\neq0$,有

$$\frac{x}{1+x}<\ln(1+x)<x.$$

证毕.

（2）令 $f(x)=e^x$.在区间 $[0,x](x>0)$,$[x,0](x<0)$ 和 $[1,x](x>1)$ 上分别应用拉格朗日中值定理:

当 $x>0$ 时,存在 $\xi\in(0,x)$,使得

$$e^x-e^0=e^\xi(x-0)>x,$$

从而 $e^x>1+x$.

当 $x<0$ 时,存在 $\xi\in(x,0)$,使得

$$e^x-e^0=e^\xi(x-0),$$

此时

$$x<\xi<0,\quad e^\xi<1.$$

故有 $e^\xi x>x$,从而仍有 $e^x>1+x$.

综上,对一切 $x\neq0$,都有 $e^x>1+x$.

（3）此即（1.1.8）式 $\sin x<x<\tan x$.对函数 $f(x)=\sin x$ 在区间 $[0,x]$ 上应用拉格朗日中值定理,则存在 $\xi\in(0,x)\subset\left(0,\dfrac{\pi}{2}\right)$,使得

$$\sin x-\sin 0=\cos\xi\cdot(x-0).$$

由于 $\cos x<\cos\xi<1$,就有

$$\cos x\cdot x<\sin x<x,$$

从而 $\cos x<\dfrac{\sin x}{x}<1$.证毕.

下列命题将在 §3.3 中用到,成为判定凹性曲线的依据.

☆**例 3.1.8**　设函数 $f(x)$ 在区间 (a,b) 内二阶可导,且 $f''(x)>0$,则对任意的 $x_1,x_2\in(a,b),x_1\neq x_2$,有

$$f\left(\frac{x_1+x_2}{2}\right)<\frac{f(x_1)+f(x_2)}{2}.\tag{3.1.7}$$

证　不妨设 $x_1<x_2$,由拉格朗日中值定理,存在 $\xi_1\in\left(x_1,\dfrac{x_1+x_2}{2}\right)$ 和 $\xi_2\in$

$\left(\dfrac{x_1+x_2}{2},x_2\right)$,使得

$$f\left(\dfrac{x_1+x_2}{2}\right)-f(x_1)=f'(\xi_1)\left(\dfrac{x_1+x_2}{2}-x_1\right)=f'(\xi_1)\,\dfrac{x_2-x_1}{2},$$

$$f\left(\dfrac{x_1+x_2}{2}\right)-f(x_2)=f'(\xi_2)\left(\dfrac{x_1+x_2}{2}-x_2\right)=f'(\xi_2)\,\dfrac{x_1-x_2}{2},$$

两式相加,得

$$2f\left(\dfrac{x_1+x_2}{2}\right)-f(x_1)-f(x_2)=\left[f'(\xi_2)-f'(\xi_1)\right]\dfrac{x_1-x_2}{2}.$$

再对函数 $f'(x)$ 在区间 $[\xi_1,\xi_2]$ 上用拉格朗日中值定理,存在 $\xi\in(\xi_1,\xi_2)$,使得

$$f'(\xi_2)-f'(\xi_1)=f''(\xi)(\xi_2-\xi_1)>0.$$

故 $2f\left(\dfrac{x_1+x_2}{2}\right)-f(x_1)-f(x_2)<0$,从而(3.1.8)式得证.证毕.

二、解最简微分方程

1. 由导数恒为零推出原函数为常数

定理 3.1.3 表示,由 $f'(x)=0$ 可以推出 $f(x)=C$.这实际是不定积分(已知导数 $f'(x)$ 寻求"**原函数**"$f(x)$ 的表达式)的基础,甚至是"解微分方程"的思想萌芽(以后将会学到,含有未知函数导数的等式被称为**微分方程**.像"$f(x)=C$"那样满足微分方程的等式,称为**微分方程的解**).其中,称 $f'(x)=0$ 为**最简微分方程**.在这个意义上,定理 3.1.3 不妨设为**原函数基本定理**.

> 注　有了最简微分方程,复杂方程的解也就有了基础,例如:为求微分方程 $xy'+y+2=0$ 的解,只需发现 $(xy+2x)'=0$,就得到它的解 $xy+2x=C$

例 3.1.9　若函数 $y=f(x)$ 在区间 I 上二阶可导,且满足 $f''(x)=0$,$\forall x\in I$,求 $f(x)$ 的表达式.

解　由于导函数满足 $(f'(x))'=0$,所以
$$f'(x)=C_1,$$
即
$$f'(x)=(C_1x)',$$
再由推论 3.1.1 知
$$f(x)=C_1x+C_2\quad(\text{其中 }C_1,C_2\text{ 是任意常数}).$$

> 注　我们知道,一次函数的二阶导数恒为零.例 3.1.9 表明,逆命题也对.

2. 由 $f'(\xi)=0$ 找辅助函数

由 $f'(\xi)=0$ 的结论,立即想到罗尔定理的三个条件.比较明智的做法是"凑"一个函数 $\varphi(x)$,使它满足罗尔定理的条件,且由 $\varphi'(x)=0$ 可以推得 $f'(x)=0$.

例 3.1.10   试证

（1）设 $f(x)$ 在 $[0,1]$ 上连续，在 $(0,1)$ 内可导，且 $f(1)=0$，则存在 $\xi\in(0,1)$，使得

$$kf(\xi)+\xi f'(\xi)=0 \quad (k\in\mathbf{R},k\neq 0).$$

（2）设 $f(x)$ 在 $[a,b]$ 上连续，在 (a,b) 内可导，$f(a)=f(b)=0$，则存在 $\xi\in(a,b)$，使得

$$kf(\xi)+f'(\xi)=0 \quad (k\in\mathbf{R}).$$

证 （1）作辅助函数

$$\varphi(x)=x^k f(x),$$

则 $\varphi(0)=\varphi(1)=0$，$\varphi(x)$ 在 $[0,1]$ 上满足罗尔定理条件，因此存在 $\xi\in(0,1)$，使得

$$\varphi'(\xi)=(x^k f(x))'\big|_{x=\xi}=0,$$

即

$$k\xi^{k-1}f(\xi)+\xi^k f'(\xi)=0,$$

从而

$$kf(\xi)+\xi f'(\xi)=0.$$

（2）作辅助函数

$$\varphi(x)=e^{kx}f(x),$$

显然 $\varphi(x)$ 在 $[a,b]$ 上满足罗尔定理的条件，于是存在 $\xi\in(a,b)$，使得

$$\varphi'(\xi)=(e^{kx}f(x))'\big|_{x=\xi}=0,$$

即 $e^{k\xi}(kf(\xi)+f'(\xi))=0$，从而

$$kf(\xi)+f'(\xi)=0.$$

证毕.

这两种辅助函数都是比较常见的，本题的方法也是可以广泛借鉴的.

回顾拉格朗日中值定理，为证（3.1.2）式成立，即

$$f'(\xi)=\frac{f(b)-f(a)}{b-a},$$

只需考虑微分方程

$$f'(x)-\frac{f(b)-f(a)}{b-a}=0$$

的解，自然就归结为

$$\left(f(x)-\frac{f(b)-f(a)}{b-a}x\right)'=0,$$

故可以令

$$\varphi(x)=f(x)-\frac{f(b)-f(a)}{b-a}x.$$

同样地,为证柯西中值定理的(3.1.3)式,只需从等式

$$f'(x)-\frac{f(b)-f(a)}{g(b)-g(a)}g'(x)=0$$

出发,亦即

$$\left(f(x)-\frac{f(b)-f(a)}{g(b)-g(a)}g(x)\right)'=0,$$

故取

$$\varphi(x)=f(x)-\frac{f(b)-f(a)}{g(b)-g(a)}g(x)$$

即可.

思考题 3.1.3　例 3.1.10 的辅助函数如何从 ξ 的等式中推出?

*三、导数极限定理

导函数在某点处的极限与这一点的导数值有没有联系? 现在来讨论这个问题.

定理 3.1.5(导数极限定理)　设函数 $f(x)$ 在点 x_0 的某邻域 $U(x_0)$ 内连续.

(1) 若 $f(x)$ 在左邻域 $U_-(x_0)$ 内可导,且 $f'(x_0^-)=\lim\limits_{x\to x_0^-}f'(x)$ 存在,则 $f'_-(x_0)$ 存在,且

$$f'(x_0^-)=f'_-(x_0)\quad\text{(导数的左极限等于左导数)}.$$

(2) 若 $f(x)$ 在右邻域 $U_+(x_0)$ 内可导,且 $f'(x_0^+)=\lim\limits_{x\to x_0^+}f'(x)$ 存在,则 $f'_+(x_0)$ 存在,且

$$f'(x_0^+)=f'_+(x_0)\quad\text{(导数的右极限等于右导数)}.$$

(3) 若 $f(x)$ 在 $\mathring{U}(x_0)$ 内可导,且 $\lim\limits_{x\to x_0}f'(x)$ 存在,则 $f'(x_0)$ 存在,且

$$\lim_{x\to x_0}f'(x)=f'(x_0).$$

证　(1) 任取 $x\in U_-(x_0)$,则 $f(x)$ 在区间 $[x,x_0]$ 上满足拉格朗日中值定理的条件,于是存在 $\xi\in(x,x_0)$,使得

$$\frac{f(x)-f(x_0)}{x-x_0}=f'(\xi).$$

令 $x\to x_0^-$,则 $\xi\to x_0^-$,从而

$$\lim_{x\to x_0^-}\frac{f(x)-f(x_0)}{x-x_0}=\lim_{x\to x_0^-}f'(\xi),$$

由于 $\lim\limits_{x \to x_0^-} f'(x) = f'(x_0^-)$，所以

$$\lim_{x \to x_0^-} f'(\xi) = \lim_{\xi \to x_0^-} f'(\xi) = f'(x_0^-),$$

从而

$$f'_-(x_0) = \lim_{x \to x_0^-} \frac{f(x) - f(x_0)}{x - x_0} = f'(x_0^-).$$

类似地证明 (2)，再由 (1) 和 (2) 合在一起得到 (3)．证毕．

导数极限定理表明了不用导数定义也可以求左、右导数的可能性．

例 3.1.11   求分段函数 $f(x) = \begin{cases} x + x^2\cos x, & x \leqslant 0, \\ e^x - 1, & x > 0 \end{cases}$ 的导数．

解   显然 $f(x)$ 在点 $x = 0$ 处连续，从而在 $\mathbf{R}$ 上连续．

当 $x \neq 0$ 时，$f'(x) = \begin{cases} 1 + 2x\cos x - x^2\sin x, & x < 0, \\ e^x, & x > 0. \end{cases}$

由

$$f'(0^-) = \lim_{x \to 0^-} (1 + 2x\cos x - x^2\sin x) = 1,$$

$$f'(0^+) = \lim_{x \to 0^+} e^x = 1,$$

即知 $f'(0) = 1$．从而

$$f'(x) = \begin{cases} 1 + 2x\cos x - x^2\sin x, & x < 0, \\ 1, & x = 0, \\ e^x, & x > 0. \end{cases}$$

利用导数极限定理还可以推出一个很有意思的命题．

命题 3.1.1   设函数 $f(x)$ 在区间 (a, b) 内可导，则导函数在 (a, b) 内不可能有第一类间断点．

证   对于任意 $x_0 \in (a, b)$，由于 $f'(x_0)$ 是存在的，必有 $f'_-(x_0) = f'_+(x_0)$．所以，导函数的左、右极限 $f'(x_0^-)$ 和 $f'(x_0^+)$ 中要么至少有一个不存在（这说明 x_0 点为 $f'(x)$ 的第二类间断点），要么都存在且相等，而且等于 $f'(x_0)$（这说明 $f'(x)$ 在点 x_0 处连续）．证毕．

练习 3.1.2

1. 用微分中值定理证明：$\arctan \dfrac{x}{\sqrt{1 - x^2}} = \arcsin x \,(0 < x < 1)$，你能否说出这个等式的几何

注   在我们未学过导数极限定理之前，只能用导数定义求节点处的导数 $f'(0)$，例 3.1.11 说明，现在用这个定理计算，显得更为简单．不过应用此定理一定要十分谨慎地检验条件．例如：函数

$$f(x) = \begin{cases} x + x^2\cos x, & x \leqslant 0, \\ e^x, & x > 0 \end{cases}$$

和

$$f(x) = \begin{cases} x^2\cos \dfrac{1}{x}, & x \neq 0, \\ 0, & x = 0 \end{cases}$$

都不能应用这个定理来求节点处的导数，因为前者不连续，而后者导数的极限不存在．这可能是一般教材不提倡介绍这个定理的原因．

意义?

2. 用函数 $F(x)=x^3f(x)$ 验证命题:"若 $f(x)$ 在 $[0,1]$ 上连续,在 $(0,1)$ 内可导,且 $f(1)=0$,则存在 $\xi\in(0,1)$,使得 $3f(\xi)+\xi f'(\xi)=0$."

3. 用函数 $F(x)=e^{3x}f(x)$ 验证命题:"若 $f(x)$ 在 $[0,1]$ 上连续,在 $(0,1)$ 内可导,$f(0)=f(1)=0$,则存在 $\xi\in(0,1)$,使得 $3f(\xi)+f'(\xi)=0$."

习题 3.1

1. 用中值定理判断函数 $f(x)=(x-1)(x-2)(x-3)(x-4)$ 的导函数有几个根,并指出它们所在的区间.

2. 图 3.1.4 中四个图都是函数 $f(x)$ 的图像,若 $f(x)$ 在区间 $[0,5]$ 上满足中值定理中"存在 $c\in[a,b]$ 使得 $f'(c)=\dfrac{f(b)-f(a)}{b-a}$"的结论,试在图中用一条竖线和 x 轴的交点描出 c 的位置.

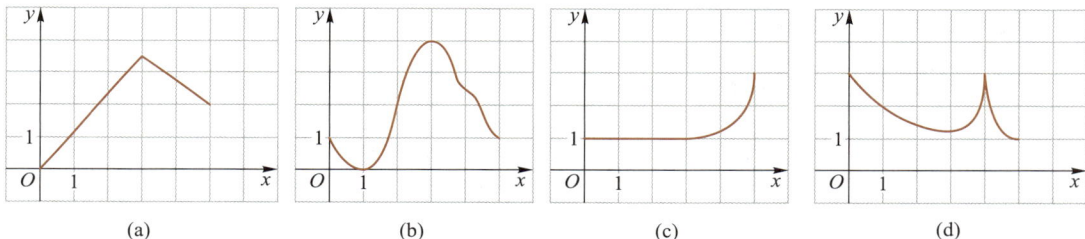

(a)　　　　(b)　　　　(c)　　　　(d)

图 3.1.4

3. 若方程 $a_0x^n+a_1x^{n-1}+\cdots+a_{n-1}x=0$ 有一个正根 x_0,证明方程 $na_0x^{n-1}+(n-1)a_1x^{n-2}+\cdots+a_{n-1}=0$ 必有一个小于 x_0 的正根.

4. 证明多项式 $f(x)=x^3-3x+a$ 在 $[0,1]$ 上不可能有两个零点.

5. 设 $1<a<b$,证明不等式:

(1) $\dfrac{b-a}{b}<\ln\dfrac{b}{a}<\dfrac{b-a}{a}$;　　(2) $na^{n-1}(b-a)<b^n-a^n<nb^{n-1}(b-a)$.

6. 证明:对于函数 $y=px^2+qx+r(p\neq0)$ 应用拉格朗日中值定理时所求得的点 ξ 总是位于区间的正中间.

7. 证明在区间 $(-\infty,1)$ 和 $(1,+\infty)$ 上各有一个常数 C,使得 $\arctan\dfrac{1+x}{1-x}=\arctan x+C$.

* *

8. 用中值定理证明:

(1) $\sqrt{1+x}<1+\dfrac{1}{2}x(x>0)$;　　(2) $x<\tan x$,其中 $x\in\left(0,\dfrac{\pi}{2}\right)$.

9. 高速公路上有两辆巡逻测速车,它们相距 5 km,如图 3.1.5 所示.当一辆卡车经过第一辆巡逻车时,它的速度被记录为 55 km/h;4 min 后,当卡车经过第二辆巡逻车时,它的速度被记录为

50 km/h.假设卡车的速度是连续变化的,又设公路的限速为 55 km/h,证明卡车一定在这 4 min 内的某个时刻超速了.

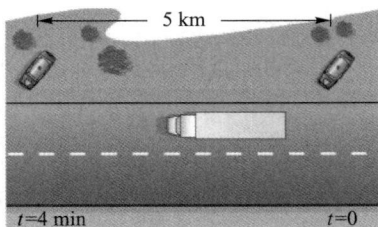

图 3.1.5

10. 设 $\lim\limits_{x\to\infty} f'(x)=k$, 求 $\lim\limits_{x\to\infty}[f(x+a)-f(x)]$, 其中 a,k 都是常数.

11. (1) 设 $f(x)$ 在 $[0,1]$ 上连续, 在 $(0,1)$ 内可导, 且 $f(1)=0$, 求证存在 $\xi\in(0,1)$, 使得 $2f(\xi)+\xi f'(\xi)=0$.

(2) 设 $f(x)$ 在 $[0,1]$ 上连续, 在 $(0,1)$ 内可导, $f(0)=f(1)=0$, 证明: 存在 $\xi\in(0,1)$, 使得 $2f(\xi)+f'(\xi)=0$.

(3) 设 $p(x)$ 和 $q(x)$ 在 $[a,b]$ 上连续, 在 (a,b) 内可导, 且 $p(a)=p(b)=0$, 求证存在 $\xi\in(a,b)$, 使得 $p'(\xi)+p(\xi)q'(\xi)=0$.

12. 设 $f(x)$ 在 $[0,1]$ 上连续, 在 $(0,1)$ 内可导, 且 $f(x)$ 在 $(0,1)$ 内不取零值, 但 $f(1)=0$. 证明: 在 $(0,1)$ 内存在 ξ, 使得 $\dfrac{f'(\xi)}{f(\xi)}=\dfrac{f'(1-\xi)}{f(1-\xi)}$.

13. 设 $0<a<b$, 函数 $f(x)$ 在区间 $[a,b]$ 上连续, 在 (a,b) 内可导, 证明

(1) 存在 $\xi\in(a,b)$, 使得 $f(b)-f(a)=\xi f'(\xi)\ln\dfrac{b}{a}$;

(2) 存在 $\xi\in(a,b)$, 使得 $\dfrac{f(b)-f(a)}{b-a}=(b^{n-1}+b^{n-2}a+\cdots+ba^{n-2}+a^{n-1})\dfrac{f'(\xi)}{n\xi^{n-1}}$.

进而有 $f'(\xi_1)=\dfrac{f(b)-f(a)}{b-a}=(b+a)\dfrac{f'(\xi_2)}{2\xi_2}=(b^2+ba+a^2)\cdot\dfrac{f'(\xi_3)}{3\xi_3^2}$.

(3) 设 $f(x)>0$, 证明: 存在 $c(a<c<b)$, 使 $\ln\dfrac{f(b)}{f(a)}=\dfrac{f'(c)}{f(c)}(b-a)$.

14. 已知 f 是 $(-1,1)$ 内的可微函数, $f(0)=0$, $|f'(x)|\leqslant 1$, 证明在 $(-1,1)$ 内 $|f(x)|<1$.

15. 若函数 $f(x)$ 在 $(-\infty,+\infty)$ 内满足 $f'(x)=f(x)$, 且 $f(0)=1$, 证明 $f(x)\equiv e^x$.

* *

16. 设 $f(x)$ 在 $[a,b]$ 上连续, 在 (a,b) 内可导, $f(a)=f(b)=1$, 求证, 存在 $\xi,\eta\in(a,b)$, 使得 $e^{\xi-\eta}[f(\eta)-f'(\eta)]=1$.

17. 设不恒为常数的函数 $f(x)$ 在 $[a,b]$ 上连续, 在 (a,b) 内可导, 且有 $f(a)=f(b)$, 证明: 在 (a,b) 内至少存在一点 ξ, 使得 $f'(\xi)>0$.

18. 设函数 $y=f(x)$ 在 $x=0$ 的某邻域内连续且有 n 阶导数, 且 $f(0)=f'(0)=\cdots=f^{(n-1)}(0)=0$, 试证存在 $\theta\in(0,1)$, 使得 $\dfrac{f(x)}{x^n}=\dfrac{f^{(n)}(\theta x)}{n!}$.

*19. 已知 $\varphi(x)$ 在 $[1,3]$ 上连续, 在 $(1,3)$ 内二阶可导, 则存在 $\xi\in(1,3)$, 使得 $\varphi''(\xi)=\varphi(1)-2\varphi(2)+\varphi(3)$.

§ 3.2 未定式的极限 泰勒公式

3.2.1 洛必达法则

前面已经讲过,两个无穷小(大)之比的极限可能不存在,也可能存在,我们称两个无穷小(大)之比为 $\dfrac{0}{0}$ 型 $\left(\dfrac{\infty}{\infty}$ 型$\right)$ **未定式**.洛必达法则是解决这两类未定式的有效方法.

一、$\dfrac{0}{0}$ 型极限

定理 3.2.1 $\left(\dfrac{0}{0}$ 型极限的洛必达法则$\right)$ 设 $f(x),g(x)$ 在点 x_0 的某去心邻域 $\overset{\circ}{U}(x_0)$ 内有定义且可导.并且

(1) $\lim\limits_{x\to x_0}f(x)=\lim\limits_{x\to x_0}g(x)=0$;

(2) $g'(x)\neq 0,\forall x\in\overset{\circ}{U}(x_0)$;

(3) $\lim\limits_{x\to x_0}\dfrac{f'(x)}{g'(x)}=A$($A$ 可为实数,也可为 $\pm\infty,\infty$),

则

$$\lim\limits_{x\to x_0}\frac{f(x)}{g(x)}=A. \tag{3.2.1}$$

证 由于条件(1),点 x_0 要么是 $f(x),g(x)$ 的连续点,要么是可去间断点.在后一种情况下,补充定义

$$f(x_0)=\lim\limits_{x\to x_0}f(x)=0,\quad g(x_0)=\lim\limits_{x\to x_0}g(x)=0,$$

则对任意一点 $x\in\overset{\circ}{U}(x_0)$,$f(x),g(x)$ 在 $[x,x_0]$($x<x_0$ 时)或 $[x_0,x]$($x>x_0$ 时)上连续,在相应开区间内可导.于是由柯西中值定理知,存在介于 x,x_0 之间的 ξ,使得

$$\frac{f(x)}{g(x)}=\frac{f(x)-f(x_0)}{g(x)-g(x_0)}=\frac{f'(\xi)}{g'(\xi)}.$$

当令 $x\to x_0$ 时,也有 $\xi\to x_0$,故得

$$\lim\limits_{x\to x_0}\frac{f(x)}{g(x)}=\lim\limits_{x\to x_0}\frac{f'(\xi)}{g'(\xi)}=\lim\limits_{x\to x_0}\frac{f'(x)}{g'(x)}=A.$$

证毕.

对于 $x\to x_0^-,x\to x_0^+$ 或 $x\to+\infty,x\to-\infty,x\to\infty$ 的极限过程,只要相应地修正条件中的邻域,也有相同的结论.例如,设 $f(x),g(x)$ 在 ∞ 的某邻域内可导,且

$$\lim_{x \to \infty} f(x) = \lim_{x \to \infty} g(x) = 0, \quad \lim_{x \to \infty} \frac{f'(x)}{g'(x)} = A.$$

令 $t = \dfrac{1}{x}$,则

$$\lim_{x \to \infty} \frac{f(x)}{g(x)} = \lim_{t \to 0} \frac{f\left(\dfrac{1}{t}\right)}{g\left(\dfrac{1}{t}\right)} = \lim_{t \to 0} \frac{f'\left(\dfrac{1}{t}\right) \cdot \left(-\dfrac{1}{t^2}\right)}{g'\left(\dfrac{1}{t}\right) \cdot \left(-\dfrac{1}{t^2}\right)}$$

$$= \lim_{t \to 0} \frac{f'\left(\dfrac{1}{t}\right)}{g'\left(\dfrac{1}{t}\right)} = \lim_{x \to \infty} \frac{f'(x)}{g'(x)} = A.$$

如有必要,只要条件得到验证,可以接连多次使用洛必达法则.计算时还要注意随时化简和运用等价无穷小的替换.

例 3.2.1   计算极限:

(1) $\displaystyle\lim_{x \to 1} \frac{x^3 - 3x + 2}{x^3 - x^2 - x + 1}$;   (2) $\displaystyle\lim_{x \to 0} \frac{\sin x - x}{x^3}$;   (3) $\displaystyle\lim_{x \to 0} \frac{\sin x - x + \dfrac{x^3}{6}}{x^5}$.

解   (1) $\displaystyle\lim_{x \to 1} \frac{x^3 - 3x + 2}{x^3 - x^2 - x + 1} = \lim_{x \to 1} \frac{3x^2 - 3}{3x^2 - 2x - 1}$

$$= \lim_{x \to 1} \frac{6x}{6x - 2} = \frac{3}{2}.$$

(注意:最后一步不是未定式的极限,不能再次使用洛必达法则,否则会出错.)

思考题 3.2.1   能否由例 3.2.1 中的(2),(3)看出,函数 $\sin x$ 是如何表示成一个 7 次多项式与 $o(x^7)$ 之和的?

(2) $\displaystyle\lim_{x \to 0} \frac{\sin x - x}{x^3} = \lim_{x \to 0} \frac{\cos x - 1}{3x^2} = \lim_{x \to 0} \frac{-\sin x}{6x} = -\frac{1}{6}.$

(3) $\displaystyle\lim_{x \to 0} \frac{\sin x - x + \dfrac{x^3}{6}}{x^5} = \lim_{x \to 0} \frac{\cos x - 1 + \dfrac{x^2}{2}}{5x^4} = \lim_{x \to 0} \frac{-\sin x + x}{5 \times 4x^3} = \lim_{x \to 0} \frac{-\cos x + 1}{5 \times 4 \times 3x^2} = \frac{1}{5!}.$

二、$\dfrac{\infty}{\infty}$ 型极限

对于 $\dfrac{\infty}{\infty}$ 型极限,有下列形式的洛必达法则.

定理 3.2.2 $\left(\dfrac{\infty}{\infty}\text{型极限的洛必达法则}\right)$ 设 $f(x), g(x)$ 在 x_0 的某去心邻域 $\mathring{U}(x_0)$ 内有定义且可导,并且

（ⅰ）$\lim\limits_{x \to x_0} f(x) = \lim\limits_{x \to x_0} g(x) = \infty$;

（ⅱ）$g'(x) \neq 0, \forall x \in \mathring{U}(x_0)$;

（ⅲ）$\lim\limits_{x \to x_0} \dfrac{f'(x)}{g'(x)} = A$（$A$ 可为实数，也可为 $\pm \infty, \infty$）,

则

$$\lim_{x \to x_0} \frac{f(x)}{g(x)} = A.$$

对于 $x \to x_0^-, x \to x_0^+$ 或 $x \to +\infty, x \to -\infty, x \to \infty$ 也有相同的结论.

　　由于证明难度较大，在此我们略去. 感兴趣的读者可参见阅读材料 3.1.

　　☆**例 3.2.2**　计算极限（$\alpha > 0$）：

（1）$\lim\limits_{x \to +\infty} \dfrac{\ln x}{x^{\alpha}}$;　　　　（2）$\lim\limits_{x \to +\infty} \dfrac{x^{\alpha}}{e^x}$;　　　　（3）$\lim\limits_{x \to +\infty} \dfrac{(\ln x)^3}{x^{\alpha}}$.

　　解　注意分子分母都是可导的无穷大.

（1）$\lim\limits_{x \to +\infty} \dfrac{\ln x}{x^{\alpha}} = \lim\limits_{x \to +\infty} \dfrac{\dfrac{1}{x}}{\alpha x^{\alpha-1}} = \lim\limits_{x \to +\infty} \dfrac{1}{\alpha x^{\alpha}} = 0.$

（2）$\lim\limits_{x \to +\infty} \dfrac{x^{\alpha}}{e^x} = \lim\limits_{x \to +\infty} \dfrac{\alpha x^{\alpha-1}}{e^x} = \lim\limits_{x \to +\infty} \dfrac{\alpha(\alpha-1)x^{\alpha-2}}{e^x} = \cdots = \lim\limits_{x \to +\infty} \dfrac{\alpha(\alpha-1)\cdots(\alpha-m+1)x^{\alpha-m}}{e^x} = 0$

（当 $\alpha > 1$ 时，只要求导次数 m 足够多，就可以使 $\alpha - m \leqslant 0$. 从而最后的极限为零）.

（3）$\lim\limits_{x \to +\infty} \dfrac{(\ln x)^3}{x^{\alpha}} = \lim\limits_{x \to +\infty} \dfrac{3(\ln x)^2 \cdot \dfrac{1}{x}}{\alpha x^{\alpha-1}}$

$\qquad\qquad\qquad = \lim\limits_{x \to +\infty} \dfrac{3(\ln x)^2}{\alpha x^{\alpha}} = \lim\limits_{x \to +\infty} \dfrac{6 \ln x}{\alpha^2 x^{\alpha}}$

$\qquad\qquad\qquad = \lim\limits_{x \to +\infty} \dfrac{6}{\alpha^3 x^{\alpha}} = 0.$

　　这个例题解决了三种基本初等函数的"无穷大比较". 可见，当 $x \to +\infty$ 时"无穷大比较"的顺序是

$$(\ln x)^k < x^{\alpha} < e^x \qquad\qquad (3.2.2)$$

（其中 $k > 0, \alpha > 0$），这里符号"$<$"表示"右边趋于无穷大的速度快于左边".

三、其他类型的未定式的极限

　　其他类型的未定式极限有：$\infty - \infty, 0 \cdot \infty, 1^{\infty}, 0^0, \infty^0$，等等，可化为商的极限，即

阅读材料 **3.1**

$\dfrac{\infty}{\infty}$ 型极限的洛必达法则之证明，施托尔茨定理

化为求 $\dfrac{0}{0}$ 或 $\dfrac{\infty}{\infty}$ 型未定式极限.以下举例说明.

例 3.2.3   计算极限:

☆(1) $\lim\limits_{x\to 0^+} x^{\varepsilon}\ln x\,(\varepsilon>0)$;   (2) $\lim\limits_{x\to +\infty} x(2^{\frac{1}{x}}-1)$;

(3) $\lim\limits_{x\to 0}\left(\dfrac{1}{x}-\dfrac{1}{e^x-1}\right)$;   (4) $\lim\limits_{x\to 1}(1-x)\tan\dfrac{\pi}{2}x$.

解   化为除式的极限.

(1) $\lim\limits_{x\to 0^+} x^{\varepsilon}\ln x=\lim\limits_{x\to 0^+}\dfrac{\ln x}{x^{-\varepsilon}}=\lim\limits_{x\to 0^+}\dfrac{\dfrac{1}{x}}{-\varepsilon x^{-\varepsilon-1}}=\lim\limits_{x\to 0^+}\dfrac{x^{\varepsilon}}{-\varepsilon}=0$

(这个结果说明 $x\to 0^+$ 时 $\ln x\to -\infty$ 的速度是非常缓慢的).

(2) $\lim\limits_{x\to +\infty} x(2^{\frac{1}{x}}-1)=\lim\limits_{x\to +\infty}\dfrac{2^{\frac{1}{x}}-1}{\dfrac{1}{x}}=\lim\limits_{t\to 0^+}\dfrac{2^t-1}{t}=\lim\limits_{t\to 0^+}\dfrac{2^t\ln 2}{1}=\ln 2$

(用"倒代换" $t=\dfrac{1}{x}$ 可以简化计算过程).

(3) $\lim\limits_{x\to 0}\left(\dfrac{1}{x}-\dfrac{1}{e^x-1}\right)=\lim\limits_{x\to 0}\dfrac{e^x-1-x}{x(e^x-1)}=\lim\limits_{x\to 0}\dfrac{e^x-1-x}{x^2}=\lim\limits_{x\to 0}\dfrac{e^x-1}{2x}=\dfrac{1}{2}$

(无论求极限函数是减式还是乘式,都要转化成除式,否则会出错).

(4) $\lim\limits_{x\to 1}(1-x)\tan\dfrac{\pi}{2}x=\lim\limits_{x\to 1}\dfrac{1-x}{\cos\dfrac{\pi x}{2}}=\lim\limits_{x\to 1}\dfrac{-1}{-\sin\left(\dfrac{\pi x}{2}\right)\cdot\dfrac{\pi}{2}}=\dfrac{2}{\pi}$

(选对"把谁调到分母上"十分重要).

对于幂指函数的极限,可以通过
$$\lim f(x)^{g(x)}=\lim e^{g(x)\ln[f(x)]}=e^{\lim g(x)\ln[f(x)]}$$
转化为除式的极限.

☆**例 3.2.4**   计算极限

(1) $\lim\limits_{x\to +\infty} x^{\frac{1}{x}}$;   (2) $\lim\limits_{x\to 0^+}\left(1+\dfrac{1}{x}\right)^x$.

解   本题给出了幂指函数极限的导数解法.

(1) $\lim\limits_{x\to +\infty} x^{\frac{1}{x}}=\lim\limits_{x\to +\infty} e^{\frac{\ln x}{x}}=e^{\lim\limits_{x\to +\infty}\frac{\ln x}{x}}=e^{\lim\limits_{x\to +\infty}\frac{\frac{1}{x}}{1}}=e^0=1$.

注   例 3.2.4 推出数列极限的一个重要结论: $\lim\limits_{n\to\infty} n^{\frac{1}{n}}=1$.

(2) $\lim\limits_{x\to 0^+}\left(1+\dfrac{1}{x}\right)^x=\lim\limits_{x\to 0^+} e^{x\ln\left(1+\frac{1}{x}\right)}=\lim\limits_{t\to +\infty} e^{\frac{\ln(1+t)}{t}}=\lim\limits_{t\to +\infty} e^{\frac{1}{1+t}}=e^0=1$.

例 3.2.5 讨论函数 $f(x)=\begin{cases}\left(\dfrac{(1+x)^{\frac{1}{x}}}{e}\right)^{\frac{1}{x}}, & x>0,\\[2mm] e^{-\frac{1}{2}}, & x\leqslant 0\end{cases}$ 在 $x=0$ 处的连续性.

解 把问题转化为除式的极限:

$$\lim_{x\to0^+}f(x)=\lim_{x\to0^+}\left(\frac{(1+x)^{\frac{1}{x}}}{e}\right)^{\frac{1}{x}}=\lim_{x\to0^+}e^{\frac{\ln(1+x)^{\frac{1}{x}}-\ln e}{x}}=e^{\lim\limits_{x\to0^+}\frac{\ln(1+x)-x}{x^2}}=e^{\lim\limits_{x\to0^+}\frac{\frac{1}{1+x}-1}{2x}}=e^{-\frac{1}{2}}.$$

而 $f(0)=\lim\limits_{x\to0^-}f(x)=e^{-\frac{1}{2}}$,所以 $f(x)$ 在点 $x=0$ 处连续.

洛必达法则大大扩充了可处理的极限的范围,对于那些难以转化到已知极限的,或含等价无穷小之差的,就可以使用洛必达法则,例如

$$\lim_{x\to+\infty}\frac{\ln(1+x)}{x}=0,\qquad\lim_{x\to+\infty}\frac{e^x-1}{x}=+\infty.$$

$\lim\limits_{x\to0}\dfrac{x-\sin x}{x}=\dfrac{1}{6}$,$\lim\limits_{x\to0}\dfrac{\ln(1+x)-x}{x}=-\dfrac{1}{2}$,$\lim\limits_{x\to0}\dfrac{e^x-1-x}{x}=\dfrac{1}{2}$,等.

四、关于洛必达法则用法的注记

用洛必达法则计算极限虽然方便,但如果不注意条件就会出错.

1. 不能应用洛必达法则的几个反例

运算中的每一步都要仔细检验(尽管不必写出检验细节),必要时改变计算策略.

反例 1 $\lim\limits_{x\to0}\dfrac{x^2\sin\dfrac{1}{x}}{\sin x}$.

分子分母求导数得到 $\lim\limits_{x\to0}\dfrac{2x\sin\dfrac{1}{x}-\cos\dfrac{1}{x}}{\cos x}$,这时 $x=0$ 为函数 $\cos\dfrac{1}{x}$ 的振荡间断点,当 $x\to0$ 时其极限不存在.定理条件指出:如果 $\lim\limits_{x\to x_0}\dfrac{f'(x)}{g'(x)}$ 是有限数(或无穷大),$\lim\limits_{x\to x_0}\dfrac{f(x)}{g(x)}$ 才等于这个数(或无穷大),所以本题不适用洛必达法则.正确的算法是利用"无穷小量乘有界变量是无穷小量",即

$$\lim_{x\to0}\frac{x^2\sin\dfrac{1}{x}}{\sin x}=\lim_{x\to0}\frac{x^2}{\sin x}\cdot\sin\frac{1}{x}=0.$$

反例 2 $\lim\limits_{x\to0}\dfrac{x}{2+\sin x}$.

假如使用洛必达法则就得到原极限等于 $\lim\limits_{x\to 0}\dfrac{1}{\cos x}=1.$ 但这是错的,因为原式根本就不是 $\dfrac{0}{0}$ 型的极限,而是连续函数的极限,直接就是函数值 0.可见不该使用洛必达法则时一用就可能会出错.

下面的 $\dfrac{\infty}{\infty}$ 型极限也不可使用洛必达法则.

反例 3　$\lim\limits_{x\to +\infty}\dfrac{x+\sin x}{x}.$

如果使用,原式等于 $\lim\limits_{x\to +\infty}\dfrac{1+\cos x}{1}$,极限不存在,因此不满足定理的条件,需要另法计算.事实上,

$$\lim_{x\to +\infty}\frac{x+\sin x}{x}=\lim_{x\to +\infty}\left(1+\frac{\sin x}{x}\right)=1.$$

反例 4　$\lim\limits_{x\to +\infty}\dfrac{x}{\sqrt{1+x^2}}.$

若用洛必达法则,将会得到

$$\lim_{x\to +\infty}\frac{x}{\sqrt{1+x^2}}=\lim_{x\to +\infty}\frac{1}{\dfrac{x}{\sqrt{1+x^2}}}=\lim_{x\to +\infty}\frac{\sqrt{1+x^2}}{x}=\lim_{x\to +\infty}\frac{\dfrac{x}{\sqrt{1+x^2}}}{1}=\lim_{x\to +\infty}\frac{x}{\sqrt{1+x^2}},$$

回到原式,无法继续.事实上,只需注意

$$\lim_{x\to +\infty}\frac{1}{\sqrt{\dfrac{1}{x^2}+1}}=1,$$

便解决问题.类似的反例还有 $\lim\limits_{x\to +\infty}\dfrac{e^x+e^{-x}}{e^x-e^{-x}}$,等等.

2. 不可对抽象函数的极限扩大条件的例子

在抽象函数的极限式中应用洛必达法则时应该注意条件限制,必要时利用导数定义.

例 3.2.6　指出并纠正下列两题的解法中的错误.

(1) 设 $f(x)=\begin{cases}\dfrac{g(x)}{x}, & x\neq 0,\\ 0, & x=0,\end{cases}$ 其中 $g(0)=g'(0)=0,g''(0)=3$,求 $f'(0)$.

（2）设 $f(x)$ 在点 x 处二阶可导，求 $\lim\limits_{h\to 0}\dfrac{f(x+h)+f(x-h)-2f(x)}{h^2}$.

（1）的解法：根据导数的定义和洛必达法则，得

$$f'(0)=\lim_{x\to 0}\frac{f(x)-f(0)}{x-0}=\lim_{x\to 0}\frac{g(x)}{x^2}=\lim_{x\to 0}\frac{g'(x)}{2x}=\lim_{x\to 0}\frac{g''(x)}{2}=\frac{1}{2}g''(0)=\frac{3}{2}.$$

（2）的解法：两次运用洛必达法则，得

$$\lim_{h\to 0}\frac{f(x+h)+f(x-h)-2f(x)}{h^2}=\lim_{h\to 0}\frac{f'(x+h)-f'(x-h)}{2h}$$

$$=\lim_{h\to 0}\frac{f''(x+h)+f''(x-h)}{2}=f''(x).$$

解 （1）在 $\lim\limits_{x\to 0}\dfrac{g'(x)}{2x}=\lim\limits_{x\to 0}\dfrac{g''(x)}{2}=\dfrac{1}{2}g''(0)$ 中发生两个错误：一是 $g''(x)$ 当 $x\neq 0$ 时没有假设存在，不能用洛必达法则；二是即使当 $x\neq 0$ 时 $g''(x)$ 存在，也未必连续，故“$=\dfrac{1}{2}g''(0)$”就有问题. 下面是两种正确的解法：

用导数定义：$\lim\limits_{x\to 0}\dfrac{g'(x)}{2x}=\lim\limits_{x\to 0}\dfrac{g'(x)-g'(0)}{2(x-0)}=\dfrac{1}{2}g''(0)=\dfrac{3}{2}$；

微分法：$\lim\limits_{x\to 0}\dfrac{g'(x)}{2x}=\lim\limits_{x\to 0}\dfrac{g''(0)x+o(x)}{2x}=\dfrac{g''(0)}{2}=\dfrac{3}{2}$.

（2）的条件只告诉二阶导数在点 x（一点）处存在，故后两步发生的错误与（1）是相似的. 正确的做法是：

用导数的定义

$$\lim_{h\to 0}\frac{f'(x+h)-f'(x-h)}{2h}=\lim_{h\to 0}\frac{[f'(x+h)-f'(x)]-[f'(x-h)-f'(x)]}{2h}$$

$$=\frac{f''(x)}{2}+\frac{f''(x)}{2}=f''(x)；$$

或用微分法

$$\lim_{h\to 0}\frac{f'(x+h)-f'(x-h)}{2h}=\lim_{h\to 0}\frac{[f'(x)+f''(x)h+o(h)]-[f'(x)+f''(x)(-h)+o(-h)]}{2h}$$

$$=f''(x).$$

五、极限杂题

我们在第 1 章学习了极限的基本原理，主要的方法可以总结为

（1）极限四则运算和复合运算下的计算法则，无穷小量乘有界变量法则；

（2）夹逼准则，单调有界准则；

（3）等价无穷小替换；

（4）两个重要极限，连续函数极限.

第 2 章的导数定义又使极限计算方法有所扩展.如果将洛必达法则与上述多种方法有机结合，将会产生更好的效果.

例 3.2.7　计算极限：

（1）$\lim\limits_{x\to 0}\dfrac{\arcsin 2x-2\arcsin x}{x^3}$；　　（2）$\lim\limits_{x\to 0}\dfrac{\tan x-x}{x^2\tan x}$.

解　（1）先用洛必达法则.注意用 $\lim\limits_{x\to 0}\sqrt{1-x^2}=\lim\limits_{x\to 0}\sqrt{1-4x^2}=1$ 化简非零因子，

$$\lim_{x\to 0}\frac{\arcsin 2x-2\arcsin x}{x^3}=\lim_{x\to 0}\frac{\dfrac{2}{\sqrt{1-4x^2}}-\dfrac{2}{\sqrt{1-x^2}}}{3x^2}$$

$$=\lim_{x\to 0}\frac{2(\sqrt{1-x^2}-\sqrt{1-4x^2})}{3x^2\sqrt{1-4x^2}\sqrt{1-x^2}}$$

$$=\lim_{x\to 0}\frac{2(1-x^2-1+4x^2)}{3x^2\sqrt{1-4x^2}\sqrt{1-x^2}(\sqrt{1-x^2}+\sqrt{1-4x^2})}=1.$$

（2）先用等价无穷小简化，再用洛必达法则.

$$\lim_{x\to 0}\frac{\tan x-x}{x^2\tan x}=\lim_{x\to 0}\frac{\tan x-x}{x^3}=\lim_{x\to 0}\frac{\sec^2 x-1}{3x^2}=\lim_{x\to 0}\frac{\tan^2 x}{3x^2}=\frac{1}{3}.$$

例 3.2.8　计算极限：

$$\lim_{n\to\infty}\left(\frac{a^{\frac{1}{n}}+b^{\frac{1}{n}}+c^{\frac{1}{n}}}{3}\right)^n.$$

解　不能对离散变量 n 求导，根据复合原理，通过函数极限得出结论.

将 $\left\{\dfrac{1}{n}\right\}$ 看作 $x\to 0$ 过程中的一部分，有

$$\lim_{n\to\infty}\left(\frac{a^{\frac{1}{n}}+b^{\frac{1}{n}}+c^{\frac{1}{n}}}{3}\right)^n=\lim_{x\to 0^+}\left(\frac{a^x+b^x+c^x}{3}\right)^{\frac{1}{x}}=\mathrm{e}^{\lim\limits_{x\to 0^+}\frac{\ln\left(\frac{a^x+b^x+c^x}{3}\right)}{x}}=\mathrm{e}^{\frac{\ln a+\ln b+\ln c}{3}}=\sqrt[3]{abc}.$$

例 3.2.9　计算极限：

（1）$\lim\limits_{x\to 0}\dfrac{\mathrm{e}^{-\frac{1}{x^2}}}{x^{1\,000}}$；　　（2）$\lim\limits_{x\to +\infty}\dfrac{\mathrm{e}^{3x}-x+\sqrt{x}\ln x}{\sqrt{\mathrm{e}^{6x+1}}-\ln(\mathrm{e}^x+1)}$.

解　把无穷小之比化作无穷大之比，用的是换元法化简.

（1）$\lim\limits_{x\to 0}\dfrac{\mathrm{e}^{-\frac{1}{x^2}}}{x^{1\,000}}=\lim\limits_{x\to 0}\dfrac{\left(\dfrac{1}{x^2}\right)^{500}}{\mathrm{e}^{\frac{1}{x^2}}}=\lim\limits_{t\to +\infty}\dfrac{t^{500}}{\mathrm{e}^t}=0.$

（2）出现多种无穷大时，应该先找出最高阶的无穷大.

$$\lim_{x\to+\infty}\frac{e^{3x}-x+\sqrt{x}\ln x}{\sqrt{e^{6x+1}}-\ln(e^x+1)}=\lim_{x\to+\infty}\frac{1-\dfrac{x}{e^{3x}}+\dfrac{\sqrt{x}}{e^x}\dfrac{\ln x}{e^{2x}}}{e^{\frac{1}{2}}-\dfrac{x+\ln(1+e^{-x})}{e^{3x}}}=e^{-\frac{1}{2}}.$$

注 用"换元法"和已知无穷大比较式$(\ln x)^k<x^\alpha<e^x$可以省去洛必达法则的重复使用过程.但首先要正确判断哪个无穷大量的"等级最高".

例 3.2.10 设 $\lim_{x\to0}\dfrac{\ln\left(1+\dfrac{f(x)}{\sin x}\right)}{a^x-1-x\ln a}=A$，其中 $a>0,a\neq1$，求 $\lim_{x\to0}\dfrac{f(x)}{x^3}$.

解 当极限 A 存在时，因为分母极限为零，得出分子极限为零，即 $\lim_{x\to0}\dfrac{f(x)}{\sin x}=0$，

$$A=\lim_{x\to0}\frac{\dfrac{f(x)}{\sin x}}{a^x-1-x\ln a}=\lim_{x\to0}\frac{\dfrac{f(x)}{x}}{a^x-1-x\ln a}=\lim_{x\to0}\frac{\dfrac{f(x)}{x^3}}{\dfrac{a^x-1-x\ln a}{x^2}},$$

因为

$$\lim_{x\to0}\frac{a^x-1-x\ln a}{x^2}=\lim_{x\to0}\frac{a^x\ln a-\ln a}{2x}=\lim_{x\to0}\frac{a^x(\ln a)^2}{2}=\frac{(\ln a)^2}{2},$$

所以

$$\lim_{x\to0}\frac{f(x)}{x^3}=\frac{A(\ln a)^2}{2}.$$

注 例3.2.10中的$f(x)$是未知其可导性的，这时只能用等价无穷小将它从对数函数中移出来，而不能直接使用洛必达法则.

例 3.2.11 计算极限 $\lim_{x\to+\infty}(\sqrt[3]{x^3+3x^2}-\sqrt[4]{x^4-2x^3})$.

解 把无穷大过程转化为无穷小过程（以便套用更多法则）.

$$\lim_{x\to+\infty}(\sqrt[3]{x^3+3x^2}-\sqrt[4]{x^4-2x^3})=\lim_{x\to+\infty}x\left(\sqrt[3]{1+\frac{3}{x}}-\sqrt[4]{1-\frac{2}{x}}\right)$$

$$=\lim_{x\to+\infty}\frac{\sqrt[3]{1+\dfrac{3}{x}}-\sqrt[4]{1-\dfrac{2}{x}}}{\dfrac{1}{x}}=\lim_{t\to0^+}\frac{\sqrt[3]{1+3t}-\sqrt[4]{1-2t}}{t}.$$

下面用三种方法接着计算.

方法一（用洛必达法则）

$$\lim_{t\to0^+}\frac{\sqrt[3]{1+3t}-\sqrt[4]{1-2t}}{t}=\lim_{t\to0^+}\frac{\dfrac{1}{3}\cdot(1+3t)^{-\frac{2}{3}}\cdot3-\dfrac{1}{4}\cdot(1-2t)^{-\frac{3}{4}}\cdot(-2)}{1}=\frac{3}{2}.$$

方法二（用等价无穷小替换）

$$\lim_{t\to 0^+}\frac{\sqrt[3]{1+3t}-\sqrt[4]{1-2t}}{t}=\lim_{t\to 0^+}\left(\frac{\sqrt[3]{1+3t}-1}{t}-\frac{\sqrt[4]{1-2t}-1}{t}\right)=\lim_{t\to 0^+}\left(\frac{\frac{1}{3}\cdot 3t}{t}-\frac{\frac{1}{4}\cdot(-2t)}{t}\right)=\frac{3}{2}.$$

方法三（用微分表达式）　将微分表达式 $f(t)=f(0)+f'(0)t+o(t)$ 用于本题，就有

$$\lim_{t\to 0^+}\frac{\sqrt[3]{1+3t}-\sqrt[4]{1-2t}}{t}=\lim_{t\to 0^+}\frac{[1+t+o(t)]-\left[1-\frac{t}{2}+o(t)\right]}{t}=\frac{3}{2}.$$

练习 3.2.1

1. 用洛必达法则计算极限：

（1）$\lim\limits_{x\to 0}\dfrac{\sin 2x}{\sin 3x}$；　（2）$\lim\limits_{x\to \pi}\dfrac{\sin x}{\pi-x}$；　（3）$\lim\limits_{x\to a}\dfrac{x^\mu-a^\mu}{x-a}$；　（4）$\lim\limits_{x\to 0}\dfrac{1-e^x}{x}$；

（5）$\lim\limits_{x\to a}\dfrac{\sin x-\sin a}{x-a}$；　（6）$\lim\limits_{x\to 0}\dfrac{3^x-2^x}{x}$；　（7）$\lim\limits_{x\to 0}\dfrac{\arctan 2x}{\tan 5x}$；　（8）$\lim\limits_{x\to +\infty}\dfrac{\ln x}{x^2}$；

（9）$\lim\limits_{x\to +\infty}\dfrac{x^2+2x}{e^x}$；　（10）$\lim\limits_{x\to 0}\dfrac{\ln\sin 5x}{\ln\sin 2x}$.

2. 用洛必达法则计算极限：

（1）$\lim\limits_{x\to 0^+}\tan x\ln x$；　（2）$\lim\limits_{x\to 1}\left(\dfrac{3}{1-x^3}-\dfrac{1}{1-x}\right)$；　（3）$\lim\limits_{x\to 0}\left(\dfrac{\ln(1+x)^{1+x}}{x^2}-\dfrac{1}{x}\right)$；　（4）$\lim\limits_{x\to 0^+}x^x$.

3. 求极限：

（1）$\lim\limits_{x\to 0^+}(e^x-1)\ln x$；　（2）$\lim\limits_{x\to 1^-}\ln x\cdot\ln(1-x)$.

4. 用适当的方法求极限 $\lim\limits_{n\to\infty}(1+n)^{\frac{1}{n}}$.

3.2.2　泰勒公式

　　泰勒公式是微分学中的重要内容，是利用高阶导数处理函数的估值和极值的重要工具.泰勒公式可以更深刻地揭示函数的本质.

泰勒（B. Taylor, 1685—1731），英国数学家.

麦克劳林（C. Maclaurin, 1698—1746），苏格兰数学家.

一、麦克劳林公式及其应用

1. 麦克劳林展开定理

设函数 $f(x)$ 在点 $x=0$ 处 $n(n\geqslant 2)$ 阶可导，我们来用洛必达法则推广微分公式

$$f(x)=f(0)+f'(0)x+o(x).$$

事实上，如果 $f(x)$ 在点 $x=0$ 处二阶可导，那么 $f'(x)$ 在 $x=0$ 处连续，由洛必达法

则和二阶导数定义有

$$\lim_{x \to 0} \frac{f(x) - [f(0) + f'(0)x]}{x^2} = \lim_{x \to 0} \frac{f'(x) - f'(0)}{2x} = \frac{f''(0)}{2}.$$

所以, 存在点 $x = 0$ 的某邻域 $U(0)$, 对任意 $x \in U(0)$,

$$\frac{f(x) - [f(0) + f'(0)x]}{x^2} = \frac{f''(0)}{2} + \alpha(x) \quad (\text{其中} \lim_{x \to 0} \alpha(x) = 0).$$

最后, 因为 $\alpha(x)x^2 = o(x^2)$, 就得到

$$f(x) = f(0) + f'(0)x + \frac{f''(0)}{2!}x^2 + o(x^2).$$

当 $f(x)$ 在点 $x = 0$ 处三阶可导时, $f''(x)$ 在 $x = 0$ 处连续, 由洛必达法则与三阶导数的定义有

$$\lim_{x \to 0} \frac{f(x) - \left[f(0) + f'(0)x + \frac{f''(0)}{2!}x^2 \right]}{x^3} = \lim_{x \to 0} \frac{f'(x) - [f'(0) + f''(0)x]}{3x^2}$$

$$= \lim_{x \to 0} \frac{f''(x) - f''(0)}{3 \cdot 2x} = \frac{f'''(0)}{3!}.$$

从而, $\forall x \in U(0)$,

$$f(x) = f(0) + f'(0)x + \frac{f''(0)}{2!}x^2 + \frac{f'''(0)}{3!}x^3 + o(x^3).$$

归纳可得

定理 3.2.3 (带佩亚诺余项的麦克劳林展开定理) 若 $f(x)$ 在点 $x = 0$ 处 n 阶可导, 则存在 $x = 0$ 的某邻域 $U(0)$, 对任意 $x \in U(0)$, 有

佩亚诺 (G. Peano, 1858—1932), 意大利数学家.

$$f(x) = f(0) + f'(0)x + \frac{f''(0)}{2!}x^2 + \frac{f'''(0)}{3!}x^3 + \cdots + \frac{f^{(n)}(0)}{n!}x^n + o(x^n). \quad (3.2.3)$$

这个公式称为带佩亚诺余项的**麦克劳林公式**, 它在计算高阶未定式极限时十分有用. 将函数 $f(x)$ 写成 (3.2.3) 式右端的形式, 称为将 $f(x)$**展开**, (3.2.3) 式被称为 $f(x)$ 在点 $x = 0$ 处的一个 n **阶展开式**, $o(x^n)$ 称为展开式中的**佩亚诺余项**.

2. 常见函数的麦克劳林公式

我们要熟悉几个常见函数的麦克劳林公式.

命题 3.2.1 在 $x = 0$ 的某邻域 $U(0)$ 中, 有

(1) $e^x = 1 + x + \frac{1}{2!}x^2 + \cdots + \frac{1}{n!}x^n + o(x^n)$;

(2) $\sin x = x - \frac{1}{3!}x^3 + \frac{1}{5!}x^5 - \cdots + \frac{(-1)^{m-1}}{(2m-1)!}x^{2m-1} + o(x^{2m})$;

（3）$\cos x = 1 - \dfrac{1}{2!}x^2 + \dfrac{1}{4!}x^4 - \cdots + \dfrac{(-1)^m}{(2m)!}x^{2m} + o(x^{2m+1})$；

（4）$\dfrac{1}{1-x} = 1 + x + x^2 + x^3 + \cdots + x^n + o(x^n)$；

（5）$\ln(1+x) = x - \dfrac{1}{2}x^2 + \dfrac{1}{3}x^3 - \cdots + \dfrac{(-1)^{n-1}}{n}x^n + o(x^n)$；

（6）$(1+x)^{\alpha} = 1 + \alpha x + \dfrac{\alpha(\alpha-1)}{2!}x^2 + \cdots + \dfrac{\alpha(\alpha-1)\cdots(\alpha-n+1)}{n!}x^n + o(x^n)$.

这些结果都是不难验证的. 例如, 因为

$$(\mathrm{e}^x)^{(n)} = \mathrm{e}^x, (\mathrm{e}^x)^{(n)}\big|_{x=0} = \mathrm{e}^0 = 1, n = 0, 1, 2, \cdots,$$

代入公式（3.2.3）, 就得到（1）.

有了这些公式, 只要保持自变量在 0 的邻域内, 就可以间接地获得其他等式. 例如: 在（4）中, 用 $-x$ 代换 x 得到

$$\frac{1}{1+x} = 1 - x + x^2 - x^3 - \cdots + (-1)^n x^n + o(x^n).$$

进而, 再用 $\dfrac{x}{2}$ 代换 x 又得

$$\frac{1}{2+x} = \frac{1}{2} \cdot \frac{1}{1+\dfrac{x}{2}} = \frac{1}{2}\left[1 - \frac{x}{2} + \left(\frac{x}{2}\right)^2 - \left(\frac{x}{2}\right)^3 + \cdots + (-1)^n\left(\frac{x}{2}\right)^n + o(x^n)\right].$$

根据需要, 可以按给定的 n 写出等式. 例如, 当 x 在 ∞ 的邻域时, 取 $n=2$, 有

$$\frac{x}{1+x} = \frac{1}{1+\dfrac{1}{x}} = 1 - \left(\frac{1}{x}\right) + \left(\frac{1}{x}\right)^2 + o\left(\left(\frac{1}{x}\right)^2\right).$$

3. 用麦克劳林公式计算极限的例子

例 3.2.12　计算极限:

（1）$\displaystyle\lim_{x \to 0} \frac{\cos x - \mathrm{e}^{-\frac{x^2}{2}}}{x^4}$；　　　　　（2）$\displaystyle\lim_{x \to 0} \frac{x\mathrm{e}^x - \ln(1+x)}{x^2}$.

解　把 $\cos x, \mathrm{e}^{-\frac{x^2}{2}}, \mathrm{e}^x, \ln(1+x)$ 按麦克劳林公式展开到适当的阶数（分子分母需展至同阶）, 之后进行等量代换. 注意这不是无穷小替换, 因此可以在加减运算中进行.

（1）$\lim\limits_{x\to 0}\dfrac{\cos x-\mathrm{e}^{-\frac{x^2}{2}}}{x^4}$

$=\lim\limits_{x\to 0}\dfrac{\left[1-\dfrac{x^2}{2!}+\dfrac{x^4}{4!}+o(x^5)\right]-\left[1+\left(-\dfrac{x^2}{2}\right)+\dfrac{1}{2!}\left(-\dfrac{x^2}{2}\right)^2+o(x^5)\right]}{x^4}$ （同为 4 阶）

$=\lim\limits_{x\to 0}\dfrac{-\dfrac{1}{12}x^4+o(x^5)}{x^4}=-\dfrac{1}{12}.$

（2）$\lim\limits_{x\to 0}\dfrac{x\mathrm{e}^x-\ln(1+x)}{x^2}=\lim\limits_{x\to 0}\dfrac{x(1+x+o(x))-\left(x-\dfrac{x^2}{2}+o(x^2)\right)}{x^2}$ （同为 2 阶）

$=\lim\limits_{x\to 0}\dfrac{\dfrac{3}{2}x^2+o(x^2)}{x^2}=\dfrac{3}{2}.$

例 3.2.13 当 a,b 为何值时，$x-(a+b\cos x)\sin x$ 是 x 的五阶无穷小量（当 $x\to 0$ 时）？

解法一（用洛必达法则） 设 $\lim\limits_{x\to 0}\dfrac{x-(a+b\cos x)\sin x}{x^5}=A\neq 0$，则

$A=\lim\limits_{x\to 0}\dfrac{x-(a+b\cos x)\sin x}{x^5}$

$=\lim\limits_{x\to 0}\dfrac{1-(a+b\cos x)\cos x+b\sin^2 x}{5x^4}$（分子的极限必须为零，得 $1-a-b=0$）

$=\lim\limits_{x\to 0}\dfrac{3b\sin x\cos x+(a+b\cos x)\sin x}{20x^3}$

$=\lim\limits_{x\to 0}\dfrac{a+4b\cos x}{20x^2}$（分子的极限必须为零，得 $a+4b=0$）

$=\lim\limits_{x\to 0}\dfrac{-4b\sin x}{40x}=-\dfrac{b}{10}.$

综上所述，$a=\dfrac{4}{3}$，$b=-\dfrac{1}{3}$，进而 $A=\dfrac{1}{30}.$

注 例 3.2.13 中的 $\sin x$ 在第三步作了无穷小等价替换，就减少了计算量.

解法二（用麦克劳林公式） 将 $\cos x,\sin x$ 的麦克劳林公式展开到 x^5，代入并整理得

$$x-(a+b\cos x)\sin x=x-\left[a+b\left(1-\dfrac{x^2}{2!}+\dfrac{x^4}{4!}+o(x^5)\right)\right]\cdot\left[x-\dfrac{x^3}{3!}+\dfrac{x^5}{5!}+o(x^5)\right]$$

$$=(1-a-b)x+\left(\dfrac{a}{6}+\dfrac{2b}{3}\right)x^3-\left(\dfrac{a+16b}{120}\right)x^5+o(x^5).$$

为使上式成为 x 的五阶无穷小量,当且仅当

$$\begin{cases} 1-a-b=0, \\ \dfrac{a}{6}+\dfrac{2b}{3}=0, \\ \dfrac{a+16b}{120}\neq 0, \end{cases}$$

解得 $a=\dfrac{4}{3},b=-\dfrac{1}{3}$.

二、泰勒公式

(3.2.3)式指出,若 $f(x)$ 在点 $x=0$ 处 n 阶可导,那么可以构造一个 n 阶多项式

$$P_n(x)=f(0)+f'(0)x+\frac{f''(0)}{2!}x^2+\frac{f'''(0)}{3!}x^3+\cdots+\frac{f^{(n)}(0)}{n!}x^n,$$

这个多项式在点 $x=0$ 的某邻域里代替微分式中的一次多项式 $f(0)+f'(0)x$,能更好地逼近 $f(x)$,其中 $f(0)=P_n(0)$, $f^{(i)}(0)=P_n^{(i)}(0)(i=1,2,\cdots,n)$.如果令 $R_n(x)=f(x)-P_n(x)$,那么 $R_n(x)$ 反映了点 $x=0$ 的某邻域上两个函数取值的误差,特别地 $R_n(0)=0,R_n^{(i)}(0)=0(i=1,2,\cdots,n)$.为了更清楚地表示这个误差,我们假设 $f(x)$ 在 $x=0$ 的某邻域 $U(0)$ 上有 $n+1$ 阶导数,$\forall x\in U(0)$,反复运用柯西中值定理可以得到

$$\frac{R_n(x)}{x^{n+1}}=\frac{R_n(x)-R_n(0)}{x^{n+1}-0^{n+1}}=\frac{R_n'(\xi_1)}{(n+1)\xi_1^n}=\frac{R_n'(\xi_1)-R_n'(0)}{(n+1)\xi_1^n-(n+1)0^n}$$

$$=\frac{R_n''(\xi_2)}{(n+1)n\xi_2^{n-1}}=\cdots=\frac{R_n^{(n+1)}(\xi)}{(n+1)!},$$

这里 $0<\xi<\xi_n<\cdots<\xi_1<x$,或 $x<\xi_1<\cdots<\xi_n<\xi<0$.于是

$$R_n(x)=\frac{R_n^{(n+1)}(\xi)}{(n+1)!}x^{n+1},$$

其中 ξ 还可以表示为 $\xi=\theta x$(ξ 对应某个值 $\theta\in(0,1)$).将 $R_n(x)=f(x)-P_n(x)$ 代到上式中,得到如下结论:

定理 3.2.4(带拉格朗日余项的麦克劳林公式)　设 $f(x)$ 在点 $x=0$ 的某邻域 $U(0)$ 内存在 $n+1$ 阶导数,那么对任意 $x\in U(0)$,存在 ξ 介于 $x,0$ 之间,使得

$$f(x)=f(0)+\frac{f'(0)}{1!}x+\frac{f''(0)}{2!}x^2+\cdots+\frac{f^{(n)}(0)}{n!}x^n+\frac{f^{(n+1)}(\xi)}{(n+1)!}x^{n+1}. \quad (3.2.4)$$

(3.2.4)式称为 $f(x)$ **带拉格朗日余项的麦克劳林公式**,其中 $R_n(x)=\dfrac{f^{(n+1)}(\xi)}{(n+1)!}\cdot$ x^{n+1} 称为**拉格朗日余项**.

对于一般的点 x_0,可以用"平移"的方法从(3.2.3)式和(3.2.4)式获得更一般的结论.事实上,对于高阶可导的函数 $f(x)$,只要令 $\varphi(t)=f(t+x_0)$,其中 $t=x-x_0$,则 $\varphi(t)=f(x)$,从而

$$\varphi(0)=f(x_0),\quad \varphi^{(i)}(0)=f^{(i)}(x_0),\quad i=1,2,\cdots,n,$$

$o(t^n)=o((x-x_0)^n),\dfrac{\varphi^{(n+1)}(\theta t)}{(n+1)!}t^{n+1}=\dfrac{f^{(n+1)}(x_0+\theta(x-x_0))}{(n+1)!}(x-x_0)^{n+1}$,代入

$$\varphi(t)=\varphi(0)+\varphi'(0)t+\frac{\varphi''(0)}{2!}t^2+\frac{\varphi'''(0)}{3!}t^3+\cdots+\frac{\varphi^{(n)}(0)}{n!}t^n+o(t^n)$$

和

$$\varphi(t)=\varphi(0)+\varphi'(0)t+\frac{\varphi''(0)}{2!}t^2+\frac{\varphi'''(0)}{3!}t^3+\cdots+\frac{\varphi^{(n)}(0)}{n!}t^n+\frac{\varphi^{(n+1)}(\theta t)}{(n+1)!}t^{n+1},$$

立即就有

定理 3.2.5(带有佩亚诺余项的泰勒公式) 若函数 $f(x)$ 在点 $x=x_0$ 处具有 n 阶导数,则存在 x_0 的一个邻域 $U(x_0)$,对于任意 $x\in U(x_0)$,有

$$f(x)=f(x_0)+\frac{f'(x_0)}{1!}(x-x_0)+\frac{f''(x_0)}{2!}(x-x_0)^2+\cdots+$$
$$\frac{f^{(n)}(x_0)}{n!}(x-x_0)^n+o((x-x_0)^n). \tag{3.2.5}$$

定理 3.2.6(带有拉格朗日余项的泰勒公式) 设 $f(x)$ 在点 x_0 的某邻域 $U(x_0)$ 内存在 $n+1$ 阶导数,那么对任意 $x\in U(x_0)$,存在 ξ 介于 x,x_0 之间,使得

$$f(x)=f(x_0)+\frac{f'(x_0)}{1!}(x-x_0)+\frac{f''(x_0)}{2!}(x-x_0)^2+\cdots+$$
$$\frac{f^{(n)}(x_0)}{n!}(x-x_0)^n+\frac{f^{(n+1)}(\xi)}{(n+1)!}(x-x_0)^{n+1}. \tag{3.2.6}$$

(3.2.5)式和(3.2.6)式都称为 $f(x)$ 在点 x_0 处(或按 $(x-x_0)$ 展开)的 n **阶泰勒公式**,泰勒公式中的多项式

$$P_n(x)=f(x_0)+\frac{f'(x_0)}{1!}(x-x_0)+\frac{f''(x_0)}{2}(x-x_0)^2+\cdots+\frac{f^{(n)}(x_0)}{n!}(x-x_0)^n$$

称为**泰勒多项式**,系数

$$a_i=\frac{f^{(i)}(x_0)}{i!}\quad(i=0,1,\cdots,n)$$

称为**泰勒系数**.泰勒公式中的佩亚诺余项为 $o((x-x_0)^n)$,拉格朗日余项为

$$\frac{f^{(n+1)}(\xi)}{(n+1)!}(x-x_0)^{n+1},$$

其中 $\xi=x_0+\theta(x-x_0)$，$0<\theta<1$. 当 $x=0$ 时，泰勒公式成为麦克劳林公式.

显然，微分公式

$$f(x)=f(x_0)+f'(x_0)(x-x_0)+o((x-x_0))$$

正是 $n=1$ 时的带佩亚诺余项的泰勒公式；拉格朗日公式

$$f(x)=f(x_0)+f'(\xi)(x-x_0)$$

就是 $n=0$ 时的带拉格朗日余项的泰勒公式，因此定理 3.2.6 也称为**泰勒中值定理**；当 $f(x)$ 恰好是 n 阶多项式时，$f^{(n+1)}(x)\equiv 0$，则

$$R_n(x)=\frac{f^{(n+1)}(\xi)}{(n+1)!}(x-x_0)^{n+1}=0.$$

泰勒公式的用途很广，用法很直接. 以例 3.1.8 为例，设 $x_0=\dfrac{x_1+x_2}{2}$，则 $f(x)$ 在点 x_0 处的泰勒展开式为

$$f(x)=f(x_0)+f'(x_0)(x-x_0)+\frac{f''(\xi)}{2}(x-x_0)^2,\quad \xi\text{ 介于 }x,x_0\text{ 之间.}$$

将 x_1,x_2 代入，得

$$f(x_1)=f(x_0)+f'(x_0)(x_1-x_0)+\frac{f''(\xi_1)}{2}(x_1-x_0)^2,$$

$$f(x_2)=f(x_0)+f'(x_0)(x_2-x_0)+\frac{f''(\xi_2)}{2}(x_2-x_0)^2.$$

再两式相加，得

$$f(x_1)+f(x_2)=2f(x_0)+\left[\frac{f''(\xi_1)}{2}+\frac{f''(\xi_2)}{2}\right]\left(\frac{x_1-x_2}{2}\right)^2$$

$$>2f(x_0)=2f\left(\frac{x_1+x_2}{2}\right).$$

又如，设 $f(x)$ 在点 x 处二阶可导，为求 $\lim\limits_{h\to 0}\dfrac{f(x+h)+f(x-h)-2f(x)}{h^2}$（见例 3.2.6），写出 $f(x+h)$ 和 $f(x-h)$ 在点 x 处的二阶泰勒公式，有

$$f(x+h)=f(x)+f'(x)h+\frac{f''(x)}{2!}h^2+o(h^2),$$

$$f(x-h)=f(x)+f'(x)(-h)+\frac{f''(x)}{2!}(-h)^2+o(h^2).$$

两式相加得

$$f(x+h)+f(x-h)-2f(x)=f''(x)h^2+o(h^2),$$

从而

$$\lim_{h\to 0}\frac{f(x+h)+f(x-h)-2f(x)}{h^2}=\lim_{h\to 0}\left(f''(x)+\frac{o(h^2)}{h^2}\right)=f''(x).$$

一般来说,带佩亚诺余项的泰勒公式刻画的是函数在 x_0 点处的局部性质,故主要用于计算极限,带拉格朗日余项的泰勒公式并不需要 x 与 x_0 "非常接近",故用途更广,例如可用于证明不等式和估计误差.

三、带拉格朗日余项的麦克劳林公式及其应用

将定理 3.2.4 应用于具体函数,就得到

命题 3.2.2 几种常见函数的带拉格朗日余项的麦克劳林公式($0<\theta<1$):

(1) $e^x = 1+x+\dfrac{1}{2!}x^2+\cdots+\dfrac{1}{n!}x^n+\dfrac{e^{\theta x}}{(n+1)!}x^{n+1}, \quad x\in\mathbf{R};$

(2) $\sin x = x-\dfrac{1}{3!}x^3+\dfrac{1}{5!}x^5-\cdots+\dfrac{(-1)^{m-1}}{(2m-1)!}x^{2m-1}+$

$\quad\dfrac{(-1)^m\cos\theta x}{(2m+1)!}x^{2m+1}, \quad x\in\mathbf{R};$

注 $(\sin x)^{(2m+1)}=\sin\left(x+\dfrac{2m+1}{2}\pi\right)$
$=(-1)^m\cos x,$
因此,
$\sin^{(2m+1)}(\theta x)=(-1)^m\cos\theta x.$
同样地,
$(\cos x)^{(2m+2)}=\cos\left(x+\dfrac{2m+2}{2}\pi\right)$
$=(-1)^{m+1}\cos x,$
因此,
$\cos^{(2m+2)}(\theta x)=(-1)^{m+1}\cos\theta x.$

(3) $\cos x = 1-\dfrac{1}{2!}x^2+\dfrac{1}{4!}x^4-\cdots+\dfrac{(-1)^m}{(2m)!}x^{2m}+$

$\quad\dfrac{(-1)^{m+1}\cos\theta x}{(2m+2)!}x^{2m+2}, \quad x\in\mathbf{R};$

(4) $\dfrac{1}{1-x}=1+x+x^2+x^3+\cdots+x^n+\dfrac{x^{n+1}}{(1-\theta x)^{n+2}}, \quad x<1;$

(5) $\ln(1+x)=x-\dfrac{1}{2}x^2+\dfrac{1}{3}x^3-\cdots+\dfrac{(-1)^{n-1}}{n}x^n+\dfrac{(-1)^n}{n+1}\cdot\dfrac{1}{(1+\theta x)^{n+1}}x^{n+1}, \quad x>-1;$

(6) $(1+x)^\alpha=1+\alpha x+\dfrac{\alpha(\alpha-1)}{2!}x^2+\cdots+\dfrac{\alpha(\alpha-1)\cdots(\alpha-n+1)}{n!}x^n+R_n(x),$

其中 $R_n(x)=\dfrac{\alpha(\alpha-1)\cdots(\alpha-n)}{(n+1)!}(1+\theta x)^{\alpha-n-1}x^{n+1}, \quad x>-1.$

我们将在第 10 章幂级数讨论"无穷展开"的问题,那时,x 的取值范围还将进一步受到限制.

函数在点 x_0 的泰勒公式既可以直接通过高阶导数计算得到,也可以间接地通过麦克劳林公式的结论获得.

例 3.2.14 求函数 $f(x)=\ln x$ 按 $(x-2)$ 的幂展开的带有拉格朗日余项的 n 阶泰勒公式.

解法一(直接法)　因为

$$f^{(n)}(x) = \frac{(-1)^{n-1}(n-1)!}{x^n},$$

故

$$f(2) = \ln 2, \quad f^{(n)}(2) = \frac{(-1)^{n-1}(n-1)!}{2^n}, \quad \frac{f^{(n)}(2)}{n!} = \frac{(-1)^{n-1}}{n2^n},$$

所以

$$\ln x = \ln 2 + \frac{1}{2}(x-2) - \frac{1}{2\cdot 2^2}(x-2)^2 + \cdots + \frac{(-1)^{n-1}}{n\cdot 2^n}(x-2)^n +$$

$$\frac{(-1)^n}{(n+1)(2+\theta(x-2))^{n+1}}(x-2)^{n+1} \quad (0<\theta<1).$$

解法二(间接法)　根据命题 3.2.2(5),有

$$\ln x$$

$$= \ln(2+(x-2)) = \ln 2\left(1+\frac{x-2}{2}\right) = \ln 2 + \ln\left(1+\frac{x-2}{2}\right)$$

$$= \ln 2 + \left(\frac{x-2}{2}\right) - \frac{1}{2}\left(\frac{x-2}{2}\right)^2 + \cdots + \frac{(-1)^{n-1}}{n}\left(\frac{x-2}{2}\right)^n + \frac{(-1)^n}{n+1}\cdot\frac{1}{\left(1+\theta\left(\frac{x-2}{2}\right)\right)^{n+1}}\left(\frac{x-2}{2}\right)^{n+1}$$

$$= \ln 2 + \frac{1}{2}(x-2) - \frac{1}{2\cdot 2^2}(x-2)^2 + \cdots + \frac{(-1)^{n-1}}{n\cdot 2^n}(x-2)^n +$$

$$\frac{(-1)^n}{(n+1)(2+\theta(x-2))^{n+1}}(x-2)^{n+1} \quad (0<\theta<1).$$

泰勒公式能使某数或函数的近似值达到"任意精确"的程度,也就是说,在给定精确度的前提下,带拉格朗日余项的泰勒公式能给出近似值,并控制误差.

例 3.2.15　(1)计算 e 的近似值,使误差不超过 10^{-6};(2)证明 e 是无理数.

解　(1)因为

$$e^x = 1 + x + \frac{1}{2!}x^2 + \cdots + \frac{1}{n!}x^n + \frac{e^{\theta x}}{(n+1)!}x^{n+1}, \quad 0<\theta<1.$$

取 $x=1$ 得

$$e = 1 + 1 + \frac{1}{2!} + \cdots + \frac{1}{n!} + \frac{e^{\theta}}{(n+1)!},$$

其中

$$|R_n(1)| = \frac{e^{\theta}}{(n+1)!} < \frac{e}{(n+1)!} < \frac{3}{(n+1)!}.$$

为使 $|R_n(1)|<10^{-6}$, 只要 $\dfrac{3}{(n+1)!}<10^{-6}$, 即

$$(n+1)! > 3\times 10^6.$$

取 $n=9$, 则

$$(n+1)! = 3\ 628\ 800 > 3\times 10^6,$$

所以

$$e \approx 1+1+\frac{1}{2!}+\cdots+\frac{1}{9!} \approx 2.718\ 281\ 5.$$

（2）由于

$$e-\left(1+1+\frac{1}{2!}+\cdots+\frac{1}{n!}\right)=\frac{e^{\theta}}{(n+1)!} \quad (0<\theta<1),$$

两边同乘以 $n!$ 便得

$$n!e-[n!+n!+n(n-1)\cdot\cdots\cdot 3+\cdots+1]=\frac{e^{\theta}}{n+1}.$$

若 e 为有理数, 即 $e=\dfrac{p}{q}(p,q\in\mathbf{N}$, 互质$)$, 则可取 n 使 $n\geqslant q$, 那么上式左端为整数, 而

右端当 $n\geqslant 2$ 时不是整数 $\left(\text{因 } 0<\dfrac{e^{\theta}}{n+1}<1\right)$, 矛盾. 故 e 必为无理数. 证毕.

例 3.2.16 讨论用泰勒多项式来近似正弦函数 $\sin x$ 时的误差.

解
$$\sin x = x-\frac{1}{3!}x^3+\frac{1}{5!}x^5-\cdots+\frac{(-1)^{m-1}}{(2m-1)!}x^{2m-1}+R_{2m}(x),$$

其中误差

$$|R_{2m}(x)| = \left|\frac{\sin\left(\theta x+\dfrac{2m+1}{2}\pi\right)}{(2m+1)!}x^{2m+1}\right| \leqslant \frac{|x|^{2m+1}}{(2m+1)!}.$$

（1）当 $m=1$ 时,

$$\sin x \approx x.$$

若要误差

$$|R_2(x)| \leqslant \frac{|x|^3}{3!} = \frac{1}{6}|x|^3 < 10^{-3},$$

只要

$$|x| < 0.181\ 712,$$

也就是说, 当 $|x|<0.181\ 7$ 时, 用 x 近似 $\sin x$ 的误差不会超过 10^{-3}.

（2）当 $m=2$ 时,

$$\sin x \approx x - \frac{x^3}{6}.$$

由误差

$$|R_4(x)| \leqslant \frac{|x|^5}{5!} < 10^{-3},$$

得

$$|x| < 0.654\,389,$$

此时用 $x - \dfrac{x^3}{6}$ 近似 $\sin x$ 的误差不会超过 10^{-3}.

（3）可见在相同的精确度范围内，m 愈大，x 可取的范围也愈大（图 3.2.1）.

另外，泰勒公式也用来证明不等式，见阅读材料 3.2.

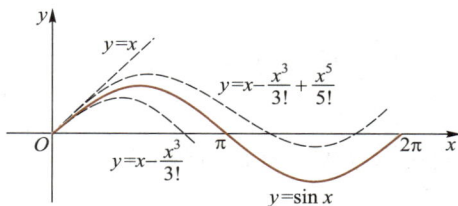

图 3.2.1

阅读材料 3.2

应用泰勒公式证明不等式的杂例

练习 3.2.2

1. 用直接和间接两种方法写出 $\ln(1-x)$ 的带有佩亚诺余项的麦克劳林公式，展开到含 x^3 项.

2. 用麦克劳林公式求极限：$\lim\limits_{x \to 0} \dfrac{\sin x - x\cos x}{x^3}$.

习题 3.2 ·················

1. 计算极限：

（1）$\lim\limits_{x \to 2} \dfrac{x^8 - 2^8}{x^7 - 2^7}$;   （2）$\lim\limits_{h \to \frac{\pi}{6}} \dfrac{1 - 2\sin h}{\cos 3h}$;   （3）$\lim\limits_{x \to 0} \dfrac{\ln(1+x) - x}{\cos x - 1}$;   （4）$\lim\limits_{x \to 0} \dfrac{\tan x - x}{x - \sin x}$;

（5）$\lim\limits_{x \to \frac{\pi}{2}} \dfrac{\tan x - 6}{\sec x + 5}$;   （6）$\lim\limits_{x \to 0} \dfrac{\ln \cos ax}{x^2}(a \neq 0)$;   （7）$\lim\limits_{x \to \frac{\pi}{2}} \dfrac{\ln \sin x}{(\pi - 2x)^2}$;   （8）$\lim\limits_{x \to 1} \dfrac{\ln \cos(x-1)}{1 - \sin \frac{\pi}{2} x}$;

（9）$\lim\limits_{x \to \pi} \dfrac{e^{\sin x} - e^{\tan x}}{\ln \frac{x}{\pi}}$;   （10）$\lim\limits_{x \to +\infty} \dfrac{\ln\left(1 + \frac{1}{x}\right)}{\operatorname{arccot} x}$;   （11）$\lim\limits_{x \to 0} \dfrac{\ln \tan 5x}{\ln \tan 2x}$;   （12）$\lim\limits_{x \to 0} \dfrac{\ln \cos x}{x \ln(1+x)}$;

$$(13)\ \lim_{x\to+\infty}\frac{\ln\left(\dfrac{\pi}{2}-\arctan x\right)}{\ln x}.$$

2. 设函数 $f(x)=\begin{cases}\dfrac{\sin x-x}{x^2}, & x\neq0,\\ 0, & x=0,\end{cases}$ 求 $f'(x)$.

* *

3. 计算极限:

$(1)\ \lim_{x\to0^+}\sin x\ln x;$ 　　　　　$(2)\ \lim_{x\to+\infty}x\left(\ln\dfrac{2}{\pi}\arctan x\right);$

$(3)\ \lim_{x\to0}\left(\dfrac{1}{x}+\dfrac{1}{\ln(1-x)}\right);$ 　　$(4)\ \lim_{x\to0}\left(\cot x-\dfrac{1}{x}\right).$

4. 设 $\lim_{x\to0}\dfrac{\ln(1+x)-(ax+bx^2)}{x^2}=2$, 求常数 a,b.

5. 计算极限:

$(1)\ \lim_{x\to0}\dfrac{x-\ln(1+x)}{(e^x-1)\sin x};$ 　　$(2)\ \lim_{x\to0}\dfrac{\ln(1+x^2)}{\sec 2x-\cos 2x};$

$(3)\ \lim_{x\to0}\left(\sin x\arctan\dfrac{1}{x}+\dfrac{1-\cos x^2}{x^2\sin x^2}\right);$ 　$(4)\ \lim_{x\to0}\dfrac{e^x-e^{\sin x}}{x-\sin x};$

$(5)\ \lim_{x\to0}\dfrac{\ln(1+x+x^2)+\ln(1-x+x^2)}{\sec x-\cos x};$ 　$(6)\ \lim_{x\to0}\left(\dfrac{1}{x^2}-\dfrac{1}{\sin^2 x}\right);$

$(7)\ \lim_{x\to\infty}\left[x-x^2\ln\left(1+\dfrac{1}{x}\right)\right];$ 　$(8)\ \lim_{x\to0}\dfrac{\sqrt{1+x\sin x}-\cos x}{\ln(1+x^2)}.$

6. 计算极限:

$(1)\ \lim_{x\to\frac{\pi}{4}}(\tan x)^{\tan 2x};$ 　　$(2)\ \lim_{x\to0}\left(\dfrac{3-e^x}{x+2}\right)^{\frac{1}{\sin x}};$

$(3)\ \lim_{x\to\infty}\left(\sin\dfrac{2}{x}+\cos\dfrac{1}{x}\right)^x;$ 　$(4)\ \lim_{x\to0}\dfrac{(1+x)^{\frac{1}{x}}-e}{x}.$

7. 计算极限:

$(1)\ \lim_{n\to\infty}\dfrac{\ln(3n^2+n+1)}{\ln(n^3+2n+1)};$ 　$(2)\ \lim_{n\to\infty}(3^n+2^n+1)^{\frac{1}{n}};$

$(3)\ \lim_{n\to\infty}(n+\sqrt{1+n^2})^{\frac{1}{n}}.$

8. 设 $f(x)=\ln(1+x)$. 对任意 $x\in(-1,1)$, 由拉格朗日中值定理, 存在 $\theta\in(0,1)$, 使得 $\ln(1+x)=\dfrac{x}{1+\theta x}$, 试证: $\lim_{x\to0}\theta=\dfrac{1}{2}$.

9. 设 $f(x)=\begin{cases}\dfrac{g(x)-\cos x}{x}, & x\neq0,\\ a, & x=0,\end{cases}$ 其中函数 $g(x)$ 具有二阶连续导数且 $g(0)=1.$

（1）确定 a 值使 $f(x)$ 为连续函数；（2）求 $f'(x)$；（3）讨论 $f'(x)$ 在 $x=0$ 处的连续性.

10. 设 $f(0)=0$，$f'(x)$ 在 0 的邻域内连续，且 $f'(0)\neq 0$，证明：$\lim\limits_{x\to 0^+} x^{f(x)}=1$.

11. 写出函数 $f(x)=\dfrac{1}{1-x}$ 的直到 x^3 的麦克劳林公式，余项分别为拉格朗日余项和佩亚诺余项.

12. 求下列函数在指定点处的带拉格朗日余项的泰勒公式，取 $n=3$.

（1）$f(x)=\dfrac{1}{x}$，在 $x=-1$ 处； （2）$f(x)=\sin x$，在 $x=\dfrac{\pi}{4}$ 处.

13. 已知函数 $f(x)=\mathrm{e}^{-\frac{x^2}{2}}$，以下四个函数都是它的泰勒多项式：(i) $g_1(x)=-\dfrac{1}{2}x^2+1$；

(ii) $g_2(x)=\dfrac{1}{8}x^4-\dfrac{1}{2}x^2+1$；(iii) $g_3(x)=\mathrm{e}^{-\frac{1}{2}}\left[(x+1)+1\right]$；(iv) $g_4(x)=\mathrm{e}^{-\frac{1}{2}}\left[\dfrac{1}{3}(x-1)^3-(x-1)+1\right]$.试

将这个四函数与图 3.2.2(a)(b)(c)(d)配对，并指出它们分别是以哪个点为中心的泰勒公式.

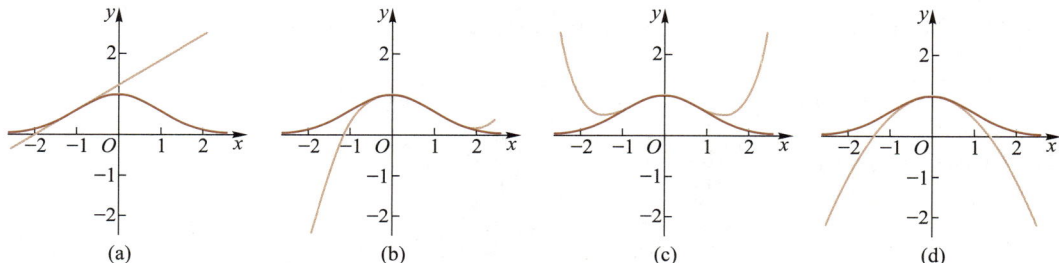

(a)   (b)   (c)   (d)

图 3.2.2

14. 图 3.2.3 是函数 $f(x)=\sin\left(\dfrac{\pi x}{4}\right)$ 的图形，它在 $x=2$ 处的

二阶泰勒多项式是 $P_2(x)=1-\left(\dfrac{\pi^2}{32}\right)(x-2)^2$.

（1）利用平移或对称的方法写出 $f(x)$ 在 $x=-2$ 和 $x=6$ 处的二阶泰勒多项式 $Q_2(x)$ 和 $R_2(x)$；

（2）能否通过平移的方法得到 $f(x)$ 在 $x=4$ 处的二阶泰勒多项式？

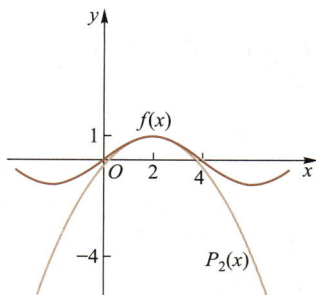

图 3.2.3

15. 用麦克劳林公式计算极限：

（1）$\lim\limits_{x\to 0}\dfrac{\mathrm{e}^x\sin x-x(1+x)}{x^3}$； （2）$\lim\limits_{x\to 0}\dfrac{1+\dfrac{1}{2}x^2-\sqrt{1+x^2}}{(\cos x-\mathrm{e}^{-x^2})\sin x^2}$；

（3）$\lim\limits_{x\to 0}\left(1+\dfrac{1}{x^2}-\dfrac{1}{x^3}\ln\dfrac{2+x}{2-x}\right)$.

16. 写出 $f(x)=\mathrm{e}^{-\frac{x^2}{2}}$ 的带佩亚诺余项的 $2n$ 次麦克劳林公式，并求 $f^{(98)}(0)$ 和 $f^{(99)}(0)$.

＊ ＊

17. 确定常数 a 和 b 的值, 使 $f(x) = x - (a + be^{x^2}) \sin x$ 当 $x \to 0$ 时是 x 的五阶无穷小.

18. 计算极限 $\lim\limits_{x \to 0^+} \left[\dfrac{\ln x}{(1+x)^2} - \ln \dfrac{x}{1+x} \right]$.

19. 求解下列近似计算问题:

(1) 在 e^x 的麦克劳林展开式中取 $n = 4$ 和 $x = 1$ 计算 e 的近似值并估计误差.

(2) 用二阶泰勒公式近似计算 $\sqrt[3]{30}$, 并估计误差.

§3.3　函数的性态

本节介绍如何利用导数来研究函数的单调性与极值、曲线的凹凸性等函数性态.

3.3.1　函数的单调性与极值

一、函数的单调性

1. 函数单调性的判定

我们已经知道, 函数 $f(x)$ 在区间 I 上单调递增 (递减) 当且仅当对任意 $x_1, x_2 \in I$, 当 $x_1 < x_2$ 时 $f(x_1) < f(x_2)$ (相应地, $f(x_1) > f(x_2)$). 根据拉格朗日中值定理, 如果在区间 I 上, $f(x)$ 可导并且 $f'(x) > 0$, 那么对任意 $x_1, x_2 \in I$ ($x_1 < x_2$), 在区间 (x_1, x_2) 内存在点 ξ, 使得

$$f(x_1) - f(x_2) = f'(\xi)(x_1 - x_2) < 0,$$

即

$$f(x_1) < f(x_2).$$

于是有

命题 3.3.1　设 $f(x)$ 在 $[a, b]$ 上连续, 在 (a, b) 内可导, 且 $f'(x) > 0 \,(<0)$, 则 $f(x)$ 在 $[a, b]$ 上单调递增 (递减).

因为 $f(x)$ 在 $[a, c]$ 和 $[c, b]$ 上单调递增可以保证它在 $[a, b]$ 上递增, 我们就有下面更实用的判别法.

定理 3.3.1　设 $f(x)$ 在 $[a, b]$ 上连续, 在 (a, b) 内可导.

(1) 若 $f'(x) \geqslant 0$ ($\forall x \in (a, b)$) 且等号只在有限个点处取到, 则 $f(x)$ 在 $[a, b]$ 上单调递增.

(2) 若 $f'(x) \leqslant 0$ ($\forall x \in (a, b)$) 且等号只在有限个点处取到, 则 $f(x)$ 在 $[a, b]$ 上单调递减.

注　若 $f(x)$ 在区间 I 上可导, 不难验证: $f(x)$ 在区间 I 上单调递增的充要条件是 $f'(x) \geqslant 0$ 且取等号的点不占任何一个区间.

如果把定理 3.3.1 中的闭区间 $[a,b]$ 换成其他任何区间 I, (a,b) 换成包含于 I 的最大开区间(对于无穷区间,要求在它的任一有限子区间上满足定理的条件),结论还是成立的.

由此可见,$y=x^3$, $y=x+\sin x$ 都是单调递增函数.

如果 $f'(x_0)=0$,则称 x_0 为函数 $f(x)$ 的**驻点**(或**稳定点**).

思考题 3.3.1   如果 $f'(x_0)>0$,能否保证 $f(x)$ 在 x_0 的某邻域 $U(x_0)$ 内单调递增?

如果驻点和导数不存在的点,把 $f(x)$ 的定义区间分割成若干单调性不同的子区间,这样的子区间就称为**单调区间**.

例 3.3.1   讨论函数 $f(x)=x^3-x$ 的单调区间.

解   先求 $f'(x)=3x^2-1=(\sqrt{3}x-1)(\sqrt{3}x+1)$,我们有

当 $x\in\left(-\infty,-\dfrac{1}{\sqrt{3}}\right)$,$f'(x)>0$,$f(x)$ 递增;

当 $x\in\left(-\dfrac{1}{\sqrt{3}},\dfrac{1}{\sqrt{3}}\right)$,$f'(x)<0$,$f(x)$ 递减;

当 $x\in\left(\dfrac{1}{\sqrt{3}},+\infty\right)$,$f'(x)>0$,$f(x)$ 递增.

注   根据极限的保号性,$[a,b]$ 上的连续函数 $f(x)$ 如果在开区间 (a,b) 上单调,那么一定也在闭区间 $[a,b]$ 上有相同的单调性.因此,写连续函数的单调区间时,可以(也可以不)包括端点.

例 3.3.2   证明方程 $2x^3+3x^2+6x+5=0$ 有且只有一个实根.

证   设

$$f(x)=2x^3+3x^2+6x+5,$$

则

$$f(0)=5>0,\ \lim_{x\to-\infty}f(x)=-\infty,$$

故存在 $a<0$,使得

$$f(a)<0,$$

由零点定理,$f(x)$ 在 $(a,0)$ 内至少存在一根 x_0.

又因为

$$f'(x)=6x^2+6x+6>0,$$

故 $f(x)$ 在 $(-\infty,+\infty)$ 内单调,所以 $f(x)$ 在 $(-\infty,+\infty)$ 内至多存在一个根.

综上所述,$f(x)$ 在 $(-\infty,+\infty)$ 内恰有一个根.证毕.

2. 利用单调性证明不等式

不等式是描述函数特性的重要方式,例如本节的单调性以及后续将讲到的极值和凹凸性都是通过不等式来定义的.利用函数的单调性证明不等式是不等式研究最常用的方法之一.

☆**例 3.3.3**   证明不等式:

（1）$e^x>1+x$ $(x\neq0)$；　　　（2）$\dfrac{2}{\pi}x<\sin x<x$ $\left(0<x<\dfrac{\pi}{2}\right)$.

证 （1）设 $f(x)=e^x-1-x$，则 $f'(x)=e^x-1$.

当 $x>0$ 时，$f'(x)>0$，f 单调递增，有 $f(x)>f(0)=0$；

当 $x<0$ 时，$f'(x)<0$，f 单调递减，仍有 $f(x)>f(0)=0$.

总之，当 $x\neq0$ 时都有 $f(x)>0$.

（2）令

$$f(x)=\frac{\sin x}{x}\quad\left(0<x<\frac{\pi}{2}\right),$$

因为

$$\lim_{x\to0}\frac{\sin x}{x}=1,$$

所以点 $x=0$ 是 $f(x)$ 的可去间断点，可以补充定义 $f(0)=1$，则 $f(x)$ 在 $\left[0,\dfrac{\pi}{2}\right]$ 上连续.

$$f'(x)=\left(\frac{\sin x}{x}\right)'=\frac{x\cos x-\sin x}{x^2}.$$

当 $0<x<\dfrac{\pi}{2}$ 时，令 $g(x)=x\cos x-\sin x$，则

$$g'(x)=-x\sin x<0,$$

所以 $g(x)$ 在 $\left[0,\dfrac{\pi}{2}\right]$ 上单调递减，则

$$g(x)<g(0)=0,$$

所以 $f'(x)<0$，这说明函数 $f(x)=\dfrac{\sin x}{x}$ 在 $\left[0,\dfrac{\pi}{2}\right]$ 上单调递减，故

$$f\left(\frac{\pi}{2}\right)<f(x)<f(0),$$

即

$$\frac{2}{\pi}<\frac{\sin x}{x}<1,$$

亦即

$$\frac{2}{\pi}x<\sin x<x.$$

证毕.

例 3.3.4 设常数 $a\geqslant e$，证明：

$$(a+x)^a<a^{a+x}\,(x>0).$$

证法一 令

$$f(x)=a\ln(a+x)-(a+x)\ln a \quad (x\geqslant 0),$$

则

$$f'(x)=\frac{a}{a+x}-\ln a.$$

由于 $a\geqslant e,x>0$,得

$$f'(x)<0,$$

$f(x)$ 在 $[0,+\infty)$ 上单调递减,故

$$f(x)<f(0)=0,$$

即

$$a\ln(a+x)-(a+x)\ln a<0,$$

亦即

$$(a+x)^{a}<a^{a+x}.$$

证法二　令 $g(t)=\dfrac{\ln t}{t}$ $(t\geqslant e)$,则

$$g'(t)=\frac{1-\ln t}{t^{2}},$$

故函数 $g(t)$ 在 $t\geqslant e$ 时单调递减.从而

$$\frac{\ln(a+x)}{a+x}<\frac{\ln a}{a} \quad (a\geqslant e,x>0).$$

即

$$(a+x)^{a}<a^{a+x}.$$

证毕.

注　利用例 3.3.4 的结果,立刻可以比较出:

(1) $e^{\pi}>\pi^{e}$;

(2) $a^{b}<b^{a}(a>b\geqslant e)$;

(3) $2\,024^{2\,025}>2\,025^{2\,024}$.

二、函数的极值

定义 3.3.1　若函数 $f(x)$ 在点 x_0 的某邻域 $U(x_0)$ 内有定义,且对任意 $x\in \mathring{U}(x_0)$,均有

$$f(x)<f(x_0)(\text{或}f(x)>f(x_0)),$$

则称 x_0 为 $f(x)$ 的一个**极大值点**(或**极小值点**).相应地,$f(x_0)$ 称为 $f(x)$ 的**极大值**(或**极小值**).极大值点和极小值点统称为**极值点**.极大值和极小值统称为**极值**.

直观地说,若点 $(x_0,f(x_0))$ 处于函数 $y=f(x)$ 的图形的"谷底"或"峰顶",则 x_0 就是 $f(x)$ 的一个极值点,$f(x_0)$ 就是 $f(x)$ 的一个极值.特别地,若 $f(x)$ 在 x_0 近旁"左增右减",则 x_0 是一个极大值点;若 $f(x)$ 在 x_0 近旁"左减右增",则 x_0 是一个极小值点.

依此,例 3.3.1 中点 $x=-\dfrac{1}{\sqrt{3}}$ 和点 $x=\dfrac{1}{\sqrt{3}}$ 分别是函数 $f(x)=x^3-x$ 的极大值点和极

小值点.

根据费马定理,有

命题 3.3.2(极值的必要条件)   若函数 $f(x)$ 在点 x_0 处取极值,且在点 x_0 处可导,则 $f'(x_0) = 0$.

不过,一般来说,"$f'(x_0) = 0$"是"$f(x)$ 在点 x_0 处取极值"的既不充分又不必要条件.反例如下:

(1) $f(x) = |x|$ 在点 $x = 0$ 处取极值但导数不存在;

(2) $f(x) = x^3$ 在点 $x = 0$ 处导数为零但不取极值.

所以,函数可能的极值点有两类:一类是使 $f'(x_0) = 0$ 的点,即驻点;另一类是使 $f'(x_0)$ 不存在的点.我们可以利用点的两侧单调性是否发生改变来判别可能的极值点是否的确为极值点.于是无需证明就可以得到下列定理.

定理 3.3.2(极值的第一充分条件)   设 $f(x)$ 在 x_0 处连续,且在 x_0 的某去心邻域 $\mathring{U}(x_0; \delta)$ 内可导,则(图 3.3.1)

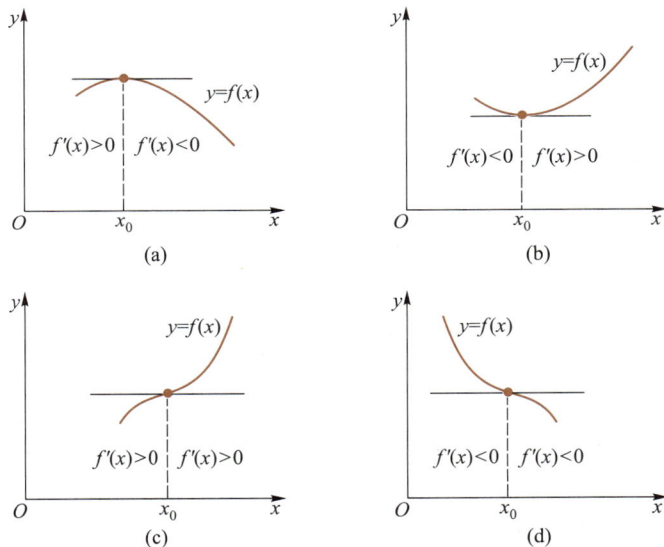

图 3.3.1

(1) 若 $f'(x)$ 在 x_0 的两侧"左正右负"(即当 $x \in (x_0 - \delta, x_0)$ 时 $f'(x) > 0$,而 $x \in (x_0, x_0 + \delta)$ 时 $f'(x) < 0$),则 $f(x)$ 在 x_0 处取极大值;

(2) 若 $f'(x)$ 在 x_0 的两侧"左负右正",则 $f(x)$ 在 x_0 处取极小值;

(3) 若 $f'(x)$ 在 x_0 的两侧"同号",则 $f(x)$ 在 x_0 处不取极值.

思考题 3.3.2   若可导函数 $f(x)$ 在 x_0 处取到极小值,能否推得 $f'(x)$ 在 x_0 点的两侧"左负右正"?

当 $f(x)$ 在点 x_0 处不但导数为零而且二阶可导,则还有更为便捷的判别方法.

定理 3.3.3(极值的第二充分条件)   设函数 $f(x)$ 在点 x_0 处二阶可导,且 $f'(x_0)=0$,则

(1)若 $f''(x_0)<0$,则 $f(x)$ 在 x_0 处取得极大值;

(2)若 $f''(x_0)>0$,则 $f(x)$ 在 x_0 处取得极小值;

(3)若 $f''(x_0)=0$,则 $f(x)$ 在 x_0 处可能取得极值也可能不取得极值.

证   (1)由于

$$f''(x_0)=\lim_{x\to x_0}\frac{f'(x)-f'(x_0)}{x-x_0}=\lim_{x\to x_0}\frac{f'(x)}{x-x_0}<0,$$

根据函数的局部保号性得知,存在 x_0 的某去心邻域 $\mathring{U}(x_0)$,使得

$$\frac{f'(x)}{x-x_0}<0,\ \forall x\in\mathring{U}(x_0).$$

于是当 $x\in U_-(x_0)$ 时,$f'(x)>0$,故 $f(x)$ 单调递增;当 $x\in U_+(x_0)$ 时,$f'(x)<0$,故 $f(x)$ 单调递减.

从而由定理 3.3.2,$f(x)$ 在 x_0 处取得极大值.

(2)同理可证.

(3)反例:$x=0$ 是函数 $f(x)=x^4$ 的极值点,但不是函数 $f(x)=x^3$ 的极值点,虽然它们在 $x=0$ 处都满足 $f''(0)=0$. 证毕.

例 3.3.5   求函数 $y=(2x-5)\sqrt[3]{x^2}$ 的极值点与极值.

解   因 $y=2x^{\frac{5}{3}}-5x^{\frac{2}{3}}$,故

$$y'=\frac{10}{3}(x^{\frac{2}{3}}-x^{-\frac{1}{3}})=\frac{10}{3}\cdot\frac{x-1}{\sqrt[3]{x}}.$$

函数在 $x=1$ 时导数为零,在 $x=0$ 时连续但不可导,于是 $x=0,1$ 是可能的极值点.列表如下:

x	$(-\infty,0)$	0	$(0,1)$	1	$(1,+\infty)$
y'	+	不存在	−	0	+
y	增	极大值 0	减	极小值−3	增

从表中可知,当 $x=0$ 时函数 y 取极大值 $y=0$;当 $x=1$ 时函数取极小值 $y=-3$.

例 3.3.6   求函数 $f(x)=x^3+3x^2-24x-20$ 的极值.

解   由于

$$f'(x)=3x^2+6x-24=3(x+4)(x-2),$$

令 $f'(x)=0$ 得驻点 $x=-4,x=2$.

又因为

$$f''(x) = 6x+6 = 6(x+1),$$

得到

$$f''(-4) = -18<0, \quad f''(2) = 18>0,$$

故 $f(x)$ 在 $x = -4$ 时取极大值 $f(-4) = 60$，$f(x)$ 在 $x = 2$ 时取极小值 $f(2) = -48$.

三、函数的最大值与最小值

函数在一个区间上的最大值或最小值统称为**最值**，使函数取得最值的点称为**最值点**. 计算最大值或最小值的问题统称为**最值问题**.

如果 I 是闭区间 $[a, b]$，$f(x)$ 又在 $[a, b]$ 上连续，则最大值 f_{max} 和最小值 f_{min} 一定都存在.

如图 3.3.2 所示，x_1, x_3, x_5, x_8 为函数 $f(x)$ 的极大值点，x_2, x_4, x_7 为极小值点. 我们会发现极小值 $f(x_4)$ 大于极大值 $f(x_1)$；$f'(x_6) = 0$，但 x_6 不是极值点；函数在 x_7 处不可导，但也取得极值. f_{max} 在两点 x_3, x_5 处同时取到，f_{min} 在端点 a 处取得. 因此，在区间 I 上取最值的所有可能的点有三类：(1) 驻点，(2) 导数不存在的点，(3) 闭区间的端点（如

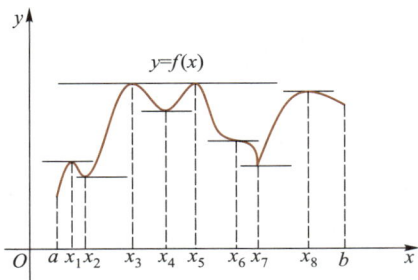

图 3.3.2

果 I 是闭区间）. 为了避免漏掉最值和不必要地判断极值，就要先求出可能的极值点（驻点和导数不存在的点）的函数值，再与端点值（如果有的话）$f(a)$ 和 $f(b)$ 一起比较大小.

例 3.3.7 求函数 $y = |x^2 - 2x|$ 在闭区间 $[-1, 3]$ 上的最大值和最小值.

解 因

$$f(x) = \begin{cases} -x^2 + 2x, & x \in (0, 2), \\ x^2 - 2x, & x \in [-1, 0] \cup [2, 3], \end{cases}$$

$$f'(x) = \begin{cases} -2x+2, & x \in (0, 2), \\ \text{不存在}, & x = 0, 2, \\ 2x-2, & x \in (-1, 0) \cup (2, 3). \end{cases}$$

令 $f'(x) = 0$ 得驻点为 $x = 1$，又 $f'(0)$、$f'(2)$ 不存在，故可能的最大最小值点为 $x = -1$，$0, 1, 2, 3$，逐个计算得

$$f(-1) = f(3) = 3, \quad f(0) = f(2) = 0, \quad f(1) = 1.$$

比较这五个值即知

$$f_{\max}=f(-1)=f(3)=3,\quad f_{\min}=f(0)=f(2)=0.$$

例 3.3.8 一张高为 1.4 m 的图片挂在墙上
（图 3.3.3），它的底边高于观察者的眼睛 1.8 m，问
观察者站在距离多远处，才能看图最清楚（看图的
视角 θ 最大）？

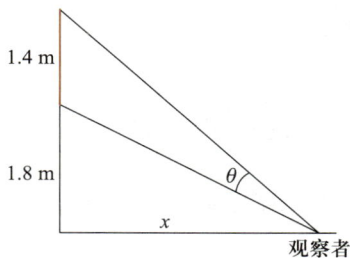

图 3.3.3

解 设观察者与墙的距离为 x（单位：m），将视
角 θ 表示为 x 的函数：

$$\theta=\operatorname{arccot}\frac{x}{3.2}-\operatorname{arccot}\frac{x}{1.8},\quad 0<x<+\infty,$$

由

$$\theta'(x)=-\frac{3.2}{x^2+3.2^2}+\frac{1.8}{x^2+1.8^2}$$

解方程 $\theta'(x)=0$ 得到

$$-3.2x^2-3.2\times1.8^2+1.8x^2+1.8\times3.2^2=0,$$

即 $x=\pm2.4$. 在 $(0,+\infty)$ 内只有**唯一驻点** $x=2.4$. 根据实际问题，θ 在 $(0,+\infty)$ 内的最
大值一定存在，故只能在 $x=2.4$ 处选取. 即当观察者站在距墙 2.4 m 处，看图最清
楚. 此时，

$$\theta_{\max}=\operatorname{arccot}\frac{2.4}{3.2}-\operatorname{arccot}\frac{2.4}{1.8}=\operatorname{arccot}\frac{24}{7}.$$

关于最大最小值问题，应当注意以下两点：

（1）根据实际问题，当发现最值问题具有**可解
性**，并且可能的最值点 x_0 是唯一时，不必讨论 $f(x_0)$
是不是极值就可以断定它就是最大值或最小值.

（2）若 $f(x)$ 在区间 I 上连续，且只有唯一的极
值点 x_0，那么，$f(x_0)$ 必是 $f(x)$ 在 I 上的最大值或最
小值，而不必讨论端点上的取值.

> **注** 若 $f(x_0)$ 是 $f(x)$ 在 I 上的唯一
> 极（大）值，则存在 x_0 的某邻域
> $U(x_0)\subset I$，且 $\forall x\in\overset{\circ}{U}(x_0)$，$f(x)<$
> $f(x_0)$. 假若 $f_{\max}$ 在另一点 x_1（不妨
> 设 $x_1>x_0$）处取得，那么在区间
> (x_0,x_1) 内必存在 $f(x)$ 的一个极小
> 值点，这与"唯一极值点"的条件
> 矛盾.

四、极值与最值问题杂例

例 3.3.9 设函数 $f(x)$ 在 $(-\infty,+\infty)$ 上连续，其导函数 $f'(x)$ 的图形如图 3.3.4 的
上图所示，求 $f(x)$ 的单调减区间，单调增区间，极小值点和极大值点.

解 根据 $f'(x)$ 的图形（图 3.3.4 的上图）大致可知 $f(x)$ 图形（图 3.3.4 的下图）.
因此，$f(x)$ 的单调递减区间为

$$(-\infty, x_1), (0, x_2);$$

单调递增区间为

$$(x_1, 0), (x_2, +\infty);$$

所以 $f(x)$ 的极小值点为 x_1, x_2；极大值点为 $x=0$.

例 3.3.10 求由方程 $x^2+y^3-xy=0$ 确定的函数 $y=y(x)$ 在 $x>0$ 内的极值 (已知 $x\neq 3y^2$).

解 方程两边求导得

$$2x+3y^2y'-y-xy'=0,$$

$$y'=\frac{2x-y}{x-3y^2}.$$

令 $y'=0$ 得 $y=2x$，代入原方程得

$$x^2+8x^3-2x^2=0.$$

因为 $x>0$，所以 $x=\frac{1}{8}, y=\frac{1}{4}$. 将等式 $2x+3y^2y'-y-xy'=0$ 两边对 x 求导，得

$$2+6y(y')^2+3y^2y''-2y'-xy''=0,$$

再将 $x=\frac{1}{8}, y=\frac{1}{4}, y'=0$ 代入上式，解得

$$y''\left(\frac{1}{8}\right)=-32<0.$$

所以当 $x=\frac{1}{8}$ 时 y 有极大值 $y=\frac{1}{4}$.

例 3.3.11 设 $f(x), g(x)$ 为定义在 $[a,b]$ 上的连续函数，满足

$$f''(x)+f'(x)g(x)-f(x)=0,$$

且 $f(a)=f(b)=0$，试证在 $[a,b]$ 上 $f(x)\equiv 0$.

证 由于 $f(x)$ 在 $[a,b]$ 上连续，从而在 $[a,b]$ 上存在最大值和最小值.

倘若 $f_{\max}\neq 0$，则因为 $f(a)=f(b)=0$，存在 $\xi\in(a,b)$，$f(\xi)>0$，且 $f(\xi)=f_{\max}$，故 $f'(\xi)=0$，从

$$f''(\xi)+f'(\xi)g(\xi)-f(\xi)=0$$

中得 $f''(\xi)=f(\xi)>0$，由极值判别法 (极值的第二充分条件) 知 ξ 为极小值点，这与 ξ 为最大值点的假设矛盾.

同理，$f_{\min}\neq 0$ 也将推出矛盾. 综上，$f(x)\equiv 0$. 证毕.

例 3.3.12 求数列 $\{\sqrt[n]{n}\}$ 的最大项.

解 设 $f(x)=x^{\frac{1}{x}}(x\geq 1)$，求导得

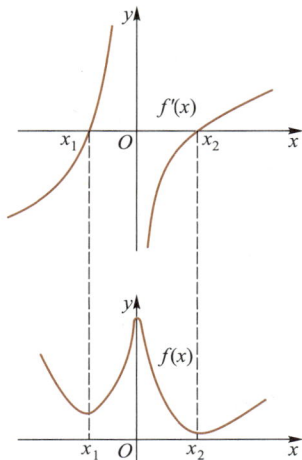

图 3.3.4

$$f'(x) = x^{\frac{1}{x}-2}(1-\ln x).$$

令 $f'(x) = 0$ 得 $x = \mathrm{e}$.

当 $x \in [1,\mathrm{e})$ 时，$f'(x) > 0$，$f(x)$ 单调递增；当 $x \in (\mathrm{e},+\infty)$ 时，$f'(x) < 0$，$f(x)$ 单调递减.

故 $f(x)$ 在 $[1,+\infty)$ 上只有唯一极大值点 $x = \mathrm{e}$，因此 $f(x)$ 在 $x = \mathrm{e}$ 处也取得最大值.又因 $2 < \mathrm{e} < 3$，故数列 $\{\sqrt[n]{n}\}$ 的最大值只可能在 $n = 2$ 或 3 时取得，由于 $\sqrt{2} = \sqrt[4]{4} < \sqrt[3]{3}$，故 $\sqrt[3]{3}$ 为数列 $\{\sqrt[n]{n}\}$ 中的最大项.

练习 3.3.1

1. 设函数 $f(x)$ 在 $(-\infty,+\infty)$ 上连续，其导数的图形如图 3.3.5 所示，则 $f(x)$ 有（   ）.

（A）一个极小值点和两个极大值点

（B）两个极小值点和一个极大值点

（C）两个极小值点和两个极大值点

（D）三个极小值点和一个极大值点

2. 求函数的极值：

（1）$f(x) = x - \ln(1+x)$；   （2）$f(x) = -x^4 + 2x^2$.

图 3.3.5

3. 求函数 $f(x) = \mathrm{e}^{x^2-2x}$ 在 $[0,2]$ 上的最大值和最小值.

4. 写出函数 $y = \ln x - x + 2$ 的单调区间并判断零点的个数.

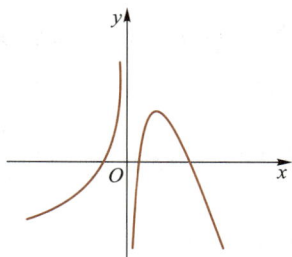

3.3.2   曲线的凹凸性   曲线图形的描绘

一、曲线的凹凸性与拐点

1. 曲线的凹凸性

定义 3.3.2   设 $f(x)$ 为定义在区间 I 上的函数，若对任意 $x_1, x_2 \in I$，总有

$$f\left(\frac{x_1+x_2}{2}\right) < \frac{f(x_1)+f(x_2)}{2}, \tag{3.3.1}$$

则称函数 $y = f(x)$ 在区间 I 上的图形是**凹的**，或称曲线 $y = f(x)$ 在区间 I 上是凹的（图 3.3.6）.若对任意 $x_1, x_2 \in I$，总有

$$f\left(\frac{x_1+x_2}{2}\right) > \frac{f(x_1)+f(x_2)}{2},$$

则称曲线 $y = f(x)$ 在区间 I 上是**凸的**（图 3.3.7）.

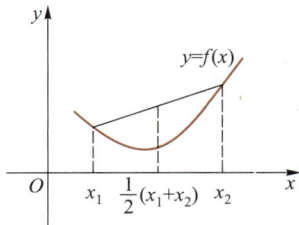

图 3.3.6

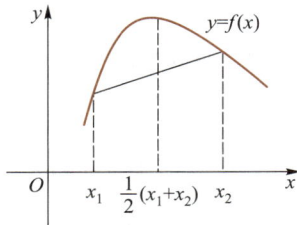

图 3.3.7

类似于命题 3.3.1,我们已经证明(见例 3.1.8)

定理 3.3.4 若函数 $f(x)$ 在 $[a,b]$ 上连续,在 (a,b) 内二阶可导,且

$$f''(x)>0(<0),$$

则曲线 $y=f(x)$ 在 $[a,b]$ 上必是凹的(相应地,凸的).

如果把这个判别法中的闭区间 $[a,b]$ 换成其他任何区间 I,(a,b) 换成包含于 I 的最大开区间,那么结论也成立.

曲线 $y=x^2$ 在 $(-\infty,+\infty)$ 上是凹的,因为 $y''=2>0$.

对于曲线 $y=x^3$,因 $y''=6x$,故当 $x\in(0,+\infty)$ 时,$y''>0$,曲线是凹的;当 $x\in(-\infty,0)$ 时,$y''<0$,曲线是凸的.

例 3.3.13 证明不等式

$$x\ln x+y\ln y>(x+y)\ln\frac{x+y}{2}\quad(x,y>0,x\neq y).$$

证 考虑函数 $f(x)=x\ln x,x>0$,则

$$f'(x)=\ln x+1,\quad f''(x)=\frac{1}{x}>0,$$

故曲线 $f(x)=x\ln x$ 是凹的,对于任意的 $x,y>0,x\neq y$,

$$f\left(\frac{x+y}{2}\right)<\frac{1}{2}(f(x)+f(y)),$$

即

$$\frac{x\ln x+y\ln y}{2}>\frac{x+y}{2}\ln\frac{x+y}{2},$$

从而

$$x\ln x+y\ln y>(x+y)\ln\frac{x+y}{2}.$$

证毕.

2. 曲线的拐点

定义 3.3.3   设函数 $f(x)$ 在点 x_0 的某邻域内连续.曲线 $y=f(x)$ 在点 $M(x_0, f(x_0))$ 两侧凹凸性改变,则称点 $M(x_0, f(x_0))$ 为曲线 $y=f(x)$ 的**拐点**(图 3.3.8).

注意   拐点是图形上的点,而不是坐标轴上的点.据此,

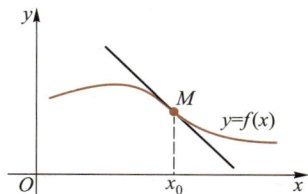

图 3.3.8

(1)点 $(0,0)$ 是曲线 $y=x^3$ 的拐点,因为 $y''=6x$ 在点 $(0,0)$ 的两侧变号;

(2)点 $(0,0)$ 是曲线 $y=\arctan x$ 的拐点,因为 $y''=\dfrac{-2x}{(1+x^2)^2}$ 在点 $(0,0)$ 的两侧变号;

(3)点 $(n\pi,0)$ 是曲线 $y=\sin x$ 的拐点,因为 $y''=-\sin x$ 在点 $(n\pi,0)$ 的两侧变号.

由定理 3.3.4 知道,由 $f''(x)$ 的符号可以判定曲线的凹凸性.因此如果 $f''(x)$ 在点 x_0 的两侧异号,那么点 $(x_0, f(x_0))$ 就是一个拐点.此时,导函数 $f'(x)$ 的单调性在点 x_0 的两侧不同,因此 $f'(x)$ 取得极值 $f'(x_0)$,如果此时 $f''(x_0)$ 存在,则根据费马引理,$f''(x_0)=0$.总之我们有

定理 3.3.5(拐点的必要条件)   若 $f(x)$ 在 x_0 处二阶可导,点 $M(x_0, f(x_0))$ 是 $y=f(x)$ 的拐点,则 $f''(x_0)=0$.

一般地,"$f''(x_0)=0$"是"$M(x_0, f(x_0))$ 为拐点"的既不充分又不必要的条件.反例如下:

(1)$y=x^{\frac{5}{3}}$,$y''=\dfrac{10}{9}x^{-\frac{1}{3}}$,$y''(0)$ 不存在,但 $(0,0)$ 是拐点.

(2)$y=x^4$,$y''=12x^2$,$y''(0)=0$,但 $(0,0)$ 不是拐点.

如果曲线 $y=f(x)$ 的定义区间 I 内的某些点(如拐点的横坐标或 f 的间断点)把 I 分成曲线凹凸性不同的子区间,这样的子区间就称为曲线 $y=f(x)$ 的凹区间或凸区间.

阅读材料 3.3

曲线凹凸性的
等价刻画

例 3.3.14   讨论曲线 $y=(2x-5)\sqrt[3]{x^2}$ 的凹凸区间与拐点.

解   先求

$$y'=\frac{10}{3}\left(x^{\frac{2}{3}}-x^{-\frac{1}{3}}\right), \quad y''=\frac{10}{9}x^{-\frac{4}{3}}(2x+1),$$

考虑 $x=-\dfrac{1}{2}$ 和 $x=0$ 两侧情况.

x	$\left(-\infty,-\dfrac{1}{2}\right)$	$-\dfrac{1}{2}$	$\left(-\dfrac{1}{2},0\right)$	0	$(0,+\infty)$
y''	$-$	0	$+$	不存在	$+$
$y=f(x)$	凸	拐点$\left(-\dfrac{1}{2},-\dfrac{6}{\sqrt[3]{4}}\right)$	凹		凹

可见,曲线 $y=(2x-5)\sqrt[3]{x^2}$ 在区间 $\left(-\infty,-\dfrac{1}{2}\right)$ 内是凸的,在区间 $\left(-\dfrac{1}{2},0\right)$ 和

$(0,+\infty)$ 内是凹的,点 $\left(-\dfrac{1}{2},-\dfrac{6}{\sqrt[3]{4}}\right)$ 是拐点.

二、函数图形的描绘

在讨论函数相关问题的过程中常常需要作出函数的图形.采用"描点法"作图有较大的盲目性,根据几个点的位置很难把握曲线的延伸趋势.我们将在利用导数讨论了函数各种性质(单调性,极值,凹凸性,拐点等)的基础上比较准确地作出一个函数的图形.

讨论函数图形的一般程序是:

(1) 确定 $y=f(x)$ 的定义域,讨论函数的基本特性(奇偶性,周期性等),求某些特殊点(与坐标轴的交点,间断点等);

(2) 求 $f'(x)$,$f''(x)$,找出 $f'(x)$ 和 $f''(x)$ 的零点和不存在的点;

(3) 列表分析函数的单调性与极值、凹凸性与拐点;

(4) 考察渐近线;

(5) 综合以上讨论结果画出图形.

例 3.3.15　设 $f(x)=\dfrac{x^3}{x^2-3}$,试作函数的图形.

解　(1) 函数定义域为 $x\neq\pm\sqrt{3}$.函数是奇函数,图形关于原点对称.

(2) $f'(x)=\dfrac{x^2(x^2-9)}{(x^2-3)^2}$. 当 $x=-3,0,3$ 时,$f'(x)=0$;

$f''(x)=\dfrac{6x(x^2+9)}{(x^2-3)^3}$.当 $x=0$ 时,$f''(x)=0$.

（3）列表讨论：

x	$(-\infty,-3)$	-3	$(-3,-\sqrt{3})$	$-\sqrt{3}$	$(-\sqrt{3},0)$	0	$(0,\sqrt{3})$	$\sqrt{3}$	$(\sqrt{3},3)$	3	$(3,+\infty)$
f'	+	0	−	不存在	−	0	−	不存在	−	0	+
f''	−	−	−	不存在	+	0	−	不存在	+	+	+
f	增,凸	极大值 $-9/2$	减,凸		减,凹	拐点 $(0,0)$	减,凸		减,凹	极小值 $9/2$	增,凹

（4）求渐近线：易知有两条竖直渐近线 $x=-\sqrt{3}$，$x=\sqrt{3}$；又

$$k=\lim_{x\to\infty}\frac{f(x)}{x}=\lim_{x\to\infty}\frac{x^3}{x^3-3x}=1,$$

$$b=\lim_{x\to\infty}[f(x)-x]=\lim_{x\to\infty}\frac{x^3-(x^3-3x)}{x^2-3}=0,$$

故 $y=x$ 是一条斜渐近线.

（5）经过对极值点、拐点、其他特殊点和渐近线的描绘，可以绘制出图形，如图 3.3.9 所示.

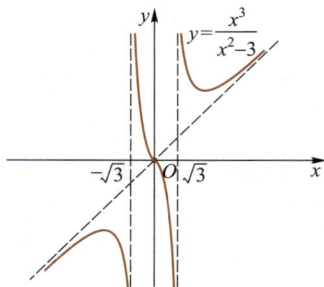

图 3.3.9

例 3.3.16 设 $y=\dfrac{c}{1+be^{-ax}}$（$a,b,c>0$，均为常数），试作函数的图形.

解 （1）函数的定义域 $(-\infty,+\infty)$；

（2）$y'=\dfrac{abce^{-ax}}{(1+be^{-ax})^2}>0$，函数在 $(-\infty,+\infty)$ 上单调递增，无极值.

$$y''=\frac{a^2bce^{-ax}(be^{-ax}-1)}{(1+be^{-ax})^3},$$ 令 $y''=0$，得 $be^{-ax}-1=0$，

$x=\dfrac{\ln b}{a}$.

当 $x<\dfrac{\ln b}{a}$ 时，$y''>0$，曲线 $y=f(x)$ 是凹的；当 $x>\dfrac{\ln b}{a}$ 时，$y''<0$，曲线 $y=f(x)$ 是凸的；

当 $x=\dfrac{\ln b}{a}$ 时，$y=\dfrac{c}{2}$，故点 $\left(\dfrac{\ln b}{a},\dfrac{c}{2}\right)$ 为曲线的拐点.

（3）$\lim\limits_{x\to+\infty}\dfrac{c}{1+be^{-ax}}=c$，$\lim\limits_{x\to-\infty}\dfrac{c}{1+be^{-ax}}=0$，所以曲线 $y=f(x)$ 有两条水平渐近线：$y=c$ 和 $y=0$.

注 曲线 $y=\dfrac{c}{1+be^{-ax}}$ 称为逻辑斯谛曲线（logistic curve），1838 年由比利时数学家韦吕勒（P.F.Verhulst）命名，是生物学和经济学中常见的数学模型.

（4）描出拐点和渐近线，作出函数的图形，如图 3.3.10 所示.

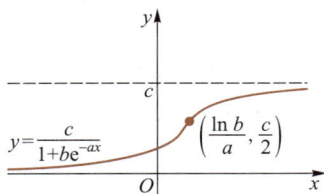

图 3.3.10

练习 3.3.2

1. 写出曲线 $y=x^2-e^x$ 的凹凸区间和拐点.

2. 设函数 $f(x)$ 在定义域内可导，$y=f(x)$ 的图形如图 3.3.11 所示，则导函数 $f'(x)$ 的图形最有可能是图 3.3.12 中的哪一个？从图上可知，曲线 $y=f(x)$ 有几个拐点？

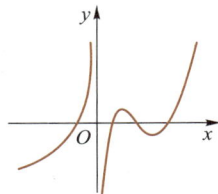

图 3.3.11

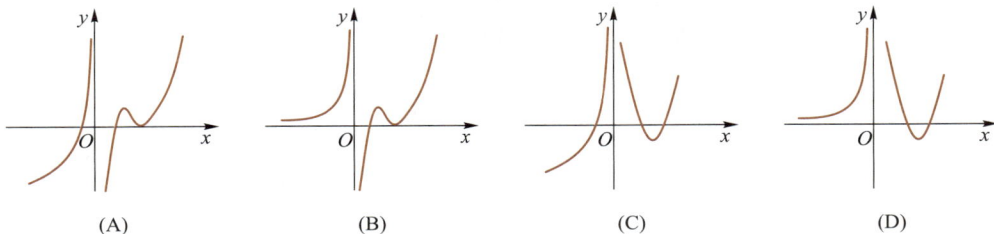

(A)   (B)   (C)   (D)

图 3.3.12

3. 以导数为工具画出函数 $y=-x^3+3x$ 的图形.

4. 画出 $f(x)=-x^4+2x^2$ 的草图（见练习 3.3.1 的题 2(2)）.

3.3.3 曲线的曲率和方程的近似解

一、曲线的曲率

导函数 $f'(x)$ 可以刻画曲线 $y=f(x)$ 在点 $M(x, f(x))$ 处的"陡峭程度". $|f'(x)|$ 越大，曲线在 M 点越陡峭. 进一步，我们想要了解曲线的弯曲程度，这在很多工程问题中都会遇到. 例如，在道路施工过程中需要研究道路在各处的弯曲状况. 下面，我们尝试借助一阶导数 $f'(x)$ 或高阶导数来解决这个问题.

1. 弧长的微分

如图 3.3.13 所示，设光滑曲线 $y=f(x)$ 上各点处都有有限导数 $f'(x)$. 从曲线的端点 $M_0(a, f(a))$ 到曲线上任一点 $M(x, f(x))$ 之间的弧长 s 是 x 的（递增）函数：

$s = s(x)(x \in [a, b])$,则有**弧长微分**

$$\mathrm{d}s = \sqrt{1 + (y')^2}\, \mathrm{d}x. \qquad (3.3.2)$$

这是因为,设在点 M 处给定自变量的增量 Δx,则曲线上相应的点为 $M'(x+\Delta x, f(x)+\Delta y)$,于是

$$\frac{\Delta s}{\Delta x} = \frac{\widehat{MM'}}{|MM'|} \cdot \frac{|MM'|}{\Delta x}$$

$$= \frac{\widehat{MM'}}{|MM'|} \cdot \frac{\sqrt{(\Delta x)^2 + (\Delta y)^2}}{\Delta x}$$

$$= \pm \frac{\widehat{MM'}}{|MM'|} \cdot \sqrt{1 + \left(\frac{\Delta y}{\Delta x}\right)^2}.$$

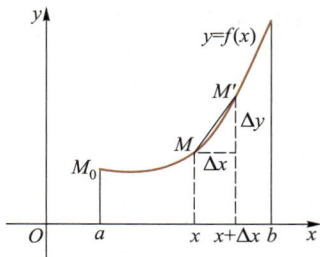

图 3.3.13

注 $\widehat{MM'}$ 既表示图形又表示数值,这种表示法以后还会多次出现.这部分是在弧长"可求"前提下的几何说明,而不是严格的证明.

由于 $s(x)$ 是递增函数,故 $\widehat{MM'}$ 与 Δx 同号,所以 $\lim\limits_{\Delta x \to 0} \dfrac{\widehat{MM'}}{|MM'|} = 1$,令 $\Delta x \to 0$ 后得

$$\lim_{\Delta x \to 0} \frac{\Delta s}{\Delta x} = \lim_{\Delta x \to 0} \sqrt{1 + \left(\frac{\Delta y}{\Delta x}\right)^2} = \sqrt{1 + (y')^2},$$

故

$$\frac{\mathrm{d}s}{\mathrm{d}x} = \sqrt{1 + (y')^2},$$

从而

$$\mathrm{d}s = \sqrt{1 + (y')^2}\, \mathrm{d}x,$$

此式可以写为

$$\mathrm{d}s = \sqrt{\mathrm{d}x^2 + \mathrm{d}y^2}. \qquad (3.3.3)$$

在参数方程形态下,设曲线 $C: x = x(t), y = y(t), t \in [\alpha, \beta]$,则

$$\frac{\mathrm{d}s}{\mathrm{d}t} = \sqrt{[x'(t)]^2 + [y'(t)]^2}.$$

2. 倾斜角的微分

曲线上任一点的切线的倾斜角 α 也是 x 的函数:$\alpha = \alpha(x)$,满足

$$y' = \tan \alpha(x).$$

由于

$$y'' = \sec^2 \alpha(x)\, \frac{\mathrm{d}\alpha}{\mathrm{d}x},$$

故

$$\frac{\mathrm{d}\alpha}{\mathrm{d}x} = \frac{y''}{1 + (y')^2},$$

即
$$d\alpha = \frac{y''}{1+(y')^2}dx.$$

对于参数方程表示的曲线，由 $\alpha(t) = \arctan y_x' = \arctan \dfrac{y'(t)}{x'(t)}$，就有

$$\alpha'(t) = \frac{y''(t)x'(t) - x''(t)y'(t)}{x'^2(t) + y'^2(t)}.$$

3. 曲率的定义

如图 3.3.14 所示，弧段 $\overset{\frown}{M_1M_2}$ 与 $\overset{\frown}{M_2M_3}$ 长度相等，但弧 $\overset{\frown}{M_1M_2}$ 比较平直. 从点 M_1 沿曲线移动到点 M_2 时切线转过的角度 $\Delta\alpha_1$ 就不大，而弧 $\overset{\frown}{M_2M_3}$ 弯曲得较"厉害"，从点 M_2 沿曲线移动到点 M_3 时切线转过的角度 $\Delta\alpha_2$ 就比较大. 从图 3.3.15 还可以看到，在切线转角相同的前提下，较短的弧段 $\overset{\frown}{M_1N_1}$ 弯曲得更明显，较长的弧段 $\overset{\frown}{M_2N_2}$ 弯曲程度就不大. 由此可见，弧段的弯曲程度与切线转过的角度以及弧段的长度有关.

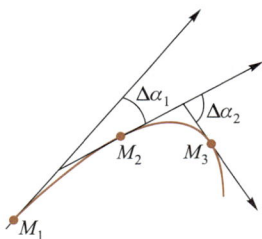

图 3.3.14

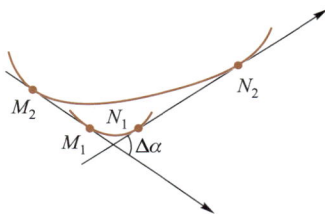

图 3.3.15

自然地，把单位弧长内切线转过的角度，即 $\dfrac{\Delta\alpha}{\Delta s}$，定义为曲线的**平均曲率**，而把平均曲率的极限叫做曲线在某点处的**曲率**，记为 K. 于是，

$$K = \left| \lim_{\Delta x \to 0} \frac{\Delta\alpha}{\Delta s} \right| = \left| \frac{d\alpha}{ds} \right|. \tag{3.3.4}$$

将微分 $ds = \sqrt{1+(y')^2}\,dx$ 和 $d\alpha = \dfrac{y''}{1+(y')^2}dx$ 代入（3.3.4）式中，得

$$K = \frac{|y''|}{\left[1+(y')^2\right]^{\frac{3}{2}}}. \tag{3.3.5}$$

若曲线 C 的参数方程为 $x = x(t), y = y(t), t \in [\alpha, \beta]$，就有

$$K = \left| \frac{\alpha'(t)}{s'(t)} \right| = \frac{|y''x' - y'x''|}{\left[(x')^2 + (y')^2\right]^{\frac{3}{2}}}. \tag{3.3.6}$$

公式(3.3.6)中变量 x 与 y 的地位完全对称,因此无需对切线的倾斜角作任何限制.

如图 3.3.16 所示,设已知曲线 C 上的点 P 处曲线的曲率 $K \neq 0$,若过点 P 作一个半径为 $\dfrac{1}{K}$,圆心为 O_P 的圆,并使此圆 O_P 与曲线 C 之间满足关系:

（1）在点 P 处,它们有相同的切线;

（2）曲线 C 与圆 O_P 位于切线的同侧,

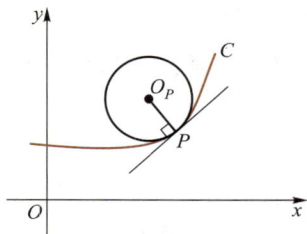

图 3.3.16

则称圆 O_P 为曲线 C 在点 P 处的**曲率圆**,$R_P = \dfrac{1}{K_P}$ 为曲线 C 在点 P 处的**曲率半径**,O_P 为曲线 C 在点 P 处的**曲率中心**.

对于圆 $x^2 + y^2 = R^2$,易知 $y' = -\dfrac{x}{y}$,$y'' = -\dfrac{R^2}{y^3}$,从而 $K = \dfrac{1}{R}$.

直线可视为半径 $R = +\infty$ 的一个圆.设直线方程为 $y = kx + b$,则 $y'' = 0$,故 $K = 0$.这说明定义 $\dfrac{1}{K}$ 为曲率半径是很合理的.

例 3.3.17　求曲线 $y = \sin x$ 在点 $x = \dfrac{\pi}{2}$ 处的曲率和曲率半径.

解　因为

$$y' = \cos x, \quad y'|_{x=\frac{\pi}{2}} = 0;$$

$$y'' = -\sin x, \quad y''|_{x=\frac{\pi}{2}} = -1,$$

得

$$K = \frac{|y''|}{\left[1 + (y')^2\right]^{\frac{3}{2}}} = \frac{|-1|}{(1+0)^{\frac{3}{2}}} = 1.$$

所以曲率半径为

$$R = \frac{1}{K} = 1.$$

二、方程的近似解

递归关系是一类重要的数学模型.因为递归关系既可以把变量的性质作为逻辑推理的起点,又可以把数值计算问题通过简单的程序交给计算机处理.这里以方程的近似解为例介绍这种模型的建立方法.

求方程 $f(x) = 0$ 的近似解,主要依据是根的存在定理.可分三步进行:

（1）根的隔离.用几何直观的方法确定根的(尽量小的)大致范围 $[a, b]$,使方程

$f(x)=0$ 在这个区间内只有一个根;

（2）选择初始近似值. 即考察从区间 $[a,b]$ 上的哪点开始建立递推关系;

（3）建立递推关系. 这需要相关的数学知识.

设 $f(x)$ 在隔离区间 $[a,b]$ 上具有二阶导数, $f(a)f(b)<0$ 且 $f'(x)$ 及 $f''(x)$ 保持定号.此时函数 $y=f(x)(x\in[a,b])$ 的图形 $\overset{\frown}{AB}$ 有下列四种情形.

考虑用曲线弧一端的切线来代替曲线弧,从而求出方程实根的近似值,并不断进行改善,这种方法叫做**切线法**.从图 3.3.17 可以看出,如果在纵坐标与 $f''(x)$ 同号的那个端点（记作 $(x_0,f(x_0))$）处作切线,这切线与 x 轴的交点的横坐标 x_1 就比 x_0 更接近于方程的根 ξ（推导一下,为什么?）.以图 3.3.17(a) 的情形为例,令 $x_0=b$,作切线 $y-f(x_0)=f'(x_0)(x-x_0)$,再令 $y=0$ 就可以求得

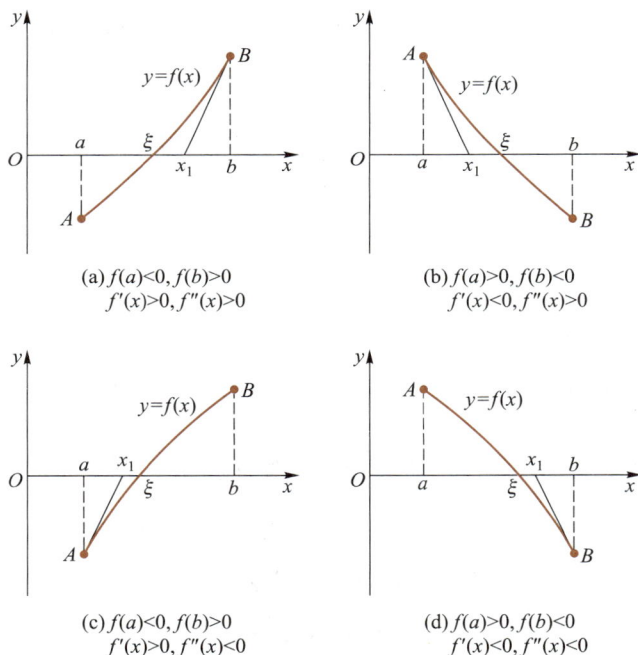

(a) $f(a)<0, f(b)>0$　$f'(x)>0, f''(x)>0$

(b) $f(a)>0, f(b)<0$　$f'(x)<0, f''(x)>0$

(c) $f(a)<0, f(b)>0$　$f'(x)>0, f''(x)<0$

(d) $f(a)>0, f(b)<0$　$f'(x)<0, f''(x)<0$

图 3.3.17

$$x_1=x_0-\frac{f(x_0)}{f'(x_0)},$$

它比 x_0 更接近于 ξ,再在点 $(x_1,f(x_1))$ 处作切线,可得根的近似值 x_2,如此继续下去,就得到近似值的递归关系

$$x_{n+1}=x_n-\frac{f(x_n)}{f'(x_n)}. \tag{3.3.7}$$

现在估计以 x_n 作为根 ξ 的近似值的误差.由微分中值定理,存在 η 介于 x_n 和 ξ 间,使得

$$f(x_n)=f(x_n)-f(\xi)=f'(\eta)(x_n-\xi),$$

记 $m=\min\limits_{x\in[a,b]}|f'(x)|$，就可得到误差估计式

$$|x_n-\xi|=\frac{|f(x_n)|}{|f'(\eta)|}\leqslant\frac{|f(x_n)|}{m}. \tag{3.3.8}$$

当 $f(x)$ 非常复杂时，$f'(x)$ 可能更为复杂，此时可以用与切线法相同的方法确定 x_0，再取一个 x_1 使 $f(x_1)$ 与 $f(x_0)$ 同号，然后用割线来代替切线，即有

$$x_{n+1}=x_n-\frac{x_n-x_{n-1}}{f(x_n)-f(x_{n-1})}f(x_n), \tag{3.3.9}$$

这种方法称为**割线法**.

还有一种十分高效的求根方法叫做**二分法**，它不断取隔离区间的中点，通过中点处的函数值与原来区间上取值异号的那个端点来组成新的隔离区间，构造无穷递缩地逼近方程根的"区间套".具体来说，$\{[x_n,y_n]\}$ 如下归纳地计算：先设 $[x_0,y_0]=[a,b]$；设已经取得隔离区间 $[x_n,y_n]$，记 $z_n=\frac{x_n+y_n}{2}$，考察 $f(z_n)$ 取值的符号，则 $[x_{n+1},y_{n+1}]$ 满足的递归关系为

$$\begin{cases}\xi=z_n, & \text{若 }f(z_n)=0,\\ x_{n+1}=x_n,y_{n+1}=z_n, & \text{若 }f(z_n)\text{ 与 }f(x_n)\text{ 异号},\\ x_{n+1}=z_n,y_{n+1}=y_n, & \text{若 }f(z_n)\text{ 与 }f(x_n)\text{ 同号}.\end{cases}$$

显然，用 x_n 或 y_n 作为根 ξ 的近似值，其误差小于 $\frac{1}{2^n}(b-a)$.

二分法是在隔离区间中按 $1:1$ 的比例插入分点，而可以更快捕捉到根的方法是按 $0.618:1$ 插入分点的方法，称为**黄金分割法**或**优选法**，著名数学家华罗庚曾经致力于将黄金分割法推广到工厂和农村，例如用于探测断电线路的伤点和暗渠的堵点等，为国家建设提供服务.

华罗庚（1910—1985），我国著名数学家.

练习 3.3.3

1. 已知抛物线 $y=x^2$，求其在点 $(1,1)$ 处的曲率和曲率半径.

2. 用切线法求方程 $x^3+1.1x^2+0.9x-1.4=0$ 在区间 $[0,1]$ 上的实根的近似值，使其误差不超过 0.01.

习题 3.3 ·················

1. 确定下列函数的单调区间：

(1) $f(x) = 2x^2 - \ln x$；

(2) $f(x) = x - 2\sin x \, (0 \leqslant x \leqslant \pi)$；

(3) $f(x) = (x-1)(x+1)^3$；

(4) $f(x) = x^n e^{-x} \, (n > 0, x \geqslant 0)$；

(5) $f(x) = 3 - 2(x+1)^{\frac{1}{3}}$

2. 证明下列不等式：

(1) $\dfrac{\ln(1+x)}{\ln x} > \dfrac{x}{1+x} \, (x > 1)$；

(2) 当 $x > 0$ 时，$1 + x\ln(x + \sqrt{1+x^2}) > \sqrt{1+x^2}$；

(3) 当 $x > 4$ 时，$2^x > x^2$；

(4) $a^b > b^a \, (b > a > e)$；

(5) 当 $0 < x < y < \dfrac{\pi}{2}$ 时，$\dfrac{\tan y}{\tan x} > \dfrac{y}{x}$.

3. 求下列函数的极值：

(1) $y = 2x^3 - 6x^2 - 18x + 7$；

(2) $y = \dfrac{3x^2 + 4x + 4}{x^2 + x + 1}$；

(3) $y = x^{\frac{1}{x}} \, (x > 0)$；

(4) $f(x) = \sqrt[3]{(2x-1)(1-x)^2}$.

4. 问 a, b 为何值时，函数 $f(x) = x^3 + ax^2 + bx$ 在 $x = 1$ 处有极小值 -2？

5. 求下列函数在所指定区间上的最大值和最小值：

(1) $f(x) = x^3 + 3\sqrt[3]{x}$，$[-1, 2]$；

(2) $y = 2x - \ln x$，$\left[\dfrac{1}{e}, 1\right]$；

(3) $f(x) = 2\sin x + \cos 2x$，$\left[0, \dfrac{\pi}{3}\right]$；

(4) $f(x) = e^{-x}(x+1)$，$[-1, 3]$.

* *

6. 在平面上通过点 $P(4, 9)$ 引一条直线，要使它在两个坐标轴上的截距都为正，且其和为最小，求这直线方程.

7. 用某仪器测量某零件长度，测量 n 次所得到的数据（即零件长度）为 $x_1, x_2, \cdots, x_n$. 证明：$x_0 = \dfrac{1}{n}(x_1 + x_2 + \cdots + x_n)$ 与这 n 个数据的差的平方和最小.

8. 设 $y = y(x)$ 由方程 $2x^2 - xy + y^2 = 2$ 所确定，求 $y = y(x)$ 的极值.

9. 证明：当 $x \in \left(0, \dfrac{\pi}{2}\right)$ 时，

(1) $\tan x + \sin x > 2x$；

(2) $\tan x + 2\sin x > 3x$；

(3) $\dfrac{\tan x}{x} > \dfrac{x}{\sin x}$；

(4) $\tan x > x + \dfrac{1}{3}x^3$.

10. 问 a, b 为何值时，点 $(1, 3)$ 为曲线 $y = ax^3 + bx^2$ 的拐点？

11. 求下列曲线的拐点及凹凸区间：

（1）$y=(x+1)^4+e^x$；　　　　（2）$y=\ln(x^2+1)$；　　　（3）$y=e^{\arctan x}$；　　　（4）$y=x\arcsin x$.

12. 利用函数图形的凹凸性，证明不等式：

（1）$\dfrac{a^n+b^n}{2}\geqslant\left(\dfrac{a+b}{2}\right)^n$　$(a,b>0,n\geqslant 2)$；

（2）$x\arctan x+y\arctan y>(x+y)\arctan\dfrac{x+y}{2}$　$(x\neq y)$.

13. 求函数 $y=f(x)$ 的极值点凹凸区间和拐点.

（1）$f(x)=\begin{cases}\ln x-x, & 0<x\leqslant 1,\\ x^2-2x, & x>1;\end{cases}$　　　（2）$y=f(x)$ 是由 $\begin{cases}x=t^3+3t+1\\ y=t^3-3t+1\end{cases}$ 所确定的函数.

14. 设函数 $f(x)$ 在 $[0,+\infty)$ 上连续，其导函数的图形如图 3.3.18 所示，试问函数 $f(x)$ 有几个极值点，曲线 $y=f(x)$ 有几个拐点？

15. 已知函数 $f(x)$ 的一阶和二阶导数 $f'(x),f''(x)$ 的图形如图 3.3.19 所示，请在图上画出 $f(x)$ 的图形.

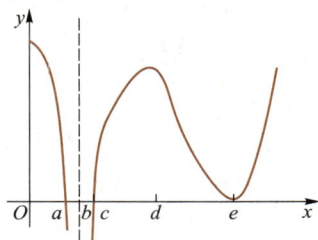

图 3.3.18

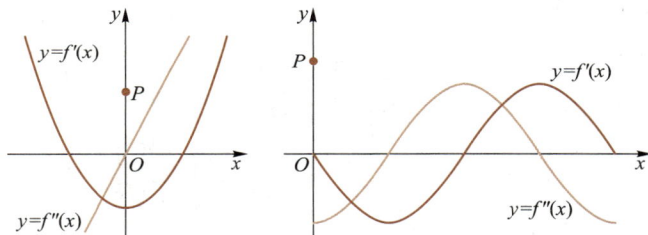

图 3.3.19

16. 试将下列函数填于相匹配的图形之下，并在图 3.3.20 上标出拐点位置.

（a）$y=\dfrac{9}{14}x^{\frac{1}{3}}(x^2-7)$；　　　　　（b）$y=\dfrac{3}{4}(x^2-1)^{\frac{2}{3}}$；

（c）$y=\tan x-4x,-\dfrac{\pi}{2}<x<\dfrac{\pi}{2}$；　　　（d）$y=\dfrac{x^3}{3}-\dfrac{x^2}{2}-2x+\dfrac{1}{3}$.

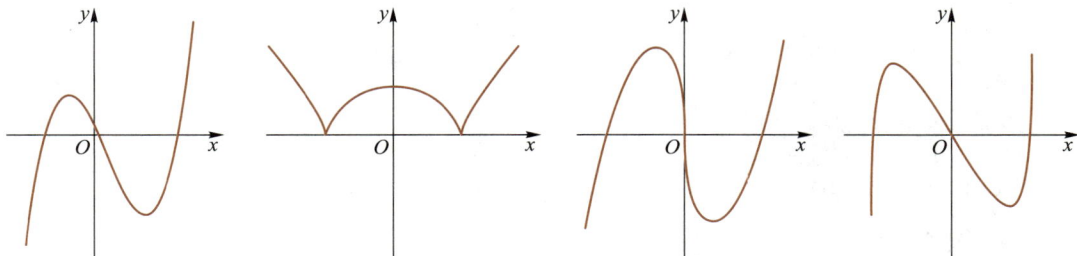

图 3.3.20

17. 画出下列函数的图形:

(1) $y = \dfrac{1}{3}x^3 - x^2 - 3x + \dfrac{11}{3}$; (2) $y = \dfrac{x}{1+x^2}$; (3) $y = x^2 + \dfrac{2}{x}$;

(4) $y = 2x + \dfrac{1}{x^2}$; (5) $y = e^{-\frac{x^2}{2}}$.

* *

18. 试证:当 $a>0$ 时,方程 $ae^x - 1 - x - \dfrac{x^3}{2} = 0$ 有唯一实根.

19. 库仑定律表明,两个带电粒子之间的吸引力与电荷的乘积成正比,与它们之间距离的平方成反比.图 3.3.21 中带电荷量为 $+1$ 的粒子位于坐标线上的 0 和 2 位置,带电荷量为 -1 的粒子位于它们之间的 x 位置.根据库仑定律,作用在中间粒子上的净力为 $F(x) = -\dfrac{k}{x^2} + \dfrac{k}{(x-2)^2}$ $(0<x<2)$,其中 k 为正常数.绘制函数 $F(x)$ 的图形,从这个图形可以得到关于净力的什么结论?

*20. 风筝的骨架由 6 根细木棒组成.其中外面的 4 根已经如图 3.3.22 做好,为了使得风筝的面积最大,对角线上的两根木棒应该多长?

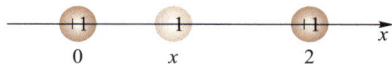

图 3.3.21

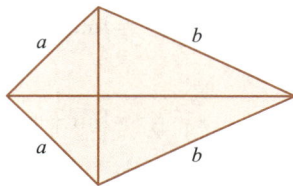

图 3.3.22

§ 3.4 本章回顾

解决中值定理问题的技巧性强,检验性条件的要求高.学习本章首先要掌握用洛必达法则计算极限,用导数研究函数性态;其次再谋求掌握中值问题和中值定理的其他应用.

例 3.4.1 求极限:

(1) $\displaystyle\lim_{x\to 0} \dfrac{\ln(1+x+x^2) + \ln(1-x+x^2)}{(1+\cos x)x\sin x}$;

(2) $\displaystyle\lim_{x\to\infty}\left[2x - x^2\ln\left(1+\dfrac{2}{x}\right)\right]$;

(3) $\displaystyle\lim_{x\to 0} \dfrac{e^{x^2} - e^{2-2\cos x}}{x^4}$.

解 只要等价无穷小替换用得适当,仍然是计算极限时的首选策略.

$$(1) \lim_{x \to 0} \frac{\ln(1+x+x^2) + \ln(1-x+x^2)}{(1+\cos x)x\sin x}$$

$$= \lim_{x \to 0} \frac{\ln[(1+x^2)^2 - x^2]}{(1+\cos x)x^2}$$

$$= \lim_{x \to 0} \frac{\ln(1+x^2+x^4)}{2x^2} = \lim_{x \to 0} \frac{x^2+x^4}{2x^2} = \frac{1}{2};$$

思考题 3.4.1   在运用洛必达法则时,如果 $\lim\limits_{x \to x_0} \dfrac{f'(x)}{g'(x)}$ 是振荡型的不存在,为什么不能推知 $\lim\limits_{x \to x_0} \dfrac{f(x)}{g(x)}$ 也是振荡型的不存在呢?

$$(2) \lim_{x \to \infty}\left[2x - x^2\ln\left(1+\frac{2}{x}\right)\right] = \lim_{x \to \infty} \frac{\dfrac{2}{x} - \ln\left(1+\dfrac{2}{x}\right)}{\dfrac{1}{x^2}} = 4\lim_{t \to 0} \frac{t - \ln(1+t)}{t^2} = 4\lim_{t \to 0} \frac{1 - \dfrac{1}{1+t}}{2t} = 2;$$

$$(3) \lim_{x \to 0} \frac{e^{x^2} - e^{2-2\cos x}}{x^4} = \lim_{x \to 0} \frac{e^{2-2\cos x}(e^{x^2-2+2\cos x} - 1)}{x^4}$$

$$= \lim_{x \to 0} \frac{1 \cdot (x^2 - 2 + 2\cos x)}{x^4}$$

$$= \lim_{x \to 0} \frac{2x - 2\sin x}{4x^3}$$

$$= \lim_{x \to 0} \frac{1-\cos x}{6x^2} = \frac{1}{12}.$$

注   第一小题并没有用到洛必达法则.要合理使用等价无穷小替换、变量替换、函数变形、复合函数极限法则等工具进行计算.

例 3.4.2   设 $f(x)$ 在 $x = 0$ 处二阶可导,在分别满足下述条件的情形下求 $f(0)$, $f'(0)$, $f''(0)$.

$$(1) \lim_{x \to 0} \frac{f(x)}{1-\cos x} = 2; \qquad (2) \lim_{x \to 0} \frac{\ln(1+x) + x f(x)}{x^3} = 2.$$

解   (1) 由 $f(x)$ 在点 $x = 0$ 处二阶可导知 $f(x)$ 在 $x = 0$ 处连续,从而

$$f(0) = 0.$$

由洛必达法则,有

$$\lim_{x \to 0} \frac{f'(x)}{\sin x} = 2.$$

再因 $f'(x)$ 在点 $x = 0$ 处连续,所以

$$f'(0) = 0,$$

$$\lim_{x \to 0} \frac{f'(x) - f'(0)}{\sin x} = \lim_{x \to 0} \frac{f'(x) - f'(0)}{x} = f''(0).$$

即 $f''(0) = 2.$

（2）**方法一（用麦克劳林公式）**

$$2 = \lim_{x \to 0} \frac{\ln(1+x) + xf(x)}{x^3}$$

$$= \lim_{x \to 0} \frac{\left[x - \dfrac{x^2}{2} + \dfrac{x^3}{3} + o(x^3) \right] + x \left[f(0) + f'(0)x + \dfrac{f''(0)}{2!} x^2 + o(x^2) \right]}{x^3}$$

$$= \lim_{x \to 0} \frac{(1 + f(0))x + \left(-\dfrac{1}{2} + f'(0) \right) x^2 + \left(\dfrac{1}{3} + \dfrac{f''(0)}{2!} \right) x^3 + o(x^3)}{x^3}.$$

必须有

$$1 + f(0) = 0, \quad -\frac{1}{2} + f'(0) = 0, \quad \frac{1}{3} + \frac{f''(0)}{2!} = 2.$$

从而

$$f(0) = -1, \quad f'(0) = \frac{1}{2}, \quad f''(0) = \frac{10}{3}.$$

方法二（用洛必达法则）　用 $\ln(1+x)$ 的二阶麦克劳林多项式 $x - \dfrac{x^2}{2}$ 凑出：

$$2 = \lim_{x \to 0} \left(\frac{\ln(1+x) - x + \dfrac{x^2}{2}}{x^3} + \frac{f(x) + 1 - \dfrac{1}{2}x}{x^2} \right)$$

$$= \frac{1}{3} + \lim_{x \to 0} \frac{f(x) + 1 - \dfrac{1}{2}x}{x^2},$$

从而得

$$f(0) = \lim_{x \to 0} f(x) = -1.$$

再由

$$2 = \frac{1}{3} + \lim_{x \to 0} \frac{f'(x) - \dfrac{1}{2}}{2x}$$

得出

$$f'(0) = \frac{1}{2},$$

所以 $f''(0) = \dfrac{10}{3}.$

> **注**　设 $f(x)$ 在 $x=0$ 的某邻域连续且可导,则不难证明: $\lim\limits_{x \to 0} \dfrac{f(x)}{\dfrac{x^2}{2}} = A$ 当且仅当 $f(0) = 0$, $f'(0) = 0$, $f''(0) = A$. 因此可以直接断言: 在 $x=0$ 处, $A>0$ 时 $f(x)$ 取极小值, $A<0$ 时 $f(x)$ 取极大值. 另外, 含有高阶导数的极值问题最好用麦克劳林展开式. 这两小题非常重要.

例 3.4.3　设函数 $f(x)$ 在 $[0,3]$ 上连续,在 $(0,3)$ 内可导,且 $f(0) + f(1) + f(2) = 3$, $f(3) = 1$,试证:必存在 $\xi \in (0,3)$ 使 $f'(\xi) = 0$.

证　因 $f(x)$ 在 $[0,3]$ 上连续,所以 $f(x)$ 在 $[0,2]$ 上也连续,且在 $[0,2]$ 上有最大值 M 和最小值 m,故

> **注**　介值定理与罗尔定理合用是常规的题型.

$$m \leqslant f(0), f(1), f(2) \leqslant M,$$

$$m \leqslant \frac{f(0) + f(1) + f(2)}{3} \leqslant M.$$

由介值定理,至少存在一点 $c \in [0, 2]$,使得

$$f(c) = \frac{f(0) + f(1) + f(2)}{3} = 1,$$

又因 $f(c) = f(3) = 1$,且 $f(x)$ 在 $[c, 3]$ 上连续,在 $(c, 3)$ 内可导.由罗尔定理,必存在 $\xi \in (c, 3) \subset (0, 3)$ 使 $f'(\xi) = 0$.证毕.

例 3.4.4　设函数 $f(x)$ 在 (a, b) 内可导,且 $|f'(x)| \leqslant M$,证明 $f(x)$ 在 (a, b) 内有界.

证　取 $x_0 \in (a, b)$,再取异于 x_0 的点 $x \in (a, b)$,对 $f(x)$ 在以 x_0, x 为端点的区间上用拉格朗日中值定理,得

$$f(x) - f(x_0) = f'(\xi)(x - x_0) \quad (\xi \text{ 介于 } x_0, x \text{ 之间}),$$

故

> **注**　拉格朗日中值定理是估计函数取值范围的重要方法.中值定理使用区间的一端是动点 x,即区间为 $[x_0, x]$ 或 $[x, x_0]$,这个做法十分重要.

$$\begin{aligned} |f(x)| &= |f(x_0) + f'(\xi)(x - x_0)| \\ &\leqslant |f(x_0)| + |f'(\xi)||x - x_0| \\ &\leqslant |f(x_0)| + M(b-a) \text{ (常数)}. \end{aligned}$$

可见 $f(x)$ 在 (a, b) 内有界.证毕.

例 3.4.5　设常数 $a > 0$,讨论方程 $\mathrm{e}^x = ax^2$ 的实根的个数.

解　令 $f(x) = \dfrac{\mathrm{e}^x}{x^2}$,则函数在点 $x = 0$ 处为无穷间断点.

求导得 $f'(x) = \dfrac{\mathrm{e}^x(x-2)}{x^3}$.可见:

当 $x > 2$ 时,$f'(x) > 0$,$f(x)$ 单调递增;

当 $0 < x < 2$ 时,$f'(x) < 0$,$f(x)$ 单调递减;

当 $x < 0$ 时,$f'(x) > 0$,$f(x)$ 单调递增.

故 f 有极小值 $f(2) = \dfrac{\mathrm{e}^2}{4}$.

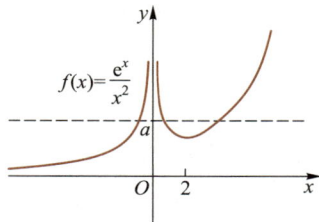

图 3.4.1

又因为 $\lim\limits_{x \to +\infty} f(x) = \lim\limits_{x \to 0^+} f(x) = \lim\limits_{x \to 0^-} f(x) = +\infty$,$\lim\limits_{x \to -\infty} f(x) = 0$,故 x 轴和 y 轴是曲线的两条渐近线.所以函数图形大致如图 3.4.1 所示.

> **注**　研究具体函数的性态时,需要熟练地把极限和导数计算有机结合起来,画出函数的草图.

综上,当 $0 < a < \dfrac{\mathrm{e}^2}{4}$ 时,原方程有唯一实根;

当 $a = \dfrac{\mathrm{e}^2}{4}$ 时,有两个根;

当 $a > \dfrac{\mathrm{e}^2}{4}$ 时,有三个根.

第 3 章复习题、研究课题和竞赛题

复习题

1. 设 $\lim\limits_{x \to 0} \dfrac{\mathrm{e}^{\tan x} - \mathrm{e}^x}{x^k} = c$, c 为非零常数,则(　　).

(A) $c = 1$ 　　　　(B) $c = \dfrac{1}{2}$ 　　　　(C) $c = \dfrac{1}{3}$ 　　　　(D) $c = \dfrac{1}{6}$

2. 设 f 在 $[0, +\infty)$ 上可微,且 $0 \le f'(x) \le f(x)$, $f(0) = 0$,则 f 在 $[0, +\infty)$ 上(　　).

(A) $f(x) \equiv 0$ 　　　　　　　　　(B) $f(x)$ 单调递增

(C) $y = f(x)$ 可能凸,也可能凹 　　(D) 没有正根

3. 设 $f(0) = 0$, $\lim\limits_{x \to 0} \dfrac{f(x)}{x^2} = -2$,则 $x = 0$ 是 $f(x)$ 的(　　).

(A) 驻点但非极值点 　　　　　　(B) 驻点且为极大值点

(C) 驻点且为极小值点 　　　　　　(D) 不可导的极值点

4. (多选题)设 $f(x)$ 在 x_0 处有直到 n 阶导数,若 $f'(x_0) = f''(x_0) = \cdots = f^{(n-1)}(x_0) = 0$, $f^{(n)}(x_0) \neq 0$,则以下说法正确的有(　　).

(A) 当 n 为偶数时,若 $f^{(n)}(x_0) > 0$,则 x_0 为极小值点

(B) 当 n 为奇数时,若 $f^{(n)}(x_0) > 0$,则 x_0 为极小值点

(C) 当 n 为偶数时,若 $f^{(n)}(x_0) < 0$,则 x_0 为极大值点

(D) 当 n 为奇数时,若 $f^{(n)}(x_0) < 0$,则 x_0 为极大值点

5. 极限 $\lim\limits_{n \to \infty} \dfrac{n}{\ln n}(n^{\frac{1}{n}} - 1) = $ _____.

6. 过点 $\left(\dfrac{1}{2}, 0 \right)$ 且满足关系式 $y' \arcsin x + \dfrac{y}{\sqrt{1 - x^2}} = 1$ 的曲线方程为_____.

7. 设函数 $f(x) = nx(1-x)^n$ ($n = 1, 2, \cdots$), M_n 是 $f(x)$ 在 $[0, 1]$ 上的最大值,则 $\lim\limits_{n \to \infty} M_n = $ _____.

8. 函数 $f(x)$ 及其在原点处的切线如图 1 所示,则 $\lim\limits_{x \to 0} \dfrac{f(x)}{\mathrm{e}^x - 1} = $ _____.

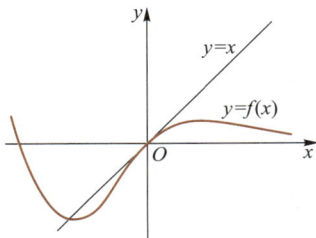

图 1

9. 计算:

(1) 已知函数 $f(x)$ 在 **R** 内可导,且 $\lim\limits_{x\to\infty}f'(x)=e,\lim\limits_{x\to\infty}\left(\dfrac{x+c}{x-c}\right)^x=\lim\limits_{x\to\infty}(f(x)-f(x-1))$,计算 c 的值;

(2) 试求一个在 $x=1$ 时取极大值 6,在 $x=3$ 时取极小值 2 的次数最低的多项式.

10. 设函数 $f(x)$ 在 **R** 上满足 $xf''(x)+3x(f'(x))^2=1-e^{-x}$.

(1) 若 $f(x)$ 在 $x=c(c\neq0)$ 点有极值,试证它是极小值.

(2) 若 $f(x)$ 在 $x=0$ 点有极值,试问它是极小值还是极大值?

11. 试用导数的方法证明: $\left(1+\dfrac{1}{n}\right)^n<e<\left(1+\dfrac{1}{n}\right)^{n+1}$.

12. 一辆无摩擦小车,通过弹簧连接到墙上(图 2),从它的静止位置拉出 10 cm,在 $t=0$ 时放手,来回运动了 4 s.它在时刻 t 的位置是 $s=10\cos\pi t$.

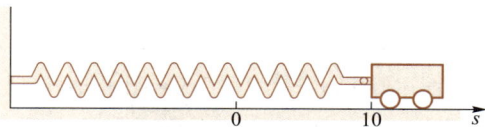

图 2

(1) 小车的最大速率是多少? 小车什么时候这么快? 此时它在哪儿? 此时加速度的大小是多少?

(2) 当加速度最大时,小车在哪里? 此时小车的速率是多少?

*13. 设函数 $f(x)$ 在区间 $[0,+\infty)$ 上二阶可导,且在点 $x=1$ 处 $y=f(x)$ 与曲线 $y=x^3-3$ 相切,在 $(0,+\infty)$ 内与曲线 $y=x^3-3$ 有相同的凹向,求方程 $f(x)=0$ 在区间 $(1,+\infty)$ 内实根的个数.

研究课题

【血管和管道的最优分叉角度问题】(极值定理的运用)

血管系统由动脉、小动脉、微血管和静脉组成,它将血液从心脏传输到各个器官再回流到心脏.血管系统应该使心脏推进血液所需的能量最小,而且当血液阻力减少时所需的能量也减少,根据泊肃叶(Poiseuille)定律,血液阻力 R 为

$$R=k\frac{L}{r^4},$$

其中 L 为血管长度,r 是血管的半径,k 是正常数,由血液的黏度决定(泊肃叶是通过实验发现这条规律的).

图 3(b) 是半径为 r_1 的主血管伸出一条半径为 r_2 的支血管,二者的夹角为 θ.

(1) 血管路径 ABC 上的总阻力为多少?

(2) θ 如何取值可使血液的阻力最小?

建模提示:ABC 的血液阻力是 AB 和 BC 上的阻力之和.

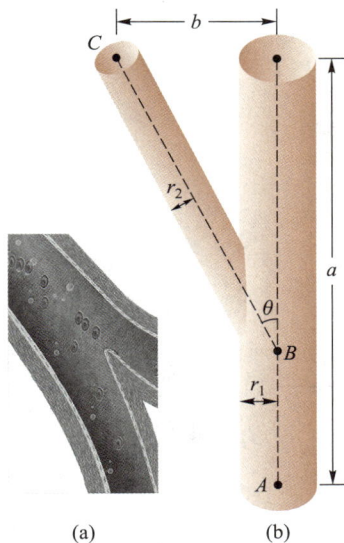

图 3

竞赛题

1. 设 $f(x)$ 在 $[0,1]$ 上连续,在 $(0,1)$ 内可导,且 $f(0)=0,f(1)=1$.证明:

(1) 存在 $x_0 \in (0,1)$,使得 $f(x_0)=2-3x_0$;

(2) 存在 $\xi,\eta \in (0,1)$,且 $\xi \neq \eta$,使得 $[1+f'(\xi)][1+f'(\eta)]=4$.

2. 设函数 $f(x)$ 在 $[0,1]$ 上有二阶导数,且有正常数 A,B 使得 $|f(x)| \leqslant A$, $|f''(x)| \leqslant B$,证明:对于任意 $x \in [0,1]$,有 $|f'(x)| \leqslant 2A + \dfrac{B}{2}$.

3. 证明 $a^b + b^a \leqslant \sqrt{a} + \sqrt{b} \leqslant a^a + b^b$,其中 $a>0,b>0,a+b=1$.

第 3 章自测题(一)

第 3 章自测题(二)

第 3 章各类习题解答提示

第4章 不定积分

正如加法有逆运算——减法,乘法有逆运算——除法,微分运算也有它的逆运算——不定积分,它的基本问题是:"求一个未知函数 $F(x)$,使其导函数恰好是某个已知函数 $f(x)$".这种逆运算问题的研究,不仅是数学理论本身的需要,还因为它出现在许多实际问题之中,例如,已知速度求路程,已知加速度求速度,已知曲线上每一点处切线的斜率求曲线方程,等等.在下一章中我们还将看到,如求

图 4.0.1 的阴影面积 $A = \int_0^\pi \sin x \mathrm{d}x$,这种定积分的计算也需要不定积分作为基础.本章的内容,以及定积分及其应用构成了一元函数微积分学的另一个重要部分——积分学.

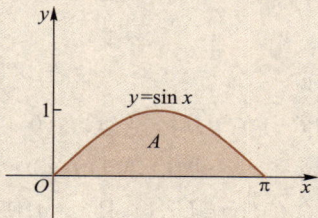

图 4.0.1

§4.1 不定积分的概念与性质

一、不定积分的定义

定义 4.1.1 设函数 $F(x)$ 与 $f(x)$ 都在区间 I 上有定义,且对任意 $x \in I$ 有
$$F'(x) = f(x) , \qquad\qquad (4.1.1)$$
则称 $F(x)$ 为 $f(x)$ 在 I 上的一个**原函数**.

例如 $\frac{1}{3}x^3$ 是 x^2 在 $(-\infty, +\infty)$ 上的一个原函数,$-\frac{1}{2}\cos 2x$ 是 $\sin 2x$ 在 $(-\infty, +\infty)$ 上的一个原函数.

命题 4.1.1 设 $F(x)$ 为 $f(x)$ 在区间 I 上的一个原函数,C 是一个任意常数.则
(1) $F(x) + C$ 也是 $f(x)$ 在区间 I 上的一个原函数;

(2) 若 $G(x)$ 是 $f(x)$ 在区间 I 上的一个原函数,则 $G(x)=F(x)+C$.

命题 4.1.1(2) 就是拉格朗日中值定理的推论.由(2)知,如果找到 $f(x)$ 的一个原函数 $F(x)$,则加上任意常数 C,就等于表达了所有原函数,所以产生了以下定义:

定义 4.1.2 $f(x)$ 在区间 I 上的原函数全体称为 $f(x)$ 在 I 上的**不定积分**,记为

$$\int f(x)\,\mathrm{d}x.$$

这里,$\int$ 称为积分号,$f(x)$ 称为**被积函数**,$f(x)\mathrm{d}x$ 称为**被积表达式**,x 称为**积分变量**.

因此,若 $F(x)$ 是 $f(x)$ 的一个原函数,则

$$\int f(x)\,\mathrm{d}x = F(x) + C. \tag{4.1.2}$$

于是,易知:

$$\int x^2\mathrm{d}x = \frac{1}{3}x^3 + C,$$

$$\int \sin 2x\mathrm{d}x = -\frac{1}{2}\cos 2x + C.$$

称曲线 $y=F(x)$ 为函数 $f(x)$ 的一条**积分曲线**,在这条曲线上任一点 x_0 处的切线斜率都等于函数 $f(x)$ 在该点处的函数值 $f(x_0)$.而 $f(x)$ 的不定积分 $\int f(x)\mathrm{d}x$ 在几何上就是由 $f(x)$ 的某一条积分曲线沿纵轴方向任意平移后所得到的全体积分曲线所组成的**曲线族**.若在此曲线族中的每一条曲线上横坐标相同的点作该曲线的切线,则所有的这些切线都是互相平行的(图 4.1.1).

例 4.1.1 设平面上一曲线过点 $(1,2)$,且曲线上任一点处的切线斜率等于这点对应的横坐标的两倍,试求该曲线的方程.

解 设所求的曲线方程为 $y=f(x)$,按题设,在曲线上任一点 (x,y) 处满足

$$\frac{\mathrm{d}y}{\mathrm{d}x}=2x.$$

即 $f(x)$ 是 $2x$ 的一个原函数.因为

$$\int 2x\mathrm{d}x = x^2 + C,$$

注 记号 $\int$ 是莱布尼茨创用的,是 *summation*(求和)的第一个字母 S 的拉长.顺便说一下,微分或导数中的记号 d 为单词 *differential*(微分),或 *derivative*(导数)的第一个字母.微分符号 $\mathrm{d}x$ 也是首次出现在莱布尼茨 1675 年 11 月 11 日的一份手稿上的.

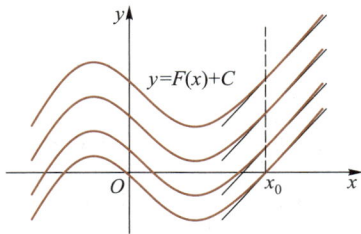

图 4.1.1

所以
$$f(x)=x^2+C.$$
由题设初值条件 $y|_{x=1}=2$ 得 $2=1+C$，故 $C=1$.则所求的积分曲线为
$$y=x^2+1.$$

二、基本积分表

把一些基本初等函数的求导公式从右往左"倒"过来写,得到下列基本积分表:

(1) $\int x^\alpha dx = \dfrac{1}{\alpha+1}x^{\alpha+1}+C(\alpha\neq-1)$. 特别地,

$$\int 1 dx = x+C, \quad \int x dx = \dfrac{x^2}{2}+C, \quad \int \dfrac{1}{x^2}dx = -\dfrac{1}{x}+C,$$

$$\int \sqrt{x}\,dx = \dfrac{2}{3}x^{\frac{3}{2}}+C, \int \dfrac{1}{\sqrt{x}}dx = 2\sqrt{x}+C.$$

(2) $\int \dfrac{1}{x}dx = \ln|x|+C$;

注 公式(2)仅适用于不含原点的任意区间.

(3) $\int a^x dx = \dfrac{a^x}{\ln a}+C(a>0$ 且 $a\neq1)$;特别地,

$$\int e^x dx = e^x+C;$$

思考题 **4.1.1** 公式 $\int \dfrac{1}{x}dx = \ln|x|+C$ 中的 $\ln|x|$ 是不连续函数(任何原函数 $F(x)$ 必可导,从而连续),为什么它可以成为 $\dfrac{1}{x}$ 的原函数呢?

(4) $\int \cos x dx = \sin x+C,$

$$\int \sin x dx = -\cos x+C;$$

(5) $\int \sec^2 x dx = \tan x+C, \quad \int \csc^2 x dx = -\cot x+C;$

(6) $\int \sec x\tan x dx = \sec x+C, \quad \int \csc x\cot x dx = -\csc x+C;$

(7) $\int \dfrac{1}{\sqrt{1-x^2}}dx = \arcsin x+C = -\arccos x+C;$

(8) $\int \dfrac{1}{1+x^2}dx = \arctan x+C = -\text{arccot}\,x+C.$

这些公式一定要牢牢记住——准确、熟练、长久.

三、不定积分的线性运算法则

不难理解

命题 4.1.2 (1) 若 $f(x)$ 在区间 I 上存在原函数,则

$$\left(\int f(x)\,\mathrm{d}x\right)' = f(x). \tag{4.1.3}$$

(2) 若 $f(x)$ 可导,则

$$\int f'(x)\,\mathrm{d}x = f(x) + C. \tag{4.1.4}$$

或者说,我们总有

$$\mathrm{d}\left(\int f(x)\,\mathrm{d}x\right) = f(x)\,\mathrm{d}x, \quad \int \mathrm{d}f(x) = f(x) + C.$$

用两边求导的方法还可以验证下列**线性运算法则**:

(1) $\int [f(x) \pm g(x)]\,\mathrm{d}x = \int f(x)\,\mathrm{d}x \pm \int g(x)\,\mathrm{d}x$;

(2) $\int \alpha f(x)\,\mathrm{d}x = \alpha \int f(x)\,\mathrm{d}x \ (\alpha \neq 0,$ 为实数$)$.

将被积函数适当变形,就可以套用上述积分公式和法则了.

例 4.1.2 计算不定积分:

(1) $\int (a_0 x^n + a_1 x^{n-1} + \cdots + a_{n-1}x + a_n)\,\mathrm{d}x$; (2) $\int \dfrac{x^4 + 1}{x^2 + 1}\,\mathrm{d}x$;

(3) $\int \dfrac{1}{\cos^2 x \sin^2 x}\,\mathrm{d}x$.

解 按照线性运算法则,有

(1) $\int (a_0 x^n + a_1 x^{n-1} + \cdots + a_{n-1}x + a_n)\,\mathrm{d}x = \dfrac{a_0}{n+1}x^{n+1} + \dfrac{a_1}{n}x^n + \cdots + \dfrac{a_{n-1}}{2}x^2 + a_n x + C$;

(2) $\int \dfrac{x^4 + 1}{x^2 + 1}\,\mathrm{d}x = \int \left(x^2 - 1 + \dfrac{2}{x^2 + 1}\right)\mathrm{d}x = \dfrac{1}{3}x^3 - x + 2\arctan x + C$;

(3) $\int \dfrac{1}{\cos^2 x \sin^2 x}\,\mathrm{d}x = \int \dfrac{\sin^2 x + \cos^2 x}{\sin^2 x \cos^2 x}\,\mathrm{d}x = \int (\sec^2 x + \csc^2 x)\,\mathrm{d}x$

$$= \tan x - \cot x + C.$$

套用积分公式时,要注意尽量用"**裂项法**",把积分拆成较小的积分解决.

例 4.1.3 计算不定积分:

(1) $\int \dfrac{1 + x + x^2}{x(1 + x^2)}\,\mathrm{d}x$; (2) $\int \dfrac{1}{1 + \cos 2x}\,\mathrm{d}x$; (3) $\int 2^x (\mathrm{e}^x - 5)\,\mathrm{d}x$.

解 把被积函数化到满足基本积分公式.

(1) $\int \dfrac{1 + x + x^2}{x(1 + x^2)}\,\mathrm{d}x = \int \left(\dfrac{1}{1 + x^2} + \dfrac{1}{x}\right)\mathrm{d}x = \arctan x + \ln|x| + C$;

(2) $\int \dfrac{1}{1 + \cos 2x}\,\mathrm{d}x = \dfrac{1}{2}\int \dfrac{1}{\cos^2 x}\,\mathrm{d}x = \dfrac{1}{2}\tan x + C$;

(3) $\int 2^x(e^x - 5)\mathrm{d}x = \int[(2e)^x - 5 \cdot 2^x]\mathrm{d}x = \dfrac{(2e)^x}{\ln(2e)} - 5\dfrac{2^x}{\ln 2} + C$

$$= 2^x\left(\dfrac{e^x}{\ln 2 + 1} - \dfrac{5}{\ln 2}\right) + C.$$

例 4.1.4   根据条件求不定积分:

(1) 若 e^{-x} 是 $f(x)$ 的一个原函数,求 $\int x^2 f(\ln x)\mathrm{d}x$;

(2) 若 $f(x)$ 是 e^{-x} 的原函数,求 $\int \dfrac{f(\ln x)}{x}\mathrm{d}x$.

解   (1) $f(x) = (e^{-x})' = -e^{-x}$,得 $f(\ln x) = -e^{-\ln x} = -\dfrac{1}{x}$.故

$$\int x^2 f(\ln x)\mathrm{d}x = \int -x\mathrm{d}x = -\dfrac{1}{2}x^2 + C.$$

(2) 已知 $f'(x) = e^{-x}$,则 $f(x) = -e^{-x} + C_1$,得

$$f(\ln x) = -\dfrac{1}{x} + C_1, \qquad \dfrac{f(\ln x)}{x} = -\dfrac{1}{x^2} + \dfrac{C_1}{x}.$$

故

$$\int \dfrac{f(\ln x)}{x}\mathrm{d}x = \dfrac{1}{x} + C_1\ln|x| + C_2.$$

四、原函数存在的条件

下面的定理给出了原函数存在的一个充分条件,但须通过定积分理论证明(定理 5.2.1).

定理 4.1.1(原函数存在定理)   若 $f(x)$ 在区间 I 上连续,则 $f(x)$ 在区间 I 上存在原函数.

所以,任何初等函数在定义区间上都是存在原函数的.但并不是任一初等函数的不定积分都"**积得出**"——将原函数用初等函数表达成为一个不含积分号的函数.例如以下不定积分都"**积不出**"(无法将原函数用初等函数表达成为不含积分号的函数):

$$\int e^{\pm x^2}\mathrm{d}x, \quad \int \dfrac{e^x}{x}\mathrm{d}x, \quad \int \dfrac{\sin x}{x}\mathrm{d}x, \quad \int \dfrac{\ln(1+x)}{x}\mathrm{d}x, \quad \int \sin x^2\mathrm{d}x,$$

$$\int \dfrac{1}{\ln x}\mathrm{d}x, \quad \int \ln\ln x\mathrm{d}x, \quad \int \sqrt{1 - k^2\sin^2 x}\,\mathrm{d}x(k > 1), \quad \int \dfrac{1}{\sqrt{1 + x^4}}\mathrm{d}x.$$

总之,我们要注意以下事实:

(1) 任何连续函数都存在原函数(定理 4.1.1);

（2）连续函数的积分可能无法用初等函数表示；

（3）任何函数的原函数必定连续（因为可导必连续）；

（4）任何有第一类间断点的函数都是不存在原函数的（命题 3.1.1）. 从而，例

如 $f(x) = \begin{cases} 1, & x \geq 0, \\ -1, & x < 0 \end{cases}$ 在含有原点的区间上就无法写出不定积分.

$f(x)$ 的原函数 $F(x)$ 都是可导的，因而必连续. 因此当原函数为连续的分段函数时，它在不同区间上的任意常数必须有所关联.

例 4.1.5 设 $f(x) = \begin{cases} x+1, & x \leq 1, \\ \dfrac{2}{\sqrt{x}}, & x > 1, \end{cases}$ 求 $\int f(x)\,\mathrm{d}x$.

解 显然，$f(x)$ 是一个连续函数，它在 $(-\infty, +\infty)$ 上存在不定积分.

当 $x < 1$ 时，$\int f(x)\,\mathrm{d}x = \int (x+1)\,\mathrm{d}x = \dfrac{1}{2}x^2 + x + C_1$；

当 $x > 1$ 时，$\int f(x)\,\mathrm{d}x = \int \dfrac{2}{\sqrt{x}}\,\mathrm{d}x = 4\sqrt{x} + C_2$，

综上

$$\int f(x)\,\mathrm{d}x = \begin{cases} \dfrac{1}{2}x^2 + x + C_1, & x < 1, \\ 4\sqrt{x} + C_2, & x > 1. \end{cases}$$

由于 $\int f(x)\,\mathrm{d}x$ 在 $x = 1$ 处连续，从而有

$$\lim_{x \to 1^-} \frac{1}{2}x^2 + x + C_1 = \lim_{x \to 1^+} 4\sqrt{x} + C_2,$$

故

$$\frac{3}{2} + C_1 = 4 + C_2, \quad 即 \quad C_1 = \frac{5}{2} + C_2.$$

所以

$$\int f(x)\,\mathrm{d}x = \begin{cases} \dfrac{1}{2}x^2 + x + \dfrac{5}{2} + C, & x \leq 1, \\ 4\sqrt{x} + C, & x > 1. \end{cases}$$

五、不定积分的"凑系数"

"凑"是数学中常用的方法，体现数学发现的能力. 而**"凑系数"**是将被积函数凑成复合函数导数的一种简单的形式，即在积分号外配一个系数，就可确定被积函数的

原函数.它是一种最为基本的"换元法".

命题 4.1.3   若 $f(x)$ 的一个原函数是 $F(x)$,则

$$\int f(ax)\,\mathrm{d}x = \frac{1}{a}F(ax) + C. \qquad (4.1.5)$$

证   事实上,因为 $F'(x)=f(x)$,根据复合函数的求导法则,就有

$$\left(\frac{1}{a}F(ax)\right)' = \frac{1}{a}\cdot F'(ax)\cdot a = f(ax).$$

证毕.

对于具体函数的积分,(4.1.5)式是容易理解的,关键是在被积函数旁边凑一个系数 a,使得 $af(ax)$ 成为 $F(ax)$ 的导数,或者说,$af(ax)\mathrm{d}x = \mathrm{d}F(ax)$ 看作一个微分形式,并在积分前用 $\frac{1}{a}$ "配平",例如:

(1) $\displaystyle\int \cos\frac{x}{2}\mathrm{d}x = 2\int\left(\frac{1}{2}\cos\frac{x}{2}\right)\mathrm{d}x$

$\qquad = 2\int\left(\sin\frac{x}{2}\right)'\mathrm{d}x = 2\sin\frac{x}{2} + C;$

(2) $\displaystyle\int \mathrm{e}^{-x}\mathrm{d}x = -\int(-\mathrm{e}^{-x})\mathrm{d}x = -\int(\mathrm{e}^{-x})'\mathrm{d}x$

$\qquad = -\mathrm{e}^{-x} + C;$

(3) $\displaystyle\int \mathrm{e}^{5x}\mathrm{d}x = \frac{1}{5}\int 5\mathrm{e}^{5x}\mathrm{d}x = \frac{1}{5}\int(\mathrm{e}^{5x})'\mathrm{d}x$

$\qquad = \frac{1}{5}\mathrm{e}^{5x} + C;$

(4) $\displaystyle\int \sec^2 2x\,\mathrm{d}x = \frac{1}{2}\int 2\sec^2 2x\,\mathrm{d}x = \frac{1}{2}\int(\tan 2x)'\mathrm{d}x$

$\qquad = \frac{1}{2}\tan 2x + C;$

(5) $\displaystyle\int\frac{1}{3+x^2}\mathrm{d}x = \frac{1}{3}\int\frac{1}{1+\left(\frac{x}{\sqrt{3}}\right)^2}\mathrm{d}x = \frac{1}{3}\int\left(\sqrt{3}\arctan\frac{x}{\sqrt{3}}\right)'\mathrm{d}x = \frac{1}{\sqrt{3}}\arctan\frac{x}{\sqrt{3}} + C.$

读者不妨将命题 4.1.3 作一些拓展,例如:

$$\int f(ax+b)\,\mathrm{d}x = \frac{1}{a}F(ax+b) + C,$$

注 "凑"的例子:

① 已知 $f\left(x-\dfrac{1}{x}\right) = x^2+\dfrac{1}{x^2}$,凑出 $x^2+\dfrac{1}{x^2} = \left(x-\dfrac{1}{x}\right)^2+2$,就可立即求得 f 的表达:$f(x)=x^2+2$.

② 为求极限 $\lim\limits_{x\to 0}(1+2x)^{\frac{1}{x}}$,只要 "凑" $(1+2x)^{\frac{1}{x}} = (1+2x)^{\frac{1}{2x}\cdot 2}$,就可以知道极限值是 e^2,其他做法很麻烦.

③ 已知 $f'(0)$ 存在,就可以 "凑" 得 $\lim\limits_{h\to 0}\dfrac{f(2h)-f(0)}{h} = 2\lim\limits_{h\to 0}\dfrac{f(2h)-f(0)}{2h} = 2f'(0).$

④ 为证方程 $kf(x)+f'(x)=0$ 或 $kf(x)+xf'(x)=0$ 有根,就要分别 "凑" 出辅助函数 $\varphi(x)=\mathrm{e}^{kx}f(x)$ 和 $\varphi(x)=x^k f(x)$.

在上一章证明恒等式和不等式时,都要凑一个适当的函数,如果这个函数没有凑好,就可能会走弯路.

$$\int xf(x^2)\,dx = \frac{1}{2}F(x^2) + C,$$

等等.这样我们就有

$$\int \sin(3x+1)\,dx = -\frac{1}{3}\cos(3x+1) + C;$$

$$\int xe^{x^2}\,dx = \frac{1}{2}e^{x^2} + C.$$

注 "凑导数"有两种类型,除了把被积函数凑成复合函数的导数外,还可以把被积函数凑成一个原函数一个导函数的乘积,例如,$\int \operatorname{arccot} x\,dx = \int (x)'\operatorname{arccot} x\,dx$,再用乘积的求导公式进行计算,这将在(下一节)分部积分法中讨论.

习题 4.1

1. 计算不定积分:

(1) $\int \frac{1}{x^3}\,dx$;　　(2) $\int x\sqrt{x}\,dx$;　　(3) $\int \frac{1}{\sqrt[3]{x}}\,dx$;　　(4) $\int (x^3 - 3x + 2)\,dx$;

(5) $\int \frac{x-1}{x^2}\,dx$;　　(6) $\int \frac{x^2+1}{x}\,dx$;　　(7) $\int \frac{x^2-1}{x^2+1}\,dx$;　　(8) $\int \frac{\cos x}{\sin^2 x}\,dx$.

2. 验证下列等式:

(1) $\int \frac{1}{x^2\sqrt{x^2-1}}\,dx = \frac{\sqrt{x^2-1}}{x} + C$;　　(2) $\int e^x\cos x\,dx = \frac{1}{2}e^x(\sin x + \cos x) + C$.

3. 在下列各式的横线处填入适当的系数,使等式成立:

(1) $dx = \underline{\hspace{1cm}} d(3x-2)$;　　(2) $x\,dx = \underline{\hspace{1cm}} dx^2$;

(3) $x\,dx = \underline{\hspace{1cm}} d\left(-\frac{x^2}{2}\right)$;　　(4) $x^3\,dx = \underline{\hspace{1cm}} d(2x^4-1)$;

(5) $e^{2x}\,dx = \underline{\hspace{1cm}} de^{2x}$;　　(6) $e^{-\frac{x}{2}}\,dx = \underline{\hspace{1cm}} d(e^{-\frac{x}{2}}+1)$;

(7) $\sin \frac{3}{2}x\,dx = \underline{\hspace{1cm}} d\left(\cos \frac{3}{2}x\right)$;　　(8) $\frac{dx}{x} = \underline{\hspace{1cm}} d(5\ln|x|+1)$;

(9) $\frac{dx}{1+9x^2} = \underline{\hspace{1cm}} d(\arctan 3x)$;　　(10) $\frac{dx}{\sqrt{4-9x^2}} = \underline{\hspace{1cm}} d\left(\arcsin \frac{3x}{2}\right)$.

4. 一曲线经过点$(2,0)$,且在任一点处的切线的斜率等于该点横坐标的倒数,求该曲线方程.

5. 求下列不定积分:

(1) $\int x\sqrt[5]{x^3}\,dx$;　　(2) $\int \frac{3x+1}{2x}\,dx$;　　(3) $\int (x^2+1)^2\,dx$;

(4) $\int \frac{(x-1)^2}{\sqrt{x}}\,dx$;　　(5) $\int \left(2e^x + \frac{3}{x}\right)dx$;　　(6) $\int \frac{(x+1)^3}{x^2}\,dx$;

(7) $\int \frac{2-x^4}{1+x^2}\,dx$;　　(8) $\int \left(\frac{3}{1+x^2} - \frac{2}{\sqrt{1-x^2}}\right)dx$;　　(9) $\int \frac{2-x(\sqrt{1-x^2})^3}{\sqrt{1-x^2}}\,dx$;

(10) $\int e^x \left(1 - \dfrac{e^{-x}}{\sqrt{x}}\right) dx$;　　　(11) $\int 3^x e^x dx$;　　　(12) $\int \dfrac{2 \cdot 3^x - 5 \cdot 2^x}{3^x} dx$;

(13) $\int \left(\sin \dfrac{x}{2} - \cos \dfrac{x}{2}\right)^2 dx$;　　(14) $\int \cos^2 \dfrac{x}{2} dx$;　　(15) $\int \dfrac{\cos 2x}{\cos x - \sin x} dx$;

(16) $\int \dfrac{\cos 2x}{\cos^2 x \sin^2 x} dx$;　　　(17) $\int \dfrac{1}{1 - \cos 2x} dx$;　　　(18) $\int \cot^2 x dx$;

(19) $\int \cos \theta (\tan \theta + \sec \theta) d\theta$;　　(20) $\int \sec x (\sec x - \sin 2x) dx$.

6. 根据条件求 $f(x)$:

(1) 设 $\int f(x) dx = \dfrac{1-x}{1+x} + C$, 则 $f(x) = $ _____.

(2) 设 $f'(x^2) = \dfrac{1}{x}$　$(x > 0)$, 则 $f(x) = $ _____.

＊ ＊

7. 若 $\int f(x) dx = x^2 + C$, 求 $\int xf(1+x^2) dx$.

8. 设 $f(x)$ 的导数是 $2x$, 求 $f(x)$ 的不定积分.

9. 根据图 4.1.2 的条件, 写出其中特定积分曲线的方程.

10. 设一个三次函数的导数为 $x^2 - 2x$, 求该函数的极大值与极小值之差.

11. 求下列不定积分:

(1) $\int \dfrac{x^4 + x^2 + 1}{1 + x^2} dx$;　　　　(2) $\int \sqrt{x^4 + x^{-4} + 2} \dfrac{dx}{x^3}$;

(3) $\int \left(\sqrt{\dfrac{1+x}{1-x}} + \sqrt{\dfrac{1-x}{1+x}}\right) dx$.

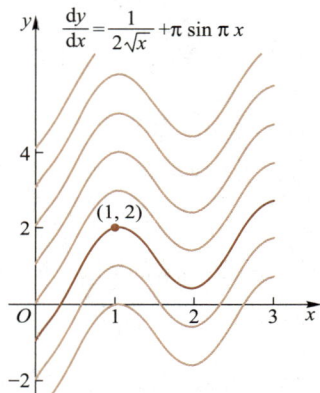

图 4.1.2

＊ ＊

12. 求积分 $\int f(x) dx$, 其中:

(1) $f(x) = e^{|x|}$;　　　　(2) $f(x) = \begin{cases} 1, & x \in (-\infty, 0), \\ x+1, & x \in [0, 1], \\ 2x, & x \in (1, +\infty). \end{cases}$

13. 如图 4.1.3 所示, 一个以 4.9 m/s 的速度上升的热气球, 在离地面 29.4 m 的高度处将一个包裹扔下来. 问包裹到达地面需要多长时间?

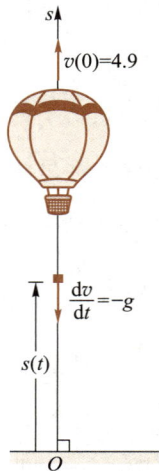

图 4.1.3

§4.2 不定积分的换元法和分部积分法

换元法和分部积分法是计算不定积分的核心方法.这两个方法的原理很简单,但使用起来却十分灵活.

4.2.1 不定积分的换元法

设 $F'(x)\mathrm{d}x=f(x)\mathrm{d}x$,令 $x=\alpha(t)$,得到

$$F'(x)\mathrm{d}x=f(x)\mathrm{d}x=f(\alpha(t))\alpha'(t)\mathrm{d}t.$$

反之,设 $f(\alpha(t))\alpha'(t)\mathrm{d}t=G'(t)\mathrm{d}t$,令 $\alpha(t)=x$,则

$$G'(t)\mathrm{d}t=f(x)\mathrm{d}x.$$

这意味着 $\int f(x)\mathrm{d}x$ 和 $\int f(\alpha(t))\alpha'(t)\mathrm{d}t$ 两个积分中只要求出其中一个,就能求出另一个.不定积分的两类换元法就是基于这个原理.

一、第一类换元法

1. 凑微分定理

定理 4.2.1(**第一类换元法,凑微分法**) 设 $f(u)$ 有原函数 $F(u)$,即

$$\int f(u)\mathrm{d}u=F(u)+C,$$

$u=\varphi(x)$ 可导,则

$$\int f(\varphi(x))\varphi'(x)\mathrm{d}x=F(\varphi(x))+C. \tag{4.2.1}$$

证 $[F(\varphi(x))+C]'=F'(\varphi(x))\varphi'(x)=f(\varphi(x))\varphi'(x).$

这表示,$F(\varphi(x))$ 是 $f(\varphi(x))\varphi'(x)$ 的原函数.证毕.

简言之,这个换元法可以表达为

$$\int f(\varphi(x))\varphi'(x)\mathrm{d}x=\int f(u)\mathrm{d}u.$$

比较这个等式的两端可知,在第一类换元法中有 $\mathrm{d}u=\varphi'(x)\mathrm{d}x$,这说明不定积分记号中的"$\mathrm{d}x$""$\mathrm{d}u$"可以看作微分,而一开始引入不定积分时是把 $\int f(\varphi(x))\varphi'(x)\mathrm{d}x$,$\int f(u)\mathrm{d}u$ 当作一个整体,并没有赋予 $\mathrm{d}x,\mathrm{d}u$ 微分的含义.这正像一开始引入导数记号"$\dfrac{\mathrm{d}y}{\mathrm{d}x}$"时是将它作为一个整体,在引入微分概念和记号后就有了"微分之商"的含义一样.所以第一类换元法也称**凑微分法**.

为理解第一类换元法，我们观察一个实例：$\int \sin 2x dx$.

例 4.2.1   计算不定积分 $\int \sin 2x dx$.

解法一 $\sin 2x$ 看作 $\dfrac{1}{2}\sin 2x \cdot (2x)'$.

$$\int \sin 2x dx$$

$$= \int \frac{1}{2}\sin 2x \cdot 2 dx$$

$$\xlongequal{\text{令 } 2x = u} \frac{1}{2}\int \sin u \cdot u' dx = \frac{1}{2}\int \sin u du = -\frac{1}{2}\cos u + C \xlongequal{\text{代回 } u = 2x}$$

$$-\frac{1}{2}\cos 2x + C.$$

解法二 $\sin x \cdot \cos x$ 看作 $\sin x \cdot (\sin x)'$.

$$\int \sin 2x dx$$

$$= 2\int \sin x \cdot \cos x dx$$

$$\xlongequal{\text{令 } \sin x = u} 2\int u \cdot u' dx = 2\int u du = u^2 + C \xlongequal{\text{代回 } u = \sin x} \sin^2 x + C.$$

解法三 $\sin x \cdot \cos x$ 看作 $-\cos x \cdot (\cos x)'$.

$$\int \sin 2x dx$$

$$= 2\int \sin x \cdot \cos x dx$$

$$\xlongequal{\text{令 } \cos x = u} -2\int u' \cdot u dx = -2\int u du = -u^2 + C \xlongequal{\text{代回 } u = \cos x} -\cos^2 x + C.$$

上面都是第一类换元法的完整过程，虽然最后的结果在形式上不同，但是导数相同，所以都是正确的. 当具有一定熟练程度后，式中的虚框可以省略.

2. 简单的凑微分法

通过凑微分将被积分函数凑成 $f(\varphi(x))\varphi'(x)$ 的形式，然后将复合部分的函数 $\varphi(x)$ 看成中间变量 u，就变成了 $f(u)du$ 的微分形式.

凑微分的常见类型有

（1）$f(x^{\mu+1})x^\mu dx = f(x^{\mu+1})\dfrac{dx^{\mu+1}}{\mu+1}$ $(\mu \neq -1)$;   （2）$\dfrac{f(\sqrt{x})}{\sqrt{x}}dx = 2f(\sqrt{x})d\sqrt{x}$;

（3）$\dfrac{f\left(\dfrac{1}{x}\right)}{x^2}dx = -f\left(\dfrac{1}{x}\right)d\left(\dfrac{1}{x}\right)$;   （4）$\dfrac{f(\ln x)}{x}dx = f(\ln x)d\ln x$;

(5) $f(a^x)a^x\mathrm{d}x = f(a^x)\dfrac{\mathrm{d}a^x}{\ln a}$ ($a>0$ 且 $a\neq 1$);

(6) $f(\mathrm{e}^x)\mathrm{d}x = \dfrac{f(\mathrm{e}^x)}{\mathrm{e}^x}\mathrm{d}\mathrm{e}^x$;

(7) $f(\sin x)\cos x\mathrm{d}x = f(\sin x)\mathrm{d}\sin x$;

(8) $f(\tan x)\sec^2 x\mathrm{d}x = f(\tan x)\mathrm{d}\tan x$;

(9) $\dfrac{f(\arctan x)}{1+x^2}\mathrm{d}x = f(\arctan x)\mathrm{d}(\arctan x)$;

(10) $f(ax+b)\mathrm{d}x = \dfrac{1}{a}f(ax+b)\mathrm{d}(ax+b)$ ($a\neq 0$).

熟悉了这些公式,就可以利用(4.2.1)式处理积分了.

例 4.2.2   计算不定积分:

(1) $\displaystyle\int \sin^3 x\cos x\mathrm{d}x$;   (2) $\displaystyle\int x\sin x^2\mathrm{d}x$.

解   (1) 令 $u=\sin x$,则

$$\int \sin^3 x\cos x\mathrm{d}x = \int u^3 u'\mathrm{d}x = \int u^3\mathrm{d}u = \frac{1}{4}u^4 + C = \frac{1}{4}\sin^4 x + C.$$

(2) 令 $u=x^2$,则

$$\int x\sin x^2\mathrm{d}x = \frac{1}{2}\int u'\sin u\mathrm{d}x = \frac{1}{2}\int \sin u\mathrm{d}u$$

$$= -\frac{1}{2}\cos u + C = -\frac{1}{2}\cos x^2 + C.$$

熟练后,"令"和"代回"的步骤就可以省略了.例如本题,只需两步解决问题:

$$\int \sin^3 x\cos x\mathrm{d}x = \int \sin^3 x\mathrm{d}\sin x = \frac{1}{4}\sin^4 x + C,$$

$$\int x\sin x^2\mathrm{d}x = \frac{1}{2}\int \sin x^2\mathrm{d}x^2 = -\frac{1}{2}\cos x^2 + C.$$

☆**例 4.2.3**   计算(公式):

(1) $\displaystyle\int \frac{x}{x^2+1}\mathrm{d}x$;   (2) $\displaystyle\int \frac{x}{\sqrt{1-x^2}}\mathrm{d}x$.

解   这是简单的凑微分运算问题.

(1) $\displaystyle\int \frac{x}{x^2+1}\mathrm{d}x = \frac{1}{2}\int \frac{1}{x^2+1}\cdot(x^2+1)'\mathrm{d}x$

$$= \frac{1}{2}\int \frac{\mathrm{d}(x^2+1)}{x^2+1} = \frac{1}{2}\ln(1+x^2) + C.$$

$$(2) \int \frac{x}{\sqrt{1-x^2}} \mathrm{d}x = -\frac{1}{2} \int \frac{1}{\sqrt{1-x^2}} (1-x^2)' \mathrm{d}x$$

$$= -\int \frac{\mathrm{d}(1-x^2)}{2\sqrt{1-x^2}} = -\sqrt{1-x^2} + C.$$

3. 第一类换元法的常用技巧

换元法中常用的技巧指凑分母、裂项、降次、配方等方法.

例 4.2.4　计算:

$(1) \int \frac{1}{3+2x} \mathrm{d}x$;　　　　$(2) \int \frac{1}{x(3+2\ln x)} \mathrm{d}x$;

$(3) \int \frac{x}{(2+x)^{10}} \mathrm{d}x$;　　　　$(4) \int \frac{1}{x(2+x^{10})} \mathrm{d}x$.

解　对于除式的积分, 通常要从分母上找到凑微分的目标.

$$(1) \int \frac{1}{3+2x} \mathrm{d}x = \frac{1}{2} \int \frac{1}{3+2x} (3+2x)' \mathrm{d}x$$

$$= \frac{1}{2} \int \frac{1}{3+2x} \mathrm{d}(3+2x)$$

$$= \frac{1}{2} \ln|3+2x| + C.$$

$$(2) \int \frac{1}{x(3+2\ln x)} \mathrm{d}x = \frac{1}{2} \int \frac{1}{3+2\ln x} \mathrm{d}(3+2\ln x)$$

$$= \frac{1}{2} \ln|3+2\ln x| + C.$$

$$(3) \int \frac{x}{(2+x)^{10}} \mathrm{d}x = \int \frac{x+2-2}{(2+x)^{10}} \mathrm{d}x$$

$$= \int \left[\frac{1}{(2+x)^9} - \frac{2}{(2+x)^{10}} \right] \mathrm{d}(2+x)$$

$$= -\frac{1}{8} \frac{1}{(2+x)^8} + \frac{2}{9} \frac{1}{(2+x)^9} + C.$$

$$(4) \int \frac{1}{x(2+x^{10})} \mathrm{d}x = \int \frac{x^9}{x^{10}(2+x^{10})} \mathrm{d}x = \frac{1}{10} \int \frac{\mathrm{d}(x^{10})}{x^{10}(2+x^{10})}$$

$$= \frac{1}{20} \int \left(\frac{1}{x^{10}} - \frac{1}{2+x^{10}} \right) \mathrm{d}(x^{10})$$

$$= \frac{1}{20} \left[\ln x^{10} - \ln(2+x^{10}) \right] + C$$

$$= \frac{1}{2} \ln|x| - \frac{1}{20} \ln(2+x^{10}) + C.$$

上面的(1)(2)题可以称为"**凑分母法**",(3)(4)题主要属于"**裂项法**".

☆ **例 4.2.5** 计算不定积分(公式):

$(1)\displaystyle\int \tan x\mathrm{d}x;$ $(2)\displaystyle\int\cot x\mathrm{d}x.$

解 用凑分母法.

$(1)\displaystyle\int\tan x\mathrm{d}x=-\int\frac{\mathrm{d}\cos x}{\cos x}=-\ln|\cos x|+C.$

$(2)\displaystyle\int\cot x\mathrm{d}x=\int\frac{\mathrm{d}\sin x}{\sin x}=\ln|\sin x|+C.$

☆ **例 4.2.6** 计算不定积分(公式):

$(1)\displaystyle\int\frac{\mathrm{d}x}{a^2+x^2}(a\neq0);$ $(2)\displaystyle\int\frac{\mathrm{d}x}{x^2-a^2}(a\neq0);$ $(3)\displaystyle\int\frac{\mathrm{d}x}{\sqrt{a^2-x^2}}(a>0).$

解 把积分"凑"到 $a=1$ 时的已知模式.

$(1)\displaystyle\int\frac{\mathrm{d}x}{a^2+x^2}=\frac{1}{a}\int\frac{\mathrm{d}\left(\dfrac{x}{a}\right)}{1+\left(\dfrac{x}{a}\right)^2}=\frac{1}{a}\arctan\frac{x}{a}+C.$

$(2)\displaystyle\int\frac{\mathrm{d}x}{x^2-a^2}=\frac{1}{2a}\int\left(\frac{1}{x-a}-\frac{1}{x+a}\right)\mathrm{d}x=\frac{1}{2a}\ln\left|\frac{x-a}{x+a}\right|+C.$

$(3)\displaystyle\int\frac{\mathrm{d}x}{\sqrt{a^2-x^2}}=\int\frac{\mathrm{d}\left(\dfrac{x}{a}\right)}{\sqrt{1-\left(\dfrac{x}{a}\right)^2}}=\arcsin\frac{x}{a}+C.$

例 4.2.7 计算不定积分:

$(1)\displaystyle\int\cos^2 x\mathrm{d}x;$ $(2)\displaystyle\int\cos^3 x\mathrm{d}x;$ $(3)\displaystyle\int\cos^4 x\mathrm{d}x.$

解 $(1)\displaystyle\int\cos^2 x\mathrm{d}x=\frac{1}{2}\int(1+\cos 2x)\mathrm{d}x$

$\qquad\qquad=\frac{1}{2}\left(x+\frac{1}{2}\sin 2x\right)+C.$

$(2)\displaystyle\int\cos^3 x\mathrm{d}x=\int(1-\sin^2 x)\mathrm{d}\sin x$

$\qquad\qquad=\sin x-\frac{1}{3}\sin^3 x+C.$

$(3)\displaystyle\int\cos^4 x\mathrm{d}x=\int\left(\frac{1+\cos 2x}{2}\right)^2\mathrm{d}x=\frac{3}{8}x+\frac{1}{4}\sin 2x+\frac{1}{32}\sin 4x+C.$

注 针对 $\displaystyle\int\cos^n x\mathrm{d}x$,当 n 为偶数时,宜用"**降次法**",当 n 为奇数时,可以直接凑成 $\displaystyle\int(1-\sin^2 x)^{\frac{n-1}{2}}\mathrm{d}\sin x$,成为多项式的积分.

例 4.2.8   计算不定积分：

（1）$\displaystyle\int \frac{1}{x^2 + x + 1}\mathrm{d}x$；   （2）$\displaystyle\int \frac{1}{x^2 + x - 1}\mathrm{d}x$；

（3）$\displaystyle\int \frac{x}{x^2 + x + 1}\mathrm{d}x$；   （4）$\displaystyle\int \frac{x^2}{x^2 + x + 1}\mathrm{d}x$.

解   对于分母为二次式的有理分式函数的积分，关键是二次式配方.

（1）$\displaystyle\int \frac{1}{x^2 + x + 1}\mathrm{d}x = \int \frac{\mathrm{d}x}{\left(x + \frac{1}{2}\right)^2 + \left(\frac{\sqrt{3}}{2}\right)^2} = \frac{2}{\sqrt{3}}\arctan \frac{2x + 1}{\sqrt{3}} + C.$

（2）$\displaystyle\int \frac{1}{x^2 + x - 1}\mathrm{d}x = \int \frac{1}{\left(x + \frac{1}{2}\right)^2 - \left(\frac{\sqrt{5}}{2}\right)^2}\mathrm{d}x = \frac{1}{\sqrt{5}}\ln\left|\frac{2x + 1 - \sqrt{5}}{2x + 1 + \sqrt{5}}\right| + C.$

（3）$\displaystyle\int \frac{x}{x^2 + x + 1}\mathrm{d}x = \frac{1}{2}\int \frac{(2x + 1)\mathrm{d}x}{x^2 + x + 1} - \frac{1}{2}\int \frac{\mathrm{d}x}{x^2 + x + 1}$

$\displaystyle = \frac{1}{2}\ln(x^2 + x + 1) - \frac{1}{\sqrt{3}}\arctan \frac{2x + 1}{\sqrt{3}} + C.$

（4）$\displaystyle\int \frac{x^2}{x^2 + x + 1}\mathrm{d}x = \int \left(1 - \frac{x + 1}{x^2 + x + 1}\right)\mathrm{d}x$

$\displaystyle = x - \frac{1}{2}\ln(x^2 + x + 1) - \frac{1}{\sqrt{3}}\arctan \frac{2x + 1}{\sqrt{3}} + C.$

4. 第一类换元法的综合技巧

换元法中综合技巧是指在微分因子难以直接观察得到时，首先改变被积函数形态再实施换元方法.

例 4.2.9   计算：

（1）$\displaystyle\int \sqrt{\frac{1 - x}{1 + x}}\mathrm{d}x$；   （2）$\displaystyle\int \frac{\mathrm{d}x}{\mathrm{e}^x + 1}$.

解   （1）$\displaystyle\int \sqrt{\frac{1 - x}{1 + x}}\mathrm{d}x = \int \frac{1 - x}{\sqrt{1 - x^2}}\mathrm{d}x = \arcsin x + \sqrt{1 - x^2} + C.$

（2）$\displaystyle\int \frac{\mathrm{d}x}{\mathrm{e}^x + 1} = \int \frac{\mathrm{d}\mathrm{e}^x}{\mathrm{e}^x(\mathrm{e}^x + 1)} \xlongequal{\text{令 } t = \mathrm{e}^x} \int \frac{\mathrm{d}t}{t(t+1)}$

$\displaystyle = \int \left(\frac{1}{t} - \frac{1}{t+1}\right)\mathrm{d}t = \ln t - \ln(t+1) + C = x - \ln(\mathrm{e}^x + 1) + C.$

上题所用的方法称为"**同乘法**".下例的题（2）所用的方法称为"**同除法**".在分子、分母上同乘（或同除以）一个函数，将积分转化到熟悉的模式.

例 4.2.10 计算：$\int \dfrac{x^2-1}{x^4+1}dx$.

解
$$\int \dfrac{x^2-1}{x^4+1}dx = \int \dfrac{\left(1-\dfrac{1}{x^2}\right)dx}{x^2+\dfrac{1}{x^2}} = \int \dfrac{d\left(x+\dfrac{1}{x}\right)}{\left(x+\dfrac{1}{x}\right)^2-2} = \dfrac{1}{2\sqrt{2}}\ln\left|\dfrac{x+\dfrac{1}{x}-\sqrt{2}}{x+\dfrac{1}{x}+\sqrt{2}}\right|+C$$

$$=\dfrac{1}{2\sqrt{2}}\ln\dfrac{x^2-\sqrt{2}x+1}{x^2+\sqrt{2}x+1}+C.$$

例 4.2.9 题(2)也可用同除法解

$$\int \dfrac{dx}{e^x+1} = \int \dfrac{e^{-x}}{1+e^{-x}}dx = -\ln(1+e^{-x})+C.$$

☆**例 4.2.11** 计算不定积分(公式)：

(1) $\int \sec x dx$；　　　　(2) $\int \csc x dx$.

解 (1) $\int \sec x dx = \int \sec x \dfrac{(\sec x + \tan x)dx}{\sec x + \tan x}$

$$= \int \dfrac{d(\tan x + \sec x)}{\sec x + \tan x}$$

$$= \ln|\sec x + \tan x| + C.$$

(2) 同上，$\int \csc x dx = \ln|\csc x - \cot x| + C$.

以上结果是 $\int \sec x dx$ 的常规公式，还有很多其他方法及其结果形式.例如，

$$\int \sec x dx = \int \dfrac{\cos x dx}{\cos^2 x} = \int \dfrac{d\sin x}{1-\sin^2 x} = \dfrac{1}{2}\ln\left|\dfrac{1+\sin x}{1-\sin x}\right| + C;$$

$$\int \sec x dx = \int \dfrac{dx}{\cos^2 \dfrac{x}{2} - \sin^2 \dfrac{x}{2}} = 2\int \dfrac{d\tan \dfrac{x}{2}}{1 - \tan^2 \dfrac{x}{2}}$$

$$= \ln\left|\dfrac{1 + \tan \dfrac{x}{2}}{1 - \tan \dfrac{x}{2}}\right| + C = \ln\left|\tan\left(\dfrac{x}{2}+\dfrac{\pi}{4}\right)\right| + C.$$

二、第二类换元法

定理 4.2.2(第二类换元法、代入法) 　设 $f(x)$ 在区间 I 上连续，若存在单调、可导的函数 $x=\psi(t)$，使得

$$\int f(\psi(t))\psi'(t)dt = G(t)+C,$$

则

$$\int f(x)\,dx = G(\psi^{-1}(x)) + C. \tag{4.2.2}$$

证　因为 $f(x)$ 连续,故其原函数存在.第一类换元法已经证明:只要 $x = \psi(t)$ 可导,则成立

$$\int f(x)\,dx = \int f(\psi(t))\psi'(t)\,dt.$$

由于已知

$$\int f(\psi(t))\psi'(t)\,dt = G(t) + C,$$

以及 $G(t) = G(\psi^{-1}(x))$,所以

$$\int f(x)\,dx = G(\psi^{-1}(x)) + C.$$

证毕.

简言之,第二类换元法可以表达为

$$\int f(x)\,dx = \int f(\psi(t))\psi'(t)\,dt,$$

其中右边可以积分.

第二类换元法要求当积分变量 t 的积分

$$\int f(\psi(t))\psi'(t)\,dt = G(t) + C$$

完成后,必须将反函数 $t = \psi^{-1}(x)$ 代回去.为了保证这个可导函数的反函数存在,就必须假定直接函数 $x = \psi(t)$ 在 t 的某一个区间(与 x 的积分区间相对应)上是单调的.

注

$$\begin{aligned}
&[G(\psi^{-1}(x))]' \\
&= G'(t)(\psi^{-1}(x))' \\
&= f(\psi(t))\psi'(t)\frac{1}{\psi'(t)} \\
&= f(\psi(t))\psi'(t)\frac{1}{\psi'(t)} \\
&= f(x).
\end{aligned}$$

这也是一种证明方法,但它会要求定理增加条件 $\psi'(t) \neq 0$.

思考题 4.2.1　以下过程正确吗?

$$\int |x|\,dx \xlongequal{\text{令 } x = t^2} 2\int t^3\,dt$$

$$= \frac{t^4}{2} + C$$

$$= \frac{x^2}{2} + C.$$

例 4.2.12　计算不定积分 $\displaystyle\int \frac{\sqrt{x}}{1 + \sqrt[3]{x}}\,dx$.

解　令 $x = t^6 (t \geq 0)$,则 $dx = 6t^5\,dt$.

$$\int \frac{\sqrt{x}}{1 + \sqrt[3]{x}}\,dx = \int \frac{t^3 \cdot 6t^5\,dt}{1 + t^2} = 6\int \left(t^6 - t^4 + t^2 - 1 + \frac{1}{1 + t^2} \right)dt$$

$$= 6\left(\frac{t^7}{7} - \frac{t^5}{5} + \frac{t^3}{3} - t + \arctan t \right) + C$$

$$\xlongequal{\text{代回 } t = x^{\frac{1}{6}}} 6\left(\frac{x^{\frac{7}{6}}}{7} - \frac{x^{\frac{5}{6}}}{5} + \frac{x^{\frac{1}{2}}}{3} - x^{\frac{1}{6}} + \arctan x^{\frac{1}{6}} \right) + C.$$

第二类换元法也称为**代入法**.如果在平方根式里出现平方和或平方差,可以通过如下

三角代换法把根式去掉$(a>0)$：

（1）令 $x=a\sin t\left(|t|\leqslant\dfrac{\pi}{2}\right)$，则 $\mathrm{d}x=a\cos t\mathrm{d}t$，$\sqrt{a^2-x^2}=a\cos t$.

（2）令 $x=a\tan t\left(|t|<\dfrac{\pi}{2}\right)$，则 $\mathrm{d}x=a\sec^2 t\mathrm{d}t$，$\sqrt{a^2+x^2}=a\sec t$.

（3）当 $x\geqslant a$ 时，令 $x=a\sec t\left(0\leqslant t<\dfrac{\pi}{2}\right)$，则 $\mathrm{d}x=a\sec t\tan t\mathrm{d}t$，$\sqrt{x^2-a^2}=a\tan t$.

图 4.2.1 可以帮助解释三角函数的代换方法，还可以解决不同三角函数的转换.

例如，如果令 $x=a\tan t$，则 $\sin t=\dfrac{x}{\sqrt{a^2+x^2}}$.这样可以避免在代回变量 x 时出现复杂的反三角函数.

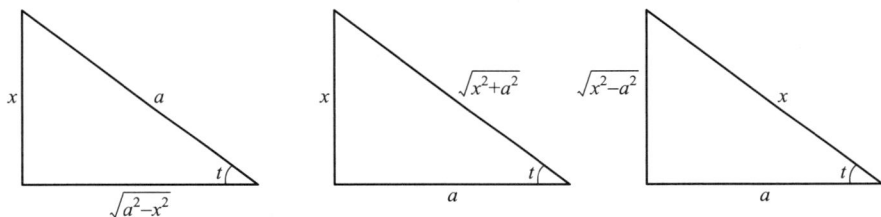

图 4.2.1

☆**例 4.2.13**　计算不定积分$(a>0)$：

（1）$\displaystyle\int\sqrt{a^2-x^2}\mathrm{d}x$；　　（2）$\displaystyle\int\dfrac{\mathrm{d}x}{\sqrt{a^2+x^2}}$；　　（3）$\displaystyle\int\dfrac{\mathrm{d}x}{\sqrt{x^2-a^2}}$.

解　（1）令 $x=a\sin t\left(|t|\leqslant\dfrac{\pi}{2}\right)$，则 $\mathrm{d}x=a\cos t\mathrm{d}t$.

$$\int\sqrt{a^2-x^2}\mathrm{d}x=a^2\int\cos^2 t\mathrm{d}t=\dfrac{a^2}{2}\left(t+\dfrac{1}{2}\sin 2t\right)+C$$

$$=\dfrac{a^2}{2}\arcsin\dfrac{x}{a}+\dfrac{x}{2}\sqrt{a^2-x^2}+C.$$

（2）令 $x=a\tan t\left(|t|<\dfrac{\pi}{2}\right)$，则 $\mathrm{d}x=a\sec^2 t\mathrm{d}t$，

$$\int\dfrac{\mathrm{d}x}{\sqrt{a^2+x^2}}=\int\dfrac{a\sec^2 t\mathrm{d}t}{a\sec t}$$

$$=\ln|\sec t+\tan t|+C$$

$$=\ln|x+\sqrt{x^2+a^2}|+C.$$

（3）当 $x>a$ 时，令 $x=a\sec t\left(0<t<\dfrac{\pi}{2}\right)$，则 $\mathrm{d}x=a\tan t\sec t\mathrm{d}t$，

$$\int \frac{\mathrm{d}x}{\sqrt{x^2-a^2}} = \int \frac{a\tan t\sec t\,\mathrm{d}t}{a\tan t}$$

$$= \ln|\sec t + \tan t| + C_1$$

$$= \ln\left|\frac{x}{a} + \frac{\sqrt{x^2-a^2}}{a}\right| + C_1$$

$$= \ln\left|x + \sqrt{x^2-a^2}\right| - \ln a + C_1$$

$$= \ln\left|x + \sqrt{x^2-a^2}\right| + C;$$

当 $x < -a$ 时，令 $x = a\sec t\left(\dfrac{\pi}{2} < t < \pi\right)$，则

$$\int \frac{\mathrm{d}x}{\sqrt{x^2-a^2}} = \int \frac{a\tan t\sec t\,\mathrm{d}t}{-a\tan t}$$

$$= -\ln|\sec t + \tan t| + C_1$$

$$= -\ln\left|\frac{x}{a} - \frac{\sqrt{x^2-a^2}}{a}\right| + C_1$$

$$= -\ln\left|x - \sqrt{x^2-a^2}\right| + \ln a + C_1$$

$$= \ln\left|x + \sqrt{x^2-a^2}\right| + C.$$

总之，无论何种情形，都有

$$\int \frac{\mathrm{d}x}{\sqrt{x^2-a^2}} = \ln\left|x + \sqrt{x^2-a^2}\right| + C.$$

例 4.2.14　计算：

(1) $\displaystyle\int \frac{\mathrm{d}x}{x\sqrt{x^2-4}} \ (x>2)$;　　　　(2) $\displaystyle\int \frac{\mathrm{d}x}{x(x^7+2)}$.

解　(1) 令 $x = \dfrac{1}{t}$，则 $\mathrm{d}x = -\dfrac{1}{t^2}\mathrm{d}t$，进而

$$\int \frac{\mathrm{d}x}{x\sqrt{x^2-4}} = \int \frac{-\dfrac{1}{t^2}\mathrm{d}t}{\dfrac{1}{t}\sqrt{\dfrac{1}{t^2}-4}}$$

$$= -\int \frac{\mathrm{d}t}{\sqrt{1-4t^2}}$$

$$= -\frac{1}{2}\arcsin 2t + C$$

$$= -\frac{1}{2}\arcsin\frac{2}{x} + C.$$

（2）令 $x = \dfrac{1}{t}$ ，则 $\mathrm{d}x = -\dfrac{1}{t^2}\mathrm{d}t$ ，进而

思考题 4.2.2　去掉例 4.2.14（1）中的限制"$x > 2$"，$\displaystyle\int\frac{\mathrm{d}x}{x\sqrt{x^2-4}}$ 结果是怎样的？用什么办法可以发现并纠正变量代换中的符号问题？

$$\int\frac{\mathrm{d}x}{x(x^7+2)} = \int\frac{t}{\left(\dfrac{1}{t}\right)^7 + 2}\left(-\frac{1}{t^2}\right)\mathrm{d}t = -\int\frac{t^6}{1+2t^7}\mathrm{d}t$$

$$= -\frac{1}{14}\ln|1+2t^7| + C$$

$$= -\frac{1}{14}\ln|2+x^7| + \frac{1}{2}\ln|x| + C.$$

令 $x = \dfrac{1}{t}$ 的变换称为"**倒代换**".

例 4.2.15　计算不定积分：

（1）$\displaystyle\int\frac{\mathrm{d}x}{(x^2+a^2)^2}(a > 0)$ ；　　　　（2）$\displaystyle\int\frac{8x+7}{(x^2+x+1)^2}\mathrm{d}x.$

解　本题属于一类有理函数的积分.

$$（1）\int\frac{\mathrm{d}x}{(x^2+a^2)^2} \xrightarrow{\text{令 } x = a\tan t} \int\frac{a\sec^2 t\,\mathrm{d}t}{(a^2\sec^2 t)^2}$$

$$= \frac{1}{a^3}\int\cos^2 t\,\mathrm{d}t$$

$$= \frac{1}{a^3}\int\frac{1+\cos 2t}{2}\mathrm{d}t$$

$$= \frac{1}{2a^3}\left(t + \frac{1}{2}\sin 2t\right) + C$$

$$= \frac{1}{2a^3}\left(\arctan\frac{x}{a} + \frac{ax}{x^2+a^2}\right) + C.$$

$$（2）\quad \int\frac{8x+7}{(x^2+x+1)^2}\mathrm{d}x$$

$$= \int\frac{4(2x+1)}{(x^2+x+1)^2}\mathrm{d}x + 3\int\frac{1}{\left[\left(x+\dfrac{1}{2}\right)^2 + \left(\dfrac{\sqrt{3}}{2}\right)^2\right]^2}\mathrm{d}\left(x+\frac{1}{2}\right)$$

$$\xrightarrow{\text{用（1）的结果}} -\frac{4}{x^2+x+1} + 3\cdot\frac{1}{2\left(\dfrac{\sqrt{3}}{2}\right)^3}\left[\arctan\frac{x+\dfrac{1}{2}}{\dfrac{\sqrt{3}}{2}} + \frac{\dfrac{\sqrt{3}}{2}\left(x+\dfrac{1}{2}\right)}{\left(x+\dfrac{1}{2}\right)^2 + \left(\dfrac{\sqrt{3}}{2}\right)^2}\right] + C$$

$$= \frac{4}{\sqrt{3}}\arctan\frac{2x+1}{\sqrt{3}} + \frac{2x-3}{x^2+x+1} + C.$$

练习 4.2.1

1. 选取适当函数 $u = \varphi(x)$ 计算不定积分(写出积分的完整过程):

(1) $\displaystyle\int x e^{\frac{x^2}{2}} \mathrm{d}x$;　　　　(2) $\displaystyle\int \frac{1}{2x+1} \mathrm{d}x$.

2. 计算不定积分:

(1) $\displaystyle\int \frac{2x}{x^2+1} \mathrm{d}x$;　　　(2) $\displaystyle\int \frac{x}{\sqrt{x^2-1}} \mathrm{d}x$;　　　(3) $\displaystyle\int \frac{\ln x}{x} \mathrm{d}x$;　　　(4) $\displaystyle\int x\cos x^2 \mathrm{d}x$;

(5) $\displaystyle\int \frac{\cos x}{\sin^3 x} \mathrm{d}x$;　　　(6) $\displaystyle\int \tan^{10} x \cdot \sec^2 x \mathrm{d}x$;　　　(7) $\displaystyle\int \frac{\cos x \mathrm{d}x}{\sqrt{\sin x}}$;　　　(8) $\displaystyle\int \frac{e^x}{3+4e^x} \mathrm{d}x$.

3. 设 $\displaystyle\int f(x)\mathrm{d}x = F(x) + C$,则 $\displaystyle\int (e^{\sin x}\cos^2 x - e^{\sin x}\sin x) f(e^{\sin x}\cos x)\mathrm{d}x = ($　　$)$.

(A) $F(e^{\sin x}) + C$　　　　　　　　　　(B) $F(e^{\sin x}\cos x) + C$

(C) $-F(e^{\sin x}\cos x) + C$　　　　　　(D) $e^{\sin x}\cos x + C$

4. 选取适当函数 $x = \psi(t)$,并写出积分 $\displaystyle\int \frac{1}{1+\sqrt{x}} \mathrm{d}x$ 的完整过程.

5. 试用代换 $x = \ln t$ 计算积分 $\displaystyle\int \frac{1}{1+e^x} \mathrm{d}x$.

4.2.2　不定积分的分部积分法

　　换元法能够在一定程度上弥补复合函数的积分没有运算法则的遗憾.但两个函数乘积的积分也是没有运算法则的,利用两个函数乘积的求导法则可以解决一部分积分问题.

一、分部积分公式

　　由于
$$\mathrm{d}(u(x)v(x)) = u(x)\mathrm{d}v(x) + v(x)\mathrm{d}u(x),$$
两边积分,得
$$u(x)v(x) = \int u(x)\mathrm{d}v(x) + \int v(x)\mathrm{d}u(x),$$
移项得
$$\int u(x)\mathrm{d}v(x) = u(x)v(x) - \int v(x)\mathrm{d}u(x). \qquad (4.2.3)$$

　　公式(4.2.3)称为**分部积分公式**.习惯上也写为如下形式:
$$\int u(x)v'(x)\mathrm{d}x = u(x)v(x) - \int u'(x)v(x)\mathrm{d}x.$$

　　利用分部积分公式解决积分问题的方法称为**分部积分法**.分部积分法指出,等式中的两个积分是相互依赖的,只要右边一个被计算出来,就可以算出左边一个.

从字面上看,"分部"的意思是:被积表达式 $f(x)\mathrm{d}x$ 适当分成 $u(x)$ 和 $\mathrm{d}v(x)$ 两部分,或者说,被积函数 $f(x)$ 分成两部分 $u(x),v'(x)$.在此基础上,如果我们要解决积分 $\int u(x)v'(x)\mathrm{d}x$(比较难求),就可以把问题转化为求另一个(相对容易)积分 $\int u'(x)v(x)\mathrm{d}x$.

例 4.2.16 计算不定积分:

(1) $\int x\mathrm{e}^x\mathrm{d}x$;   (2) $\int x\sin x\mathrm{d}x$;   (3) $\int x\ln x\mathrm{d}x$.

解 利用分部积分公式:

(1) $\int x\mathrm{e}^x\mathrm{d}x = \int x\,(\mathrm{e}^x)'\mathrm{d}x = x\mathrm{e}^x - \int (x)'\mathrm{e}^x\mathrm{d}x = x\mathrm{e}^x - \mathrm{e}^x + C.$

(2) $\int x\sin x\mathrm{d}x = \int x\,(-\cos x)'\mathrm{d}x$

$$= -x\cos x + \int \cos x\mathrm{d}x$$

$$= -x\cos x + \sin x + C.$$

> **注** 由于 $(x)'=1,(x^2)'=2x$,幂函数求导后可以"降次",故通常要把乘积中另一项(e^x 和 $\sin x$)的原函数先求出.但如果幂函数乘了 $\ln x$ 或者反三角函数,就要先求幂函数的原函数了,因为 $\ln x$,反三角函数的原函数比导函数复杂得多.

(3) $\int x\ln x\mathrm{d}x = \int \left(\dfrac{x^2}{2}\right)'\ln x\mathrm{d}x$

$$= \frac{x^2}{2}\cdot\ln x - \int \frac{x^2}{2}\cdot(\ln x)'\mathrm{d}x$$

$$= \frac{x^2}{2}\ln x - \int \frac{x}{2}\mathrm{d}x$$

$$= \frac{x^2}{2}\ln x - \frac{x^2}{4} + C.$$

***例 4.2.17** 计算不定积分:

(1) $\int \ln x\mathrm{d}x$;   (2) $\int \arcsin x\mathrm{d}x$;   (3) $\int \arctan x\mathrm{d}x$.

解 注意 $1=x'$,故很多看似没有乘积项的函数的积分也可以用分部积分法做.

(1) $\int \ln x\mathrm{d}x = \int (x)'\ln x\mathrm{d}x$

$$= x\ln x - \int x\,(\ln x)'\mathrm{d}x$$

$$= x\ln x - x + C.$$

(2) $\int \arcsin x\mathrm{d}x = x\arcsin x - \int x\cdot\dfrac{1}{\sqrt{1-x^2}}\mathrm{d}x$

$$= x\arcsin x + \sqrt{1 - x^2} + C.$$

（3）$\int \arctan x \mathrm{d}x = x\arctan x - \int x \cdot \dfrac{1}{1 + x^2}\mathrm{d}x$

$$= x\arctan x - \frac{1}{2}\ln(1 + x^2) + C.$$

必要时，可多次使用分部积分公式.

例 4.2.18　计算积分：

（1）$\int x^2\cos x \mathrm{d}x$；　　　　（2）$\int \arcsin^2 x \mathrm{d}x$；　　　　（3）$\int \ln^2 x \mathrm{d}x.$

解　（1）$\int x^2\cos x \mathrm{d}x = x^2\sin x - \left(\int 2x\sin x \mathrm{d}x \right)$

$$= x^2\sin x + \left(2x\cos x - \int 2\cos x \mathrm{d}x \right)$$

$$= x^2\sin x + 2x\cos x - 2\sin x + C.$$

（2）$\int \arcsin^2 x \mathrm{d}x = x\arcsin^2 x - \int x \cdot 2\arcsin x \cdot \dfrac{1}{\sqrt{1 - x^2}}\mathrm{d}x$

$$= x\arcsin^2 x + 2\int \arcsin x (\sqrt{1 - x^2})'\mathrm{d}x$$

$$= x\arcsin^2 x + 2\sqrt{1 - x^2}\arcsin x -$$

$$2\int \sqrt{1 - x^2} \cdot \frac{1}{\sqrt{1 - x^2}}\mathrm{d}x$$

$$= x\arcsin^2 x + 2\sqrt{1 - x^2}\arcsin x - 2x + C.$$

（3）$\int \ln^2 x \mathrm{d}x = \int (x)' \ln^2 x \mathrm{d}x$

$$= x\ln^2 x - \int x \cdot \left(\frac{1}{x} \cdot 2\ln x \right)\mathrm{d}x$$

$$= x\ln^2 x - 2\int \ln x \mathrm{d}x$$

$$= x\ln^2 x - 2\left[x \cdot \ln x - \int x \cdot \left(\frac{1}{x} \right)\mathrm{d}x \right]$$

$$= x\ln^2 x - 2x\ln x + 2x + C.$$

一般地，对于含幂函数乘积项的不定积分，有下列规律：

（1）形如 $\int x^k e^{ax}\mathrm{d}x, \int x^k\sin ax\mathrm{d}x, \int x^k\cos ax\mathrm{d}x$，可用降次法；

（2）形如 $\int x^k\ln^m x \mathrm{d}x, \int x^k\arctan x \mathrm{d}x, \int x^k\arcsin x \mathrm{d}x$，可用升幂法.

二、常见的分部积分技巧

除了上述常见的"凑乘积法",还有不少特殊方法,以下是几种使用相对较多的方法.

1. 代换法

代换法就是利用不定积分的换元法,通过适当代换 $x=\psi(t)$,$\mathrm{d}x=\psi'(t)\mathrm{d}t$,使分部积分过程变得容易.例如,上面例 4.2.18(2),令 $\arcsin x=t$,则 $x=\sin t$,则有

$$\int \arcsin^2 x\mathrm{d}x = \int t^2\cos t\mathrm{d}t = t^2\sin t - \int 2t\sin t\mathrm{d}t$$

$$= t^2\sin t + 2t\cos t - \int 2\cos t\mathrm{d}t$$

$$= t^2\sin t + 2t\cos t - 2\sin t + C$$

$$= x\arcsin^2 x + 2\sqrt{1-x^2}\arcsin x - 2x + C.$$

例 4.2.19 计算 $\int \mathrm{e}^{\sqrt[3]{x}}\mathrm{d}x$.

解 令 $\sqrt[3]{x}=t$,即 $x=t^3$,则 $\mathrm{d}x=3t^2\mathrm{d}t$.从而

$$\int \mathrm{e}^{\sqrt[3]{x}}\mathrm{d}x = \int \mathrm{e}^t\cdot 3t^2\mathrm{d}t = \int (\mathrm{e}^t)'\cdot 3t^2\mathrm{d}t$$

$$= 3t^2\mathrm{e}^t - 6\int t(\mathrm{e}^t)'\mathrm{d}t$$

$$= 3t^2\mathrm{e}^t - 6t\mathrm{e}^t + 6\mathrm{e}^t + C$$

$$= (3t^2 - 6t + 6)\mathrm{e}^t + C$$

$$= 3(\sqrt[3]{x^2} - 2\sqrt[3]{x} + 2)\mathrm{e}^{\sqrt[3]{x}} + C.$$

2. 循环法(移项法)

有些式子会在运算中循环出现,通过"移项——解方程"等步骤获得解决.

例 4.2.20 计算不定积分:

$$(1)\int \mathrm{e}^{ax}\cos bx\mathrm{d}x;\qquad\qquad (2)\int \sec^3 x\mathrm{d}x;$$

解 (1) $\mathrm{e}^{ax}\cos bx$ 既可以化为 $\left(\dfrac{1}{a}\mathrm{e}^{ax}\right)'\cos bx$,也可以化为 $\mathrm{e}^{ax}\left(\dfrac{1}{b}\sin bx\right)'$.这里采用后一种做法.

$$\int \mathrm{e}^{ax}\cos bx\mathrm{d}x = \frac{1}{b}\sin bx\cdot \mathrm{e}^{ax} - \frac{a}{b}\int \mathrm{e}^{ax}\sin bx\mathrm{d}x$$

$$= \frac{1}{b}\sin bx\cdot \mathrm{e}^{ax} - \frac{a}{b}\left(-\frac{1}{b}\cos bx\cdot \mathrm{e}^{ax} + \frac{a}{b}\int \mathrm{e}^{ax}\cos bx\mathrm{d}x\right),$$

移项后得到结果：

$$\int e^{ax} \cos bx dx = \frac{e^{ax}}{a^2 + b^2}(a\cos bx + b\sin bx) + C.$$

同理可以得到

$$\int e^{ax} \sin bx dx = \frac{e^{ax}}{a^2 + b^2}(-b\cos bx + a\sin bx) + C.$$

（2）$\displaystyle\int \sec^3 x dx = \int \sec x \cdot \sec^2 x dx$

$$= \sec x \tan x - \int \tan x \cdot (\tan x \cdot \sec x) dx$$

$$= \sec x \tan x - \int (\sec^2 x - 1)\sec x dx$$

$$= \sec x \tan x - \int \sec^3 x dx + \ln|\sec x + \tan x|,$$

移项后得

$$\int \sec^3 x dx = \frac{1}{2}\sec x \tan x + \frac{1}{2}\ln|\sec x + \tan x| + C.$$

3. 等待消去法

等待消去法即为把积分的一部分留着不动,让另一部分在运算中消去.在出现部分被积函数"积不出"时,常要用到这种方法.

例 4.2.21 计算 $\displaystyle\int \left(\ln\ln x + \frac{1}{\ln x} \right) dx.$

解 先把积分拆成两个"积不出"的积分.

$$\int \left(\ln\ln x + \frac{1}{\ln x} \right) dx = \int \ln\ln x dx + \int \frac{1}{\ln x} dx$$

$$= \left(x\ln\ln x - \int \frac{1}{\ln x} dx \right) + \int \frac{1}{\ln x} dx$$

$$= x\ln\ln x + C.$$

4. 递推公式法

利用分部积分公式可以建立一些对正整数 n 的积分递推公式.

例 4.2.22 写出 $I_n = \displaystyle\int \frac{dx}{(x^2 + a^2)^n}$ 的递推公式.

解 以降次为目标凑导数.

$$I_n = \int \frac{1}{(x^2 + a^2)^n} dx = \frac{1}{a^2}\int \frac{x^2 + a^2 - x^2}{(x^2 + a^2)^n} dx$$

$$= \frac{1}{a^2}I_{n-1} - \frac{1}{a^2}\int \frac{x^2}{(x^2 + a^2)^n} dx$$

$$= \frac{1}{a^2}I_{n-1} + \frac{1}{a^2}\int x\left(\frac{1}{2(n-1)}\frac{1}{(x^2+a^2)^{n-1}}\right)' dx$$

$$= \frac{1}{a^2}I_{n-1} + \frac{1}{2(n-1)a^2}\left[x\frac{1}{(x^2+a^2)^{n-1}} - I_{n-1}\right]$$

$$= \frac{x}{2(n-1)a^2(x^2+a^2)^{n-1}} + \frac{2n-3}{2(n-1)a^2}I_{n-1}.$$

5. 抽象函数的"拼凑法"

当被积函数中出现抽象函数的导数或高阶导数时,可以拼凑出分部积分公式的形态.

例 4.2.23 已知 $f(x)$ 的一个原函数是 e^{-x^2},求 $\int xf'(x)dx$.

解 因为 $\int f(x)dx = e^{-x^2} + C$,则 $f(x) = (e^{-x^2})' = -2xe^{-x^2}$,于是

$$\int xf'(x)dx = xf(x) - \int 1 \cdot f(x)dx$$

$$= x(-2xe^{-x^2}) - e^{-x^2} + C$$

$$= -(2x^2+1)e^{-x^2} + C.$$

练习 4.2.2

1. 计算不定积分:

(1) $\int xe^{2x}dx$;　　(2) $\int x\cos xdx$;　　(3) $\int x^3\ln xdx$;　　(4) $\int \arccos xdx$.

2. 已知 $f(x)$ 的一个原函数是 $\varphi(x)$,求 $\int xf'(x)dx$.

习题 4.2 ·················

1. 计算不定积分:

(1) $\int \dfrac{dx}{2x-3}$;

(2) $\int (3-2x)^{10}dx$;

(3) $\int \dfrac{dx}{\sqrt[3]{3-2x}}$;

(4) $\int (\sin 3x - e^{4x})dx$;

(5) $\int \dfrac{\sin\sqrt{x}}{\sqrt{x}}dx$;

(6) $\int \dfrac{\ln^2 x + \ln x + 1}{x}dx$;

(7) $\int \dfrac{x}{\sqrt{2-3x^2}}dx$;

(8) $\int x\sqrt{a^2+x^2}dx$;

(9) $\int \dfrac{x^3}{1-x^4}dx$;

(10) $\int \dfrac{\sin x + \cos x}{\sqrt[3]{\sin x - \cos x}}dx$;

(11) $\int \sin^2 xdx$;

(12) $\int \dfrac{dx}{(\arcsin x)^2\sqrt{1-x^2}}$;

(13) $\int \dfrac{\cos x}{3\sin x + 2}dx$;

(14) $\int \dfrac{x^3}{9+x^2}dx$;

(15) $\int \dfrac{dx}{\sqrt{x}\sqrt{1-x}}$;

（16）$\displaystyle\int \frac{\mathrm{d}x}{\cos^2 x \sqrt{\tan x - 1}}$;   （17）$\displaystyle\int \frac{\arctan x \mathrm{d}x}{1 + x^2}$;

（18）$\displaystyle\int \frac{\sqrt{\arcsin x}}{\sqrt{1 - x^2}}\mathrm{d}x$;   （19）$\displaystyle\int \frac{\sqrt{\cot x + 1}}{\sin^2 x}\mathrm{d}x$;

（20）$\displaystyle\int \frac{1}{1 + \cos x}\mathrm{d}x$.

2. 已知 $y=f(x)$ 所满足的微分方程为 $\dfrac{\mathrm{d}y}{\mathrm{d}x}=18x^2 (2x^3+1)^2$, 其图

形如图 4.2.2 所示, 求 $f(x)$.

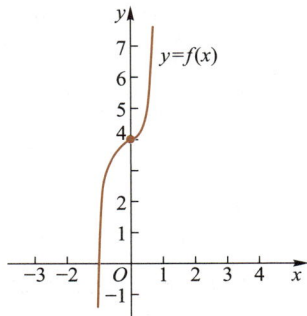

图 4.2.2

3. 计算不定积分:

（1）$\displaystyle\int x (x - 2)^2 \mathrm{d}x$;   （2）$\displaystyle\int \frac{1 + \ln x}{(x\ln x)^2}\mathrm{d}x$;   （3）$\displaystyle\int \frac{\mathrm{d}x}{x \cdot \ln x \cdot \ln\ln x}$;

（4）$\displaystyle\int \frac{\ln x \sqrt{1 - \ln^2 x}}{x}\mathrm{d}x$;   （5）$\displaystyle\int \sqrt{\frac{\ln(x + \sqrt{1 + x^2})}{1 + x^2}}\mathrm{d}x$;   （6）$\displaystyle\int \frac{\mathrm{d}x}{\mathrm{e}^x + \mathrm{e}^{-x}}$;

（7）$\displaystyle\int \frac{\mathrm{d}x}{1 + \mathrm{e}^{-x}}$;   （8）$\displaystyle\int \frac{\sin x\cos x}{1 + \sin^4 x}\mathrm{d}x$;   （9）$\displaystyle\int \frac{x\tan \sqrt{1 + x^2} \mathrm{d}x}{\sqrt{1 + x^2}}$;

（10）$\displaystyle\int \frac{\mathrm{d}x}{\sin x\cos x}$;   （11）$\displaystyle\int \frac{\sin^3 x}{1 + \cos x}\mathrm{d}x$;   （12）$\displaystyle\int \frac{\mathrm{d}x}{\sin x \cos^3 x}$;

（13）$\displaystyle\int \cos^5 x\mathrm{d}x$;   （14）$\displaystyle\int \frac{10^{2\arccos x}\mathrm{d}x}{\sqrt{1 - x^2}}$;   （15）$\displaystyle\int \frac{1 - x}{\sqrt{9 - 4x^2}}\mathrm{d}x$;

（16）$\displaystyle\int \frac{1}{(x - 1)(x + 2)}\mathrm{d}x$;   （17）$\displaystyle\int \frac{1}{2x^2 - 1}\mathrm{d}x$;   （18）$\displaystyle\int \frac{x}{x^2 + 4x + 5}\mathrm{d}x$;

（19）$\displaystyle\int \frac{x + 1}{x^2 + x + 1}\mathrm{d}x$;   （20）$\displaystyle\int \frac{x^{11}}{x^8 + 2x^4 + 2}\mathrm{d}x$.

4. 计算不定积分:

（1）$\displaystyle\int [f(x)]^{\alpha} f'(x)\mathrm{d}x$;   （2）$\displaystyle\int \frac{f'(x)}{1 + [f(x)]^2}\mathrm{d}x$;   （3）$\displaystyle\int \frac{f'(x)}{f(x)}\mathrm{d}x$;

（4）$\displaystyle\int \mathrm{e}^{f(x)} f'(x)\mathrm{d}x$.

* *

5. 解下列问题:

（1）已知 $f'(\mathrm{e}^x)=x\mathrm{e}^{-x}$, 且 $f(1)=0$, 求 $f(x)$;

（2）已知 $\displaystyle\int \frac{f'(\ln x)}{x}\mathrm{d}x = \frac{1}{x^2} + C$, 求 $f(x)$;

（3）已知 $f(x)=\mathrm{e}^{-2x}$, 求 $\displaystyle\int \frac{f'(\ln x)}{x}\mathrm{d}x$.

6. 斜率场（或方向场）是由函数 $f(x)$ 的斜率的线段组成

的可视化平面信息场. 已知 $y=f(x)$ 所满足的微分方程为 $\dfrac{\mathrm{d}y}{\mathrm{d}x}=$

$x \sqrt{4-x^2}$, 过点 $(2,2)$, 图 4.2.3 是它的斜率场.（1）求 $f(x)$;

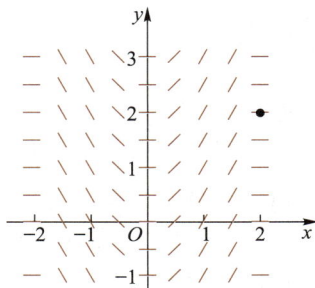

图 4.2.3

（2）在斜率场中画两条积分曲线，其中一条过点（2，2）．

    7. 计算不定积分：

（1）$\int x\sqrt{x+1}\,\mathrm{d}x$；

（2）$\int x\sqrt[4]{2x+3}\,\mathrm{d}x$；

（3）$\int \dfrac{\mathrm{d}x}{1+\sqrt{2x}}$；

（4）$\int \dfrac{\mathrm{d}x}{\sqrt{x}+\sqrt[3]{x^2}}$；

（5）$\int \dfrac{x^2}{\sqrt{1-x^2}}\,\mathrm{d}x$；

（6）$\int \dfrac{\mathrm{d}x}{\sqrt{(x^2+1)^3}}$；

（7）$\int \dfrac{\mathrm{d}x}{\sqrt{-x^2+2x+5}}$；

（8）$\int \dfrac{\mathrm{d}x}{\sqrt{x^2+2x+5}}$；

（9）$\int \dfrac{\mathrm{d}x}{\sqrt{x^2+2x-5}}$．

    8. 若$f'(\cos x)=\sin x\left(0\leqslant x\leqslant \dfrac{\pi}{2}\right)$，$f(1)=\dfrac{\pi}{4}$，求$f(x)$．

    9. 设$x>0$，计算不定积分：

（1）$\int \dfrac{1}{x\sqrt{x^2-1}}\,\mathrm{d}x$；

（2）$\int \dfrac{1}{x\sqrt{1-x^2}}\,\mathrm{d}x$；

（3）$\int \dfrac{1}{x\sqrt{x^2+1}}\,\mathrm{d}x$；

（4）$\int \dfrac{1}{x^2\sqrt{x^2-1}}\,\mathrm{d}x$；

（5）$\int \dfrac{1}{x^2\sqrt{1-x^2}}\,\mathrm{d}x$；

（6）$\int \dfrac{1}{x^2\sqrt{1+x^2}}\,\mathrm{d}x$．

    10. 计算不定积分：

（1）$\int \dfrac{\arctan\sqrt{x}\,\mathrm{d}x}{\sqrt{x}(1+x)}$；

（2）$\int \dfrac{\ln\tan x\,\mathrm{d}x}{\cos x\sin x}$；

（3）$\int \dfrac{\sin 2x\,\mathrm{d}x}{\sqrt{2-\sin^4 x}}$；

（4）$\int \dfrac{\ln x\,\mathrm{d}x}{x\sqrt{1+\ln x}}$；

（5）$\int \dfrac{x\,\mathrm{d}x}{\sqrt{5+x-x^2}}$；

（6）$\int \dfrac{1+x^2}{x^2\sqrt{1-x^2}}\,\mathrm{d}x$；

（7）$\int \dfrac{x^5\,\mathrm{d}x}{\sqrt{1-x^2}}$；

（8）$\int \dfrac{\mathrm{d}x}{1+\sqrt{1-x^2}}$；

（9）$\int \dfrac{\sqrt{x+1}-1}{\sqrt{x+1}+1}\,\mathrm{d}x$；

（10）$\int \dfrac{x^2+2}{(x+1)^3}\,\mathrm{d}x$；

（11）$\int \dfrac{1}{x(x^5+1)}\,\mathrm{d}x$；

（12）$\int \dfrac{\mathrm{d}x}{\mathrm{e}^x+\mathrm{e}^{\frac{x}{2}}}$；

（13）$\int \dfrac{\mathrm{d}x}{\sqrt{1+\mathrm{e}^{2x}}}$；

（14）$\int \sin x\sin 2x\sin 3x\,\mathrm{d}x$．

    11. 计算不定积分：

（1）$\int x\mathrm{e}^{-2x}\,\mathrm{d}x$；

（2）$\int x^2\ln x\,\mathrm{d}x$；

（3）$\int x\cos\dfrac{x}{2}\,\mathrm{d}x$；

（4）$\int x^2\arctan x\,\mathrm{d}x$；

（5）$\int x\tan^2 x\,\mathrm{d}x$；

（6）$\int x^2\sin x\,\mathrm{d}x$；

（7）$\int (x^2-1)\sin 2x\,\mathrm{d}x$；

（8）$\int x^2\cos 2x\,\mathrm{d}x$；

（9）$\int x\sin x\cos x\,\mathrm{d}x$；

（10）$\int \ln(x-1)\,\mathrm{d}x$；

（11）$\int x\ln(x-1)\,\mathrm{d}x$；

（12）$\int \dfrac{\ln x}{(1-x)^2}\,\mathrm{d}x$；

（13）$\int x^2\mathrm{e}^{3x}\,\mathrm{d}x$；

（14）$\int \ln^3 x\,\mathrm{d}x$；

（15）$\int x\ln^2 x\,\mathrm{d}x$；

（16）$\int \dfrac{\ln^2 x}{x^3}\,\mathrm{d}x$；

（17）$\int \mathrm{e}^{\sqrt{x}}\,\mathrm{d}x$；

（18）$\int \mathrm{e}^{\sqrt{2x+1}}\,\mathrm{d}x$．

    12. 求解下列积分问题：

（1）设$f(x)$有原函数$x\ln x$，求$\int xf(x)\,\mathrm{d}x$；

(2) 设 $f(x)$ 的一个原函数为 $\sin x$，求 $\int x f''(x)\,dx$.

13. 计算不定积分：

(1) $\displaystyle\int x^2\cos^2\frac{x}{2}\,dx$;　　　(2) $\displaystyle\int \ln^2(x+\sqrt{1+x^2})\,dx$;　　(3) $\displaystyle\int \frac{xe^x}{\sqrt{e^x-2}}\,dx$;

(4) $\displaystyle\int x(\arctan x)^2\,dx$;　　　(5) $\displaystyle\int (\arcsin x)^3\,dx$.

14. 计算不定积分：

(1) $\displaystyle\int \cos\ln x\,dx$;　　　(2) $\displaystyle\int e^{-x}\cos x\,dx$;　　　(3) $\displaystyle\int e^{-2x}\sin\frac{x}{2}\,dx$;

(4) $\displaystyle\int e^x\sin^2 x\,dx$.

15. 已知 $f(x)$ 的一个原函数是 $(1+\sin x)\ln x$，求 $\int xf'(2x)\,dx$.

16. 写出不定积分 $I_n=\displaystyle\int (\ln x)^n\,dx$ 对正整数 n 的递推公式.

17. 图 4.2.4 中两条曲线，一条是 $f(x)=e^x\sin x$，另一条是它的积分曲线 $y=F(x)$，通过图中信息，写出 $F(x)$.

18. 设 $y=y(x)$ 由参数方程 $x=a\cos t, y=b\sin t\ (0\le t\le 2\pi)$ 确定，求 $\int y\,dx$.

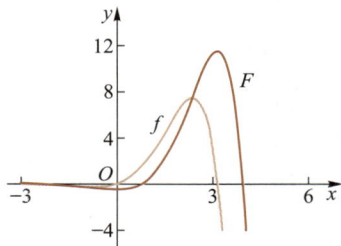

图 4.2.4

＊＊＊＊＊＊＊＊＊＊＊＊＊＊＊＊＊＊＊＊＊＊＊＊＊＊＊＊＊＊＊＊＊＊＊

19. 计算不定积分：

(1) $\displaystyle\int \frac{2x+1}{x^2}e^{-2x}\,dx$;　　　(2) $\displaystyle\int e^{-\frac{x}{2}}\frac{\cos x-\sin x}{\sqrt{\sin x}}\,dx$;　　(3) $\displaystyle\int \frac{x^2}{\sqrt{x^2+a^2}}\,dx$.

*20. 设 $F(x)$ 为 $f(x)$ 的一个原函数，$f(x)$ 可微，且 $f(x)$ 的反函数 $f^{-1}(x)$ 存在，试导出 $\int f^{-1}(x)\,dx$ 的一个公式.

§4.3　特殊类型函数的不定积分

本节主要介绍三角有理函数和一般有理函数的积分，并探讨解不定积分的特殊方法.

4.3.1　三角有理函数和一般有理函数的不定积分

一、三角有理函数积分的杂例

有理函数是指两个多项式的商. **三角有理函数**（也称**三角函数有理式**）是指形如 $R(\sin x,\cos x)$ 的函数，其中 R 是一个有理函数. 这类函数的积分有很多特殊技巧，方法却难以罗列，读者应从例题中体会和模仿.

例 4.3.1　计算：

(1) $\displaystyle\int \frac{\cos^5 x\,dx}{\sin^4 x}$;　　　(2) $\displaystyle\int \tan^5 x\,dx$;　　　(3) $\displaystyle\int \frac{dx}{1+2\sin 2x}$;

(4) $\displaystyle\int \frac{\mathrm{d}x}{\cos^2 x(1+\cos x)}$;   (5) $\displaystyle\int \frac{3\sin x+2\cos x}{2\sin x+3\cos x}\mathrm{d}x.$

解 (1) $\displaystyle\int \frac{\cos^5 x\mathrm{d}x}{\sin^4 x}=\int \frac{\cos^4 x\mathrm{d}\sin x}{\sin^4 x}$

$$\xlongequal{\text{令}\sin x=t}\int \frac{(1-t^2)^2}{t^4}\mathrm{d}t$$

$$=\int \left(1-\frac{2}{t^2}+\frac{1}{t^4}\right)\mathrm{d}t$$

$$=t+\frac{2}{t}-\frac{1}{3t^3}+C$$

$$=\sin x+\frac{2}{\sin x}-\frac{1}{3\sin^3 x}+C.$$

(2) $\displaystyle\int \tan^5 x\mathrm{d}x\xlongequal{\text{令}\tan x=t}\int t^5\cdot\frac{\mathrm{d}t}{1+t^2}$

$$=\int \left(t^3-t+\frac{t}{1+t^2}\right)\mathrm{d}t$$

$$=\frac{1}{4}t^4-\frac{1}{2}t^2+\frac{1}{2}\ln(1+t^2)+C$$

$$=\frac{1}{4}\tan^4 x-\frac{1}{2}\tan^2 x+\ln|\sec x|+C.$$

(3) $\displaystyle\int \frac{\mathrm{d}x}{1+2\sin 2x}=\int \frac{\mathrm{d}x}{\sin^2 x+4\sin x\cos x+\cos^2 x}$

$$=\int \frac{\mathrm{d}x}{\cos^2 x(\tan^2 x+4\tan x+1)}$$

$$\xlongequal{\text{令}\tan x=t}\int \frac{\mathrm{d}t}{t^2+4t+1}$$

$$=\int \frac{\mathrm{d}(t+2)}{(t+2)^2-3}$$

$$=\frac{1}{2\sqrt{3}}\ln\left|\frac{t+2-\sqrt{3}}{t+2+\sqrt{3}}\right|+C$$

$$=\frac{1}{2\sqrt{3}}\ln\left|\frac{\tan x+2-\sqrt{3}}{\tan x+2+\sqrt{3}}\right|+C.$$

(4) $\displaystyle\int \frac{\mathrm{d}x}{\cos^2 x(1+\cos x)}$

$$=\int \left(\frac{1-\cos x}{\cos^2 x}+\frac{1}{1+\cos x}\right)\mathrm{d}x$$

注 把分母转化为 $\sin x$ 和 $\cos x$ "齐二次"的有理函数,就可把问题转化为 $\tan x$ 的有理函数的积分.常用 $1=\sin^2 x+\cos^2 x$ 将常数项升为二次项,用 $\sin 2x=2\sin x\cos x$, $\cos 2x=\cos^2 x-\sin^2 x$ 将一次项升为二次项.

注 例 4.3.1(4)的关键是"裂项",裂项法的基础是分式的标准分解.

$$= \int \left(\sec^2 x - \sec x + \frac{1}{2} \sec^2 \frac{x}{2} \right) \mathrm{d}x$$

$$= \tan x - \ln | \tan x + \sec x | + \tan \frac{x}{2} + C.$$

（5）令 $3\sin x + 2\cos x = a(2\sin x + 3\cos x) + b(2\sin x + 3\cos x)'$，则

$$\begin{cases} 2a - 3b = 3, \\ 3a + 2b = 2, \end{cases}$$

解得

$$a = \frac{12}{13}, b = \frac{-5}{13},$$

于是

$$\frac{3\sin x + 2\cos x}{2\sin x + 3\cos x} = \frac{12}{13} - \frac{5}{13} \frac{2\cos x - 3\sin x}{2\sin x + 3\cos x}$$

$$= \frac{12}{13} - \frac{5}{13} \frac{(2\sin x + 3\cos x)'}{2\sin x + 3\cos x},$$

从而

$$\int \frac{3\sin x + 2\cos x}{2\sin x + 3\cos x} \mathrm{d}x$$

$$= \frac{12}{13} x - \frac{5}{13} \ln | 2\sin x + 3\cos x | + C.$$

注　通过观察，有些被积函数 $\frac{f(x)}{g(x)}$ 的分子可以写为

$$f(x) = a[g(x)] + b[g(x)]',$$

则只需确定 a, b 两个数，问题就可立刻解决：

$$\int \frac{f(x)}{g(x)} \mathrm{d}x$$

$$= \int \frac{a[g(x)] + b[g(x)]'}{g(x)} \mathrm{d}x$$

$$= ax + b\ln | g(x) | + C.$$

二、一般有理函数的积分

我们已经处理过大量有理函数和可化为有理函数的积分问题.现在有必要来梳理一下一般有理函数的积分方法.1.1.4 节已经介绍了有理分式分解的原理，并给出了计算多项式相除的方法，其中真分式的标准分解的结论归纳如下：

命题 4.3.1　对真分式形式的有理函数 $R(x) = \dfrac{P_m(x)}{P_n(x)} (m < n)$ 在实数系内作标准分解,设分母的形式为

$$P_n(x) = x^n + \beta_1 x^{n-1} + \cdots + \beta_n = (x - a_1)^{\lambda_1} \cdots (x - a_s)^{\lambda_s} (x^2 + p_1 x + q_1)^{\mu_1} \cdots (x^2 + p_t x + q_t)^{\mu_t}.$$

那么 $\dfrac{P_m(x)}{P_n(x)}$ 的标准分解形式为

$$\frac{P_m(x)}{P_n(x)} = \frac{A_{11}}{x - a_1} + \frac{A_{12}}{(x - a_1)^2} + \cdots + \frac{A_{1\lambda_1}}{(x - a_1)^{\lambda_1}} + \cdots +$$

$$\frac{A_{s1}}{x - a_s} + \frac{A_{s2}}{(x - a_s)^2} + \cdots + \frac{A_{s\lambda_s}}{(x - a_s)^{\lambda_s}} +$$

$$\frac{B_{11}x+C_{11}}{x^2+p_1x+q_1}+\frac{B_{12}x+C_{12}}{(x^2+p_1x+q_1)^2}+\cdots+\frac{B_{1\mu_1}x+C_{1\mu_1}}{(x^2+p_1x+q_1)^{\mu_1}}+\cdots+$$

$$\frac{B_{t1}x+C_{t1}}{x^2+p_tx+q_t}+\frac{B_{t2}x+C_{t2}}{(x^2+p_tx+q_t)^2}+\cdots+\frac{B_{t\mu_t}x+C_{t\mu_t}}{(x^2+p_tx+q_t)^{\mu_t}},$$

其中诸常数系数 A_{ij}, B_{ij}, C_{ij} 都是待定的.

根据这个结论,任何有理真分式的不定积分都可以化为最简分式的和的不定积分,从而归结为下列两种形式的积分并得到解决.

(1) $\displaystyle\int \frac{\mathrm{d}x}{(x-a)^n} = \begin{cases} \ln|x-a|+C, & n=1,\\ \dfrac{1}{-n+1}(x-a)^{-n+1}+C, & n\neq 1; \end{cases}$

(2) $\displaystyle\int \frac{Mx+N}{(x^2+px+q)^n}\mathrm{d}x\ (p^2-4q<0)$ 化为两种类型的积分:

1) $\displaystyle\int \frac{t\mathrm{d}t}{(t^2+a^2)^n} = \begin{cases} \dfrac{1}{2}\ln(t^2+a^2)+C, & n=1,\\ \dfrac{1}{2}\dfrac{-1}{(n-1)(t^2+a^2)^{n-1}}+C, & n\neq 1; \end{cases}$

2) $\displaystyle\int \frac{\mathrm{d}t}{(t^2+a^2)^n} = \begin{cases} \dfrac{1}{a}\arctan\dfrac{t}{a}+C, & n=1.\\ \dfrac{x}{2(n-1)a^2(x^2+a^2)^{n-1}}+\dfrac{2n-3}{2(n-1)a^2}I_{n-1}, & n\neq 1. \end{cases}$

这里,最后一个递推公式是例 4.2.22 的结果.

可见,任何有理函数的积分都可以用初等函数表示,进而凡是可化为有理函数的积分的不定积分都可以用初等函数表示.前面所述的三角有理函数的积分通过万能代换公式$\left(\text{令 }\tan\dfrac{x}{2}=t,\text{则有 }\sin x=\dfrac{2t}{1+t^2},\cos x=\dfrac{1-t^2}{1+t^2},\mathrm{d}x=\dfrac{2}{1+t^2}\mathrm{d}t\right)$,总可以变为有理函数的积分,所以理论上都是可以用初等函数表示的.

例 4.3.2 计算不定积分:

(1) $I=\displaystyle\int\frac{x^4-3}{x^2+2x+1}\mathrm{d}x$; (2) $I=\displaystyle\int\frac{6x^2-11x+4}{x^3-2x^2+x}\mathrm{d}x$; (3) $I=\displaystyle\int\frac{2x\mathrm{d}x}{(1+x)(1+x^2)^2}$.

解 (1) 先处理假分式,然后再把积分化作标准分解式的积分之和.

$$I=\int\left[x^2-2x+3-\frac{4x+6}{(x+1)^2}\right]\mathrm{d}x$$

$$=\frac{1}{3}x^3-x^2+3x-\int\left[\frac{4}{x+1}+\frac{2}{(x+1)^2}\right]\mathrm{d}x$$

$$= \frac{1}{3}x^3 - x^2 + 3x - 4\ln|x + 1| + \frac{2}{x + 1} + C.$$

（2）对真分式的分母作标准分解——**比较系数法**和**赋值法**结合使用.由于

$$I = \int \frac{6x^2 - 11x + 4}{x(x - 1)^2}dx.$$

设

$$\frac{6x^2 - 11x + 4}{x(x-1)^2} = \frac{A}{x} + \frac{B}{x-1} + \frac{C}{(x-1)^2},$$

通分后成为

$$6x^2 - 11x + 4 = A(x-1)^2 + Bx(x-1) + Cx,$$

代入 $x = 0, x = 1$，解得 $A = 4, C = -1$，最后比较二次项系数后得 $B = 2$.因此

$$I = \int \left(\frac{4}{x} + \frac{2}{x - 1} + \frac{-1}{(x - 1)^2} \right)dx = \ln\left[x^4(x - 1)^2 \right] + \frac{1}{x - 1} + C.$$

（3）设

$$\frac{2x}{(1+x)(1+x^2)^2} = \frac{A}{1+x} + \frac{Bx+C}{1+x^2} + \frac{Dx+E}{(1+x^2)^2},$$

通分后得到

$$2x = A(1+x^2)^2 + (Bx+C)(1+x^2)(1+x) + (Dx+E)(1+x).$$

用赋值法和比较系数法计算系数后,得到

$$A = -\frac{1}{2}, \quad D = E = 1, \quad C = -\frac{1}{2}, \quad B = \frac{1}{2}.$$

从而

$$I = \int \left(-\frac{1}{2} \cdot \frac{1}{x + 1} + \frac{1}{2} \cdot \frac{x - 1}{x^2 + 1} + \frac{x + 1}{(x^2 + 1)^2} \right)dx$$

$$= \frac{1}{4}\ln(1 + x^2) - \frac{1}{2}\ln|x + 1| + \frac{1}{2} \cdot \frac{x - 1}{x^2 + 1} + C,$$

其中

$$\int \frac{dx}{(1 + x^2)^2} = \int \frac{1 + x^2 - x^2}{(1 + x^2)^2}dx$$

$$= \arctan x - \int x \cdot \frac{x\,dx}{(1 + x^2)^2}$$

$$= \frac{1}{2}\arctan x + \frac{1}{2} \cdot \frac{x}{x^2 + 1} + C.$$

例 4.3.3   计算 $I = \int \frac{dx}{(1+x)\sqrt{2+x-x^2}}$.

解法一（转化到简单根式） $I = \int \dfrac{\mathrm{d}x}{(1+x)^2 \sqrt{\dfrac{2-x}{1+x}}}.$

令 $t = \sqrt{\dfrac{2-x}{1+x}}$，得 $t = \sqrt{\dfrac{2-x}{1+x}}$，$x = \dfrac{2-t^2}{1+t^2}$，$1+x = \dfrac{3}{1+t^2}$，从而 $\mathrm{d}x = \dfrac{-6t\mathrm{d}t}{(1+t^2)^2}.$

阅读材料 4.1

简单根式函数
的特殊换元法、
欧拉代换法

于是

$$I = -\frac{2}{3}\int \mathrm{d}t = -\frac{2}{3}\sqrt{\frac{2-x}{1+x}} + C.$$

解法二（倒代换） 令 $t = \dfrac{1}{x+1}$，则 $x = \dfrac{1}{t} - 1$，$\mathrm{d}x = -\dfrac{1}{t^2}\mathrm{d}t$，于是

$$I = \int t \cdot \frac{t}{\sqrt{3t-1}} \cdot \left(-\frac{1}{t^2}\right)\mathrm{d}t = -\int \frac{\mathrm{d}t}{\sqrt{3t-1}} = -\frac{2}{3}\sqrt{3t-1} + C = -\frac{2}{3}\sqrt{\frac{2-x}{x+1}} + C.$$

我们已经证明：三角有理函数 $R(\sin x, \cos x)$ 总是积得出的，从而形如 $R(x, \sqrt{ax^2+bx+c})$ 的二次根式有理式也是积得出的，因为三角代换可以使其转化为三角有理函数.从例 4.3.3 的解法一的过程可以看到，形如 $R(x, \sqrt[n]{ax+b})$ 和 $R\left(x, \sqrt[n]{\dfrac{ax+b}{cx+d}}\right)$ 的简单根式的有理式也是积得出的.这类型的函数还可以因其结构特点获得更多的积分方法.

练习 4.3.1

1. 计算不定积分 $\displaystyle\int \frac{\sin^3 x}{\cos^2 x}\mathrm{d}x.$

2. 计算不定积分：

(1) $\displaystyle\int \frac{x^3\mathrm{d}x}{x+1};$ 　　　　　(2) $\displaystyle\int \frac{7\mathrm{d}x}{x^2+3x-10}.$

4.3.2　关于积分方法的注记

不定积分的方法在很大程度上取决于学习方法的两个层次.

1. 记住常用公式，熟悉常见结论，掌握常规方法

在 §4.1 中列出了基本积分公式(1)—(8).我们回顾通过换元法和分部积分法获得的常用的不定积分计算公式：

(9) $\displaystyle\int \tan x\mathrm{d}x = -\ln|\cos x| + C,$

$\displaystyle\int \cot x\mathrm{d}x = \ln|\sin x| + C;$

（10）$\displaystyle\int \sec x\mathrm{d}x = \ln|\sec x + \tan x| + C,$

$\displaystyle\int \csc x\mathrm{d}x = \ln|\csc x - \cot x| + C;$

（11）$\displaystyle\int \frac{\mathrm{d}x}{a^2 + x^2} = \frac{1}{a}\arctan \frac{x}{a} + C,$

$\displaystyle\int \frac{\mathrm{d}x}{\sqrt{a^2 - x^2}} = \arcsin \frac{x}{a} + C\,(a > 0);$

（12）$\displaystyle\int \frac{\mathrm{d}x}{\sqrt{a^2 + x^2}} = \ln(x + \sqrt{x^2 + a^2}) + C,$

$\displaystyle\int \frac{\mathrm{d}x}{\sqrt{x^2 - a^2}} = \ln|x + \sqrt{x^2 - a^2}| + C;$

（13）$\displaystyle\int \frac{\mathrm{d}x}{x^2 - a^2} = \frac{1}{2a}\ln\left|\frac{x - a}{x + a}\right| + C;$

（14）$\displaystyle\int \frac{x\mathrm{d}x}{\sqrt{a^2 \pm x^2}} = \pm \sqrt{a^2 \pm x^2} + C,$

$\displaystyle\int \frac{x\mathrm{d}x}{a^2 + x^2} = \frac{1}{2}\ln(a^2 + x^2) + C;$

（15）$\displaystyle\int \ln x\mathrm{d}x = x\ln x - x + C.$

上述常用公式的确是需要熟记的,而另有一些常见但使用频率不太高或式子较大的积分,则无需熟记,但需要"面熟"且熟悉它们的推导,例如

（1）$\displaystyle\int x\sqrt{1-x^2}\,\mathrm{d}x = -\frac{1}{3}(1-x^2)^{\frac{3}{2}} + C;$

（2）$\displaystyle\int x\mathrm{e}^x\mathrm{d}x = (x-1)\mathrm{e}^x + C,\ \int x\mathrm{e}^{-x}\mathrm{d}x = -(x+1)\mathrm{e}^{-x} + C;$

（3）$\displaystyle\int \arcsin x\mathrm{d}x = x\arcsin x + \sqrt{1-x^2} + C,\ \int \arctan x\mathrm{d}x = x\arctan x - \frac{1}{2}\ln(1+x^2) + C;$

（4）$\displaystyle\int \frac{\mathrm{d}x}{1+\cos x} = \frac{1}{2}\int \sec^2 \frac{x}{2}\mathrm{d}x = \tan \frac{x}{2} + C,\ \int \frac{x\mathrm{d}x}{1+\cos x} = x\tan \frac{x}{2} + 2\ln\left|\cos \frac{x}{2}\right| + C;$

（5）$\displaystyle\int \sqrt{a^2-x^2}\,\mathrm{d}x = \frac{a^2}{2}\arcsin \frac{x}{a} + \frac{x}{2}\sqrt{a^2-x^2} + C.$

我们还接触到一些小技巧(例如裂项法,降次法,三角代换法,倒代换法,循环法,等待消去法,等等),但最重要的是掌握常规方法.例如,下面的运算过程就属于常规:

$$\int \frac{1}{\sqrt{4-x^2}\,\arcsin\frac{x}{2}}\,dx = \int \frac{1}{\sqrt{1-\left(\frac{x}{2}\right)^2}\,\arcsin\frac{x}{2}}\,d\left(\frac{x}{2}\right) = \int \frac{1}{\arcsin\frac{x}{2}}\,d\arcsin\frac{x}{2} =$$

$$\ln\left|\arcsin\frac{x}{2}\right|+C.$$

2. 善于举一反三,更会举三反一

举一反三主要表现在对问题的三思,包括一题多解;举三反一是指用联系的思维、配对的方法、类比的逻辑等途径进行积分方法的实践.下面以例题说明.

例 4.3.4 计算 $I = \int \dfrac{x\,dx}{\sqrt{x^2+x+1}}$.

解 由于

$$\int \frac{dx}{\sqrt{x^2+x+1}} = \int \frac{d\left(x+\frac{1}{2}\right)}{\sqrt{\left(x+\frac{1}{2}\right)^2+\frac{3}{4}}},$$

故

$$I = \int \frac{(2x+1)\,dx}{2\sqrt{x^2+x+1}} - \frac{1}{2}\int \frac{dx}{\sqrt{x^2+x+1}}$$

$$= \sqrt{x^2+x+1} - \frac{1}{2}\ln\left[\left(x+\frac{1}{2}\right) + \sqrt{x^2+x+1}\right] + C.$$

注 按照常规的办法,由 $\sqrt{\left(x+\frac{1}{2}\right)^2+\left(\frac{\sqrt{3}}{2}\right)^2}$ 自然会想到令 $x+\frac{1}{2}=\frac{\sqrt{3}}{2}\tan t$,设法消除根式,这就看起来很有难度,因为分子上还要处理 x,如果分子上的 x 换成 1 就好办了.那么如何请出另一个积分 $I_1=\int\dfrac{dx}{\sqrt{x^2+x+1}}$ 来帮忙呢? 这是例 4.3.3 的重点.

例 4.3.5 计算 $I = \int \dfrac{dx}{1+\sin x}$.

解法一(齐次化) $I = \int \dfrac{1}{\left(\sin\frac{x}{2}+\cos\frac{x}{2}\right)^2}dx = \int \dfrac{1}{\cos^2\frac{x}{2}\left(\tan\frac{x}{2}+1\right)^2}dx$

$$= \int \frac{2\,d\tan\frac{x}{2}}{\left(\tan\frac{x}{2}+1\right)^2} = -\frac{2}{\tan\frac{x}{2}+1}+C.$$

解法二(余弦化) 将 $1+\sin x$ 化为 $2\cos^2\left(\dfrac{x}{2}-\dfrac{\pi}{4}\right)$,计算更简洁.

$$I = \int \frac{dx}{1+\cos\left(x-\frac{\pi}{2}\right)} = \int \frac{2\,d\left(\frac{x}{2}-\frac{\pi}{4}\right)}{2\cos^2\left(\frac{x}{2}-\frac{\pi}{4}\right)}$$

$$= \tan\left(\frac{x}{2} - \frac{\pi}{4}\right) + C.$$

解法三（同乘法）

$$I = \int \frac{1 - \sin x}{1 - \sin^2 x} dx$$

$$= \int (\sec^2 x - \sec x \tan x) dx$$

$$= \tan x - \sec x + C.$$

思考题 4.3.1   如何利用例 4.3.5 中 $\int \dfrac{dx}{1 + \sin x}$ 的结果计算 $\int \dfrac{x dx}{1 + \sin x}$？一般地，如何从 $\int f(x) dx$ 的计算结果来计算 $\int x f(x) dx$？

解法四（万能代换）　令 $t = \tan\dfrac{x}{2}$，则

$$\sin x = \frac{2t}{1 + t^2}, \, dx = \frac{2}{1 + t^2} dt,$$

$$I = \int \frac{1}{1 + \dfrac{2t}{1 + t^2}} \cdot \frac{2}{1 + t^2} dt = \int \frac{2}{(1 + t)^2} dt$$

$$= -\frac{2}{1 + t} + C = -\frac{2}{1 + \tan\dfrac{x}{2}} + C.$$

例 4.3.6　计算 $I = \int \dfrac{dx}{x^4 + 1}$.

解　例 4.2.11（2）已经求出

$$\int \frac{x^2 - 1}{x^4 + 1} dx = \frac{1}{2\sqrt{2}} \ln\left(\frac{x^2 - \sqrt{2}x + 1}{x^2 + \sqrt{2}x + 1}\right) + C.$$

用相同的方法得到

$$\int \frac{x^2 + 1}{x^4 + 1} dx = \int \frac{\left(1 + \dfrac{1}{x^2}\right) dx}{x^2 + \dfrac{1}{x^2}} = \int \frac{d\left(x - \dfrac{1}{x}\right)}{\left(x - \dfrac{1}{x}\right)^2 + 2}$$

注   例 4.3.6 中用到的方法称为"对偶法".

$$= \frac{1}{\sqrt{2}} \arctan \frac{x - \dfrac{1}{x}}{\sqrt{2}} + C = \frac{1}{\sqrt{2}} \arcsin \frac{x^2 - 1}{\sqrt{x^4 + 1}} + C,$$

两式相减，再除以 2 即得到

$$\int \frac{1}{x^4 + 1} dx = \frac{1}{2}\left(\int \frac{x^2 + 1}{x^4 + 1} dx - \int \frac{x^2 - 1}{x^4 + 1} dx\right)$$

$$= \frac{1}{4\sqrt{2}}\left[2\arcsin \frac{x^2 - 1}{\sqrt{x^4 + 1}} - \ln\left(\frac{x^2 - \sqrt{2}x + 1}{x^2 + \sqrt{2}x + 1}\right)\right] + C.$$

练习 4.3.2

1. 试用多种方法计算 $\int \dfrac{1}{x(1+x^2)}\,\mathrm{d}x$.

2. 计算下列积分.你能发现什么规律?

(1) $\int \tan x\,\mathrm{d}x$;　　　(2) $\int \tan^2 x\,\mathrm{d}x$;　　　(3) $\int \tan^3 x\,\mathrm{d}x$;　　　(4) $\int \tan^4 x\,\mathrm{d}x$.

习题 4.3

1. 计算不定积分:

(1) $\int \dfrac{\cos^3 x\,\mathrm{d}x}{\sin x}$;　　　(2) $\int \dfrac{\mathrm{d}x}{1+\sin 2x}$;　　　(3) $\int \dfrac{1}{1+2\cos x}\,\mathrm{d}x$.

2. 计算不定积分:

(1) $\int \cot^5 x\,\mathrm{d}x$;　　　(2) $\int \dfrac{\mathrm{d}x}{\sin^2 x(1+\sin x)}$;　　　(3) $\int \sin^5 x\cdot\sqrt[3]{\cos x}\,\mathrm{d}x$.

3. 计算不定积分:

(1) $\int \dfrac{x^3\,\mathrm{d}x}{x+2}$;　　　(2) $\int \dfrac{x+1}{x^2-2x+5}\,\mathrm{d}x$;　　　(3) $\int \dfrac{\mathrm{d}x}{x^4-1}$.

* *

4. 计算不定积分:

(1) $\int \dfrac{2}{(x-1)(1+x^2)}\,\mathrm{d}x$;　　　(2) $\int \dfrac{\mathrm{d}x}{(x+1)(1+x^2)}$;　　　(3) $\int \dfrac{1}{x(x+1)^2}\,\mathrm{d}x$.

5. 试用多种方法计算不定积分

(1) $\int \dfrac{1}{x(1+x^4)}\,\mathrm{d}x$;　　　(2) $\int \dfrac{\mathrm{d}x}{\sqrt{x(4-x)}}$.

6. 计算不定积分:

(1) $\int \dfrac{\mathrm{d}x}{1-\sin x}$;　　　(2) $\int \dfrac{x\,\mathrm{d}x}{1-\sin x}$.

7. 计算不定积分:

(1) $\int \dfrac{1}{x}\sqrt{\dfrac{1+x}{x}}\,\mathrm{d}x$;　　　(2) $\int \dfrac{1}{(1+x^2)\sqrt{1-x^2}}\,\mathrm{d}x$.

8. 写出 $I_n=\int \arcsin^n x\,\mathrm{d}x$ 对正整数 n 的递推公式:

9. 计算不定积分 $\int \dfrac{\sin x+3\cos x+3e^x}{\sin x+\cos x+e^x}\,\mathrm{d}x$.

10. 计算不定积分 $\int \dfrac{\mathrm{d}x}{1+\tan x}$.

11. 图 4.3.1 是函数 $f(x)=\sin^5 x \cos^2 x$ 和它的一条积分曲线 $y=F(x)$ 的图像,请按照图中信息写出 $F(x)$.

* *

12. 计算不定积分 $\int x\mathrm{e}^x \cos x\mathrm{d}x$.

13. 计算不定积分 $\int \dfrac{x^2-1}{x^4+x^3+x^2+x+1}\mathrm{d}x$.

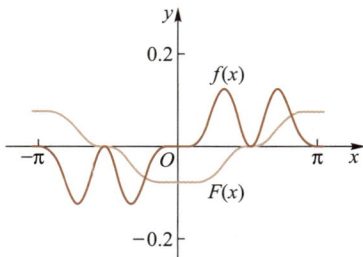

图 4.3.1

14. 在化学反应中,一个单位的化合物 Y 和一个单位的化合物 Z 被转化为一个单位的化合物 X. 设 x 是化合物 X 的形成量. X 的生成速率与未转化化合物 Y 和 Z 的量的乘积成正比. 因此, $\dfrac{\mathrm{d}x}{\mathrm{d}t}=k(y_0-x)(z_0-x)$, 其中 y_0 和 z_0 是化合物 Y 和 Z 的初始量. 从这个方程中,我们得到

$$\int \frac{1}{(y_0-x)(z_0-x)}\mathrm{d}x = \int k\mathrm{d}t.$$

(1)求将 x 作为 t 的函数的表示式;

(2)分别对 $y_0<z_0, y_0>z_0$ 和 $y_0=z_0$ 的情形讨论 $t\to+\infty$ 时 x 的趋势.

15. 如图 4.3.2 所示,一个人从 O 点出发沿着码头走,手中用一根长为 L 的缆绳牵着一条小船,小船所经过的路径形成一条曲线,称为曳线,它的特点就是"绳子总与曳线相切".求曳线的方程.

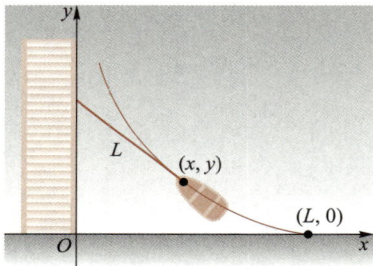

图 4.3.2

*16. 已知 $f(x)$ 在 $\left(\dfrac{1}{4}, \dfrac{1}{2}\right)$ 内满足 $f'(x)=\dfrac{1}{\sin^3 x+\cos^3 x}$, 求 $f(x)$.

§4.4   本章回顾

不定积分与导数的逆关系,即 $\left(\int f(x)\mathrm{d}x\right)'=f(x)$ 和 $\int f'(x)\mathrm{d}x=f(x)+C$ 是微积分中一对基本运算关系. 无论是换元法还是分部积分法都要"凑"到被积分函数某一部分的一个原函数,区别在于前者是要凑出复合函数的内层函数的导数,而后者是凑出一个乘积因子作为原函数的导数,两者都是在做一个"微整形"的不定积分.

例 4.4.1   计算不定积分:

阅读材料 4.2

第 4 章知识要点与解题策略

$$(1) \int \frac{\sqrt{\ln(x+\sqrt{1+x^2})+5}}{\sqrt{1+x^2}}dx; \qquad (2) \int \frac{x^5 dx}{(x^3-2)^2};$$

$$(3) \int (1+\sqrt{x})^5 dx.$$

解 应该看得出,本题中的积分只需使用换元法.

(1)
$$\int \frac{\sqrt{\ln(x+\sqrt{1+x^2})+5}}{\sqrt{1+x^2}}dx$$

$$= \int \sqrt{\ln(x+\sqrt{1+x^2})+5}\, d[\ln(x+\sqrt{1+x^2})+5]$$

$$= \frac{2}{3}[\ln(x+\sqrt{1+x^2})+5]^{\frac{3}{2}}+C;$$

(2) 令
$$t = x^3 - 2,$$
则
$$\int \frac{x^5 dx}{(x^3-2)^2} = \int \frac{x^3(x^3-2)'}{3(x^3-2)^2}dx$$

$$= \int \frac{t+2}{3t^2}dt$$

$$= \frac{1}{3}\left(\ln|x^3-2| - \frac{2}{x^3-2}\right) + C;$$

(3) 令
$$t = 1 + \sqrt{x},$$
则
$$\int (1+\sqrt{x})^5 dx = \int t^5 \cdot 2(t-1) dt$$

$$= \frac{2}{7}t^7 - \frac{1}{3}t^6 + C$$

$$= \frac{2}{7}(1+\sqrt{x})^7 - \frac{1}{3}(1+\sqrt{x})^6 + C.$$

例 4.4.2 计算 $I = \int \frac{e^x(1+\sin x)}{1+\cos x}dx$.

解 使用分部积分法.

思考题 4.4.1 形如 $\int \frac{g(x)}{f^2(x)}dx$ 的不定积分有没有一个统一的解法?

注 凑微分法的关键在于找到一个外层函数 $f(u)$ 和一个内层函数 $\varphi(x)$,使被积函数凑成 $f(\varphi(x)) \cdot \varphi'(x)$ 的模式.用第二类换元法实际上有四个步骤:先找到一个适当的函数 $t = \varphi(x)$,再求反函数 $x = \psi(t)$,求微分 $dx = \psi'(t)dt$,进而求出积分 $\int f(\psi(t))\psi'(t)dt$ 后代回 $t = \varphi(x)$.

$$I = \int \dfrac{e^x \left(1 + 2\sin \dfrac{x}{2}\cos \dfrac{x}{2} \right)}{2\cos^2 \dfrac{x}{2}}\, dx$$

注   分部积分法要求会拆项,用小型积分去求部分原函数.

$$= \int \left(\dfrac{e^x}{2\cos^2 \dfrac{x}{2}} + e^x \tan \dfrac{x}{2} \right) dx = \int \left(e^x\, d\tan \dfrac{x}{2} + \tan \dfrac{x}{2}\, de^x \right)$$

$$= \int d\left(e^x \tan \dfrac{x}{2} \right) = e^x \tan \dfrac{x}{2} + C.$$

例 4.4.3   计算 $I = \int x\arctan x \ln(1 + x^2)\, dx$.

解 I 为含有三个乘积项的不定积分. 因为

$$\int x\ln(1 + x^2)\, dx$$

注   求多项乘积的积分时,可以把这些乘积项组合为两块,重点分析如何组合使得其中一块积分容易,并且另一块求导后积分简单.

$$= \dfrac{1}{2}\int \ln(1 + x^2)\, d(1 + x^2)$$

$$= \dfrac{1}{2}(1 + x^2)\ln(1 + x^2) - \dfrac{1}{2}(1 + x^2) + C,$$

故

$$\int x\arctan x \ln(1 + x^2)\, dx = \int \arctan x\, d\left[\dfrac{1}{2}(1 + x^2)\ln(1 + x^2) - \dfrac{1}{2}(1 + x^2) \right]$$

$$= \dfrac{1}{2}\left[(1 + x^2)\ln(1 + x^2) - (1 + x^2) \right]\arctan x -$$

$$\dfrac{1}{2}\int \left[\ln(1 + x^2) - 1 \right] dx$$

$$= \dfrac{1}{2}\left[(1 + x^2)\ln(1 + x^2) - (1 + x^2) \right]\arctan x -$$

$$\dfrac{1}{2}\left[x\ln(1 + x^2) + 2\arctan x - 3x \right] + C$$

$$= \dfrac{1}{2}\left[(1 + x^2)\ln(1 + x^2) - x^2 - 3 \right]\arctan x -$$

$$\dfrac{1}{2}x\ln(1 + x^2) + \dfrac{3x}{2} + C.$$

例 4.4.4   设 $F'(x) = f(x)$, $x \geqslant 0$ 时有 $f(x)F(x) = \sin^2 x$, 且 $F(x) \geqslant 0$, $F(0) = 1$, 求 $f(x)$.

解   对等式 $f(x)F(x) = \sin^2 x$ 两边积分得

$$\int f(x)F(x)\,\mathrm{d}x = \int \sin^2 x\,\mathrm{d}x = \frac{1}{2}\left(x - \frac{1}{2}\sin 2x\right) + C,$$

即

$$\frac{1}{2}F^2(x) = \frac{1}{2}\left(x - \frac{1}{2}\sin 2x\right) + C.$$

因 $F(0)=1$，故

$$F^2(x) = 1 + x - \frac{1}{2}\sin 2x,$$

又因为 $F(x)\geqslant 0$，故

$$F(x) = \sqrt{1 + x - \frac{1}{2}\sin 2x},$$

$$f(x) = F'(x) = \frac{1 - \cos 2x}{2\sqrt{1 + x - \frac{1}{2}\sin 2x}}.$$

注 这是一个积分曲线问题，关键是通过抽象积分式

$$\int F'(x)F(x)\,\mathrm{d}x = \frac{1}{2}F^2(x) + C$$

解决问题.

例 4.4.5 计算下列不定积分：

(1) $\int\left(\dfrac{\ln(x+1)}{x} + \dfrac{\ln x}{x+1}\right)\mathrm{d}x$；

(2) $\int\dfrac{\sin 2x\,e^{-\sin x}}{(1-\sin x)^2}\mathrm{d}x$；

(3) $\int\left[\dfrac{f(x)}{f'(x)} - \dfrac{f^2(x)f''(x)}{(f'(x))^3}\right]\mathrm{d}x$，其中 $f''(x)$ 连续，$f'(x)\neq 0$.

注 要熟悉一些常见的（例如定理 4.1.1 下方的）"积不出"的积分，一旦出现，就应考虑应用"等待消去法".另外，读者还应学会研究积分的特征和变形，例如，题 (1) 适用于一切形如 $\int\left(\dfrac{\ln(x+b)}{x+a} + \dfrac{\ln(x+a)}{x+b}\right)\mathrm{d}x$ 的积分；而题 (2) 中的 $\int\dfrac{e^{-u}}{u}\mathrm{d}u + \int\dfrac{e^{-u}}{u^2}\mathrm{d}u$ 可以转化为 $\int\left(\dfrac{1}{t} - \dfrac{1}{t^2}\right)e^t\mathrm{d}t$ 或 $\int\dfrac{\ln x - 1}{\ln^2 x}\mathrm{d}x$，只需令 $u=-t$ 和 $t=\ln x$.

解 (1) $\int\left(\dfrac{\ln(x+1)}{x} + \dfrac{\ln x}{x+1}\right)\mathrm{d}x$

$$= \int \ln(x+1)\,\mathrm{d}(\ln x) + \int\frac{\ln x}{x+1}\mathrm{d}x$$

$$= \left[\ln(x+1)\ln x - \int\frac{\ln x}{x+1}\mathrm{d}x\right] + \int\frac{\ln x}{x+1}\mathrm{d}x$$

$$= \ln(x+1)\ln x + C；$$

(2) 令 $\sin x - 1 = u$，则 $\cos x\,\mathrm{d}x = \mathrm{d}u$，$\sin x = 1 + u$，于是

$$\int\frac{\sin 2x\,e^{-\sin x}}{(1-\sin x)^2}\mathrm{d}x = \int\frac{2\sin x\,e^{-\sin x}}{(1-\sin x)^2}\cos x\,\mathrm{d}x$$

$$= 2\int\frac{(1+u)e^{-u-1}}{u^2}\mathrm{d}u = \frac{2}{e}\left(\int\frac{e^{-u}}{u}\mathrm{d}u + \int\frac{e^{-u}}{u^2}\mathrm{d}u\right)$$

$$= \frac{2}{e}\left[\int \frac{e^{-u}}{u}du + \left(-\frac{e^{-u}}{u} - \int \frac{e^{-u}}{u}du\right)\right]$$

$$= -2\frac{e^{-u-1}}{u} + C = \frac{2e^{-\sin x}}{1-\sin x} + C;$$

（3）对被积函数的第二项分部积分，有

$$\int \frac{f^2(x)f''(x)}{[f'(x)]^3}dx = \int \frac{f^2(x)}{[f'(x)]^3}d(f'(x)) = -\frac{1}{2}\int f^2(x)\,d\left[\frac{1}{(f'(x))^2}\right]$$

$$= -\frac{1}{2}\frac{f^2(x)}{[f'(x)]^2} + \int \frac{1}{2[f'(x)]^2}d[f^2(x)]$$

$$= -\frac{1}{2}\frac{f^2(x)}{[f'(x)]^2} + \int \frac{f(x)}{f'(x)}dx,$$

于是

$$\int \left[\frac{f(x)}{f'(x)} - \frac{f^2(x)f''(x)}{(f'(x))^3}\right]dx = \int \frac{f(x)}{f'(x)}dx + \frac{f^2(x)}{2[f'(x)]^2} - \int \frac{f(x)}{f'(x)}dx$$

$$= \frac{1}{2}\frac{f^2(x)}{[f'(x)]^2} + C.$$

　　能够用换元法和分部积分法这两种基本方法解决的不定积分问题是十分有限的，"积不出"的缺憾后续可以用几种办法来"弥补"，例如放弃用初等函数表示不定积分的想法，改用幂级数来表示，或者用上限函数的定积分来"绕过"不定积分.

　　因此，虽然一些特殊技巧有着很强的吸引力，但刻意追求特殊技巧是得不偿失的.

第 4 章复习题、研究课题和竞赛题

复习题

1. 图 1 中三条曲线中哪条是原函数问题 $\begin{cases} \dfrac{dy}{dx} = -x, \\ y(-1) = 1 \end{cases}$ 的积分曲线？（　　）.

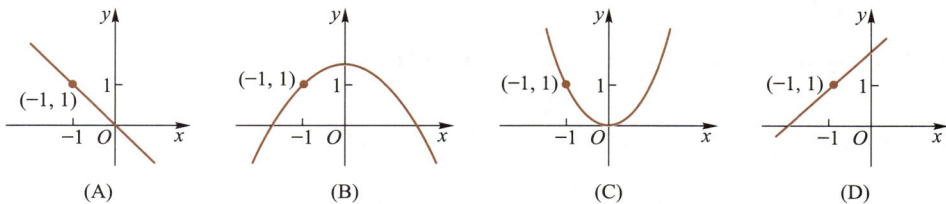

（A）　　　　　（B）　　　　　（C）　　　　　（D）

图 1

2. 若 $f(x)$ 为连续函数,且 $\int f(x)\mathrm{d}x = F(x)+C$,则下列各式中正确的是(　　　).

(A) $\int f(ax+b)\mathrm{d}x = F(ax+b)+C$ 　　(B) $\int f(x^2)x\mathrm{d}x = F(x^2)+C$

(C) $\int \dfrac{f(\ln ax)}{x}\mathrm{d}x = F(\ln ax)+C$ 　$(a>0)$ 　(D) $\int f(\mathrm{e}^{-x})\mathrm{e}^{-x}\mathrm{d}x = F(\mathrm{e}^{-x})+C$

3. 函数下列等式中,正确的结果是(　　　).

(A) $\int f'(x)\mathrm{d}x = f(x)$ 　　　　　　(B) $\int \mathrm{d}f(x) = f(x)$

(C) $\dfrac{\mathrm{d}}{\mathrm{d}x}\int f(x)\mathrm{d}x = f(x)$ 　　　　(D) $\mathrm{d}\int f(x)\mathrm{d}x = f(x)$

4. (多选题)下列四个函数中是 $\dfrac{1}{\sqrt{x-x^2}}$ 的原函数的是(　　　).

(A) $\arcsin(2x-1)$ 　　　　　(B) $\arccos(1-2x)$

(C) $2\arctan\sqrt{\dfrac{x}{1-x}}$ 　　　　(D) $2\mathrm{arccot}\sqrt{\dfrac{1-x}{x}}$

5. 图 2 显示了 $f(x)$,$f'(x)$ 和 $f(x)$ 的一个原函数 $F(x)$ 的图形. 识别每个可能的图形,写出最有可能的顺序＿＿＿＿＿＿.

6. 设 a 是非零常数,$\int \dfrac{(a-\sin\ln x)^n}{x}\cos\ln x\,\mathrm{d}x = $ ＿＿＿＿＿＿ .

7. 积分 $\int \dfrac{1}{1-x^2}\ln\dfrac{1+x}{1-x}\mathrm{d}x = $ ＿＿＿＿＿＿＿.

8. 积分 $\int \dfrac{\arcsin x}{x^2}\mathrm{d}x = $ ＿＿＿＿＿＿＿＿＿.

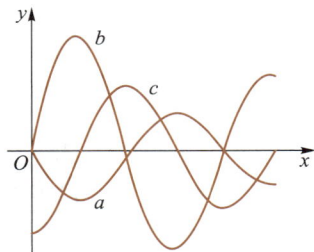

图 2

9. 求不定积分

(1) $\int \dfrac{\mathrm{arccot}\sqrt{x}}{\sqrt{1+x}}\mathrm{d}x$ 　　　　　(2) $\int \mathrm{e}^x\left(\dfrac{1-x}{1+x^2}\right)^2\mathrm{d}x$

10. 设 $f(\ln x) = \dfrac{\ln(1+x)}{x}$,求 $\int f(x)\mathrm{d}x$.

11. 已知 $f'(2+\cos x) = \sin^2 x + \tan^2 x$,求 $f(x)$.

12. 设 $y=y(x)$ 满足 $\int y\mathrm{d}x \cdot \int \dfrac{1}{y}\mathrm{d}x = -1$,且当 $x\to+\infty$ 时 $y\to 0$,$y(0)=1$,求 $y(x)$.

*13. 设 $y=f(x)$ 和 $x=\varphi(y)$ 互为反函数,且 $\varphi'(y)>0$,证明 $\int \sqrt{f'(x)}\,\mathrm{d}x = \int \sqrt{\varphi'(y)}\,\mathrm{d}y$.

研究课题

【灭蝇问题】(不定积分的运用)

　　一种不使用杀虫剂而减缓昆虫种群增长的方法是在种群中引入一些不育的雄性昆虫(图3),这些雄性昆虫与有生育能力的雌性昆虫交配,但不产生后代.设 P 表示一个种群中雌性昆虫的数量, S 表示每一代引入的不育雄性昆虫的数量. 令 r 为每个雌性昆虫的生产率, 前提是它们选择的伴侣不是不育的. 那么雌性种群数量与时间 t 的关系为

$$t = \int \frac{P+S}{P[(r-1)P-S]} \mathrm{d}P.$$

假设一个有 10 000 个雌性昆虫的昆虫种群以 $r=1.1$ 的速率增长, 最初引入 900 个不育雄性昆虫. 试通过积分得到一个关于雌性昆虫数量与时间的方程.

建模提示: 注意, 得到的方程不能显式地求解 P.

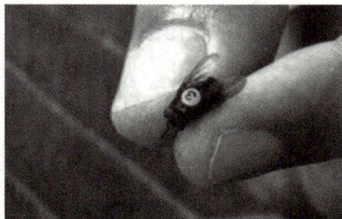

图 3

竞赛题

1. 求不定积分 $\int \dfrac{\mathrm{d}x}{\sin(x+a)\cos(x+b)}\left(a-b\neq k\pi+\dfrac{\pi}{2}\right)$.

2. 设 $y=y(x)$ 满足方程 $(x^2+y^2)^2=2a^2(x^2-y^2)\quad(a>0)$, 求不定积分 $\int \dfrac{\mathrm{d}x}{y(x^2+y^2+a^2)}$.

3. 设 $f(x)$ 在 $[0,+\infty)$ 上连续, 在 $(0,+\infty)$ 内可导, $g(x)$ 在 $(-\infty,+\infty)$ 上有定义且可导, $g(0)=1$, 又当 $x>0$ 时 $f(x)+g(x)=3x+2$, $f'(x)-g'(x)=1$, $f'(2x)-g'(-2x)=-12x^2+1$. 求 $f(x)$ 与 $g(x)$ 的表达式.

第 4 章自测题(一)　　第 4 章自测题(二)

第 4 章各类习题解答提示

第 5 章　定积分及其应用

> 定积分及其应用是"积分学"部分的主要内容,也是牛顿和莱布尼茨微积分思想的精华.在本章中我们将会看到,与不定积分一样,定积分也是导数与微分的逆运算过程的一个侧面,这个逆运算的表现形式就是"原函数存在定理".

§5.1　定积分的概念与性质

5.1.1　定积分的概念

一、问题的背景

问题 1(求曲边梯形的面积)　设函数 $f(x)$ 在 $[a,b]$ 上连续,且 $f(x) \geq 0$,由曲线 $y = f(x)$,直线 $x = a$, $x = b$ 和 x 轴所围成的平面图形称为 f 在 $[a,b]$ 上的**曲边梯形**.试问,如何求此曲边梯形的面积?

解决方法:依如下步骤用近似逼近的办法来处理:

(1) 分划.在 $[a,b]$ 上任取 $n-1$ 个分点:

$$a = x_0 < x_1 < x_2 < \cdots < x_i < \cdots < x_{n-1} < x_n = b,$$

把 $[a,b]$ 分划为 n 个小区间 $[x_{i-1}, x_i]$, $i = 1$, $2, \cdots, n$(记为一个分划 T).

过各分点作平行于 y 轴的直线,则曲边梯形被分成 n 个小曲边梯形(图 5.1.1).

(2) 近似.在每一小区间 $[x_{i-1}, x_i]$ 上任取一点 ξ_i,近似地将对应的小曲边梯形面积 A_i 用以 $f(\xi_i)$ 为高、$[x_{i-1}, x_i]$ 为底的小矩

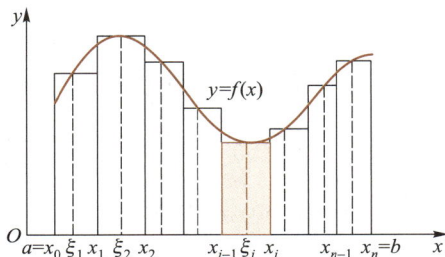

图 5.1.1

形面积替代,记 $\Delta x_i = x_i - x_{i-1}$,从而有

$$A_i \approx f(\xi_i) \Delta x_i.$$

（3）求和.将所有小曲边梯形面积的近似值相加,得曲边梯形面积 A 的近似值:

$$A \approx \sum_{i=1}^{n} f(\xi_i) \Delta x_i.$$

（4）取极限.当分划 T 无限变"细",即最长小区间的长度 $\lambda = \max_{1 \leqslant i \leqslant n} \Delta x_i \to 0$ 时,则可以认为

$$A = \lim_{\lambda \to 0} \sum_{i=1}^{n} f(\xi_i) \Delta x_i. \tag{5.1.1}$$

问题 2（求变力所做的功）　设力 $F = F(x)$ 为位置区间段 $[a,b]$ 上 x 的连续函数,其方向平行于 x 轴,又设质点 m 在力 F 的作用下沿 x 轴由 a 点移动至 b 点,求 F 对质点所做的功.

解决方法:将 $[a,b]$ 区间分成很细的 n 个小区间 $[x_{i-1}, x_i]$,记 $\Delta x_i = x_i - x_{i-1}$,$i = 1$,$2, \cdots, n$.每一小区间上力的变化不大,可近似看成是常值,故任取一点 $\xi_i \in [x_{i-1}, x_i]$,在这一小区间上力 $F(x)$ 所做的功

$$W_i \approx F(\xi_i) \Delta x_i,$$

求和得 F 对质点所做的功 W 的近似值:

$$W \approx \sum_{i=1}^{n} F(\xi_i) \Delta x_i.$$

当分划无限加细时,如果这个和式趋于一个常数,那么可以认为这就是变力 F 在区间 $[a,b]$ 上对质点所做的功

$$W = \lim_{\lambda \to 0} \sum_{i=1}^{n} F(\xi_i) \Delta x_i. \tag{5.1.2}$$

问题 3（求质量分布不均匀的细棒的质量）　设放置于 x 轴上的一根细棒的线密度为 $\rho(x)$,$x \in [a,b]$,求该细棒的质量.

解决方法:将 $[a,b]$ 区间分成很细的 n 个小区间 $[x_{i-1}, x_i]$,记 $\Delta x_i = x_i - x_{i-1}$,$i = 1$,$2, \cdots, n$,并任取一点 $\xi_i \in [x_{i-1}, x_i]$.在每一小区间上,细棒质量分布看作基本均匀,故第 i 个小区间上的质量 m_i 近似值为

$$m_i \approx \rho(\xi_i) \Delta x_i,$$

求和得细棒总质量 m 的近似值:

$$m \approx \sum_{i=1}^{n} \rho(\xi_i) \Delta x_i.$$

当分划无限加细时,就可以认为这段细棒的质量为

$$m = \lim_{\lambda \to 0} \sum_{i=1}^{n} \rho(\xi_i) \Delta x_i. \tag{5.1.3}$$

上述三个问题虽然实际背景各不相同,但是最后都归结为通过"分划、近似、求和、取极限"的步骤,化为求形如 $\sum_{i=1}^{n} f(\xi_i)\Delta x_i$ 的和式的"极限"问题.在科学技术中还有许多问题可归结为这种求和式的极限的情况,这就是定积分概念产生的背景.如果抽象到一般,我们就得到定积分的定义.

二、定积分的定义

首先介绍一些与定积分相关的名词:

(1) 在闭区间 $[a,b]$ 内任取 $n-1$ 个点:

$$a = x_0 < x_1 < x_2 < \cdots < x_i < \cdots < x_{n-1} < x_n = b,$$

这一套取法称为对区间 $[a,b]$ 的一个**分划**(或**分割**),记为 T,$x_i(i=1,2,\cdots,n)$ 称为分点;

(2) $[a,b]$ 被分成 n 个小的闭区间,记作 $[x_{i-1},x_i]$,$i=1,2,\cdots,n$,其长度记作 Δx_i: $\Delta x_i = x_i - x_{i-1}$;

(3) 小区间的最大长度称为分划 T 的**模**,记作 λ,即 $\lambda = \max\limits_{1 \leqslant i \leqslant n} \Delta x_i$;

(4) 对于分划 T,在每个小区间内任取一点 $\xi_i \in \Delta_i$,$i=1,2,\cdots,n$,称为**介点**,介点的全体 $\{\xi_i\}_{i=1}^{n}$ 称为属于分划 T 的**介点集**;

黎曼(B. Riemann,1826—1866),著名德国数学家.

(5) 作和式 $\sum_{i=1}^{n} f(\xi_i)\Delta x_i$,称为**积分和**,或**黎曼和**.

定义 5.1.1 设 $f(x)$ 是 $[a,b]$ 上的一个有界函数,I 是一个定数.如果对任给 $\varepsilon>0$,存在 $\delta>0$,使对 $[a,b]$ 的任一分划 T,及任意属于 T 的介点集 $\{\xi_i\}_{i=1}^{n}$,只要模 $\lambda<\delta$,都满足

$$\left| \sum_{i=1}^{n} f(\xi_i)\Delta x_i - I \right| < \varepsilon, \tag{5.1.4}$$

则称 $f(x)$ 在区间 $[a,b]$ 上**可积**(或**黎曼可积**).称 I 为 $f(x)$ 在 $[a,b]$ 上的**定积分**(或**黎曼积分**),记为

$$I = \int_a^b f(x)\,\mathrm{d}x \left(\text{或} \int_a^b f\mathrm{d}x \right),$$

其中 $f(x)$ 称为**被积函数**,x 称为**积分变量**,$[a,b]$ 称为**积分区间**,a,b 分别称为积分的**下限**与**上限**.

上述定义简记为

$$\lim_{\lambda \to 0} \sum_{i=1}^{n} f(\xi_i)\Delta x_i = \int_a^b f(x)\,\mathrm{d}x.$$

为方便起见,我们还规定

$$\int_a^a f(x)\,\mathrm{d}x = 0, \quad \int_b^a f(x)\,\mathrm{d}x = -\int_a^b f(x)\,\mathrm{d}x.$$

利用定积分定义,立即可知,前面所述的曲边梯形面积、变力做功、细棒质量分别

可以表示为

$$A = \int_a^b f(x)\,\mathrm{d}x,\ W = \int_a^b F(x)\,\mathrm{d}x,\ m = \int_a^b \rho(x)\,\mathrm{d}x.$$

定积分是一个数值,它的值与积分变量使用什么字母表示无关,这一特点使得定积分的计算技巧丰富多彩.

我们将不加证明地直接引用以下命题:

命题 5.1.1（连续函数的可积性）　如果 $f(x)$ 在区间 $[a,b]$ 上是至多有有限个间断点的有界函数,则 $f(x)$ 在区间 $[a,b]$ 上可积.特别地,闭区间上的连续函数一定可积.

三、定积分的几何意义

由定积分的定义可知,如果 $f(x)$ 在区间 $[a,b]$ 上连续,且 $f(x) \geq 0$,则 $\int_a^b f(x)\,\mathrm{d}x$ 表示相应的曲边梯形的面积 A（图 5.1.2）.

如果 $f(x) \leq 0$,则 $-f(x) \geq 0$,此时曲边梯形的面积 A 为

$$\lim_{\lambda \to 0} \sum_{i=1}^n \left[-f(\xi_i) \right] \Delta x_i = -\lim_{\lambda \to 0} \sum_{i=1}^n f(\xi_i) \Delta x_i$$
$$= -\int_a^b f(x)\,\mathrm{d}x,$$

即

$$\int_a^b f(x)\,\mathrm{d}x = -A.$$

一般地,当 $f(x)$ 的符号不定时,定积分 $\int_a^b f(x)\,\mathrm{d}x$ 表示曲边梯形在 x 轴上方部分的图形面积减去 x 轴下方部分的图形面积,也称为面积的代数和.如图 5.1.3 所示,

$$\int_a^b f(x)\,\mathrm{d}x = -A_1 + A_2.$$

注　命题 5.1.1 的证明需要用到十分深奥的数学概念,即使直接证明"闭区间上的连续函数必定可积"也不容易.狄利克雷函数 $D(x)$ 在区间 $[0,1]$ 上是不可积的函数.因为对任何分划,如果介点集 $\{\xi_i\}_{i=1}^n$ 全部取到有理数,那么

$$\sum_{i=1}^n f(\xi_i) \Delta x_i = 1;$$

如果 $\{\xi_i\}_{i=1}^n$ 全部取到无理数,则

$$\sum_{i=1}^n f(\xi_i) \Delta x_i = 0,$$

所以 $\sum_{i=1}^n f(\xi_i) \Delta x_i$ 不可能在分划无限加细时趋于一个确定的数.

思考题 5.1.1　区间 $[a,b]$ 上任何可积的函数都是有界函数吗?

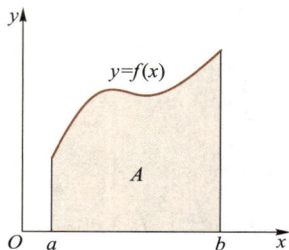

图 5.1.2

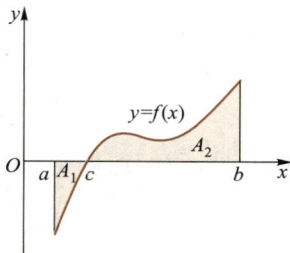

图 5.1.3

从定积分的几何意义可以看出

$$\int_0^1 \sqrt{1-x^2}\,\mathrm{d}x = \frac{\pi}{4}, \qquad \int_0^{2\pi} \sin x\,\mathrm{d}x = 0.$$

这两个积分,前者是单位圆面积的四分之一,后者是 $y=\sin x$ 在区间 $[0,2\pi]$ 上与 x 轴所围的上方图形与下方图形面积之差.

定积分的 "ε-δ" 说法(5.1.4)与函数极限 $\lim\limits_{x\to a} f(x)=A$ 的描述极为相似,因而人们常用极限符号来表达定积分:

$$I = \lim_{\lambda \to 0} \sum_{i=1}^n f(\xi_i)\,\Delta x_i = \int_a^b f(x)\,\mathrm{d}x, \tag{5.1.5}$$

即定积分是和式的极限.然而,当 λ 给定时,分划 T 就可以有无限多种,即使分划确定,介点集 $\{\xi_i\}_{i=1}^n$ 仍可任意选取,从而积分和又有无限多种,因此积分和的极限比函数的极限要复杂得多;积分和不是 λ 的函数,更不是分划的小区间数 n 的函数.但是,若已知定积分存在,则极限与分划的方式和分点的取法都无关,我们可以选取特殊的分划 $T(n)$ 将积分区间 n 等分,这时

$$\Delta x_i = x_i - x_{i-1} = \frac{b-a}{n} \quad (i=1,2,\cdots,n),$$

并选取特殊的介点(左端点)

$$x_i = a + \frac{i-1}{n}(b-a)$$

或(右端点)

$$x_i = a + \frac{i}{n}(b-a) \quad (i=1,2,\cdots,n),$$

则有

$$I = \lim_{n\to\infty} \sum_{i=1}^n f(x_i)\,\frac{b-a}{n} = \int_a^b f(x)\,\mathrm{d}x\,.$$

例 5.1.1 用定积分定义计算积分 $I = \int_0^1 x^2\,\mathrm{d}x$.

解 由于 $y=x^2$ 是区间 $[0,1]$ 上的连续函数,所以它在 $[0,1]$ 上一定可积.而且可积函数的积分和的极限与分划方式无关,也与分点的取法无关.按定积分的几何意义,定积分的值就是以曲线 $y=x^2$,直线 $x=1$ 和 x 轴所围的曲边三角形(将曲边三角形看作特殊的曲边梯形)的面积 A.如图 5.1.4 所示,将区间 $[0,1]$ 进行 n 等分,则每一小区间的长度均为 $\dfrac{1}{n}$,在每一小区间 $\left[\dfrac{i-1}{n},\dfrac{i}{n}\right](i=1,\cdots,n)$ 上取右端点 $\dfrac{i}{n}$ 作为 ξ_i,由于 $n\to\infty$ 时可使分划无限加细,所以

$$I = \lim_{n \to \infty} \sum_{i=1}^{n} \left(\frac{i}{n} \right)^2 \frac{1}{n}$$

$$= \lim_{n \to \infty} \frac{1}{n^3} \sum_{i=1}^{n} i^2$$

$$= \lim_{n \to \infty} \frac{1}{n^3} \frac{n(n+1)(2n+1)}{6}$$

$$= \frac{1}{3} .$$

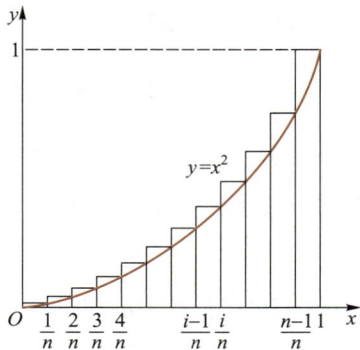

图 5.1.4

我们学了求定积分的其他计算方法后,也就可以(见习题 5.1.5)结合定积分的几何意义,来计算和式的极限

$$\lim_{n \to \infty} \sum_{i=1}^{n} f(x_i) \frac{b-a}{n} .$$

四、定积分的近似计算

历史上,微积分的出现起源于面积和体积的计算,把定积分看作曲边梯形的面积,就有了近似计算的方法,这些方法是利用计算机解决积分数值问题的有力工具,它们可以使定积分的值达到尽量精确的程度.定积分是一个数值,多数情况下需要通过不定积分来计算定积分,但很多不定积分是"积不出"的,这时可以用几何解释来求近似值,以绕过不定积分.常见的计算定积分的近似方法有矩形法、梯形法和抛物线法.当被积函数 $f(x)$ 连续且 $f(x) \geqslant 0$ 时,有下列方法和公式.

1. 矩形法

如同例 5.1.1,把曲边梯形面积看作 $[a,b]$ 被等分后的 n 个小矩形的面积之和,就有

$$\int_a^b f(x) \, \mathrm{d}x \approx \frac{b-a}{n} (y_1 + y_2 + \cdots + y_n) , \tag{5.1.6}$$

其中 y_i 是每个小区间的右端点 x_i 处的函数值 $(i = 1, 2, \cdots, n)$,$x_n = b$.

如图 5.1.5 所示,如果记 $x_0 = a$,y_i 取每个小区间左端点处的函数值,就有

$$\int_a^b f(x) \, \mathrm{d}x \approx \frac{b-a}{n} (y_0 + y_1 + \cdots + y_{n-1}) . \tag{5.1.7}$$

2. 梯形法

如图 5.1.6 所示,如果每个小区间上的曲边梯形面积用梯形面积 $\frac{b-a}{n} \frac{y_{i-1} + y_i}{2}$ 近似表示,则

$$\int_a^b f(x) \, \mathrm{d}x \approx \frac{b-a}{n} \left(\frac{y_0 + y_1}{2} + \frac{y_1 + y_2}{2} + \cdots + \frac{y_{n-1} + y_n}{2} \right) ,$$

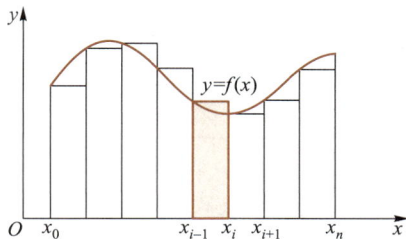

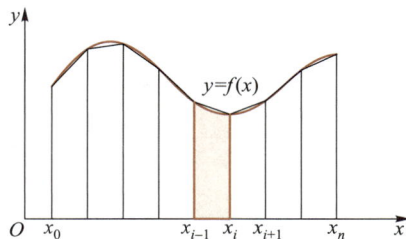

图 5.1.5　　　　　　　　　　　　　图 5.1.6

整理后得

$$\int_a^b f(x)\,\mathrm{d}x \approx \frac{b-a}{n}\left(\frac{y_0+y_n}{2}+y_1+y_2+\cdots+y_{n-1}\right). \tag{5.1.8}$$

它可以以更快的速度达到预设的计算精确度.

3. 抛物线法(又称辛普森法)

辛普森(T. Simpson, 1710—1761),
英国数学家.

如图 5.1.7 所示,将 $[a,b]$ 作 n(n 为偶数)等分,

曲线在小弧段 $\overset{\frown}{M_{i-1}M_i}$ 和 $\overset{\frown}{M_iM_{i+1}}$ 下的两个曲边梯形

的面积之和用经过 M_{i-1},M_i,M_{i+1} 三点的抛物线 $y=$

px^2+qx+r 下的曲边梯形面积 $\overset{\circ}{A_i}$ 近似代替,通过初

等计算可得到在 $[x_{i-1},x_{i+1}]$ 上

$$\overset{\circ}{A_i}=\frac{b-a}{3n}(y_{i-1}+4y_i+y_{i+1}).$$

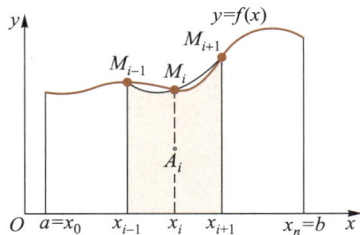

图 5.1.7

于是

$$\int_a^b f(x)\,\mathrm{d}x \approx \frac{b-a}{3n}\big[(y_0+4y_1+y_2)+(y_2+4y_3+y_4)+\cdots+(y_{n-2}+4y_{n-1}+y_n)\big],$$

整理后得

$$\int_a^b f(x)\,\mathrm{d}x \approx \frac{b-a}{3n}\big[y_0+y_n+4(y_1+y_3+\cdots+y_{n-1})+2(y_2+y_4+\cdots+y_{n-2})\big]. \tag{5.1.9}$$

对于拐点不多的曲线,用抛物线法自然会比梯形法效果要好.

练习 5.1.1

1. 结合定积分的几何意义计算 $\int_0^2 f(x)\,\mathrm{d}x$,设

(1) $f(x)=2x$；　　　　(2) $f(x)=x+1$；　　　　(3) $f(x)=\sqrt{4-x^2}$.

2. 将图 5.1.8 中的曲边梯形面积用定积分表示.

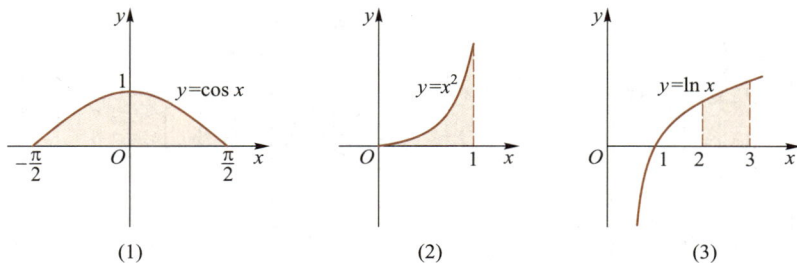

(1)   (2)   (3)

图 5.1.8

5.1.2   定积分的性质

我们规定,凡是出现在积分中的被积函数,如无特别说明,默认都是可积的.

性质 1(线性性质) $\int_a^b [\alpha f(x) + \beta g(x)] dx = \alpha \int_a^b f(x) dx + \beta \int_a^b g(x) dx$,其中 α, β 均为常数.

证   按定积分定义有

$$\int_a^b [\alpha f(x) + \beta g(x)] dx = \lim_{\lambda \to 0} \sum_{i=1}^n [\alpha f(\xi_i) + \beta g(\xi_i)] \Delta x_i$$

$$= \alpha \lim_{\lambda \to 0} \sum_{i=1}^n f(\xi_i) \Delta x_i + \beta \lim_{\lambda \to 0} \sum_{i=1}^n g(\xi_i) \Delta x_i$$

$$= \alpha \int_a^b f(x) dx + \beta \int_a^b g(x) dx.$$

证毕.

性质 2(关于区间的可加性) $\int_a^b f(x) dx = \int_a^c f(x) dx + \int_c^b f(x) dx, \forall c \in (a, b)$.

证   由于 $\int_a^b f(x) dx$ 存在,其值与分割区间的分法无关,所以可取 c 作为分点之一,不妨设其为分割后第 k 个小区间的右端点,于是有

$$\int_a^b f(x) dx = \lim_{\lambda \to 0} \sum_{i=1}^n f(\xi_i) \Delta x_i$$

$$= \lim_{\lambda \to 0} \left[\sum_{i=1}^k f(\xi_i) \Delta x_i + \sum_{i=k+1}^n f(\xi_i) \Delta x_i \right]$$

$$= \int_a^c f(x) dx + \int_c^b f(x) dx.$$

注   当点 c 在区间 $[a, b]$ 之外时,不妨设 $a<b<c$,则

$$\int_a^c f(x) dx = \int_a^b f(x) dx + \int_b^c f(x) dx,$$

移项后仍可得到

$$\int_a^b f(x) dx = \int_a^c f(x) dx + \int_c^b f(x) dx.$$

证毕.

性质 3(几何度量性)   设 $f(x) \equiv 1, \forall x \in [a, b]$,则 $\int_a^b f(x) dx = b - a$.

证   对任意分划 T,$\sum_T 1 \cdot \Delta x_k = b - a$.证毕.

性质 4（保号性） 若 $f(x) \geqslant 0, \forall x \in [a, b]$，则 $\int_a^b f(x) \mathrm{d}x \geqslant 0$.

证 $\int_a^b f(x) \mathrm{d}x = \lim\limits_{\lambda \to 0} \sum\limits_T f(\xi_k) \Delta x_k \geqslant 0$. 证毕.

推论 5.1.1（保序性） 若 $f(x) \leqslant g(x), \forall x \in [a, b]$，则 $\int_a^b f(x) \mathrm{d}x \leqslant \int_a^b g(x) \mathrm{d}x$.

证 由 $f(x) \leqslant g(x)$ 知 $f(x) - g(x) \leqslant 0$，故 $\int_a^b [f(x) - g(x)] \mathrm{d}x \leqslant 0$，证毕.

推论 5.1.2（积分绝对值不等式） $\left| \int_a^b f(x) \mathrm{d}x \right| \leqslant \int_a^b |f(x)| \mathrm{d}x \quad (a < b)$.

证 由 $-|f(x)| \leqslant f(x) \leqslant |f(x)|$ 两边积分即得. 证毕.

性质 5（估值定理） 设 f 在 $[a, b]$ 上的最大、最小值分别为 M, m，则
$$m(b-a) \leqslant \int_a^b f(x) \mathrm{d}x \leqslant M(b-a).$$

命题 5.1.2 设 $f(x), g(x)$ 均在 $[a, b]$ 上仅在有限个点处的函数值不同，则
$$\int_a^b f(x) \mathrm{d}x = \int_a^b g(x) \mathrm{d}x.$$
证 因为
$$\int_a^b f(x) \mathrm{d}x = \lim\limits_{\lambda \to 0} \sum\limits_{i=1}^n f(\xi_i) \Delta x_i,$$
由定义可知 $\int_a^b f(x) \mathrm{d}x$ 的值与 ξ_i 的取法无关，所以在每个小区间 $[x_{i-1}, x_i]$ 中取 ξ_i 时避开使 $f(x) \neq g(x)$ 的点，就有
$$\int_a^b f(x) \mathrm{d}x = \lim\limits_{\lambda \to 0} \sum\limits_{i=1}^n g(\xi_i) \Delta x_i = \int_a^b g(x) \mathrm{d}x.$$
证毕.

这个性质说明，改变或重新定义 $f(x)$ 在 $[a, b]$ 上的有限个函数值不会改变 $f(x)$ 在 $[a, b]$ 上的定积分的值.

命题 5.1.3（积分的正则性） 设函数 $f(x)$ 在 $[a, b]$ 上连续、非负且不恒为零，则必有
$$\int_a^b f(x) \mathrm{d}x > 0.$$

证 不妨设在某点 $x_0 \in (a, b)$ 有 $f(x_0) > 0$，$x_0 = a$ 或 b 的情形可类似证明. 因 $f(x)$ 在 x_0 点连续，由保号性，存在某邻域 $(x_0 - \delta, x_0 + \delta)$ 使当 $x \in (x_0 - \delta, x_0 + \delta)$ 时，
$$f(x) \geqslant \frac{f(x_0)}{2},$$
于是
$$\int_a^b f(x) \mathrm{d}x = \int_a^{x_0 - \delta} f(x) \mathrm{d}x + \int_{x_0 - \delta}^{x_0 + \delta} f(x) \mathrm{d}x + \int_{x_0 + \delta}^b f(x) \mathrm{d}x$$

$$\geqslant \int_{x_0-\delta}^{x_0+\delta} f(x)\,dx$$

$$\geqslant \frac{f(x_0)}{2} \cdot 2\delta$$

$$> 0.$$

证毕.

　　在判别积分的大小时,我们不必要求 $f(x)>g(x)$ 在一个区间上处处成立,而只要 $f(x),g(x)$ 连续,$f(x)\geqslant g(x),f(x)\neq g(x)$ 在某一点处成立,就可保证 $\int_a^b f(x)\,dx > \int_a^b g(x)\,dx$.利用这个结果,我们可以证明定积分中值定理,即

　　定理 5.1.1(**定积分中值定理**)　设 $f(x)$ 在 $[a,b]$ 上连续,则存在 $\xi\in(a,b)$,使得

$$\int_a^b f(x)\,dx = f(\xi)(b-a). \qquad (5.1.10)$$

　　证　设 $f(x)$ 在 $[a,b]$ 上的最大、最小值分别为 M,m.

　　若 $M=m$,则 $f(x)$ 是常数,$\xi\in(a,b)$ 可任取.

　　若 $M>m$,则存在 $x_1\in[a,b]$ 使得 $M-f(x_1)>0$,由命题 5.1.3 有

$$\int_a^b [M - f(x)]\,dx > 0,$$

从而

$$\int_a^b f(x)\,dx < M(b-a).$$

同理

$$\int_a^b f(x)\,dx > m(b-a).$$

从而由介值定理,存在 $\xi\in(a,b)$,使

$$\int_a^b f(x)\,dx = f(\xi)(b-a).$$

证毕.

　　这个定理的几何意义是:若 $f(x)$ 在 $[a,b]$ 上连续、非负,则 $f(x)$ 在 $[a,b]$ 上的曲边梯形面积等于与该曲边梯形同底且以 $f(\xi)=\dfrac{\int_a^b f(x)\,dx}{b-a}$ 为高的矩形的面积

注　若由估值定理

$$m(b-a) \leqslant \int_a^b f(x)\,dx \leqslant M(b-a),$$

即从 $m \leqslant \dfrac{\int_a^b f(x)\,dx}{b-a} \leqslant M$ 着手证明,根据介值定理,则存在 $\xi\in[a,b]$,使得

$$f(\xi) = \frac{\int_a^b f(x)\,dx}{b-a}.$$

这个证法需将定理的结果从 $\exists\xi\in(a,b)$ 减弱为 $\exists\xi\in[a,b]$.

（图 5.1.9）.

$$f(\xi) = \frac{\int_a^b f(x)\,\mathrm{d}x}{b-a}$$ 是 $f(x)$ 在 $[a,b]$ 上的平均

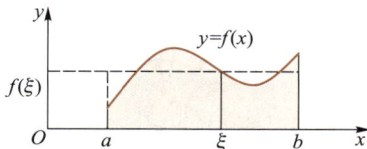

图 5.1.9

值 $\overline{f(x)}$，这是有限多个数的平均值的推广．理由

是：有限个值的加权平均值为

$$\frac{f(\xi_1)\Delta x_1 + f(\xi_2)\Delta x_2 + \cdots + f(\xi_n)\Delta x_n}{\Delta x_1 + \Delta x_2 + \cdots + \Delta x_n} = \frac{\sum_{i=1}^n f(\xi_i)\Delta x_i}{b-a},$$

将分划无限加细即得

$$\overline{f(x)} = \frac{\lim_{\lambda \to 0}\sum_{i=1}^n f(\xi_i)\Delta x_i}{b-a}$$

$$= \frac{\int_a^b f(x)\,\mathrm{d}x}{b-a}$$

$$= f(\xi).$$

注 "中值定理"的英文为 *mean value theorem*，$f(\xi)$ 积分区间上所有函数值的中值（即平均值）.

例 5.1.2 比较下列各组积分中两个积分的大小：

（1）$\displaystyle\int_0^1 x\,\mathrm{d}x$ 与 $\displaystyle\int_0^1 x^2\,\mathrm{d}x$；　　　　　　（2）$\displaystyle\int_1^2 x\,\mathrm{d}x$ 与 $\displaystyle\int_1^2 x^2\,\mathrm{d}x$；

（3）$\displaystyle\int_0^1 [\ln(1+x)]^3\,\mathrm{d}x$ 与 $\displaystyle\int_0^1 [\ln(1+x)]^4\,\mathrm{d}x$.

解 考虑在相应区间上的函数的大小，由定积分的正则性得到

（1）当 $x \in (0,1)$ 时 $x > x^2$，有

$$\int_0^1 x\,\mathrm{d}x > \int_0^1 x^2\,\mathrm{d}x.$$

（2）当 $x \in (1,2)$ 时 $x < x^2$，故

$$\int_1^2 x\,\mathrm{d}x < \int_1^2 x^2\,\mathrm{d}x.$$

（3）当 $x \in (0,1)$ 时 $\ln(1+x) \in (0,1)$，故

$$[\ln(1+x)]^3 > [\ln(1+x)]^4,$$

从而

$$\int_0^1 [\ln(1+x)]^3\,\mathrm{d}x > \int_0^1 [\ln(1+x)]^4\,\mathrm{d}x.$$

例 5.1.3 估计积分 $I = \displaystyle\int_0^\pi \frac{1}{3+\sin^3 x}\,\mathrm{d}x$ 的值.

解　设 $f(x)=\dfrac{1}{3+\sin^3 x},x\in[0,\pi]$,则

$$\frac{1}{4}\leqslant\frac{1}{3+\sin^3 x}\leqslant\frac{1}{3},$$

故

$$\frac{\pi}{4}\leqslant I\leqslant\frac{\pi}{3}.$$

注　*如果将 $f(x)$ 分别在区间 $\left[0,\dfrac{\pi}{6}\right],\left[\dfrac{\pi}{6},\dfrac{5\pi}{6}\right],\left[\dfrac{5\pi}{6},\pi\right]$ 上取最大最小值,再将它们乘上相应的区间长度,然后相加,还可以得到更好的结果.*

例 5.1.4　设函数 f 在 $[0,1]$ 上连续,在 $(0,1)$ 内可导,又 $f(1)=2\displaystyle\int_0^{\frac{1}{2}}f(x)\,\mathrm{d}x$,则存在 $\xi\in(0,1)$,使得 $f'(\xi)=0$.

证　由定积分中值定理,存在 $\eta\in\left(0,\dfrac{1}{2}\right)$,使得

$$\int_0^{\frac{1}{2}}f(x)\,\mathrm{d}x=f(\eta)\left(\frac{1}{2}-0\right),$$

从而

$$f(1)=2\int_0^{\frac{1}{2}}f(x)\,\mathrm{d}x=f(\eta).$$

由罗尔定理,存在 $\xi\in(\eta,1)\subset(0,1)$,使得 $f'(\xi)=0$.证毕.

例 5.1.5(积分型施瓦茨不等式)　若函数 $f(x)$,$g(x)$ 在 $[a,b]$ 上连续,试证

施瓦茨(H. A. Schwarz, 1843—1921),德国数学家.

$$\left[\int_a^b f(x)g(x)\,\mathrm{d}x\right]^2\leqslant\int_a^b f^2(x)\,\mathrm{d}x\int_a^b g^2(x)\,\mathrm{d}x.$$

并由此证明下列不等式:

(1) $\left[\displaystyle\int_a^b f(x)\,\mathrm{d}x\right]^2\leqslant(b-a)\displaystyle\int_a^b f^2(x)\,\mathrm{d}x$;

(2) 若 $f(x)\geqslant m>0$,则 $\displaystyle\int_a^b f(x)\,\mathrm{d}x\cdot\int_a^b\frac{1}{f(x)}\mathrm{d}x\geqslant(b-a)^2$.

证　对于一切实数 t,恒有

$$[tf(x)-g(x)]^2\geqslant0,$$

从而

$$\int_a^b[tf(x)-g(x)]^2\mathrm{d}x\geqslant0,$$

即

$$t^2\int_a^b f^2(x)\,\mathrm{d}x-2t\int_a^b f(x)g(x)\,\mathrm{d}x+\int_a^b g^2(x)\,\mathrm{d}x\geqslant0.$$

由判别式

$$\Delta = \left[\, 2\int_a^b f(x)g(x)\mathrm{d}x \,\right]^2 - 4\int_a^b f^2(x)\mathrm{d}x \int_a^b g^2(x)\mathrm{d}x \leqslant 0$$

即得积分型施瓦茨不等式.

（1）令 $g(x) = 1$，有

$$\left[\int_a^b f(x)\cdot 1\mathrm{d}x\right]^2 \leqslant \int_a^b 1^2\mathrm{d}x \cdot \int_a^b f^2(x)\mathrm{d}x$$

$$= (b-a)\int_a^b f^2(x)\mathrm{d}x;$$

（2）对 $\sqrt{f(x)}$，$\dfrac{1}{\sqrt{f(x)}}$ 用积分型施瓦茨不等式：

$$\int_a^b \left(\sqrt{f(x)}\right)^2\mathrm{d}x \int_a^b \left(\frac{1}{\sqrt{f(x)}}\right)^2\mathrm{d}x \geqslant \left(\int_a^b \sqrt{f(x)}\,\frac{1}{\sqrt{f(x)}}\mathrm{d}x\right)^2 = (b-a)^2.$$

练习 5.1.2

1. 不求出定积分值，试比较下列定积分的大小：

（1）$\displaystyle\int_0^1 x^2\mathrm{d}x$ 与 $\displaystyle\int_0^1 x^3\mathrm{d}x$；　　　（2）$\displaystyle\int_1^2 x^2\mathrm{d}x$ 与 $\displaystyle\int_1^2 x^3\mathrm{d}x$.

2. 利用定积分的几何意义判断积分 $I_1 = \displaystyle\int_{-1}^0 \mathrm{e}^{-x^2}\mathrm{d}x$ 与 $I_2 = \displaystyle\int_0^1 \mathrm{e}^{-x^2}\mathrm{d}x$ 的大小关系.

3. 证明 $\dfrac{\pi}{2} \leqslant \displaystyle\int_0^{\frac{\pi}{2}} (1+\sqrt{\sin x})\mathrm{d}x \leqslant \pi$.

4. 设函数 $f(x) = \begin{cases} 1, & 0 \leqslant x \leqslant \dfrac{1}{2}, \\[2mm] 0, & \dfrac{1}{2} < x \leqslant 1, \end{cases}$ 问是否存在 ξ，使等式 $f(\xi) = \displaystyle\int_0^1 f(x)\mathrm{d}x$ 成立？

习题 5.1 ....

1. 正在刹车的汽车的速度-时间关系如图 5.1.10 所示，请估算汽车从开始刹车到停止所走的路程.

2. 利用定积分的几何意义，求下列定积分的值：

（1）$\displaystyle\int_0^t x\mathrm{d}x\,(t>0)$；　　　　（2）$\displaystyle\int_{-1}^2 |x|\mathrm{d}x$；

（3）$\displaystyle\int_{-1}^2 \sqrt{4-x^2}\mathrm{d}x$.

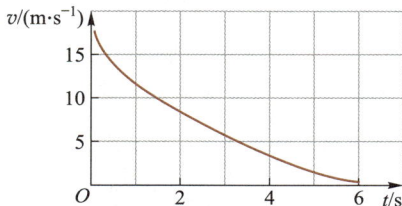

图 5.1.10

3. 问 a, b 为何值时，积分 $\displaystyle\int_a^b (x-x^2)\mathrm{d}x$ 的值取得最大？

4. 利用定积分的定义计算 $I = \int_0^1 e^x dx$.

5. 已知 $\int_0^1 \sqrt{x}\,dx = \dfrac{2}{3}$，试用定积分计算极限值：$\lim\limits_{n\to\infty}\dfrac{\sqrt{1}+\sqrt{2}+\cdots+\sqrt{n}}{n\sqrt{n}}$.

6. 图 5.1.11 中的曲线为函数 $f(x)$ 的图形，请以从小到大的顺序排列下列各数：

① $\int_0^8 f(x)dx$ ，　② $\int_0^3 f(x)dx$ ，　③ $\int_3^8 f(x)dx$ ，

④ $\int_4^8 f(x)dx$ ，　⑤ $\int_8^4 f(x)dx$ ，　⑥ $f'(1)$.

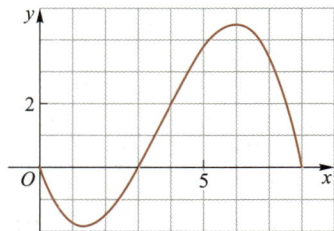

图 5.1.11

7. 比较下列各组定积分值的大小：

(1) $\int_0^2 \dfrac{1}{(2x+1)^3}dx$ 与 $\int_0^2 \dfrac{1}{(2x+1)^2}dx$ ；

(2) $\int_0^1 \dfrac{\sin x}{1+x}dx$ 与 $\int_0^1 \dfrac{\sin x}{1+x^2}dx$ ；　　(3) $\int_1^2 \ln x\,dx$ 与 $\int_1^2 \ln^2 x\,dx$ ；

(4) $\int_3^4 \ln x\,dx$ 与 $\int_3^4 \ln^2 x\,dx$ ；　　(5) $\int_0^1 x\,dx$ 与 $\int_0^1 \ln(1+x)\,dx$.

8. 估计下列定积分的值所在的范围：

(1) $I = \int_{\frac{\pi}{4}}^{\frac{3\pi}{4}} \sqrt{1+\sin^2 x}\,dx$ ；　　(2) $I = \int_{\frac{1}{\sqrt{3}}}^{\sqrt{3}} x\arctan x\,dx$ ；　　(3) $I = \int_{\frac{\pi}{4}}^{\frac{\pi}{2}} \dfrac{\sin x}{x}dx$.

* *

9. 求函数 $y = e^{x^2-x}$ 在 $[0,2]$ 上的最大值与最小值，并证明：$2e^{-\frac{1}{4}} \leqslant \int_0^2 e^{x^2-x}dx \leqslant 2e^2$.

10. 设 $f(x)$ 在区间 $[a,b]$ 上连续，且不恒等于零，求证：$\int_a^b |f(x)|dx > 0$.

11. 设 $f(x)$ 在区间 $[0,+\infty]$ 上连续，并且满足 $\lim\limits_{x\to\infty}f(x)=1$，求 $\lim\limits_{x\to\infty}\int_x^{x+2} t\sin\dfrac{3}{t}f(t)\,dt$.

12. 求极限 $\lim\limits_{n\to\infty}\int_n^{n+p} \dfrac{\sin x + x}{px}dx$ 　$(p>0)$.

13. 设 $f(x)$ 在区间 $[0,1]$ 上可导，且满足关系式 $f(1)-2\int_0^{\frac{1}{2}} xf(x)\,dx = 0$，证明在 $(0,1)$ 内存在一点 ξ，使得 $f(\xi)+\xi f'(\xi) = 0$.

* *

14. （推广的定积分中值定理） 设函数 $f(x),g(x)$ 在 $[a,b]$ 上连续，且 $g(x)$ 在 $[a,b]$ 上不变号，求证：存在 $\xi \in [a,b]$，使得 $\int_a^b f(x)g(x)\,dx = f(\xi)\int_a^b g(x)\,dx$. 已知 $\int_0^1 x^n dx = \dfrac{1}{n+1}$，利用这个定理证明：

(1) $\lim\limits_{n\to\infty}\int_0^1 \dfrac{x^n}{1+x}dx = 0$ ；　　(2) $\lim\limits_{n\to\infty}\int_0^1 x^n \sqrt{2+x}\,dx = 0$.

*15. 设函数 $f(x)$ 在 $[0,\pi]$ 上连续，且 $\int_0^\pi f(x)\sin x\,dx = 0, \int_0^\pi f(x)\cos x\,dx = 0$. 试证：在 $(0,\pi)$ 内至少

存在两个不同的点 ξ_1 和 ξ_2,使 $f(\xi_1)=f(\xi_2)=0$.

*16. 设 f 在 $[a,b]$ 上连续,且 $f(x)\geqslant 0$,则 $\lim\limits_{n\to\infty}\left[\int_a^b(f(x))^n\mathrm{d}x\right]^{\frac{1}{n}}=\max\limits_{x\in[a,b]}f(x)$.

§5.2 微积分学基本定理

本节介绍变上限积分的导数和牛顿-莱布尼茨公式.

5.2.1 变上限积分及其导数

一、原函数存在定理

设函数 $f(x)$ 在区间 $[a,b]$ 上连续,并且设 x 为 $[a,b]$ 上的一点,考察定积分 $\int_a^x f(t)\mathrm{d}t$. 如果上限 x 在区间 $[a,b]$ 上任意变动,则对于每一个取定的 x 值,定积分有一个对应值,所以它在 $[a,b]$ 上定义了一个函数,记为

$$\Phi(x)=\int_a^x f(t)\,\mathrm{d}t,$$

称为**变上限积分**.类似地定义**变下限积分**:

$$\psi(x)=\int_x^b f(t)\,\mathrm{d}t,x\in[a,b].$$

变上限积分和变下限积分统称为**变限积分**.

变限积分所定义的函数有着重要的性质,由于

$$\int_x^b f(t)\,\mathrm{d}t=-\int_b^x f(t)\,\mathrm{d}t,$$

下面只需讨论变上限积分的情形.

注 $\int_a^x f(t)\mathrm{d}t$ 与 $\int_a^x f(x)\mathrm{d}x$ 表示相同的积分过程,因此是同一个函数,但为了避免积分变量与上限相混淆,习惯上将后者改用 t 作积分变量.

定理 5.2.1(原函数存在定理) 设函数 $f(x)$ 在 $[a,b]$ 上连续,则 $\Phi(x)=\int_a^x f(t)\mathrm{d}t$ 就是 $f(x)$ 在 $[a,b]$ 上的一个原函数,即

$$\Phi'(x)=\frac{\mathrm{d}}{\mathrm{d}x}\int_a^x f(t)\,\mathrm{d}t=f(x),\quad x\in[a,b]. \qquad (5.2.1)$$

证 若 $x\in(a,b)$,设 x 获得增量 Δx,其绝对值足够小,使得 $x+\Delta x\in(a,b)$,如图 5.2.1 所示.在 $x+\Delta x$ 点处变上限积分为

$$\Phi(x+\Delta x)=\int_a^{x+\Delta x} f(t)\,\mathrm{d}t,$$

于是

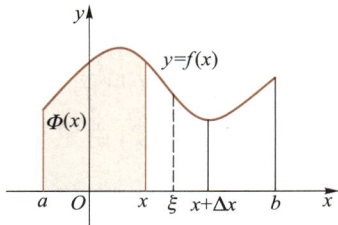

图 5.2.1

$$\Delta\Phi = \int_a^{x+\Delta x} f(t)\,\mathrm{d}t - \int_a^x f(t)\,\mathrm{d}t = \int_x^{x+\Delta x} f(t)\,\mathrm{d}t.$$

根据定积分中值定理,存在 ξ,介于 x 与 $x+\Delta x$ 之间,使得

$$\int_x^{x+\Delta x} f(t)\,\mathrm{d}t = f(\xi)\Delta x,$$

于是

$$\frac{\Delta\Phi}{\Delta x} = \frac{\int_x^{x+\Delta x} f(t)\,\mathrm{d}t}{\Delta x} = \frac{f(\xi)\Delta x}{\Delta x} = f(\xi) \to f(x) \quad (\Delta x \to 0),$$

即

$$\Phi'(x) = f(x).$$

若 $x=a$,取 $\Delta x>0$,则类似可证

$$\Phi'_+(a) = f(a);$$

若 $x=b$,取 $\Delta x<0$,则可证

$$\Phi'_-(b) = f(b).$$

证毕.

这个定理的重要意义在于:它肯定了连续函数的原函数是存在的,而且揭示了积分学中的定积分与原函数之间的联系.这个定理还建立起了导数和定积分这两个从表面上看去似不相干的概念之间的内在联系,因此和下面 5.2.2 节的牛顿-莱布尼茨公式一起被誉为**微积分基本定理**.

例 5.2.1 设

$$f(x) = \begin{cases} \mathrm{e}^x, & x\geq 0, \\ x, & x<0, \end{cases} \qquad g(x) = \begin{cases} x\sin\dfrac{1}{x}, & x\neq 0, \\ 0, & x=0. \end{cases}$$

下述 4 个命题正确的是(　　).

① 在 $[-1,1]$ 上,$f(x)$ 存在原函数;　　② 存在定积分 $\int_{-1}^1 f(x)\,\mathrm{d}x$;

③ 存在 $g'(0)$;　　④ 在 $[-1,1]$ 上,$g(x)$ 存在原函数.

(A) ①②　　　(B) ③④　　　(C) ②④　　　(D) ①③

解 $f(x)$ 在 $x=0$ 处有第一类间断点,所以不存在原函数(根据命题 3.1.1),①错;

f 只有一个跳跃间断点,由命题 5.1.1,②对;

易验证③不对(见例 2.1.2);

因为 $g(x)$ 连续,由定理 5.2.1,它存在原函数,④对.

综上所述,(C)正确.

注 像 $f(x)$ 这种跳跃间断函数表明,有些函数在不定积分意义下没有原函数,但在定积分意义下可积.

二、变限积分的导数

定理 5.2.1 给出了一类函数的求导方法.由复合函数的链式法则

$$\frac{\mathrm{d}}{\mathrm{d}x}\big[\,\varPhi(\varphi(x))\,\big]=\varPhi'(\varphi(x))\varphi'(x),$$

我们有

命题 5.2.1(变限积分的求导法)   设函数 $f(x)$ 在 $[a,b]$ 上连续,$\varphi(x),\psi(x)$ 在 (a,b) 内可导,则对任何 $x\in(a,b)$,有

(1) $\dfrac{\mathrm{d}}{\mathrm{d}x}\displaystyle\int_a^x f(t)\,\mathrm{d}t=f(x)$, $\dfrac{\mathrm{d}}{\mathrm{d}x}\displaystyle\int_a^{\varphi(x)} f(t)\,\mathrm{d}t=f(\varphi(x))\varphi'(x)$;

(2) $\dfrac{\mathrm{d}}{\mathrm{d}x}\displaystyle\int_x^b f(t)\,\mathrm{d}t=-f(x)$, $\dfrac{\mathrm{d}}{\mathrm{d}x}\displaystyle\int_{\psi(x)}^b f(t)\,\mathrm{d}t=-f(\psi(x))\psi'(x)$;

(3) $\dfrac{\mathrm{d}}{\mathrm{d}x}\displaystyle\int_{\psi(x)}^{\varphi(x)} f(t)\,\mathrm{d}t=f(\varphi(x))\varphi'(x)-f(\psi(x))\psi'(x)$.

例 5.2.2   计算极限:

(1) $\displaystyle\lim_{x\to 0}\frac{\displaystyle\int_0^x \cos t^2\,\mathrm{d}t}{x}$; (2) $\displaystyle\lim_{x\to 0^+}\frac{\displaystyle\int_0^{x^2} t^{\frac{3}{2}}\,\mathrm{d}t}{\displaystyle\int_0^x t(t-\sin t)\,\mathrm{d}t}$.

解   利用洛必达法则,得

(1) $\displaystyle\lim_{x\to 0}\frac{\displaystyle\int_0^x \cos t^2\,\mathrm{d}t}{x}=\lim_{x\to 0}\frac{\cos x^2}{1}=1$;

(2) $\displaystyle\lim_{x\to 0^+}\frac{\displaystyle\int_0^{x^2} t^{\frac{3}{2}}\,\mathrm{d}t}{\displaystyle\int_0^x t(t-\sin t)\,\mathrm{d}t}=\lim_{x\to 0^+}\frac{x^3\cdot 2x}{x(x-\sin x)}=\lim_{x\to 0^+}\frac{2x^3}{x-\sin x}=\lim_{x\to 0^+}\frac{6x^2}{1-\cos x}=12$.

例 5.2.3   求函数 $F(x)=\displaystyle\int_0^x t\mathrm{e}^{-t^4}\,\mathrm{d}t$ 的极值.

解   因

$$F'(x)=x\mathrm{e}^{-x^4},$$

所以驻点为 $x=0$.

当 $x<0$ 时 $F'(x)<0$,$F(x)$ 单调递减;

当 $x>0$ 时 $F'(x)>0$,$F(x)$ 单调递增.

故 $x=0$ 时,$F(x)$ 取极小值 $F(0)=0$.

例 5.2.4   求导数 $\dfrac{\mathrm{d}y}{\mathrm{d}x}$,设

（1）$2x - \displaystyle\int_1^y e^{-t^2} dt = xy$；　　　　　　　（2）$y = \displaystyle\int_0^x xf(u)\, du\,(f \text{ 连续})$.

解　（1）等式两边关于 x 求导得

$$2 - e^{-y^2} y' = y + xy',$$

整理后得

$$y' = \frac{2-y}{e^{-y^2} + x}.$$

（2）对于以 u 为积分变量的积分，x 是常量，因此

$$y = x \int_0^x f(u)\, du,$$

故

$$\frac{dy}{dx} = \int_0^x f(u)\, du + xf(x).$$

例 5.2.5　试证方程 $\displaystyle\int_{\frac{\pi}{10}}^x \sin t^2 dt + \int_{\frac{\pi}{2}}^x \frac{dt}{\sin t^2} = 0$ 在 $\left(\dfrac{\pi}{10}, \dfrac{\pi}{2}\right)$ 内有且仅有一个实根.

证　因为

$$0 < \left(\frac{\pi}{10}\right)^2 < t^2 < \left(\frac{\pi}{2}\right)^2 < \pi,$$

所以

$$\sin t^2 > 0, \quad \forall\, t \in \left[\frac{\pi}{10}, \frac{\pi}{2}\right].$$

设

$$F(x) = \int_{\frac{\pi}{10}}^x \sin t^2 dt + \int_{\frac{\pi}{2}}^x \frac{dt}{\sin t^2},$$

则 $F(x)$ 在 $\left[\dfrac{\pi}{10}, \dfrac{\pi}{2}\right]$ 上连续，且

$$F\left(\frac{\pi}{10}\right) = 0 + \int_{\frac{\pi}{2}}^{\frac{\pi}{10}} \frac{dt}{\sin t^2} < 0, \quad F\left(\frac{\pi}{2}\right) = \int_{\frac{\pi}{10}}^{\frac{\pi}{2}} \sin t^2 dt + 0 > 0.$$

由零点定理，$F(x)$ 在 $\left(\dfrac{\pi}{10}, \dfrac{\pi}{2}\right)$ 内至少存在一个实根.

又因为

$$F'(x) = \sin x^2 + \frac{1}{\sin x^2} \geq 2 > 0,$$

故 F 在 $\left[\dfrac{\pi}{10}, \dfrac{\pi}{2}\right]$ 上单调递增，从而在 $\left(\dfrac{\pi}{10}, \dfrac{\pi}{2}\right)$ 内至多有一个实根.

综上,$F(x)$ 在 $\left(\dfrac{\pi}{10},\dfrac{\pi}{2}\right)$ 内恰有一个实根.证毕.

例 5.2.6 设函数 $f(x)$ 在 $(-\infty,+\infty)$ 上连续,已知 $\displaystyle\int_0^{2x} xf(t)\,dt + 2\int_x^0 tf(2t)\,dt = 2x^3(x-1)$,求:

(1) $\displaystyle\int_0^2 f(x)\,dx$;　　　　(2) $f(x)$.

注 当积分内出现非积分变量的变量 x 时,x 对于积分过程来说是常数,通常要设法化到积分号以外来,才能开始求导.

解 (1) 等式变形为

$$x\int_0^{2x} f(t)\,dt - 2\int_0^x tf(2t)\,dt = 2x^4 - 2x^3,$$

两边关于 x 求导有

$$\int_0^{2x} f(t)\,dt = 8x^3 - 6x^2. \tag{5.2.2}$$

令 $x=1$ 得

$$\int_0^2 f(t)\,dt = \int_0^2 f(x)\,dx = 2.$$

(2) 再对 (5.2.2) 式关于 x 求导得

$$f(2x) = 6x(2x-1),$$

故

$$f(x) = 3x(x-1).$$

例 5.2.7 设 $f(x)$ 在 $[a,b]$ 上连续且 $f(x)>0$,证明 $F(x) = \dfrac{\displaystyle\int_a^x tf(t)\,dt}{\displaystyle\int_a^x f(t)\,dt}$ 在 $[a,b]$ 上单调递增.

证 因为对任意给定的 $x\in(a,b)$,积分变量 $t\in[a,x]$,所以

$$F'(x) = \frac{xf(x)\displaystyle\int_a^x f(t)\,dt - f(x)\displaystyle\int_a^x tf(t)\,dt}{\left[\displaystyle\int_a^x f(t)\,dt\right]^2}$$

$$= f(x)\cdot\frac{\displaystyle\int_a^x (x-t)f(t)\,dt}{\left[\displaystyle\int_a^x f(t)\,dt\right]^2} > 0,\ x\in(a,b),$$

所以 $F(x)$ 在 $[a,b]$ 上单调递增.证毕.

练习 5.2.1

1. 求 $y'(0)$,设

（1）$y = \int_0^x \cos t^2 \mathrm{d}t$；　　　　　　（2）$y = \int_0^x \mathrm{e}^{-t} \cos t \mathrm{d}t$；

（3）$y = \int_0^{x^2} \dfrac{1}{\sqrt{1+t}} \mathrm{d}t$；　　　　　（4）$y = x\int_0^x \cos t^2 \mathrm{d}t$.

2. 计算极限 $\lim\limits_{x \to 0} \dfrac{\int_0^x \cos t^2 \mathrm{d}t}{x}$.

3. 设 $F(x) = \int_0^x \dfrac{\sin t}{t} \mathrm{d}t$，用导数定义求 $F'(0)$.

4. 求由 $\int_0^y \mathrm{e}^t \mathrm{d}t + \int_0^x \cos t \mathrm{d}t = 0$ 所确定的隐函数 $y = y(x)$ 对 x 的导数 $\dfrac{\mathrm{d}y}{\mathrm{d}x}$.

5. 已知函数 $f(x)$ 在 $[0, +\infty)$ 上连续，且 $\int_0^x f(t) \mathrm{d}t = x(1 + \cos x)$，求 $f\left(\dfrac{\pi}{2}\right)$.

5.2.2　牛顿–莱布尼茨公式

一、牛顿–莱布尼茨公式

定理 5.2.2（牛顿–莱布尼茨公式） 若函数 $f(x)$ 在 $[a, b]$ 上连续，且存在原函数 $F(x)$，即 $F'(x) = f(x)$，则

牛顿（I. Newton, 1643—1727），著名英国数学家、物理学家.

$$\int_a^b f(x) \mathrm{d}x = F(b) - F(a). \tag{5.2.3}$$

证 已知 $F(x)$ 是 $f(x)$ 的一个原函数，又 $\varPhi(x) = \int_a^x f(t) \mathrm{d}t$ 也是 $f(x)$ 的一个原函数，因而

$$\varPhi(x) = F(x) + C \quad (x \in [a, b]),$$

其中 C 为一个常数.

令 $x = a$ 得 $\varPhi(a) = F(a) + C$，其中 $\varPhi(a) = \int_a^a f(t) \mathrm{d}t = 0$，从而 $C = -F(a)$，所以

$$\int_a^x f(t) \mathrm{d}t = F(x) - F(a).$$

再令 $x = b$，便得

$$\int_a^b f(t) \mathrm{d}t = F(b) - F(a),$$

即 $\int_a^b f(x) \mathrm{d}x = F(b) - F(a)$，证毕.

公式（5.2.3）称为**牛顿–莱布尼茨公式**，有时被简写作 **N–L 公式**. 公式表明：一

个连续函数在区间 $[a,b]$ 上的定积分等于它的任意一个原函数在区间 $[a,b]$ 上的增量, 于是求定积分的问题可转化为求原函数的问题. 这个增量常被记为

$$\big[F(x)\big]_a^b \quad \text{或} \quad F(x)\big|_a^b.$$

注意当 $a>b$ 时,

$$\int_a^b f(x)\,dx = \big[F(x)\big]_a^b$$

仍成立.

原函数存在定理和牛顿-莱布尼茨公式分别被称为微积分基本定理的**微分形式**和**积分形式**.

牛顿-莱布尼茨公式使拉格朗日中值定理表示为

$$f'(\xi) = \frac{f(b)-f(a)}{b-a} = \frac{1}{b-a}\int_a^b f'(x)\,dx.$$

因此, 微分中值定理中的"中值"意为"闭区间上导函数值的平均值".

例 5.2.8 求

(1) 曲线 $y=\sin x$ 在 $[0,\pi]$ 内与 x 轴所围区域的面积;

(2) 由曲线 $y=x^2+1$ 及 $x+y=3$ 所围图形的面积.

解 (1) 根据定积分的几何意义和牛顿-莱布尼茨公式, 有

$$\int_0^\pi \sin x\,dx = \big[-\cos x\big]_0^\pi = 1-(-1) = 2.$$

(2) 这个面积可以认为是两个曲边梯形面积之差, 如图 5.2.2 所示. 由 $\begin{cases} y=x^2+1, \\ x+y=3 \end{cases}$ 解得交点 $A(-2,5)$, $B(1,2)$, 所求面积为

$$S = \int_{-2}^1 (3-x)\,dx - \int_{-2}^1 (x^2+1)\,dx$$
$$= \int_{-2}^1 [3-x-(x^2+1)]\,dx$$
$$= \Big[2x-\frac{x^2}{2}-\frac{x^3}{3}\Big]_{-2}^1 = \frac{9}{2}.$$

图 5.2.2

例 5.2.9 计算定积分:

(1) $\int_{-\frac{\pi}{2}}^1 f(x)\,dx$, 其中 $f(x) = \begin{cases} \cos x, & x\in\left[-\dfrac{\pi}{2},0\right), \\ e^x, & x\in[0,1]; \end{cases}$

思考题 5.2.1 原函数存在定理、牛顿-莱布尼茨公式、定积分中值定理, 这三者等价吗?

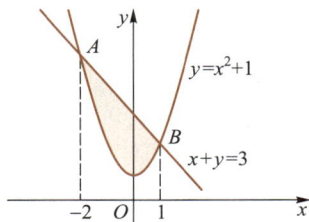

$(2)\int_{-1}^{2}|x-1|\mathrm{d}x;$　　　　$(3)\int_{-2}^{3}\min\{1,x^2\}\mathrm{d}x.$

解　这几个被积函数都是分段函数,根据定积分关于区间的可加性得

$(1)\displaystyle\int_{-\frac{\pi}{2}}^{1}f(x)\mathrm{d}x=\int_{-\frac{\pi}{2}}^{0}f(x)\mathrm{d}x+\int_{0}^{1}f(x)\mathrm{d}x$

$\qquad\qquad\quad=\displaystyle\int_{-\frac{\pi}{2}}^{0}\cos x\mathrm{d}x+\int_{0}^{1}\mathrm{e}^{x}\mathrm{d}x$

$\qquad\qquad\quad=1+(\mathrm{e}-1)=\mathrm{e}.$

$(2)\displaystyle\int_{-1}^{2}|x-1|\mathrm{d}x=\int_{-1}^{1}|x-1|\mathrm{d}x+\int_{1}^{2}|x-1|\mathrm{d}x$

$\qquad\qquad\qquad=\displaystyle\int_{-1}^{1}(1-x)\mathrm{d}x+\int_{1}^{2}(x-1)\mathrm{d}x$

$\qquad\qquad\qquad=2+\dfrac{1}{2}=\dfrac{5}{2}.$

$(3)\displaystyle\int_{-2}^{3}\min\{1,x^2\}\mathrm{d}x=\int_{-2}^{-1}1\mathrm{d}x+\int_{-1}^{1}x^2\mathrm{d}x+\int_{1}^{3}1\mathrm{d}x=\dfrac{11}{3}.$

例 5.2.10　已知 $f(x)=\dfrac{1}{1+x^2}+x^2\displaystyle\int_{0}^{1}f(x)\mathrm{d}x,$ 求 $f(x).$

解　注意 $\displaystyle\int_{0}^{1}f(x)\mathrm{d}x$ 是一个常数,设 $A=\int_{0}^{1}f(x)\mathrm{d}x$,在上面的等式两边积分得

$$\int_{0}^{1}f(x)\mathrm{d}x=\int_{0}^{1}\frac{1}{1+x^2}\mathrm{d}x+\int_{0}^{1}x^2\mathrm{d}x\int_{0}^{1}f(x)\mathrm{d}x,$$

即

$$A=\frac{\pi}{4}+\frac{1}{3}A,$$

故 $A=\dfrac{3\pi}{8}.$ 从而

$$f(x)=\frac{1}{1+x^2}+\frac{3\pi x^2}{8}.$$

例 5.2.11　设 $f'(x)$ 在 $[0,a]$ 上连续,且 $f(0)=0$,试证:

$$\left|\int_{0}^{a}f(t)\mathrm{d}t\right|\leqslant\frac{Ma^2}{2}\quad(这里 M=\max_{x\in[0,a]}|f'(x)|).$$

证　对任意 $x\in(0,a]$,由拉格朗日中值定理,存在 $\xi\in(0,x)$,使得

$$f(x)-f(0)=f'(\xi)(x-0),$$

故

$$f(x)=f'(\xi)x,|f(x)|\leqslant Mx,$$

从而

$$\left|\int_0^a f(t)\,dt\right| \leqslant \int_0^a |f(t)|\,dt \leqslant \int_0^a Mt\,dt = \frac{Ma^2}{2}.$$

证毕.

二、变上限积分的分段表达

当 $f(x)$ 在 $[a,b]$ 上分段连续时,变上限积分函数 $\Phi(x)=\int_a^x f(t)\,dt$ 在 $[a,b]$ 上一定连续(见思考题 5.2.2),且 $\Phi(a)=0$,这个结果有助于写出当 $f(x)$ 是分段函数时 $\Phi(x)$ 的表达式.

我们先来看例子.

例 5.2.12 设函数 $f(x)=\begin{cases}1, & -1\leqslant x<0,\\ x-1, & 0\leqslant x<1,\\ 2x-2, & 1\leqslant x<2,\\ 0, & 2\leqslant x<3,\end{cases}$

如图 5.2.3 所示,则函数 $F(x)=\int_0^x f(t)\,dt$ 的图形为图 5.2.4 中的哪一个?

解 由 $y=f(x)$ 的图形可以看出,$f(x)$ 在区间 $[-1,3]$ 上有界,且只有两个间断点,则在 $[-1,3]$ 上,$F(x)=\int_0^x f(t)\,dt$ 为连续函数,且 $F(0)=0$,所以排除(B)和(C).由于当 $x\in[-1,0]$ 时,$F(x)=\int_0^x 1\,dt=x$,所以(D)对.

思考题 5.2.2 若 $f(x)$ 在 $[a,b]$ 上除了一个第一类间断点 $c\in(a,b)$ 外处处连续,设 $\Phi(x)=\int_a^x f(t)\,dt$.

(1) 为什么 $\Phi(x)$ 在 $[a,b]$ 上连续?

(2) 试分析 $\Phi(x)$ 在点 c 处的可导性.

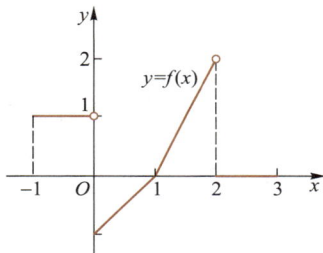

图 5.2.3

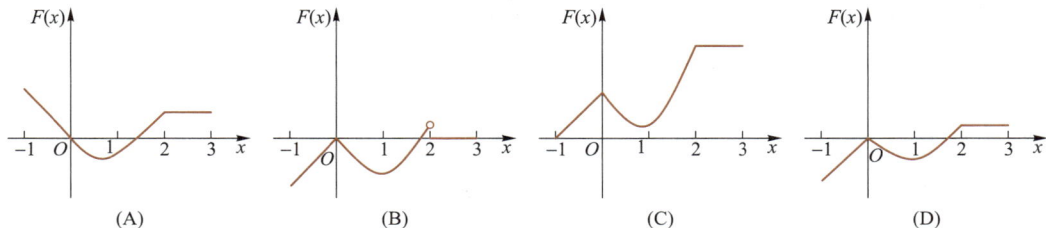

图 5.2.4

变上限积分 $\Phi(x)=\int_a^x f(t)\,dt$ 是牛顿的一个重要发明,是一个非常重要的可导函数.需要注意的是,用已知的 $f(x)$ 表示的 $\Phi(x)$ 不仅与端点 a 和 x 有关,而且与 a 到 x 的整个积分过程有关(需要让积分变量 t 从下限 a 到上限 x"扫描一遍").如果积分过程中被积函数的表达式发生了变化,则需将积分区间分割后分别积分.下例的问题经常出现在概率分布的研究中.

例 5.2.13　求下列函数在$(-\infty,+\infty)$上的变限积分的表达式:

(1) 设 $f(x)=\begin{cases} \dfrac{1}{2}\sin x, & 0\le x\le\pi, \\ 0, & x<0 \text{ 或 } x>\pi, \end{cases}$ 求 $\varPhi(x)=\displaystyle\int_0^x f(t)\,\mathrm{d}t$;

(2) 设 $f(x)=\begin{cases} |x|, & -1\le x\le 2, \\ 0, & x<-1 \text{ 或 } x>2, \end{cases}$ 求 $\varPhi(x)=\displaystyle\int_{-2}^x f(t)\,\mathrm{d}t$.

解　(1) 如图 5.2.5 所示(注意在每次积分中,x 是定值,只有 t 是积分变量).下面分段讨论:

当 $x<0$ 时,$\varPhi(x)=\displaystyle\int_0^x 0\,\mathrm{d}t=0$;

当 $0\le x\le\pi$ 时,$\varPhi(x)=\displaystyle\int_0^x \dfrac{1}{2}\sin t\,\mathrm{d}t=\dfrac{1}{2}(1-\cos x)$;

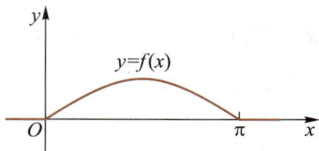

图 5.2.5

当 $x>\pi$ 时,$\varPhi(x)=\displaystyle\int_0^\pi f(t)\,\mathrm{d}t+\int_\pi^x f(t)\,\mathrm{d}t=\int_0^\pi \dfrac{1}{2}\sin t\,\mathrm{d}t+\int_\pi^x 0\,\mathrm{d}t=1$.

综上得到

$$\varPhi(x)=\begin{cases} 0, & x<0, \\ \dfrac{1}{2}(1-\cos x), & 0\le x\le\pi, \\ 1, & x>\pi. \end{cases}$$

(2) 如图 5.2.6 所示.

当 $x<-1$ 时,$\varPhi(x)=\displaystyle\int_{-2}^x 0\,\mathrm{d}t=0$;

当 $-1\le x<0$ 时,$\varPhi(x)=\displaystyle\int_{-2}^{-1} 0\,\mathrm{d}t+\int_{-1}^x (-t)\,\mathrm{d}t$

$$=\dfrac{1}{2}(1-x^2);$$

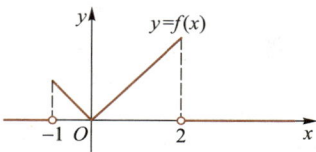

图 5.2.6

当 $0\le x<2$ 时,$\varPhi(x)=\displaystyle\int_{-2}^{-1} 0\,\mathrm{d}t+\int_{-1}^0 (-t)\,\mathrm{d}t+\int_0^x t\,\mathrm{d}t=\dfrac{1}{2}+\dfrac{1}{2}x^2$;

当 $x\ge 2$ 时,$\varPhi(x)=\displaystyle\int_{-2}^{-1} 0\,\mathrm{d}t+\int_{-1}^0 (-t)\,\mathrm{d}t+\int_0^2 t\,\mathrm{d}t+\int_2^x 0\,\mathrm{d}t=0+\dfrac{1}{2}+2+0=\dfrac{5}{2}$.

综上所述,

$$\Phi(x)=\begin{cases} 0, & x<-1, \\[2mm] \dfrac{1}{2}(1-x^2), & -1\leqslant x<0, \\[3mm] \dfrac{1}{2}+\dfrac{1}{2}x^2, & 0\leqslant x<2, \\[3mm] \dfrac{5}{2}, & x\geqslant 2. \end{cases}$$

三、关于定积分中的变量的注记

这里仅对计算中几种常见的容易混淆的积分进行注解. 设 $f(x)$ 在区间 $[a,b]$ 上连续, 注意以下三对式子的区别:

(1) $\dfrac{\mathrm{d}}{\mathrm{d}x}\left(\displaystyle\int_a^x f(t)\,\mathrm{d}t\right)$ 与 $\dfrac{\mathrm{d}}{\mathrm{d}x}\left(\displaystyle\int_a^b f(x)\,\mathrm{d}x\right)$.

第一式中 x 是作为函数 $\displaystyle\int_a^x f(t)\,\mathrm{d}t$ 中的变量, 也是作为积分过程中的常量, 而 $\displaystyle\int_a^b f(x)\,\mathrm{d}x$ 的结果是个常数, 与 x 无关. 因此,

$$\frac{\mathrm{d}}{\mathrm{d}x}\left(\int_a^x f(t)\,\mathrm{d}t\right)=f(x),$$

而

$$\frac{\mathrm{d}}{\mathrm{d}x}\left(\int_a^b f(x)\,\mathrm{d}x\right)=0.$$

(2) $\displaystyle\int_a^x f(t)\,\mathrm{d}t$ 与 $\displaystyle\int_a^x f(x)\,\mathrm{d}t$.

由于 d 后面的 t 是积分变量, 在积分 $\displaystyle\int_a^x f(t)\,\mathrm{d}t$ 中 $f(t)$ 是未知函数, 而在 $\displaystyle\int_a^x f(x)\,\mathrm{d}t$ 中 $f(x)$ 是积分过程中的常值函数, 可使积分化为

$$\int_a^x f(x)\,\mathrm{d}t=f(x)\int_a^x \mathrm{d}t=f(x)(x-a). \qquad (5.2.4)$$

(3) $\displaystyle\int_a^b \varphi(x,t)\,\mathrm{d}t$ 与 $\displaystyle\int_a^b \varphi(x,t)\,\mathrm{d}x$.

虽然这两个积分的被积函数与上、下限都相同, 但是

$\displaystyle\int_a^b \varphi(x,t)\,\mathrm{d}t$ 经过以 t 为积分变量的积分, 成为 x 的函数;

$\displaystyle\int_a^b \varphi(x,t)\,\mathrm{d}x$ 经过以 x 为积分变量的积分, 成为 t 的函数.

例 5.2.14 设 $f(x)=\displaystyle\int_0^1 |x-t|\,\mathrm{d}t$, 求 $f(x)$ 的分段表达式.

解   对 x 所处的位置分段讨论.

当 $x<0$ 时,由于 $t\in[0,1]$,故总有 $x<t$,于是 $|x-t|=t-x$,

$$\int_0^1 |x-t|\,\mathrm{d}t = \int_0^1 (t-x)\,\mathrm{d}t = \left[\frac{1}{2}t^2-xt\right]_0^1 = \frac{1}{2}-x.$$

对 $0\leqslant x\leqslant 1$ 和 $x>1$ 分别进行相似的讨论,得到

$$f(x)=\begin{cases} \displaystyle\int_0^1 (t-x)\,\mathrm{d}t, & x<0, \\[2mm] \displaystyle\int_0^x (x-t)\,\mathrm{d}t + \int_x^1 (t-x)\,\mathrm{d}t, & 0\leqslant x\leqslant 1, \\[2mm] \displaystyle\int_0^1 (x-t)\,\mathrm{d}t, & x>1 \end{cases}$$

$$=\begin{cases} \dfrac{1}{2}-x, & x<0, \\[2mm] x^2-x+\dfrac{1}{2}, & 0\leqslant x\leqslant 1, \\[2mm] x-\dfrac{1}{2}, & x>1. \end{cases}$$

例 5.2.15   设 $f(x)$ 在 $[a,b]$ 上连续,且单调递增,证明:

$$(a+b)\int_a^b f(x)\,\mathrm{d}x < 2\int_a^b xf(x)\,\mathrm{d}x.$$

证   上式对一切 $b(b>a)$ 成立,故可以把 b 看作变量(这种方法称为**常数变易法**).令

$$F(x)=(a+x)\int_a^x f(t)\,\mathrm{d}t - 2\int_a^x tf(t)\,\mathrm{d}t, \quad x\in(a,b],$$

则 $F(a)=0$,且

$$F'(x)=\left[\int_a^x f(t)\,\mathrm{d}t + (a+x)f(x)\right]-2xf(x)=\int_a^x f(t)\,\mathrm{d}t - f(x)(x-a).$$

以下用两种方法证明 $F'(x)<0$.

方法一   由定积分中值定理,存在 $\xi\in(a,x)$ 使得

$$F'(x)=(x-a)f(\xi)-(x-a)f(x)$$
$$=(x-a)[f(\xi)-f(x)]<0(因为 f(x) 单调递增).$$

方法二   利用(5.2.4)式,有

$$F'(x)=\int_a^x f(t)\,\mathrm{d}t - f(x)(x-a)=\int_a^x f(t)\,\mathrm{d}t - \int_a^x f(x)\,\mathrm{d}t$$
$$=\int_a^x [f(t)-f(x)]\,\mathrm{d}t<0.$$

所以，$F(x)$单调递减，从而$F(b)<F(a)=0$.证毕.

练习 5.2.2

1. 用牛顿-莱布尼茨公式计算下列定积分的值：

（1）$\displaystyle\int_0^1(3x^2-x+1)\,dx$；

（2）$\displaystyle\int_1^2\left(2x+\frac{1}{x^2}\right)dx$；

（3）$\displaystyle\int_0^{\frac{\pi}{2}}\cos x\,dx$；

（4）$\displaystyle\int_0^{\frac{\pi}{4}}2\sin 2x\,dx$.

2. 已知$f(x)=\begin{cases}\cos x, & 0\leqslant x\leqslant\frac{\pi}{2},\\ 0, & x<0\ \text{或}\ x>\frac{\pi}{2},\end{cases}$ 求：

（1）$\displaystyle\int_0^{\pi}f(t)\,dt$；

（2）$\displaystyle\int_0^x f(t)\,dt\quad(x\in[0,+\infty))$.

习题 5.2

1. 求下列函数的导数$\dfrac{dy}{dx}$：

（1）$y=\displaystyle\int_0^x\sqrt{1+t^2}\,dt$；

（2）$y=\displaystyle\int_x^{-1}te^{-t}\,dt$；

（3）$y=\displaystyle\int_0^{x^2}\frac{1}{\sqrt{1+t^2}}\,dt$；

（4）$y=\displaystyle\int_{x^3}^{x^2}\sin t^2\,dt$；

（5）$y=\displaystyle\int_0^x(2x-1)\sqrt{1+t^2}\,dt$；

（6）$x=\displaystyle\int_0^t\sin u\,du,\ y=\int_0^t\cos u\,du$；

（7）$\begin{cases}x=1+2t^2,\\ y=\displaystyle\int_1^{1+2\ln t}\frac{e^u}{u}\,du\end{cases}\quad(t>1)$；

（8）$\begin{cases}x=\arctan t,\\ \displaystyle\int_0^y e^{u^2}\,du+\int_t^1\frac{\cos u}{1+u^2}\,du=0.\end{cases}$

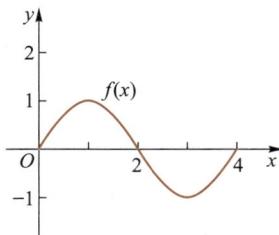

图 5.2.7

2. 函数$f(x)$的图形如图5.2.7所示，试在此图上画出 $g(x)=\displaystyle\int_0^x f(t)\,dt$ 在$[0,4]$上的草图，并指出极值点和大致可能的极值（写到1位小数）.

* *

3. 用导数求解下列问题：

（1）设$f(x)$连续，且$\displaystyle\int_0^{x^3-1}f(t)\,dt=x-1$，求$f(7)$的值.

(2) 设 $y = y(x)$ 是由方程 $\int_0^{xy} e^{t^2} dt + ye^x = 2$ 所确定的隐函数,求 $\left. \dfrac{dy}{dx} \right|_{x=0}$.

(3) 设曲线 $y = y(x)$ 由方程 $\int_0^{\frac{\pi}{4}-x} \cos t \, dt + \int_0^y \arctan(1+t^2) \, dt = 0$ 所确定,求曲线在横坐标 $x = \dfrac{\pi}{4}$ 处的切线方程.

4. 把 $x \to 0^+$ 时的无穷小量 $\alpha = \int_0^x \cos^2 t \, dt$, $\beta = \int_0^{x^2} \tan \sqrt{t} \, dt$, $\gamma = \int_0^{\sqrt{x}} \sin t^3 \, dt$ 按阶数从小到大排列起来.

5. 证明函数 $f(x) = \int_1^x \sqrt{1+t^2} \, dt$ 在 $[-1, +\infty)$ 上是单调递增函数,并求 $(f^{-1})'(0)$.

6. 设 $f(x)$ 在 $[a,b]$ 上连续,在 (a,b) 内可导,且 $f'(x) < 0$,证明函数 $F(x) = \dfrac{1}{x-a} \int_a^x f(t) \, dt$ 在 (a,b) 内单调递减.

7. 计算极限:

(1) $\displaystyle\lim_{x \to 0} \dfrac{\int_0^x \sin t^2 \, dt}{x^3}$;

(2) $\displaystyle\lim_{x \to 0} \dfrac{\int_0^{x^2} \sqrt{1+t^2} \, dt}{x^2}$;

(3) $\displaystyle\lim_{x \to 0} \dfrac{\left(\int_0^x e^{t^2} \, dt \right)^2}{\int_0^x t e^{2t^2} \, dt}$;

(4) $\displaystyle\lim_{x \to 0^+} \dfrac{\int_0^{\tan x} \sqrt{\sin t} \, dt}{\int_0^{\sin x} \sqrt{\tan t} \, dt}$;

(5) $\displaystyle\lim_{x \to 0} \dfrac{x - \sin x}{\int_0^{\sin x} \dfrac{\ln(1+t^3)}{t} \, dt}$;

(6) $\displaystyle\lim_{x \to \infty} \dfrac{\int_0^x t^2 e^{t^2} \, dt}{x e^{x^2}}$.

8. 求函数 $F(x) = \int_0^x t(t-4) \, dt$ 在 $[-1,5]$ 上的最大值与最小值.

9. 设函数 $f(x)$ 在 $(-\infty, +\infty)$ 上连续且单调递增,求证函数 $F(x) = \int_0^x (x-2t) f(t) \, dt$ 在 $(0, +\infty)$ 内单调递减.

10. 讨论函数 $f(x) = \int_1^{x^2} (x^2 - t) e^{-t^2} \, dt$ 的单调区间.

11. 设 $f(x)$ 在 $[0, +\infty)$ 上连续,且 $\displaystyle\lim_{x \to +\infty} f(x) = 1$,证明函数 $y = e^{-x} \int_0^x e^t f(t) \, dt$ 满足微分方程 $\dfrac{dy}{dx} + y = f(x)$,并求 $\displaystyle\lim_{x \to +\infty} y(x)$.

12. 设函数 $f(x)$ 在闭区间 $[a,b]$ 上连续,且 $f(x) > 0$,证明:在开区间 (a,b) 内有且仅有一点 ξ,使得 $\int_a^{\xi} f(x) \, dx = \int_{\xi}^b \dfrac{1}{f(x)} \, dx$.

13. 设函数 $f(x)$ 在区间 $[0,1]$ 上连续,且 $f(x) < 1$,证明:方程 $2x - \int_0^x f(t) \, dt = 1$ 在开区间 $(0,1)$ 内有且仅有一个根.

14. 已知函数 $f(x)$ 在 $(-\infty, +\infty)$ 上连续,且 $f(x) = (x+1)^2 + 2 \int_0^x f(t) \, dt$,当 $n \geq 2$ 时,求 $f^{(n)}(0)$.

15. 计算定积分:

(1) $\int_0^1 \sqrt{x}\,(1+\sqrt{x})\,dx$;

(2) $\int_{\frac{1}{\sqrt{3}}}^1 \frac{1}{1+x^2}dx$;

(3) $\int_{-\frac{1}{2}}^{\frac{1}{2}} \frac{1}{\sqrt{1-x^2}}dx$;

(4) $\int_0^{\frac{a}{2}} \frac{1}{\sqrt{a^2-x^2}}dx$;

(5) $\int_{-e-1}^{-2} \frac{1}{1+x}dx$;

(6) $\int_0^{\frac{\pi}{4}} \tan^2 x\,dx$;

(7) $\int_0^{\frac{\pi}{2}} \sqrt{1-\sin 2x}\,dx$;

(8) $\int_0^{2\pi} |\sin x|\,dx$;

(9) $\int_0^3 \sqrt{x^2-4x+4}\,dx$;

(10) $\int_0^2 \max\{x,x^3\}\,dx$;

(11) $\int_0^2 f(x)\,dx$, 其中 $f(x)=\begin{cases} x+1, & x\leqslant 1, \\ x^2, & x>1; \end{cases}$

(12) $\int_0^3 |x^2-3x+2|\,dx$.

16. 设 $f(x)=\begin{cases} x^2, & x\in[0,1), \\ x, & x\in[1,2], \end{cases}$ 求 $\Phi(x)=\int_0^x f(t)\,dt$ 在 $[0,2]$ 上的表达式,并讨论 $\Phi(x)$ 在 $(0,2)$ 内的连续性.

* *

17. 函数 $f(x)$ 的图形如图 5.2.8 所示, $g(x)=\int_0^x f(t)\,dt$.

(1) 写出 $g(x)$ 的极值点和最大值最小值点;

(2) 画出 $g(x)$ 的草图,指出 $y=g(x)$ 曲线的凹凸区间.

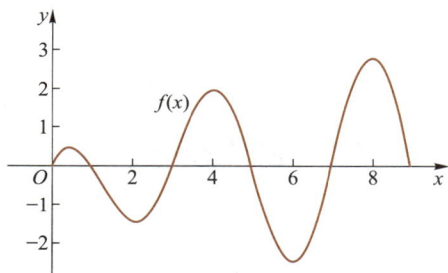

图 5.2.8

18. 解下列极限问题:

(1) 求极限 $\lim\limits_{x\to 0}\left[1+\int_0^{\sqrt[3]{x^2}}(e^{t^2}-1)\,dt\right]^{\frac{1}{x^2}}$;

(2) 设 $\lim\limits_{x\to 0^+} \dfrac{\frac{1}{\pi}\arctan\frac{1}{x} - \frac{a}{\sqrt{1+x^2}}}{\displaystyle\int_0^x \frac{\sin(bt)}{\ln(1+t)}dt} = -2$,求常数 a,b 的值;

(3) 设 $\lim\limits_{x\to 0} \dfrac{ax+\sin x}{\displaystyle\int_b^x \frac{\ln(1+t^3)}{t}dt} = c\,(c\neq 0)$,试确定常数 a,b,c 的值.

19. 设函数 $f(x)=\begin{cases} \dfrac{\displaystyle\int_0^x\left[(t-1)\int_0^{t^2}\varphi(u)\,du\right]dt}{\sin^2 x}, & x\neq 0, \\ 0, & x=0, \end{cases}$ 其中 φ 连续,讨论 $f(x)$ 在点 $x=0$ 处的连续性和可导性.

20. 设函数 $f(x)=\int_0^1 |x-t|\,dt$,求

(1) $f'(x)$;   (2) $\Phi(x) = \displaystyle\int_0^x f(t)\,dt$ 在 $(-\infty, +\infty)$ 上的表达式.

§5.3   定积分的换元法和分部积分法

本节介绍定积分的换元法和分部积分法,它们与不定积分的方法有密切的联系,且更有特色.

5.3.1   定积分的换元积分法

一、定积分的换元积分公式

不定积分的换元法与分部积分法也可以移植到定积分计算中来.

定理 5.3.1(定积分的换元积分公式)   设 $f(x)$ 在 $[a, b]$ 上连续,函数 $x = \varphi(t)$ 在 $[\alpha, \beta]$ 上有连续导数,且当 $t \in [\alpha, \beta]$ 时,$a \leqslant \varphi(t) \leqslant b$, $\varphi(\alpha) = a$, $\varphi(\beta) = b$,则有定积分的换元公式:

$$\int_a^b f(x)\,dx = \int_\alpha^\beta f(\varphi(t))\varphi'(t)\,dt. \tag{5.3.1}$$

证   由于 $f(x)$ 的原函数 $F(x)$ 必存在,且有

$$\int_a^b f(x)\,dx = F(b) - F(a),$$

由复合函数的求导公式,有

$$[F(\varphi(t))]'_t = F'(\varphi(t))\varphi'(t) = f(\varphi(t))\varphi'(t),$$

因此

$$\begin{aligned}
\int_\alpha^\beta f(\varphi(t))\varphi'(t)\,dt &= [F(\varphi(t))]_\alpha^\beta \\
&= F(\varphi(\beta)) - F(\varphi(\alpha)) \\
&= F(b) - F(a) = \int_a^b f(x)\,dx.
\end{aligned}$$

证毕.

(5.3.1)式正好表示:定积分 $\displaystyle\int_a^b f(x)\,dx$ 中的 dx,本来是整个定积分的记号 $\displaystyle\int_a^b * \, dx$ 中的一部分,现在也有了微分的意义.(5.3.1)式中自左到右的换元法相当于不定积分中的第二类换元法,自右向左即是第一类换元法.二者可以混用.

在运用定积分的换元法时需注意,不定积分需要作变量还原,而定积分直接用相应的上下限代入而得一个数值,不必还原到旧变量,定积分中的变量代换是不必

单调的.在不单调的情况下,有可能 $\varphi(t)$ 的值超出 $f(x)$ 的定义域 $[a,b]$,从上面的证明过程可见,这也是允许的,只要 $f(x)$ 在 $\varphi(t)$ 的值域 R_φ 上连续,就可以把积分区间分割成若干个单调区间之和.这也是定积分换元法更为精彩和方便的地方.

思考题 5.3.1 下列运算错在哪里?

由

$$\int_{-1}^{1} \frac{1}{1+x^2} dx$$

$$\xrightarrow{\text{令} x=\frac{1}{t}} \int_{-1}^{1} \frac{1}{1+\frac{1}{t^2}} \left(-\frac{1}{t^2} \right) dt$$

$$= -\int_{-1}^{1} \frac{1}{1+t^2} dt = -\int_{-1}^{1} \frac{1}{1+x^2} dx,$$

得 $\int_{-1}^{1} \frac{1}{1+x^2} dx = 0.$

例 5.3.1 计算:

$(1)\ \int_0^1 \sqrt{1-x^2}\, dx;$ $\qquad$ $(2)\ \int_0^{\frac{\pi}{2}} \sin t\cos t\, dt.$

解 (1) 令 $x=\sin t, t\in\left[0,\dfrac{\pi}{2}\right]$,则 $x=0$ 对应 $t=0, x=1$ 对应 $t=\dfrac{\pi}{2}$,故

$$\int_0^1 \sqrt{1-x^2}\, dx = \int_0^{\frac{\pi}{2}} \cos t \cdot \cos t\, dt$$

$$= \int_0^{\frac{\pi}{2}} \frac{1+\cos 2t}{2} dt$$

$$= \frac{1}{2}\left[t+\frac{1}{2}\sin 2t \right]_0^{\frac{\pi}{2}} = \frac{\pi}{4};$$

$(2)\ \int_0^{\frac{\pi}{2}} \sin t\cos t\, dt = \int_0^{\frac{\pi}{2}} \sin t\, d(\sin t) = \frac{1}{2}\left[\sin^2 t \right]_0^{\frac{\pi}{2}} = \frac{1}{2}.$

例 5.3.2 计算 $I = \int_0^{\pi} \sqrt{\sin^3 x - \sin^5 x}\, dx.$

解 注意这是分段函数的积分.

$$I = \int_0^{\pi} |\cos x|\sqrt{\sin^3 x}\, dx$$

$$= \int_0^{\frac{\pi}{2}} \cos x\sqrt{\sin^3 x}\, dx - \int_{\frac{\pi}{2}}^{\pi} \cos x\sqrt{\sin^3 x}\, dx$$

$$= \int_0^{\frac{\pi}{2}} (\sin x)^{\frac{3}{2}} d(\sin x) - \int_{\frac{\pi}{2}}^{\pi} (\sin x)^{\frac{3}{2}} d(\sin x)$$

$$= \frac{2}{5}\left[(\sin x)^{\frac{5}{2}} \right]_0^{\frac{\pi}{2}} - \frac{2}{5}\left[(\sin x)^{\frac{5}{2}} \right]_{\frac{\pi}{2}}^{\pi} = \frac{4}{5}.$$

例 5.3.3 设 $f(x)=\begin{cases} 1+x^2, & x\leqslant 0, \\ e^{-x}, & x>0, \end{cases}$ 求 $I = \int_1^3 f(x-2)\, dx.$

解 作变换 $x-2=t$,则

$$I = \int_{-1}^{1} f(t)\,dt$$

$$= \int_{-1}^{0} (1+t^2)\,dt + \int_{0}^{1} e^{-t}\,dt$$

$$= \left[t + \frac{t^3}{3} \right]_{-1}^{0} + \left[-e^{-t} \right]_{0}^{1} = \frac{7}{3} - \frac{1}{e}.$$

例 5.3.4 　求 $J = \int_{0}^{1} \dfrac{\ln(1+x)}{1+x^2}\,dx.$

> **注** $\displaystyle\int \frac{\ln(1+x)}{1+x^2}dx$ 不能用初等函数表示.

解 　令 $x = \tan t$，则

$$J = \int_{0}^{\frac{\pi}{4}} \ln(1+\tan t)\,dt = \int_{0}^{\frac{\pi}{4}} \ln \frac{\cos t + \sin t}{\cos t}\,dt$$

$$= \int_{0}^{\frac{\pi}{4}} \ln \left[\sqrt{2} \sin \left(t + \frac{\pi}{4} \right) \right]\,dt - \int_{0}^{\frac{\pi}{4}} \ln \cos t\,dt$$

$$= \int_{0}^{\frac{\pi}{4}} \ln \sqrt{2}\,dt + \int_{0}^{\frac{\pi}{4}} \ln \cos \left(\frac{\pi}{4} - t \right)\,dt - \int_{0}^{\frac{\pi}{4}} \ln \cos t\,dt$$

$$= \frac{\pi \ln 2}{8} + I_1 - I_2,$$

其中

$$I_1 = \int_{0}^{\frac{\pi}{4}} \ln \cos \left(\frac{\pi}{4} - t \right)\,dt, \quad I_2 = \int_{0}^{\frac{\pi}{4}} \ln \cos t\,dt.$$

对于 I_1，令 $\dfrac{\pi}{4} - t = u$，则

$$I_1 = \int_{\frac{\pi}{4}}^{0} \ln \cos u\,(-du) = \int_{0}^{\frac{\pi}{4}} \ln \cos u\,du = \int_{0}^{\frac{\pi}{4}} \ln \cos t\,dt = I_2.$$

因此

$$J = \frac{\pi \ln 2}{8}.$$

例 5.3.5 　设 $f(x)$ 可导，且 $f(0)=0$，$F(x) = \displaystyle\int_{0}^{x} t^{n-1} f(x^n - t^n)\,dt \,(n \geqslant 1)$，求 $\displaystyle\lim_{x \to 0} \frac{F(x)}{x^{2n}}$.

解 　作变换 $x^n - t^n = u$，再用导数的定义，得

$$\lim_{x \to 0} \frac{F(x)}{x^{2n}} = \lim_{x \to 0} \frac{\displaystyle\int_{x^n}^{0} -\frac{1}{n} f(u)\,du}{x^{2n}} = \frac{1}{n} \lim_{x \to 0} \frac{\displaystyle\int_{0}^{x^n} f(u)\,du}{x^{2n}}$$

$$= \frac{1}{n} \lim_{x \to 0} \frac{n x^{n-1} f(x^n)}{2n x^{2n-1}} = \frac{1}{2n} \lim_{x \to 0} \frac{f(x^n) - f(0)}{x^n} = \frac{1}{2n} f'(0).$$

二、用被积函数的特性计算定积分

以下三个例题有十分广泛的应用,它们可以帮助简化定积分或避免被积函数"积不出".证明中要注意用好"**换字母**"的方法.

☆**例 5.3.6**(**定积分的对称性公式**) 设 $f(x)$ 在 $[-a,a]$ 上连续,证明:

(1) 对任何 $f(x)$,恒有

$$\int_{-a}^{a} f(x)\,\mathrm{d}x = \int_{0}^{a} \left[f(x) + f(-x) \right] \mathrm{d}x; \qquad (5.3.2)$$

(2) 若 $f(x)$ 为奇函数,则 $\displaystyle\int_{-a}^{a} f(x)\,\mathrm{d}x = 0$;

(3) 若 $f(x)$ 为偶函数,则 $\displaystyle\int_{-a}^{a} f(x)\,\mathrm{d}x = 2\int_{0}^{a} f(x)\,\mathrm{d}x$.

证 (1) $\displaystyle\int_{-a}^{a} f(x)\,\mathrm{d}x = \int_{-a}^{0} f(x)\,\mathrm{d}x + \int_{0}^{a} f(x)\,\mathrm{d}x$.

对于积分 $\displaystyle\int_{-a}^{0} f(x)\,\mathrm{d}x$,令 $x = -t$,得

$$\int_{-a}^{0} f(x)\,\mathrm{d}x = \int_{a}^{0} f(-t)\,\mathrm{d}(-t) = \int_{0}^{a} f(-t)\,\mathrm{d}t = \int_{0}^{a} f(-x)\,\mathrm{d}x \quad (\text{最后一步是“换字母”}).$$

所以

$$\int_{-a}^{a} f(x)\,\mathrm{d}x = \int_{0}^{a} \left[f(x) + f(-x) \right] \mathrm{d}x.$$

(2)和(3)由(1)式立得.证毕.

本题的(2)(3)称为**定积分的奇偶性公式**,由(2)和(3)可得

$$\int_{-1}^{1} \frac{\sin^3 x}{1+x^4}\,\mathrm{d}x = 0, \qquad \int_{-1}^{1} |x^3|\,\mathrm{d}x = 2\int_{0}^{1} x^3\,\mathrm{d}x = \frac{1}{2}.$$

☆**例 5.3.7**(**定积分的周期性公式**) 证明:若 $f(x)$ 是以 T 为周期的连续函数,则

$$\int_{a}^{a+T} f(x)\,\mathrm{d}x = \int_{0}^{T} f(x)\,\mathrm{d}x. \qquad (5.3.3)$$

证 $\displaystyle\int_{a}^{a+T} f(x)\,\mathrm{d}x = \int_{a}^{0} f(x)\,\mathrm{d}x + \int_{0}^{T} f(x)\,\mathrm{d}x + \int_{T}^{a+T} f(x)\,\mathrm{d}x$,

其中

$$\int_{T}^{a+T} f(x)\,\mathrm{d}x \xlongequal{\text{令}\,x=t+T} \int_{0}^{a} f(t+T)\,\mathrm{d}t = \int_{0}^{a} f(t)\,\mathrm{d}t$$

$$= \int_{0}^{a} f(x)\,\mathrm{d}x \quad (\text{最后一步是“换字母”}).$$

故

$$\int_a^{a+T} f(x)\,\mathrm{d}x = \int_a^0 f(x)\,\mathrm{d}x + \int_0^T f(x)\,\mathrm{d}x + \int_0^a f(x)\,\mathrm{d}x$$

$$= \int_0^T f(x)\,\mathrm{d}x.$$

证毕.

☆ **例 5.3.8**　设 $f(x)$ 为 $[0,1]$ 上的连续函数,证明:

(1) $\displaystyle\int_0^{\frac{\pi}{2}} f(\sin x)\,\mathrm{d}x = \int_0^{\frac{\pi}{2}} f(\cos x)\,\mathrm{d}x$;

(2) $\displaystyle\int_0^{\pi} xf(\sin x)\,\mathrm{d}x = \frac{\pi}{2}\int_0^{\pi} f(\sin x)\,\mathrm{d}x$.

思考题 5.3.2　为使公式 $\displaystyle\int_0^{2a} xf(x)\,\mathrm{d}x = a\int_0^{2a} f(x)\,\mathrm{d}x$ 成立,需要 $f(x)$ 满足什么条件?

证　(1) $\displaystyle\int_0^{\frac{\pi}{2}} f(\sin x)\,\mathrm{d}x \xlongequal{\text{令 } x=\frac{\pi}{2}-t} \int_{\frac{\pi}{2}}^0 f\left(\sin\left(\frac{\pi}{2}-t\right)\right)\mathrm{d}(-t)$

$$= \int_0^{\frac{\pi}{2}} f(\cos t)\,\mathrm{d}t = \int_0^{\frac{\pi}{2}} f(\cos x)\,\mathrm{d}x \quad (\text{最后一步是“换字母”});$$

(2) $\displaystyle\int_0^{\pi} xf(\sin x)\,\mathrm{d}x \xlongequal{\text{令 } x=\pi-t} \int_{\pi}^0 (\pi-t)f(\sin(\pi-t))\,\mathrm{d}(-t)$

$$= \pi\int_0^{\pi} f(\sin t)\,\mathrm{d}t - \int_0^{\pi} tf(\sin t)\,\mathrm{d}t$$

$$= \pi\int_0^{\pi} f(\sin x)\,\mathrm{d}x - \int_0^{\pi} xf(\sin x)\,\mathrm{d}x \quad (\text{最后一步是“换字母”}),$$

移项即得.证毕.

下例中的各题是以上三题的简单应用.

例 5.3.9　计算定积分:

(1) $\displaystyle\int_{-1}^1 \tan^2 x\ln(x+\sqrt{1+x^2})\,\mathrm{d}x$;　　(2) $\displaystyle\int_{-1}^1 \frac{2x^2+x\cos x}{1+\sqrt{1-x^2}}\mathrm{d}x$;　　(3) $\displaystyle\int_{-\frac{\pi}{4}}^{\frac{\pi}{4}} \frac{\sin^2 x}{1+\mathrm{e}^x}\mathrm{d}x$;

(4) $\displaystyle\int_{-\frac{\pi}{4}}^{\frac{\pi}{4}} \frac{1}{1+\sin x}\mathrm{d}x$;　　(5) $\displaystyle\int_0^{n\pi} \sqrt{1-\sin 2x}\,\mathrm{d}x$;　　(6) $\displaystyle\int_0^{2\pi} \sin^{99} x\,\mathrm{d}x$;

(7) $\displaystyle\int_0^{\pi} x\frac{\sin x}{2-\sin^2 x}\mathrm{d}x$;　　(8) $\displaystyle\int_0^{\frac{\pi}{2}} \frac{1}{1+\tan^{\alpha} x}\mathrm{d}x$.

解　(1) 易证 $\ln(x+\sqrt{1+x^2})$ 是奇函数,所以

$$\int_{-1}^1 \tan^2 x\ln(x+\sqrt{1+x^2})\,\mathrm{d}x = 0$$

(连续奇函数在关于原点对称的区间上的积分都为零).

(2) $\displaystyle\int_{-1}^1 \frac{2x^2+x\cos x}{1+\sqrt{1-x^2}}\mathrm{d}x = 4\int_0^1 \frac{x^2}{1+\sqrt{1-x^2}}\mathrm{d}x = 4\int_0^1 (1-\sqrt{1-x^2})\,\mathrm{d}x = 4-\pi$

（第一个等号处用了奇偶性，最后一个等号处用了单位圆面积）.

（3）$\displaystyle\int_{-\frac{\pi}{4}}^{\frac{\pi}{4}}\frac{\sin^2 x}{1+e^x}\mathrm{d}x=\int_0^{\frac{\pi}{4}}\left[\frac{\sin^2 x}{1+e^x}+\frac{\sin^2(-x)}{1+e^{-x}}\right]\mathrm{d}x=\int_0^{\frac{\pi}{4}}\left(\frac{1}{1+e^x}+\frac{e^x}{1+e^x}\right)\sin^2 x\mathrm{d}x$

$$=\int_0^{\frac{\pi}{4}}\sin^2 x\mathrm{d}x=\frac{\pi-2}{8}\quad（用(5.3.2)式）.$$

（4）$\displaystyle\int_{-\frac{\pi}{4}}^{\frac{\pi}{4}}\frac{1}{1+\sin x}\mathrm{d}x=\int_0^{\frac{\pi}{4}}\left(\frac{1}{1+\sin x}+\frac{1}{1-\sin x}\right)\mathrm{d}x$

$$=\int_0^{\frac{\pi}{4}}\frac{2}{1-\sin^2 x}\mathrm{d}x=2\int_0^{\frac{\pi}{4}}\sec^2 x\mathrm{d}x=2\quad（用(5.3.2)式）.$$

（5）$\displaystyle\int_0^{n\pi}\sqrt{1-\sin 2x}\,\mathrm{d}x=n\int_0^{\pi}\sqrt{1-\sin 2x}\,\mathrm{d}x=n\int_0^{\pi}|\sin x-\cos x|\,\mathrm{d}x$

$$=n\left[\int_0^{\frac{\pi}{4}}(\cos x-\sin x)\,\mathrm{d}x+\int_{\frac{\pi}{4}}^{\pi}(\sin x-\cos x)\,\mathrm{d}x\right]=2\sqrt{2}\,n\ （用$$

到了周期性公式）.

（6）$\displaystyle\int_0^{2\pi}\sin^{99}x\mathrm{d}x=\int_{-\pi}^{\pi}\sin^{99}x\mathrm{d}x=0\quad（用到了周期性公式和奇偶性公式）.$

（7）$\displaystyle\int_0^{\pi}x\frac{\sin x}{2-\sin^2 x}\mathrm{d}x=\frac{\pi}{2}\int_0^{\pi}\frac{-\mathrm{d}(\cos x)}{1+\cos^2 x}=-\frac{\pi}{2}\left[\arctan(\cos x)\right]_0^{\pi}=\frac{\pi^2}{4}\quad（用例5.3.8$

（2））.

（8）根据例5.3.8（1），设 $I=\displaystyle\int_0^{\frac{\pi}{2}}\frac{1}{1+\tan^{\alpha}x}\mathrm{d}x$，则

$$I=\int_0^{\frac{\pi}{2}}\frac{1}{1+\left(\dfrac{\sin x}{\sqrt{1-\sin^2 x}}\right)^{\alpha}}\mathrm{d}x$$

$$=\int_0^{\frac{\pi}{2}}\frac{1}{1+\left(\dfrac{\cos x}{\sqrt{1-\cos^2 x}}\right)^{\alpha}}\mathrm{d}x$$

$$=\int_0^{\frac{\pi}{2}}\frac{1}{1+\cot^{\alpha}x}\mathrm{d}x=\int_0^{\frac{\pi}{2}}\frac{\tan^{\alpha}x}{1+\tan^{\alpha}x}\mathrm{d}x,$$

注　根据命题 5.1.2，$\displaystyle\int_0^{\frac{\pi}{2}}f(\tan x)\,\mathrm{d}x$ 中 $f(\tan x)$ 在右端点 $x=\dfrac{\pi}{2}$ 处的取值可以取为极限值 $\displaystyle\lim_{x\to\frac{\pi}{2}^-}f(\tan x)$.

两式相加后得到

$$2I=\int_0^{\frac{\pi}{2}}\frac{1+\tan^{\alpha}x}{1+\tan^{\alpha}x}\mathrm{d}x=\frac{\pi}{2},$$

故　　　　$I=\dfrac{\pi}{4}.$

例 5.3.10　设 $f(x)$ 为连续函数，证明下列各题：

（1） $\int_0^{2\pi} f(\,|\cos x\,|\,)\,\mathrm{d}x = 4\int_0^{\frac{\pi}{2}} f(\cos x)\,\mathrm{d}x$；

（2） $\int_a^b f(x)\,\mathrm{d}x = \int_a^b f(a+b-x)\,\mathrm{d}x$.

证 （1）由周期性（周期 $T=\pi$）和奇偶性，得

$$\int_0^{2\pi} f(\,|\cos x\,|\,)\,\mathrm{d}x = 2\int_0^{\pi} f(\,|\cos x\,|\,)\,\mathrm{d}x = 2\int_{-\frac{\pi}{2}}^{\frac{\pi}{2}} f(\,|\cos x\,|\,)\,\mathrm{d}x = 4\int_0^{\frac{\pi}{2}} f(\cos x)\,\mathrm{d}x；$$

（2）令 $x=a+b-t$，

$$\int_a^b f(x)\,\mathrm{d}x = \int_b^a f(a+b-t)\,\mathrm{d}(-t) = \int_a^b f(a+b-t)\,\mathrm{d}t = \int_a^b f(a+b-x)\,\mathrm{d}x.$$

证毕.

练习 5.3.1

1. 计算下列积分：

（1） $\int_{\frac{\pi}{3}}^{\pi} \sin\left(x+\dfrac{\pi}{3}\right)\mathrm{d}x$；   （2） $\int_{-2}^{0} \dfrac{\mathrm{d}x}{(5+2x)^3}$.

2. 已知 $\int_0^a 3x^2\,\mathrm{d}x = 8$，求 $I = \int_0^a x\mathrm{e}^{-x^2}\mathrm{d}x$.

3. 找出下列积分中不等于零的积分式，并求其值：

（1） $\int_{-\frac{\pi}{3}}^{\frac{\pi}{3}} \sin^9 x\mathrm{d}x$；   （2） $\int_{-\pi}^{\pi} \mathrm{e}^{|x|}\sin x\mathrm{d}x$；   （3） $\int_{-\frac{1}{2}}^{\frac{1}{2}} \cos x\ln\dfrac{1+x}{1-x}\mathrm{d}x$；

（4） $\int_{-\frac{1}{2}}^{\frac{1}{2}} \dfrac{x^2\arcsin x}{\sqrt{1-x^2}}\mathrm{d}x$；   （5） $\int_{-1}^{1} \dfrac{x^7+2x^5+8x}{\cos^4 x+1}\mathrm{d}x$；   （6） $\int_{-\pi}^{\pi} \dfrac{x\ln(x^2+1)+\sin^2 x\cos x}{\sin^2 x}\mathrm{d}x$；

（7） $\int_{-1}^{1} |x|\mathrm{d}x$.

5.3.2   定积分的分部积分法

一、定积分的分部积分公式

定理 5.3.2（定积分的分部积分公式） 若 $u(x),v(x)$ 是定义在 $[a,b]$ 上的具有连续导函数的函数，则有

$$\int_a^b u(x)v'(x)\,\mathrm{d}x = \left[u(x)v(x)\right]_a^b - \int_a^b u'(x)v(x)\,\mathrm{d}x. \tag{5.3.4}$$

证 因为 $u(x)v(x)$ 是 $u'(x)v(x)+u(x)v'(x)$ 的一个原函数，所以

$$\int_a^b u(x)v'(x)\,dx + \int_a^b u'(x)v(x)\,dx = \int_a^b \left[u'(x)v(x) + u(x)v'(x) \right]dx$$
$$= \left[u(x)v(x) \right]_a^b,$$

移项即得(5.3.4)式.证毕.

可见,与不定积分的分部积分法相比,定积分的分部积分法多了"取值"的过程.

例 5.3.11 计算定积分:

(1) $\int_0^1 xe^x\,dx$; (2) $\int_1^e x^2\ln x\,dx$; (3) $\int_0^{\frac{1}{2}} \arcsin x\,dx$.

解 利用分部积分公式,有

(1) $\int_0^1 xe^x\,dx = \int_0^1 x(e^x)'\,dx = \left[xe^x \right]_0^1 - \int_0^1 e^x\,dx = e - \left[e^x \right]_0^1 = 1$;

(2) $\int_1^e x^2\ln x\,dx = \int_1^e \left(\frac{x^3}{3}\right)'\ln x\,dx = \left[\frac{x^3}{3}\ln x\right]_1^e - \int_1^e \frac{x^3}{3}\cdot\frac{1}{x}\,dx = \frac{1}{9}(2e^3+1)$;

(3) $\int_0^{\frac{1}{2}} \arcsin x\,dx = \left[x\arcsin x \right]_0^{\frac{1}{2}} - \int_0^{\frac{1}{2}} \frac{x}{\sqrt{1-x^2}}\,dx = \frac{\pi}{12} + \frac{\sqrt{3}}{2} - 1$.

例 5.3.12 计算定积分:

(1) $\int_0^{\frac{\pi}{4}} \frac{x\,dx}{1+\cos 2x}$; (2) $\int_0^1 \frac{\ln(1+x)}{(2+x)^2}\,dx$.

解 用分部积分法,有

(1) $\int_0^{\frac{\pi}{4}} \frac{x\,dx}{1+\cos 2x} = \int_0^{\frac{\pi}{4}} \frac{x\,dx}{2\cos^2 x} = \int_0^{\frac{\pi}{4}} \frac{x}{2}\,d(\tan x)$

$= \frac{1}{2}\left[x\tan x \right]_0^{\frac{\pi}{4}} - \frac{1}{2}\int_0^{\frac{\pi}{4}} \tan x\,dx$

$= \frac{\pi}{8} + \frac{1}{2}\left[\ln|\cos x| \right]_0^{\frac{\pi}{4}} = \frac{\pi}{8} - \frac{\ln 2}{4}$;

(2) $\int_0^1 \frac{\ln(1+x)}{(2+x)^2}\,dx = \left[-\frac{\ln(1+x)}{2+x} \right]_0^1 + \int_0^1 \frac{1}{2+x}\,d(\ln(1+x))$

$= -\frac{\ln 2}{3} + \int_0^1 \left(\frac{1}{1+x} - \frac{1}{2+x} \right)dx$

$= -\frac{\ln 2}{3} + \left[\ln(1+x) - \ln(2+x) \right]_0^1$

$= -\frac{\ln 2}{3} + \ln 2 - \ln 3 + \ln 2 = \frac{5}{3}\ln 2 - \ln 3$.

二、$\int_0^{\frac{\pi}{2}} \sin^n x\,\mathrm{d}x$ 的计算公式

注　$(2n)!! = 2n \cdot (2n-2)\cdots 6 \cdot 4 \cdot 2$,
$(2n-1)!! = (2n-1) \cdot (2n-3)\cdots 5 \cdot 3 \cdot 1$,
分别称为 $2n$ 和 $2n-1$ 的**双阶乘**.

设 $I_n = \int_0^{\frac{\pi}{2}} \sin^n x\,\mathrm{d}x$，根据例 5.3.8（1），有

$$I_n = \int_0^{\frac{\pi}{2}} \cos^n x\,\mathrm{d}x .$$

这里介绍 I_n 的一个递推公式，它在简化一些定积分计算中十分有用.

命题 5.3.1　当 $n \in \mathbf{N}^*$ 时，恒有

$$\int_0^{\frac{\pi}{2}} \sin^n x\,\mathrm{d}x = \int_0^{\frac{\pi}{2}} \cos^n x\,\mathrm{d}x = \begin{cases} \dfrac{(n-1)!!}{n!!}, & n \text{ 为奇数,} \\[3mm] \dfrac{(n-1)!!}{n!!} \cdot \dfrac{\pi}{2}, & n \text{ 为偶数.} \end{cases} \tag{5.3.5}$$

证　由例 5.3.8（1）可知，$\int_0^{\frac{\pi}{2}} \sin^n x\,\mathrm{d}x = \int_0^{\frac{\pi}{2}} \cos^n x\,\mathrm{d}x$，设其值为 I_n，则

$$I_n = \int_0^{\frac{\pi}{2}} \sin^n x\,\mathrm{d}x = \int_0^{\frac{\pi}{2}} \sin^{n-1} x(-\cos x)'\,\mathrm{d}x$$

$$= \left[-\sin^{n-1} x\cos x \right]_0^{\frac{\pi}{2}} + (n-1) \int_0^{\frac{\pi}{2}} \sin^{n-2} x \cos^2 x\,\mathrm{d}x$$

$$= (n-1) \int_0^{\frac{\pi}{2}} \sin^{n-2} x\,\mathrm{d}x - (n-1) \int_0^{\frac{\pi}{2}} \sin^n x\,\mathrm{d}x = (n-1)I_{n-2} - (n-1)I_n,$$

移项后得到递推公式

$$I_n = \frac{n-1}{n} I_{n-2}.$$

反复利用这个公式，就有

$$I_n = \frac{n-1}{n} I_{n-2} = \frac{n-1}{n} \frac{n-3}{n-2} I_{n-4} = \frac{n-1}{n} \frac{n-3}{n-2} \frac{n-5}{n-4} I_{n-6} = \cdots,$$

递归后归结为求值 $I_1 = \int_0^{\frac{\pi}{2}} \sin x\,\mathrm{d}x = 1$ 和 $I_0 = \int_0^{\frac{\pi}{2}} \sin^0 x\,\mathrm{d}x = \dfrac{\pi}{2}$.

当 n 为奇数时，$I_n = \dfrac{(n-1)(n-3)\cdots 2}{n(n-2)\cdots 3} I_1$；

当 n 为偶数时，$I_n = \dfrac{(n-1)(n-3)\cdots 3 \cdot 1}{n(n-2)\cdots 4 \cdot 2} I_0$.

从而得到（5.3.5）式. 证毕.

利用这个公式，可以立即得到

$$\int_0^{\frac{\pi}{2}} \sin^6 x dx = \frac{5 \cdot 3}{6 \cdot 4 \cdot 2} \cdot \frac{\pi}{2} = \frac{5\pi}{32},$$

$$\int_{-\frac{\pi}{2}}^{\frac{\pi}{2}} \cos^5 x dx = 2\int_0^{\frac{\pi}{2}} \cos^5 x dx = 2 \cdot \frac{4 \cdot 2}{5 \cdot 3} = \frac{16}{15}.$$

注 $\int_0^{\frac{\pi}{2}} \sin^2 x dx = \int_0^{\frac{\pi}{2}} \cos^2 x dx = \frac{\pi}{4}, \int_0^{\frac{\pi}{2}} \sin^3 x dx = \frac{2}{3}, \int_0^{\frac{\pi}{2}} \cos^4 x dx = \frac{3\pi}{16}$,这些结果十分常用.

例 5.3.13 计算 $\int_0^{\pi} x \sin^{99} x dx$.

解 利用例 5.3.8(2)的公式得

$$\int_0^{\pi} x \sin^{99} x dx = \frac{\pi}{2}\int_0^{\pi} \sin^{99} x dx = \frac{\pi}{2} \cdot 2\int_0^{\frac{\pi}{2}} \sin^{99} x dx = \pi \cdot \frac{98!!}{99!!}.$$

让我们再对命题 5.3.1 的结果进行一点讨论.因为 $\sin^{2n+1} x \leqslant \sin^{2n} x \leqslant \sin^{2n-1} x \left(x \in \left[0, \frac{\pi}{2}\right] \right)$,积分,就有

$$\frac{(2n)!!}{(2n+1)!!} \leqslant \frac{(2n-1)!!}{(2n)!!} \cdot \frac{\pi}{2} \leqslant \frac{(2n-2)!!}{(2n-1)!!},$$

各边乘中间的数 $\frac{(2n-1)!!}{(2n)!!}$,得到

沃利斯(J. Wallis, 1616—1703),英国数学家.

$$\frac{1}{2n+1} \leqslant \left[\frac{(2n-1)!!}{(2n)!!}\right]^2 \cdot \frac{\pi}{2} \leqslant \frac{1}{2n},$$

公式(5.3.5)是沃利斯为了推导(5.3.6)所做出的预备性结果.

进而

$$1 \leqslant (2n+1)\left[\frac{(2n-1)!!}{(2n)!!}\right]^2 \cdot \frac{\pi}{2} \leqslant \frac{2n+1}{2n}.$$

由夹逼准则得到

$$\lim_{n \to \infty}\left[\frac{(2n)!!}{(2n-1)!!}\right]^2 \frac{1}{2n+1} = \frac{\pi}{2}. \tag{5.3.6}$$

这个极限式称为**沃利斯公式**,它确定了一个收敛于 π 的数列.

三、分部积分法综合题杂例

这里举例说明被积函数为变限积分、导函数和抽象函数的积分方法.

例 5.3.14 已知 $f(x) = \tan^2 x$,求 $\int_0^{\frac{\pi}{4}} f'(x) f''(x) dx$.

解 用换元法,有

$$\int_0^{\frac{\pi}{4}} f'(x) f''(x) dx = \int_0^{\frac{\pi}{2}} f'(x) df'(x) = \frac{1}{2}\left[(f'(x))^2\right]_0^{\frac{\pi}{4}} = \frac{1}{2}\left[(2\tan x \cdot \sec^2 x)^2\right]_0^{\frac{\pi}{4}} = 8.$$

例 5.3.15 设 $f(x) = \int_0^x \frac{\sin t}{\pi - t} dt$,计算 $\int_0^{\pi} f(x) dx$.

解   用分部积分法(注意区别其中的积分变量与函数变量),有

$$\int_0^\pi f(x)\,\mathrm{d}x = \int_0^\pi \left(\int_0^x \frac{\sin t}{\pi-t}\mathrm{d}t \right) \mathrm{d}x = \left[x\int_0^x \frac{\sin t}{\pi-t}\mathrm{d}t \right]_0^\pi - \int_0^\pi x\frac{\sin x}{\pi-x}\mathrm{d}x$$

$$= \int_0^\pi \frac{\pi\sin x}{\pi-x}\mathrm{d}x - \int_0^\pi \frac{x\sin x}{\pi-x}\mathrm{d}x = \int_0^\pi \frac{(\pi-x)\sin x}{\pi-x}\mathrm{d}x$$

$$= \int_0^\pi \sin x\,\mathrm{d}x = 2.$$

例 5.3.16   设 $f''(x)$ 在 $[0,1]$ 上连续,且 $f(0)=1, f(2)=3, f'(2)=5$,求 $\int_0^1 xf''(2x)\,\mathrm{d}x$.

解   用分部积分法(注意 $f''(2x)$ 的原函数是 $\frac{1}{2}f'(2x)$),有

$$\int_0^1 xf''(2x)\,\mathrm{d}x = \frac{1}{2}\int_0^1 x\mathrm{d}f'(2x) = \frac{1}{2}\left[xf'(2x) \right]_0^1 - \frac{1}{2}\int_0^1 f'(2x)\,\mathrm{d}x$$

$$= \frac{1}{2}f'(2) - \frac{1}{4}\left[f(2x) \right]_0^1 = \frac{5}{2} - \frac{1}{4}\left[f(2)-f(0) \right] = 2.$$

例 5.3.17   设 $f(x)$ 连续,证明: $\int_0^x \left[\int_0^u f(t)\,\mathrm{d}t \right] \mathrm{d}u = \int_0^x (x-u)f(u)\,\mathrm{d}u.$

证法一   把 x 看作变量,两边对 x 求导,左边导数为 $\int_0^x f(t)\,\mathrm{d}t$,右边导数为

$$\left[\int_0^x (x-u)f(u)\,\mathrm{d}u \right]' = \left[x\int_0^x f(u)\,\mathrm{d}u - \int_0^x uf(u)\,\mathrm{d}u \right]'$$

$$= \int_0^x f(u)\,\mathrm{d}u = \int_0^x f(t)\,\mathrm{d}t,$$

两边导数相等.故

$$\int_0^x \left[\int_0^u f(t)\,\mathrm{d}t \right] \mathrm{d}u = \int_0^x (x-u)f(u)\,\mathrm{d}u + C \quad (C \text{ 为常数}).$$

令 $x=0$ 得 $C=0$.

证法二   把 x 看作常数,用分部积分法,有

$$\text{左边} = \left[u\int_0^u f(t)\,\mathrm{d}t \right]_0^x - \int_0^x uf(u)\,\mathrm{d}u$$

$$= x\int_0^x f(t)\,\mathrm{d}t - \int_0^x uf(u)\,\mathrm{d}u$$

$$= \int_0^x (x-u)f(u)\,\mathrm{d}u = \text{右边}.$$

证毕.

练习 **5.3.2**

1. 计算定积分:

（1）$\displaystyle\int_0^1 x\mathrm{e}^{-x}\mathrm{d}x$;　　　　　　　（2）$\displaystyle\int_0^{\frac{\pi}{2}} x\sin x\mathrm{d}x$.

2. 利用 $\displaystyle\int_0^{\frac{\pi}{2}} \sin^n x\mathrm{d}x$ 的公式求值:

（1）$\displaystyle\int_0^{\frac{\pi}{2}} \cos^3 x\mathrm{d}x$;　　　　（2）$\displaystyle\int_0^{\frac{\pi}{2}} \sin^4 x\mathrm{d}x$;　　　　（3）$\displaystyle\int_0^{\frac{\pi}{2}} \sin^5 x\mathrm{d}x$.

3. 如图 5.3.1 所示,曲线段的方程为 $y=f(x)$,函数 $f(x)$ 在 $[0,a]$ 上有连续的导数,则定积分 $\displaystyle\int_0^a xf'(x)\mathrm{d}x$ 等于(　　)的面积.

（A）曲边梯形 $ABOD$

（B）梯形 $ABOD$

（C）曲边三角形 ACD

（D）三角形 ACD

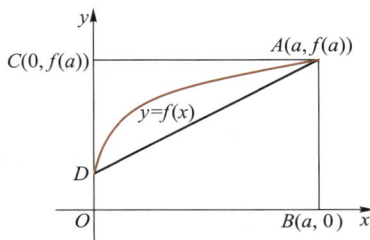

图 5.3.1

习题 5.3 . . . .

1. 计算下列定积分:

（1）$\displaystyle\int_0^{\frac{\pi}{2}} \sin x\cos^3 x\mathrm{d}x$;　　（2）$\displaystyle\int_{\frac{\pi}{6}}^{\frac{\pi}{2}} \cos^2 x\mathrm{d}x$;　　（3）$\displaystyle\int_0^{\frac{\pi}{3}} \sin^3 x\mathrm{d}x$;

（4）$\displaystyle\int_0^2 \mathrm{e}^{\cos^2 x}\sin x\cos x\mathrm{d}x$;　（5）$\displaystyle\int_0^{\sqrt{2}} \sqrt{2-x^2}\mathrm{d}x$;　　（6）$\displaystyle\int_{\frac{1}{\sqrt{2}}}^1 \frac{\sqrt{1-x^2}}{x^2}\mathrm{d}x$;

（7）$\displaystyle\int_1^{\sqrt{3}} \frac{\mathrm{d}x}{x^2\sqrt{1+x^2}}$;　　（8）$\displaystyle\int_{-1}^1 \frac{x\mathrm{d}x}{\sqrt{5-4x}}$;　　（9）$\displaystyle\int_{\frac{3}{4}}^1 \frac{\mathrm{d}x}{\sqrt{1-x}-1}$;

（10）$\displaystyle\int_0^{\sqrt{2}a} \frac{x\mathrm{d}x}{\sqrt{3a^2-x^2}}(a>0)$;　（11）$\displaystyle\int_0^1 \mathrm{e}^{3x^2+\ln x}\mathrm{d}x$;　　（12）$\displaystyle\int_1^{\mathrm{e}^2} \frac{\mathrm{d}x}{x\sqrt{1+\ln x}}$;

（13）$\displaystyle\int_{-\frac{1}{2}}^{\frac{1}{2}} \frac{\arcsin^2 x\mathrm{d}x}{\sqrt{1-x^2}}$;　　（14）$\displaystyle\int_{-a}^a (x+1)\sqrt{a^2-x^2}\mathrm{d}x(a>0)$;　（15）$\displaystyle\int_{-\frac{\pi}{2}}^{\frac{\pi}{2}} \sqrt{\cos x-\cos^3 x}\mathrm{d}x$;

（16）$\displaystyle\int_0^a x^2\sqrt{a^2-x^2}\mathrm{d}x(a>0)$;　（17）$\displaystyle\int_{-2}^0 \frac{(x+2)\mathrm{d}x}{x^2+2x+2}$.

2. 指出图 5.3.2 中面积相等的图形.

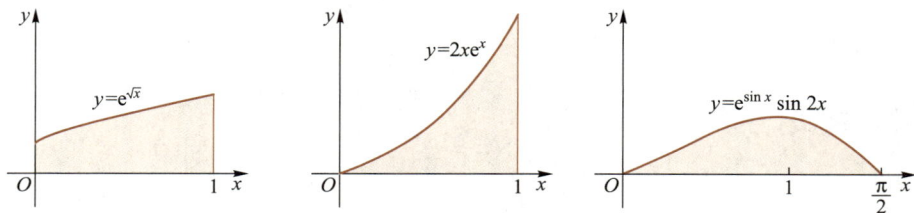

图 5.3.2

* *

3. 设 $f(x) = \begin{cases} \dfrac{1}{1+x^2}, & x<0, \\ e^{-x}, & x\geq 0, \end{cases}$ 求 $\displaystyle\int_1^3 f(x-2)\,\mathrm{d}x$.

4. 证明:(1) $\displaystyle\int_0^1 x^m(1-x)^n\,\mathrm{d}x = \int_0^1 x^n(1-x)^m\,\mathrm{d}x \quad (m,n>0)$;

(2) $\displaystyle\int_x^1 \dfrac{1}{1+t^2}\mathrm{d}t = \int_1^{\frac{1}{x}} \dfrac{1}{1+t^2}\mathrm{d}t \quad (x>0)$.

5. 已知 $f(x) = \displaystyle\int_1^x \dfrac{\ln t}{1+t}\mathrm{d}t$,求 $f(2)+f\left(\dfrac{1}{2}\right)$.

6. 计算定积分:

(1) $\displaystyle\int_0^1 \arctan\sqrt{x}\,\mathrm{d}x$;

(2) $\displaystyle\int_0^\pi |\cos x|\sqrt{\sin x+1}\,\mathrm{d}x$;

(3) $\displaystyle\int_{-\ln 2}^0 \sqrt{1-e^{2x}}\,\mathrm{d}x$;

(4) $\displaystyle\int_0^{\frac{\pi}{2}} \cos^4 x \sin^2 x\,\mathrm{d}x$;

(5) $\displaystyle\int_0^{\frac{\pi}{4}} \dfrac{\mathrm{d}\theta}{1+\sin^2\theta}$;

(6) $\displaystyle\int_0^1 \dfrac{\ln(1+x)}{(2-x)^2}\,\mathrm{d}x$;

(7) $\displaystyle\int_0^1 x\left(\int_1^{x^2} e^{-t^2}\mathrm{d}t\right)\mathrm{d}x$;

(8) $\displaystyle\int_0^2 [(x-1)^3+2x]\sqrt{1+\cos 2\pi x}\,\mathrm{d}x$;

(9) $\displaystyle\int_0^{2a} x\sqrt{2ax-x^2}\,\mathrm{d}x\,(a>0)$;

(10) $\displaystyle\int_{-1}^1 \dfrac{e^x-e^{-x}+|x|}{\sqrt{1+x^2}}\,\mathrm{d}x$;

(11) $\displaystyle\int_{-\frac{\pi}{2}}^{\frac{\pi}{2}} \dfrac{|\sin x|}{(1-2r\cos x+r^2)^2}\,\mathrm{d}x$;

(12) $\displaystyle\int_0^1 \dfrac{(1+x+x^2)e^x}{1+2x+x^2}\,\mathrm{d}x$.

7. 证明下列命题:

(1) 设 $f(x)$ 是连续的奇函数,则 $\displaystyle\int_0^x f(t)\,\mathrm{d}t$ 是偶函数;设 $f(x)$ 是连续的偶函数,则 $\displaystyle\int_0^x f(t)\,\mathrm{d}t$ 是奇函数.

(2) 设 $f(x)$ 在 $(-\infty,+\infty)$ 上为连续的奇函数,则 $F(x) = \displaystyle\int_0^x (x-2t)f(t)\,\mathrm{d}t$ 为奇函数.

(3) 设 $f(x)$ 为连续函数,则 $\displaystyle\int_0^{2a} f(x)\,\mathrm{d}x = \int_0^a [f(x)+f(2a-x)]\,\mathrm{d}x$.

(4) 设 $f(x)$ 为连续函数,则 $\displaystyle\int_0^{2\pi} xf(\cos x)\,\mathrm{d}x = \pi\int_0^{2\pi} f(\cos x)\,\mathrm{d}x$.

(5) 设函数 $f(x)$ 在区间 $[0,1]$ 上连续,$n\in \mathbf{N}$,则 $\displaystyle\int_{\frac{n}{2}\pi}^{\frac{n+1}{2}\pi} f(|\sin x|)\,\mathrm{d}x = \int_0^{\frac{\pi}{2}} f(\sin x)\,\mathrm{d}x$.

(6) 若 $f(x)$ 是周期为 2 的函数,则 $G(x)=2\int_0^x f(t)\,\mathrm{d}t-x\int_0^2 f(t)\,\mathrm{d}t$ 也是以 2 为周期的函数.

8. 求极限 $\lim\limits_{x\to 0}\dfrac{\mathrm{d}}{\mathrm{d}x}\left(\int_0^1 \mathrm{e}^{x^2t^2}\mathrm{d}t\right)$.

9. 设函数 $F(x)=\int_0^{x^2}\mathrm{e}^{-t^2}\mathrm{d}t$,试求:

(1) $F(x)$ 的极值;

(2) 曲线 $y=F(x)$ 的拐点的横坐标;

(3) $\int_{-2}^3 x^2 F'(x)\,\mathrm{d}x$.

10. 设函数 $f(x)$ 连续,且 $\lim\limits_{x\to 0}\dfrac{f(x)}{x}=2$,$\varphi(x)=\int_0^1 f(xt)\,\mathrm{d}t$,求 $\varphi'(x)$,并讨论 $\varphi'(x)$ 的连续性.

11. 设函数 $f(x)$ 连续且 $\int_0^x tf(2x-t)\,\mathrm{d}t=\dfrac{1}{2}\arctan x^2$,$f(1)=1$,计算 $\int_1^2 f(x)\,\mathrm{d}x$.

12. 如图 5.3.3 所示,一个人记住某次实验中学习材料的 $100a\%$ 到 $100b\%$ 之间的概率为 $P_{a,b}=\int_a^b \dfrac{15}{4}x\sqrt{1-x}\,\mathrm{d}x$,其中 x 是记住内容的占比.

(1) 随机抽取一个实验者,其可以回忆 50% 到 75% 之间的概率是多少?

(2) 记忆比例的中位数是多少? 也就是说,求 b,使得能够回忆学习材料的 0 到 b 之间的概率是 0.5.

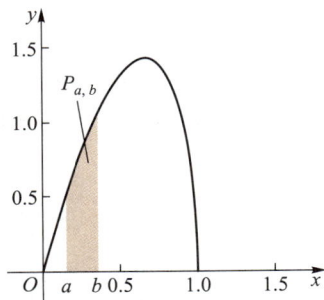
图 5.3.3

13. 计算定积分:

(1) $\int_1^e x\ln x\,\mathrm{d}x$;

(2) $\int_1^e \dfrac{\ln x}{\sqrt{x}}\,\mathrm{d}x$;

(3) $\int_{\frac{\pi}{4}}^{\frac{\pi}{3}} \dfrac{x\,\mathrm{d}x}{\sin^2 x}$;

(4) $\int_0^\pi x\sin^2 x\,\mathrm{d}x$;

(5) $\int_0^1 x\arctan x\,\mathrm{d}x$;

(6) $\int_0^{\frac{\pi}{2}} \mathrm{e}^{2x}\cos x\,\mathrm{d}x$;

(7) $\int_1^e \sin(\ln x)\,\mathrm{d}x$;

(8) $\int_{\frac{1}{e}}^e |\ln x|\,\mathrm{d}x$;

(9) $\int_{-\frac{\pi}{2}}^{\frac{\pi}{2}} x(\sin x+\cos^4 x)\,\mathrm{d}x$.

14. 若连续函数 $f(x)$ 满足 $f(x)=\sin x+x\int_0^1 tf(t)\,\mathrm{d}t$,求 $\int_0^1 xf(x)\,\mathrm{d}x$.

15. 求解下列问题:

(1) 已知函数 $f(x)=\begin{cases}x, & 0\le x\le 1 \\ 2-x, & 1<x\le 2,\end{cases}$ 求 $I=\int_0^2 f(x)\mathrm{e}^{-x}\,\mathrm{d}x$ 的值;

(2) 已知函数 $f(x)=\int_1^x \dfrac{1}{\sqrt{1+t^3}}\mathrm{d}t$,求 $I=\int_0^1 xf(x)\,\mathrm{d}x$ 的值;

(3) 设函数 $f(x)=\int_1^{x^2} \dfrac{\sin t}{t}\mathrm{d}t$,求 $I=\int_0^1 xf(x)\,\mathrm{d}x$ 的值.

16. 如果函数 $f(x)$ 有连续的二阶导数,且 $f'(b)=a$,$f'(a)=b$,求 $\int_a^b f'(x)f''(x)\,\mathrm{d}x$.

17. 设函数 $f(x)$ 在区间 $[a,b]$ 上有连续的导数, $f(a)=f(b)=0$, 且 $\int_a^b f^2(x)\mathrm{d}x = 1$, 求 $\int_a^b xf(x)f'(x)\mathrm{d}x$.

18. 求解下列问题:

(1) 若函数 $f(x)$ 的导数 $f'(u)$ 在 $[-1,1]$ 上连续, 计算 $\int_0^\pi [f(\cos x)\cos x - f'(\cos x)\sin^2 x]\mathrm{d}x$;

(2) 设函数 $f(x)$ 的二阶导数 $f''(x)$ 连续, 且 $f(\pi)=1, f(0)=2$, 计算 $\int_0^\pi [f(x)+f''(x)]\sin x\mathrm{d}x$.

* *

19. 设函数 $f(x)=x$, $g(x)=\begin{cases} \sin x, & 0\leqslant x\leqslant \dfrac{\pi}{2}, \\ 0, & \text{其他.} \end{cases}$ 当 $x\geqslant 0$ 时, 求 $F(x)=\int_0^x f(t)g(x-t)\mathrm{d}t$.

*20. 设函数 $f(x)$ 在区间 $[0,1]$ 上连续, 且 $\int_0^1 f(x)\mathrm{d}x = A$, 求 $\int_0^1 \left[\int_x^1 f(x)f(y)\mathrm{d}y \right]\mathrm{d}x$.

§5.4   定积分的应用

5.4.1   定积分的微元法

我们回顾曲边梯形求面积的问题:

如图 5.4.1 所示, 曲边梯形由连续曲线 $y=f(x)$ $(f(x)\geqslant 0)$, x 轴与两条直线 $x=a$, $x=b(a<b)$ 所围成, 其面积为

$$A = \int_a^b f(x)\mathrm{d}x.$$

将面积表示为定积分的步骤如下:

(1) 把区间 $[a,b]$ 分成 n 个长度为 Δx_i 的小区间 $[x_{i-1},x_i]$, 其中 $\Delta x_i = x_i - x_{i-1}(i=1,\cdots,n)$. 相应的曲边

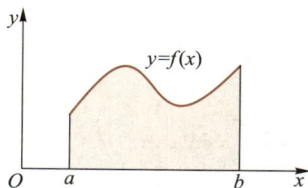

图 5.4.1

梯形被分为 n 个小窄曲边梯形, 第 i 个小窄曲边梯形的面积为 ΔA_i, 则

$$A = \sum_{i=1}^n \Delta A_i;$$

(2) 计算 ΔA_i 的近似值 $\Delta A_i \approx f(\xi_i)\Delta x_i$, $\xi_i \in [x_{i-1},x_i]$;

(3) 求和得 A 的近似值 $A \approx \sum_{i=1}^n f(\xi_i)\Delta x_i$;

(4) 求极限得 A 的精确值 $A = \lim_{\lambda \to 0} \sum_{i=1}^n f(\xi_i)\Delta x_i = \int_a^b f(x)\mathrm{d}x$.

上述步骤可以概括为: 若用 ΔA 表示任一小区间 $[x,x+\mathrm{d}x]$ 上的窄曲边梯形的面积, 则

$$A = \sum \Delta A,$$

并取 $\Delta A \approx f(x)\,\mathrm{d}x$, 于是

$$A \approx \sum f(x)\,\mathrm{d}x,$$

$$A = \lim_{\lambda \to 0} \sum f(x)\,\mathrm{d}x = \int_a^b f(x)\,\mathrm{d}x.$$

这里, $\sum$ 表示求和.

一般地, 当所求量 U 符合下列条件, 就可以考虑用定积分来表达这个量 U:

(1) U 是与一个变量 x 的变化区间 $[a,b]$ 有关的量;

(2) U 对于区间 $[a,b]$ 具有可加性, 就是说, 如果把区间 $[a,b]$ 分成许多部分区间, 则 U 相应地分成许多部分量 ΔU, 而 U 等于所有部分量之和, 即 $U = \sum \Delta U$;

(3) 部分量 ΔU 可表示为

$$\Delta U = f(x)\,\Delta x + o(\Delta x),$$

其中 Δx 是任何一个部分区间的长, $f(x)$ 是在这个小区间上的一个变化不大的量 (可以理解为 U 的密度或变化率) 的代表值.

上述方法称为**微元法**. 微元法的一般步骤是:

(1) 根据问题的具体情况, 选取一个变量, 例如 x 为积分变量, 并确定它的变化区间 $[a,b]$.

(2) 设想把区间 $[a,b]$ 分成很多个小区间, 区间长度为 $\mathrm{d}x (\mathrm{d}x > 0)$, 取其中任一小区间并记为 $[x, x+\mathrm{d}x]$, 求出相应于这个小区间的部分量 ΔU 的近似值. 如果 ΔU 能近似地表示为 $[a,b]$ 上的一个连续函数在 x 处的值 $f(x)$ 与 $\mathrm{d}x$ 的乘积, 就把 $f(x)\,\mathrm{d}x$ 称为量 U 的**微元素**且记作 $\mathrm{d}U$, 即

$$\mathrm{d}U = f(x)\,\mathrm{d}x. \tag{5.4.1}$$

(3) 以所求量 U 的微元素 $f(x)\,\mathrm{d}x$ 为被积表达式, 在区间 $[a,b]$ 上作定积分, 得 $U = \int_a^b f(x)\,\mathrm{d}x$, 即为所求量 U 的积分表达式.

在一元变量的问题中, 变量的微元素和微分是同一个概念, 这是因为: 当发现 $\Delta U \approx f(x)\,\Delta x$ 时, 就表示

$$\Delta U = f(x)\,\Delta x + o(\Delta x),$$

从而 U 是 $[a,b]$ 上的可微函数, 且微分 $\mathrm{d}U = f(x)\,\mathrm{d}x$, 根据微积分基本定理, U 的总量是

$$U = U(b) - U(a) = \int_a^b f(x)\,\mathrm{d}x.$$

例 5.4.1　设平面光滑曲线 C 的方程为 $y = f(x), x \in [a,b]$, 其中 $f(x) \geqslant 0$ 有连续导函数, 求曲线段 $\overset{\frown}{AB}$ 绕 x 轴一周所得到的旋转曲面的面积 S (图 5.4.2(a)).

解　我们按照微元法的步骤来解决这个问题.

(1) 确定积分变量 x, 积分区间为 $[a,b]$.

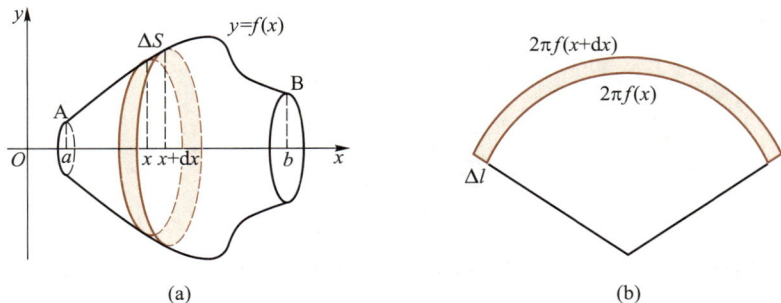

图 5.4.2

（2）任取小区间 $[x, x+\mathrm{d}x] \subset [a, b]$. 如图 5.4.2(b)所示，在小区间 $[x, x+\mathrm{d}x]$ 上，面积微元素

$$\Delta S \approx 微小圆台的侧面积 = 2\pi \cdot \frac{f(x) + f(x+\mathrm{d}x)}{2} \cdot \Delta l,$$

其中 Δl 为点 $(x, f(x))$ 与 $(x+\mathrm{d}x, f(x+\mathrm{d}x))$ 之间的距离.

除去高阶无穷小，$\Delta l \approx \sqrt{1+[f'(x)]^2}\,\mathrm{d}x$，$\dfrac{f(x)+f(x+\mathrm{d}x)}{2} \approx f(x)$，所以

$$\mathrm{d}S = 2\pi f(x)\sqrt{1+[f'(x)]^2}\,\mathrm{d}x.$$

（3）由（2）得到旋转曲面的面积

$$S = \int_a^b 2\pi f(x)\sqrt{1+[f'(x)]^2}\,\mathrm{d}x. \tag{5.4.2}$$

回想半径为 R 的球的体积公式 $V = \dfrac{4}{3}\pi R^3$，对 R 求导就得球面的面积公式 $S = 4\pi R^2$，这是一个巧合吗？其实，在球内作半径为 $x(0 \leqslant x \leqslant R)$ 的同心球面，赋以厚度 $\mathrm{d}x$（图 5.4.3），则薄球壳的体积为

$$\Delta V \approx 4\pi x^2 \mathrm{d}x,$$

所以

$$\mathrm{d}V = 4\pi x^2 \mathrm{d}x.$$

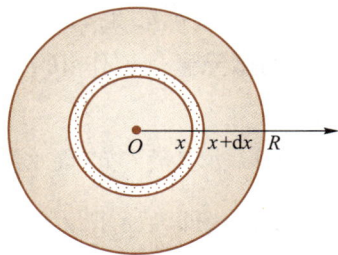

图 5.4.3

整个球的体积就是

$$V = \int_0^R 4\pi x^2 \mathrm{d}x = \frac{4}{3}\pi R^3.$$

用微元法同样可以解释：将圆面积公式 $S = \pi R^2$ 对半径 R 求导数，得到圆周长公式 $l = 2\pi R$ 的内在逻辑.

练习 5.4.1

1. 设物体在时间段 $[a, b]$ 上按变速度 $v(t)$ 沿直线运动，求该物体在时刻 t 处当时间增量为 $\mathrm{d}t$

时的路程的微元,并写出总路程的表示式.

2. 积分 $A = \int_0^R 2\pi x \mathrm{d}x = \pi R^2$ 表示:半径为 R 的圆的面积等于半径为 x 的圆的周长在 $[0,R]$ 上的积分.试用微元法解释其合理性.

3. 如果在时刻 t 以 $\varphi(t)$ 的流速(单位时间内流过的流体的体积或质量)向一水池注水,那么 $\int_{t_1}^{t_2} \varphi(t) \mathrm{d}t$ 表示什么?

4. 设 $0 < t_1 < t_2$,如果某国人口增长速率为 $\varphi(t)$,那么 $\int_{t_1}^{t_2} \varphi(t) \mathrm{d}t$ 表示什么?

5. 某公司的边际利润函数(增加单位产量所增加的利润)为 $P'(x)$,那么 $\int_{2\,000}^{3\,000} P'(x) \mathrm{d}x$ 表示什么?

5.4.2 定积分在几何的应用

一、平面图形的面积的计算

1. 直角坐标的情形

求面积用的是微元法:如图 5.4.4 所示,为求两条曲线 $y = f_1(x)$, $y = f_2(x)$ 及直线 $x = a$, $x = b (a < b)$ 所围图形的面积 A,在区间 $[a,b]$ 中取其中任一小区间并记为 $[x, x+\mathrm{d}x]$,求出相应于这小区间的部分量 ΔA 的近似值,记作 $\mathrm{d}A$,

$$\mathrm{d}A = |f_2(x) - f_1(x)| \mathrm{d}x.$$

然后写出面积表达式:

$$A = \int_a^b |f_2(x) - f_1(x)| \mathrm{d}x. \tag{5.4.3}$$

特别地,设 $f(x)$ 在 $[a,b]$ 上连续,则曲边梯形面积为

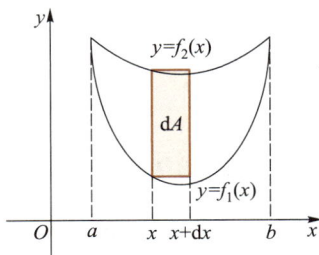

图 5.4.4

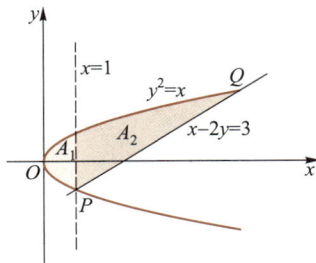

图 5.4.5

$$A = \int_a^b |f(x)| \mathrm{d}x.$$

例 5.4.2 求抛物线 $y^2 = x$ 与直线 $x - 2y = 3$ 所围图形的面积 A.

解法一 如图 5.4.5 所示,由方程组 $\begin{cases} y^2 = x, \\ x - 2y = 3 \end{cases}$ 求得交点 $P(1,-1), Q(9,3)$.设 A_1,

A_2 分别是所围图形在 $x=1$ 左、右两侧部分的面积,

$$A = A_1 + A_2$$

$$= \int_0^1 \left[\sqrt{x} - (-\sqrt{x}) \right] dx + \int_1^9 \left(\sqrt{x} - \frac{x-3}{2} \right) dx$$

$$= \frac{4}{3} + \frac{28}{3} = \frac{32}{3}.$$

解法二　求得交点 $P(1,-1)$,$Q(9,3)$ 后,知道 y 的变化区间是 $[-1,3]$,从 y 轴方向积分(仿照例 5.2.8(2)),得

$$A = \int_{-1}^3 \left[(2y+3) - y^2 \right] dy = \frac{32}{3}.$$

若平面曲线 C 由参数方程 $\begin{cases} x=x(t), \\ y=y(t), \end{cases} t \in [\alpha,\beta]$ 表示,其中 $x'(t)$,$y'(t)$ 在 $[\alpha,\beta]$ 上连续,$a=x(\alpha)$,$b=x(\beta)$.

当 $y(t)>0$ 时,用公式

$$A = \int_a^b y dx = \int_\alpha^\beta y(t) x'(t) dt \qquad (5.4.4)$$

计算由曲线 C,x 轴和直线 $x=a$,$x=b$ $(a<b)$ 所围图形的面积.当 $x=x(t)$ 是一个减函数时,$x'(t) \leqslant 0$,而 $\beta<\alpha$,此时可以化为

$$A = \int_\beta^\alpha y(t) \left[-x'(t) \right] dt = \int_\alpha^\beta y(t) x'(t) dt,$$

(5.4.4)式仍成立.实际上,只需按照定积分换元法则代入参数方程就得到(5.4.4)式.

☆**例 5.4.3**　求椭圆 $\dfrac{x^2}{a^2} + \dfrac{y^2}{b^2} \leqslant 1$ 的面积 A.

解　如图 5.4.6 所示,设 A_1 是椭圆在第一象限部分的面积,令 $\begin{cases} x=a\cos t, \\ y=b\sin t, \end{cases} t \in \left[0, \dfrac{\pi}{2} \right]$,则

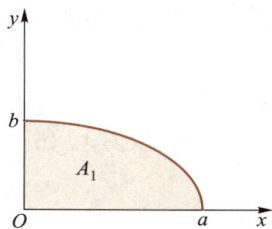

图 5.4.6

$$A = 4A_1 = 4 \int_0^a y dx$$

$$= 4 \int_{\frac{\pi}{2}}^0 b\sin t \cdot (-a\sin t) dt = \pi ab.$$

当 $a=b$ 时,结果为圆面积 $A = \pi a^2$.

注　这里 $x:0 \to a$ 的变化对应着 t: $\dfrac{\pi}{2} \to 0$,而不是 $t:0 \to \dfrac{\pi}{2}$.

例 5.4.4　求由摆线的一拱 $\begin{cases} x=a(t-\sin t), \\ y=a(1-\cos t) \end{cases} (a>0)$,$t \in [0,2\pi]$ 与 x 轴所围的平面图形的面积.

解　按公式(5.4.4),有

$$A = \int_0^{2\pi a} y \mathrm{d}x = \int_0^{2\pi} a(1-\cos t) a(1-\cos t) \mathrm{d}t$$

$$= a^2 \int_0^{2\pi} (1-\cos t)^2 \mathrm{d}t = a^2 \int_0^{2\pi} 4 \left(\sin \frac{t}{2} \right)^4 \mathrm{d}t$$

$$\xrightarrow{\quad \diamondsuit\, u = \frac{t}{2} \quad} 8a^2 \int_0^{\pi} \sin^4 u \mathrm{d}u$$

$$= 8a^2 \cdot 2 \cdot \frac{3 \cdot 1}{4 \cdot 2} \cdot \frac{\pi}{2} = 3\pi a^2.$$

2. 极坐标的情形

设平面曲线 $C : \rho = \rho(\theta), \theta \in [\alpha, \beta]$ 与两条射线 $\theta = \alpha, \theta = \beta$ 所围成的"扇形"的面积为 A. 微元素为 $\mathrm{d}A = \dfrac{1}{2}\rho^2(\theta)\mathrm{d}\theta$(图 5.4.7),故

$$A = \frac{1}{2} \int_\alpha^\beta \rho^2(\theta) \mathrm{d}\theta. \qquad (5.4.5)$$

当闭合曲线(起点和终点重合的曲线)C 包围住极点时,则 θ 从 0 变到 2π,故直接有

$$A = \frac{1}{2} \int_0^{2\pi} \rho^2(\theta) \mathrm{d}\theta.$$

特别地,对于以极点为圆心的圆 $\rho = R$,面积为 $A = \dfrac{1}{2} \int_0^{2\pi} R^2 \mathrm{d}\theta = \pi R^2$.

当闭合曲线 C 没有包围极点时(图 5.4.8),设 C 上变量 θ 的最小值和最大值分别为 α, β. 则平面图形由"较远"的 $\rho = \rho_2(\theta)$ 和"较近"的 $\rho = \rho_1(\theta)$ 两条曲线围成,面积为

$$A = \frac{1}{2} \int_\alpha^\beta \left[\rho_2^2(\theta) - \rho_1^2(\theta) \right] \mathrm{d}\theta.$$

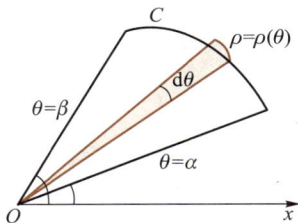

图 5.4.7

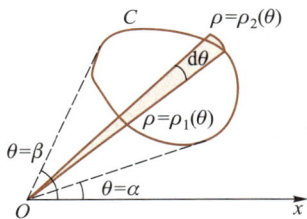

图 5.4.8

例 5.4.5 求双纽线 $\rho^2 = a^2 \cos 2\theta$ 所围平面图形的面积 A(图 5.4.9).

解 设 A_1 是图形在第一象限部分的面积,由对称性,并用公式(5.4.5)得

$$A = 4A_1 = 4 \cdot \frac{1}{2} \int_0^{\frac{\pi}{4}} a^2 \cos 2\theta \mathrm{d}\theta = a^2.$$

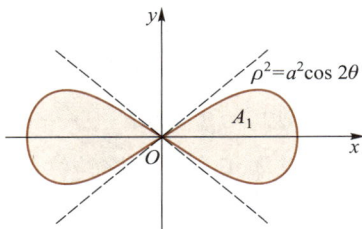

图 5.4.9

二、体积的计算

1. 绕 x 轴旋转的旋转体的体积

设 $f(x)$ 在 $[a,b]$ 上连续、非负,立体 Ω 是由平面图形 $\begin{cases} 0 \le y \le f(x), \\ a \le x \le b \end{cases}$ 绕 x 轴旋转一周所得的旋转体(图 5.4.10),则此旋转体可以近似地看作是很多圆柱体薄片的累加,习惯上把这种方法称为**切片法**.每片体积为

$$\mathrm{d}V = \pi [f(x)]^2 \mathrm{d}x,$$

其中 $\pi[f(x)]^2$ 为薄片的底面积,$\mathrm{d}x$ 为薄片的厚度.因此 Ω 的体积为

$$V = \pi \int_a^b [f(x)]^2 \mathrm{d}x. \tag{5.4.6}$$

例 5.4.6　已知圆锥体的高为 h,底面半径为 R,求圆锥体的体积 V.

解　如图 5.4.11 建立直角坐标系,将圆锥看作直线 $y = \dfrac{R}{h}x$ 与直线 $x = h$ 和 x 轴所围图形绕 x 轴旋转一周所得几何体,故

$$V = \pi \int_0^h \left(\frac{R}{h}x\right)^2 \mathrm{d}x = \frac{1}{3}\pi R^2 h.$$

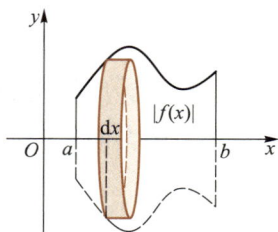

图 5.4.10

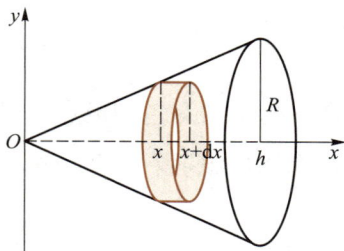

图 5.4.11

例 5.4.7　求由圆 $C: x^2 + (y-R)^2 \le r^2$ ($0 < r < R$) 绕 x 轴旋转一周所得的轮胎形旋转体 (图 5.4.12) 体积 V.

解　将圆 C 看作下列两个函数的曲线所围图形:

上半圆　$f_2(x) = R + \sqrt{r^2 - x^2}$, $x \in [-r, r]$,

下半圆　$f_1(x) = R - \sqrt{r^2 - x^2}$, $x \in [-r, r]$.

因此,所求体积是两个旋转体的体积之差.

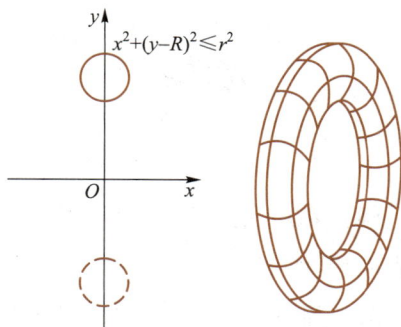

图 5.4.12

$$V = \pi \int_{-r}^{r} \left[\left(R + \sqrt{r^2 - x^2} \right)^2 - \left(R - \sqrt{r^2 - x^2} \right)^2 \right] \mathrm{d}x$$

$$= \pi \cdot 4R \int_{-r}^{r} \sqrt{r^2 - x^2}\, \mathrm{d}x = 2\pi^2 R r^2.$$

本题结果表明,圆 C 的位置越高,即 R 值越大,所得旋转体的体积越大.一般地,由两条曲线 $y = f_1(x)$ 与 $y = f_2(x)$ 在区间 $[a, b]$ 上所围图形绕 x 轴旋转一周所得图形的体积为

思考题 5.4.1 若把体积公式(5.4.7)写成 $V_1 = \pi \int_a^b |f_2(x) - f_1(x)|^2 \mathrm{d}x$,错在哪里?

$$V = \pi \int_a^b \left| [f_2(x)]^2 - [f_1(x)]^2 \right| \mathrm{d}x. \tag{5.4.7}$$

2. 平行截面面积已知的立体的体积

如果一个立体不是旋转体,但却知道该立体上垂直于一定轴的各个截面的面积,那么这个立体的体积也可用定积分来计算.

设 Ω 为一空间立体(图 5.4.13),若对任意 $x \in [a, b]$,作垂直于 x 轴的平面,这平面截立体 Ω 所得截面面积为 $A(x)$,设 $A(x)$ 为 x 的连续函数,Ω 的体积 V 的微元 $\mathrm{d}V$ 近似看作是以 $A(x)$ 为底,$\mathrm{d}x$ 为高的扁柱体的体积,即

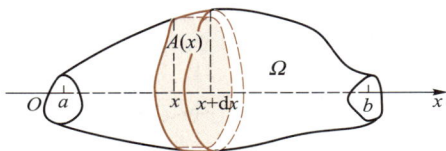

图 5.4.13

$$\mathrm{d}V = A(x)\, \mathrm{d}x,$$

故

$$V = \int_a^b A(x)\, \mathrm{d}x. \tag{5.4.8}$$

例 5.4.8 求以半径为 R 的圆为底、平行且等于底圆直径的线段为顶、高为 h 的正劈锥体(任意垂直于底圆直径的平面都能截得等腰三角形)的体积.

解 取坐标系如图 5.4.14 所示,底圆方程为 $x^2 + y^2 = R^2$.垂直于 x 轴的截面为等腰三角形,则截面面积为

$$A(x) = hy = h\sqrt{R^2 - x^2},$$

因此所求立体体积为

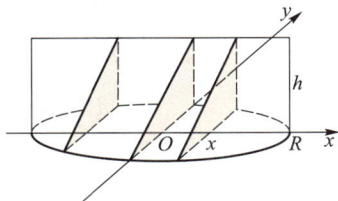

图 5.4.14

$$V = h \int_{-R}^{R} \sqrt{R^2 - x^2}\, \mathrm{d}x = \frac{1}{2}\pi R^2 h.$$

旋转体的体积公式(5.4.8)中的 $A(x)$ 是 $\pi f^2(x)$.当旋转体是由曲线 $y = f(x)$,与直线 $y = k, x = a, x = b \,(a < b)$ 所围部分绕直线 $y = k$ 旋转而成时,用截面法易知

$$V = \pi \int_a^b [f(x) - k]^2 \mathrm{d}x. \tag{5.4.9}$$

设函数 $f(x) \geqslant 0$, 且 $f(x)$ 在区间 $[0,a]$ 上从 $f(0)$ 单调递减到零, 这时称 $y=f(x)$ 与 x 轴和 y 轴所围图形为**角形区域**. 角形区域绕 y 轴旋转一周而成的立体(图 5.4.15)的体积为

$$V_y = \pi \int_0^{f(0)} [f^{-1}(y)]^2 \mathrm{d}y. \tag{5.4.10}$$

*3. 用薄壳法求旋转体的体积

如果旋转体是由连续曲线 $y=f(x)$, 直线 $x=a, x=b\,(b>a>0)$ 及 x 轴所围成的曲边梯形绕 y 轴旋转一周而成的立体, 体积元素可以看作是截面面积为 $|f(x)|\mathrm{d}x$ 的矩形绕 y 轴旋转而成的"环形柱体". 习惯上把这种以环形柱体为微元计算旋转体体积的方法称为**薄壳法**, 或**剥壳法**.

如图 5.4.16 所示, 体积元为 $\mathrm{d}V = 2\pi x|f(x)|\mathrm{d}x$, 从而

$$V_y = 2\pi \int_a^b x|f(x)|\mathrm{d}x. \tag{5.4.11}$$

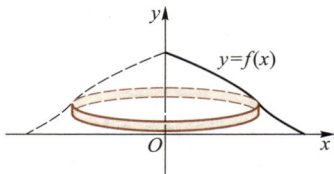

图 5.4.15

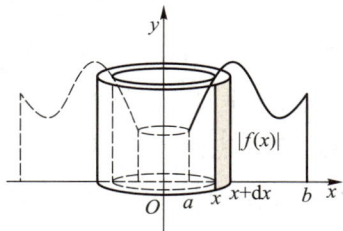

图 5.4.16

因此, 角形区域绕 y 轴旋转一周所得的几何体的体积为

$$V_y = 2\pi \int_0^a xf(x)\mathrm{d}x. \tag{5.4.12}$$

例 5.4.9 求圆盘 $x^2+y^2 \leqslant a^2$ 绕直线 $x=-b\,(b>a>0)$ 旋转一周所成旋转体的体积 V.

思考题 5.4.2 如何用换元法或分部积分法将 $(5.4.12)$ 式与 $(5.4.10)$ 式相互推导?

解法一 轮胎形旋转体. 对任意 $y \in [-a,a]$, $[y,y+\mathrm{d}y]$ 上"圆环"薄片的体积元是

$$\mathrm{d}V = \pi[(b+\sqrt{a^2-y^2})^2 - (b-\sqrt{a^2-y^2})^2]\mathrm{d}y,$$

所以

$$V = \pi \int_{-a}^a [(b+\sqrt{a^2-y^2})^2 - (b-\sqrt{a^2-y^2})^2]\mathrm{d}y$$

$$= 4\pi b \int_{-a}^a \sqrt{a^2-y^2}\,\mathrm{d}y$$

$$= 4\pi b \cdot \frac{\pi a^2}{2} = 2\pi^2 a^2 b.$$

解法二 按薄壳法, V 为 x 轴上方部分体积的两倍, 此时对于任意点 $x \in [-a,a]$,

旋转半径为 $b+x$，故体积元为 $\mathrm{d}V=2\pi(b+x)\sqrt{a^2-x^2}\,\mathrm{d}x$，从而

$$V=2\times2\pi\int_{-a}^{a}(b+x)\sqrt{a^2-x^2}\,\mathrm{d}x$$

$$=4\pi b\int_{-a}^{a}\sqrt{a^2-x^2}\,\mathrm{d}x$$

$$=4\pi b\cdot\frac{\pi a^2}{2}=2\pi^2 a^2 b.$$

三、平面曲线的弧长的计算

曲边梯形的面积为

$$A=\lim_{\lambda\to0}\sum_{i=1}^{n}f(\xi_i)\,\mathrm{d}x_i,$$

这个公式实际上是对面积的定义.曲线的弧长定义为曲线被细分后曲线上各分点间的折线段 $M_{i-1}M_i(i=1,\cdots,n)$ 长度之和的极限（图 5.4.17）：

$$s=\lim_{\lambda\to0}\sum_{i=1}^{n}|M_{i-1}M_i|,$$

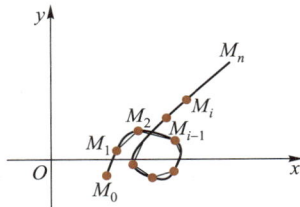

图 5.4.17

这里的 λ 是 n 个小线段长度的最大值.但与面积问题不同的是,连续函数表示的曲线并不能保证曲线"可求弧长",为了保证曲线可求弧长,我们要假设曲线是光滑的.

1. 直角坐标系中的弧长计算

设 $C:\begin{cases}x=x(t),\\y=y(t),\end{cases}t\in[\alpha,\beta]$ 是光滑曲线,即 $x'(t)$, $y'(t)$ 连续且 $[x'(t)]^2+[y'(t)]^2\neq0,\forall t\in[\alpha,\beta]$,则相应于 $[\alpha,\beta]$ 上任一小区间 $[t,t+\Delta t]$ 的小弧段的长度 Δs 近似等于对应的弦的长度：

$$\Delta s\approx\sqrt{(\Delta x)^2+(\Delta y)^2}.$$

注　佩亚诺于 1890 年发现能填满整个正方形的没有自交点的连续曲线,传统意义上曲线是没有面积的,因此计算弧长要排除像佩亚诺曲线这样的特例.

因为

$$\Delta x=x(t+\Delta t)-x(t)\approx\mathrm{d}x=x'(t)\,\mathrm{d}t,$$
$$\Delta y=y(t+\Delta t)-y(t)\approx\mathrm{d}y=y'(t)\,\mathrm{d}t,$$

所以 Δs 的近似值,即弧微分（这与曲率中讨论的结果是一致的）

$$\mathrm{d}s=\sqrt{[x'(t)]^2+[y'(t)]^2}\,\mathrm{d}t,\qquad(5.4.13)$$

于是有弧长公式

$$s=\int_{\alpha}^{\beta}\sqrt{[x'(t)]^2+[y'(t)]^2}\,\mathrm{d}t.\qquad(5.4.14)$$

若曲线 $C:y=f(x),x\in[a,b]$,则可以令 $\begin{cases}x=x,\\y=f(x),\end{cases}x\in[a,b]$,将其看作以 x 为参数的参数方程,从而得

$$s=\int_a^b\sqrt{1+[f'(x)]^2}\,\mathrm{d}x,\qquad\qquad(5.4.15)$$

其中 $f'(x)$ 在 $[a,b]$ 上连续.

例 5.4.10   求摆线的一拱 $\begin{cases}x=a(t-\sin t),\\y=a(1-\cos t),\end{cases}t\in[0,2\pi]$ 的弧长.

解   用公式(5.4.14),由于 $x'=a(1-\cos t),y'=a\sin t$,故

$$s=\int_0^{2\pi}\sqrt{a^2(1-\cos t)^2+(a\sin t)^2}\,\mathrm{d}t$$

$$=\int_0^{2\pi}2a\left|\sin\frac{t}{2}\right|\mathrm{d}t$$

$$\xrightarrow{\text{令}\,u=\frac{t}{2}}4a\int_0^{\pi}\sin u\,\mathrm{d}u=8a.$$

例 5.4.11   求悬链线 $y=\dfrac{\mathrm{e}^x+\mathrm{e}^{-x}}{2}$ 在 $[0,a]$ 一段上的弧长.

解   利用公式(5.4.15),有

$$s=\int_0^a\sqrt{1+[f'(x)]^2}\,\mathrm{d}x=\int_0^a\sqrt{1+\left(\frac{\mathrm{e}^x-\mathrm{e}^{-x}}{2}\right)^2}\,\mathrm{d}x=\int_0^a\frac{\mathrm{e}^x+\mathrm{e}^{-x}}{2}\mathrm{d}x=\frac{\mathrm{e}^a-\mathrm{e}^{-a}}{2}.$$

例 5.4.12   求曲线 $y=\displaystyle\int_{-\frac{\pi}{2}}^x\sqrt{\cos t}\,\mathrm{d}t$ 的长.

解   该函数的定义域为 $\left[-\dfrac{\pi}{2},\dfrac{\pi}{2}\right]$,

$$y'=\sqrt{\cos x},$$

所以弧长

$$s=\int_{-\frac{\pi}{2}}^{\frac{\pi}{2}}\sqrt{1+(\sqrt{\cos x})^2}\,\mathrm{d}x=2\int_0^{\frac{\pi}{2}}\sqrt{1+\cos x}\,\mathrm{d}x$$

$$=2\sqrt{2}\int_0^{\frac{\pi}{2}}\cos\frac{x}{2}\mathrm{d}x=4.$$

2. 极坐标系中的弧长计算

若曲线 $C:\rho=\rho(\theta),\theta\in[\alpha,\beta]$,则可以看作参数方程 $\begin{cases}x=\rho(\theta)\cos\theta,\\y=\rho(\theta)\sin\theta,\end{cases}\theta\in[\alpha,\beta]$,从而

$$x'(\theta)=\rho'(\theta)\cos\theta-\rho(\theta)\sin\theta,$$

$$y'(\theta)=\rho'(\theta)\sin\theta+\rho(\theta)\cos\theta.$$

两式平方后相加得到

$$[x'(\theta)]^2+[y'(\theta)]^2=[\rho'(\theta)]^2+[\rho(\theta)]^2.$$

从而

$$s=\int_\alpha^\beta\sqrt{[\rho'(\theta)]^2+[\rho(\theta)]^2}\,\mathrm{d}\theta. \quad (5.4.16)$$

例 5.4.13 求心形线 $\rho=a(1+\cos\theta),\theta\in[0,2\pi]$ 的周长.

解 $\rho'=-a\sin\theta$,按公式(5.4.16),有

$$s=\int_0^{2\pi}\sqrt{[\rho'(\theta)]^2+[\rho(\theta)]^2}\,\mathrm{d}\theta$$

$$=\int_0^{2\pi}\sqrt{2}\,a\sqrt{1+\cos\theta}\,\mathrm{d}\theta=8a.$$

帕普斯法则是指计算旋转体的体积和表面积的下列两个结果:若平面曲线 C 绕直线 l 旋转(C 和 l 共面且 C 在 l 的一侧),则

（1）所得旋转曲面的面积 S 等于母曲线 C 的长度与 C 的质心在旋转过程中所走路程的长度的乘积;

（2）若封闭曲线所围的平面图形 D 的面积为 A,则所得旋转体的体积 V 等于 A 与 D 的质心在旋转过程中所走路程长度的乘积.

建议读者联系(5.4.2)式、(5.4.6)式和(5.4.15)式,用积分中值定理证明帕普斯法则,并用轮胎形旋转体验证一下.

思考题 5.4.3 既然在求极坐标下的面积微元 $\mathrm{d}A=\dfrac{1}{2}\rho^2(\theta)\,\mathrm{d}\theta$ 时是把曲线弧近似看作圆弧的,那么曲线上的弧也可以近似于圆上的弧,弧长的微分就可以表示为 $\mathrm{d}s=\rho(\theta)\,\mathrm{d}\theta$,但这导致漏掉了(5.4.16)式中的导数项.哪里出错了呢?

帕普斯(A. Pappus,活跃于公元 300—350),古希腊数学家.

练习 5.4.2

1. 求曲线 $y=1-x^2$ 与 x 轴所围图形的面积.
2. 求曲线 $y=x^2$ 在 $x=0$ 和 $x=1$ 之间的部分绕 x 轴旋转一周所得旋转体的体积.
3. 证明曲线 $y=\sin x,x\in[0,2\pi]$ 的弧长等于椭圆 $\begin{cases}x=\sqrt{2}\cos t,\\y=\sin t\end{cases}$ 的周长.

5.4.3 定积分在物理学中的应用

物理学中很多概念需要通过微积分才能解释清楚,许多现象也只有通过微元法才能解决其中的数学本质.

一、质心和转动惯量

这里介绍质心和转动惯量这两个极其重要的物理量,以满足进一步学习的需要.

1. 质心

我们知道,如果质量为 $m_i(i=1,2,\cdots,n)$ 的 n 个质点分别分布在 x 轴上的 n 个位置 $x_i(i=1,2,\cdots,n)$,那么这些点形成的质点系的质心坐标就是

$$\bar{x}=\frac{\sum_{i=1}^{n}m_ix_i}{\sum_{i=1}^{n}m_i}.\tag{5.4.17}$$

质心坐标实际上只是体现了数学上加权平均的思想,设质点系的总质量为 $M=\sum_{i=1}^{n}m_i$,那么质心就是 $\bar{x}=\sum_{i=1}^{n}\frac{m_i}{M}x_i$,其中 $\frac{m_i}{M}$ 就是每个位置的"权数".因此,对于质量(密度为 $\mu(x)$)连续分布于闭区间 $[a,b]$ 上的刚体细棒,可以切割成无穷多个小段 $[x,x+\mathrm{d}x]$,那么点 x 处位置权数就是 $\frac{\mu(x)\mathrm{d}x}{M}$,从而 x 的平均值就是 $\int_a^b x\frac{\mu(x)}{M}\mathrm{d}x$.而连续分布的质量 M 显然是 $\int_a^b\mu(x)\mathrm{d}x$,因而质心坐标就是

$$\bar{x}=\frac{\int_a^b x\mu(x)\mathrm{d}x}{\int_a^b\mu(x)\mathrm{d}x}.\tag{5.4.18}$$

注 也可以用定积分定义得到(5.4.18)式,即对区间细分为若干小段,再对

$$\bar{x}\approx\frac{\sum_{i=1}^{n}\xi_i\mu(\xi_i)\Delta x_i}{\sum_{i=1}^{n}\mu(\xi_i)\Delta x_i}$$

取极限.

质心代表了刚体在运动中的位置,所以质心坐标非常重要.

2. 转动惯量

在刚体转动时,有一个和质量几乎同等重要的量,它就是转动惯量.转动惯量是刚体绕轴转动时惯性的度量,这种惯性是物体保持其匀速圆周运动或静止的特性.转动惯量是建立角动量、角速度、力矩和角加速度等物理量之间联系的重要指标,它取决于物体的形状、质量分布及转轴的位置.对于一个质点系来说,转动惯量就是

$$I=\sum_{i=1}^{n}m_ir_i^2,\tag{5.4.19}$$

其中 m_i 和 r_i 分别是质点的质量和质点到转轴的垂直距离 $(i=1,2,\cdots,n)$.对于连续分布于细线、薄片或三维几何体型刚体,就要用积分(包括重积分和线面积分)来表示了,不妨写成一个通用的表示式:

$$I=\int_{刚体}r^2\mathrm{d}m.\tag{5.4.20}$$

这里列举两种常见的线型刚体问题,它们可以用定积分来表示并算出.

例 5.5.14 在下列情形下求质量均匀的刚体对于给定转轴的转动惯量(图5.4.18).

（1）刚体是长为 l 且质量为 m 的细棒，放置于区间 $[a,b]$ 上，转轴垂直于数轴且过原点；

（2）刚体是半径为 R 且质量为 m 的细圆环，转轴垂直于圆环所在平面且过圆心.

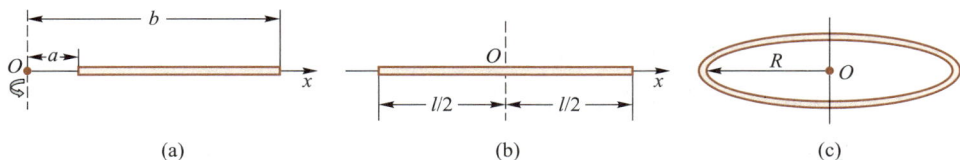
图 5.4.18

解 （1）如图 5.4.18（a）所示，变量 $x \in [a,b]$.记刚体线密度为常数 $\mu = \dfrac{m}{l}$，则在区间 $[x,x+\mathrm{d}x]$ 上转动惯量的微元素是 $\mathrm{d}I = x^2(\mu\mathrm{d}x) = \dfrac{m}{l}x^2\mathrm{d}x$，从而 $[a,b]$ 上的转动惯量为

$$I = \int_a^b \frac{m}{l}x^2\mathrm{d}x = \frac{m}{3l}(b^3 - a^3).$$

特别地，如果转轴上的点 O 重合于细棒的一个端点，则上述转动惯量变成 $I = \dfrac{1}{3}ml^2$.

更进一步地，如图 5.4.18（b）所示，如果转轴通过细棒的中点，则 $I = \dfrac{1}{12}ml^2$.

（2）如图 5.4.18（c）所示，弧长变量 $s \in [0,2\pi R]$.由于线密度为 $\mu = \dfrac{m}{2\pi R}$，在区间 $[0,2\pi R]$ 上取微元素 $\mathrm{d}s$，则转动惯量的微元素就是 $\mathrm{d}I = R^2(\mu\mathrm{d}s) = \dfrac{Rm}{2\pi}\mathrm{d}s$，于是这个圆环的转动惯量是

$$I = \int_0^{2\pi R} \frac{Rm}{2\pi}\mathrm{d}s = \frac{Rm}{2\pi} \cdot 2\pi R = mR^2.$$

二、功、静压力和引力

大量复杂的物理学现象可以通过微元法化归为简单的数学问题.这里列举功、静压力和引力方面的几个代表性例子.

1. 电场力做功

若物体在力 F 的作用下移动了距离 s，则所做的功为 $W = F \cdot s$，这里的力是常量，且方向与运动方向一致.但在实际中会遇到更为复杂的情形，例如，两个分别带电荷

量 $+q_1,+q_2$，距离 r 的电荷的排斥力为 $F=\dfrac{kq_1q_2}{r^2}$（k 为常数），这个力是距离的函数，是一个变力. 此时在考虑移动距离 s 所做的功时不能简单套用公式 $W=F\cdot s$.

例 5.4.15 把一个带电荷量 $+q$ 的点电荷放在 x 轴上的坐标原点 O 处，它产生一个电场. 这个电场对周围的电荷有作用力 F，称为电场力，当一个单位正电荷在电场中从 $x=a$ 处沿 x 轴移动到 $x=b(a<b)$ 处时（图 5.4.19），求电场力 F 对它所做的功.

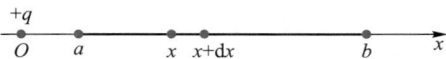

图 5.4.19

解 显然在单位正电荷运动过程中所受的力 $F=\dfrac{kq}{x^2}$ 是与位置有关的，但在任何小的运动距离中，即从 x 到 $x+\mathrm{d}x$ 的过程中，F 的变化应该很小，可近似地看成常数，进而可以用公式 $W=F\cdot s$ 来计算，因此可按微元法解决这个问题：

（1）取 $[a,b]$ 为积分区间，$x\in[a,b]$ 为积分变量；

（2）任取 $[x,x+\mathrm{d}x]\subset[a,b]$，其上对应的**功微元**为

$$\mathrm{d}W=\frac{kq}{x^2}\mathrm{d}x;$$

（3）所求的功为

$$W=\int_a^b\frac{kq}{x^2}\mathrm{d}x=kq\left[-\frac{1}{x}\right]_a^b=kq\left(\frac{1}{a}-\frac{1}{b}\right).$$

2. 液体静压力

如果一个面积为 A 的平板水平地放在深度为 h 的水下，则它的一面所受的压力为 $F=pA$，其中压强 $p=\rho gh$（ρ 是水的密度，g 是重力加速度）. 但是，如果平板不是水平地放置于水下，则在不同的深度处压强 p 是不同的，因此压力也就不能直接用公式 $F=pA$ 来计算，而要在不同的深度用不同的 p 来计算，这就需要用定积分的微元法来分析和解决问题.

例 5.4.16 某水库的闸门形状是半径为 R（单位：m）的半圆形，半圆的直径边与水面平齐，求闸门的一侧所受的水压力.

解 建立坐标系如图 5.4.20 所示，显然这时需在闸门不同的深度处算出所受的水的压力，再算合力.

（1）取积分区间 $[0,R]$，$x\in[0,R]$；

（2）任取 $[x,x+\mathrm{d}x]\subset[0,R]$，则一小层闸门的面积 $\mathrm{d}S$ 近似于矩形面积

$$2\sqrt{R^2-x^2}\,\mathrm{d}x,$$

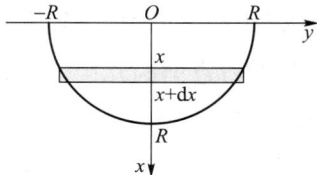

图 5.4.20

§5.4 定积分的应用 307

故其上一侧所受到的压力微元素为

$$\mathrm{d}F = \rho g x \cdot 2\sqrt{R^2 - x^2}\,\mathrm{d}x;$$

（3）闸门所受的水的压力为

$$F = \int_0^R \rho g x \cdot 2\sqrt{R^2 - x^2}\,\mathrm{d}x = -\frac{2\rho g}{3}\left[(R^2-x^2)^{\frac{3}{2}}\right]_0^R = \frac{2\rho g R^3}{3}.$$

3. 万有引力

质量分别为 m_1, m_2 且相距为 r 的两个质点间的引力大小为 $F = G\dfrac{m_1 m_2}{r^2}$，其中 G 为万有引力常量，引力的方向沿着两质点连接的方向.这个公式称为万有引力定律.当两个物体中有一个不能视为质点时，比如一根细棒和一个质点，上面的公式就不能直接应用了，此时应该把细棒分成很短的可以视作质点的小段，算出引力微元素再加起来.

例 5.4.17 已知一根长为 l、线密度为 μ 的均匀细直棒，在其中垂线上距细直棒 a 单位处有一个质量为 m 的质点 M，试计算该细直棒对质点 M 的引力.

解 建立坐标系如图 5.4.21 所示，使细直棒位于 y 轴上，质点 M 位于 x 轴上，细直棒的中点为原点 O.

（1）取 y 为积分变量，积分区间为 $\left[-\dfrac{l}{2}, \dfrac{l}{2}\right]$.

（2）设 $[y, y+\mathrm{d}y] \subset \left[-\dfrac{l}{2}, \dfrac{l}{2}\right]$ 为任一积分区间，把细直棒上相应于 $[y, y+\mathrm{d}y]$ 的一小段近似地看作质点，其质量为 $\mu\mathrm{d}y$，它与点 M 相距 $r = \sqrt{a^2+y^2}$.

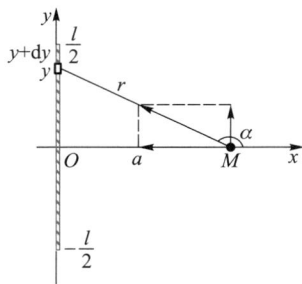

图 5.4.21

因此按照万有引力定律，这一小段细直棒对质点 M 的万有引力大小为

$$\mathrm{d}F = G\frac{m\mu\mathrm{d}y}{a^2+y^2}.$$

由于细直棒上各点对点 M 的引力方向各不相同，不能直接对 $\mathrm{d}F$ 进行积分（不符合代数可加条件）.为此将 $\mathrm{d}F$ 分解到 x 轴和 y 轴两个方向上，得

$$\mathrm{d}F_x = \mathrm{d}F \cdot \cos\alpha, \quad \mathrm{d}F_y = \mathrm{d}F \cdot \sin\alpha \,(\alpha \text{ 为两质点连线的倾斜角}),$$

其中

$$\cos\alpha = -\frac{a}{\sqrt{a^2+y^2}}, \quad \sin\alpha = \frac{y}{\sqrt{a^2+y^2}},$$

故

$$\mathrm{d}F_x = -G\frac{am\mu\mathrm{d}y}{(a^2+y^2)^{\frac{3}{2}}}, \quad \mathrm{d}F_y = G\frac{m\mu y\mathrm{d}y}{(a^2+y^2)^{\frac{3}{2}}}.$$

（3）该细棒对质点引力在水平方向和铅直方向上的分力分别为

$$F_x = -\int_{-\frac{l}{2}}^{\frac{l}{2}} G\, \frac{am\mu\mathrm{d}y}{(a^2+y^2)^{\frac{3}{2}}} = -\frac{2Gm\mu}{a}\,\frac{l}{\sqrt{4a^2+l^2}}（负号表示与 x 轴方向相反），$$

$$F_y = \int_{-\frac{l}{2}}^{\frac{l}{2}} G\, \frac{\mu my\mathrm{d}y}{(a^2+y^2)^{\frac{3}{2}}} = 0（奇函数在关于原点对称的区间上积分为零）.$$

练习 5.4.3

1. 如果刚体的质量 m 均匀分布于区间 $[a,b]$ 上，则此刚体的质心位置是＿＿＿＿＿＿.

2. 一根长为 l 质量为 m 的细棒绕距离为 d 的平行的轴转动，则此棒的转动惯量为＿＿＿＿＿；如果细棒的质心不变，但不再与转轴平行，那么转动惯量是否会发生变化？

3. 一弹簧压缩 x（单位：cm）需 $4x$ 的外力（单位：N），则将它从原长压缩 5 cm 时，外力所做的功为＿＿＿＿＿.

4. 矩形闸门的一边恰与水平相齐，且此闸门垂直于水面，过闸门的中心作水平线将矩形分为面积相等的上、下两部分．设上、下部分所受的压力分别为 P_1,P_2，则 $P_1:P_2=$＿＿＿＿＿＿＿.

5. x 轴上有一根密度为常数 μ，长度为 l 的细棒，有一质量为 m 的质点到棒右端（原点）的距离为 a，若引力系数为 k，则质点和细棒之间的引力的大小为（　　）.

（A）$\int_{-l}^{0} \frac{km\mu\mathrm{d}x}{(a-x)^2}$ 　　（B）$\int_{0}^{l} \frac{km\mu\mathrm{d}x}{(a-x)^2}$ 　　（C）$2\int_{-\frac{l}{2}}^{0} \frac{km\mu\mathrm{d}x}{(a-x)^2}$ 　　（D）$2\int_{0}^{l} \frac{km\mu\mathrm{d}x}{(a+x)^2}$

习题 5.4

1. 暴风雨开始后两个不同地点降雨的速率（cm/h）模拟函数为 $f(t)=0.73t^3-2t^2+t+0.6$ 和 $g(t)=0.17t^2-0.5t+1.1$，其图形见图 5.4.22，求图中区间 $[0,2]$ 上两曲线之间的面积，并解释结果.

2. 如果某地人口的出生率为每年 $b(t)=2\,200\mathrm{e}^{0.024t}$，死亡率为 $d(t)=1\,460\mathrm{e}^{0.018t}$，求在 $0\leqslant t\leqslant 10$ 时 $b(t)$ 与 $d(t)$ 两条曲线所围的面积，这个面积表示什么意思？

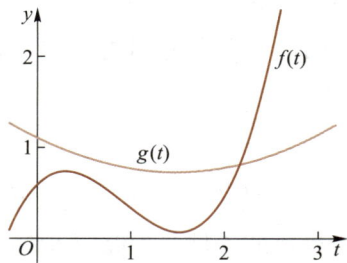

图 5.4.22

3. 求下列曲线所围图形的面积：

（1）$y=x^3$ 与 $y=2x-x^2$；

（2）$y^2=2x$ 与 $y^2=1-x$；

（3）$y=\sqrt{4-x^2}$ 与 $xy=\sqrt{3}$；

（4）$y=\dfrac{1}{2}x^2$ 与 $x^2+y^2=8$（两部分都要计算）；

（5）圆周 $\rho=1$ 外双纽线 $\rho^2=2\cos 2\theta$ 内.

4. 求抛物线 $y^2=2px$ 和其在点 $\left(\dfrac{p}{2},p\right)$ 处的法线所围成的图形的面积.

* *

5. 设函数 $f(x) = \dfrac{x}{1+x}, x \in [0,1]$,定义数列:$f_1(x) = f(x), f_2(x) = f(f_1(x)), \cdots, f_{n+1}(x) = f(f_n(x))$.记 S_n 是由曲线 $y = f_n(x), x = 1$ 及 x 轴所围图形的面积,求极限 $\lim\limits_{n \to \infty} nS_n$.

6. 图 5.4.23 显示了一个由正方形内的点组成的区域,这些点离正方形的中心比离正方形的边更近,求该区域的面积.

7. 求解下列旋转体的体积问题:

(1) 求曲线 $y = \sqrt{x}$ 与直线 $y = x$ 所围成的平面图形绕 x 轴旋转一周所成的旋转体的体积;

(2) 由曲线 $y = x^3, y = 0, x = 2$ 所围成的图形分别绕 x 轴及 y 轴旋转,计算所得两个旋转体的体积;

(3) 计算由椭圆 $\dfrac{x^2}{a^2} + \dfrac{y^2}{b^2} = 1$ 所围成的图形绕 x 轴旋转一周而成的旋转体(称为旋转椭球体)的体积;

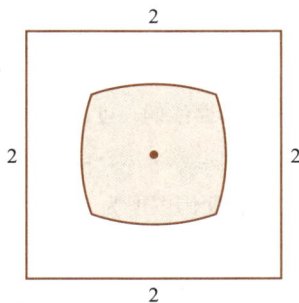

图 5.4.23

(4) 求曲线 $x^2 + (y-2a)^2 = a^2$ 绕 x 轴旋转一周所得旋转体的体积.

8. 曲线 $y = \dfrac{\sqrt{x}}{1+x^2}$ 绕 x 轴旋转得一个旋转体,若把它在 $x = 0$ 与 $x = \xi$ 之间的体积记为 $V(\xi)$,试问 a 为多少时,$V(a) = \dfrac{1}{2} \lim\limits_{\xi \to +\infty} V(\xi)$?

9. 求解下列已知平行截面积的体积问题:

(1) 计算以半径是 R 的圆为底面,且垂直于底面上一条固定直径的所有截面都是等边三角形的立体体积(图 5.4.24).

(2) 设一几何体以抛物线 $x^2 = 2y$,直线 $y = 2$ 所围图形为底,且垂直于 y 轴的截面为等边三角形,求该立体的体积.

10. 设两曲线 $y = a\sqrt{x}\ (a>0)$ 与 $y = \ln \sqrt{x}$ 在某处有公切线,求这两条曲线与 x 轴所围成的平面图形绕 x 轴旋转而成的旋转体的体积.

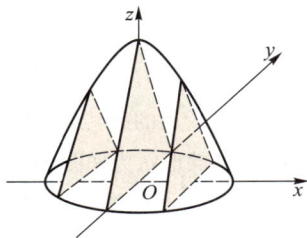

图 5.4.24

11. 求由 $x = 0, y = 0, y = \cos x \left(0 \leqslant x \leqslant \dfrac{\pi}{2}\right)$ 所围成的图形绕 y 轴旋转而成的旋转体的体积.

12. 求由曲线 $y = 4 - x^2$ 及 $y = 0$ 所围成的图形绕直线 $x = 3$ 旋转构成的旋转体的体积(图 5.4.25).

13. 求解下列弧长问题:

(1) 求曲线 $y = \dfrac{2}{3} x^{\frac{3}{2}} (x \in [0,1])$ 的弧长;

(2) 求曲线 $y = \ln \cos x \left(x \in \left[0, \dfrac{\pi}{4}\right]\right)$ 的弧长.

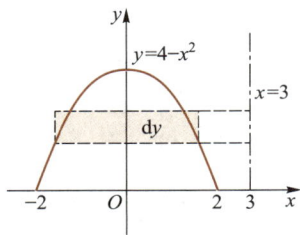

图 5.4.25

(3) 求星形线 $x = a\cos^3 t, y = a\sin^3 t$ 的全长.

14. 解下列弧长问题:

(1) 求曲线 $x=\int_0^t \sqrt{u^2+u}\,e^{-\frac{1}{2}u^2-u}\,du$, $y=\int_0^t \sqrt{u+1}\,e^{-\frac{1}{2}u^2-u}\,du$ 在对应 $|t|\leqslant 1$ 上的一段弧长 s.

(2) 求曲线 $y=\int_0^x \sqrt{\sin t}\,dt$ 的全长.

(3) 求半立方抛物线 $y^2=\dfrac{2}{3}(x-1)^3$ 被抛物线 $y^2=\dfrac{x}{3}$ 截得的一段曲线的长度.

15. 设摆线 $x=a(t-\sin t)$, $y=a(1-\cos t)$ 的一拱($0\leqslant t\leqslant 2\pi$)与 x 轴所围图形为 D, 求

(1) D 的面积;

(2) D 绕直线 $y=2a$ 旋转而成的旋转体的体积.

(3) 曲线上分摆线成 3:1(自左向右)的点的坐标.

16. 珠宝设计师想把吊坠设计成极坐标方程 $\rho=\sqrt{2}-2\cos\theta$, $0\leqslant\theta\leqslant 2\pi$ 的样子(图 5.4.26).

(1) 如果他想在内圈嵌入钻石,试计算内圈的面积.

(2) 如果他想在外圈用黄金打造,试写一个计算外圈的周长的最简表示式.

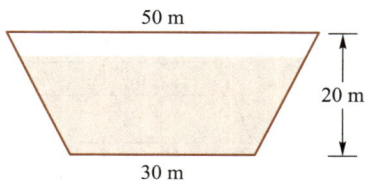

图 5.4.26

* *

17. 求解下列关于星形线的旋转问题:

(1) 把星形线 $x^{\frac{2}{3}}+y^{\frac{2}{3}}=a^{\frac{2}{3}}$ 所围成的图形绕 x 轴旋转,计算所得旋转体的体积.

(2) 设 D 是由曲线 $y=\sqrt{1-x^2}$ ($0\leqslant x\leqslant 1$) 与 $\begin{cases} x=\cos^3 t,\\ y=\sin^3 t \end{cases}$ $\left(0\leqslant t\leqslant\dfrac{\pi}{2}\right)$ 围成的平面区域,求 D 绕 x 轴旋转一周所得的旋转体的体积和表面积.

*18. 水坝的形状为如图 5.4.27 所示的梯形,高 20 m,宽 50 m,底 30 m.如果水位离坝顶 4 m,求出水压对坝的作用力(提示:液体压强 $P=\rho gh$,压力 $F=PA$).

*19. 如图 5.4.28 所示,求函数 $f(x)=4-x^2$ 和 $g(x)=x+2$ 所围区域的质心坐标(提示:$\bar{y}$ 可按照图中的暗示用微元法计算).

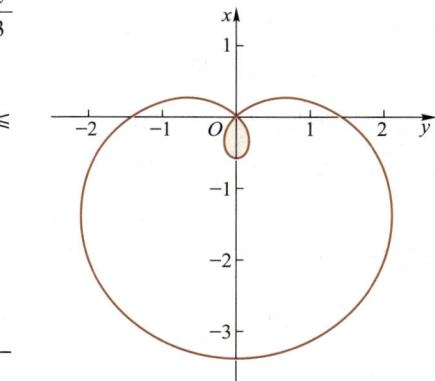

图 5.4.27

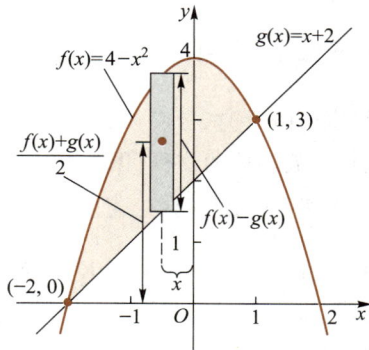

图 5.4.28

§5.5 反常积分 一元微积分总回顾

5.5.1 反常积分

一、无穷限积分——无穷区间上的反常积分

严格地说,本节不属于定积分的范畴,因为在讨论黎曼积分的过程中,对于 $f(x)$ 及区间 $[a,b]$ 有如下两个约束:

(1) $[a,b]$ 是有限的区间;

(2) $f(x)$ 在 $[a,b]$ 上有界.

然而,我们恰恰要将无穷区间上的积分问题和无界函数的积分问题转化为变上(下)限积分的极限问题.积分区间无穷限或被积函数无界的两类积分通常称为**反常积分**,也称为**广义积分**,或**非正常积分**,以区别于定积分.

为求图 5.5.1 中无穷区间上的"曲边三角形"的面积,可以先考虑区间 $[a,A]$ 上曲边梯形的面积,再让 $A\to+\infty$,所得的极限值如果存在,就可规定为"曲边三角形"的面积.一般地,有下列定义:

定义 5.5.1 设 $f(x)$ 在无穷区间 $[a,+\infty)$ 上有定义,对任意 $A>a$, $f(x)$ 在 $[a,A]$ 上按通常意义可积,则极限 $\lim\limits_{A\to+\infty}\displaystyle\int_a^A f(x)\mathrm{d}x$ 称为 $f(x)$ 在 $[a,+\infty)$ 上的**反常积分**(或**无穷限积分**),记作

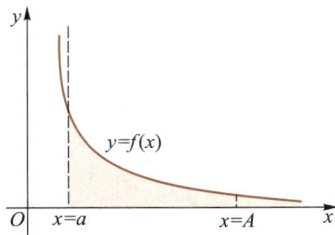
图 5.5.1

$$\int_a^{+\infty} f(x)\mathrm{d}x.$$

若极限存在,则称无穷限积分 $\displaystyle\int_a^{+\infty} f(x)\mathrm{d}x$ **收敛**;若极限不存在,则称该无穷限积分**发散**.

类似地,定义无穷限积分

$$\int_{-\infty}^{b} f(x)\mathrm{d}x = \lim_{B\to-\infty}\int_B^b f(x)\mathrm{d}x, \tag{5.5.1}$$

$$\int_{-\infty}^{+\infty} f(x)\mathrm{d}x = \int_{-\infty}^{a} f(x)\mathrm{d}x + \int_a^{+\infty} f(x)\mathrm{d}x$$

$$= \lim_{B\to-\infty}\int_B^a f(x)\mathrm{d}x + \lim_{A\to+\infty}\int_a^A f(x)\mathrm{d}x. \tag{5.5.2}$$

因此,积分 $\int_{-\infty}^{+\infty} f(x)\,\mathrm{d}x$ 收敛当且仅当 $\int_{-\infty}^{0} f(x)\,\mathrm{d}x$ 和 $\int_{0}^{+\infty} f(x)\,\mathrm{d}x$ 均收敛.

下面接着讨论反常积分的计算方法,并通过计算判别积分是收敛还是发散(称为**敛散性**).判别敛散性的过程称为**审敛**.

例 5.5.1   讨论下列积分的敛散性,如果收敛,试求其值.

(1) $\int_{-\infty}^{0} \sin x\,\mathrm{d}x$;

(2) $\int_{-\infty}^{+\infty} \sin x\,\mathrm{d}x$;

(3) $\int_{0}^{+\infty} t\mathrm{e}^{-t}\,\mathrm{d}t$;

(4) $\int_{-\infty}^{+\infty} \dfrac{1}{1+x^2}\,\mathrm{d}x$.

解 (1) 因为 $\int_{a}^{0} \sin x\,\mathrm{d}x = \cos a - 1$,$\lim\limits_{a\to-\infty}\int_{a}^{0} \sin x\,\mathrm{d}x = \lim\limits_{a\to-\infty}\cos a - 1$ 不存在,所以积分

$\int_{-\infty}^{0} \sin x\,\mathrm{d}x$ 发散.

(2) 由(1)知积分 $\int_{-\infty}^{+\infty} \sin x\,\mathrm{d}x$ 发散.

(3) $\displaystyle\int_{0}^{+\infty} t\mathrm{e}^{-t}\,\mathrm{d}t = \lim_{b\to+\infty}\int_{0}^{b} t\mathrm{e}^{-t}\,\mathrm{d}t$

$\qquad\qquad = \lim_{b\to+\infty}\left\{\left[-t\mathrm{e}^{-t}\right]_{0}^{b} + \int_{0}^{b}\mathrm{e}^{-t}\,\mathrm{d}t\right\}$

$\qquad\qquad = \lim_{b\to+\infty}(-b\mathrm{e}^{-b} - \mathrm{e}^{-b} + 1) = 1,$

从而 $\int_{0}^{+\infty} t\mathrm{e}^{-t}\,\mathrm{d}t$ 收敛.

思考题 5.5.1   积分 $\int_{-\infty}^{+\infty} \sin x\,\mathrm{d}x$ 的以下判别法错在哪里?

"由于 $\sin x$ 是奇函数,所以 $\int_{-\infty}^{+\infty} \sin x\,\mathrm{d}x = \lim\limits_{A\to+\infty}\int_{-A}^{A} \sin x\,\mathrm{d}x = \lim\limits_{A\to+\infty} 0 = 0$.故 $\int_{-\infty}^{+\infty} \sin x\,\mathrm{d}x$ 收敛."

(4) $\displaystyle\int_{-\infty}^{+\infty} \frac{1}{1+x^2}\,\mathrm{d}x = \int_{-\infty}^{0} \frac{1}{1+x^2}\,\mathrm{d}x + \int_{0}^{+\infty} \frac{1}{1+x^2}\,\mathrm{d}x$

$\qquad\qquad = \lim_{a\to-\infty}\int_{a}^{0} \frac{\mathrm{d}x}{1+x^2} + \lim_{b\to+\infty}\int_{0}^{b} \frac{\mathrm{d}x}{1+x^2}$

$\qquad\qquad = \lim_{a\to-\infty}(-\arctan a) + \lim_{b\to+\infty}\arctan b$

$\qquad\qquad = -\left(-\frac{\pi}{2}\right) + \frac{\pi}{2} = \pi,$

从而 $\int_{-\infty}^{+\infty} \dfrac{1}{1+x^2}\,\mathrm{d}x$ 收敛.

☆**例 5.5.2(p 函数)**   讨论 $\int_{1}^{+\infty} \dfrac{\mathrm{d}x}{x^p}\,(p>0)$ 的敛散性.

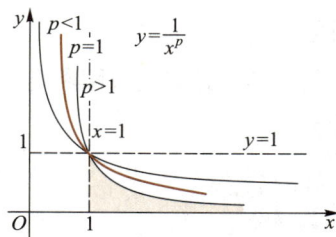

图 5.5.2

解 (图 5.5.2)对任意给定的 p,任取实数 $A>1$,在区间 $[1,A]$ 上计算定积分,得到

$$\int_1^A \frac{dx}{x^p} = \begin{cases} \frac{1}{1-p}(A^{1-p}-1), & p \neq 1, \\ \ln A, & p = 1. \end{cases}$$

令 $A \to +\infty$，就有

$$\int_1^{+\infty} \frac{dx}{x^p} = \begin{cases} \frac{1}{p-1}, \text{收敛}, & p > 1, \\ +\infty, \text{发散}, & 0 < p \leqslant 1. \end{cases} \quad (5.5.3)$$

注 $\int_1^{+\infty} \frac{dx}{x^p}$ 的积分下限 1 可以改为任何一个正数 a，这并不影响积分的敛散性，因为 $\int_1^a \frac{dx}{x^p}$ 是一个实数，实数与实数相加还是实数，实数与 ∞ 相加还是 ∞.

二、瑕积分——无界函数的反常积分

设 $f(x) \geqslant 0$，当 $f(x)$ 在 $x=b$ 点处无界时，考虑由曲线 $y=f(x)$，直线 $x=a, x=b$ 及 x 轴所围"曲边梯形"(图 5.5.3 中阴影部分)的面积.为此适当把区间 $[a,b]$ 缩小到区间 $[a, b-\varepsilon]$，使得 $f(x)$ 在此区间上有界，就可以考虑定积分定义的函数 $g(\varepsilon) = \int_a^{b-\varepsilon} f(x)dx$.如果当 $\varepsilon \to 0^+$ 时函数 $g(\varepsilon)$ 存在极限，则此极限应当就是图中阴影部分的面积.

一般地，如果函数 $f(x)$ 在点 $x=b$ 处的某邻域上无界(特别地 $\lim_{x \to b^-} f(x) = \infty$)，则称 b 为 $f(x)$ 的**瑕点**.

定义 5.5.2 设 $f(x)$ 在 $[a,b)$ 上有定义，且在点 b 的左邻域内无界，对任意 $[a,u] \subset [a,b)$，$f(x)$ 在 $[a,u]$ 上有界且可积，则极限

$$\lim_{u \to b^-} \int_a^u f(x)dx$$

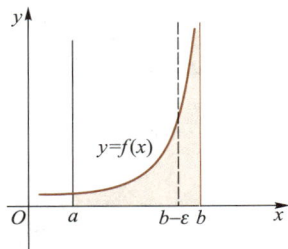

图 5.5.3

称为 $f(x)$ 在 $[a,b)$ 上的**瑕积分**，记为 $\int_a^b f(x)dx$.若上述极限存在，则称瑕积分 $\int_a^b f(x)dx$ **收敛**；若极限不存在，则称该瑕积分**发散**.

若 $f(x)$ 以端点 b 为瑕点，则瑕积分也可以表示为

$$\int_a^b f(x)dx = \lim_{u \to b^-} \int_a^u f(x)dx = \lim_{\varepsilon \to 0^+} \int_a^{b-\varepsilon} f(x)dx. \quad (5.5.4)$$

类似地，若 $f(x)$ 以端点 a 为瑕点，则定义

$$\int_a^b f(x)dx = \lim_{u \to a^+} \int_u^b f(x)dx = \lim_{\varepsilon \to 0^+} \int_{a+\varepsilon}^b f(x)dx. \quad (5.5.5)$$

对于以点 $c(a<c<b)$ 为瑕点的反常积分 $\int_a^b f(x)dx$，规定

$$\int_a^b f(x)dx = \int_a^c f(x)dx + \int_c^b f(x)dx = \lim_{u \to c^-} \int_a^u f(x)dx + \lim_{v \to c^+} \int_v^b f(x)dx. \quad (5.5.6)$$

因此，积分 $\int_a^b f(x)dx$ 收敛当且仅当 $\int_a^c f(x)dx$ 和 $\int_c^b f(x)dx$ 均收敛.

例 5.5.3　下列积分中哪些是瑕积分,瑕点是什么?

(1) $\displaystyle\int_0^1 \frac{1}{\sqrt{1-x^2}}\mathrm{d}x$;　　　(2) $\displaystyle\int_0^1 \frac{\ln x}{1-x}\mathrm{d}x$;　　　(3) $\displaystyle\int_0^1 \frac{\sin x}{x}\mathrm{d}x$.

解　(1) 因为 $\displaystyle\lim_{x\to 1^-} \frac{1}{\sqrt{1-x^2}}=+\infty$,故 $x=1$ 是瑕点, $\displaystyle\int_0^1 \frac{1}{\sqrt{1-x^2}}\mathrm{d}x$ 为瑕积分;

(2) (注意 $x=1$ 不是瑕点) 因 $\displaystyle\lim_{x\to 0^+} \frac{\ln x}{1-x}=-\infty$,故 $x=0$ 是瑕点, $\displaystyle\int_0^1 \frac{\ln x}{1-x}\mathrm{d}x$ 为瑕积分;

(3) 因为 $\displaystyle\lim_{x\to 0^+} \frac{\sin x}{x}=1$,所以 $\dfrac{\sin x}{x}$ 在区间 $(0,1]$ 上是有界函数,故 $\displaystyle\int_0^1 \frac{\sin x}{x}\mathrm{d}x$ 是正常积分.

例 5.5.4　讨论下列瑕积分的敛散性,如果收敛试求其值:

(1) $\displaystyle\int_0^a \frac{1}{\sqrt{a^2-x^2}}\mathrm{d}x\,(a>0)$;　　(2) $\displaystyle\int_{-1}^1 \frac{1}{x^2}\mathrm{d}x$;　　　(3) $\displaystyle\int_0^1 \ln x\mathrm{d}x$.

解　(1) 因为

$$\int_0^a \frac{\mathrm{d}x}{\sqrt{a^2-x^2}}=\lim_{\varepsilon\to 0^+}\int_0^{a-\varepsilon}\frac{\mathrm{d}x}{\sqrt{a^2-x^2}}=\lim_{\varepsilon\to 0^+}\left[\arcsin\frac{x}{a}\right]_0^{a-\varepsilon}=\lim_{\varepsilon\to 0^+}\arcsin\frac{a-\varepsilon}{a}=\frac{\pi}{2},$$

故 $\displaystyle\int_0^a \frac{1}{\sqrt{a^2-x^2}}\mathrm{d}x$ 收敛.

(2) $\displaystyle\int_{-1}^1 \frac{\mathrm{d}x}{x^2}=\int_{-1}^0 \frac{\mathrm{d}x}{x^2}+\int_0^1 \frac{\mathrm{d}x}{x^2}$,其中

$$\int_0^1 \frac{1}{x^2}\mathrm{d}x=\lim_{\varepsilon\to 0^+}\int_\varepsilon^1 \frac{\mathrm{d}x}{x^2}=\lim_{\varepsilon\to 0^+}\left[-\frac{1}{x}\right]_\varepsilon^1=\lim_{\varepsilon\to 0^+}\left(-1+\frac{1}{\varepsilon}\right)=+\infty,$$

故 $\displaystyle\int_{-1}^1 \frac{1}{x^2}\mathrm{d}x$ 发散.

(3) 因为

$$\int_0^1 \ln x\mathrm{d}x=\lim_{\varepsilon\to 0^+}\left\{\left[x\ln x\right]_\varepsilon^1-\int_\varepsilon^1 1\mathrm{d}x\right\}$$
$$=\lim_{\varepsilon\to 0^+}\left[-\varepsilon\ln\varepsilon-(1-\varepsilon)\right]=-1,$$

故 $\displaystyle\int_0^1 \ln x\mathrm{d}x$ 收敛.

我们顺便由 (3) 知道了图 5.5.4 中阴影部分面积为 1.

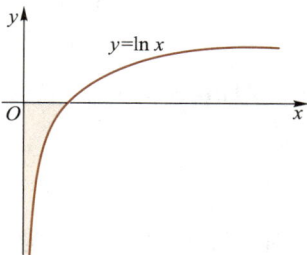

图 5.5.4

☆**例 5.5.5**(p 函数)　讨论积分 $\displaystyle\int_0^1 \frac{\mathrm{d}x}{x^p}\,(p>0)$ 的敛散性(瑕点 $x=0$).

解　显然,点 $x=0$ 是瑕点.对任意给定的 p,任意取定 $u\in(0,1)$,如图 5.5.5 所

示,在区间 $[u,1]$ 上计算定积分,得到

$$\int_u^1 \frac{\mathrm{d}x}{x^p} = \begin{cases} \dfrac{1}{1-p}(1-u^{1-p}), & p \neq 1, \\ -\ln u, & p = 1. \end{cases}$$

令 $u \to 0^+$,得到

$$\int_0^1 \frac{\mathrm{d}x}{x^p} = \begin{cases} \dfrac{1}{1-p}, \text{收敛}, & 0 < p < 1, \\ +\infty, \text{发散}, & p \geqslant 1. \end{cases} \qquad (5.5.7)$$

这个例题的结果也可以用来判别其他积分的敛散性.

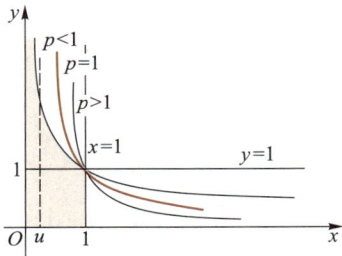

图 5.5.5

三、反常积分的计算和审敛

1. 广义牛顿-莱布尼茨公式

我们注意,反常积分的计算包含三个步骤:

(1)求原函数;

(2)在较小区间上求定积分;

(3)求定积分的极限.

为了书写方便,通常把三步合为一步,成为**广义牛顿-莱布尼茨公式**,即

$$\int_a^{+\infty} f(x)\,\mathrm{d}x = F(+\infty) - F(a), \qquad \int_{-\infty}^b f(x)\,\mathrm{d}x = F(b) - F(-\infty).$$

其中 $F'(x) = f(x)$.同样地,如果 a(或 b)为瑕点,则

$$\int_a^b f(x)\,\mathrm{d}x = \left[F(x) \right]_{a^+}^b \left(\text{或} \int_a^b f(x)\,\mathrm{d}x = \left[F(x) \right]_a^{b^-} \right).$$

例如,在前面出现的例题中

$$\int_{-\infty}^{+\infty} \frac{1}{1+x^2}\,\mathrm{d}x = \left[\arctan x \right]_{-\infty}^{+\infty} = \frac{\pi}{2} - \left(-\frac{\pi}{2} \right) = \pi,$$

$$\int_0^a \frac{\mathrm{d}x}{\sqrt{a^2-x^2}} = \left[\arcsin \frac{x}{a} \right]_0^{a^-} = \frac{\pi}{2} - 0 = \frac{\pi}{2}.$$

注 $\lim\limits_{x \to +\infty} F(x)$ 和 $\lim\limits_{x \to -\infty} F(x)$ 在这里分别记为 $F(+\infty)$ 和 $F(-\infty)$,这两个记号不适用于其他场合.

例 5.5.6 设有反常积分 $I_1 = \displaystyle\int_1^{+\infty} \frac{1}{x(1+x)}\mathrm{d}x$,$I_2 = \displaystyle\int_0^1 \frac{1}{x(1+x)}\mathrm{d}x$,下列结论中正确的是( ).

(A) I_1 与 I_2 都收敛   (B) I_1 与 I_2 都发散

(C) I_1 发散,I_2 收敛   (D) I_1 收敛,I_2 发散

解 因为

$$I_1 = \int_1^{+\infty} \frac{1}{x(1+x)}\mathrm{d}x = \left[\ln \frac{x}{x+1} \right]_1^{+\infty} = \ln 2 \,(\text{收敛}),$$

$$I_2 = \int_0^1 \frac{1}{x(1+x)} dx = \left[\ln \frac{x}{x+1} \right]_{0^+}^1 = +\infty \text{（发散）},$$

所以（D）正确.

2. 广义换元法

设有反常积分 $\int_a^b f(x) dx$，其中 $f(x)$ 在区间 (a,b) 内连续，a 可以是 $-\infty$ 或瑕点，b 也可以是 $+\infty$ 或瑕点.对于这样的反常积分，在换元函数 $x = \varphi(t)$ 可导且单调的条件下，可以像定积分一样换元，区间的端点用极限值对应.这样的换元法称为**广义换元法**.

特别地，无穷限积分和瑕积分可以相互转换.

注 例如，对于积分 $\int_1^{+\infty} f(x) dx$，令 $x = \frac{1}{t}$，就成为 $\int_0^1 f\left(\frac{1}{t}\right) \frac{1}{t^2} dt$；对于积分 $\int_0^1 f(x) dx$，若 $x=1$ 是瑕点，令 $x = 1 - \frac{1}{t}$，就成为 $\int_1^{+\infty} f\left(1 - \frac{1}{t}\right) \frac{1}{t^2} dt$.所以两类反常积分可以相互转换.

例 5.5.7 计算反常积分 $I = \int_0^{+\infty} \frac{1}{\sqrt{x(1+x)^3}} dx$.

解 用广义换元法，

$$I = \int_0^{+\infty} \frac{1}{\sqrt{x(1+x)^3}} dx = \int_0^{+\infty} \frac{2}{\sqrt{\left[1+(\sqrt{x})^2\right]^3}} d(\sqrt{x})$$

$$\xrightarrow{\text{令}\sqrt{x}=t} \int_0^{+\infty} \frac{2}{(1+t^2)^{\frac{3}{2}}} dt$$

$$\xrightarrow{\text{令}t=\tan u} 2\int_0^{\frac{\pi}{2}} \frac{\sec^2 u}{\sec^3 u} du = 2\int_0^{\frac{\pi}{2}} \cos u \, du = 2.$$

例 5.5.8 证明：$\int_0^{+\infty} \frac{1}{1+x^4} dx = \int_0^{+\infty} \frac{x^2}{1+x^4} dx = \frac{\pi}{2\sqrt{2}}$.

证 用广义换元法，记 $I = \int_0^{+\infty} \frac{1}{1+x^4} dx$，令 $x = \frac{1}{t}$，则

$$I = \int_0^{+\infty} \frac{t^2}{1+t^4} dt = \int_0^{+\infty} \frac{x^2}{1+x^4} dx,$$

从而

$$I = \frac{1}{2} \int_0^{+\infty} \frac{1+x^2}{1+x^4} dx = \frac{1}{2} \int_0^{+\infty} \frac{1}{\left(x-\frac{1}{x}\right)^2 + 2} d\left(x - \frac{1}{x}\right)$$

$$= \frac{1}{2\sqrt{2}} \left[\arctan \frac{x - \frac{1}{x}}{\sqrt{2}} \right]_{0^+}^{+\infty} = \frac{\pi}{2\sqrt{2}}.$$

证毕.

读者自然会想到,既然有广义换元法的说法,那么有没有广义的分部积分法? 由于分部积分法将积分运算拆成了两部分,有可能这两部分都是发散的,就会出现未定式的极限. 例如,为求 $\int_0^1 \ln(1-x)\,dx$,如果按照如下计算:

$$\int_0^1 \ln(1-x)\,dx = \left[x\ln(1-x)\right]_0^{1^-} + \int_0^1 x\cdot\frac{1}{1-x}\,dx,$$

右端两项都是无穷大,此时就陷入僵局.下列两种做法可以避免这种情况:

(1) 改变"凑的函数"

$$\int_0^1 \ln(1-x)\,dx = \left[(x-1)\ln(1-x)\right]_0^{1^-} + \int_0^1 (x-1)\cdot\frac{1}{1-x}\,dx = -1;$$

(2) 先算出不定积分 $\int \ln(1-x)\,dx = (x-1)\ln(1-x)-x+C$,再得出

$$\int_0^1 \ln(1-x)\,dx = \left[(x-1)\ln(1-x)-x\right]_0^{1^-} = -1.$$

3. 反常积分的审敛

利用广义换元法,还可以通过例 5.5.2 和例 5.5.5 中的 p 函数判断反常积分的敛散性.

例 5.5.9 判别反常积分的敛散性:

(1) $\displaystyle\int_e^{+\infty} \frac{(1+\ln x)\,dx}{(x\ln x)^3}$; (2) $\displaystyle\int_0^2 \frac{dx}{|x-1|^{\frac{3}{2}}}$.

解 (1) 由于

$$\int_e^{+\infty} \frac{(1+\ln x)\,dx}{(x\ln x)^3} = \int_e^{+\infty} \frac{d(x\ln x)}{(x\ln x)^3} \xlongequal{令 t=x\ln x} \int_e^{+\infty} \frac{dt}{t^3},$$

最后的 p 函数的积分中 $p=3>1$,该 p 函数的无穷限积分收敛,所以反常积分 $\int_e^{+\infty} \frac{(1+\ln x)\,dx}{(x\ln x)^3}$ 也收敛.

(2) 由于被积函数在 $x=1$ 的邻域内无界,按照定义,原积分是两个瑕积分之和,即

$$\int_0^2 \frac{dx}{|x-1|^{\frac{3}{2}}} = \int_0^1 \frac{dx}{(1-x)^{\frac{3}{2}}} + \int_1^2 \frac{dx}{(x-1)^{\frac{3}{2}}}.$$

在后一个积分中令 $x-1=t$ 就有

$$\int_1^2 \frac{dx}{(x-1)^{\frac{3}{2}}} = \int_0^1 \frac{dt}{t^{\frac{3}{2}}},$$

由例 5.5.5 知这个积分是 $p=\frac{3}{2}>1$ 的瑕积分,故发散,所以积分 $\int_0^2 \frac{dx}{|x-1|^{\frac{3}{2}}}$ 发散.

*4. 反常积分的比较审敛法

我们当然更希望在可以开始反常积分的计算之前定性地确定它的敛散性,通常会间接地使用 p 函数的积分结果,这种判别方法称为**比较审敛法**.请看下例.

例 5.5.10   讨论下列积分的敛散性:

$$(1) \int_e^{+\infty} \frac{\mathrm{d}x}{\sqrt[4]{x^3-1}}; \qquad (2) \int_e^{+\infty} \frac{\mathrm{d}x}{\sqrt[3]{x^4+1}}.$$

解   (1) 在积分区间 $[e,+\infty)$ 上满足

$$\frac{1}{\sqrt[4]{x^3-1}} > \frac{1}{x^{\frac{3}{4}}},$$

而 $p = \dfrac{3}{4} < 1$,故无穷积分 $\displaystyle\int_e^{+\infty} \dfrac{\mathrm{d}x}{x^{\frac{3}{4}}}$ 发散,因此 $\displaystyle\int_e^{+\infty} \dfrac{\mathrm{d}x}{\sqrt[4]{x^3-1}}$ 也发散.

(2) 在积分区间 $[e,+\infty)$ 上满足

$$\frac{1}{\sqrt[3]{x^4+1}} < \frac{1}{x^{\frac{4}{3}}},$$

而 $\displaystyle\int_e^{+\infty} \dfrac{\mathrm{d}x}{x^{\frac{4}{3}}}$ 收敛$\left(\text{此时 } p = \dfrac{4}{3} > 1\right)$,故 $\displaystyle\int_e^{+\infty} \dfrac{\mathrm{d}x}{\sqrt[3]{x^4+1}}$ 也收敛.

一般地,比较审敛法有如下常用形式:

命题 5.5.1   对于正值函数 $f(x)$,$F(x) = \displaystyle\int_a^x f(t)\,\mathrm{d}t$ 是单调递增的.

如果对于某个 $p > 1$,$f(x) < \dfrac{1}{x^p}$,那么 $\displaystyle\int_a^{+\infty} f(t)\,\mathrm{d}t$ 收敛;

如果对于某个 $0 < p \leqslant 1$,$f(x) \geqslant \dfrac{1}{x^p}$,那么 $\displaystyle\int_a^{+\infty} f(t)\,\mathrm{d}t$ 发散.

证   如果 $p > 1$,$f(x) < \dfrac{1}{x^p}$,由 $\displaystyle\int_a^x \dfrac{1}{t^p}\mathrm{d}t$ 有界得知

$$F(x) = \int_a^x f(t)\,\mathrm{d}t$$

有界,从而 $\displaystyle\int_a^{+\infty} f(t)\,\mathrm{d}t$ 收敛.

如果对于某个 $0 < p \leqslant 1$,

注   严格地说,像例 5.5.8 那样的计算问题,也应该首先审查反常积分的敛散性,就像某些极限计算之前用单调有界准则先肯定极限的存在性一样.当然,由于 $x \geqslant 1$ 时 $0 < \dfrac{1}{1+x^4} \leqslant \dfrac{1}{1+x^2}$,而 $\displaystyle\int_0^{+\infty} \dfrac{1}{1+x^2}\mathrm{d}x$ 是收敛的,所以 $\displaystyle\int_0^{+\infty} \dfrac{1}{1+x^4}\mathrm{d}x$ 是收敛的.比较审敛法涉及一系列基础性概念和定理,有兴趣的读者可以从阅读材料 5.1 中了解.这里仅描述一下基本原理:借助于函数型的单调有界准则,即若 $F(x) = \displaystyle\int_a^x f(t)\,\mathrm{d}t$ 单调递增且有上界,则 $\displaystyle\lim_{x\to+\infty} F(x)$ 收敛;若 $F(x)$ 单调递增且无界,则 $\displaystyle\lim_{x\to+\infty} F(x)$ 发散.

阅读材料 5.1

反常积分的审敛法和 Γ 函数的收敛性证明

$$f(x) \geqslant \frac{1}{x^p},$$

那么因为 $\int_a^x \frac{1}{t^p}\mathrm{d}t$ 无界, $\int_a^x f(t)\mathrm{d}t$ 就无界, 故 $\int_a^{+\infty} f(t)\mathrm{d}t$ 发散. 证毕.

*四、反常积分在概率论中的应用

反常积分也有广泛的应用, 这里介绍其在概率论中的应用.

定义于 $(-\infty, +\infty)$ 上的一个函数 $F(x)$, 能够成为某个随机变量 X 的**分布函数**, 当且仅当满足: $0 \leqslant F(x) \leqslant 1$, $F(x)$ 单调不减, 并且 $\lim\limits_{x\to-\infty} F(x) = 0$ 和 $\lim\limits_{x\to+\infty} F(x) = 1$. 直观地说 $F(x)$ 是取值于区间 $(-\infty, x]$ 上的概率的积累. 因此, 若 X 为连续型随机变量, 就存在一个非负函数 $f(x)$ (称为**密度函数**), 使对任意 $x \in (-\infty, +\infty)$ 有

$$F(x) = \int_{-\infty}^{x} f(t)\mathrm{d}t, \tag{5.5.8}$$

这就是一个反常积分. 在 $f(x)$ 的连续点上有 $F'(x) = f(x)$. 利用这个积分表达式, 可以计算任何一个区间上的概率 $P(x_1 < X \leqslant x_2) = F(x_2) - F(x_1)$. 用微元法解释 (5.5.8) 式就是: 每个小区间 $\mathrm{d}t$ 上的概率正好是 $\mathrm{d}P = f(t)\mathrm{d}t$.

为什么随机变量 X 的期望是 $E(X) = \int_{-\infty}^{+\infty} xf(x)\mathrm{d}x$ 呢, 因为在任意小区间 $[x, x+\mathrm{d}x]$ 上, $f(x)\mathrm{d}x$ 近似于取值于 x 的概率, 所以 x 所获得的 "权数" 就是 $xf(x)\mathrm{d}x$ (注意 $\int_{-\infty}^{+\infty} f(x)\mathrm{d}x = 1$), 从而数轴上各点 $x \in (-\infty, +\infty)$ 的 "加权平均" 就是 $\int_{-\infty}^{+\infty} xf(x)\mathrm{d}x$, 这正是 "期望" 二字的本意.

指数分布是概率论中常见的连续型随机变量的分布, 源于一个关键的结果:

$$\int_0^{+\infty} \lambda \mathrm{e}^{-\lambda x}\mathrm{d}x = 1 \quad (\lambda > 0).$$

利用比较审敛法可以证明 **Γ-函数**, 或即**伽马函数** (图 5.5.6)

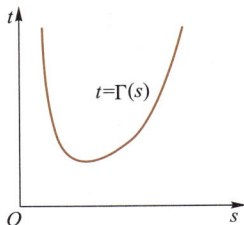

图 5.5.6

$$\Gamma(s) = \int_0^{+\infty} \mathrm{e}^{-x} x^{s-1}\mathrm{d}x \quad (s > 0) \tag{5.5.9}$$

对任意确定的 s 都是收敛的反常积分. 这是分析学上一类重要的特殊函数. 通过 Γ-函数可以证明著名的泊松积分公式:

泊松 (S. Poisson, 1781—1840), 法国数学家.

$$\int_{-\infty}^{+\infty} \mathrm{e}^{-x^2}\mathrm{d}x = \Gamma\left(\frac{1}{2}\right) = \sqrt{\pi}. \tag{5.5.10}$$

从而

$$\frac{1}{\sqrt{2\pi}}\int_{-\infty}^{+\infty}e^{-\frac{x^2}{2}}dx = 1,$$

这就说明一类更重要的概率分布——正态分布——的密度函数为

$$f(x) = \frac{1}{\sqrt{2\pi}}e^{-\frac{x^2}{2}}.$$

阅读材料 5.2

微积分的思想
及其启示

如果随机变量 X 的概率密度函数为

$$f(x) = \begin{cases} \dfrac{\lambda^s}{\Gamma(s)}x^{s-1}e^{-\lambda x}, & x>0, \\ 0, & \text{其他} \end{cases} \quad (\lambda>0, s>0), \qquad (5.5.11)$$

则称 X 服从参数为 s 和 λ 的 **Γ-分布**,记为 $X:\Gamma(\lambda, s)$.当 $s=1$,$f(x)$ 成为指数分布;当 s 为一般的正整数时,成为 s 阶爱尔朗分布,这些分布常用于运筹学中研究排队模型;当 $s=\dfrac{n}{2}(n\in \mathbf{N}^*)$,$\lambda=\dfrac{1}{2}$ 时,成为具有 n 个自由度的卡方分布 $\chi^2(n)$,这是统计学中一种重要的抽样分布.

练习 5.5.1

1. 判别下列反常积分的敛散性,如果收敛计算其值:

(1) $\displaystyle\int_1^{+\infty}\frac{dx}{\sqrt{x}}$;　　　　(2) $\displaystyle\int_1^{+\infty}\frac{dx}{x^2}$;　　　　(3) $\displaystyle\int_0^{+\infty}\frac{dx}{1+x^2}$.

2. 下列反常积分收敛的是(　　).

(A) $\displaystyle\int_e^{+\infty}\frac{\ln x}{x}dx$　　(B) $\displaystyle\int_e^{+\infty}\frac{dx}{x\ln x}$　　(C) $\displaystyle\int_e^{+\infty}\frac{dx}{x(\ln x)^2}$　　(D) $\displaystyle\int_e^{+\infty}\frac{dx}{x\sqrt{\ln x}}$

3. 判别下列反常积分的敛散性,如果收敛计算其值:

(1) $\displaystyle\int_0^1\frac{dx}{\sqrt{x}}$;　　　　(2) $\displaystyle\int_0^1\frac{dx}{x^2}$;　　　　(3) $\displaystyle\int_0^2\frac{dx}{1-x}$.

4. 下列反常积分收敛的是(　　).

(A) $\displaystyle\int_0^{+\infty}\cos x\,dx$　　(B) $\displaystyle\int_0^2\frac{dx}{(x-1)^2}$　　(C) $\displaystyle\int_0^{+\infty}\frac{dx}{\sqrt{x+1}}$　　(D) $\displaystyle\int_1^{+\infty}\frac{dx}{(2x+1)^{\frac{3}{2}}}$

5. 已知 $\displaystyle\int_0^{+\infty}e^{-x^2}dx = \frac{\sqrt{\pi}}{2}$,若 $\displaystyle\int_{-\infty}^{+\infty}ae^{-x^2-x}dx=1$,求常数 a.

5.5.2　一元微积分总回顾

随着积分和思想 $\left(\displaystyle\lim_{\lambda\to 0}\sum_{i=1}^n f(\xi_i)\Delta x_i = \int_a^b f(x)dx\right)$ 的问世、新函数(变上限积分函数 $\Phi(x)=\displaystyle\int_a^x f(t)dt$)的诞生以及微积分基本定理(若 $f(x)$ 在区间 $[a,b]$ 上连续,则

$\dfrac{\mathrm{d}}{\mathrm{d}x}\displaystyle\int_a^x f(t)\,\mathrm{d}t = f(x)$)的发现,微积分问题变得十分有趣和复杂.现在,我们以定积分理论为主线回顾一元微积分的主要内容.

一、定积分与函数的表示

我们通过极限定义可知,如果 $\lim\limits_{x\to x_0} f(x)=A$,则在点 x_0 的某去心邻域 $\mathring{U}(x_0)$ 内,$f(x)$ 可以表示为

$$f(x)=A+\alpha(x) \quad (\text{其中}\lim\limits_{x\to x_0}\alpha(x)=0, x\in \mathring{U}(x_0)).$$

特别地,如果 $f(x)$ 在点 x_0 处连续,则

$$f(x)=f(x_0)+\alpha(x) \quad (x\in U(x_0)).$$

进一步地,如果 $f(x)$ 在点 x_0 处可导,则

$$f(x)=f(x_0)+f'(x_0)(x-x_0)+o((x-x_0)) \quad (x\in U(x_0));$$

如果 $f(x)$ 在包含 x_0 点的一个区间 (a,b) 上可导,则

$$f(x)=f(x_0)+f'(\xi)(x-x_0) \quad (x\in(a,b), \xi \text{ 介于 } x_0 \text{ 与 } x \text{ 之间});$$

如果 $f(x)$ 在点 x_0 处存在高阶导数,则还可以用泰勒公式来表示:

$$f(x)=f(x_0)+\frac{f'(x_0)}{1!}(x-x_0)+\frac{f''(x_0)}{2!}(x-x_0)^2+\cdots+\frac{f^{(n)}(x_0)}{n!}(x-x_0)^n+o((x-x_0)^n).$$

如果 $f(x)$ 在包含 x_0 点的一个区间上存在 $n+1$ 阶导数,则

$$f(x)=f(x_0)+\frac{f'(x_0)}{1!}(x-x_0)+\frac{f''(x_0)}{2!}(x-x_0)^2+\cdots+$$

$$\frac{f^{(n)}(x_0)}{n!}(x-x_0)^n+\frac{f^{(n+1)}(\xi)}{(n+1)!}(x-x_0)^{n+1}(\xi \text{ 介于 } x_0 \text{ 与 } x \text{ 之间}).$$

现在,根据牛顿-莱布尼茨公式,$f(x)$ 有了一种新的表示,即如果 $f(x)$ 在 $[a,b]$ 上连续,在 (a,b) 内可导,则对任意给定的 $x_0\in[a,b]$,

$$f(x)=f(x_0)+\int_{x_0}^x f'(t)\,\mathrm{d}t, x\in[a,b].$$

这个等式里的积分式没有写成无穷小,也没有中值,是一个完全精确的计算,因此,是最完美的.当然,如果 $f(x)$ 在 (a,b) 上有 $n+1$ 阶导数,则有泰勒公式的新形式:

$$f(x)=f(x_0)+\frac{f'(x_0)}{1!}(x-x_0)+\frac{f''(x_0)}{2!}(x-x_0)^2+\cdots+$$

$$\frac{f^{(n)}(x_0)}{n!}(x-x_0)^n+R_n(x), \tag{5.5.12}$$

其中

> **注** 严格意义上讲,本节是独立于微积分学科体系的内容.为了弥补由于知识点顺序的限制所带来的综合思考的局限性,本节以定积分问题为引子,通过例题选讲帮助读者对重要概念和方法有更深刻的理解和拓展.

$$R_n(x) = \frac{1}{n!} \int_{x_0}^{x} f^{(n+1)}(t)(x-t)^n \mathrm{d}t, \tag{5.5.13}$$

称为泰勒公式的**积分型余项**.

事实上,只需通过 $n+1$ 次分部积分就可以验证:

$$\int_{x_0}^{x} f^{(n+1)}(t)(x-t)^n \mathrm{d}t$$

$$= \left[(x-t)^n f^{(n)}(t) + n(x-t)^{n-1} f^{(n-1)}(t) + \cdots + n! \, f(t) \right]_{x_0}^{x} + \int_{x_0}^{x} 0 \cdot f(t) \mathrm{d}t$$

$$= n! f(x) - n! \left[f(x_0) + \frac{f'(x_0)}{1!}(x-x_0) + \frac{f''(x_0)}{2!}(x-x_0)^2 + \cdots + \frac{f^{(n)}(x_0)}{n!}(x-x_0)^n \right]$$

$$= n! R_n(x).$$

因此,定积分的出现可以使函数的表示方法更完美.

二、定积分与极限

我们来看看定积分如何扩展了极限计算的方法和范围.

例 5.5.11　计算极限 $\lim\limits_{n\to\infty} \dfrac{\sqrt[n]{n!}}{n}$.

解　
$$\lim_{n\to\infty} \frac{\sqrt[n]{n!}}{n} = \lim_{n\to\infty} \sqrt[n]{\frac{n!}{n^n}} = \lim_{n\to\infty} \mathrm{e}^{\frac{1}{n}\ln\left(\frac{n!}{n^n}\right)}$$

$$= \mathrm{e}^{\lim\limits_{n\to\infty}\frac{1}{n}\left(\ln\frac{1}{n} + \ln\frac{2}{n} + \cdots + \ln\frac{n}{n}\right)}$$

$$= \mathrm{e}^{\int_0^1 \ln x \mathrm{d}x}$$

$$= \mathrm{e}^{\left[x\ln x - x\right]_{0^+}^{1}} = \mathrm{e}^{-1}.$$

思考题 5.5.2　为什么极限
$$\lim_{n\to\infty} \frac{1}{n}\left(\ln\frac{1}{n} + \ln\frac{2}{n} + \cdots + \ln\frac{n}{n} \right)$$
的值与瑕积分 $\int_0^1 \ln x \mathrm{d}x$ 的值相等?

例 5.5.12　记 $u_n = \int_0^1 |\ln t| \left[\ln(1+t) \right]^n \mathrm{d}t$,求极限 $\lim\limits_{n\to\infty} u_n$.

解　因为当 $t \in (0,1)$ 时,

$$0 < \ln(1+t) < t,$$

所以

$$0 < \int_0^1 |\ln t| \left[\ln(1+t) \right]^n \mathrm{d}t < \int_0^1 |\ln t| t^n \mathrm{d}t.$$

而

$$\int_0^1 |\ln t| t^n \mathrm{d}t = -\int_0^1 \ln t \cdot t^n \mathrm{d}t = \left[-\frac{t^{n+1}}{n+1}\ln t \right]_{0^+}^{1} + \frac{1}{n+1}\int_0^1 t^n \mathrm{d}t$$

$$= \frac{1}{(n+1)^2} \to 0 (n\to\infty),$$

由夹逼准则得 $\lim\limits_{n\to\infty} u_n = 0$.

例 5.5.13 设 $f(x)$ 在点 $x=0$ 的某邻域内二阶连续可导,若当 $x\to 0$ 时,
$F(x)=\int_0^x (x^2-t^2)f''(t)\,\mathrm{d}t$ 的导数与 x^2 是等价无穷小,求 $f''(0)$.

解 先把积分号下的 x 移出来,$F(x)=x^2\int_0^x f''(t)\,\mathrm{d}t-\int_0^x t^2 f''(t)\,\mathrm{d}t$,则

$$F'(x)=2x\int_0^x f''(t)\,\mathrm{d}t=2x(f'(x)-f'(0)).$$

由等价无穷小的定义,有

$$1=\lim_{x\to 0}\frac{F'(x)}{x^2}=\lim_{x\to 0}\frac{2x(f'(x)-f'(0))}{x^2}$$

$$=2\lim_{x\to 0}\frac{f'(x)-f'(0)}{x}=2f''(0).$$

所以,$f''(0)=\dfrac{1}{2}$.

注 例 5.5.13 虽然没有什么难点,但综合了积分的导数、导数的积分、等价无穷小、导数的定义等概念.

三、定积分与函数的性态

函数的性态包括函数的基本特性(有界性、单调性、奇偶性和周期性等)、函数的极值和最值、根,曲线的凹凸性、渐近线、曲率等.定积分可以对导函数进行运算,所以,与函数的性态有密切联系.

例 5.5.14 如图 5.5.7 所示,曲线 C 的方程为 $y=f(x)$,点 $(3,2)$ 是它的一个拐点,直线 l_1 与 l_2 分别是曲线 C 在点 $(0,0)$ 与点 $(3,2)$ 处的切线,相交于点 $(2,4)$.设函数 $f(x)$ 具有三阶连续导数,计算 $\int_0^3 (x^2+x)f'''(x)\,\mathrm{d}x$.

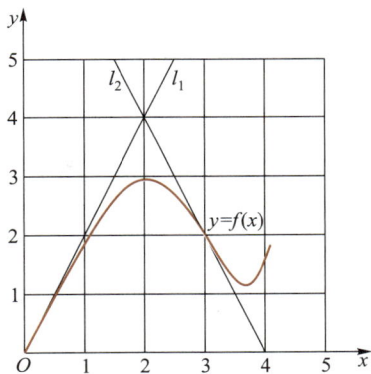

图 5.5.7

解 用分部积分法,有

$$\int_0^3 (x^2+x)f'''(x)\,\mathrm{d}x=\int_0^3 (x^2+x)(f''(x))'\,\mathrm{d}x$$

$$=\left[(x^2+x)f''(x)\right]_0^3-\int_0^3 (2x+1)f''(x)\,\mathrm{d}x$$

$$=12f''(3)-0-\left\{\left[(2x+1)f'(x)\right]_0^3-\int_0^3 2f'(x)\,\mathrm{d}x\right\}$$

$$=12f''(3)-0-7f'(3)+f'(0)+2(f(3)-f(0)).$$

由于点 $(0,0)$ 与点 $(2,4)$ 连线的斜率为 $f'(0)=2$,点 $(3,2)$ 与点 $(2,4)$ 的连线斜率为 $f'(3)=-2$;点 $(3,2)$ 是一个拐点,从而 $f''(3)=0$;又 $f(0)=0$,$f(3)=2$,所以

$$\int_0^3 (x^2+x)f'''(x)\,\mathrm{d}x = 12\times 0 - 7\times(-2)+2+2(2-0)=20.$$

四、定积分与微分中值定理

在定积分理论中,如果函数 $f(x)$ 在 $[a,b]$ 上连续,那么

$$\frac{\mathrm{d}}{\mathrm{d}x}\int_a^x f(t)\,\mathrm{d}t = f(x),$$

这个等式往往是解决含有定积分的微分中值问题的关键.

例 5.5.15 设函数 $f(x)$, $g(x)$ 在区间 $[a,b]$ 上连续,且 $g(x)\neq 0$, $\forall x\in[a,b]$,证明至少存在一点 $\xi\in(a,b)$,使得

$$\frac{\int_a^b f(x)\,\mathrm{d}x}{\int_a^b g(x)\,\mathrm{d}x}=\frac{f(\xi)}{g(\xi)}.$$

证法一 令

$$F(x)=\int_a^b f(x)\,\mathrm{d}x\int_a^x g(t)\,\mathrm{d}t-\int_a^x f(t)\,\mathrm{d}t\int_a^b g(x)\,\mathrm{d}x,$$

则

$$F(a)=F(b)=0.$$

根据罗尔定理,存在 $\xi\in(a,b)$ 使得 $F'(\xi)=0$,由于

$$F'(\xi)=\int_a^b f(x)\,\mathrm{d}x\cdot g(\xi)-f(\xi)\int_a^b g(x)\,\mathrm{d}x,$$

$$\int_a^b g(x)\,\mathrm{d}x\neq 0, g(\xi)\neq 0,$$

就有

$$\frac{\int_a^b f(x)\,\mathrm{d}x}{\int_a^b g(x)\,\mathrm{d}x}=\frac{f(\xi)}{g(\xi)}.$$

注 证法一和证法二都用到了变上限积分的求导公式.

证毕.

证法二 设

$$F(x)=\int_a^x f(t)\,\mathrm{d}t, G(x)=\int_a^x g(t)\,\mathrm{d}t,$$

则它们在 $[a,b]$ 上满足柯西中值定理条件,因此,存在 $\xi\in(a,b)$,使得

$$\frac{F(b)-F(a)}{G(b)-G(a)}=\frac{F'(\xi)}{G'(\xi)},$$

即

$$\frac{\int_a^b f(x)\,\mathrm{d}x}{\int_a^b g(x)\,\mathrm{d}x} = \frac{f(\xi)}{g(\xi)}.$$

证毕.

*五、定积分与不等式

1. 常数变易法

常数变易法是将等式或不等式中的某个关键常数看作变量,从而将数值问题转化为函数问题.这种想法是非常高级的.回顾牛顿-莱布尼茨公式的证明,公式的上、下限本来都是数值,当把上限 b 改为变量 x 后,定积分就是函数了,公式两边都可以计算导数了.

现在我们来用常数变易法证明积分型施瓦茨不等式(也称**柯西不等式**,或**布尼亚科夫斯基不等式**).我们仅对 $f(x)$,$g(x)$ 连续的情形证明.

布尼亚科夫斯基(V. Ya Bunyakovski,1804—1889),俄国数学家.

例 5.5.16 用常数变易法证明:若 $f(x)$,$g(x)$ 在区间 $[a,b]$ 上连续,则

$$\left(\int_a^b f(x)g(x)\,\mathrm{d}x\right)^2 \le \int_a^b f^2(x)\,\mathrm{d}x \int_a^b g^2(x)\,\mathrm{d}x. \tag{5.5.14}$$

证 令

$$F(x) = \left(\int_a^x f(t)g(t)\,\mathrm{d}t\right)^2 - \int_a^x f^2(t)\,\mathrm{d}t \int_a^x g^2(t)\,\mathrm{d}t \quad (x \in [a,b]),$$

显然,$F(a) = 0$.

$$F'(x) = 2f(x)g(x)\int_a^x f(t)g(t)\,\mathrm{d}t - f^2(x)\int_a^x g^2(t)\,\mathrm{d}t - g^2(x)\int_a^x f^2(t)\,\mathrm{d}t$$

$$= -\int_a^x (f(t)g(x) - f(x)g(t))^2\,\mathrm{d}t \le 0.$$

所以 $F(x)$ 在 $[a,b]$ 上不增,$F(b) \le F(a) = 0$.证毕.

常数变易法还可以用来证明恒等式.例如,设 $f(x)$ 是区间 $[a,b]$ 上的连续奇函数,那么 $\int_{-a}^a f(x)\,\mathrm{d}x = 0$.这是因为,设 $F(x) = \int_{-x}^x f(t)\,\mathrm{d}t$,则 $F'(x) = f(x) + f(-x) = 0$,所以 $F(x) \equiv C$.而 $C = F(0) = 0$,所以 $F(x) \equiv 0$,从而 $F(a) = 0$.

注 $f(x)$ 在区间 I 内不增(不减)是指:对任意 $x_1, x_2 \in I$,$x_1 < x_2$ 时,有 $f(x_1) \ge (\le) f(x_2)$.

2. 从施瓦兹不等式到三角不等式

与(5.5.14)式相对应的离散型不等式就是:$\forall n \in \mathbf{N}$,$\forall a_i, b_i \in \mathbf{R}$ $(i = 1, 2, \cdots, n)$,

$$\left(\sum_{i=1}^{n} a_i b_i\right)^2 \leqslant \sum_{i=1}^{n} a_i^2 \sum_{i=1}^{n} b_i^2 . \tag{5.5.15}$$

(5.5.15)式与(5.5.14)式能否相互推导呢？参见阅读材料 5.3.

阅读材料 5.3 离散型不等式与连续型不等式的互证

历史上，先有（离散型的）柯西不等式(5.5.15)，再有（连续型的）布尼亚科夫斯基不等式，而施瓦茨最先发现了这两种不等式内在的一致性，所以通常都称为施瓦茨不等式．施瓦茨不等式的发现，使得微积分从简单的实数变量拓展到向量变量，这是数学上一个巨大的飞跃！

因为，有了(5.5.15)式我们就可以定义 n 维向量 $\boldsymbol{\alpha} = (a_1, a_2, \cdots, a_n)$ 和 $\boldsymbol{\beta} = (b_1, b_2, \cdots, b_n)$ 的夹角 $(\widehat{\boldsymbol{\alpha}, \boldsymbol{\beta}})$ 的余弦为

$$\cos(\widehat{\boldsymbol{\alpha}, \boldsymbol{\beta}}) = \frac{\sum\limits_{i=1}^{n} a_i b_i}{\sqrt{\sum\limits_{i=1}^{n} a_i^2} \sqrt{\sum\limits_{i=1}^{n} b_i^2}} . \tag{5.5.16}$$

把 $[a, b]$ 上的可积函数都看作向量，则其数量积定义为 $f \cdot g = \int_a^b f(x) g(x) \mathrm{d}x$，那么，向量的"长度"（称为**模**或者**范数**，记作 $\|f\|$）为 $\|f\| = \sqrt{\int_a^b f^2(x) \mathrm{d}x}$．向量间夹角的余弦就是

$$\cos(\widehat{f, g}) = \frac{\int_a^b f(x) g(x) \mathrm{d}x}{\sqrt{\int_a^b f^2(x) \mathrm{d}x} \sqrt{\int_a^b g^2(x) \mathrm{d}x}} = \frac{f \cdot g}{\|f\| \|g\|} . \tag{5.5.17}$$

利用不等式(5.5.14)立即可以证明：对 $[a, b]$ 上的任意连续函数 $f(x), g(x)$，闵科夫斯基不等式（只要两边平方后逆推即可）成立：

$$\sqrt{\int_a^b (f(x) - g(x))^2 \mathrm{d}x} \leqslant \sqrt{\int_a^b f^2(x) \mathrm{d}x} + \sqrt{\int_a^b g^2(x) \mathrm{d}x} ,$$

即

$$\|f - g\| \leqslant \|f\| + \|g\| . \tag{5.5.18}$$

对于区间 $[a, b]$ 上任意三个连续函数 $f(x), g(x), h(x)$，用 $f(x) - h(x)$ 和 $g(x) - h(x)$ 分别替换上述不等式中的 $f(x)$ 和 $g(x)$，立即得到

$$\sqrt{\int_a^b (f(x) - g(x))^2 \mathrm{d}x} \leqslant \sqrt{\int_a^b (f(x) - h(x))^2 \mathrm{d}x} + \sqrt{\int_a^b (g(x) - h(x))^2 \mathrm{d}x} ,$$

即

$$\|f - g\| \leqslant \|f - h\| + \|g - h\| . \tag{5.5.19}$$

这就是一个三角不等式．它和第 1 章的命题 1.1.1 中的数轴上距离的性质本质上是相同的．

练习 5.5.2

1. 设 $F(x) = \begin{cases} \dfrac{\int_0^x t f(t)\,dt}{x^2}, & x \neq 0 \\ C, & x = 0 \end{cases}$，是连续函数，其中 $f(x)$ 在点 $x = 0$ 处连续，$f(0) = 1$，则 $C = \underline{\qquad}$.

2. 设在区间 $(-\infty, +\infty)$ 内，$f(x)$ 连续，$\varphi(x)$ 可导，且 $f(-x) = -f(x)$，$\varphi(-x) = \varphi(x)$，则 $\int_{-a}^{a} f(\varphi'(x))\,dx = \underline{\qquad}$.

3. 曲线 $\begin{cases} x = \int_0^{1-t} e^{-u^2}\,du, \\ y = t^2 \ln(2 - t^2) \end{cases}$ 在点 $(0,0)$ 处的切线方程为 $\underline{\qquad}$.

4. 设 $\lim\limits_{x \to +\infty} \left(\dfrac{x+a}{x-a} \right)^x = \int_{-\infty}^{a} t e^{2t}\,dt$，求常数 a 的值.

习题 5.5 · · · · · · · · · · · · · · · · · ·

1. 判别下列各反常积分的敛散性，如果收敛，计算反常积分的值：

(1) $\displaystyle\int_0^{+\infty} e^{-ax}\,dx\,(a>0)$；

(2) $\displaystyle\int_{-\infty}^{-1} \frac{1}{x^2} e^{\frac{1}{x}}\,dx$；

(3) $\displaystyle\int_0^{+\infty} \frac{\arctan x}{1+x^2}\,dx$；

(4) $\displaystyle\int_0^{+\infty} \frac{dx}{\sqrt{(1+x)^3}}$；

(5) $\displaystyle\int_{-\infty}^{+\infty} \frac{dx}{x^2+2x+2}$；

(6) $\displaystyle\int_2^{+\infty} \frac{dx}{x(\ln x)^k}\,(k>1)$；

(7) $\displaystyle\int_{-\infty}^{+\infty} x e^{-x^2}\,dx$；

(8) $\displaystyle\int_0^{+\infty} e^{-pt} \sin \omega t\,dt\,(p>0,\omega>0)$.

2. 写出反常积分 $I_n = \displaystyle\int_0^{+\infty} x^n e^{-x}\,dx\,(n \in \mathbf{N})$ 的递推公式，并求其值.

* *

3. 计算反常积分：

(1) $\displaystyle\int_1^{+\infty} \frac{dx}{x(x^2+1)}$；

(2) $\displaystyle\int_0^{+\infty} \frac{dx}{(1+x)(1+x^2)}$；

(3) $\displaystyle\int_{-\infty}^{+\infty} \frac{dx}{(x^2+x+1)^2}$；

(4) $\displaystyle\int_0^{+\infty} \frac{x e^{-x}}{(1+e^{-x})^2}\,dx$；

(5) $\displaystyle\int_0^{+\infty} \frac{1}{(1+x^2)(1+x^\lambda)}\,dx\,(\lambda \geq 0)$.

4. 证明：若 $\displaystyle\int_0^{+\infty} f(x)\,dx$ 收敛，且极限 $\lim\limits_{x \to +\infty} f(x) = A$，则 $A = 0$.

5. 判别下列各反常积分的敛散性，如果收敛，计算反常积分的值：

(1) $\displaystyle\int_0^{a} \frac{dx}{a^2-x^2}$；

(2) $\displaystyle\int_0^{1} \frac{dx}{(1-x)^2}$；

(3) $\displaystyle\int_0^{1} \frac{x\,dx}{\sqrt{1-x^2}}$；

(4) $\displaystyle\int_{1}^{e} \frac{\mathrm{d}x}{x\sqrt{1-(\ln x)^{2}}}$;   (5) $\displaystyle\int_{1}^{2} \frac{x\mathrm{d}x}{\sqrt{x-1}}$.

6. 一家灯泡制造商希望生产的灯泡可以持续使用 700 h 左右,当然,有些灯泡会比其他灯泡爆得更快.假设 $F(t)$ 是公司灯泡在 t 小时前爆掉的比例,那么 $F(t)$ 总是取值于 0 到 1 之间.

(1) 粗略描绘一下你认为 $F(t)$ 的图形可能是什么样的.

(2) 导数 $r(t)=F'(t)$ 的意思是什么?

(3) $\displaystyle\int_{0}^{+\infty} r(t)\mathrm{d}t$ 的值是多少? 为什么?

7. 用夹逼准则计算极限 $\displaystyle\lim_{n\to\infty}\int_{0}^{1}\ln(1+x^{n})\mathrm{d}x$.

8. 设函数 $f(x)$ 在区间 $[a,b]$ 上连续,且 $f(x)>0$,则 $\displaystyle\lim_{n\to\infty}\int_{a}^{b}x^{2}\sqrt[n]{f(x)}\,\mathrm{d}x=$ _____.

9. 设函数 $f(x)$ 连续,$f(0)=0$,$f'(0)=0$,$f''(0)\neq0$,则 $\displaystyle\lim_{x\to0}\frac{\int_{0}^{x}tf(x-t)\mathrm{d}t}{x\int_{0}^{x}f(x-t)\mathrm{d}t}=$ _____.

10. 设 $a_{n}=\dfrac{3}{2}\displaystyle\int_{0}^{\frac{n}{n+1}}x^{n-1}\sqrt{1+x^{n}}\,\mathrm{d}x$,则 $\displaystyle\lim_{n\to\infty}na_{n}=$ _____.

11. 设 f 是定义在 $(-\infty,+\infty)$ 上的一个周期连续函数,周期为 p,证明 $\displaystyle\lim_{x\to+\infty}\frac{1}{x}\int_{0}^{x}f(t)\mathrm{d}t=\frac{1}{p}\int_{0}^{p}f(t)\mathrm{d}t$.

12. 已知 $\displaystyle\lim_{x\to+\infty}\mathrm{e}^{x}\left(a+\int_{0}^{\sqrt{x}}\mathrm{e}^{-t^{2}}\mathrm{d}t\right)=b$,求常数 a,b $\left(\displaystyle\int_{0}^{+\infty}\mathrm{e}^{-x^{2}}\mathrm{d}x=\frac{\sqrt{\pi}}{2}\right)$.

13. 设函数 $f(x)$ 在区间 $[0,1]$ 上连续,在 $(0,1)$ 内可导,且 $f(1)=k\displaystyle\int_{0}^{\frac{1}{k}}x\mathrm{e}^{1-x}f(x)\mathrm{d}x$,$k>1$.试证:$\exists\xi\in(0,1)$,使得 $f'(\xi)=\left(1-\dfrac{1}{\xi}\right)f(\xi)$.

14. 证明函数 $f(x)=\displaystyle\int_{0}^{x}\frac{\cos t}{2t-3\pi}\mathrm{d}t$ 在区间 $\left(0,\dfrac{3\pi}{2}\right)$ 内存在唯一零点.

15. 设 $f''(x)$ 连续,且 $f(0)\neq0$,记 $F(x)=\displaystyle\int_{0}^{x}x^{2}f(t)\mathrm{d}t$,则 $(0,0)$ 是 $y=F(x)$ 的拐点.

16. 设函数 $f(x)$ 在 $[0,1]$ 上非负连续,试证存在 $\xi\in(0,1)$,使得区间 $[\xi,1]$ 上以 $f(\xi)$ 为高的矩形面积等于区间 $[0,\xi]$ 上以 $y=f(x)$ 为曲边的曲边梯形的面积.

17. 如图 5.5.8 是围绕 x 轴旋转的曲线 $y=\dfrac{1}{x}$,$x\geqslant1$ 形成的表面称为加布里埃尔号角.证明它的表面积是无限的,而体积是有限的.(这是否意味着装满号角的油漆无法刷遍整个号角?)

图 5.5.8

* *

18. 设函数 f 在 $[0,1]$ 上可导,且 $f(0)=0$,$0<f'(x)\leqslant1$,求证:$\left(\displaystyle\int_{0}^{1}f(x)\mathrm{d}x\right)^{2}\geqslant\int_{0}^{1}f^{3}(x)\mathrm{d}x$.

19. 设 $f(x)$ 是区间 $[a,b]$ 上的连续函数,且 $f(x)>0$,试用常数变易法证明:

$$\int_a^b f(x)\,\mathrm{d}x \int_a^b \frac{1}{f(x)}\mathrm{d}x \ge (b-a)^2.$$

*20. 设 $f(x)$ 在区间 $[c,d]$ 上有二阶连续导数.

(1) 试证:$f''(x)\ge 0$ 的充要条件是对任意区间 $[a,b]\subset[c,d]$,都有

$$f\left(\frac{a+b}{2}\right)\le\frac{1}{b-a}\int_a^b f(x)\,\mathrm{d}x\le\frac{f(a)+f(b)}{2};$$

(2) 试以图 5.5.9 为参考,描述上述不等式的几何意义.

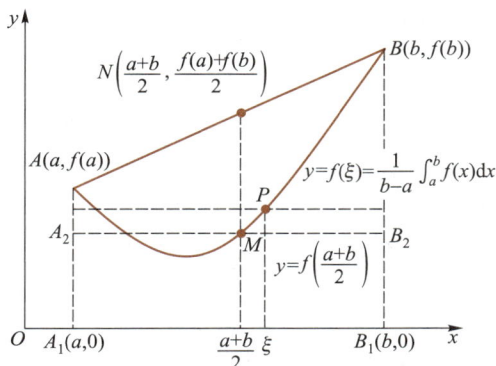

图 5.5.9

§ 5.6　本章回顾

定积分 $\int_a^b f(t)\,\mathrm{d}t$ 是一个数,与积分变量所取的字母无关,由此产生了定积分富有特色的换元法则.而变上限积分是一个函数,极限与导数、导数的各种应用问题又会在这类新函数中重新出现.

定积分的微元法是微积分的重要方法.掌握了微元法,也就从根本上理解了定积分的实际内涵.

极限论、导数、微元法都蕴含着丰富的数学思想.

例 5.6.1　计算

(1) $I=\displaystyle\int_0^{\frac{\pi}{2}}\frac{\sin x}{\sin x+\cos x}\mathrm{d}x$;　　　(2) $I=\displaystyle\int_0^1\frac{x^2\arcsin x}{\sqrt{1-x^2}}\mathrm{d}x$.

解　(1) **方法一**　令 $J=\displaystyle\int_0^{\frac{\pi}{2}}\frac{\cos x}{\sin x+\cos x}\mathrm{d}x$,则 $I+$

$J=\displaystyle\int_0^{\frac{\pi}{2}}\mathrm{d}x=\frac{\pi}{2}.$

而

$$I-J=\int_0^{\frac{\pi}{2}}\frac{\sin x-\cos x}{\sin x+\cos x}\mathrm{d}x=-\int_0^{\frac{\pi}{2}}\frac{\mathrm{d}(\cos x+\sin x)}{\sin x+\cos x}$$

$$=-\left[\ln(\sin x+\cos x)\right]_0^{\frac{\pi}{2}}=0,$$

故得 $I=\dfrac{\pi}{4}.$

阅读材料 5.4

第 5 章知识要点

与解题策略

思考题 5.6.1　设 f 在 (A,B) 内连续,$[a,b]\subset(A,B)$,下面的过程和结果是否正确:

$$\lim_{h\to 0}\int_a^b\frac{f(x+h)-f(x)}{h}\mathrm{d}x$$

$$=\int_a^b\lim_{h\to 0}\frac{f(x+h)-f(x)}{h}\mathrm{d}x$$

$$=\int_a^b f'(x)\,\mathrm{d}x=f(b)-f(a).$$

方法二
$$I = \int_0^{\frac{\pi}{2}} \frac{\sin\left(x + \frac{\pi}{4} - \frac{\pi}{4}\right)}{\sqrt{2}\sin\left(x + \frac{\pi}{4}\right)} \mathrm{d}\left(x + \frac{\pi}{4}\right)$$

$$\xlongequal{\diamond \, x + \frac{\pi}{4} = t} \frac{1}{2}\int_{\frac{\pi}{4}}^{\frac{3\pi}{4}} (1 - \cot t)\,\mathrm{d}t$$

$$= \left[\frac{1}{2}\left(t - \ln\sin t\right)\right]_{\frac{\pi}{4}}^{\frac{3\pi}{4}} = \frac{\pi}{4}.$$

方法三　由于 $\int_0^{\frac{\pi}{2}} f(\sin x)\,\mathrm{d}x = \int_0^{\frac{\pi}{2}} f(\cos x)\,\mathrm{d}x$，则

$$I = \int_0^{\frac{\pi}{2}} \frac{\sin x}{\sin x + \cos x}\mathrm{d}x = \int_0^{\frac{\pi}{2}} \frac{\cos x}{\cos x + \sin x}\mathrm{d}x,$$

故

$$2I = \int_0^{\frac{\pi}{2}} \frac{\sin x + \cos x}{\sin x + \cos x}\mathrm{d}x = \frac{\pi}{2}, \quad I = \frac{\pi}{4}.$$

方法四　$I = \int_0^{\frac{\pi}{2}} \frac{\frac{1}{2}(\cos x + \sin x) - \frac{1}{2}(\cos x - \sin x)}{\cos x + \sin x}\mathrm{d}x$

$$= \frac{1}{2}\left[x - \ln(\cos x + \sin x)\right]_0^{\frac{\pi}{2}} = \frac{\pi}{4}.$$

（2）**方法一**　先解决不定积分

$$\int \frac{x^2}{\sqrt{1 - x^2}}\,\mathrm{d}x \xlongequal{\diamond \, x = \sin t} \int \frac{\sin^2 t}{\cos t}(\cos t\,\mathrm{d}t)$$

$$= \int \sin^2 t\,\mathrm{d}t = \frac{1}{2}\int (1 - \cos 2t)\,\mathrm{d}t$$

$$= \frac{1}{2}(\arcsin x - x\sqrt{1 - x^2}) + C,$$

于是

$$\int_0^1 \frac{x^2 \arcsin x}{\sqrt{1 - x^2}}\mathrm{d}x = \frac{1}{2}\left[(\arcsin x - x\sqrt{1 - x^2}) \cdot \arcsin x\right]_0^1 -$$

$$\int_0^1 \frac{1}{2}(\arcsin x - x\sqrt{1 - x^2}) \cdot \frac{1}{\sqrt{1 - x^2}}\mathrm{d}x$$

$$= \frac{\pi^2}{8} - \frac{1}{4}\left[\arcsin^2 x - x^2\right]_0^1 = \frac{\pi^2}{16} + \frac{1}{4}.$$

注　解定积分问题要充分利用积分区间和被积函数的特点. 另外，在分部积分公式 $\int u\,\mathrm{d}v = uv - \int v\,\mathrm{d}u$ 中，通常要按"反、对、幂、指、三"的优先顺序设为 u.

方法二 令 $\arcsin x = t$，则 $x = \sin t$，于是

$$I = \int_0^{\frac{\pi}{2}} \frac{\sin^2 t \cdot t}{\cos t} \cos t \mathrm{d}t = \int_0^{\frac{\pi}{2}} t \cdot \frac{1-\cos 2t}{2} \mathrm{d}t$$

$$= \frac{1}{4} \left[t^2 - t\sin 2t - \frac{1}{2}\cos 2t \right]_0^{\frac{\pi}{2}}$$

$$= \frac{\pi^2}{16} + \frac{1}{4}.$$

例 5.6.2 已知 $\int_0^{+\infty} \mathrm{e}^{-x^2}\mathrm{d}x = \frac{\sqrt{\pi}}{2}$. 设 $x \geqslant 0$，$f(x) = \lim\limits_{t \to +\infty}\left(1 - \frac{x}{t}\right)^{xt}$，$g(x) = \int_0^x f(u)\,\mathrm{d}u$.

（1）求 $y = g(x)$ 在 $[0, +\infty)$ 上的水平渐近线；

（2）求 $y = g(x)$ 与其水平渐近线及 y 轴在 $[0, +\infty)$ 部分所围图形的面积 A.

解 （1）显然 $f(0) = 1$，当 $x > 0$ 时

$$f(x) = \lim_{t \to +\infty}\left(1 - \frac{x}{t}\right)^{xt} = \lim_{t \to +\infty}\left(1 - \frac{x}{t}\right)^{\left(-\frac{t}{x}\right)(-x^2)} = \mathrm{e}^{-x^2}, \quad g(x) = \int_0^x \mathrm{e}^{-u^2}\mathrm{d}u.$$

由于

$$\lim_{x \to +\infty} g(x) = \lim_{x \to +\infty}\int_0^x \mathrm{e}^{-u^2}\mathrm{d}u = \int_0^{+\infty} \mathrm{e}^{-u^2}\mathrm{d}u = \frac{\sqrt{\pi}}{2},$$

故 $g(x)$ 在 $x \geqslant 0$ 时有水平渐近线 $y = \frac{\sqrt{\pi}}{2}$.

（2）根据反常积分的几何意义有

$$A = \int_0^{+\infty}\left(\frac{\sqrt{\pi}}{2} - g(x)\right)\mathrm{d}x = \int_0^{+\infty}\left(\frac{\sqrt{\pi}}{2} - \int_0^x \mathrm{e}^{-u^2}\mathrm{d}u\right)\mathrm{d}x$$

$$= \lim_{z \to +\infty}\int_0^z\left(\frac{\sqrt{\pi}}{2} - \int_0^x \mathrm{e}^{-u^2}\mathrm{d}u\right)\mathrm{d}x$$

$$= \lim_{z \to +\infty}\left[\frac{\sqrt{\pi}}{2}z - \int_0^z\left(\int_0^x \mathrm{e}^{-u^2}\mathrm{d}u\right)\mathrm{d}x\right]$$

$$= \lim_{z \to +\infty}\left[\frac{\sqrt{\pi}}{2}z - \left[x\left(\int_0^x \mathrm{e}^{-u^2}\mathrm{d}u\right)\right]_0^z + \int_0^z x\mathrm{e}^{-x^2}\mathrm{d}x\right]$$

$$= \lim_{z \to +\infty}\left[\frac{\sqrt{\pi}}{2}z - z\int_0^z \mathrm{e}^{-u^2}\mathrm{d}u - \left[\frac{1}{2}\mathrm{e}^{-x^2}\right]_0^z\right]$$

$$= \lim_{z \to +\infty}\left[\frac{\sqrt{\pi}}{2}z - z\int_0^z \mathrm{e}^{-u^2}\mathrm{d}u + \frac{1}{2}(1 - \mathrm{e}^{-z^2})\right]$$

注 对于变上限积分 $\Phi(x) = \int_0^x f(t)\mathrm{d}t$ 来说，反常积分值 $A = \int_0^{+\infty} f(t)\mathrm{d}t$ 有两个几何意义：

（1）$\Phi(x)$ 有水平渐近线 $y = A$；

（2）曲线 $y = f(x)$（当 $f(x) \geqslant 0$ 时）与两个坐标轴所围"曲边三角形"的面积为 A.

$$= \lim_{z \to +\infty} \frac{\frac{\sqrt{\pi}}{2} - \int_0^z e^{-u^2} du}{\frac{1}{z}} + \frac{1}{2}$$

$$= \lim_{z \to +\infty} \frac{-e^{-z^2}}{-\frac{1}{z^2}} + \frac{1}{2} = \lim_{z \to +\infty} \frac{z^2}{e^{z^2}} + \frac{1}{2} = \frac{1}{2}.$$

例 5.6.3　设函数 $f(x), g(x)$ 在点 $x=0$ 的某个邻域内连续,且 $f(x)$ 具有连续二阶导数,并有 $\lim\limits_{x \to 0} \dfrac{g(x)}{x} = 0, f'(x) = -2x^2 + \int_0^x g(x-t) \, dt$,试问点 $(0, f(0))$ 是否为曲线 $y = f(x)$ 的拐点?

解　因为

$$f'(x) = -2x^2 + \int_0^x g(x-t) \, dt$$

$$\xrightarrow{\text{令 } x-t=u} -2x^2 + \int_0^x g(u) \, du,$$

故

$$f''(x) = -4x + g(x),$$

$$\lim_{x \to 0} \frac{f''(x)}{x} = \lim_{x \to 0} \frac{-4x + g(x)}{x} = -4.$$

注　若 $\lim\limits_{x \to 0} \dfrac{f''(x)}{x} \neq 0$(大于零或小于零),则 $(0, f(0))$ 为 $y = f(x)$ 的拐点.若 $\lim\limits_{x \to 0} \dfrac{f'(x)}{x} \neq 0$ 或 $\lim\limits_{x \to 0} \dfrac{f(x)}{x^2} \neq 0$,则 f 在 $x=0$ 处取极值.

由极限保号性,在点 $x=0$ 的某个去心邻域内 $\dfrac{f''(x)}{x} < 0$,故 $x<0$ 时 $f''(x) > 0$;$x>0$ 时 $f''(x) < 0$.因此点 $(0, f(0))$ 为曲线 $y = f(x)$ 的拐点.

例 5.6.4　设 $f'(x) = \arcsin(x-1)^2$ 及 $f(0) = 0$,求 $I = \int_0^1 f(x) \, dx$.

解　$I = \int_0^1 f(x) \, dx = [xf(x)]_0^1 - \int_0^1 xf'(x) \, dx = f(1) - \int_0^1 x \arcsin(x-1)^2 dx.$

而

$$f(1) - f(0) = \int_0^1 f'(x) \, dx = \int_0^1 \arcsin(x-1)^2 dx,$$

故

$$I = f(1) - \int_0^1 x \arcsin(x-1)^2 dx$$

$$= \int_0^1 (1-x) \arcsin(x-1)^2 dx$$

$$= -\int_{-1}^0 t \arcsin t^2 dt$$

$$\xrightarrow{\text{令 } t^2 = u} \frac{1}{2} \int_0^1 \arcsin u\, du = \frac{\pi}{4} - \frac{1}{2}.$$

例 5.6.5 设 $f'(x)$ 在 $[0,1]$ 上连续,且 $f(0) = f(1) = 0$,试证:

$$\left| \int_0^1 f(x)\, dx \right| \leqslant \frac{M}{4} \left(\text{这里}, M = \max_{x \in [0,1]} |f'(x)| \right).$$

证 对于 $x \in (0,1)$,由拉格朗日中值定理,存在 $\xi_1 \in (0,x)$,$\xi_2 \in (x,1)$ 使得

$$f(x) = f(x) - f(0) = f'(\xi_1)x,$$

故 $|f(x)| \leqslant Mx$;

$$f(x) = f(x) - f(1) = f'(\xi_2)(x-1),$$

故 $|f(x)| \leqslant M(1-x).$ 于是

$$\begin{aligned}
\left| \int_0^1 f(x)\, dx \right| &= \left| \int_0^{\frac{1}{2}} f(x)\, dx + \int_{\frac{1}{2}}^1 f(x)\, dx \right| \\
&\leqslant \int_0^{\frac{1}{2}} |f(x)|\, dx + \int_{\frac{1}{2}}^1 |f(x)|\, dx \\
&\leqslant M \int_0^{\frac{1}{2}} x\, dx + M \int_{\frac{1}{2}}^1 (1-x)\, dx = \frac{1}{4}M.
\end{aligned}$$

证毕.

注 根据定积分的特点,积分区间分得越细,所得估值越精确.本题属于估值问题,应该考虑分割区间.

第 5 章复习题、研究课题和竞赛题

复习题

1. 下列各式中正确的是(   ).

(A) $\displaystyle\int_0^\pi \sqrt{1-\sin x}\, dx = 0$ 　　　　(B) $\displaystyle\int_{-\infty}^{+\infty} \frac{x}{1+x^2}\, dx = 0$

(C) $\displaystyle\int_{-1}^1 \frac{1}{x^3}\, dx = 0$ 　　　　(D) $\displaystyle\int_{-1}^1 f(x)\, dx = 0$,其中 $f(x) = \begin{cases} x^2 \sin \dfrac{1}{x}, & x \neq 0, \\ 0, & x = 0 \end{cases}$

2. 设函数 $F(x) = \displaystyle\int_x^{x+2\pi} e^{\sin t} \sin t\, dt$,则 $F(x)$ 为(   ).

(A) 正的常数 　　　　(B) 负的常数

(C) 0 　　　　(D) 不是常数

3. 设函数 $F(x) = \displaystyle\int_0^x xf(x-t)\, dt$,其中 $f(x)$ 为连续函数,且 $f(0) = 0, f'(x) > 0$,则 $y = F(x)$ 在区间 $(0, +\infty)$ 内是(   )

(A) 单调增加且为凹 　　　　(B) 单调增加且为凸

（C）单调减少且为凹   （D）单调减少且为凸

4.（多选题）已知 $f(x)=\displaystyle\int_{-2}^{x}(2-|t|)\mathrm{d}t\,(x\geqslant-2)$，则（   ）.

（A）这个函数在定义域上单调递增

（B）这个函数的曲线存在拐点 $(0,2)$

（C）这个函数存在唯一零点 $2+2\sqrt{2}$

（D）由 $0\leqslant y\leqslant f(x),-2\leqslant x\leqslant0$ 表示的平面区域的面积为 $\dfrac{4}{3}$

5. 函数 $f(x)=1+x^2$ 在区间 $[-1,2]$ 上的平均值是＿＿＿＿＿＿＿＿

6. 图 1 是第一象限中的两个区域：$A(t)$ 是曲线 $y=\sin x^2$ 在 0 到 t 间的下方面积，$B(t)$ 是以 O,P 和点 $(0,t)$ 为顶点的直角三角形面积，则 $\displaystyle\lim_{t\to0^+}\dfrac{A(t)}{B(t)}=$＿＿＿＿＿＿＿.

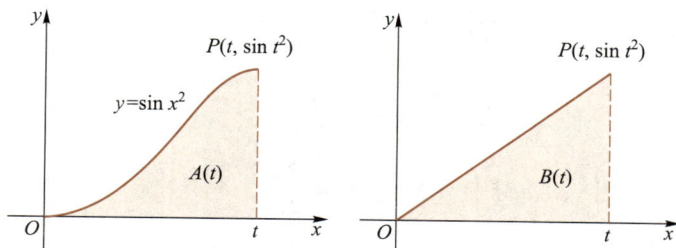

图 1

7. 函数 $f(x)=\displaystyle\int_{1}^{x^2}(x^2-t)\mathrm{e}^{-t^2}\mathrm{d}t$ 的最小值是＿＿＿＿＿＿＿＿.

8. 关于图 2 相关的 6 个旋转体：①R_1 绕 OA；②R_1 绕 AB；③R_2 绕 OA；④R_2 绕 AB；⑤R_3 绕 OA；⑥R_3 绕 AB. 其中具有体积相等关系的是＿＿＿＿＿＿＿

9. 求定积分：

（1）$\displaystyle\int_{0}^{2}\dfrac{x\mathrm{d}x}{(x^2-2x+2)^2}$；   （2）$\displaystyle\int_{-\frac{\pi}{2}}^{\frac{\pi}{2}}\dfrac{x+\sin^2 x}{(1+\cos x)^2}\mathrm{d}x$.

10. 设函数 $S(x)=\displaystyle\int_{0}^{x}|\cos t|\mathrm{d}t$,

（1）当 n 为正整数，且 $n\pi\leqslant x<(n+1)\pi$ 时，证明 $2n\leqslant$

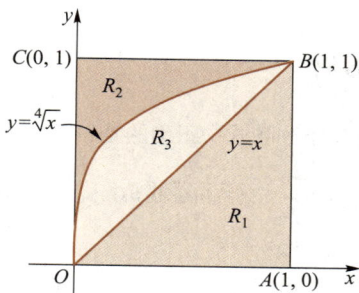

图 2

$S(x)<2(n+1)$；（2）求极限 $\displaystyle\lim_{x\to+\infty}\dfrac{S(x)}{x}$.

11. 设函数 $f(x)$ 在 $[0,+\infty)$ 上可导，$f(0)=0$，且其反函数为 $g(x)$，若 $\displaystyle\int_{0}^{f(x)}g(t)\mathrm{d}t=x^2\mathrm{e}^x$，求 $f(x)$.

12. 设函数 $f(x)$ 在 $\mathbf{R}$ 上满足 $f(x)=f(x-\pi)+\sin x$，且 $f(x)=x,x\in[0,\pi)$. 求 $\displaystyle\int_{\pi}^{3\pi}f(x)\mathrm{d}x$.

*13. 设 $f(x)$ 是连续函数，$a>0,b>0$. 试证 $\displaystyle\int_{0}^{+\infty}f\left(ax+\dfrac{b}{x}\right)\mathrm{d}x=\dfrac{1}{a}\int_{0}^{+\infty}f(\sqrt{x^2+4ab})\mathrm{d}x$.

研究课题

【咖啡杯问题】（定积分的运用）

现有两个咖啡杯,杯身一个向外弯,一个向内弯(图3),它们有相同的高度和形状,且契合在一起.忽略把手,把咖啡杯想象成旋转体.已知杯子的高度为 h,A 杯的形状和位置都已经固定.

(1) 如何设置 B 杯的旋转轴的位置,以使得两只杯子的体积相同? 此时两只杯子的轴截面的面积相同吗?

(2) 你认为应该用怎样的曲线来模拟这对咖啡杯的边界线?

建模提示:设 A 杯的旋转轴为 y 轴,两杯子下底中心的连线为 x 轴.

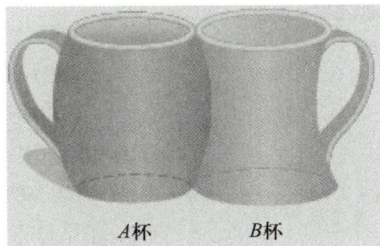

图 3

竞赛题

1. 设 $a>0$,则 $\int_0^{+\infty} \dfrac{\ln x}{x^2+a^2}\mathrm{d}x = $ _____.

2. 求最小实数 C,使得满足 $\int_0^1 |f(x)|\mathrm{d}x = 1$ 的连续函数 $f(x)$ 都有 $\int_0^1 f(\sqrt{x})\mathrm{d}x \leqslant C$.

3. 设 $f(x)$ 在 $[0,+\infty)$ 上连续,并且 $\int_0^{+\infty} f(x)\mathrm{d}x$ 收敛.求 $\lim\limits_{y\to+\infty} \dfrac{1}{y}\int_0^y xf(x)\mathrm{d}x$.

第 5 章自测题(一)

第 5 章自测题(二)

第 5 章各类习题解答提示

模拟练习卷

模拟练习卷(一)

一、选择题和填空题

1. 当 $x \to +\infty$ 时下列函数中是无穷大量的是(　　　).

(A) $y = \mathrm{e}^{-x^2}$ 　　　　(B) $y = \dfrac{1}{1+x^2}$ 　　　　(C) $y = x\sin x$ 　　　　(D) $y = x\mathrm{e}^{\sin x}$

2. 下列积分中,值等于零的是(　　　).

(A) $\displaystyle\int_{-1}^{1} \ln(x+\sqrt{1+x^2})\,\mathrm{d}x$ 　　　　　　(B) $\displaystyle\int_{-1}^{1} \dfrac{\mathrm{d}x}{\sqrt{1-x^2}}$

(C) $\displaystyle\int_{-1}^{1} \dfrac{\mathrm{d}x}{x^3}$ 　　　　　　　　　　(D) $\displaystyle\int_{-1}^{1} \dfrac{\mathrm{d}x}{1+\sin x}$

3. 设函数 $f(u)$ 可导,当 $y = f(x^2)$ 在 $x = -1$ 处取得增量 $\Delta x = -0.1$ 时,相应的函数增量 Δy 的线性主部为 0.1,则 $f'(1) = ($ 　　　$)$.

(A) -1 　　　　(B) 0.1 　　　　(C) 1 　　　　(D) 0.5

4. 设 $f(x)$ 在 $[-a, a]$ 上连续且为非零偶函数,$\varPhi(x) = \displaystyle\int_0^x f(t)\,\mathrm{d}t$,则 $\varPhi(x)$ 为(　　　).

(A) 奇函数 　　　　　　　　　　(B) 偶函数

(C) 非奇非偶函数 　　　　　　　(D) 可能是奇函数,也可能是偶函数

5. 图 1 中各图是函数 $y = \dfrac{1}{x^2+2x+c}$ 取了 5 个不同参数 c 值得到的图形,其中实线是坐标轴,虚线是渐近线,则在 c 取的 5 个值中,考虑中等大小的 c 值,最有可能的是(　　　)

(A) $c = 2$ 或 $c = 3$ 　　(B) $c = 1$ 　　(C) $c = 0$ 　　(D) $c = -1$ 或 $c = -2$

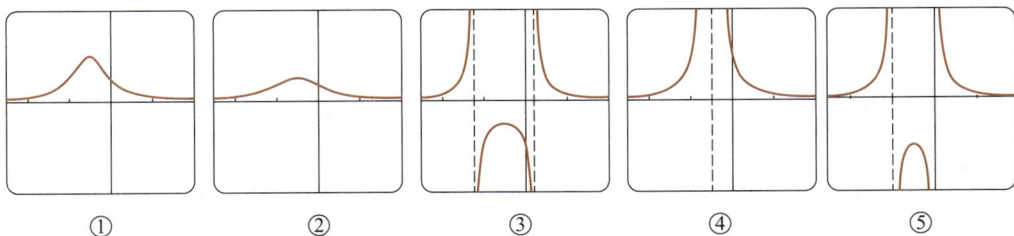

①　　②　　③　　④　　⑤

图 1

6. 设 $y=f(x^2+1)$ 且 $f'(x)=\mathrm{e}^{2x}$，则 $\dfrac{\mathrm{d}y}{\mathrm{d}x}=$ _____.

7. $\displaystyle\int \dfrac{\ln x}{(x+1)^2}\mathrm{d}x=$ _____.

8. $\dfrac{1}{3+x}$ 的 n 阶麦克劳林展开式为（带佩亚诺型余项）_____.

9. 曲线 $y=\dfrac{1+2^{-x^2}}{1-2^{-x^2}}$ 的渐近线是 _____ .

10. 如图 2 所示，一个扇形的圆周角为 θ，$A(\theta)$ 是弦 PR 与弧 $\overset{\frown}{PR}$ 之间的弓形面积，$B(\theta)$ 是直角三角形 PQR 的面积，则 $\displaystyle\lim_{\theta\to0^+}\dfrac{A(\theta)}{B(\theta)}=$ _____

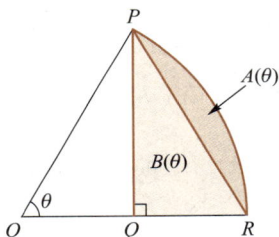

图 2

二、简答题

11. 求极限 $\displaystyle\lim_{x\to0}\dfrac{(\sqrt[3]{1+\tan x}-1)(\sqrt{1+x^2}-1)}{\tan x-\sin x}$.

12. 设 $x\to0$ 时，$\mathrm{e}^{x^3}-ax^6-bx^3-1$ 是比 $\sin^6 x$ 高阶的无穷小量，求 a,b.

13. 现有命题："设 $f(x),g(x)$ 在 $[a,b]$ 上连续，在 (a,b) 内可导，且对任意 $x\in(a,b)$ 时 $f'(x)>g'(x)$，则对任意 $x\in[a,b]$，$f(x)>g(x)$." 这个命题正确吗？ 如正确请给出证明；如不正确试写出反例，并纠正条件，使结论正确.

14. 计算定积分 $I=\displaystyle\int_0^{\frac{\pi}{2}}\dfrac{\cos x}{\cos x-\sin x}\mathrm{d}x$.

15. 已知两曲线 $y=f(x)$ 与 $y=\displaystyle\int_0^{\arctan x}\mathrm{e}^{-t^2}\mathrm{d}t$ 在点 $(0,0)$ 处的切线重合（两曲线相切），求极限 $\displaystyle\lim_{x\to+\infty}xf\left(\dfrac{2}{x}\right)$.

三、综合题

16. 画出函数 $f(x)=\lim\limits_{n\to\infty}\dfrac{x^{2n}+1}{x^{2n+1}+1}$ 的图形,并指出其间断点及其类型.

17. 设函数 $f(x)$ 在 $(-\infty,+\infty)$ 内有定义,且对任意实数 x,y 成立 $f(x+y)=f(x)f(y)$ 以及 $f(x)=1+xg(x)$,$\lim\limits_{x\to 0}(x)=1$,证明:$f(x)$ 处处可导.

18. 如果函数 $f(x)$ 的一个原函数为 $\dfrac{\sin x}{x}$,试求:$\displaystyle\int x^3 f'(x)\,\mathrm{d}x$.

19. 过点 $P(1,0)$ 作抛物线 $y=\sqrt{x-2}$ 的切线,该切线与抛物线及 x 轴围成一平面图形.试求(1)该平面图形的面积;(2)该平面图形绕 x 轴旋转一周所成的旋转体的体积.

20. 设函数 $f(x)$ 在闭区间 $[a,b]$ 上连续,在开区间 (a,b) 内可导,且 $f'(x)>0$.若极限 $\lim\limits_{x\to a^+}\dfrac{f(2x-a)}{x-a}$ 存在,证明:

(1) 在 (a,b) 内 $f(x)>0$.

(2) 在 (a,b) 内存在点 ξ,使得 $\dfrac{b^2-a^2}{\displaystyle\int_a^b f(x)\,\mathrm{d}x}=\dfrac{2\xi}{f(\xi)}$;

(3) 在 (a,b) 内存在与(2)中的点 ξ 相异的点 η,使得 $f'(\eta)(b^2-a^2)=\dfrac{2\xi}{\xi-a}\displaystyle\int_a^b f(x)\,\mathrm{d}x$.

模拟练习卷(二)

一、选择题和填空题

1. 下列极限存在的是(　　　).

(A) $\lim\limits_{x\to\infty}(\sqrt{x^2+x}-x)$　　　　　(B) $\lim\limits_{x\to0}\dfrac{|\sin x|}{x}\arctan\dfrac{1}{x}$

(C) $\lim\limits_{x\to0}\dfrac{\sin x}{|x|}\arctan\dfrac{1}{|x|}$　　　　　(D) $\lim\limits_{x\to0}\dfrac{x}{\sqrt{1-\cos x}}$

2. 设函数 $f(x)=x\ln x$,则 $f(x)$(　　　).

(A) 在 $\left(0,\dfrac{1}{e}\right)$ 内单调递减　　　　　(B) 在 $\left(\dfrac{1}{e},+\infty\right)$ 内单调递减

(C) 在 $(0,+\infty)$ 内单调递减　　　　　(D) 在 $(0,+\infty)$ 内单调递增.

3. 设函数 $f(x)=\begin{cases}x^2,&x\leqslant0,\\\sin x,&x>0,\end{cases}$ 则 $\displaystyle\int f(x)\,\mathrm{d}x=($　　　$)$.

(A) $\begin{cases}\dfrac{x^3}{3}+C,&x\leqslant0,\\[2mm]1-\cos x+C,&x>0\end{cases}$　　　　　(B) $\begin{cases}\dfrac{x^3}{3}+C_1,&x\leqslant0,\\[2mm]-\cos x+C_2,&x>0\end{cases}$

(C) $\dfrac{x^3}{3}+C$　　　　　(D) $-\cos x+C$

4. 下列反常积分收敛的是(　　　).

(A) $\displaystyle\int_0^1\ln(1-x)\,\mathrm{d}x$　　　　　(B) $\displaystyle\int_{-\frac{\pi}{2}}^{\frac{\pi}{2}}\dfrac{\mathrm{d}x}{\sin x}$

(C) $\displaystyle\int_2^{+\infty}\dfrac{\mathrm{d}x}{x\ln x}$　　　　　(D) $\displaystyle\int_0^{+\infty}\mathrm{e}^{x^2}\,\mathrm{d}x$

5. 设 $f(x)$ 具有三阶连续导数,$y=f(x)$ 的图形如图 3 所示,问下列积分中哪一个为负值? (　　　).

(A) $\displaystyle\int_{-1}^{3}f(x)\,\mathrm{d}x$　　　　　(B) $\displaystyle\int_{-1}^{3}f'(x)\,\mathrm{d}x$

(C) $\displaystyle\int_{-1}^{3}f''(x)\,\mathrm{d}x$　　　　　(D) $\displaystyle\int_{-1}^{3}f'''(x)\,\mathrm{d}x$

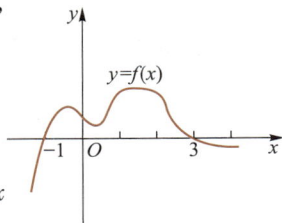

图 3

6. 函数 $f(x)=\dfrac{x}{\tan x}$ 的第一类间断点全体是 _____.

7. $\int \dfrac{\arcsin\sqrt{x}}{\sqrt{x(1-x)}}\mathrm{d}x$ _____ .

8. 方程 $\int_0^y (1+x^2)\,\mathrm{d}x + \int_x^0 \mathrm{e}^{y^2}\,\mathrm{d}y = 0$ 确定 y 是 x 的函数,则 $\dfrac{\mathrm{d}y}{\mathrm{d}x}$ _____ .

9. 设当 $x\to 0$ 时,$(1-\cos x)\ln(1+x^2)$ 是比 $x\sin x^n$ 高阶的无穷小,$x\sin x^n$ 是比 $\mathrm{e}^{x^2}-1$ 高阶的无穷小,求正整数 n.

10. 汽车的位置函数 $f(t)$,速度函数 $f'(t)$ 和加速度函数 $f''(t)$ 如图 4 所示,依这个次序填入字母 a,b,c 为_____.

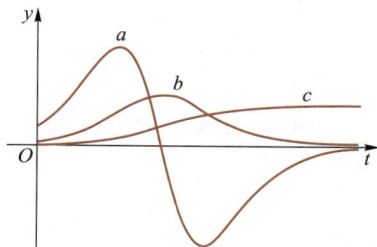

图 4

二、简答题

11. 设 $f(x)=\arccos\sqrt{1-x^2}$,(1) 求 $f'(x)$;(2) $f'(0)$ 的值为零吗?

12. 设 $f(x)$ 二次可微,且 $f(0)=0,f'(0)=1,f''(0)=2$,,求 $\lim\limits_{x\to 0}\dfrac{f(x)-x}{x^2}$.

13. 求数列 $\left\{\dfrac{n^5}{\mathrm{e}^{\sqrt{n}}}\right\}$ 的最大项.

14. 求摆线一拱 $\begin{cases} x=3(t-\sin t), \\ y=3(1-\cos t) \end{cases}$ $(0\leqslant t\leqslant 2\pi)$ 的全长.

15. 设 $f(x)$ 连续,且满足 $f(x)=\ln^2 x-\int_1^e f(x)\,\mathrm{d}x$,求 $f(x)$.

三、综合题

16. 设函数 $f(x)=\dfrac{1}{x^3}\left[\left(\dfrac{1+\cos x}{2}\right)^x-1\right]$,如何定义 $f(0)$ 的值,使得 $f(x)$ 在点 $x=0$ 处连续.

17. 设函数 $f(x)$ 在区间 $(-\infty,x_0]$ 上二阶可导,而 $F(x)=\begin{cases} f(x), & x\leqslant x_0, \\ a(x-x_0)^2+b(x-x_0)+c, & x>x_0, \end{cases}$ 求常数 a,b,c 的值,使得函数 $F(x)$ 在 $(-\infty,+\infty)$ 内有二阶导数.

18. 设函数 $f(x)$ 二阶连续可导,且 $\lim\limits_{x\to 0}\dfrac{f(x)}{x}=0,f(1)=0$,试证:存在 $\xi\in(0,1)$,使得 $f''(\xi)=0$.

19. 设函数 $f(x) = \begin{cases} 0, & x < 0, \\ x, & 0 \leq x \leq 1, \\ \dfrac{1}{x\sqrt{x-1}}, & x > 1. \end{cases}$

(1) 求 $F(x) = \displaystyle\int_{-\infty}^{x} f(t)\,\mathrm{d}t$;

(2) 讨论:函数 $y = F(x)$ 是否存在极值点? 曲线 $y = F(x)$ 是否存在拐点?

20. 设函数 $f(x), g(x)$ 在区间 $[-a, a]$ 上连续,$g(x)$ 为偶函数,且 $f(x)$ 满足条件 $f(x) + f(-x) = A(A$ 为常数$)$.

(1) 证明: $\displaystyle\int_{-a}^{a} f(x)g(x)\,\mathrm{d}x = A\int_{0}^{a} g(x)\,\mathrm{d}x$;

(2) 利用(1)的结论计算定积分 $\displaystyle\int_{-\frac{\pi}{2}}^{\frac{\pi}{2}} |\sin x|\arctan \mathrm{e}^{x}\,\mathrm{d}x$.

模拟练习卷解答提示

部分习题参考答案

第 1 章　函数与极限

练习 1.1.1

1. $U(2;0.02)=(1.98,2.02)$,$\overset{\circ}{U}(2;0.02)=(1.98,2)\cup(2,2.02)$.

2. $x>2\,001$ 或 $x<-1\,999$.

3. 提示:用反证法.

练习 1.1.2

1. 定义域为 $[-1,2]$,值域为 $\left[0,\dfrac{3}{2}\right]$.

2. $y=\sqrt{x-1}\,(x\geqslant 1)$.

3. $f(x)=x^2+2\,(x\in\mathbf{R})$.

4. $y=\begin{cases}-1, & (2k-1)\pi<x<2k\pi, \\ 0, & x=k\pi, \\ 1, & 2k\pi<x<(2k+1)\pi\end{cases}$ $(k\in\mathbf{Z})$,有界、奇函

数,周期为 2π.其图形如解答图 1.1 所示.

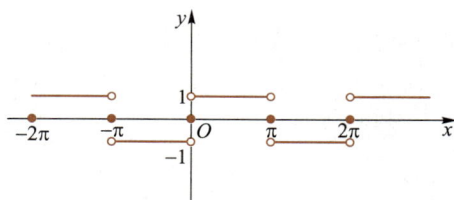

解答图 1.1

5. $y=[x+0.5]$.

练习 1.1.3

1. $y(0)=\dfrac{\pi}{6}$,函数在定义区间 $(-\infty,\ln 2]$ 上单调递增.

2. (1)$y=u^{20}$,$u=1+x$;　　(2)$y=u^2$,$u=\arctan v$,$v=x^2$.

练习 1.1.4

1. 略.

2. (1) $\rho=2\sin\theta$,$\theta\in[0,\pi]$;

（2）$\rho^2 = a^2 \cos 2\theta, \theta \in \left[-\dfrac{\pi}{4}, \dfrac{\pi}{4}\right] \cup \left[\dfrac{3\pi}{4}, \dfrac{5\pi}{4}\right].$

3. （1）$\dfrac{1}{2(x-1)} + \dfrac{1}{2(x+1)} - \dfrac{1}{(x+1)^2}$；　　　　　（2）$-\dfrac{1}{x^2+x+1} + \dfrac{x-1}{(x^2+x+1)^2}.$

习题 1.1

1. （D）．

2. （C）．

3. $[-1, 1]$．

4. $f(\cos x) = 3 - 2\cos^2 x$．

5. $\left(\dfrac{k\pi}{2}, 0\right), k\pi + \dfrac{\pi}{4}$．

6. 略．

* *

7. $\left| f(x) \right| \leqslant \dfrac{5}{2}.$

8. 略．

9. （1）$y = \ln\left(x + \sqrt{x^2+1}\right), x \in \mathbf{R}$；　　　　　（2）$y = \dfrac{e^x + e^{-x}}{2}, x \in [0, +\infty)$；

　　（3）$y = 1 + \sqrt{1-x^2}, x \in [-1, 0]$；　　　　　（4）$y = 2\tan x, x \in \left(\dfrac{\pi}{2}, \dfrac{3\pi}{2}\right).$

10. 在 $(-\infty, 0]$ 上单调递减，在 $[0, +\infty)$ 上单调递增．如解答图 1.2.

11. （1）$y = u^{100}, u = 2x - 5$；（2）$y = u^2, u = f(v), v = \dfrac{1}{w}, w = e^x$；

　　（3）$y = u^3, u = \ln v, v = \arccos w, w = x^2.$

12. （1）$y \in [0, 1)$；（2）$y \in \left[-\dfrac{\pi}{2}, \dfrac{\pi}{2}\right].$

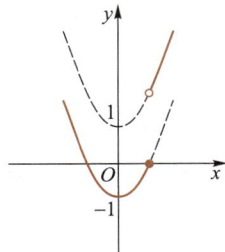

解答图 1.2

13.

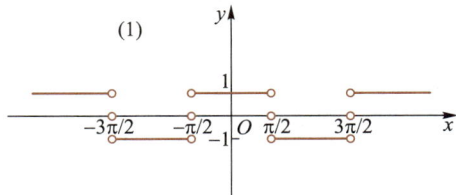

解答图 1.3

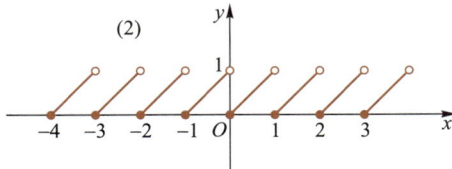

解答图 1.4

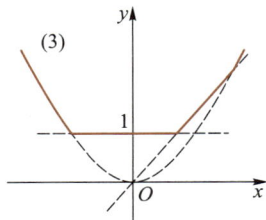

解答图 1.5

14. （1）$g(x)=-x^3+3x^2+1$，$g(x)=(x-2)^3+3(x-2)^2+1$；　（2）3 次，负；4 次，正；2 次，负；5 次，正.

15. （1）奇函数 $F_1(x)=\begin{cases} -2+|x+2|，& x\in[-\pi,0] \\ 2-|x-2|，& x\in[0,\pi] \end{cases}$. 偶函数 $F_2(x)=\begin{cases} 2-|x+2|，& x\in[-\pi,0] \\ 2-|x-2|，& x\in[0,\pi] \end{cases}$.

　　（2）$G(x)=F_2(x-2k\pi)$，$x\in[-\pi+2k\pi,\pi+2k\pi]$，$F_2(x)$ 是（1）中的函数.

16. （1）$x=1.242\,6$ 或 $x=-7.242\,6$；（2）$(x+3)^2+y^2=18$. 圆.

* *

17. 略.

18. $M(x)$，$m(x)$ 均为初等函数.

19. $f(x)=\begin{cases} \dfrac{1}{a^2-b^2}\left(\dfrac{ac}{x}-bcx\right)，& x\neq 0, \\ 0，& x=0. \end{cases}$

*20. 提示：周期为 $4a$.

练习 1.2.1

1. （D）.

2. （1），（3），（4）.

3. （1）1；（2）$\dfrac{3}{2}$；（3）0.

4. （D）.

练习 1.2.2

1. 不存在.

2. （B）和（E）是收敛的.

3. （1）1；（2）0；（3）$\dfrac{1}{2}$；（4）4；（5）0；（6）不存在.

练习 1.2.3

1. 当 $x\to\infty$ 时，x^2，$(x-1)^2$，$-x^2$ 是无穷大；$\dfrac{-x}{(x-1)^2}$ 为无穷小.

2. 当 $x\to 1$ 时，$\dfrac{-x}{(x-1)^2}$ 是无穷大；$(x-1)^2$，$\dfrac{x-1}{x}$ 为无穷小.

3. （1）0；（2）0.

4. （D）.

练习 1.2.4

1. （1）0；（2）1；（3）$\dfrac{3}{4}$；（4）∞；（5）-8；（6）1；（7）∞.

2. $a=1$，$b=2$.

练习 1.2.5

1. (1) $\dfrac{1}{2}$; (2) $+\infty$; (3) 0; (4) $+\infty$.

2. (1) $\sin 1$; (2) 0; (3) 6; (4) $\sqrt{\dfrac{2}{3}}$.

3. (D).

习题 1.2

1. (1) 1; (2) 1.

2. 150, 300.

3. (1) 不存在; (2) 1; (3) 0.

4. (1) 0; (2) 0.

5. $f(2+0)=1$, $f(2-0)=\dfrac{5}{8}$.

6. $f(x)=3x^2-6x$.

7. (1) 0; (2) $\dfrac{1}{2}$; (3) 2; (4) ∞; (5) -1; (6) m; (7) $\dfrac{4}{3}$; (8) 10.

8. (1) $a=1, b=0$. (2) $a=-2$.

9. (1) $a=0, b=1$; (2) $a=0, b=0$; (3) $a=\dfrac{2}{5}, b=-3$.

10. 当 $x\to+\infty$ 或 $x\to(-1)^+$ 时, y 为无穷大. 当 $x\to 0$ 时, 它为无穷小.

* *

11. (1) $\ln 2+1$; (2) $\dfrac{\pi}{6}$; (3) -1; (4) 0; (5) $\dfrac{2}{3}$; (6) $\dfrac{4}{3}$; (7) $\dfrac{11}{2}$; (8) $\dfrac{3}{2}$; (9) -50; (10) 发散;

(11) 2.

12. (1) $2x$; (2) $-\dfrac{1}{x^2}$; (3) $(-1)^{n-1}(n-1)!$.

13. $-\dfrac{1}{2}$.

14. 取适当数列 $\{x_n\}$.

15. $f(x)=\begin{cases} 0, & |x|<1, \\ \dfrac{1}{4}, & x=1, \\ 不存在, & x=-1, \\ 1, & |x|>1, \end{cases}$ 见解答图 1.6.

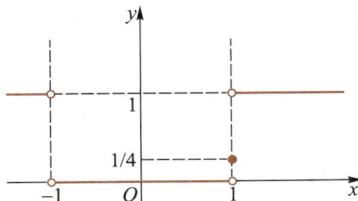

解答图 1.6

* *

16.（1）$\dfrac{5}{3}$；（2）$\dfrac{1}{\sqrt{3}a}$.

17.（1）$y=x+\dfrac{\pi}{2}$；（2）$y=-x$.

18.（1）见解答图 1.7；　（2）$k=0.75$；　（3）$x=\dfrac{1}{2}a+2b$.

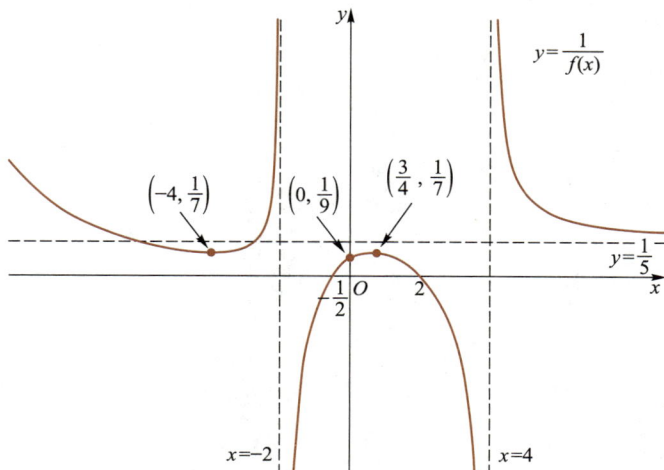

解答图 1.7

*19. 提示：（1）取 $\varepsilon=\dfrac{r-1}{2}$；（2）取 $\varepsilon=\dfrac{s-1}{2}$. 当 $r<1$ 或 $s<1$ 时，$\{a_n\}$ 为无穷小数列.

练习 1.3.1

1. 略.

2. $0<x_n\leqslant x_{n-1}<1$.

3.（1）3；（2）$\dfrac{4}{3}$；（3）2；（4）8.

4.（1）e^{-1}；（2）e^{-2}；（3）e.

5.（1）3；（2）4；（3）$\dfrac{1}{5}$.

练习 1.3.2

1.（1）2 阶；（2）$\dfrac{1}{4}$ 阶；（3）$\dfrac{3}{2}$ 阶；（4）2 阶；（5）3 阶.

2.（1）1；（2）3；（3）2.

习题 1.3

1.（1）π；（2）$-\ln 3$；（3）$\dfrac{\pi}{4}$；（4）$\dfrac{2}{\pi}$.

2. $C_n = 2n\sin\dfrac{\pi}{n} \to 2\pi\ (n \to \infty)$.

3. (1) e^2; (2) e^{-8}; (3) e^2; (4) e^2.

4. 略.

* *

5. 略.

6. a_2, a_3, a_1.

7. (1) $\dfrac{1}{2}$; (2) $\sqrt{2}$; (3) 2; (4) -2; (5) 1.

8. 1.

9. (1) -1; (2) $\dfrac{1}{2}$; (3) e; (4) 0; (5) -2.

10. 不存在.

11. $-\dfrac{\ln 10}{2}$.

12. $\begin{cases} 1, & x = 0, \\ \dfrac{\sin x}{x}, & x \neq 0. \end{cases}$

13. (1) 2. (2) 6.

14. (1) $\dfrac{1}{2}$; (2) 0.

15. (1) 0; (2) $\dfrac{1}{4}$; (3) $\dfrac{1}{\sqrt{2}}$; (4) 3; (5) 1; (6) 0; (7) $\sin 2a$; (8) e^{-1}; (9) 0; (10) $\dfrac{1}{8}$; (11) $-\dfrac{1}{6}$;

   *(12) $\dfrac{\alpha+\beta}{\sqrt{\alpha\beta}}$.

16. (1) $b_n \geqslant \sqrt{b}$; (2) $\sqrt{b}$.

* *

17. (1) $0 < \dfrac{n!}{n^n} < \dfrac{1}{n}$;   (2) 当 $n > 10$ 时，$\dfrac{10^n}{n!} < \dfrac{10^{10}}{9!} \cdot \dfrac{1}{n}$;

    (3) $\dfrac{1! + 2! + \cdots + (n-2)!}{n!} \leqslant \dfrac{n-2}{n(n-1)}$.

18. (1) $\dfrac{1}{8}$; (2) $\dfrac{\alpha+\beta}{\sqrt{\alpha\beta}}$.

19. (1) $0 < a \leqslant 1$ 时极限为 1，$a > 1$ 时极限为 a.

    (2) $\begin{cases} 1, & 0 \leqslant x \leqslant 1, \\ x, & 1 < x \leqslant 2, \\ \dfrac{x^2}{2}, & x > 2. \end{cases}$ 图形参考解答图 1.5.

*20. $\lim\limits_{n\to\infty} x_n = \begin{cases} -\infty, & x_1 < -\sqrt{2}, \\ -\sqrt{2}, & x_1 = -\sqrt{2}, \\ \sqrt{2} & x_1 > -\sqrt{2}. \end{cases}$

练习 1.4.1

1. 1.

2. 1.

3. (1) 第一类;(2) 第二类;(3) 第一类;(4) 第二类;(5) 第一类;(6) 第一类.

4. (1) $x = -1$,第一类;$x = 0$,第二类;(2) $x = 0$,第一类;

　(3) $x = 0$,第二类;(4) $x = 0$,第一类;$x = \pm 1$,第二类.

练习 1.4.2

1. (4).

2. 略.

习题 1.4

1. $a = 2, b = -1$.

2. 2.

3. (1) 第一类;(2) 第一类;(3) 第二类.

4. (1) $x = 0$ 为第二类间断点,$x = -1$ 为第一类间断点;

　(2) $x = 0$ 为第一类间断点,$x = k\pi(k \in \mathbf{Z}, k \neq 0)$ 为第二类间断点(无穷).

5. $f(0) = 1$.

6. 略.

＊＊＊＊＊＊＊＊＊＊＊＊＊＊＊＊＊＊＊＊＊＊＊＊＊＊＊＊＊＊＊＊＊＊＊＊＊＊＊

7-8. 略.

9. 补充定义 $f(a) = f(a+0)$, $f(b) = f(b-0)$.

10-12. 略.

13. $x = 0$ 为可去间断点,$x = k\pi(k \in \mathbf{Z}, k \neq 0)$ 为无穷间断点.

14. $f(y) = \begin{cases} 0, & 0 \le y < \dfrac{b}{2}, \\ b, & \dfrac{b}{2} \le y \le b. \end{cases}$ $g(x) = \begin{cases} \dfrac{x}{2}, & 0 \le x < b, \\ b - \dfrac{x}{2}, & b \le x \le 2b. \end{cases}$ f 在 $\dfrac{b}{2}$ 处跳跃间断,g 在 $\dfrac{b}{2}$ 处连续.

15. $f(x) = \begin{cases} x, & |x| > 1, \\ 1, & |x| < 1, \\ \dfrac{1-a}{a}, & x = 1, \\ \text{不存在}, & x = -1 \end{cases}$ $a = \dfrac{1}{2}$.

16. $a = 0, b = e$.

＊＊＊＊＊＊＊＊＊＊＊＊＊＊＊＊＊＊＊＊＊＊＊＊＊＊＊＊＊＊＊＊＊＊＊＊＊＊＊

17. 设位置函数,用零点定理.

*18. $f(x)=f\left(2\cdot\dfrac{x}{2}\right)=f\left(\dfrac{x}{2}\right)=\cdots.$

*19. (1) 对任意 $x_0\in[a,b]$, $\lim\limits_{\Delta x\to 0}\Delta f=0$; (2) 令 $F(x)=x-f(x)$; (3) $|x_{n+1}-\xi|=|f(x_n)-f(\xi)|.$

第 1 章复习题、研究课题、竞赛题

复习题

1. (A).

2. (C).

3. (A).

4. (A)(C)(D).

5. (D)(C)(B)(A).

6. 2.

7. $\dfrac{\lambda^{k}}{k!}e^{-\lambda}.$

8. $\dfrac{1}{2\,026}.$

9. (1) $\dfrac{1}{2}$; (2) 2.

10. 渐近线 $y=a\pi$, 草图见解答图 1.8.

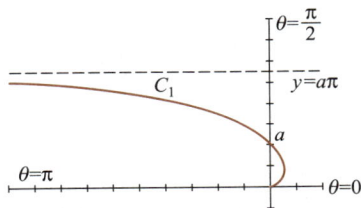

解答图 1.8

11. 提示:(1) $\{a_n\}$ 单调递减有下界;(2) 在 $a_{n+1}=f(a_n)$ 两端取极限;(3) 反证法.

12. 提示:设最小值 $m=|f(\xi)|.$

*13. 提示:分类讨论.

研究课题

$\lim\limits_{n\to\infty}b_n=\dfrac{1+\sqrt{5}}{2}\approx 1.618.$

竞赛题

略.

第 2 章　导数与微分

练习 2.1.1

1. $-3f'(x_0).$

2. $\dfrac{1}{2\sqrt{x}}.$

3. $x+y-2=0$; $x-y=0.$

4. $f'(1)$ 不存在.

练习 2.1.2

1. （1）$3x^2 + 2\cos x$;

   （2）$-\dfrac{2}{(x-1)^2}$;

   （3）$\dfrac{e^x(\cos x + \sin x)}{(\cos x)^2}$;

   （4）$\sec^2 x \ln x + \dfrac{\tan x}{x}$;

   （5）$\sec^2 x \cdot \cot x + x\csc^2 x$;

   （6）$\sec x + x\sec x\tan x - \csc x\cot x$;

   （7）$\dfrac{x - (1+x^2)\arctan x}{x^2(1+x^2)}$;

   （8）$\dfrac{1}{\sqrt{1-x^2}}$.

2. （1）$4\cos 4x$;

   （2）$-4\cos^3 x\sin x$;

   （3）$4x^3(\sec x^4)^2$;

   （4）$e^{\sin x}\cos x$;

   （5）$\dfrac{e^x}{2\sqrt{e^x+1}}$;

   （6）$\dfrac{1}{2x\sqrt{\ln x + 1}}$;

   （7）$\dfrac{2\arcsin x}{\sqrt{1-x^2}}$;

   （8）$\dfrac{2}{4+x^2}$.

3. $y' = \begin{cases} \tan\dfrac{1}{x} - \dfrac{1}{x}\sec^2\dfrac{1}{x}, & x \neq 0, \\ \text{不存在}, & x = 0. \end{cases}$

习题 2.1

1. 点 $(2,4)$，$4x - y - 4 = 0$.

2. $f'_-(0) = -1$，$f'_+(0) = 1$.

3. $f'_+(0) = 1$，$f'_-(0) = -1$.

4. $g'(0) < g'(-1) = 0 < g'(4) < g'(2)$.

5. （1）$12x^3 + 24x$;

   （2）$-\dfrac{1}{\sqrt{x^3}} + \dfrac{1}{x^2}$;

   （3）$(3x-1)(x+1)$;

   （4）$\dfrac{3}{(x+1)^2}$;

   （5）$\dfrac{2}{x(\ln x + 1)^2}$;

   （6）$\dfrac{1 - \cos x - x\sin x}{(1-\cos x)^2}$;

   （7）$2x\sin x + x^2\cos x + \sec^2 x$;

   （8）$-\csc^2 x - \sec x\tan x$;

   （9）$(\ln x - 1)\left(\dfrac{1}{(\ln x)^2} - \dfrac{1}{x^2}\right)$;

   （10）$-\dfrac{x\csc x\cot x + n\csc x}{x^{n+1}}$;

   （11）$(a + x\ln a)x^{a-1}a^x$;

   （12）$\sin x\ln x + x\cos x\ln x + \sin x$.

6. （a）（Ⅱ），（b）（Ⅳ），（c）（Ⅰ），（d）（Ⅲ）.

7. （1）$\dfrac{e^x[(1+x^2)\arctan x - 1]}{(1+x^2)(\arctan x)^2}$;

   （2）$\dfrac{1}{2\sqrt{x}}\arcsin x + \dfrac{\sqrt{x}}{\sqrt{1-x^2}}$;

$(3)\ \dfrac{\pi}{2\sqrt{1-x^2}\,(\arccos x)^2}$;

$(4)\ \dfrac{\pi}{2(1+x^2)(\operatorname{arccot} x)^2}$.

8. $\dfrac{2}{3}$.

9. $(1)\ -e^x\sin e^x$;

$(2)\ -12x(1-2x^2)^2$;

$(3)\ \dfrac{1}{2\sqrt{(1-x)^3}}$;

$(4)\ -\dfrac{x}{(1+x^2)^{\frac{3}{2}}}$;

$(5)\ \sin 2x-2x\sin x^2$;

$(6)\ \dfrac{4^{\arcsin x}\ln 4}{\sqrt{1-x^2}}$;

$(7)\ \dfrac{2}{\sin 2x}$;

$(8)\ \dfrac{-2x}{2-2x^2+x^4}$;

$(9)\ -e^{-x}(\cos 3x+3\sin 3x)$;

$(10)\ 2x\sin\dfrac{1}{x}-\cos\dfrac{1}{x}$;

$(11)\ \dfrac{1}{x+1}-\dfrac{1}{x-1}$;

$(12)\ \dfrac{\sqrt{1-x^2}+x\arcsin x}{(1-x^2)^{\frac{3}{2}}}$;

$(13)\ \dfrac{2}{|x|\sqrt{x^2-4}}$;

$(14)\ a^a x^{a-1}+a^{x+1}x^{a-1}\ln a+a^{a^x+x}(\ln a)^2$;

$(15)\ \dfrac{u(x)u'(x)+v(x)v'(x)}{\sqrt{u^2(x)+v^2(x)}}$.

10. $(1)\ f'(x)=\begin{cases}\dfrac{-x^2-2x+1}{(x^2+1)^2},&x<0,\\[2mm]\dfrac{1}{e+x},&x>0;\end{cases}$

$(2)\ f'(x)=\begin{cases}\dfrac{2}{1+4x^2},&x>0,\\[2mm]2x,&x<0.\end{cases}$

* *

11. $(1)\ a=b=-2;(2)\ a=1,b=-1$.

12. $\dfrac{1}{4}$ cm, 4 cm/s.

13. $(1)\ 2e^{2x}\cos e^{2x}$;

$(2)\ \dfrac{1}{x\ln x\ln\ln x}$;

$(3)\ 2\sin(4x+2)$;

$(4)\ -6x\tan(10+3x^2)$;

$(5)\ \dfrac{1}{\sqrt{1-x^2}}$;

$(6)\ -\dfrac{3}{2(2-3x)\sqrt{1-3x}}$;

$(7)\ \dfrac{2\arcsin x}{\sqrt{1-x^2}}e^{(\arcsin x)^2}$;

$(8)\ \dfrac{e^{\arctan\sqrt{x}}}{2\sqrt{x}(1+x)}$;

$(9)\ \dfrac{15\sin^2 5x\cos 5x}{2\sqrt{\sin^3 5x+1}}$;

$(10)\ \dfrac{e^x}{\sqrt{1+e^{2x}}}$;

$(11)\ \dfrac{1}{2}\left[\dfrac{e^{-x}}{2(1-e^{-x})}+\dfrac{1}{x}+\cot x\right]$;

$(12)\ \dfrac{6x\cot x^2}{\ln 10}\lg^2(\sin x^2)$;

$(13)\ -2\cos x\arctan(\sin x)$;

$(14)\ \sin x\ln\tan x$;

（15）$\dfrac{1}{2\sqrt{x^3-x^2}\arccos\dfrac{1}{\sqrt{x}}}$；

（16）$\dfrac{2\arccos\dfrac{1}{x}}{x\sqrt{x^2-1}}$；

（17）$(\sin x)^x(\ln\sin x+x\cot x)$；

（18）$\left(1+\dfrac{1}{x}\right)^x\left[\ln\left(1+\dfrac{1}{x}\right)-\dfrac{1}{x+1}\right]$；

（19）$f'(\sin^2 x)\sin 2x+2f(x)f'(x)\cos f^2(x)$；

（20）$\dfrac{f'(x)\sin 2f(x)}{2\sqrt{1+\sin^2 f(x)}}$.

14. 分别为 0 个、177.8 个、44.4 个、10.8 个、3.3 个；细菌的变化率除了第一天猛增以外，以后各天逐步递减.

15.（1）$a=\dfrac{1}{2e}$，$2x-2\sqrt{e}\,y-\sqrt{e}=0$；（2）$y_1'=y_2'$，且 $y_1=y_2$.

16. $P'(2)=-2$，$Q'(2)=-\dfrac{1}{8}$，$R'(2)=6$.

* *

17. $f'(x)=\begin{cases}3x^2\sin\dfrac{1}{x}-x\cos\dfrac{1}{x}, & x\neq 0,\\[2mm] 0, & x=0.\end{cases}$

*18. $x=\pm 1$.

练习 2.2.1

1. $26,18,0$.

2. $1,\dfrac{1}{2\sqrt{2}}$.

3.（1）$\dfrac{1}{x}$；   （2）$(4x^2-2)e^{-x^2}$；   （3）$\dfrac{\varphi''(\ln x)-\varphi'(\ln x)}{x^2}$.

4.（1）$(-\ln 2)^n 2^{-x}$；   （2）$(-1)^{n-2}\dfrac{(n-2)!}{x^{n-1}}(n\geqslant 2)$.

5. -20.

练习 2.2.2

1.（1）$\dfrac{x^2-y}{x-y^2}$；   （2）$-\dfrac{1+y\sin(xy)}{x\sin(xy)}$；   （3）$\dfrac{y\cos x+\sin(x-y)}{\sin(x-y)-\sin x}$.

2.（1）$(x+1)^{\sin x}\left(\cos x\ln(x+1)+\dfrac{\sin x}{x+1}\right)$；   （2）$\sqrt[5]{\dfrac{x-5}{\sqrt[5]{x^2+2}}}\left(\dfrac{1}{5(x-5)}-\dfrac{2x}{25(x^2+2)}\right)$.

3. $\sqrt{3}-2$.

4. $-\sqrt{3}$.

习题 2.2

1. （1）$-\csc^2 x$；（2）$(6x+4x^3)\,\mathrm{e}^{x^2}$；（3）$\dfrac{a^2}{(a^2+x^2)^{\frac{3}{2}}}$；（4）$-2\cos 2x\ln x-\dfrac{2\sin 2x}{x}-\dfrac{\cos^2 x}{x^2}$.

2. （1）$6xf'(x^3)+9x^4f''(x^3)$；

　　（2）$-4x^2[f'(x^2)]^2\sin[f(x^2)]+[2f'(x^2)+4x^2f''(x^2)]\cos[f(x^2)]$.

3. C,A,B.

4. $6!\,a^2$.

* *

5. （1）$\dfrac{2(-1)^n n!}{(1+x)^{n+1}}$；　　　　　　　　　　（2）$\dfrac{(-1)^n n!}{2}\left(\dfrac{1}{(x-1)^{n+1}}-\dfrac{1}{(x+1)^{n+1}}\right)$；

　　（3）$(-1)^n n!\left(\dfrac{2^n}{(2x+1)^{n+1}}+\dfrac{1}{(x-1)^{n+1}}\right)$；（4）$\dfrac{1}{2^n}\sin\left(\dfrac{x}{2}+\dfrac{n\pi}{2}\right)+2^n\cos\left(2x+\dfrac{n\pi}{2}\right)$；

　　（5）$-2^{n-1}\cos\left(2x+\dfrac{n\pi}{2}\right)$；　　　　　　（6）$-2^n\cos\left(2x+\dfrac{n\pi}{2}\right)$.

6. （1）$2^{20}(x-10)\,\mathrm{e}^{-2x}$；　　　　　　　　　（2）$2^{20}(x^2-95)\sin 2x-2^{20}\cdot 20x\cos 2x$；

　　（3）$2^{20}(x^2+22x+114)\,\mathrm{e}^{2x}$.

7. （1）$\dfrac{y(y-x\ln y)}{x(x-y\ln x)}$；　　　　　　　　　（2）$\dfrac{x+y}{x-y}$；

　　（3）$\dfrac{\mathrm{e}^{x-y}+\cos(x+y)}{\mathrm{e}^{x-y}-\cos(x+y)}$；　　　（4）$\dfrac{\mathrm{e}^{x+y}+x^{\sin x}\left(\cos x\ln x+\dfrac{\sin x}{x}\right)}{1-\mathrm{e}^{x+y}}$.

8. （1）$2\mathrm{e}+\dfrac{1}{2}$；（2）1；（3）1.

9. $-\dfrac{1}{2}$.

10. （1）$2\mathrm{e}^2$；　　　　　　　　　　　　　　　　（2）-2.

11. （1）$\mathrm{e}^{-x}x^{\frac{1}{x}}\left(-1+\dfrac{1-\ln x}{x^2}\right)$；　　　　　（2）$\left(\dfrac{a}{b}\right)^x\left(\dfrac{b}{x}\right)^a\left(\dfrac{x}{a}\right)^b\left[\ln\left(\dfrac{a}{b}\right)+\dfrac{b-a}{x}\right]$；

　　（3）$\dfrac{1}{3}\sqrt[3]{\dfrac{(1+x^3)(1+2x^3)}{(1-x^3)(1-2x^3)}}\left(\dfrac{3x^2}{1+x^3}+\dfrac{6x^2}{1+2x^3}+\dfrac{3x^2}{1-x^3}+\dfrac{6x^2}{1-2x^3}\right)$；

　　（4）$x^{x^\mathrm{e}+\mathrm{e}-1}(1+\mathrm{e}\ln x)+x^{\mathrm{e}^x}\mathrm{e}^x\left(\dfrac{1}{x}+\ln x\right)+\mathrm{e}^{x^x}x^x(1+\ln x)$；

　　（5）$\sqrt[3]{x-1}\sqrt[5]{x-2}\sqrt[7]{x-3}\left[\dfrac{1}{3(x-1)}+\dfrac{1}{5(x-2)}+\dfrac{1}{7(x-3)}\right]-1$.

12. $2x+y-1=0$.

13. 2.

14. 常数为 a.

15. （1）$x-y+4-\pi=0$；　　　　（2）$2x+4y-3=0$；　　　　（3）$x+y-5=0$.

16. (1) $\dfrac{\sin t + t\cos t}{\cos t - t\sin t}$, $\dfrac{2+t^2}{(\cos t - t\sin t)^3}$;   (2) $\dfrac{\sin t + \cos t}{\cos t - \sin t}$, $\dfrac{2}{\mathrm{e}^t(\cos t - \sin t)^3}$;

(3) $2t^2 + 4t + \dfrac{1}{2}$, $8t^3 + 8t^2 + 2t + 2$.

17. $\dfrac{t^4 - 1}{8t^3}$.

18. (1) 800π; (2) 144π.

* *

19. (1) $n(n-1)(-1)^{n-3}(n-3)!$;   (2)* $\dfrac{n!}{\sqrt{2}}$;

(3) $\dfrac{5^n}{2}\cos\left(5x + \dfrac{n\pi}{2}\right) - \dfrac{11^n}{4}\cos\left(11x + \dfrac{n\pi}{2}\right) - \dfrac{1}{4}\cos\left(x + \dfrac{n\pi}{2}\right)$.

*20. $\dfrac{197!!}{2^{100}}(1-x)^{-\frac{199}{2}} + \dfrac{199!!}{2^{99}}(1-x)^{-\frac{201}{2}}$ (($2n-1)!! = (2n-1)(2n-3)\cdots 5\cdot 3\cdot 1$ 称为双阶乘).

练习 2.3.1

1. (1) $\Delta x = 0.1$ 时, $\Delta y = 0.331$, $\mathrm{d}y = 0.3$; $\Delta x = 0.01$ 时, $\Delta y = 0.030\ 301$, $\mathrm{d}y = 0.03$.

(2) $|\Delta y - \mathrm{d}y|$ 随着 Δx 的变小而变小.

2. $\mathrm{d}y = \dfrac{1}{2}\mathrm{d}x$.

3. (1) $(1 + 4x - x^3)\mathrm{d}x$;   (2) $\ln x\,\mathrm{d}x$;   (3) $\mathrm{e}^{ax}(a\cos bx - b\sin bx)\mathrm{d}x$.

4. (1) $\mathrm{d}(3x) = 3\mathrm{d}x$;   (2) $\mathrm{d}\left(\dfrac{1}{2}x^2\right) = x\mathrm{d}x$;   (3) $\mathrm{d}(2\ln(x+4)) = \dfrac{2}{x+4}\mathrm{d}x$.

5. (1) $1.006\ 7$; (2) 0.01.

练习 2.3.2

1. $0, 2$.

2. 2.

习题 2.3

1. $\mathrm{d}y = 0.6$, $\Delta y = 0.61$.

2. (1) $\dfrac{1}{2}\sec^2\dfrac{x}{2}\mathrm{d}x$; (2) $\dfrac{1}{2\sqrt{x - x^2}}\mathrm{d}x$; (3) $f'(\mathrm{e}^x\sin 3x)\mathrm{e}^x(\sin 3x + 3\cos 3x)\mathrm{d}x$.

3. (1) $-\dfrac{1}{3}\cos 3x$; (2) $\dfrac{2}{3}x^{\frac{3}{2}}$; (3) $-\dfrac{1}{2}\mathrm{e}^{-2x}$; (4) $-\dfrac{1}{2}\mathrm{e}^{-x^2}$; (5) $\ln^2|x|$; (6) $\dfrac{1}{2}\arctan^2 x$.

4. $-2x\sin x^2$, $-\sin x^2$, 1.

5. $f(x) \approx f(0) + f'(0)x$.

6. (1) $2.001\ 67$; (2) 0.98; (3) $0.868\ 934$.

＊＊＊

7.（1）$dy = \dfrac{3x^2 + y^2\cos x}{1 - 2y\sin x}dx$；　　　（2）$dy = \dfrac{y - xy}{xy - x}dx$；　　　（3）$dy = \dfrac{e^y\cos t}{(1 - e^y\sin t)(6t + 2)}dx$.

8. 565.5 cm^3.

9.（1）0.25％；（2）216 s.

10.（1）3；（2）$-2\,019!$；（3）-4；（4）$\dfrac{1}{2}f'(0)$.

11.（D）.

12.（1）$\lim\limits_{x\to 0}\dfrac{f(1 + x) - f(1)}{x} = \cdots = ab$；　　　（2）$5a$.

13. $f''(a) = 2\varphi'(a)$.

14.（1）$\sqrt{1 - x^2}\ (0 \leqslant x \leqslant 1)$；（2）$\dfrac{3\pi}{4}$；（3）0.

15. $f'(x) = f'(0)$.

16. $f(x + y) = f\left(x\left(\dfrac{y}{x} + 1\right)\right)$.

17. $0, 1, 1 + x^2$.

＊＊＊

18. 1.

19. $\ln\sqrt[3]{abc}$.

＊20. 略.

第 2 章复习题、研究课题和竞赛题

复习题

1.（C）.

2.（B）.

3.（A）.

4.（A）（B）（C）.

5. 506π.

6. 0.

7. 0.

8. $dcba$.

9.（1）$y\left[\dfrac{1}{2}\left(\dfrac{1}{x} + \dfrac{e^{-x}\cos\sqrt{1 - e^{-x}}}{2\sqrt{1 - e^{-x}}\sin\sqrt{1 - e^{-x}}}\right) + \dfrac{\ln(\sin x)}{x} + \cot x\ln x\right]$；（2）$(2\sqrt{2})^n e^{2x}\cos\left(2x + \dfrac{n\pi}{4}\right)$.

10. 是.

11. $2x - y - 12 = 0$.

＊12. $\dfrac{1}{3}$.

*13. 注意 $g^{(n)}(x)$ 未必存在.

研究课题

（1）$y=-\dfrac{2h}{l^3}x^3+\dfrac{3h}{l^2}x^2$；（2）$l\geqslant v\sqrt{\dfrac{60h}{g}}$.

竞赛题

略.

第 3 章　中值定理和导数的应用

练习 3.1.1

1. $\xi=\dfrac{\pi}{2}$.

2. $\xi=\pm\sqrt{3}$.

3. $\xi=\dfrac{\pi}{4}$.

4-5. 略.

练习 3.1.2

1. 两边求导,此式表示:当直角三角形的锐角 θ 的对边是 x,斜边是 1 时,邻边是 $\sqrt{1-x^2}$.

2-3. 略.

习题 3.1

1. $f'(x)$ 存在三个根:$\xi_1\in(1,2)$,$\xi_2\in(2,3)$,$\xi_3\in(3,4)$.

2. (b)$c\in(2,3)$,(c) $c\in(3,4)$,(d) $c\in(2,3)$.

3. 令 $f(x)=a_0x^n+a_1x^{n-1}+\cdots+a_{n-1}x$.

4. 反证法.

5. 略.

6. $\xi=\dfrac{a+b}{2}$.

7. $C_1=\dfrac{\pi}{4}$,$C_2=-\dfrac{3\pi}{4}$.

* *

8. $f(x)=\sqrt{1+x}$ 和 $f(x)=\tan x$.

9. 75 km/h.

10. ak.

11. 仿练习 3.1.2 题 2 和题 3.(3)　$\Phi(x)=p(x)\mathrm{e}^{q(x)}$.

12. $\Phi(x)=f(x)f(1-x)$.

13. 略.

14. $f(x)-f(0)=f'(\xi)(x-0)$.

15. 略.

* *

16. 考察 $\mathrm{e}^{-x}f(x)$ 和 e^{-x}.

17. 不妨设有 $f(c)>f(a)$, $c\in(a,b)$.

18. 反复用柯西中值定理.

*19. 令 $\Phi(x)=\varphi(x+1)-\varphi(x)$.

练习 3.2.1

1. $(1)\ \dfrac{2}{3}$; $(2)\ 1$; $(3)\ \mu a^{\mu-1}$; $(4)\ -1$; $(5)\ \cos a$; $(6)\ \ln\dfrac{3}{2}$; $(7)\ \dfrac{2}{5}$; $(8)\ 0$; $(9)\ 0$; $(10)\ 1$.

2. $(1)\ 0$; $(2)\ 1$; $(3)\ \dfrac{1}{2}$; $(4)\ 1$.

3. $(1)\ 0$; $(2)\ 0$.

4. 1.

练习 3.2.2

1. $\ln(1-x)=-x-\dfrac{1}{2}x^2-\dfrac{1}{3}x^3+o(x^3)$.

2. $\dfrac{1}{3}$.

习题 3.2

1. $(1)\ \dfrac{16}{7}$; $(2)\ \dfrac{\sqrt{3}}{3}$; $(3)\ 1$; $(4)\ 2$; $(5)\ 1$; $(6)\ -\dfrac{a^2}{2}$; $(7)\ -\dfrac{1}{8}$; $(8)\ -\dfrac{4}{\pi^2}$;

$(9)\ -2\pi$; $(10)\ 1$; $(11)\ 1$; $(12)\ -\dfrac{1}{2}$; $(13)\ -1$.

2. $f'(x)=\begin{cases}\dfrac{x\cos x-2\sin x+x}{x^3}, & x\neq 0,\\[2mm] -\dfrac{1}{6}, & x=0.\end{cases}$

* *

3. （1）0；（2）$-\dfrac{2}{\pi}$；（3）$\dfrac{1}{2}$；（4）0.

4. $a=1,b=-\dfrac{5}{2}$.

5. （1）$\dfrac{1}{2}$；（2）$\dfrac{1}{4}$；（3）$\dfrac{1}{2}$；（4）1；（5）1；（6）$-\dfrac{1}{3}$；（7）$\dfrac{1}{2}$；（8）1.

6. （1）e^{-1}；（2）e^{-1}；（3）e^2；（4）$-\dfrac{\mathrm{e}}{2}$.

7. （1）$\dfrac{2}{3}$；（2）3；（3）1.

8. 略.

9. （1）$a=g'(0)$；　（2）$f'(x)=\begin{cases}\dfrac{x(g'(x)+\sin x)-(g(x)-\cos x)}{x^2}, & x\neq0,\\[2mm]\dfrac{1}{2}(1+g''(0)), & x=0;\end{cases}$　（3）连续.

10. 略.

11. $f(x)=\dfrac{1}{1-x}=1+x+x^2+x^3+R_3(x)$，其中 $R_3(x)=\dfrac{1}{(1-\theta x)^5}x^4$ 或 $R_3(x)=o(x^3)$.

12. （1）$f(x)=-\left[1+(x+1)+(x+1)^2+(x+1)^3+\dfrac{1}{(1-\theta(x+1))^5}(x+1)^4\right]$；

　（2）$f(x)=\dfrac{1}{\sqrt{2}}\left[1+\dfrac{1}{1!}\left(x-\dfrac{\pi}{4}\right)-\dfrac{1}{2!}\left(x-\dfrac{\pi}{4}\right)^2-\dfrac{1}{3!}\left(x-\dfrac{\pi}{4}\right)^3+\dfrac{\cos\left[\dfrac{\pi}{4}+\theta\left(x-\dfrac{\pi}{4}\right)\right]}{4!}\left(x-\dfrac{\pi}{4}\right)^4\right]$.

13. （i）$d,x=0$；（ii）$c,x=0$；（iii）$a,x=-1$；（iv）$b,x=1$.

14. （1）$Q_2(x)=-1+\left(\dfrac{\pi^2}{32}\right)(x+2)^2, R_2(x)=-1+\left(\dfrac{\pi^2}{32}\right)(x-6)^2$；

　（2）不能，因为 $f(x)$ 的周期是 8，仅在 $x=-2+4n$ 处可以写出二阶泰勒多项式.

15. （1）$\dfrac{1}{3}$；（2）$\dfrac{1}{4}$；（3）$\dfrac{11}{12}$.

16. $f^{(98)}(0)=-\dfrac{98!}{49!2^{49}}, f^{(99)}(0)=0$.

＊＊＊＊＊＊＊＊＊＊＊＊＊＊＊＊＊＊＊＊＊＊＊＊＊＊＊＊＊＊＊＊＊＊＊＊＊＊＊

17. $a=\dfrac{5}{6},b=\dfrac{1}{6}$.

18. 0.

19. （1）$\mathrm{e}\approx2.708\,3$，误差<0.025；　（2）$\sqrt[3]{30}\approx3.107$，误差<0.02.

练习 3.3.1

1. （C）.

2. (1) 极小值 $f(0)=0$.　　(2) 在 $x=\pm 1$ 时取极大值 1，在 $x=0$ 时取极小值 0.

3. $f_{\max}=1$，$f_{\min}=e^{-1}$.

4. $x\in(0,1)$ 时递增，$x\in(1,+\infty)$ 时递减，且两个区间上各有一个零点.

练习 3.3.2

1. 曲线在 $(-\infty,\ln 2)$ 上是凹的；在 $(\ln 2,+\infty)$ 上是凸的.拐点为 $(\ln 2,(\ln 2)^2-2)$.

2. (D).有一个拐点.

3. 见解答图 3.1.

4. 见解答图 3.2.

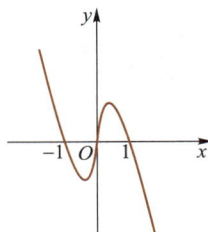
解答图 3.1

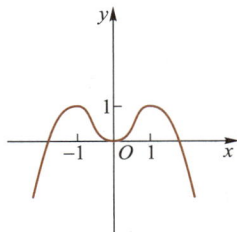
解答图 3.2

练习 3.3.3

1. $K=\dfrac{2}{5\sqrt{5}}$，$R=\dfrac{5\sqrt{2}}{2}$

2. 0.671.

习题 3.3

1. (1) 在 $\left(0,\dfrac{1}{2}\right)$ 上递减，在 $\left(\dfrac{1}{2},+\infty\right)$ 上递增；

   (2) 在 $\left[0,\dfrac{\pi}{3}\right)$ 上递减，在 $\left(\dfrac{\pi}{3},\pi\right]$ 上递增；

   (3) 在 $\left(-\infty,\dfrac{1}{2}\right)$ 上递减，在 $\left(\dfrac{1}{2},+\infty\right)$ 上递增；

   (4) 在 $[0,n)$ 上递增，在 $(n,+\infty)$ 上递减；

   (5) 在 $(-\infty,+\infty)$ 上递减；

   (6) 在 $\left(-\dfrac{3\pi}{4}+2k\pi,\dfrac{\pi}{4}+2k\pi\right)$ 上递减，在 $\left(\dfrac{\pi}{4}+2k\pi,\dfrac{5\pi}{4}+2k\pi\right)$ 上递增 $(k\in\mathbf{Z})$.

2. (1)-(4)利用单调性.

3. (1) 极大值 $f(-1)=17$，极小值 $f(3)=-47$；

   (2) 极大值 $f(0)=4$，极小值 $f(-2)=\dfrac{8}{3}$；

   (3) 极大值 $f(e)=e^{\frac{1}{e}}$；

   (4) 极小值 $f(1)=0$；极大值 $f\left(\dfrac{2}{3}\right)=\dfrac{1}{3}$.

4. $a=0$，$b=-3$.

5. (1) 最大值为 $f(2)=8+3\sqrt[3]{2}$，最小值为 $f(-1)=-4$；

   (2) 最小值 $f\left(\dfrac{1}{2}\right)=1+\ln 2$，最大值 $f(1)=2$；

（3）最大值 $f\left(\dfrac{\pi}{6}\right)=\dfrac{3}{2}$，最小值 $f(0)=1$；

（4）最大值 $f(0)=1$，最小值 $f(-1)=0$.

* *

6. $3x+2y-30=0$.

7. 设 $s(t)=\displaystyle\sum_{i=1}^{n}(t-x_i)^2$.

8. 极大值 $y\left(\dfrac{1}{\sqrt{7}}\right)=\dfrac{4}{\sqrt{7}}$；极小值 $y\left(-\dfrac{1}{\sqrt{7}}\right)=-\dfrac{4}{\sqrt{7}}$.

9. 提示：用单调性证明.

10. $a=-\dfrac{3}{2}$，$b=\dfrac{9}{2}$.

11. （1）在 $(-\infty,+\infty)$ 上是凹的，没有拐点；

　（2）在 $(-\infty,-1)$ 或 $(1,+\infty)$ 上曲线是凸的，在 $(-1,1)$ 上曲线是凸的，拐点是 $(\pm 1,\ln 2)$；

　（3）在 $\left(-\infty,\dfrac{1}{2}\right)$ 上曲线是凹的；在 $\left(\dfrac{1}{2},+\infty\right)$ 上曲线是凸的，拐点是 $\left(\dfrac{1}{2},\mathrm{e}^{\arctan\frac{1}{2}}\right)$；

　（4）在 $[-1,1]$ 上曲线是凹的，没有拐点.

12. 提示：（1）取 $f(x)=x^n$；（2）设 $y=x\arctan x$.

13. （1）无极值. 在 $(0,1)$ 上曲线凸，在 $(1,+\infty)$ 上曲线凹，拐点 $(1,-1)$.

　（2）极大值 $f(-3)=3$，极小值 $f(5)=-1$，在 $(-\infty,1)$ 上曲线凸，在 $(1,+\infty)$ 上曲线凹. 拐点为 $(1,1)$.

14. 2 个极值点，3 个拐点.

15. 见解答图 3.3.

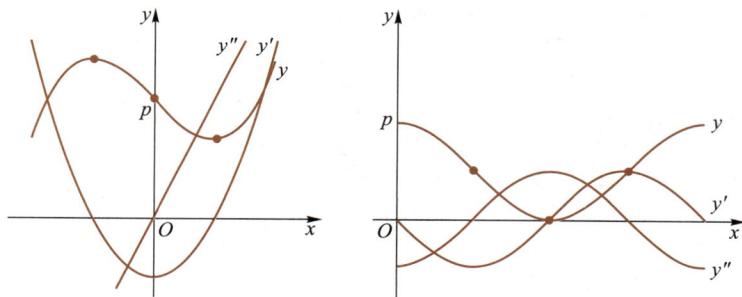

解答图 3.3

16. （d）（b）（a）（c）.

17. （1）-（5）：见解答图 3.4.

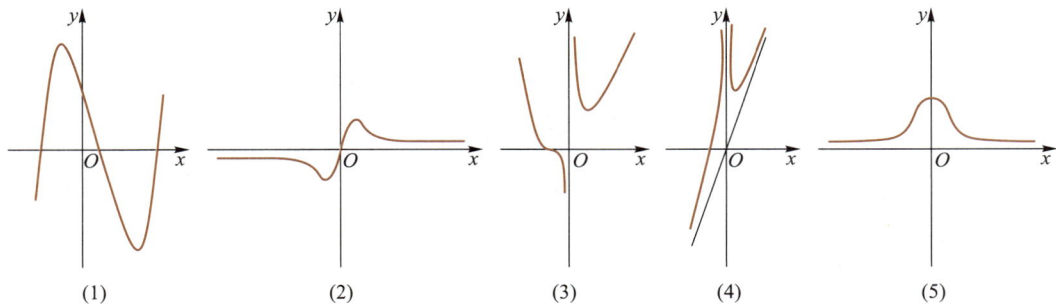

(1)　　　　(2)　　　　(3)　　　　(4)　　　　(5)

解答图 3.4

* *

18. 提示：讨论 $f(x) = ae^x - 1 - x - \dfrac{x^2}{2}$ 的单调性和根.

19. 向右运动时由负无穷递增至正无穷.

*20. $\dfrac{2ab}{\sqrt{a^2+b^2}}$ 和 $\dfrac{a^2+b^2}{\sqrt{a^2+b^2}}$.

第 3 章复习题、研究课题和竞赛题

复习题

1. (C).

2. (A).

3. (B).

4. (A)(C).

5. 1.

6. $y \arcsin x = x - \dfrac{1}{2}$.

7. e^{-1}.

8. 1.

9. (1) $\dfrac{1}{2}$；(2) $f(x) = x^3 - 6x^2 + 9x + 2$.

10. (1) $f''(c) > 0$；(2) 极小值.

11. 提示：记 $f(x) = (1+x)^{\frac{1}{x}} - e$，用单调性证明.

12. (1) $10\pi \approx 31.4$ cm/s；最快时 $t = 0.5$ s, 1.5 s, 2.5 s, 3.5 s；此时 $s = 0$（平衡位置），加速度为 0；

　　(2) 加速度最大时，它距平衡位置 10 cm 远处，此时速度为 0.

*13. 1.

研究课题

(1) $R(\theta) = k\left(\dfrac{a - b\cot\theta}{r_1^4} + \dfrac{b\csc\theta}{r_2^4}\right)$；(2) $\theta = \arccos\left(\dfrac{2}{3}\right)^4 \approx 79°$.

略.

第 4 章　不　定　积　分

习题 4.1

1. （1） $-\dfrac{1}{2x^2}+C$;　　　　（2） $\dfrac{2}{5}x^{\frac{5}{2}}+C$;　　　　（3） $\dfrac{3}{2}x^{\frac{2}{3}}+C$;　　　　（4） $\dfrac{1}{4}x^4-\dfrac{3}{2}x^2+2x+C$;

（5） $\ln|x|+\dfrac{1}{x}+C$;　　（6） $\dfrac{1}{2}x^2+\ln|x|+C$;　　（7） $-2\arctan x+x+C$;　　（8） $-\csc x+C$.

2. 略.

3. （1） $\dfrac{1}{3}$;（2） $\dfrac{1}{2}$;（3） -1;（4） $\dfrac{1}{8}$;（5） $\dfrac{1}{2}$;（6） -2;（7） $-\dfrac{2}{3}$;（8） $\dfrac{1}{5}$;（9） $\dfrac{1}{3}$;（10） $\dfrac{1}{3}$.

4. $y=\ln x-\ln 2$.

5. （1） $\dfrac{5}{13}x^{\frac{13}{5}}+C$;

（2） $\dfrac{3}{2}x+\dfrac{1}{2}\ln|x|+C$;

（3） $\dfrac{1}{5}x^5+\dfrac{2}{3}x^3+x+C$;

（4） $\dfrac{2}{5}x^{\frac{5}{2}}-\dfrac{4}{3}x^{\frac{3}{2}}+2\sqrt{x}+C$;

（5） $2\mathrm{e}^x+3\ln|x|+C$;

（6） $\dfrac{1}{2}x^2+3x+3\ln|x|-\dfrac{1}{x}+C$;

（7） $\arctan x+x-\dfrac{1}{3}x^3+C$;

（8） $3\arctan x-2\arcsin x+C$;

（9） $2\arcsin x-\dfrac{1}{2}x^2+\dfrac{1}{4}x^4+C$;

（10） $\mathrm{e}^x-2\sqrt{x}+C$;

（11） $\dfrac{(3\mathrm{e})^x}{\ln 3+1}+C$;

（12） $2x-\dfrac{5\left(\dfrac{2}{3}\right)^x}{\ln 2-\ln 3}+C$;

（13） $x+\cos x+C$;

（14） $\dfrac{1}{2}(x+\sin x)+C$;

（15） $\sin x-\cos x+C$;

（16） $-(\cot x+\tan x)+C$;

（17） $-\dfrac{1}{2}\cot x+C$;

（18） $-\cot x-x+C$;

（19） $-\cos\theta+\theta+C$;

（20） $\tan x+2\cos x+C$.

6. （1） $-\dfrac{2}{(1+x)^2}$;（2） $2\sqrt{x}+C$.

* *

7. $x^2+\dfrac{1}{2}x^4+C$.

8. $\dfrac{1}{3}x^3+C_1x+C_2$.

9. $y=\sqrt{x}-\cos \pi x$.

10. $\dfrac{4}{3}$.

11. (1) $\dfrac{1}{3}x^3+\arctan x+C$;   (2) $\ln |x|-\dfrac{1}{4x^4}+C$;   (3) $2\arcsin x+C$.

* *

12. (1) $\begin{cases} e^x+C, & x\geqslant 0, \\ -e^{-x}+C+2 & x<0; \end{cases}$ (2) $\begin{cases} x+C, & x\in(-\infty,0), \\ \dfrac{1}{2}x^2+x+C, & x\in[0,1], \\ x^2+C+\dfrac{1}{2}, & x\in(1,+\infty). \end{cases}$

13. $3\ s$.

练习 4.2.1

1. (1) 令 $u=\dfrac{x^2}{2}$, $e^{\frac{x^2}{2}}+C$;   (2) 令 $u=2x+1$, $\dfrac{1}{2}\ln |2x+1|+C$.

2. (1) $\ln(x^2+1)+C$;   (2) $\sqrt{x^2-1}+C$;   (3) $\dfrac{1}{2}(\ln x)^2+C$;

    (4) $\dfrac{1}{2}\sin x^2+C$;   (5) $-\dfrac{1}{2\sin^2 x}+C$;   (6) $\dfrac{1}{11}\tan^{11} x+C$;

    (7) $2\sqrt{\sin x}+C$;   (8) $\dfrac{1}{4}\ln(3+4e^x)+C$.

3. (B).

4. 令 $x=t^2$, $2\sqrt{x}-2\ln(1+\sqrt{x})+C$.

5. $x-\ln(1+e^x)+C$.

练习 4.2.2

1. (1) $\dfrac{1}{2}xe^{2x}-\dfrac{1}{4}e^{2x}+C$;   (2) $x\sin x+\cos x+C$;

    (3) $\dfrac{1}{4}x^4\ln x-\dfrac{1}{16}x^4+C$;   (4) $x\arccos x-\sqrt{1-x^2}+C$.

2. $xf(x)-\varphi(x)+C$.

习题 4.2

1. (1) $\dfrac{1}{2}\ln |2x-3|+C$;   (2) $-\dfrac{1}{22}(3-2x)^{11}+C$;

（3）$-\dfrac{3}{4}(3-2x)^{\frac{2}{3}}+C$；

（4）$-\dfrac{1}{3}\cos 3x-\dfrac{1}{4}e^{4x}+C$；

（5）$-2\cos\sqrt{x}+C$；

（6）$\dfrac{1}{3}\ln^3 x+\dfrac{1}{2}\ln^2 x+\ln x+C$；

（7）$-\dfrac{1}{3}\sqrt{2-3x^2}+C$；

（8）$\dfrac{1}{3}(a^2+x^2)^{\frac{3}{2}}+C$；

（9）$-\dfrac{1}{4}\ln|1-x^4|+C$；

（10）$\dfrac{3}{2}(\sin x-\cos x)^{\frac{2}{3}}+C$；

（11）$\dfrac{1}{2}\left(x-\dfrac{1}{2}\sin 2x\right)+C$；

（12）$-\dfrac{1}{\arcsin x}+C$；

（13）$\dfrac{1}{3}\ln|3\sin x+2|+C$；

（14）$\dfrac{1}{2}[x^2-9\ln(9+x^2)]+C$；

（15）$2\arcsin\sqrt{x}+C$；

（16）$2\sqrt{\tan x-1}+C$；

（17）$\dfrac{1}{2}\arctan^2 x+C$；

（18）$\dfrac{2}{3}\arcsin^{\frac{3}{2}} x+C$；

（19）$-\dfrac{2}{3}(\cot x+1)^{\frac{3}{2}}+C$；

（20）$\tan\dfrac{x}{2}+C$.

2. $f(x)=(2x^3+1)^3+3$.

3. （1）$\dfrac{1}{4}(x-2)^4+\dfrac{2}{3}(x-2)^3+C$；

（2）$-\dfrac{1}{x\ln x}+C$；

（3）$\ln|\ln\ln x|+C$；

（4）$-\dfrac{1}{3}(1-\ln^2 x)^{\frac{3}{2}}+C$；

（5）$\dfrac{2}{3}(\ln(x+\sqrt{1+x^2}))^{\frac{3}{2}}+C$；

（6）$\arctan e^x+C$；

（7）$\ln(1+e^x)+C$；

（8）$\dfrac{1}{2}\arctan(\sin^2 x)+C$；

（9）$-\ln|\cos\sqrt{1+x^2}|+C$；

（10）$\ln|\tan x|+C$；

（11）$\dfrac{1}{2}\cos^2 x-\cos x+C$；

（12）$\dfrac{1}{2}\tan^2 x+\ln|\tan x|+C$；

（13）$\dfrac{1}{5}\sin^5 x-\dfrac{2}{3}\sin^3 x+\sin x+C$；

（14）$-\dfrac{10^{2\arccos x}}{2\ln 10}+C$；

（15）$\dfrac{1}{2}\arcsin\dfrac{2x}{3}+\dfrac{1}{4}\sqrt{9-4x^2}+C$；

（16）$\dfrac{1}{3}\ln\left|\dfrac{x-1}{x+2}\right|+C$；

（17）$\dfrac{1}{2\sqrt{2}}\ln\left|\dfrac{\sqrt{2}x-1}{\sqrt{2}x+1}\right|+C$；

（18）$\dfrac{1}{2}\ln(x^2+4x+5)-2\arctan(x+2)+C$；

（19）$\dfrac{1}{2}\ln(x^2+x+1)+\dfrac{1}{\sqrt{3}}\arctan\dfrac{2x+1}{\sqrt{3}}+C$；

（20）$\dfrac{1}{4}[x^4-\ln(x^8+2x^4+2)]+C$.

4. （1）$\dfrac{1}{1+\alpha}[f(x)]^{\alpha+1}+C$；

（2）$\arctan f(x)+C$；

（3）$\ln|f(x)|+C$；

（4）$e^{f(x)}+C$.

＊　＊

5. (1) $\dfrac{1}{2}(\ln x)^2$；(2) $e^{-2x}+C$；(3) $\dfrac{1}{x^2}+C$.

6. $y=-\dfrac{1}{3}(4-x^2)^{\frac{3}{2}}+2$. 见解答图 4.1.

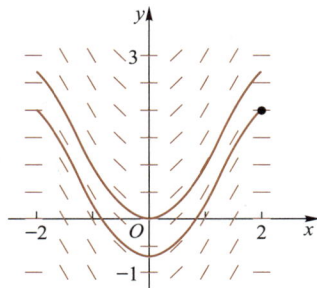

解答图 4.1

7. (1) $\dfrac{2}{5}(x+1)^{\frac{5}{2}}-\dfrac{2}{3}(x+1)^{\frac{3}{2}}+C$；

(2) $\dfrac{1}{9}(2x+3)^{\frac{9}{4}}-\dfrac{3}{5}(2x+3)^{\frac{5}{4}}+C$；

(3) $\sqrt{2x}-\ln(1+\sqrt{2x})+C$；

(4) $6\left(\dfrac{1}{2}\sqrt[3]{x}-\sqrt[6]{x}+\ln(1+\sqrt[6]{x})\right)+C$；

(5) $\dfrac{1}{2}(\arcsin x-x\sqrt{1-x^2})+C$；　(6) $\dfrac{x}{\sqrt{1+x^2}}+C$；

(7) $\arcsin\dfrac{x-1}{\sqrt{6}}+C$；　(8) $\ln(x+1+\sqrt{x^2+2x+5})+C$；

(9) $\ln\left|x+1+\sqrt{x^2+2x-5}\right|+C$.

8. $\dfrac{1}{2}(\arcsin x+x\sqrt{1-x^2})$.

9. (1) $-\arcsin\dfrac{1}{x}+C$；　(2) $\ln\left|\dfrac{1-\sqrt{1-x^2}}{x}\right|+C$；

(3) $-\ln\left(\dfrac{1+\sqrt{1+x^2}}{x}\right)+C$；　(4) $\sqrt{1-\dfrac{1}{x^2}}+C$；

(5) $-\dfrac{\sqrt{1-x^2}}{x}+C$；　(6) $-\dfrac{\sqrt{1+x^2}}{x}+C$.

10. (1) $(\arctan\sqrt{x})^2+C$；　(2) $\dfrac{1}{2}(\ln\tan x)^2+C$；

(3) $\arcsin\dfrac{\sin^2 x}{\sqrt{2}}+C$；　(4) $\dfrac{2}{3}(\ln x+1)^{\frac{3}{2}}-2\sqrt{\ln x+1}+C$；

(5) $-\sqrt{5+x-x^2}+\dfrac{1}{2}\arcsin\dfrac{2x-1}{\sqrt{21}}+C$；　(6) $-\dfrac{\sqrt{1-x^2}}{x}+\arcsin x+C$；

(7) $-\dfrac{1}{5}(1-x^2)^{\frac{5}{2}}+\dfrac{2}{3}(1-x^2)^{\frac{3}{2}}-(1-x^2)^{\frac{1}{2}}+C$；　(8) $\arcsin x-\dfrac{x}{1+\sqrt{1-x^2}}+C$；

(9) $x-4\sqrt{x+1}+4\ln(\sqrt{x+1}+1)+C$；　(10) $\ln|x+1|+\dfrac{2}{x+1}-\dfrac{3}{2(x+1)^2}+C$；

(11) $\dfrac{1}{5}(\ln|x^5|-\ln|x^5+1|)+C$；　(12) $2\left(\ln(e^{\frac{x}{2}}+1)-\dfrac{x}{2}-e^{-\frac{x}{2}}\right)+C$；

(13) $\ln(e^{-x}+\sqrt{e^{-2x}+1})+C$；　(14) $\dfrac{1}{24}\cos 6x-\dfrac{1}{16}\cos 4x-\dfrac{1}{8}\cos 2x+C$.

11. (1) $-\dfrac{1}{2}xe^{-2x}-\dfrac{1}{4}e^{-2x}+C$；　(2) $\dfrac{1}{3}x^3\ln x-\dfrac{1}{9}x^3+C$；

（3）$2x\sin\dfrac{x}{2}+4\cos\dfrac{x}{2}+C$；

（4）$\dfrac{1}{3}x^3\arctan x-\dfrac{1}{6}x^2+\dfrac{1}{6}\ln(1+x^2)+C$；

（5）$x\tan x+\ln|\cos x|-\dfrac{1}{2}x^2+C$；

（6）$-x^2\cos x+2x\sin x+2\cos x+C$；

（7）$-\dfrac{1}{2}(x^2-1)\cos 2x+\dfrac{1}{2}x\sin 2x+\dfrac{1}{4}\cos 2x+C$；

（8）$\dfrac{x^2}{2}\sin 2x+\dfrac{x}{2}\cos 2x-\dfrac{\sin 2x}{4}+C$；

（9）$-\dfrac{x}{4}\cos 2x+\dfrac{1}{8}\sin 2x+C$；

（10）$x\ln(x-1)-x-\ln(x-1)+C$；

（11）$\dfrac{1}{2}x^2\ln(x-1)-\dfrac{1}{4}x^2-\dfrac{1}{2}x-\dfrac{1}{2}\ln(x-1)+C$；

（12）$\dfrac{\ln x}{1-x}-\ln\left|\dfrac{x}{1-x}\right|+C$；

（13）$\dfrac{e^{3x}}{27}(9x^2-6x+2)+C$；

（14）$x\ln^3x-3x\ln^2x+6x\ln x-6x+C$；

（15）$\dfrac{x^2}{4}(2\ln^2 x-2\ln x+1)+C$；

（16）$-\dfrac{\ln^2 x}{2x^2}-\dfrac{\ln x}{2x^2}-\dfrac{1}{4x^2}+C$；

（17）$2(\sqrt{x}-1)e^{\sqrt{x}}+C$；

（18）$(\sqrt{2x+1}-1)e^{\sqrt{2x+1}}+C$.

12.（1）$\dfrac{1}{4}x^2(2\ln x+1)+C$；

（2）$-x\sin x-\cos x+C$.

13.（1）$\dfrac{1}{6}x^3+\dfrac{1}{2}x^2\sin x+x\cos x-\sin x+C$；

（2）$x\ln^2(x+\sqrt{1+x^2})-2\sqrt{1+x^2}\ln(x+\sqrt{1+x^2})+2x+C$；

（3）$2x\sqrt{e^x-2}-4\sqrt{e^x-2}+4\sqrt{2}\arctan\dfrac{\sqrt{e^x-2}}{\sqrt{2}}+C$；

（4）$\dfrac{1}{2}(1+x^2)\arctan^2 x-x\arctan x+\dfrac{1}{2}\ln(1+x^2)+C$；

（5）$x\arcsin^3 x+3\sqrt{1-x^2}\arcsin^2 x-6(x\arcsin x+\sqrt{1-x^2})+C$.

14.（1）$\dfrac{1}{2}x(\cos\ln x+\sin\ln x)+C$；

（2）$\dfrac{e^{-x}}{2}(\sin x-\cos x)+C$；

（3）$\dfrac{-1}{17}e^{-2x}\left(8\sin\dfrac{x}{2}+2\cos\dfrac{x}{2}\right)+C$；

（4）$\dfrac{1}{2}e^x-\dfrac{1}{10}e^x(\cos 2x+2\sin 2x)+C$.

15. $\dfrac{x}{2}\cos 2x\ln 2x-\dfrac{1}{4}(1+\sin 2x)\ln 2x+\dfrac{1}{4}\sin 2x+C$.

16. $I_n=x(\ln x)^n-nI_{n-1}$.

17. $\dfrac{1}{2}e^x(\sin x-\cos x)$.

18. $-\dfrac{ab}{2}\left(t-\dfrac{\sin 2t}{2}\right)+C$.

* *

19.（1）$-\dfrac{1}{x}e^{-2x}+C$；

（2）$2\sqrt{\sin x}\,e^{-\frac{x}{2}}+C$；

（3）$\dfrac{1}{2}x\sqrt{x^2+a^2}-\dfrac{a^2}{2}\ln(x+\sqrt{x^2+a^2})+C$.

*20. $xf^{-1}(x)-F(f^{-1}(x))+C.$

练习 4.3.1

1. $\cos x+\sec x+C.$

2. （1）$\dfrac{1}{3}x^3-\dfrac{1}{2}x^2+x-\ln|x+1|+C;$　　　　　（2）$\ln\left|\dfrac{x-2}{x+5}\right|+C.$

练习 4.3.2

1. $-\dfrac{1}{2}\ln(x^2+1)+\ln|x|+C.$

2. （1）$-\ln|\cos x|+C;$　　　　　　　　　（2）$\tan x-x+C;$

　　（3）$\dfrac{1}{2}\tan^2 x+\ln|\cos x|+C;$　　　　（4）$\dfrac{1}{3}\tan^3 x-\tan x+x+C.$

$\tan x$ 的奇（偶）数次幂的积分都含有 $\tan x$ 的偶（奇）数次方项和 $\ln|\cos x|(x).$

习题 4.3

1. （1）$\ln|\sin x|-\dfrac{1}{2}\sin^2 x+C;$　　　　　（2）$-\dfrac{1}{\tan x+1}+C;$

　　（3）$\dfrac{1}{\sqrt{3}}\ln\left|\dfrac{\sqrt{3}+\tan\dfrac{x}{2}}{\sqrt{3}-\tan\dfrac{x}{2}}\right|+C.$

2. （1）$-\dfrac{1}{4}\cot^4 x+\dfrac{1}{2}\cot^2 x+\ln|\sin x|+C;$　　（2）$-2\cot 2x-\sec x+\dfrac{1}{2}\ln\left(\dfrac{1+\cos x}{1-\cos x}\right)+C;$

　　（3）$-\dfrac{3}{4}\cos^{\frac{4}{3}}x+\dfrac{3}{5}\cos^{\frac{10}{3}}x-\dfrac{3}{16}\cos^{\frac{16}{3}}x+C.$

3. （1）$\dfrac{1}{3}x^3-x^2+4x-8\ln|x+2|+C;$　　（2）$\dfrac{1}{2}\ln(x^2-2x+5)+\arctan\dfrac{x-1}{2}+C;$

　　（3）$\dfrac{1}{4}\ln\left|\dfrac{x-1}{x+1}\right|-\dfrac{1}{2}\arctan x+C.$

* *

4. （1）$\ln|x-1|-\dfrac{1}{2}\ln(1+x^2)-\arctan x+C;$　　（2）$\dfrac{1}{2}\ln|x+1|-\dfrac{1}{4}\ln(1+x^2)+\dfrac{1}{2}\arctan x+C;$

　　（3）$\ln|x|+\dfrac{1}{x+1}-\ln|x+1|+C.$

5. （1）$-\dfrac{1}{4}\ln(x^4+1)+\ln|x|+C.$ 倒代换法、三角代换法、凑微分法、裂项法等;（2）$\arcsin\dfrac{x-2}{2}+C$ 或

$\arcsin\dfrac{\sqrt{x}}{2}+C.$

6. （1）$\tan\left(\dfrac{x}{2}+\dfrac{\pi}{4}\right)+C$，或 $\tan x+\sec x+C$，或 $-\dfrac{2}{\tan\dfrac{x}{2}-1}+C$.

（2）$x(\tan x+\sec x)+\ln|\cos x|-\ln|\sec x+\tan x|+C$.

7. （1）$-2\sqrt{\dfrac{1+x}{x}}-\ln\left|\dfrac{\sqrt{1+x}-\sqrt{x}}{\sqrt{1+x}+\sqrt{x}}\right|+C$.

（2）$\dfrac{1}{\sqrt{2}}\arctan\left(\dfrac{\sqrt{2}x}{\sqrt{1-x^2}}\right)+C$.

8. $I_n=x\arcsin^n x+n\sqrt{1-x^2}\arcsin^{n-1}x-n(n-1)I_{n-2}$.

9. $2x+\ln|\sin x+\cos x+e^x|+C$.

10. $\dfrac{1}{2}x+\dfrac{1}{2}\ln|\sin x+\cos x|+C$.

11. $F(x)=-\dfrac{\cos^3 x}{3}+\dfrac{2\cos^5 x}{5}-\dfrac{\cos^7 x}{7}$.

* *

12. $\dfrac{xe^x}{2}(\sin x+\cos x)-\dfrac{1}{2}e^x\sin x+C$.

13. $\dfrac{1}{\sqrt{5}}\ln\left|\dfrac{2x^2+(1-\sqrt{5})x+2}{2x^2+(1+\sqrt{5})x+2}\right|+C$.

14. （1）$y_0\neq z_0$ 时 $x=\dfrac{(1-e^{k(z_0-y_0)t})y_0z_0}{y_0-e^{k(z_0-y_0)t}z_0}$；$y_0=z_0$ 时 $x=y_0-\dfrac{1}{kt}$；

（2）$y_0<z_0$ 时 $x\rightarrow y_0$；$y_0>z_0$ 时 $x\rightarrow z_0$；$y_0=z_0$ 时 $x\rightarrow y_0$.

15. $y=\sqrt{L^2-x^2}-L\ln\dfrac{L-\sqrt{L^2-x^2}}{x}$.

*16. $-\dfrac{\sqrt{2}}{6}\ln\left|\dfrac{1+\sin\left(\dfrac{\pi}{4}-x\right)}{1-\sin\left(\dfrac{\pi}{4}-x\right)}\right|-\dfrac{2}{3}\arctan\left(\sqrt{2}\sin\left(\dfrac{\pi}{4}-x\right)\right)+C$.

第 4 章复习题、研究课题和竞赛题

复习题

1. （B）.

2. （C）.

3. （C）.

4. （A）（B）（C）（D）.

5. c,b,a.

6. $-\dfrac{1}{n+1}[a-\sin(\ln x)]^{n+1}+C$.

7. $\dfrac{1}{4}\left(\ln\dfrac{1+x}{1-x}\right)^{2}+C.$

8. $-\dfrac{1}{x}\arcsin x+\ln\left|\dfrac{1}{x}-\dfrac{\sqrt{1-x^{2}}}{x}\right|+C.$

9. （1）$2\sqrt{1+x}\operatorname{arccot}\sqrt{x}+\ln\left(x+\dfrac{1}{2}+\sqrt{x^{2}+x}\right)+C$；（2）$\dfrac{e^{x}}{1+x^{2}}+C.$

10. $x-(1+e^{-x})\ln(1+e^{x})+C.$

11. $f(x)=-\dfrac{1}{3}(x-2)^{3}-\dfrac{1}{x-2}+C.$

12. $y=e^{-x}.$

*13. 利用 $\mathrm{d}x=\varphi'(y)\,\mathrm{d}y.$

研究课题

$11\ln\dfrac{P-9\,000}{1\,000}+\ln\dfrac{10\,000}{P}.$

竞赛题

略.

第 5 章　定积分及其应用

练习 5.1.1

1. （1）4；（2）4；（3）π.

2. （1）$\displaystyle\int_{-\frac{\pi}{2}}^{\frac{\pi}{2}}\cos x\mathrm{d}x$；　　　（2）$\displaystyle\int_{0}^{1}x^{2}\mathrm{d}x$；　　　（3）$\displaystyle\int_{2}^{3}\ln x\mathrm{d}x$.

练习 5.1.2

1. （1）$\displaystyle\int_{0}^{1}x^{2}\mathrm{d}x>\int_{0}^{1}x^{3}\mathrm{d}x$；　　　（2）$\displaystyle\int_{1}^{2}x^{2}\mathrm{d}x<\int_{1}^{2}x^{3}\mathrm{d}x$.

2. $\displaystyle\int_{-1}^{0}e^{-x^{2}}\mathrm{d}x=\int_{0}^{1}e^{-x^{2}}\mathrm{d}x.$

3. 略.

4. 没有.

习题 5.1

1. 约 39.

2. （1）$\dfrac{1}{2}t^{2}$；（2）$\dfrac{5}{2}$；（3）$\dfrac{\sqrt{3}}{2}+\dfrac{4}{3}\pi$.

3. $a=0,b=1.$

4. $e-1$.

5. $\dfrac{2}{3}$.

6. ⑤②⑥①④③.

7. (1) $\displaystyle\int_0^2 \dfrac{1}{(2x+1)^3}\mathrm{d}x < \int_0^2 \dfrac{1}{(2x+1)^2}\mathrm{d}x$；   (2) $\displaystyle\int_0^1 \dfrac{\sin x}{1+x}\mathrm{d}x < \int_0^1 \dfrac{\sin x}{1+x^2}\mathrm{d}x$；

   (3) $\displaystyle\int_1^2 \ln x\,\mathrm{d}x > \int_1^2 \ln^2 x\,\mathrm{d}x$；   (4) $\displaystyle\int_3^4 \ln x\,\mathrm{d}x < \int_3^4 \ln^2 x\,\mathrm{d}x$；

   (5) $\displaystyle\int_0^1 x\,\mathrm{d}x > \int_0^1 \ln(1+x)\,\mathrm{d}x$.

8. (1) $\dfrac{\sqrt{6}}{4}\pi \leqslant I \leqslant \dfrac{\sqrt{2}}{2}\pi$；   (2) $\dfrac{\pi}{9} \leqslant I \leqslant \dfrac{2\pi}{3}$；   (3) $\dfrac{1}{2} \leqslant I \leqslant \dfrac{1}{\sqrt{2}}$.

* *

9. 略.

10. 提示：$\displaystyle\int_a^b |f(x)|\mathrm{d}x \geqslant \int_{x_0-\delta}^{x_0+\delta} |f(x)|\mathrm{d}x$.

11. 6.

12. 1.

13. 由定积分中值定理和罗尔中值定理.

* *

14. 用连续函数的介值定理.

*15. 反证法.

*16. 提示：用夹逼准则.

练习 5.2.1

1. (1) 1；(2) 1；(3) 0；(4) 0.

2. 1.

3. 1.

4. $-\dfrac{\cos x}{\mathrm{e}^y}$.

5. $1-\dfrac{\pi}{2}$.

练习 5.2.2

1. (1) $\dfrac{3}{2}$；(2) $\dfrac{7}{2}$；(3) 1；(4) 1.

2. (1) 1；(2) $\begin{cases} \sin x, & 0 \leqslant x \leqslant \dfrac{\pi}{2}, \\ 1, & x > \dfrac{\pi}{2}. \end{cases}$

习题 5.2

1. （1）$\sqrt{1+x^2}$；

   （2）$-xe^{-x}$；

   （3）$\dfrac{2x}{\sqrt{1+x^4}}$；

   （4）$2x\sin x^4-3x^2\sin x^6$；

   （5）$2\displaystyle\int_0^x\sqrt{1+t^2}\,\mathrm{d}t+(2x-1)\sqrt{1+x^2}$；

   （6）$\cot t$；

   （7）$\dfrac{\mathrm{e}}{2(1+2\ln t)}$；

   （8）$\mathrm{e}^{-y^2}\cos t$.

2. 见解答图 5.1，$x=2$ 时取极大值，$g(2)\approx1.3$.

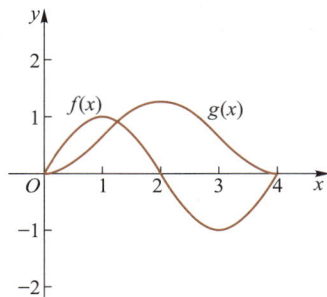

解答图 5.1

* *

3. （1）$\dfrac{1}{12}$；（2）-4；（3）$4x-\pi y-\pi=0$.

4. α,γ,β.

5. $\dfrac{1}{\sqrt{2}}$.

6. 定积分中值定理.

7. （1）$\dfrac{1}{3}$；（2）1；（3）2；（4）1；（5）$\dfrac{1}{2}$；（6）$\dfrac{1}{2}$.

8. $F_{\min}=F(4)=-\dfrac{32}{3}$，$F_{\max}=F(0)=0$.

9. 提示：$F'(x)<0$.

10. 在 $(1,+\infty)$ 和 $(-1,0)$ 上，$f(x)$ 分别递增；在 $(0,1)$ 和 $(-\infty,-1)$ 上，$f(x)$ 分别递减.

11. $\displaystyle\lim_{x\to+\infty}y(x)=1$.

12-13. 略.

14. $5\cdot2^{n-1}$.

15. （1）$\dfrac{7}{6}$；   （2）$\dfrac{\pi}{12}$；   （3）$\dfrac{\pi}{3}$；   （4）$\dfrac{\pi}{6}$；   （5）-1；   （6）$1-\dfrac{\pi}{4}$；

    （7）$2\sqrt{2}-2$；   （8）4；   （9）$\dfrac{5}{2}$；   （10）$\dfrac{17}{4}$；   （11）$\dfrac{23}{6}$；   （12）$\dfrac{11}{6}$.

16. $\Phi(x)=\begin{cases}\dfrac{1}{3}x^3, & x\in[0,1),\\[2mm]\dfrac{1}{2}x^2-\dfrac{1}{6}, & x\in[1,2].\end{cases}$ $\Phi(x)$ 在 $(0,2)$ 上连续.

* *

17. （1）$g(x)$ 在 $x=1,5$ 时取极大值，在 $x=3,7$ 时取极小值，在 $x=9$ 时取最大值，在 $x=7$ 时取最小值；

    （2）凹区间：$\left(0,\dfrac{1}{2}\right),(2,4),(6,8)$；凸区间：$\left(\dfrac{1}{2},2\right),(4,6),(8,9)$.见解答图 5.2.

18. （1）$\mathrm{e}^{\frac{1}{3}}$；（2）$a=\dfrac{1}{2}$，$b=\dfrac{1}{2\pi}$；（3）$a=-1$，$b=0$，$c=-\dfrac{1}{2}$.

19. 连续且可导.

20. (1) $f'(x)=\begin{cases}-1, & x<0, \\ 2x-1, & 0\leqslant x\leqslant 1, \\ 1, & x>1;\end{cases}$

(2) $\Phi(x)=\begin{cases}\dfrac{1}{2}x-\dfrac{1}{2}x^2, & x<0, \\ \dfrac{1}{3}x^3-\dfrac{1}{2}x^2+\dfrac{1}{2}x, & 0\leqslant x\leqslant 1, \\ \dfrac{1}{2}x^2-\dfrac{x}{2}+\dfrac{1}{3}, & x>1.\end{cases}$

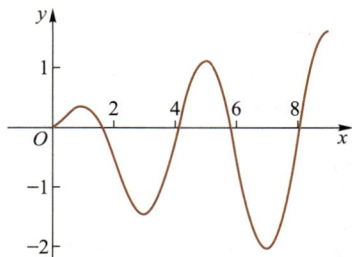

解答图 5.2

练习 5.3.1

1. (1) 0;(2) $\dfrac{6}{25}$.

2. $\dfrac{1}{2}\left(1-\dfrac{1}{e^4}\right)$.

3. (1)—(6)值为 0;(7) 1.

练习 5.3.2

1. (1) $1-\dfrac{2}{e}$;(2) 1.

2. (1) $\dfrac{2}{3}$;(2) $\dfrac{3\pi}{16}$;(3) $\dfrac{8}{15}$.

3. (C).

习题 5.3

1. (1) $\dfrac{1}{4}$;   (2) $\dfrac{\pi}{6}-\dfrac{\sqrt{3}}{8}$;   (3) $\dfrac{5}{24}$;   (4) $\dfrac{e-e^{\cos^2 2}}{2}$;   (5) $\dfrac{\pi}{2}$;

(6) $1-\dfrac{\pi}{4}$;   (7) $\sqrt{2}-\dfrac{2}{\sqrt{3}}$;   (8) $\dfrac{1}{6}$;   (9) $1-2\ln 2$;   (10) $(\sqrt{3}-1)a$;

(11) $\dfrac{1}{6}(e^3-1)$;   (12) $2(\sqrt{3}-1)$;   (13) $\dfrac{2}{3}\left(\dfrac{\pi}{6}\right)^3$;   (14) $\dfrac{1}{2}\pi a^2$;   (15) $\dfrac{4}{3}$;

(16) $\dfrac{\pi a^4}{16}$;   (17) $\dfrac{\pi}{2}$.

2. 三者相同.

* *

3. $\dfrac{\pi}{4}+1-\dfrac{1}{e}$.

4. 提示:(1) $x=1-t$;(2) $t=\dfrac{1}{u}$.

5. $\dfrac{1}{2}\ln^2 2$.

6. (1) $\dfrac{\pi}{2}-1$;　(2) $\dfrac{4}{3}(2\sqrt{2}-1)$;　(3) $\ln(2+\sqrt{3})-\dfrac{\sqrt{3}}{2}$;

(4) $\dfrac{\pi}{32}$;　(5) $\dfrac{\arctan\sqrt{2}}{\sqrt{2}}$;　(6) $\dfrac{\ln 2}{3}$;

(7) $-\dfrac{1}{4}\left(1-\dfrac{1}{e}\right)$;　(8) $\dfrac{8}{\pi}\sqrt{2}$;　(9) $\dfrac{\pi a^3}{2}$;

(10) $2(\sqrt{2}-1)$;　(11) $\dfrac{1}{r}\left(\dfrac{1}{(1-r)^2}-\dfrac{1}{1+r^2}\right)$;　(12) $\dfrac{e}{2}$.

7. 提示：(1) $t=-u$;(2) $t=-u$;(3) $t=2a-x$;(4) $t=2\pi-x$;(5) $x=t+\dfrac{n\pi}{2}$;(6) $t=u+2$.

8. 0.

9. (1) 极小值 $F(0)=0$;(2) $x=\pm\dfrac{1}{\sqrt{2}}$;(3) $\dfrac{1}{2}(e^{-16}-e^{-81})$.

10. $\begin{cases}\dfrac{xf(x)-\int_0^x f(t)\,dt}{x^2}, & x\neq 0,\\ 1, & x=0.\end{cases}$ $\varphi'(x)$ 连续.

11. $\dfrac{3}{4}$.

12. (1) 35.3%;(2) 58.6%.

13. (1) $\dfrac{e^2+1}{4}$;(2) $4-2\sqrt{e}$;(3) $\dfrac{\pi}{4}-\dfrac{\pi}{3\sqrt{3}}+\dfrac{1}{2}\ln\dfrac{3}{2}$;(4) $\dfrac{\pi^2}{4}$;

(5) $\dfrac{\pi}{4}-\dfrac{1}{2}$;(6) $\dfrac{e^\pi-2}{5}$;(7) $\dfrac{e\sin 1-e\cos 1+1}{2}$;(8) $2-\dfrac{2}{e}$;(9) 2.

14. $\dfrac{3}{2}(\sin 1-\cos 1)$.

15. (1) $1-\dfrac{2}{e}+\dfrac{1}{e^2}$;(2) $-\dfrac{1}{3}(\sqrt{2}-1)$;(3) $\dfrac{1}{2}(\cos 1-1)$.

16. $\dfrac{a^2-b^2}{2}$.

17. $-\dfrac{1}{2}$.

18. (1) 0;(2) 3.

* *

19. $\begin{cases}x-\sin x, & x\leqslant\dfrac{\pi}{2},\\ x-1, & x>\dfrac{\pi}{2}.\end{cases}$

*20. $\dfrac{A^2}{2}$.

练习 5.4.1

1. $\mathrm{d}s = v(t)\,\mathrm{d}t, s = \int_a^b v(t)\,\mathrm{d}t$.

2. 圆的面积微元 $\mathrm{d}A = 2\pi x\mathrm{d}x$, 圆面积是圆内一个个小圆环的面积之和.

3. 在 $[t_1, t_2]$ 时间段内向水池注入的水的总量.

4. 在 $[t_1, t_2]$ 时间段内增加的人口的总量.

5. 生产第 2 000 个产品到第 3 000 个产品之间的利润的总量.

练习 5.4.2

1. $\dfrac{4}{3}$.

2. $\dfrac{\pi}{5}$.

3. $l_1 = \int_0^{2\pi} \sqrt{1 + \cos^2 x}\,\mathrm{d}x$.

练习 5.4.3

1. $\dfrac{a+b}{2}$.

2. md^2, 可能会变.

3. 0.5 J.

4. $\dfrac{1}{3}$.

5. (A).

习题 5.4

1. 降水量相差 4.6 cm.

2. 10 年内增长的人口为 8 800 人.

3. (1) $\dfrac{37}{12}$; (2) $\dfrac{4\sqrt{6}}{9}$; (3) $\dfrac{\pi}{3} - \dfrac{\sqrt{3}}{2}\ln 3$; (4) $2\pi + \dfrac{4}{3}, 6\pi - \dfrac{4}{3}$; (5) $\sqrt{3} - \dfrac{\pi}{3}$.

4. $\dfrac{16p^2}{3}$.

＊＊＊

5. 1.

6. $\dfrac{4}{3}(4\sqrt{2} - 5)$.

7. (1) $\dfrac{\pi}{6}$;   (2) $V_x = \dfrac{128\pi}{7}; V_y = \dfrac{64\pi}{5}$;   (3) $\dfrac{4\pi b^2 a}{3}$;   (4) $4\pi^2 a^3$.

8. $a = 1$.

9.（1）$\dfrac{4\sqrt{3}}{3}R^3$；　（2）$4\sqrt{3}$.

10. $\dfrac{\pi}{2}$.

11. $\pi^2-2\pi$.

12. 64π.

13.（1）$\dfrac{2}{3}(2\sqrt{2}-1)$；　（2）$\ln(\sqrt{2}+1)$；　（3）$6a$.

14.（1）$\sqrt{\mathrm{e}}\left(1-\dfrac{1}{\mathrm{e}^2}\right)$；　（2）4；　（3）$\dfrac{8}{9}\left[\left(\dfrac{5}{2}\right)^{\frac{3}{2}}-1\right]$.

15.（1）$3\pi a^2$；　（2）$7\pi^2 a^3$；　（3）$\left(a\left(\dfrac{4\pi}{3}+\dfrac{\sqrt{3}}{2}\right),\dfrac{3a}{2}\right)$.

16.（1）$\pi-3$.　（2）$\displaystyle\int_{\frac{\pi}{4}}^{\frac{7\pi}{4}}\sqrt{6-4\sqrt{2}\cos\theta}\,\mathrm{d}\theta$.

* *

17.（1）$\dfrac{32}{105}\pi a^3$；　（2）$V=\dfrac{18\pi}{35},A=\dfrac{16\pi}{5}$.

*18. 4.43×10^7.

*19. $(\bar{x},\bar{y})=\left(-\dfrac{1}{2},\dfrac{12}{5}\right)$.

练习 5.5.1

1.（1）发散；　　　（2）1,收敛；　　　（3）$\dfrac{\pi}{2}$,收敛.

2.（C）.

3.（1）2,收敛；　　　（2）发散；　　　（3）发散.

4.（D）.

5. $\dfrac{1}{\sqrt{\pi}\,\sqrt[4]{\mathrm{e}}}$.

练习 5.5.2

1. $\dfrac{1}{2}$.

2. 0.

3. $y=2x$.

4. $\dfrac{5}{2}$.

习题 5.5

1. （1）$\dfrac{1}{a}$,收敛；　　　（2）$1-e^{-1}$,收敛；　　　（3）$\dfrac{\pi^2}{8}$,收敛；　　　（4）2,收敛；　　　（5）π,收敛；

　　（6）$\dfrac{1}{(k-1)(\ln 2)^{k-1}}$,收敛；　　　　　　（7）0,收敛；　　　（8）$\dfrac{\omega}{p^2+\omega^2}$,收敛.

2. $I_n=nI_{n-1}$,$I_n=n!$.

* *

3. （1）$\dfrac{1}{2}\ln 2$;（2）$\dfrac{\pi}{4}$;（3）$\dfrac{4\pi}{3\sqrt{3}}$;（4）$\ln 2$;（5）$\dfrac{\pi}{4}$.

4. 提示:反证法.

5. （1）$\dfrac{\pi}{2}$,收敛；（2）发散；（3）1,收敛；（4）$\dfrac{\pi}{2}$,收敛；（5）$\dfrac{8}{3}$,收敛.

6. （1）见解答图 5.3；

　　（2）$r(t)$是 $F(t)$ 的增长率,这里表示随着时间的推移,损坏的灯泡越来越多；

　　（3）这个积分值就是 $F(+\infty)-F(0)=1$,表示最终所有灯泡都会坏掉.

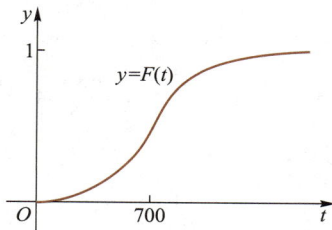

7. 0.

8. $\dfrac{b^3-a^3}{3}$.

9. $\dfrac{1}{4}$.

10. $(1+e^{-1})^{\frac{3}{2}}-1$.

11. 略.

12. $a=-\dfrac{\sqrt{\pi}}{2}$,$b=0$.

13. 提示:利用积分中值定理和罗尔定理.

14. 略.

15. $\lim\limits_{x\to 0}\dfrac{F''(x)}{x}>0$.

16. 对 $F(x)=(1-x)\displaystyle\int_0^x f(t)\,\mathrm{d}t$ 用罗尔定理.

17. 油漆的厚度不能忽略.

* *

18. 提示:设 $F(x)=\left(\displaystyle\int_0^x f(t)\,\mathrm{d}t\right)^2-\displaystyle\int_0^x f^3(t)\,\mathrm{d}t$.

19. 提示:令 $F(x)=\displaystyle\int_a^x f(t)\,\mathrm{d}t\displaystyle\int_a^x \dfrac{1}{f(t)}\mathrm{d}t-(x-a)^2$.

解答图 5.3

*20. 提示：（1）用常数变易法；（2）考虑高度和面积.

第 5 章复习题、研究课题、竞赛题

复习题

1.（D）.

2.（A）.

3.（A）.

4.（B）（C）（D）.

5. 2.

6. $\dfrac{2}{3}$.

7. 0.

8. ①②③⑤.

9.（1）$\dfrac{\pi}{4}+\dfrac{1}{2}$；（2）$4-\pi$.

10.（1）$0\leqslant\displaystyle\int_{n\pi}^{x}\left|\cos t\right|\mathrm{d}t<2$；（2）$\dfrac{2}{\pi}$.

11. $(x+1)\mathrm{e}^{x}-1$.

12. $\pi^{2}-2$.

*13. 提示：换元法.

研究课题

$k=\dfrac{2}{h}\displaystyle\int_{0}^{h}f(y)\mathrm{d}y=2\bar{x}$，$A_{1}=A_{2}$. 例如，可设函数为 $x=-\dfrac{1}{36}(y-6)^{2}+4$. $h=12$.

竞赛题

略.

模拟练习卷参考答案

模拟练习卷（一）

一、选择题和填空题

1. (D).

2. (A).

3. (D).

4. (A).

5. (B).

6. $2x\mathrm{e}^{2(x^2+1)}$.

7. $-\dfrac{\ln x}{x+1}+\ln\left|\dfrac{x}{x+1}\right|+C$.

8. $\dfrac{1}{3+x}=\dfrac{1}{3}-\dfrac{x}{3^2}+\dfrac{x^2}{3^3}-\dfrac{x^3}{3^4}+\cdots+(-1)^n\dfrac{x^n}{3^{n+1}}+o(x^n)$.

9. $y=1$ 和 $x=0$.

10. $\dfrac{1}{3}$.

二、简答题

11. $\dfrac{1}{3}$.

12. $a=\dfrac{1}{2},b=1$.

13. 不正确.

14. $\dfrac{\pi}{4}$.

15. 2.

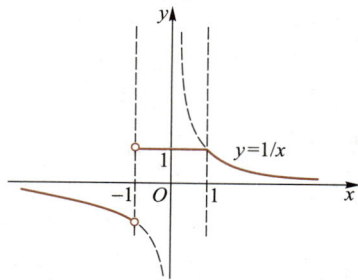

解答图 1

三、综合题

16. 见解答图 1,在 $x=-1$ 处有第一类间断点.

17. $\lim\limits_{h \to 0} \dfrac{f(x+h)-f(x)}{h} = \cdots = f(x)$.

18. $x^2\cos x - 4x\sin x - 6\cos x + C$.

19.（1）面积 $A = \dfrac{1}{3}$；（2）体积 $V = \dfrac{\pi}{6}$.

20. $f(a) = 0$.

模拟练习卷（二）

一、选择题和填空题

1.（B）.

2.（A）.

3.（A）.

4.（A）.

5.（C）.

6. $x=0$ 或 $x=k\pi+\dfrac{\pi}{2}$ 是第一类间断点.

7. $(\arcsin\sqrt{x})^2 + C$.

8. $\dfrac{\mathrm{e}^{x^2}}{1+y^2}$.

9. $n=2$.

10. c, b, a.

二、简答题

11. $y' = \begin{cases} \dfrac{1}{\sqrt{1-x^2}}, & x>0, \\[3mm] -\dfrac{1}{\sqrt{1-x^2}}, & x<0, \end{cases}$ $f'(0)$ 不存在.

12. 1.

13. a_{100}.

14. 24.

15. $\ln^2 x - \left(1 - \dfrac{2}{\mathrm{e}}\right)$.

三、综合题

16. $-\dfrac{1}{4}$.

17. $c = f(x_0)$, $b = f'(x_0)$, $a = \dfrac{f''(x_0)}{2}$.

18. $f(0) = 0$, $f'(0) = 0$.

19. （1） $F(x) = \begin{cases} \dfrac{1}{2} + 2\arctan\sqrt{x-1}, & x > 1, \\[2mm] \dfrac{1}{2}x^2, & 0 \leqslant x \leqslant 1, \\[2mm] 0, & x < 0; \end{cases}$

（2）没有极值点，有拐点 $\left(1, \dfrac{1}{2}\right)$.

20. （1）令 $x = -t$；（2） $\dfrac{\pi}{2}$.

参 考 文 献

[1] 张奠宙,宋乃庆.数学教育概论.4版.北京:高等教育出版社,2023.

[2] 吴华,张守波,刘宝瑞,等.数学课程与教学论.北京:北京师范大学出版社,2012.

[3] 杨艳萍,杨耕文.微积分的思想方法溯源.济南:山东大学出版社,2010.

[4] 同济大学数学科学学院.高等数学:上.8版.北京:高等教育出版社,2023.

[5] 吴纪桃,魏光美,李翠萍,等.高等数学:上.北京:清华大学出版社,2011.

[6] 刘金舜,羿旭明.高等数学:文科经济类,上.武汉:武汉大学出版社,2004.

[7] 朱士信,唐烁.高等数学:上.2版.北京:高等教育出版社,2020.

[8] 李忠,周建莹.高等数学:上.2版.北京:北京大学出版社,2009.

[9] 朱健民,李建平.高等数学:上.3版.北京:高等教育出版社,2022.

[10] 汪光先,戴中寅,武震东.高等数学习题课教程:理工类.苏州:苏州大学出版社,2005.

[11] 华东师范大学数学科学学院.数学分析:上.5版.北京:高等教育出版社,2019.

[12] 欧阳光中,姚允龙,周渊.数学分析:上.上海:复旦大学出版社,2003.

[13] 蔡高厅,邱忠文.高等数学专题辅导讲座.3版.北京:国防工业出版社,2013.

[14] 罗卫民.高等数学分级辅导.2版.西安:陕西科学技术出版社,2004.

[15] 蔡子华.新编考研数学必做客观题1500题精析.北京:科学出版社,2012.

[16] 杨金远,杨春雨.高等数学习题课教程.北京:化学工业出版社,2014.

[17] 谢惠民,恽自求,易法槐,钱定边.数学分析习题课讲义:上.2版.北京:高等教育出版社,2019.

[18] 史蒂夫·斯托加茨.微积分的力量.任烨,译.北京:中信出版社,2021.

[19] 李晓奇,任嵘嵘.先驱者的足迹——高等数学的形成.北京:科学普及出版社,2017.

[20] 莫里斯·克莱因.古今数学思想(第一册).张理京,等译.上海:上海科学技术出版社,2014.

[21] 邱森.微积分探究性课题精编.武汉:武汉大学出版社,2016.

[22] 陈晓龙,邵建峰,施庆生,等.大学数学应用.北京:化学工业出版社,2017.

[23] 郭镜明,韩云瑞,章栋恩.美国微积分教材精粹选编.北京:高等教育出版社,2012.

［24］严亚强. 高等数学复习课精讲——基于数学文化、精神、思想和方法的问题解决. 南京:南京大学出版社,2023.

［25］Stewart J, Clegg D, Watson S. Calculus early transcendentals. 9th ed. New York：Cengage Learning Inc., 2019.

读者意见反馈

为收集对教材的意见建议,进一步完善教材编写并做好服务工作,读者可将对本教材的意见建议通过如下渠道反馈至我社。

咨询电话　400-810-0598
反馈邮箱　hepsci@pub.hep.cn
通信地址　北京市朝阳区惠新东街 4 号富盛大厦 1 座
　　　　　高等教育出版社理科事业部
邮政编码　100029

防伪查询说明

用户购书后刮开封底防伪涂层,使用手机微信等软件扫描二维码,会跳转至防伪查询网页,获得所购图书详细信息。

防伪客服电话　(010)58582300